Introduction to

FEEDBACK CONTROL

자동제어

이주장 | 김대은 | 박승규 | 백주훈
심귀보 | 이춘영 | 정명진 | 한수희 공역

LI QIU KEMIN ZHOU

PEARSON

도서출판 그린

Introduction to Feedback Control

Li Qiu, Kemin Zhou

머리말

고전 제어(classical control)에 관한 또 하나의 교과서가 필요할까? Modern Control Systems(11판, Dorf, Bishop 저), Feedback Control of Dynamic Systems(5판, Franklin, Powell, Emani–Naeini 저), Modern Control Engineering(4판, Ogata 저) 등 수십 종의 교재로부터 고전 제어를 배우고 가르칠 수 있는데 새로운 교과서는 누구를 위해 필요할까? 고전 제어 이론에 관하여 다른 교재에서 기술한 것을 다시 한 번 더 정당화하기 위해 저자들이 그 이론을 더 잘 표현할 수 있다고 믿는 것은 결코 아니다. 그러나 지난 30년간 최적제어와 강인제어의 현대적 발전은 고전 제어에 관한 강의와 설명에 있어 상당한 변화를 요구하고 있다고 저자들은 믿는다. 고전 제어에서 이미 정립된 수단을 사용하여, 현대 최적제어 및 강인제어 이론을 고전 제어 이론으로 통합하는 것이 이 책의 목적이다. 저자들은 이 책을 통해 그 목적이 달성되기를 희망한다.

분명히, 고전 제어에서 잘 알려진 중요한 부분은 여전히 이 책에서도 포함되어 있으며, 최근의 발전이나 현재의 계산법을 고려하여 조금 변형하기도 하였다. 예를 들면, 많은 고전 제어 교재에서 다루고 있는 신호 흐름 선도에 관한 내용을 완전히 없애고, 2 자유도 제어를 상당히 중요한 부분으로 할애하였고, 다항식에 관한 Kharitonovo 강인 안정성 이론을 추가하였고, 비 최소 위상 영점이 시스템의 성능에 미치는 영향과 오버슈트 및 언더슈트와의 관계를 자세히 설명하였고, 어떤 신호의 2–놈을 계산하기 위한 Routh 표 방법을 소개하였다. 정확한 근 궤적을 그리는 자세한 방법을 소개하는 대신에, 제어 시스템을 해석하고 설계하는 데 있어 최소한의 노력으로 근의 이동 경향을 파악할 수 있도록 빨리 스케치하는 방법을 강조하였고, 정확하고 자세한 방법은 현대적인 계산도구를 사용하도록 배제하였다. 주파수 영역 해석에서 고전 제어의 Bode 도해, Nyquist 선도, 및 Nichols 차트뿐만 아니라 Riemann 구(球)를 이용하여 주파수 응답을 가시화하는 완전히 새로운 방법을 소개하였다. 이론(異論)의 여지는 있지만, Riemann 구에서 주파수 응답을 표현하는 것은 동적 시스템의 강인성을 고려하는 가장 자연스러운 방법으로 알려져 있다.

진보된 고급 수단을 과도하게 소개하지 않고 현대 최적 및 강인제어에 관한 내용을 상당히 추가하였다. 그 결과, 유리 전달함수를 가진 단일-입력-단일-출력 시스템(SISO)에 한정하여 설명하였다. 이것은 다중-입력-다중-출력(MIMO) 시스템에 대한 현대 최적 및 강인 제어 이론을 다루기 위해서는 상태 공간 기법을 이용해야 하는데, 고급 선형 대수 기법이 필요하기 때문이다. 다른 한편으로는 교재 자체가 필요한 사항이 완비되도록 노력하였고, 색조가 가해진 본문은 복잡한 수학적 추론이 포함된 부분으로 이 책의 기본적인 이해와 상관없이 생략하고 넘어갈 수 있음을 나타낸다.

이 책의 대부분의 내용을 한 학기 강의로 사용할 수 있도록 가능한 한 분량을 줄이도록 노력하였다. 그런 과정에서 많은 힘겨운 선택에 직면하였고, 저자들의 선호도를 반영한 최종본이 완성되었다. 이 책의 범위를 벗어난 주제와 설명은 웹사이트를 통해 확장해 나갈 계획이다. 독자들로부터 받은 피드백을 통해 지속적으로 개선하기를 기대하며, 다음 웹사이트(http://www.ee.ust.hk/~eeqiu/minisites/ifc)를 통해 이 책과 관련된 추가 자료, 수정사항, 최근정보 등을 접할 수 있으며, 저자들에게 피드백이나 의견에 관한 글을 올릴 수 있다.

피어슨사는 학습을 용이하게 하기 위해 전 세계적으로 많은 다른 제품들을 제공하고 있다. 미국이 아닌 국가에서는 이 책과 관련된 일부 제품과 서비스가 저작권 또는 사용허가 제한으로 제공되지 못할 수 있다.

이것에 관한 질의는 웹사이트(www.pearsonhighered.com/international)를 방문하여 지역 사무소에 연락하거나, 해당 지역 피어슨 대표부에게 문의할 수 있다.

저자들은 이 책을 집필하는 과정에서 많은 도움과, 격려 및 지원을 해 준 동료들과 친구들에게 진심으로 감사를 드린다. 특히, 원고를 자세히 검토하고 건설적인 조언을 해 주신 Ben Chen(National University of Singapore), Jie Chen(University of California, Riverside), Tongwen Chen(University of Alberta), Xiang Chen(University of Windsor), Peilin Fu(National University, San Diego), Huijun Gao(Harbin Institute of Technology), Tryphone Georgiou(University of Minnesota, Minneapolis), Fathi H. Gorbel(Rice Univeristy, Houston), Guoxiang Gu(Louisian State University, Baton Rouge), Robert G. Landers(Missouri University of Science and Technology), Derong Liu(University of

Illinois, Chicago), Andrea Serrani(Ohio State Univeristy, Columbus), Weizhou Su(South China University of Technology), Lihua Xie(Nanyang Technological University, Singapore) 교수님들께 감사를 드린다. 또한 Xiren Cao(Hong Kong University of Science and Technology), Hanfu Chen(Chinese Academy of Sciences), Lei Guo(Chinese Academy of Sciences), Youxian Sun(Zhejiang University) 교수님들의 격려와 조언에 감사를 드리고 싶다.

또한, 원고를 읽고 코멘트를 해 준 Lousiana State University의 Jingjing Li, Lili Kong, Laurentiu Dan Marinovici, ASM Assembly Automaiton Ltd의 Wai-Chuen Gan 박사, Hong Kong University of Science and Technology의 Yiu Kuen Yiu 박사와 ELEC271 수강생, Shenzhen Graduate School of Harbin Institute of Technology의 제어 및 메카트로닉스 분야의 2004년, 2005년 수강생들에게 감사를 드린다.

저자들은 MATLAB 그래픽과 삽화의 대부분을 작업한 China Southern Power Grid의 Yongxin Pang과 Hong Kong University of Science and Technology의 Yu Liang, 영문 교정을 도와준 KGSupport의 Jacqueline Wah, 표지 디자인을 창작한 University of Cambride의 Enzhe Zhang에게 특별한 감사를 드린다. 또한 원고의 준비에서부터 도와준 Prentice Hall의 Alice Dworkin에게 매우 깊은 감사를 전한다.

원고작성과정에서 끊임없는 지원을 아끼지 않은 Hong Kong Research Grants Council에 감사를 전한다.

이 책은 피드백 제어(feedback control)에 관심 있는 공학도, 연구원 및 실무자들의 후진을 양성하기 위해 쓰여졌다. Luna Qiu, Celina Qiu, Eric Zhou, Catherine Zhou, Albert Zhou 등 가족들에게 이 책을 바친다.

Li Qiu eeqiu@ust.hk
Kemin Zhou kemin@ece.lsu.edu

역자 머리말

제어공학은 동적 시스템을 모델링하고, 특성을 해석하여 시스템이 요구에 맞는 성능을 내도록 제어기를 설계 하는 학문이다. 이 책은 2010년 Pearson Prentice Hall에서 출판한 Li Qiu와 Kemin Zhou의 "Introduction to Feedback Control"을 번역한 책이다. 이 책은 전자공학, 전기공학, 기계공학, 화학공학, 우주항공 공학, 산업공학 학부 강의 교재로 적합하며 관련 분야 연구 및 산업 종사자들의 기본서로 적합하다.

원서가 기존의 제어공학교재들 보다 비교적 최신에 나온 만큼 지난 30년간 제어 분야에서 발전된 내용을 바탕으로 고전 제어를 새롭게 설명 하고 있다. 이것을 위해 이 책에서 취하고 있는 방법은 현대 최적 제어와 강인 제어 이론을 기존 고전제어에서 잘 정립되어 있는 이론을 이용하여 설명 하고 있다. 또한 고전제어 부분에서도 기존 방법에 Riemann 구에서 주파수 응답을 표현하는 방법과 같은 새로운 방법을 소개하여 제어시스템을 효과적으로 해석하고 설계하도록 하였다.

이 책을 번역하기 위해 역자들은 여러 차례 회의를 통해 용어의 통일과 원저자의 의도를 최대한 살리려 노력하였다. 부족한 부분은 독자여러분의 조언을 바탕으로 더 좋은 번역이 되도록 노력 할 것이다.

끝으로 이 책이 자동제어에 관심이 있는 여러분들께 조금이나마 도움이 될 수 있기를 바라면서, 이 책이 나오기까지 물심양면 지원을 아끼지 않은 그린출판사 관계자 여러분께 깊은 감사를 드린다.

2011년 2월

역자 일동

목 차

제1장 개요 ······ 13

1.1 소개 ······ 13
1.2 기본 개념 ······ 17
1.3 피드백 시스템의 기본 구조 ······ 20
1.4 이 책에 관하여 ······ 22
연습문제 ······ 25

제2장 모델링과 시뮬레이션 ······ 29

2.1 첫째 원리에 기초한 모델링 ······ 30
2.1.1 전기 시스템 ······ 30
2.1.2 기계 시스템 ······ 33
2.1.3 전기기계 시스템 ······ 36
2.2 상태 공간 모델과 선형화 ······ 38
2.3 전달함수와 임펄스 응답 ······ 47
2.4 블록선도 단순화 ······ 52
2.5 전달함수 모델링 ······ 55
2.6 선형 시불변 시스템의 MATLAB 사용 ······ 57
2.7 시스템 시뮬레이션 및 실행 ······ 60
2.7.1 하드웨어 시뮬레이션과 실행 ······ 61
2.7.2 소프트웨어 시뮬레이션과 실행 ······ 64
2.8 MISO 와 SIMO 시스템 ······ 67
2.9 폐루프 시스템의 모델링 ······ 71
2.10 사례 연구 ······ 78
2.10.1 볼과 빔 시스템 ······ 78
2.10.2 역 진자 시스템 ······ 80

연습문제 ········ 83
MATLAB 연습문제 ········ 87

제3장 안정도와 안정화 ········ 91

3.1 안정도의 개념 ········ 92
3.2 ROUTH 판별법 ········ 97
3.3 다른 안정도 판별법 ········ 107
3.4 강인 안정도 ········ 115
3.5 폐루프 시스템의 안정도 ········ 121
3.6 극점 배치 설계 ········ 132
3.7 범용 안정화 제어기* ········ 139
3.8 범용 안정화 2자유도 제어기* ········ 146
3.9 사례 연구 ········ 151
3.9.1 공과 빔 시스템 ········ 151
3.9.2 도립 진자 시스템 ········ 155
연습문제 ········ 162
MATLAB 연습문제 ········ 166
추가 연습문제 ········ 167

제4장 시간영역 해석 ········ 173

4.1 전형적인 입력신호에 대한 시간응답 ········ 174
4.2 계단응답 해석 ········ 180
4.3 지배극점들과 영점들 ········ 193
4.4 정상상태 응답과 시스템 타입 ········ 196
4.5 내부 모델 원리 ········ 205
4.6 언더슈트 ········ 209
4.7 오버슈트 ········ 215
4.8 시간영역 신호와 시스템 놈 ········ 222
4.9 시간영역 2-놈의 계산 ········ 228
연습문제 ········ 234

MATLAB 연습문제 ······ 243
추가 연습문제 ······ 244

제5장 근 궤적 선도 ······ 249

5.1 근 궤적 선도 ······ 250
5.2 근 궤적 규칙의 유도 ······ 260
5.3 극점과 영점을 추가 효과 ······ 263
5.4 지상 제어기 ······ 265
5.5 PI 제어기 ······ 270
5.6 진상 제어기 ······ 272
5.7 PD 제어기 ······ 278
5.8 진상-지상 또는 PID 제어기 ······ 283
5.9 2DOF 제어기 ······ 286
5.10 근 궤적 설계 방식 ······ 287
5.11 상보적 근 궤적 ······ 288
5.12 시스템 안정화 ······ 290
5.13 사례 연구 - Ball and Beam 시스템 ······ 295
연습문제 ······ 299
MATLAB 연습문제 ······ 303

제6장 주파수 영역 해석 ······ 307

6.1 주파수 응답 ······ 308
6.2 Bode 선도 ······ 319
6.3 Nyquist 안정도 판별법 ······ 329
6.4 이득 여유와 위상 여유 ······ 338
6.5 폐루프 주파수 응답 ······ 344
6.6 Nichols 도표 ······ 348
6.7 Riemann 선도 ······ 351
연습문제 ······ 357
MATLAB 연습문제 ······ 359

추가 연습문제 ··· 361

제7장 주파수 영역에서의 고전적인 설계기법 ··· 363

7.1 지상 제어기 ··· 364
7.2 PI 제어기 ··· 369
7.3 진상 제어기 ··· 372
7.4 PD 제어기 ··· 379
7.5 진상-지상 혹은 PID 제어기 ··· 383
7.6 Ziegler와 Nichols 조정법 ··· 386
7.6.1 Ziegler와 Nichols 제 1방법 ··· 386
7.6.2 Ziegler와 Nichols 조정법의 주파수 응답 해석 ··· 387
7.6.3 Ziegler와 Nichols 제2방법 ··· 392
7.7 미분 제어 ··· 393
7.8 다른 PID 구현 방법 ··· 398
7.9 적분 제어 및 누적 방지 ··· 400
7.10 루프 성형에 의한 설계 ··· 402
7.11 Bode의 이득-위상 관계 ··· 406
7.12 Bode의 민감도 적분 ··· 411
연습문제 ··· 414

제8장 성능과 강인성 ··· 419

8.1 주파수 영역에서의 신호와 시스템에 대한 2-놈 ··· 419
8.2 주파수 영역에서의 시스템에 대한 -놈 ··· 428
8.3 모델 불확실성 및 강인 안정성 ··· 434
8.4 현 거리와 구면 거리 ··· 444
8.5 두 시스템 간 거리 ··· 448
8.6 불확실성과 강인성 ··· 455
연습문제 ··· 464
MATLAB 수행 문제 ··· 467

제9장 최적 제어와 강인 제어 ········· 471

9.1 최적 과도응답을 갖는 제어기 ········· 471

9.2 가중 최적 과도응답을 갖는 제어기 ········· 480

9.3 최소 에너지 안정화 ········· 487

9.4 최적 제어기의 유도* ········· 489

9.5 최적의 강인 안정화 ········· 495

9.6 보장된 강인성을 갖는 안정화 ········· 507

연습문제 ········· 512

MATLAB 수행 문제 ········· 515

추가 문제 ········· 515

부록 A Laplace 변환 ········· 517

A.1 정의 ········· 517

A.2 성질 ········· 519

A.3 Laplace 역변환 ········· 522

연습문제 ········· 528

부록 B 행렬과 다항식 ········· 531

B.1 행렬 ········· 531

B.2 다항식 ········· 533

연습문제 ········· 539

추가 점수 문제 ········· 539

부록 C 선택된 문제에 대한 해답 ········· 541

참고문헌 ········· 555

인덱스 ········· 561

Chapter 01

Overview

개 요

이 장에서 공부해야 될 내용

1.1 소개
1.2 기본 개념
1.3 피드백 시스템의 기본 구조
1.4 이 책에 관하여

이 책은 피드백 시스템과 피드백 제어를 다룬다. 시스템의 제어를 위해 시스템의 동적인 행동에 관한 정보를 제공하는 시스템을 **피드백 시스템(feedback system)**이라고 한다. 피드백 시스템은 도처에 존재한다. 예를 들면, 에어컨과 같은 온도 제어 시스템은 압축기 모터를 켜거나 끄기 위해 온도를 측정하기 때문에 피드백 시스템이다. 사람은 복잡한 활동을 수행하고 조정하기 위해, 시각, 촉각, 후각 등을 사용하기 때문에 아주 복잡한 피드백 시스템이 된다.

1.1 소개

예를 하나 들어보자. 그림 1.1은 직선 도로를 따라 달리는 자동차를 보여준다. 동작 목적이 자동차를 중심선에 가능한 한 가깝게 유지하는 것이라고 가정하자. 만약 자동차를 운전하는 사람이나 기계장치가 없으면, 자동차 및 도로의 결함, 돌풍 또는 지진 등에 의해서, 자동차는 중심선으로부터 점점 벗어나게 될 것이다. 그런 시스템은 불안정하다고 한다. 운전자의 목적중 하나가 시스템을 안정되도록 하는 것이며, 예를 들면 자동차를 중심선 근처에 유지하는 것이다. 여기서 자동차는 제어의 대상으로 **공정(plant)**이라고 부른다. 운전자는 **제어기(controller)**의 역할을 수행한다. 공정과 제어기로 구성된 결합 시스템을 안정하도록 하는 작업이 **안정화(stabilization)**라고 한다.
안정화를 달성하기 위한 가능한 방법들은 다음과 같다:

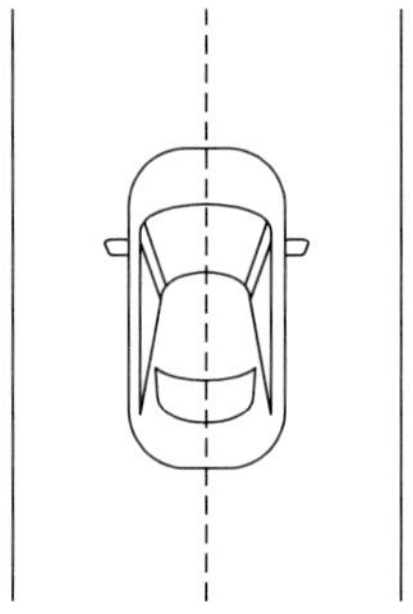

그림 1.1 중심선을 따라 주행하는 자동차

- **개루프 제어(Open-loop control)**: 눈을 감은채로 자동차를 운전하는 것. 자동차의 위치에 영향을 주는 바람, 도로의 상태 등의 요인들을 예측할 수 없기 때문에 잘 동작하지 않는 것이 분명하다. 실시간으로 자동차의 위치를 관찰하지 않고 운전할 수 있는 사전 결정된 방법은 불가능하다. 일반적으로, 불안정한 공정을 개루프 제어로 안정화시킬 수 없다. 안정한 공정의 성능을 매우 우수하지는 않더라도 개루프 제어를 통해 향상시키는 것은 가능하다.

- **폐루프 제어(Closed-loop control)**: 자동차 위치의 편차에 따라 핸들을 조작하는 것. 상식적으로 핸들을 적절히 조작하면 시스템을 안정화시킬 수 있다. 운전자는 출력에 대한 정보를 이용하여 입력 값을 조절하기 때문에, 폐루프 제어는 **피드백 제어(feedback control)**라고 한다. 일반적으로 피드백은 거의 모든 제어 시스템에 필수적인 요소이다.

자동 제어는 간단히 말하면, 인간을 대체하기 위해 제어기로 기계를 사용하는 것이다.

방금 제시한 자동차 예시에서부터 공정에 대한 몇 가지 본질을 추출해 보자. 먼저, 공정은 외부로부터 영향을 받을 수 있는 물리적 과정이다. 공정에 영향을 끼치도록 사용되는 수단을 **입력(input)**이라고 한다. 자동차 예에서는 입력이 핸들에 의한 조향 각이다. 공정은 또한 우리가 관심을 가지고 있는 어떤 결과를 생성한다. 그 결과를 **출력(output)**이라고 한다. 자동차 예에서 출력은 중심선으로부터의 편차이다. 조작할 수 있는 입력 외에 공정의 동작에 영향을 끼치면서 제어가 불가능한 요소들이 있다. 자동차 예에서 돌풍이나 도로 상태와 같은 그런 요소들을 **외란(disturbances)**이라고 한다. 공정의 동작을 알고 예측하기 위해서, 특히 출력 값이 만족한지 또는 만족스러울지를 알기위해, 공정으로부터 정보를 추출할 필요가 있다. 그 정보는 기술적 가능여부와 형편에 따라 출력 값이 될 수도 있고 아닐 수도 있다. 그런 정보를 **측정(measurement)**이라고 한다. 공정은 그림 1.2에서 보인 것과 같은 블록 다이어그램으로 종종 표현된다. 여기서, u는 입력, z는 출력, d는 외란, 그리고 y는 측정값이다.

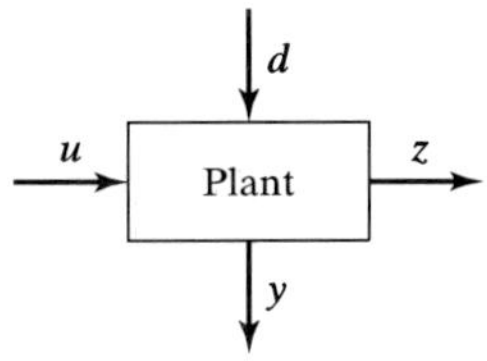

그림 1.2 공정

사람에 의한 피드백 시스템을 좀 더 세밀히 관찰하면, 사람은 실제로 몇 가지 부 작업을 수행해야함을 알 수 있다. 먼저 자동차의 위치를 주시해야하고, 어떤 행동을 취할 것인가에 관한 결정을 하고, 마지막으로 결정을 실행하여 자동차의 동작에 영향을 주어야 한다. 보통 이러한 세 가지 단계를 **감지(sensing)**, **제어(control)**, 그리고 **구동(actuation)**이라고 각각 부른다. 만약 사람 운전자를 기계로 대체하고자 한다면, 센서, 제어기, 및 구동기를 구성하여야 한다. 센서는 자동차 위치의 편차와 같은 관심 있는 출력의 행동을 추론하기 위해 사용될 수 있는 물리적 변수를 측정하고, 보통 제어기가 읽을 수 있는 전기적인 신호 형태로 변환한다. 제어기는 보통 컴퓨터나 전기 회로 형태로, 센서로부터 읽은 값을 사용하여 자동차 위치를 수정하는데 필요한 행동을 결정하고, 구동기로 결정사항을 보낸다. 구동기는 공정에 영향을 끼치는 값을 생성한다.

그러므로 안정화 폐루프 시스템은 그림 1.3에 나타낸 것과 같이 블록 다이어그램으로 표현될 수 있다.

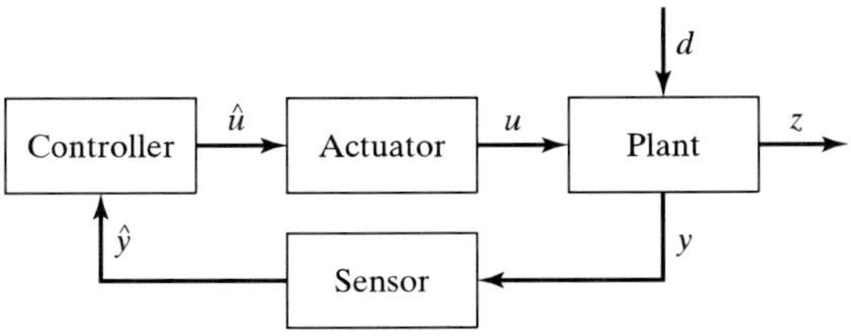

그림 1.3 안정화를 위한 피드백 시스템의 구조

그림 1.4에 제시한 다른 예를 살펴보자. 지속적인 바람에 대항하여 언덕길을 따라 달리는 자동차의 속도가 도로의 특정한 구간에서 최대/최소 속도 제한 등과 같은 외부의 명령을 따르도록 하는 것이 목적이다. 이 문제에는 두 개의 부 작업이 있다. 오르막 또는 내리막 경사나 뒷바람 또는 앞바람이 없는 경우에도 속도를 추종하는 것이 첫 번째 작업이다. 이것을 추적(tracking) 이라고 한다. 두 번째 작업은 자동차의 속도에 끼치는 경사와 바람의 효과를 감소하거나 완전히 제거하는 것이다. 이것을 **외란 제거(disturbance rejection)** 라고 한다. 추적과 외란 제거를 아우르는 전체를 **조정(regulation)** 이라고 한다. 만약 속도 명령이 일부구간 상수 함수(piecewise constant function)이면, 추적 문제를 **설정점 추적(set-point tracking)**이라고 한다. 자동차의 가속도를 가속 페달의 위치에 의해 제어한다고 가정하면, 다음의 두 가지 기법이 다시 적용된다.

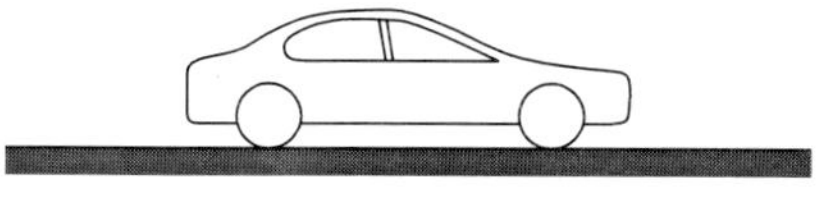

그림 1.4 움직이는 자동차의 속도 제어

- **개루프 제어(Open-loop control)**: 속도 명령, 도로의 구간별 상태, 정확한 일기예보로부터 획득한 풍속을 이용하여 유도되어 계산된 위치 프로파일에 의해 가속 페달의 동작을 설정하는 것. 계산된 위치 프로파일, 도로의 상태 및 일기예보의 오차가 자동차의 속도를 원하지 않는 다른 값으로 설정하거나 적분효과에 의해 안정화되지 않을 수 있으므로, 이 기법은 잘 동작하지 않을 것으로 생각할 수 있다(자동차 속도는 가속페달의 위치를 적분한 값에 비례하며, 가속페달 위치의 작은 오차도 누적되어 속도에 있어서 큰 오차가 발생할 수 있다).

- **폐루프 제어(Closed-loop control)**: 자동차의 실제 속도에 따라 가속 페달의 위치를 조정하는 것. 측정된 속도 값에 따라 실시간으로 자동차의 가속 및 감속을 시킬 수 있기 때문에 올바른 명령을 수행하면, 지령 값에 대해 작은 오차범위내로 속도를 제어할 수 있다. 도로의 상태나 풍속 등을 아는지 여부는 중요하지 않다.

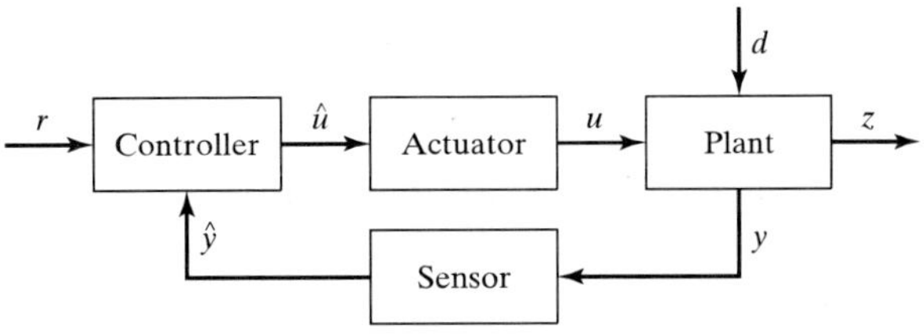

그림 1.5 조정 목적을 위한 피드백 시스템의 구조

조정과 안정화의 주요한 차이점은 **기준 신호(reference signal)**라고 하는 명령 신호가 조정 상황에서는 존재한다는 것이다. 제어기는 안정화 제어기가 사용하는 신호들 이외에 기준신호를 이용할 필요가 있다. 그림 1.5는 조정 목적을 위한 피드백 시스템의 구조를 나타낸다. 또 하나의 차이점은 조정 제어에서 외란은 지속적으로 반복되며 일부구간 상수 또는 일부구간 정현파 형태의 특징을 가지고 있고, 반면에 안정화 문제에서는 외란은 일시적이고 알 수 없는 것으로 가정하는 것이다. 진동을 감쇠하거나 진자의 균형을 맞추는 등과 같이 순수한 안정화 문제가 있고, 조정을 위한 핵심적인 단계이므로 안정화에 대한 연구가 중요하다.

1.2 기본 개념

신호(signal) $x(t)$는 실수 값을 가지는 시간에 대한 함수이다. 개념적으로 시간 축은 $-\infty$에서 ∞까지 전체 실수 축 $\mathbb{R}$ 이며, 따라서 $\mathbb{R}$에서 $\mathbb{R}$로 대응하는 함수이다. 그러나 우리는 그림 1.6에서 보는 바와 같은 $t<0$ 에서는 $x(t)=0$ 인 신호 $x(t)$를 주로 다루게 되는데, 대표적인 신호가 **단위 계단(unit step)** 신호이다. 단위 계단 신호를 표현하기 위해 특별한 기호 $\sigma(t)$를 사용한다.

$$\sigma(t) = \begin{cases} 0 & t<0 \\ 1 & t \geq 0. \end{cases}$$

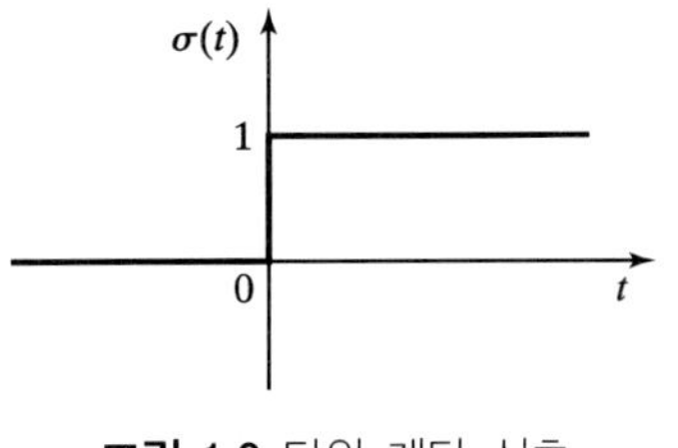

그림 1.6 단위 계단 신호

단위 계단 신호는 편측 정현파(함수) 신호 $\sin\omega t\sigma(t)$와 편측 지수(함수) 신호 $e^{\lambda t}\sigma(t)$ 등과 같은 다른 편측 신호를 표현하는 데 유용하다. 자주 사용하는 또 다른 특별 함수는 Dirac **단위 임펄스(unit impulse)** 신호 $\delta(t)$이며, 다음과 같은 특성으로 정의된다.

$$\begin{cases} \delta(t) = 0, & t \neq 0 \\ \int_{-\infty}^{t} \delta(\tau) d\tau = \sigma(t), \end{cases} \tag{1.1}$$

또는

$$\delta(t) = \frac{d\sigma(t)}{dt}. \tag{1.2}$$

단위 임펄스 함수는 엄밀한 의미에서 함수가 아니다. 그것은 하나의 분포이며 **특이 함수(singular function)** 또는 **일반화된 함수(generalized function)**로 불린다. 아주 긴 직선 줄로 질량의 분포를 나타내는 함수를 상상하면, 단위 임펄스 함수는 줄의 가운데에 크기가 1인 점질량이 있다는 것을 의미한다. 이 점질량이 차지하는 줄의 길이는 0이므로, 그 점에서의 밀도는 무한이다. 반면에, 보통의 함수는 유한한 밀도를 가진 분포에 대응한다. 단위 임펄스 함수 $\delta(t)$는 그림 1.7(a)에 나타낸 좁은 사각 펄스로 근사화될 수 있다. 또한, 단위 계단 함수의 근사화를 그림 1.7(b)에 나타내었으며, 특성(1.1)과 (1.2)가 변함없이 적용된다.

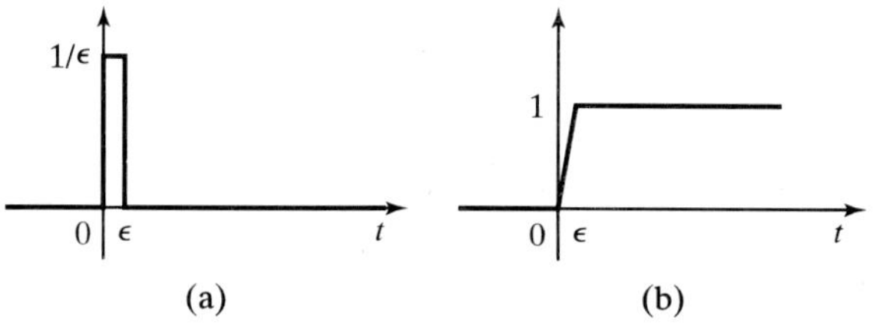

그림 1.7 (a) 근사화 단위 임펄스 함수, (b) 근사화 단위 계단 함수

시스템(system) S 는 입력(input)으로 불리는 신호 벡터

$$\boldsymbol{u}(t) = \begin{bmatrix} u_1(t) \\ \vdots \\ u_m(t) \end{bmatrix},$$

를 **출력(output)**으로 불리는

$$\boldsymbol{y}(t) = \begin{bmatrix} y_1(t) \\ \vdots \\ y_p(t) \end{bmatrix},$$

다른 신호 벡터로 변환하는 연관 관계이다.

다음과 같이 쓰면,

$$\boldsymbol{y}(t) = \boldsymbol{S}[\boldsymbol{u}(t)] \quad \text{or} \quad \boldsymbol{y} = \boldsymbol{S}\boldsymbol{u}$$

S 는 입력 $\boldsymbol{u}(t)$와 출력 $\boldsymbol{y}(t)$를 가진 시스템을 뜻한다. 또한, 시스템을 그래픽으로 나타내기 위해 그림 1.8과 같은 블록 다이어그램을 사용한다. 예를 들면, 공정, 제어기, 센서, 및 구동기는 모두 시스템이다.

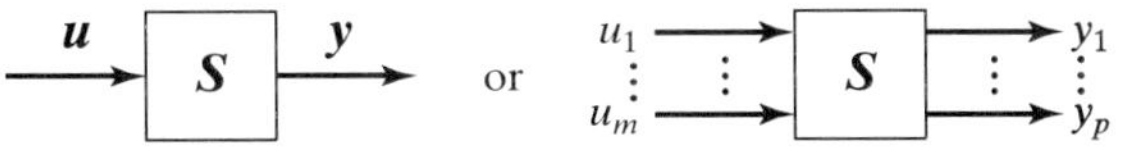

그림 1.8 시스템의 그래픽 표현

시스템이 한 개의 입력과 한 개의 출력을 가지면, 단일-입력-단일-출력(SISO) 시스템이라고 한다. 만약, 입력 또는 출력이 한 개 이상일 경우에는 다중-입력-단일-출력(MISO), 단일-입력-다중-출력(SIMO), 또는 다중-입력-다중-출력(MIMO) 시스템으로 부른다.

기술적인 이유로 이 책에서는 거의 SISO 제어 시스템을 공부한다. 특별한 경우에 MISO 또는 SIMO 시스템을 다룰 것이다. 일반적인 MIMO 시스템을 공부하기 위해서는 더욱 수준 높은 도구가 필요하므로, 상급의 도서들이 다룰 내용이다. 좀 더 명확한 구분을 위해, SISO 시스템은 일반적인 대문자인 S, P, C 등으로 표기하고, MIMO(MISO 및 SIMO를 포함) 시스템은 볼드체 대문자인 **S, P, C** 등으로 나타낼 것이다. 유사하게, 스칼라 신호는 일반적인 소문자인, x, u, y 등으로 표시하고, 벡터 신호는 볼드체 소문자인 **x, u, y** 등으로 나타낸다.

시스템의 출력 값 $y(t_0)$이 특정한 시간 t_0에서 그때의 입력 값 $u(t_0)$에만 의존하는 경우, **정적(static)** 또는 **무기억(memoryless)** 시스템이라고 한다. 그러한 시스템은 다루기가 매우 쉽지만 제한된 경우에만 해당한다. 우리는 **동적 시스템(dynamic systems)**에 더욱 관심이 있으며, 특정한 시간 t_0에서 시스템의 출력 값 $y(t_0)$이 다른 시간 $t \neq t_0$의 입력 값 $u(t)$에도 의존하는 경우가 해당된다. 만약 시스템의 출력 값 $y(t_0)$이

$t > t_0$ 인 미래의 입력 값 $u(t)$에 의존한다면 어색하게 느낄 것이다. 사실 이러한 시스템은 우리가 일상적으로 가진 시스템이 아니다. 우리가 가진 시스템은 특정한 시간 t_0 에서의 출력인 현재 또는 과거의 시간 $t \leq t_0$ 에서의 입력 $u(t)$에만 의존하는 시스템으로, **인과 시스템(causal system)** 이라고 한다. 모든 실시간 물리적 시스템이 여기에 해당하며, 이론적인 연구에서 경우에 따라 비인과 시스템(noncausal system)을 다루어야 하는데, 이론적 추상 개념이다. 응용적인 측면에서 비인과 시스템은 비실시간 상황에서 발생할 수 있는 시스템이다.

마지막으로 이 섹션에는 이 책에서 볼 수 있는 거의 모든 상호 연결된 시스템에서 나타나는 MISO 시스템과 SIMO 시스템의 매우 특별한 경우를 살펴보자. 사실 시스템이라고 부르기에는 너무 단순하므로, 그림 1.9에 나타낸 것과 같이 **합점(summing point)** 과 **분지점(pickoff point)**이라고 한다.

합점 : $y = u_1 \pm u_2$ 　　　분지점 : $y_1 = u,\ y_2 = u$

그림 1.9 합점과 분지점

1.3 피드백 시스템의 기본 구조

이 책의 목적은 안정도와 성능에 대한 주어진 사양을 만족하는 제어기의 설계를 학습하는 것이다. 살펴본 것과 같이 전형적인 두 가지 제어 과제는 안정화와 조정이다. 안정화를 위한 제어 시스템 구조는 그림 1.3에 나타내었다. 그러나, 그 구조는 이론을 위해서는 편리하지는 않다. 첫째, 구동기와 센서의 선택을 위한 이론은 없다. 둘째, 외란의 효과는 모델링하기가 매우 어렵다. 셋째, 대부분의 응용에 있어서 출력과 같은 측정은 중요한 장점을 가진다. 이러한 이유로, 우리는 센서와 구동기를 공정에 포함시키고, 외란이 유입되는 경로는 단순화 시켜 입력 외란과 출력 외란 두 가지만 있으며, 또한, 측정 값과 출력 값은 같다고 가정한다. 그림 1.3의 일반적인 구조는 그림 1.10과 같이 더 간단하지만 더욱 추상적인 구조로 변경된다. 이 책에서는 앞으로 이론을 전개할 구조로 사용할 것이다. 안정화 문제는 다음과 같은 수학적인 문제로 된다. 공정 P가 주어져 있을 때, 그림 1.10에서 보인 시스템이 "좋은" 안정도를 가지도록 제어기 C를 설계하시오.

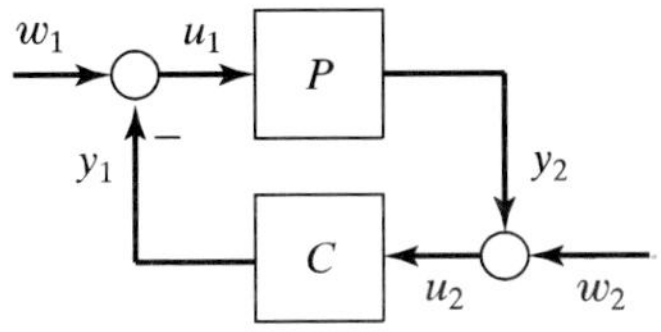

그림 1.10 안정화를 위한 피드백 시스템

그림 1.10에서 신호 y_1에 마이너스 기호가 붙여진 것을 볼 수 있다. 이것은 신호 u_1은 $w_1 - y_1$을 의미한다. 신호 y_2가 매우 클 때, 제어기는 u_1을 줄이도록 하는 동작 또는 그 반대의 경우와 같이 제어기는 일반적으로 음의 효과를 가지므로 이러한 사용법은 관례적이다. 이러한 유형의 피드백을 **음의 피드백(negative feedback)**이라고 한다. 만약 C를 $-C$로 교체하면, 그림 1.10에서 마이너스 기호를 제거할 수 있다고 주장할 수 있다. 그것은 사실 맞는 말이며, 실제에서 수용될 수 있는 지적이다. 그러나 음의 부호를 유지하는 전통에는 강력한 이유가 있고, 이 책에서는 이러한 전통을 따를 것이다.

유사하게, 조정 문제에서도 센서와 구동기를 공정에 포함시킬 수 있고, 외란과 잡음을 입력 외란과 출력 잡음의 두 가지 그룹으로 분류할 수 있다. 이와 같은 과정을 통해, 그림 1.5는 그림 1.11과 같이 더 간단하지만 더욱 추상적인 구조로 된다. 조정 문제는 다음과 같은 수학적인 문제로 표현된다. 공정 P가 주어져 있을 때, 추적에서 좋은 성능이 나타나도록 제어기 **C**를 설계하시오. 여기서 제어기는 MISO 시스템임에 주의한다. 이와 같은, 입력이 두 개이고 출력이 하나인 제어기를 **2 자유도 제어기 (two-degree-of-freedom (2DOF) controller)**라고 한다. 또한, 피드백 신호 y에 마이너스 기호가 있음을 주의한다. 이것은 기준 값 r과 피드백 값 y 사이의 차이로부터 제어기 **C**가 제어신호 u를 생성하는 일반적인 관례를 반영한다.

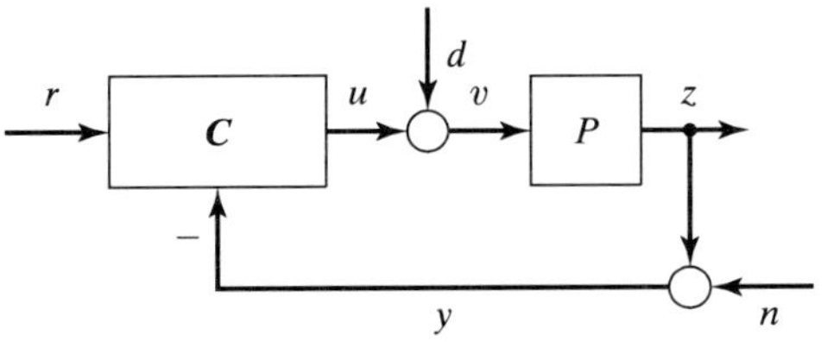

그림 1.11 조정을 위한 피드백 시스템

피드백 제어에 있어 초기에는, 조정 문제가 대부분 그림 1.12에서 보인 것과 같이 좀 더 특별한 피드백 구조로 해결되었고, **1 자유도 제어(one-degree-of-freedom (1DOF) controller)** 또는 **단위 피드백(unity feedback)**이라고 한다. 이 구조에서는 기준신호와 측정값의 정보를 독립적으로 획득하는 대신에, 제어기는 그 둘의 차이 값에 의해 구동된다. 그런 구조는 제어기가 SISO 시스템이므로 2 자유도 구조보다 간단하며, 다음과 같이 설정된 2 자유도 구조의 특별한 경우에 해당한다.

$$C\begin{bmatrix} r \\ -y \end{bmatrix} = C(r-y).$$

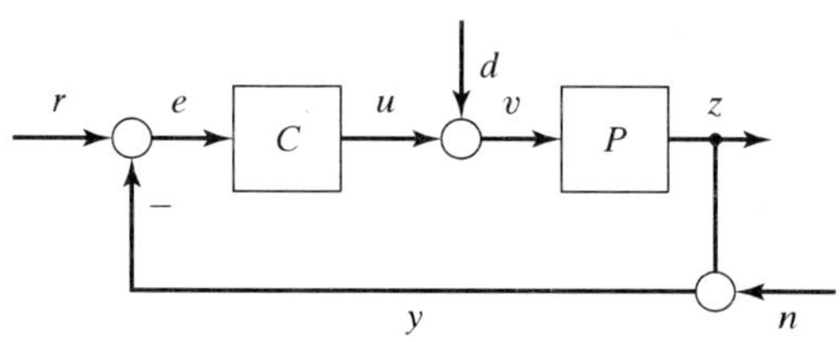

그림 1.12 단위 피드백 시스템

간단하고 원초적인 구조는 여전히 오늘날에도 널리 사용되고 있으며, 많은 현역종사자들은 종종 기본구조로 선택하고 있다. 그러나 이 책의 후반부에서 알게 되겠지만, 1 자유도 제어에 비해 2 자유도 제어는 추가적인 설계의 자유를 가지므로, 더 좋은 성능을 성취하거나, 추적과 외란 제거의 상충되는 요구조건에 대해 균형점을 찾는 데 장점이 있다. 이 책이 전달하는 강력한 메시지 중 하나는 조정 문제에 대해서나 외란이 없는 순수한 추적 문제에서도 2 자유도 제어기의 사용을 고려해야 한다는 것이다.

1.4 이 책에 관하여

이 책의 주요 특징들은 다음과 같다.

- 고전적인(또는 고전기 이전의) 방법과 현대적인(또는 포스트모던적인) 접근법의 융합이다.
  대부분의 제어이론 교과서들은 고전 제어 이론과 현대 제어 이론을 분리하여 다루고 있고, 고전 제어 이론은 기초적이고 초보자들이 더 쉽게 접근 가능하지만,

현대 제어 이론은 진보적이며 수준이 더 높다는 것을 암시적으로 나타낸다. 고전 제어와 현대 제어를 구분하는 공통적인 기준 중 하나는, 고전 제어는 전달함수에 기반을 두지만, 현대 제어는 상태 공간 표현에 기초한 접근법이라는 점이다. 또 다른 구분은 연대표에 따른 기준이다: 1950년대 이전에 개발된 것은 고전 제어에 해당하고, 그 이후에 개발된 것은 현대제어에 해당하며, 1950년대에 개발된 것은 회색 지대에 있는 것으로 간주한다. 이러한 구분, 분할, 및 분리는 이득보다는 해가 많다고 저자들은 생각한다.

이 책에서는 고전적 접근과 현대적 접근의 미세한 구분선을 없애고, SISO 시스템의 해석과 설계를 위해, 서로 다른 단계로 발전된 제어이론을 통합적 이론으로 구성하도록 한다. 고전 제어에서와 같이 전달함수를 시스템 모델로 주로 사용하고, 직관적인 기법으로 간단한 제어기를 설계한다. 현대 제어에서 사용하는 정량적인 해석과 분석적인 설계를 강조하고, 최적 제어기를 설계하며, 피드백 제어가 할 수 있는 것과 없는 것 등과 같은 근원적인 설계 제한을 이해하도록 한다. 수학의 엄격한 적용과 컴퓨터를 활용한 해석 및 설계와 연결된 시도를 도모한다.

- 2 자유도 제어기를 조정문제에 사용하는 것을 강조한다.

2DOF 제어기가 새로운 것은 아니다. 그것은 피드백 제어기가 처음으로 널리 실용화되었을 때 등장하였다. 동물과 기계에서 볼 수 있는 많은 특정 목적(ad hoc) 제어기법은 본래 2 자유도이다.

그러나, 유명한 교과서들과 논문에서 피드백 제어를 "출력과 기준 입력을 비교한 차이를 제어 수단으로 사용하여 규정된 관계로 유지하는 시스템"(Ogata, 2008), 또는 "제어 신호 $c(t)$ 는 궤환되어 기준입력과 비교되고, 입력과 출력의 차이에 비례한 구동 신호가 오차를 수정하기 위해 전달되는 시스템"(Kuo and Golnaraghi, 2002)으로 정의하였을 때, 제어 역사는 급격한 변화를 겪었다.

제어기의 판단과정에 사용되는 기준 값과 출력 값의 차이가 많은 상황을 설명할 수 있더라도, 그러한 정의는 제어기가 기준 값과 출력 값을 독립적으로 처리하는 많은 실용적인 경우를 간과하게 된다.

좀 더 정확한 정의는 Dorf and Bishop(2008)에 의해 내려졌다: "피드백 제어 시스템은 하나의 시스템 변수를 다른 변수와 규정된 관계대로 유지하는 제어 시스템으로 그러한 변수들의 함수관계를 비교하고 차이 값을 제어 수단으로 사용한다." 이 정의와 Ogata(2008)에서 내린 것과의 차이는 "함수관계"라는 단어이다. 일반적으로, 기준 값의 함수와 출력 값의 함수는 완전히 다른 것일 수 있으며, 완전히 두 개의 자유도를 생성한다.

이 책에서는, 단위 계단 함수를 나타내는 $\sigma(t)$의 표기를 소개함에 있어 전례 없는 단계를 취한다. 단위 계단 함수는 다양한 지식분야에서 많이 응용되고 있다. 그러나, 자매함수인 단위 임펄스 신호 $\delta(t)$와 같이 표준 표기법을 가지고 있지 않다. 단위 계단 함수는 $u(t)$, $\mathbf{1}(t)$ 또는 다른 형태로 표기된다. 단위 계단 함수는 단위 임펄스 함수의 적분이며, 단위 임펄스 함수는 단위 계단 함수의 미분이다. 그리스 문자 Σ와 Δ가 각각 합과 차를 의미하는 것을 생각하면, $\delta(t)$의 Σ를 $\sigma(t)$로, $\sigma(t)$의 Δ를 $\delta(t)$로 간단히 생각할 수 있다.

이 책은 모든 것이 충분히 갖추어져 있게 구성되도록 노력하여, "어떻게" 뿐만 아니라 "왜"라는 질문에 답할 수 있도록 하였다. 학부과정의 교과서는 엄격한 추론을 피하고 직관적인 개념과 설계 레시피(recipe)를 담아야한다는 주장에 동의하지 않는다. "왜 그렇게 되는가?"에 대해서 조금을 배우는 것이 "어떻게 하는가?"에 대해서 많이 공부하는 것보다 효과적이라고 저자들은 생각한다. 이 책에서는 정리, 설계 절차, 알고리즘 등의 뒤에 숨은 근거와 타당한 이유를 가능한 한 많이 제공하고 있다.

그러한 근거와 이유는 보통의 학생들이 이해하기에는 어려울 수 있지만, 이러한 통찰력은 면밀한 탐구에 관한 흥미를 가진 강사와 학생들에게 틀림없이 정보의 소스를 제공할 것이다. 복잡한 수학적 추론이 포함된 부분은 이 책의 기본적인 이해에 영향을 주지 않고 생략할 수 있다는 것을 나타내기 위해 색깔을 띤 본문으로 표시하였다.
이론의 건전성에 주목하는 반면에, 매우 간단하면서 유용한 정보를 가지고 설명에 도움이 되는 예제와 사소하지 않으면서 학부과정의 실험에서 일반적으로 다루는 사례 연구에도 관심을 기울였다. 시스템 모델링에서 출발하여 제어기 설계, 해석 및 재설계를 거쳐 제어기 구현과 하드웨어-인-더-루프 시뮬레이션으로 마치는 실제적인 물리 시스템의 제어 실험에 동반하여 본 교재를 사용하는 것을 추천한다.

이 책에서는 컴퓨터를 활용한 해석과 설계가 이론과 예제를 설명하는데 통합되어 구성되었다. SIMULINK와 함께 MATLAB을 프로그래밍 플랫폼으로 사용하였다. 해석과 설계 절차는 알고리즘의 형태로 기술되어, 쉽게 프로그래밍 할 수 있도록 하였다. 연습문제 중 MATLAB 문제로 라벨이 붙은 것은 학생들이 MATLAB 프로그램 기술을 연습하고 알고리즘을 프로그램으로 변환하는 과정을 통해 이론의 이해를 강화하는 충분한 기회를 제공하기 위함이다. 만약 모든 MATLAB 문제를 완수하면, SISO 시스템의 해석과 설계에 관한 MATLAB 도구 상자가 될 수 있는 충분한 프로그램이 만들어진다.

마지막으로 학생들이 피드백 제어 이론에 관한 더 깊고 넓은 세계로 심층적인 탐구를 독려하기위한 기회를 만들려고 시도하였다. 그것을 위해서, 이 책의 내용으로 불충분한 사항을 지적하고, 이 책의 범위를 벗어나는 자료에 관한 문헌의 정보를 제공하였으며, 상당히 많은 추가적인 읽기자료와 사고를 요구하는 추가 점수 문제도 제공하였다.

연습문제

1.1 안정화 제어에 관한 예를 몇 가지 제시하시오.

1.2 조정 제어에 관한 예를 몇 가지 제시하시오.

1.3 만약 속도 제한을 넘지도 않고 모자라지도 않게, 매우 근접하게 따르는 세심한 준법 운전자라고 가정하자. 그렇다면, 당신은 단위 피드백 제어기와 2DOF 제어기 중 어느 것에 해당한다고 생각하는가?

1.4 편측 함수인 $(\alpha \sin \omega t)\sigma(t)$, $(\beta \cos \omega t)\sigma(t)$ 및 $\gamma e^{\lambda t}\sigma(t)$의 미분을 구하시오.

참고문헌

이 과목을 위한 전제 조건은 신호와 시스템에 관한 기본적인 지식이다. 이에 대한 훌륭한 교재는 다음과 같다.

A. V. Oppenheim and A. S. Willsky with S. H. Newab, *Signals and Systems*, 2nd Edition, Pearson prentice Hall, Upper Saddle River, New Jersey, 1996.

다른 좋은 참고문헌은 다음과 같다.

H. Kwakernaak and R. Sivan, *Modern Signals and Systems*, Pearson prentice Hall, Englewood Cliffs, New Jersey, 1991.

E. A. Lee and P. Varaiya, *Structure and Interpretation of Signals and Systems*, Addison Wesley, Boston, 2003.

제어 시스템에 관하여 일반적으로 사용되는 교과서들은 다음과 같으며, 이 중 몇 개는 30년 이상 된 책들이다.

R. C. Dorf and R. H. Bishop, *Modern Control Systems*, 11th Edition, Pearson prentice Hall, Upper Saddle River, New Jersey, 2008.

B. C. Kuo and F. Golnaraghi, *Automatic Control Systems*, 8th Edition, Prentice Hall, Englewood Cliffs, New Jersey, 2002.

K. Ogata, *Modern Control Engineering*, 5th Edition, Pearson prentice Hall, Upper Saddle River, New Jersey, 2008.

또한, 최근의 책들은 다음과 같다.

G. F. Franklin, J. D. Powell, and A. Emami-Naeini, *Feedback Control of Dynamic Systems*, 5th Edition, Pearson Prentice Hall, Upper Saddle River, New Jersey, 2006.

G. C. Goodwin, S. F. Graebe, and M. E. Salgado, *Control Systems Design*, Prentice Hall, Upper Saddle River, New Jersey, 2001.

2DOF 제어기를 소개하는 초기의 책은 다음과 같다.

I. Horowitz, *Synthesis of Feedback Systems*, Academic Press, London, 1963.

2DOF 제어기의 사용을 권장하는 최근의 책은 다음과 같다.

W. A. Wolovich, *Automatic Control Systems*, Sauders College Publishing, Fort Worth, 1994.

고전적인 접근과 현대적인 접근을 통합하는 것을 목표로 하는 두 권의 교재는 다음과 같다.

J. C. Doyle, B. A. Francis, and A. R. Tannenbaum, *Feedback Control Theory*, Macmillan Publishing Company, New york, 1992.

J. W. Helton and O. Merino, *Classical Control Using H^{∞} Methods: Theory, Optimization, and Design*, SIAM, Philadelphia, 1998.

Introduction to Feedback Control

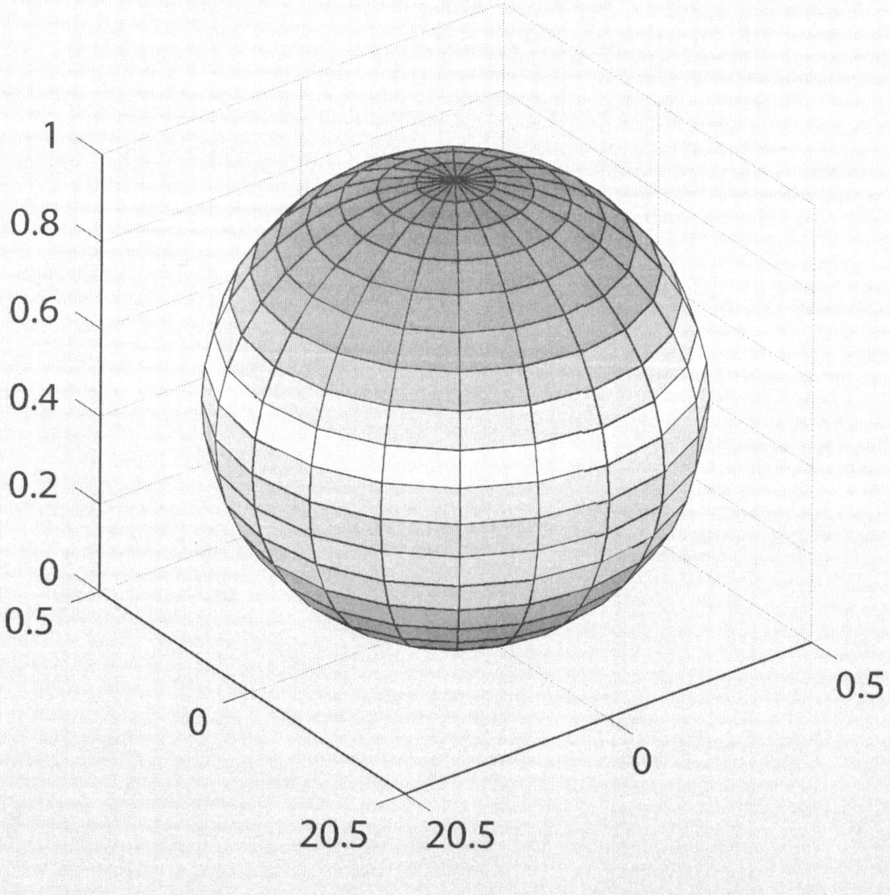

Chapter 02

Modeling and Simulation

모델링과 시뮬레이션

이 장에서 공부해야 될 내용

2.1 첫째 원리에 기초한 모델링
2.2 상태 공간 모델과 선형화
2.3 전달함수와 임펄스 응답
2.4 블록선도 단순화
2.5 전달함수 모델링
2.6 선형 시불변 시스템의 MATLAB 사용
2.7 시스템의 시뮬레이션과 실행
2.8 MISO 및 SIMO 시스템
2.9 폐루프 시스템의 모델링
2.10 사례 연구

모델링의 목적은 시스템의 여러 가지 물리 변수들 사이의 관계, 특히 시스템의 입력과 출력 사이의 관계를 이해하는 것이다. 이와 같은 관계를 **수학적 모델(mathematical model)**이라 한다. 수학적 모델을 얻기 위한 몇 가지 방법이 있다. 첫 번째 방법은 물리 법칙에 근거해서 시스템의 서로 다른 변수들 사이의 완벽한 관계식을 구하는 것이다. 이와 같이 구해진 식은 일반적으로 미분방정식 형태로 표현된다. 이 방법을 **첫째 원리 모델링(first principle modeling)**이라 한다. 두 번째 방법은 실험데이터나 다른 신호로부터 입력과 출력 사이의 관계를 찾는 것이다. 이 방법을 **시스템 확인(system identification)**이라 한다. 대부분의 경우, 모델링은 위의 두 방법을 결합해서 구한다. 주로, 모델의 구조는 물리적 원리로 결정되고 매개 변수는 실험으로 구한다.

일반적으로, 모델링은 시간이 많이 소모되고, 문제에 의존하며, 이론적으로 완성되지 않았지만, 제어기 설계에서 매주 중요한 단계이다.

이 장에서는 첫째 원리 모델링에 대해서만 다룬다. 예제를 통해, 제어 분야에서 흔히 적용되고 있는 전기, 기계, 전기기계 시스템의 모델링에 대해 논의할 것이다. 그러나 모든 시스템을 다 규명할 수는 없다. 수학적인 모델들은 다른 형태를 가질 수 있는데, 모델을 단순화 하는 기법 및 한 형태에서 다른 형태로 모델을 변환하는 기법에 대해 추가로 살펴 볼 것이다.

2.1 첫째 원리에 기초한 모델링

이 절에서는 예제를 통해 여러 형태를 갖는 시스템에 대한 모델링을 논의한다.

2.1.1 전기 시스템

기본적인 두 가지 형태의 회로를 고려한다. 첫 번째 회로는 저항, 인덕터, 커패시터, 이상 전원, 피제어 전원을 포함하는 능동 RLC 회로이고, 두 번째 회로는 연산증폭기를 포함하는 회로이다.

우선 그림 2.1과 같이 간단한 RLC 회로를 살펴보자. 여기서, gv_1이라고 표시된 다이아몬드 기호는 커패시터 C_1 양단의 전압에 비례하는 전압-제어된 전류원을 의미한다. 시스템의 입력과 출력은 각각 $v_i(t)$와 $v_o(t)$이다.

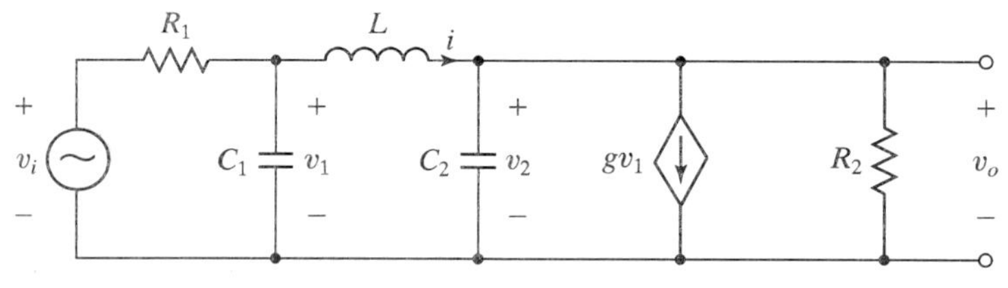

그림 2.1 간단한 RLC 회로

입력과 출력에 추가해서 중간변수의 사용은 미분방정식 모델의 생성을 매우 용이하게 한다. RLC 회로에서는 일반적으로 커패시터 전압과 인덕터 전류를 중간변수로 선택한다. 중간변수의 개수를 n이라고 하면, 인덕터와 커패시터가 포함된 마디와 루프에 Kirchhoff의 전류법칙(KCL)과 Kirchhoff의 전압법칙(KVL)을 적용하여, n개의 독립된 미분방정식을 생성한다. 여기서, 독립된 식이라 함은 이 독립된 식들 중에서 어느 식도 구해진 식들 중에 있는 다른 식을 사용하여 만들 수 없다는 것을 의미한다.

그림 2.1의 RLC 회로에서 $v_1(t)$, $v_2(t)$와 $i(t)$를 중간변수로 선택한다. R_1, C_1과 L을 연결하는 마디에 KCL을 적용하면 다음과 같은 식을 얻는다.

$$C_1 \frac{dv_1(t)}{dt} = \frac{v_i(t) - v_1(t)}{R_1} - i(t). \tag{2.1}$$

또한, L, C_2, R_2와 피제어 전원을 연결하는 마디에 KCL을 적용하면 다음과 같다.

$$C_2 \frac{dv_2(t)}{dt} = i(t) - gv_1(t) - \frac{v_2(t)}{R_2}. \tag{2.2}$$

마지막으로, C_1, L과 C_2를 연결하는 루프에 KVL을 적용하면 다음과 같다.

$$L \frac{di(t)}{dt} = v_1(t) - v_2(t). \tag{2.3}$$

출력은 중간변수와 입력변수의 함수로 표현되어야 한다. 바로 앞의 RLC회로에서 출력 $v_o(t)$은 단순히 중간변수의 하나이다.

$$v_o(t) = v_2(t). \tag{2.4}$$

대수방정식 (2.4) 과 미분방정식 (2.1), (2.2)와 (2.3)이 RLC 회로의 모델이다.

이 모델은 다음의 행렬로 정리할 수 있다.

$$\begin{bmatrix} C_1 & 0 & 0 \\ 0 & C_2 & 0 \\ 0 & 0 & L \end{bmatrix} \begin{bmatrix} \dot{v}_1(t) \\ \dot{v}_2(t) \\ \dot{i}(t) \end{bmatrix} = \begin{bmatrix} -1/R_1 & 0 & -1 \\ -g & -1/R_2 & 1 \\ 1 & -1 & 0 \end{bmatrix} \begin{bmatrix} v_1(t) \\ v_2(t) \\ i(t) \end{bmatrix} + \begin{bmatrix} 1/R_1 \\ 0 \\ 0 \end{bmatrix} v_i(t) \tag{2.5}$$

$$v_o(t) = \begin{bmatrix} 0 & 1 & 0 \end{bmatrix} \begin{bmatrix} v_1(t) \\ v_2(t) \\ i(t) \end{bmatrix}. \tag{2.6}$$

미분 $dx(t)/dt$을 나타내기 위해 다른 표기법 $\dot{x}(t)$를 사용하였다. (2.5)의 좌변의 역행렬을 (2.5)의 양변에 곱하면, 다음 식을 구할 수 있다.

$$\begin{bmatrix} \dot{v}_1(t) \\ \dot{v}_2(t) \\ \dot{i}(t) \end{bmatrix} = \begin{bmatrix} -\frac{1}{R_1C_1} & 0 & -\frac{1}{C_1} \\ -\frac{g}{C_2} & -\frac{1}{R_2C_2} & \frac{1}{C_2} \\ \frac{1}{L} & -\frac{1}{L} & 0 \end{bmatrix} \begin{bmatrix} v_1(t) \\ v_2(t) \\ i(t) \end{bmatrix} + \begin{bmatrix} \frac{1}{R_1C_1} \\ 0 \\ 0 \end{bmatrix} v_i(t) \tag{2.7}$$

$$v_o(t) = \begin{bmatrix} 0 & 1 & 0 \end{bmatrix} \begin{bmatrix} v_1(t) \\ v_2(t) \\ i(t) \end{bmatrix}. \tag{2.8}$$

이후에 살펴보겠지만, 이와 같은 형의 모델을 **상태 공간 모델(state space model)**이라 한다.

다음은 op-amp 회로라고 하는 연산 증폭기(op-amps)를 포함하는 회로를 살펴본다. 이런 회로는 폭넓은 적용분야를 갖는다. 미분 방정식이나 시스템을 이해하기 위해 이와 같은 회로를 종종 사용한다.

그림 2.2와 같은 이상적인 연산 증폭기는 무한대의 이득, 무한대의 입력 임피던스와 영의 출력 임피던스를 갖는 증폭기이다.

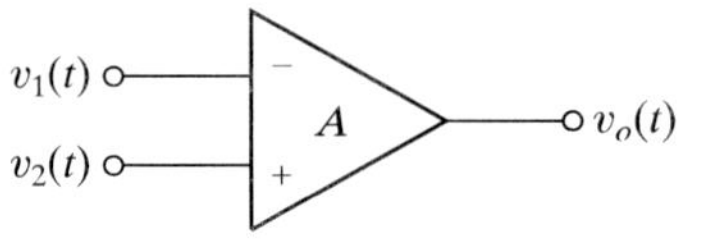

그림 2.2 연산증폭기

그림 2.3에 나타낸 회로를 고려한다. 이 시스템은 m 개의 입력 $u_1(t),\cdots,\ u_m(t)$과 한 개의 출력 $y(t)$을 갖는다. 연산 증폭기의 무한대의 이득에 의해, 마디 N은 가상 접지, 즉 $v_a(t)=0$이다.

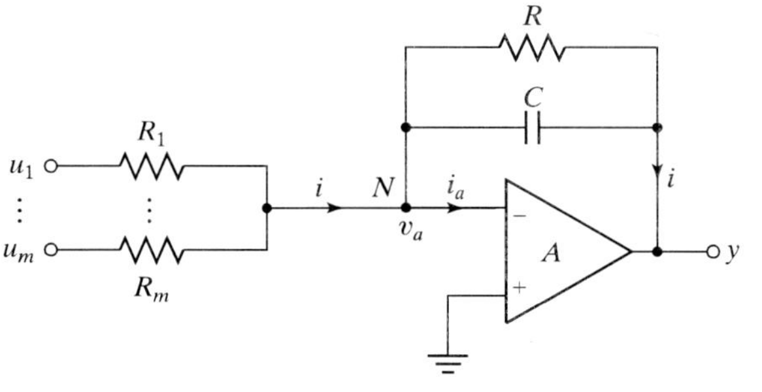

그림 2.3 연산증폭기 회로

연산 증폭기의 무한대의 입력 임피던스에 의해 연산 증폭기로 흐르는 전류는 영, 즉 $i_a(t)=0$이다. 따라서 다음의 두 식을 얻을 수 있다.

$$i(t)=\frac{u_1(t)}{R_1}+\frac{u_2(t)}{R_2}+\cdots+\frac{u_m(t)}{R_m}$$

$$i(t)=-\frac{1}{R}y(t)-C\frac{dy(t)}{dt}.$$

그러므로

$$RC\frac{dy(t)}{dt}+y(t)=-\left[\frac{R}{R_1}u_1(t)+\cdots+\frac{R}{R_m}u_m(t)\right].$$

만일 $C=0$, 즉 커패시터가 단락되면 다음과 같이 표현된다.

$$y(t) = -\left[\frac{R}{R_1}u_1(t) + \cdots + \frac{R}{R_m}u_m(t)\right],$$

즉, 출력은 입력의 합에 대해 반대부호를 갖는다. 이 경우에, 회로는 (반전) 가산 증폭기라고 칭한다. 만일 $m=1$이면, (반전) 증폭기라고 칭한다.

만일 $R=\infty$, 즉 저항이 단락되면 다음과 같다.

$$y(t) = -\left[\frac{1}{R_1C}\int_0^t u_1(\tau)d\tau + \cdots + \frac{1}{R_mC}\int_0^t u_m(\tau)d\tau\right],$$

즉, 출력은 입력 적분의 합에 대해 반대부호를 갖는다. 만일 $m=1$ 이면, 출력은 입력 적분에 비례한다. 이 경우에 회로는 (반전) 적분기라고 칭한다.

연산증폭기는 오늘날 존재하는 대부분의 전기 시스템의 구성요소이다. 간략히 다루는 수준에서는 반전효과와 적분기의 계수에 대해 다루지 않고자 한다. 기본 요소로 순수한 적분기와 가중 가산 증폭기를 선택한다. 이들 적분기와 증폭기는 그림 2.4에 나타낸 선도에 의해 도식적으로 표현한다. 이 두 형태의 요소는 2.7 절에서 논의될 시스템 시뮬레이션과 실행에서 정교한 연산 증폭기 회로의 구성요소로 사용된다.

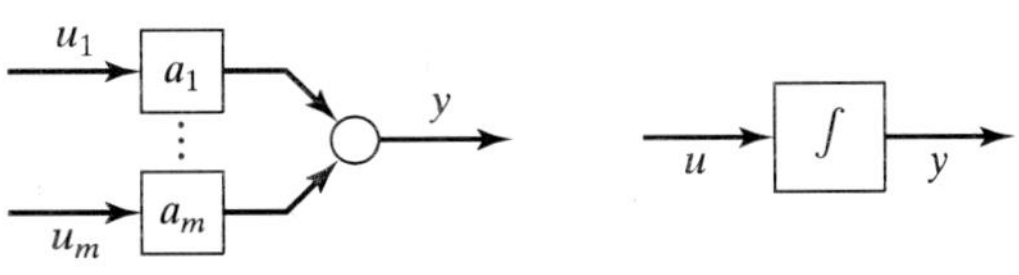

그림 2.4 가산 증폭기와 적분기의 도식 기호

2.1.2 기계 시스템

전형적인 기계 시스템은 선형운동과 회전운동의 두 가지 종류의 운동을 포함한다. 이 절에서는 기계 시스템의 두 예제를 검토할 것이다. 첫 번째 예제는 선형운동에 대한 것이고, 두 번째 예제는 회전운동에 대한 것이다. 물론, 일반적인 기계 시스템은 2.10 절에서 알 수 있듯이 선형운동과 회전운동을 모두 포함한다.

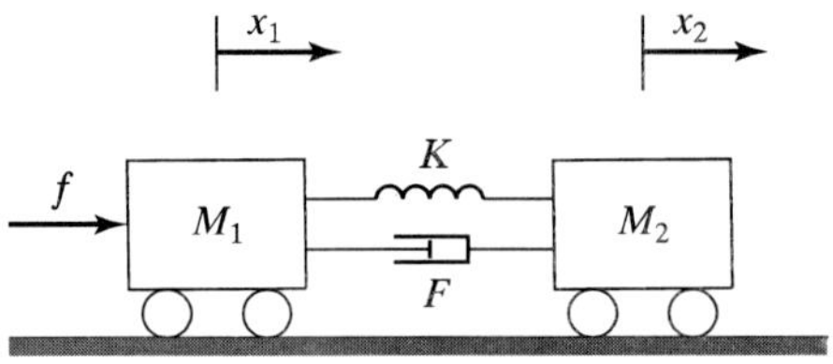

그림 2.5 두 카트 시스템

그림 2.5에서와 같이 테이블 위에서 움직이는 두 카트를 고려한다. 각각 질량 M_1과 M_2를 갖는다고 가정하는 두 카트는 스프링에 의해 연결되어 있다. 카트 M_1에 힘 $f(t)$가 작용되며 카트 M_2의 위치를 제어하고자 한다. 이상적인 스프링은 이 스프링 양단의 상대거리에 비례하는 힘을 발생한다. 이 시스템에서의 스프링은 이상적이지 않다고 가정하고, 이 효과는 연결부의 위쪽에 기호로 묘사된 이상적인 스프링과 연결부의 아래쪽에 기호로 묘사된 마찰장치의 합과 등가이다. 여기서 마찰장치는 이 장치 양단의 상대속도에 비례하는 힘을 발생한다. 두 카트의 위치에 대한 기준점은 $x_1(t)=x_2(t)$ 일 때 스프링이 정지되어 있도록 선택한다.

이와 같은 기계 시스템의 모델을 구하기 위해, 일반적으로 모든 독립적인 강체의 위치를 내부변수로 선택하고, Newton의 제 2법칙에 의거하여 식을 구한다. 첫 번째 카트에 Newton의 제 2법칙을 적용하면,

$$M_1 \frac{d^2 x_1(t)}{dt^2} = f(t) - K(x_1(t) - x_2(t)) - F\left(\frac{dx_1(t)}{dt} - \frac{dx_2(t)}{dt}\right). \qquad (2.9)$$

이 구해진다.
두 번째 카트에 Newton의 제 2법칙을 적용하면,

$$M_2 \frac{d^2 x_2(t)}{dt^2} = K(x_1(t) - x_2(t)) + F\left(\frac{dx_1(t)}{dt} - \frac{dx_2(t)}{dt}\right). \qquad (2.10)$$

이 구해진다.
마지막으로, 출력을 확인하고 출력을 내부변수와 입력에 관련시킨다.
이 경우에 출력은 간단히 $x_2(t)$이다.

또한 앞에서 구한 식을 다음의 행렬로 재편성 할 수 있다.

$$\begin{bmatrix} M_1 & 0 \\ 0 & M_2 \end{bmatrix} \begin{bmatrix} \ddot{x}_1(t) \\ \ddot{x}_2(t) \end{bmatrix} + \begin{bmatrix} F & -F \\ -F & F \end{bmatrix} \begin{bmatrix} \dot{x}_1(t) \\ \dot{x}_2(t) \end{bmatrix} + \begin{bmatrix} K & -K \\ -K & K \end{bmatrix} \begin{bmatrix} x_1(t) \\ x_2(t) \end{bmatrix} = \begin{bmatrix} 1 \\ 0 \end{bmatrix} f(t). \quad (2.11)$$

(2.11) 형의 모델은 기계 시스템에서 매우 일반적이다. 이와 같은 모델을 **2차 모델 (second-order model)**이라 한다.

그림 2.6은 진자를 나타낸다. 여기서 토크 $\tau_i(t)$는 회전 중심점 주위에 작용하며, 진자와 수직아래방향 사이의 각도는 $\theta(t)$이다. 진자의 길이는 L이고 진자의 질량 M은 끝에 집중되어 있다.

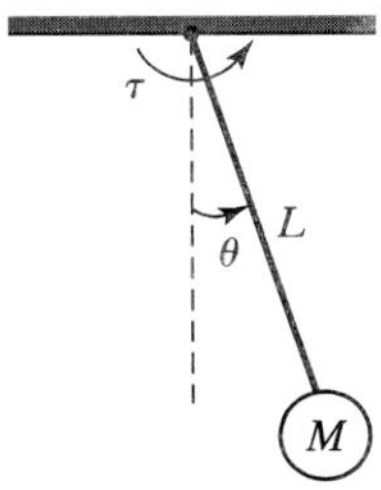

그림 2.6 진자

회전운동에서 Newton의 제 2법칙은 다음의 형을 갖는다.

$$J\frac{d^2\theta(t)}{dt^2} = \tau(t)$$

여기서, J는 관성모멘트라 하고, $\theta(t)$는 각 변위이고, $\tau_i(t)$는 작용하는 총 토크다.

이를 진자 시스템에 적용하면, 관성모멘트는 $J = ML^2$이고, 이 시스템에 작용된 두 개의 토크, 외부에서 작용된 토크 $\tau_i(t)$와 $MgLsin\theta(t)$로 표현되는 질량의 중력에 의한 토크, $\tau_i(t)$가 있음을 알 수 있다.

그러므로 운동을 지배하는 식은

$$ML^2\frac{d^2\theta(t)}{dt^2} = \tau_i(t) - MgL\sin\theta(t).$$

로 주어진다.

입력이 토크 $\tau_i(t)$이고 출력이 각도 $\theta(t)$인 2차 미분 방정식이다.

2.1.3 전기기계 시스템

그림 2.7은 전기자-제어 직류(DC) 모터가 포함된 간단한 전기 기계 시스템이다. 직류 모터는 두 조의 권선을 갖는다. 한 조는 고정자에 부착되고 자기장을 생성하는데 사용된다.

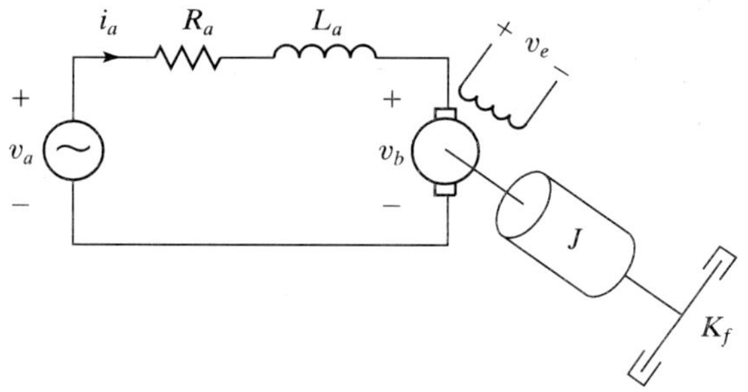

그림 2.7 전기자-제어 직류 모터 시스템

전기자-제어 직류 모터에서 모터에서의 자기장이 일정하도록 이 조의 권선에 흐르는 전류를 일정하게 유지한다. 다른 조의 권선은 회전자에 고정되고 자기력으로 토크를 생성하는데 사용된다. 이 권선에 흐르는 전류를 제어함으로써 발생되는 토크를 제어할 수 있다. 모터축이 회전하면, 자기장 또한 Faraday 유도에 의해 회전자 권선에 전위를 발생한다. 이 전위를 역 기전력(back emf)이라 칭한다. 직류 모터에는 두 개의 기본적인 관계식이 있다. 하나는 모터축의 토크가 토크 상수 K_t에 의해 전기자 전류에 비례한다는 것이다. 즉,

$$\tau_m(t) = K_t i_a(t).$$

다른 관계식은 역기전력 $v_b(t)$은 역 기전력 상수 K_b에 의해 모터 속도 $\omega(t)$에 비례한다는 것이다. 즉,

$$v_b(t) = K_b \omega(t).$$

모터축에서의 토크가 관성모멘트 J를 갖는 질량과 마찰계수 K_f에 의해 모터속도에 비례하는 반작용 마찰토크로 구성되는 부하를 움직인다. 그러므로 전기자 회로와 기계부하를 포함하는 전체 직류 모터 시스템은 다음과 같은 매개변수와 변수들로 묘사할 수 있다.

R_a: 전기자 저항

L_a: 전기자 인덕턴스

J: 부하의 관성모멘트

K_t: 마찰계수

K_f: 토크 상수

K_b: 역기전력 상수

$v_a(t)$: 전기자 전압

$i_a(t)$: 전기자 전류

$v_b(t)$: 역 기전력(back emf)

$\tau_m(t)$: 모터 토크

$\theta(t)$: 모터 축의 각위치

$\omega(t)$: 모터 축의 각속도 (=$\dot{\theta}(t)$)

전기자 회로에 KVL을 적용하면, 다음과 같다.

$$R_a i_a(t) + L_a \frac{di_a(t)}{dt} + K_b \frac{d\theta(t)}{dt} = v_a(t). \tag{2.12}$$

모터축에 Newton의 제 2법칙의 회전 버전을 적용하면, 다음과 같다.

$$J\frac{d^2\theta(t)}{dt^2} + K_f \frac{d\theta(t)}{dt} = K_t i_a(t). \tag{2.13}$$

이 두 식은 입력 $v_a(t)$과 출력 $\theta(t)$을 가진 직류 모터 시스템의 수학적 모델이다.

때로는, 모터의 위치 대신에 각속도(속력)를 고려하기도 한다. 이런 경우를 **속력 제어 사례(speed control cases)**라고 한다. (2.12)와 (2.13)에서 $\omega(t)$로 $d\theta(t)/dt$를 대체하면, 속력 제어 사례에서 직류 모터 시스템의 미분방정식 모델을 얻는다.

$$R_a i_a(t) + L_a \frac{di_a(t)}{dt} + K_b \omega(t) = v_a(t) \tag{2.14}$$

$$J\frac{d\omega(t)}{dt} + K_f \omega(t) = K_t i_a(t). \tag{2.15}$$

이 두 식이 입력 $v_a(t)$과 출력 $\omega(t)$을 가진 직류 모터 시스템의 수학적 모델이다.

또 다른 전기 기계 시스템은 그림 2.8의 자석-볼 서스펜션 시스템이다. 코일에 전류가 흐르면, 코일은 자기장을 발생하며, 강철 볼을 잡아당기는 인력을 발생시킨다.

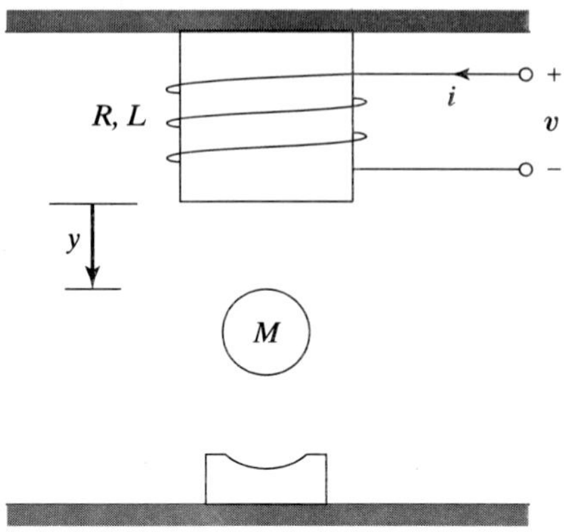

그림 2.8 자석-볼 서스펜션 시스템

여기서, 코일에 인가된 전압 $v(t)$은 입력이고, 볼과 코일 사이의 거리 $y(t)$는 출력이며, 자기장에 의해 볼에 생성된 인력은 $f(t) = K\frac{i^2(t)}{y(t)}$로 주어진다. 다른 매개변수는 볼의 질량 M, 권선저항 R과 권선 인덕턴스 L이다.

코일에 KVL을 적용하면, 다음 식으로 표현된다.

$$Ri(t) + L\frac{di(t)}{dt} = v(t).$$

볼에 Newton의 제 2법칙을 적용하면 다음 식이 얻어진다.

$$M\frac{d^2y(t)}{dt^2} = -K\frac{i^2(t)}{y(t)} + Mg.$$

이 두 식이 해당 시스템의 수학적 모델이다. 변수 $y(t)$와 $i(t)$는 식에 비선형적으로 포함되며, 이 시스템을 **비선형 시스템(nonlinear system)**이라 한다.

2.2 상태 공간 모델과 선형화

앞 절에서 구한 수학적 모델은 다른 차수를 갖는 미분방정식의 집합으로 구성되며, 이 식들은 입력과 출력 외의 다른 변수를 포함한다. 체계적인 학습을 위해 이 식을 표준형으로 표현할 필요가 있다. 통상적으로 사용되는 표준형의 하나가 상태 공간형이다.

정의 2.1. 시스템의 **상태 변수(state variables)**는 독립 변수의 집합이다. 모든 $t \geq t_0$에서의 입력과 함께 시간 t_0에서 이 독립변수의 값은 모든 $t \geq t_0$에 대해 시스템의 동작을 결정한다.

이 정의는 매우 함축적으로 보이나 많은 상황에서 상태 변수는 직관적으로 선택될 수 있다. 전기회로에서는 독립적인 커패시터 사이의 전압과 독립적인 인덕터에 흐르는 전류를 상태 변수로 선택할 수 있다. 기계 시스템에서는 독립적인 강체의 위치와 속도를 상태 변수로 선택할 수 있다. 시스템의 미분 방정식 모델이 이미 알려져 있다면, 미분 방정식에서의 변수는 입력 $u(t)$이고, 내부 변수는 $v_1(t), \cdots, v_p(t)$이고, $v_i(t)$의 도함수의 가장 높은 차수는 q_i이다. 그러면 상태 변수로

$$v_i(t), \dot{v}_i(t), \ddot{v}_i(t), \ldots, v_i^{(q_i-1)}(t) \qquad\qquad i = 1, 2, \ldots, p$$

를 선택할 수 있다. 이 경우에, 상태 변수의 총 개수는 $\sum_{i=1}^{p} q_i$이다.

일반적으로 $x_1(t)$, $x_2(t), \cdots$, $x_n(t)$로 명명되는 상태 변수가 선정된 후에, 이들 상태 변수를 벡터로 표현한다.

$$\boldsymbol{x}(t) = \begin{bmatrix} x_1(t) \\ x_2(t) \\ \vdots \\ x_n(t) \end{bmatrix} \in \mathbb{R}^n.$$

이 벡터를 **상태 벡터(state vector)**라 한다. 구별을 위해, 벡터(혹은 행렬)와 벡터 값(행렬 값)을 갖는 함수는 굵은 체를 사용하고, 스칼라와 스칼라 값을 갖는 함수는 일반 체를 사용한다. 혼합된 차수의 미분방정식 집합은 1차 미분방정식 집합과 대수방정식으로 변환할 수 있다.

$$\dot{\boldsymbol{x}}(t) = \boldsymbol{f}[\boldsymbol{x}(t), u(t), t] \tag{2.16}$$

$$y(t) = g[\boldsymbol{x}(t), u(t), t] \tag{2.17}$$

여기서, $u(t) \in \mathbb{R}$은 입력, $y(t) \in \mathbb{R}$은 출력을 나타낸다.

$$\boldsymbol{f}[\boldsymbol{x}(t), u(t), t] = \begin{bmatrix} f_1[\boldsymbol{x}(t), u(t), t] \\ f_2[\boldsymbol{x}(t), u(t), t] \\ \vdots \\ f_n[\boldsymbol{x}(t), u(t), t] \end{bmatrix} : \mathbb{R}^n \times \mathbb{R} \times \mathbb{R} \to \mathbb{R}^n$$

위의 식은 벡터 값을 갖는 함수이다.

$$g[\boldsymbol{x}(t), u(t), t] : \mathbb{R}^n \times \mathbb{R} \times \mathbb{R} \to \mathbb{R}$$

위의 식은 스칼라 값을 갖는 함수이다. 상태 변수의 수 n은 시스템의 **차수(order)**라고 한다. 1차 미분방정식 (2.16)의 집합은 시스템의 **상태 방정식(state equation)**이라 한다. 대수방정식 (2.17)은 시스템의 **출력 방정식(output equation)**이라 한다. 모두 시스템의 상태 공간 모델을 형성한다.

시스템은 항상 시간 $t=0$에서 시작한다고 가정한다. 즉 입력 $u(t)$는 초기시간 전의 값이 0인 한 방향 신호라고 가정한다. 미분방정식 (2.16)으로부터 상태벡터 $\boldsymbol{x}(t)$를 결정하기 위해 입력 $u(t)$만으로는 부족하다. 정의 2.1에 따라 상태 $\boldsymbol{x}(0)$의 초기 값이 또한 필요하다. 이 초기 값을 **초기조건(initial condition)**이라 한다. 표준 수학적 신호의 처리에 부응하기 위해 $\boldsymbol{x}(t)$를 한 방향 함수로 간주한다. 만일 초기조건이 0이 아니라면, $\boldsymbol{x}(t)$는 $t=0$에서 점프 불연속성을 가지며, 도함수 $\dot{x}(t)$는 임펄스 함수를 포함한다.

2.1 절에서 다룬 시스템의 모델들 중에서 능동 RLC 회로에 대한 모델은 이미 상태 공간형으로 표현하였다.

예제 2.2

이전 절에서 소개한 진자 시스템을 Newton의 제 2법칙을 이용하여, 입력 $\tau_i(t)$, 출력 $\theta(t)$을 갖는 미분 방정식 모델로 나타내면 다음과 같다.

$$ML^2\ddot{\theta}(t) = \tau_i(t) - MgL\sin\theta(t)]$$

$x_1(t) = \theta(t), x_2(t) = \dot{\theta}(t), u(t) = \tau_i(t), y(t) = \theta(t)$로 변경하면, 다음과 같은 상태 공간 모델을 구할 수 있다.

$$\begin{bmatrix} \dot{x}_1(t) \\ \dot{x}_2(t) \end{bmatrix} = \begin{bmatrix} x_2(t) \\ \dfrac{-MgL\sin x_1(t) + u(t)}{ML^2} \end{bmatrix}$$

$$y(t) = x_1(t)$$

여기서,

$$\begin{bmatrix} x_1(0) \\ x_2(0) \end{bmatrix} = \begin{bmatrix} \theta(0) \\ \dot{\theta}(0) \end{bmatrix}.$$

를 사용한다.

예제 2.3

자석 서스펜션 시스템은 다음과 같은 미분방정식모델을 갖는다.

$$
\begin{aligned}
Ri(t) + L\frac{di(t)}{dt} &= v(t) \\
M\frac{d^2y(t)}{dt^2} &= -K\frac{i^2(t)}{y(t)} + Mg.
\end{aligned}
$$

$x_1(t) = i(t), x_2(t) = y(t), x_3(t) = \dot{y}(t), u(t) = v(t)$로 선택하면, 상태 공간 모델을 얻는다.

$$
\begin{bmatrix} \dot{x}_1(t) \\ \dot{x}_2(t) \\ \dot{x}_3(t) \end{bmatrix} = \begin{bmatrix} \dfrac{u(t) - Rx_1(t)}{L} \\ x_3(t) \\ -\dfrac{Kx_1^2(t)}{Mx_2(t)} + g \end{bmatrix}
$$

$$
y(t) = x_2(t)
$$

여기서,

$$
\begin{bmatrix} x_1(0) \\ x_2(0) \\ x_3(0) \end{bmatrix} = \begin{bmatrix} i(0) \\ y(0) \\ \dot{y}(0) \end{bmatrix}.
$$

를 사용한다.

정의 2.4. 시스템이 선형 미분방정식으로 표현될 수 있으면, 특히 상태 공간 모델에서 함수 $\boldsymbol{f}$ 와 g가 $\boldsymbol{x}(t)$와 $u(t)$의 선형함수라면 **선형(linear)**이라 한다.

선형 시스템에 대해 상태 공간 모델은 다음과 같은 행렬 형태를 갖는다.

$$
\begin{aligned}
\dot{\boldsymbol{x}}(t) &= \boldsymbol{A}(t)\boldsymbol{x}(t) + \boldsymbol{b}(t)u(t) \\
y(t) &= \boldsymbol{c}(t)\boldsymbol{x}(t) + d(t)u(t)
\end{aligned}
$$

여기서, $\boldsymbol{A}(t) \in \mathbb{R}^{n \times n}$은 시간 t에 의존하는 $n \times n$ 행렬이고, $\boldsymbol{b}(t) \in \mathbb{R}^{n \times 1}$과 $\boldsymbol{c}(t) \in \mathbb{R}^{1 \times n}$ 은 각각 시간 t에 의존하는 행과 열 벡터이다. 예를 들어 2.1절에서 RLC 회로는 선형 시스템이고 상태 공간 식은 (2.7)과 (2.8)에서와 같이 이미 행렬형이다.

정리 2.5. (중첩 원리) 선형 시스템이 0의 초기조건을 갖는다고 가정한다. 만일 입력 $u_1(t)$에 의해 출력 $y_1(t)$이 나타나고, 입력 $u_2(t)$에 의해 출력 $y_2(t)$가 나타나면, 입력 $\alpha_1 u_1(t)+\alpha_2 u_2(t)$은 모든 $\alpha_1, \alpha_2 \in \mathbb{R}$에 대해 출력 $\alpha_1 y_1(t)+\alpha_2 y_2(t)$을 생성한다.

증명: 0의 초기 조건에서 입력 $u_1(t)$에 의해 출력 $y_1(t)$가 나타나고, 입력 $u_2(t)$에 의해 출력 $y_2(t)$가 나타나면, $\boldsymbol{x}_1(0)=0$, $\boldsymbol{x}_2(0)=0$을 갖고 다음을 만족하는 $\boldsymbol{x}_1(t)$와 $\boldsymbol{x}_2(t)$가 있다.

$$\begin{aligned}\dot{\boldsymbol{x}}_1(t) &= \boldsymbol{A}(t)\boldsymbol{x}_1(t) + \boldsymbol{b}(t)u_1(t)\\ y_1(t) &= \boldsymbol{c}(t)\boldsymbol{x}_1(t) + d(t)u_1(t)\end{aligned}$$

과

$$\begin{aligned}\dot{\boldsymbol{x}}_2(t) &= \boldsymbol{A}(t)\boldsymbol{x}_2(t) + \boldsymbol{b}(t)u_2(t)\\ y_2(t) &= \boldsymbol{c}(t)\boldsymbol{x}_2(t) + d(t)u_2(t).\end{aligned}$$

만일 각각 두 개의 상태 방정식과 두 개의 출력 방정식을 더하고, $u(t)=\alpha_1 u_1(t)+\alpha_2 u_2(t)$, $\boldsymbol{x}(t)=\alpha_1\boldsymbol{x}_1(t)+\alpha_2\boldsymbol{x}_2(t)$, $y(t)=\alpha_1 y_1(t)+\alpha_2 y_2(t)$라고 정의하면, $\boldsymbol{x}(0)=0$과 다음 식을 얻을 수 있다.

$$\begin{aligned}\dot{\boldsymbol{x}}(t) &= \boldsymbol{A}(t)\boldsymbol{x}(t) + \boldsymbol{b}(t)u(t)\\ y(t) &= \boldsymbol{c}(t)\boldsymbol{x}(t) + d(t)u(t).\end{aligned}$$

이는 $y(t)$가 0의 초기조건과 입력 $u(t)$를 가진 시스템의 출력임을 나타낸다.

정의 2.6. 상수계수를 갖는 미분방정식으로 표현될 수 있다면 특히 상태 공간 모델에서 함수 $\boldsymbol{f}$ 와 g가 명백하게 시간 t에 의존하지 않는다면 이 시스템은 **시불변(time-invariant)**이라 칭한다.

지금까지 고려된 실제 물리 시스템의 모든 예들은 시불변 시스템이다. **[증명 끝]**

정리 2.7. 시불변 시스템이 0의 초기조건을 갖는다고 가정한다. 또한 0 입력은 0 출력을 초래한다고 가정한다. 만일 입력 $u(t)$가 출력 $y(t)$를 초래한다고 하면, 모든 $\tau \geq 0$에 대해 입력 $u(t-\tau)$는 출력 $y(t-\tau)$를 초래한다.

모든 시불변(LTI) 시스템은 상태 공간 모델의 다음 형을 갖는다.

$$\begin{aligned}\dot{\boldsymbol{x}}(t) &= \boldsymbol{A}\boldsymbol{x}(t) + \boldsymbol{b}u(t)\\ y(t) &= \boldsymbol{c}\boldsymbol{x}(t) + du(t)\end{aligned}$$

여기서, $\boldsymbol{A} \in \mathbb{R}^{n \times n}$, $\boldsymbol{b} \in \mathbb{R}^{n \times 1}$, $\boldsymbol{c} \in \mathbb{R}^{1 \times n}$와 $d \in \mathbb{R}$는 상수 행렬이다.

예제 2.8

직류 모터 시스템은 선형 시불변 시스템이다. 실예로, 위치 제어 사례에서 $x_1(t) = i_a(t)$, $x_2(t) = \theta(t)$, $x_3(t) = w(t)$, $u(t) = v_a(t)$, $y(t) = \theta(t)$로 상태 변수, 입력변수, 출력 변수를 선택하면, 상태 공간 방정식은 다음과 같이 작성할 수 있다.

$$\begin{bmatrix} \dot{x}_1(t) \\ \dot{x}_2(t) \\ \dot{x}_3(t) \end{bmatrix} = \begin{bmatrix} -\dfrac{R_a}{L_a} & 0 & -\dfrac{K_b}{L_a} \\ 0 & 0 & 1 \\ \dfrac{K_t}{J} & 0 & -\dfrac{K_f}{J} \end{bmatrix} \begin{bmatrix} x_1(t) \\ x_2(t) \\ x_3(t) \end{bmatrix} + \begin{bmatrix} \dfrac{1}{L_a} \\ 0 \\ 0 \end{bmatrix} u(t)$$

$$y = \begin{bmatrix} 0 & 1 & 0 \end{bmatrix} \begin{bmatrix} x_1(t) \\ x_2(t) \\ x_3(t) \end{bmatrix}.$$

속도 제어의 사례에서, 만일 $x_1(t) = i_a(t)$, $x_2(t) = w(t)$, $u(t) = v_a(t)$, $y(t) = w(t)$로 선택하면, 다음과 같이 구할 수 있다.

$$\begin{bmatrix} \dot{x}_1(t) \\ \dot{x}_2(t) \end{bmatrix} = \begin{bmatrix} -\dfrac{R_a}{L_a} & -\dfrac{K_b}{L_a} \\ \dfrac{K_t}{J} & -\dfrac{K_f}{J} \end{bmatrix} \begin{bmatrix} x_1(t) \\ x_2(t) \end{bmatrix} + \begin{bmatrix} \dfrac{1}{L_a} \\ 0 \end{bmatrix} u(t)$$

$$y(t) = \begin{bmatrix} 0 & 1 \end{bmatrix} \begin{bmatrix} x_1(t) \\ x_2(t) \end{bmatrix}.$$

이 절의 나머지에서는 선형 시스템으로 비선형 시스템을 근사화하는 방법에 대해 학습한다. 이와 같은 절차를 **선형화(linearization)**라 한다.

그러나, 시불변 시스템에 대해서만 다루도록 할 것이다. 시스템이 상태 공간 모델로 표현된다고 가정한다.

$$\dot{\boldsymbol{x}}(t) = \boldsymbol{f}[\boldsymbol{x}(t), u(t)]$$
$$y(t) = g[\boldsymbol{x}(t), u(t)]$$

그리고, f 와 g는 연속미분가능 함수, 즉 $\boldsymbol{f}$ 와 g는 충분히 평탄한 함수라고 가정한다.

정의 2.9. 만일 다음 조건이 만족된다면 3중 상수벡터 $(u_0,\ \boldsymbol{x}_0,\ y_0) \in \mathbb{R}\times\mathbb{R}^n\times\mathbb{R}$을 시스템의 **동작점(operating point)**이라 칭한다.

$$0 = \boldsymbol{f}(\boldsymbol{x}_0, u_0)$$
$$y_0 = g(\boldsymbol{x}_0, u_0).$$

동작점의 물리적인 의미는 시스템이 초기조건 $\boldsymbol{x}_0$를 갖고 상수입력 u_0가 작용한다면, 상태와 출력은 모든 시간에서 각각 상수값 $\boldsymbol{x}_0$와 y_0를 유지할 것이다. 즉,

$$u(t) = u_0, \boldsymbol{x}(0) = \boldsymbol{x}_0 \Longrightarrow \boldsymbol{x}(t) = \boldsymbol{x}_0, y(t) = y_0.$$

$\boldsymbol{f}$ 와 g는 충분히 평탄하기 때문에, 다음과 같이 결론지을 수 있다.

$u(t) - u_0$와 $\boldsymbol{x}(0) - \boldsymbol{x}_0$는 작다 $\Rightarrow$ $\boldsymbol{x}(t) - \boldsymbol{x}_0$와 $y(t) - y_0$는 작다.

다음과 같이 표현한다.

$$\tilde{u}(t) = u(t) - u_0$$
$$\tilde{\boldsymbol{x}}(t) = \boldsymbol{x}(t) - \boldsymbol{x}_0$$
$$\tilde{y}(t) = y(t) - y_0.$$

$\boldsymbol{f}$ 와 g를 각각의 도함수로 대체한다.

$$\dot{\tilde{\boldsymbol{x}}}(t) = \left.\frac{\partial \boldsymbol{f}}{\partial \boldsymbol{x}}\right|_{\substack{\boldsymbol{x}=\boldsymbol{x}_0 \\ u=u_0}} \tilde{\boldsymbol{x}}(t) + \left.\frac{\partial \boldsymbol{f}}{\partial u}\right|_{\substack{\boldsymbol{x}=\boldsymbol{x}_0 \\ u=u_0}} \tilde{u}(t) + \text{high} - \text{order } terms$$

$$\tilde{y}(t) = \left.\frac{\partial g}{\partial \boldsymbol{x}}\right|_{\substack{\boldsymbol{x}=\boldsymbol{x}_0 \\ u=u_0}} \tilde{\boldsymbol{x}}(t) + \left.\frac{\partial g}{\partial u}\right|_{\substack{\boldsymbol{x}=\boldsymbol{x}_0 \\ u=u_0}} \tilde{u}(t) + \text{high} - \text{order } terms$$

여기서,

$$\frac{\partial \boldsymbol{f}}{\partial \boldsymbol{x}} = \begin{bmatrix} \frac{\partial f_1}{\partial x_1} & \cdots & \frac{\partial f_1}{\partial x_n} \\ \vdots & & \vdots \\ \frac{\partial f_n}{\partial x_1} & \cdots & \frac{\partial f_n}{\partial x_n} \end{bmatrix}, \quad \frac{\partial \boldsymbol{f}}{\partial u} = \begin{bmatrix} \frac{\partial f_1}{\partial u} \\ \vdots \\ \frac{\partial f_n}{\partial u} \end{bmatrix}, \quad \frac{\partial g}{\partial \boldsymbol{x}} = \begin{bmatrix} \frac{\partial g}{\partial x_1} & \cdots & \frac{\partial g}{\partial x_n} \end{bmatrix}.$$

$\tilde{u}(t)$, $\tilde{x}(t)$, $\tilde{y}(t)$가 작으므로, 고차항을 무시하고 다음의 선형 시스템으로 원 시스템을 근사화할 수 있다.

$$\begin{aligned} \dot{\tilde{\boldsymbol{x}}}(t) &= \boldsymbol{A}\tilde{\boldsymbol{x}}(t) + \boldsymbol{b}\tilde{u}(t) \\ \tilde{y}(t) &= \boldsymbol{c}\tilde{\boldsymbol{x}}(t) + d\tilde{u}(t) \end{aligned}$$

여기서,

$$\boldsymbol{A} = \left.\frac{\partial \boldsymbol{f}}{\partial \boldsymbol{x}}\right|_{\substack{\boldsymbol{x}=\boldsymbol{x}_0 \\ u=u_0}}, \qquad \boldsymbol{b} = \left.\frac{\partial \boldsymbol{f}}{\partial u}\right|_{\substack{\boldsymbol{x}=\boldsymbol{x}_0 \\ u=u_0}},$$

$$\boldsymbol{c} = \left.\frac{\partial g}{\partial \boldsymbol{x}}\right|_{\substack{\boldsymbol{x}=\boldsymbol{x}_0 \\ u=u_0}}, \qquad d = \left.\frac{\partial g}{\partial u}\right|_{\substack{\boldsymbol{x}=\boldsymbol{x}_0 \\ u=u_0}}.$$

이 선형 시스템을 처음 주어진 비선형 시스템의 **선형화된 시스템(linearized system)**이라 한다.

예제 2.10

자석 서스펜션 시스템은 상태 공간 방정식에 의해 표현된 비선형 시스템이다.

$$\begin{bmatrix} \dot{x}_1(t) \\ \dot{x}_2(t) \\ \dot{x}_3(t) \end{bmatrix} = \begin{bmatrix} \frac{u(t) - Rx_1(t)}{L} \\ x_3(t) \\ -\frac{x_1^2(t)}{Mx_2(t)} + g \end{bmatrix}$$

$$y(t) = x_2(t).$$

일반적인 제어문제는 일정 높이로 볼을 들어 올리고 그 높이에서 유지하고자 한다. 그러므로, $y(t) = y_0$를 갖는 동작점 근처에서 선형화하고자 한다.

동작점을 찾기 위해 다음 방정식을 푼다.

$$0 = \frac{u_0 - Rx_{10}}{L}$$
$$0 = x_{30}$$
$$0 = -\frac{x_{10}^2}{Mx_{20}} + g$$
$$y_0 = x_{20}.$$

방정식의 해는

$$u_0 = R\sqrt{Mgy_0}, \quad \begin{bmatrix} x_{10} \\ x_{20} \\ x_{30} \end{bmatrix} = \begin{bmatrix} \sqrt{Mgy_0} \\ y_0 \\ 0 \end{bmatrix}, \quad y_0 = y_0$$

이며, 이는 정상상태에서 높이 y_0에 볼을 유지하기 위해 코일에 상수 전압 $u(t) = R\sqrt{Mgyo}$ 를 인가할 필요가 있음을 의미한다. 동작점으로부터 입력, 상태, 그리고 출력변수의 편차를 다음과 같이 표현한다.

$$\tilde{u}(t) = u(t) - u_0 = u(t) - R\sqrt{Mgy_0}$$
$$\tilde{\boldsymbol{x}}(t) = \boldsymbol{x}(t) - \boldsymbol{x}_0 = \begin{bmatrix} x_1(t) - \sqrt{Mgy_0} \\ x_2(t) - y_0 \\ x_3(t) \end{bmatrix}$$
$$\tilde{y}(t) = y(t) - y_0.$$

이제, 편차변수의 선형화된 모델은

$$\dot{\tilde{\boldsymbol{x}}}(t) = \boldsymbol{A}\tilde{\boldsymbol{x}}(t) + \boldsymbol{b}\tilde{u}(t)$$
$$\tilde{y}(t) = \boldsymbol{c}\tilde{\boldsymbol{x}}(t) + d\tilde{u}(t)$$

이다. 여기서

$$\boldsymbol{A} = \left.\frac{\partial \boldsymbol{f}}{\partial \boldsymbol{x}}\right|_{\substack{\boldsymbol{x}=\boldsymbol{x}_0 \\ u=u_0}} = \begin{bmatrix} -\frac{R}{L} & 0 & 0 \\ 0 & 0 & 1 \\ -2\sqrt{\frac{g}{My_0}} & \frac{g}{y_0} & 0 \end{bmatrix}, \quad \boldsymbol{b} = \left.\frac{\partial \boldsymbol{f}}{\partial u}\right|_{\substack{\boldsymbol{x}=\boldsymbol{x}_0 \\ u=u_0}} = \begin{bmatrix} \frac{1}{L} \\ 0 \\ 0 \end{bmatrix},$$

$$\boldsymbol{c} = \left.\frac{\partial g}{\partial \boldsymbol{x}}\right|_{\substack{\boldsymbol{x}=\boldsymbol{x}_0 \\ u=u_0}} = \begin{bmatrix} 0 & 1 & 0 \end{bmatrix}, \qquad d = \left.\frac{\partial g}{\partial u}\right|_{\substack{\boldsymbol{x}=\boldsymbol{x}_0 \\ u=u_0}} = 0.$$

2.3 전달함수와 임펄스 응답

상태 공간 방정식으로 표현된 선형 시불변 시스템을 고려한다.

$$\dot{\boldsymbol{x}}(t) = \boldsymbol{A}\boldsymbol{x}(t) + \boldsymbol{b}u(t)$$
$$y(t) = \boldsymbol{c}\boldsymbol{x}(t) + du(t).$$

0의 초기 조건으로 Laplace 변환을 한다.

$$s\boldsymbol{X}(s) = \boldsymbol{A}\boldsymbol{X}(s) + \boldsymbol{b}U(s) \tag{2.18}$$
$$Y(s) = \boldsymbol{c}\boldsymbol{X}(s) + dU(s). \tag{2.19}$$

이제 시간 영역에서 미분방정식의 집합은 주파수 영역에서의 대수 방정식으로 변환된다. (2.18)–(2.19)에서 총 n+1개의 방정식이 있고, 입력 $U(s)$과 출력 $Y(s)$의 관계가 포함된 방정식을 얻기 위해 $\boldsymbol{X}(s)$에 있는 n개의 변수를 제거하는데 이 방정식을 사용할 수 있다. 선형대수는 이 과정을 포착하는 전형적인 방법을 제공한다.

(2.18)로부터

$$\boldsymbol{X}(s) = (s\boldsymbol{I} - \boldsymbol{A})^{-1}\boldsymbol{b}U(s).$$

을 얻는다.

(2.19)에 대입하면,

$$\frac{Y(s)}{U(s)} = \boldsymbol{c}(s\boldsymbol{I} - \boldsymbol{A})^{-1}\boldsymbol{b} + d,$$

을 얻는다. 즉, 입력의 Laplace 변환에 대한 출력의 Laplace 변환의 비는 입력에 독립적인 고정함수이다.

정의 2.11. 선형 시불변 시스템의 **전달함수(transfer function)**는 초기조건이 0일 때, 입력의 Laplace 변환에 대한 출력의 Laplace 변환의 비이다. 즉,

$$G(s) = \frac{Y(s)}{U(s)}.$$

예제 2.12

예제 2.8에서 다룬 직류 모터 시스템에 대해 고려한다. 위치 제어 사례에서, 전달함수는

$$\begin{aligned} G(s) &= \begin{bmatrix} 0 & 1 & 0 \end{bmatrix} \begin{bmatrix} s+\frac{R_a}{L_a} & 0 & \frac{K_b}{L_a} \\ 0 & s & -1 \\ -\frac{K_t}{J} & 0 & s+\frac{K_f}{J} \end{bmatrix}^{-1} \begin{bmatrix} \frac{1}{L_a} \\ 0 \\ 0 \end{bmatrix} \\ &= \frac{K_t/(L_aJ)}{s(s+R_a/L_a)(s+K_f/J)+K_tK_b/(L_aJ)s} \\ &= \frac{K_t}{L_aJs^3+(R_aJ+K_fL_a)s^2+(R_aK_f+K_tK_b)s}. \end{aligned}$$

이다.

3×3 행렬의 역수를 계산하는 것이 어렵다고 느낄 수 있으나 전달함수를 만들 때 두 번째 열과 첫 번째 행에 있는 요소를 제외한 모든 요소는 0이 곱해지므로 두 번째 열과 첫 번째 행에 있는 요소의 역수만을 계산하면 되므로 계산은 상당히 간단하게 된다. 물론, 한 요소만의 계산은 역수계산에서 모든 요소의 계산보다 많이 간단하다. 속도 제어 사례에서, 전달함수는

$$\begin{aligned} G(s) &= \begin{bmatrix} 0 & 1 \end{bmatrix} \begin{bmatrix} s+\frac{R_a}{L_a} & \frac{K_b}{L_a} \\ -\frac{K_t}{J} & s+\frac{K_f}{J} \end{bmatrix}^{-1} \begin{bmatrix} \frac{1}{L_a} \\ 0 \end{bmatrix} \\ &= \frac{K_t/(L_aJ)}{(s+R_a/L_a)(s+K_f/J)+K_tK_b/(L_aJ)} \\ &= \frac{K_t}{L_aJs^2+(R_aJ+K_fL_a)s+(R_aK_f+K_tK_b)}. \end{aligned}$$

이다.

상태 변수의 개수가 작은 시스템에 대해서는 상태 공간 모델 (2.18)과 (2.19)의 Laplace 변환을 직접 수행하여 전달함수를 구하는 것이 더 편리할 수도 있다. 예제로 속도 제어 사례에서 상태 공간 모델의 Laplace 변환은 다음과 같다.

$$\begin{aligned} sX_1(s) &= -\frac{R_a}{L_a}X_1(s) - \frac{K_b}{L_a}X_2(s) + \frac{1}{L_a}U(s) \\ sX_2(s) &= \frac{K_t}{J}X_1(s) - \frac{K_f}{J}X_2(s) \\ Y(s) &= X_2(s). \end{aligned}$$

두 번째 식에서 $X_1(s)$를 첫 번째 식에 대입하고, 세 번째 식에서 $Y(s)=X_2(s)$라고 하면, 다음과 같은 식을 얻는다.

$$\left[\frac{J}{K_t}\left(s+\frac{R_a}{L_a}\right)\left(s+\frac{K_f}{J}\right)+\frac{K_b}{L_a}\right]Y(s)=\frac{1}{L_a}U(s).$$

그 결과로

$$G(s)=\frac{Y(s)}{U(s)}=\frac{K_t}{L_aJs^2+(R_aJ+K_fL_a)s+(R_aK_f+K_tK_b)},$$

행렬 역수로 구한 결과와 같다.

예제 2.13

자석 서스펜션 시스템인 예제 2.10을 고려한다. 선형화된 모델의 전달함수는 다음과 같다.

$$\begin{aligned}G(s)&=\begin{bmatrix}0 & 1 & 0\end{bmatrix}\begin{bmatrix}s+\frac{R}{L} & 0 & 0\\ 0 & s & -1\\ 2\sqrt{\frac{g}{My_0}} & -\frac{g}{y_0} & s\end{bmatrix}^{-1}\begin{bmatrix}\frac{1}{L}\\ 0\\ 0\end{bmatrix}\\ &=\frac{-2\sqrt{\frac{g}{My_0}}\frac{1}{L}}{\left(s+\frac{R}{L}\right)\left(s^2-\frac{g}{y_0}\right)}=\frac{-2\sqrt{gy_0}}{\sqrt{M}(Ls+R)(y_0s^2-g)}.\end{aligned}$$

상태 공간 모델을 갖는 선형 시불변 시스템의 전달함수는 항상 두 다항식의 비다.

$$G(s)=\frac{b(s)}{a(s)}$$

여기서 $b(s)$는 분자다항식이라 칭하고, $a(s)$는 분모다항식이라 칭한다. 다항식 $b(s)$와 $a(s)$는 **서로소(coprime)**, 즉 동일한 인자를 갖지 않는다고 가정한다.

두 다항식의 비를 **유리함수(rational function)**라고 한다. 그러므로 상태 공간 모델을 갖는 선형 시불변 시스템의 전달함수는 유리함수이다. 다음의 한 형으로 전달함수 혹은 임의의 유리함수를 주로 표시한다.

$$G(s)=\frac{b_0s^m+b_1s^{m-1}+\cdots+b_m}{a_0s^n+a_1s^{n-1}+\cdots+a_n}$$

혹은

$$G(s)=K\frac{(s-z_1)(s-z_2)\cdots(s-z_m)}{(s-p_1)(s-p_2)\cdots(s-p_n)}.$$

첫 번째 형을 **비인수 분해형(unfactored form)**이라 칭하고, 두 번째 형을 **인수 분해형(factored form)**이라 한다. 여기서 $b(s)$의 근인 $z_1, z_2, \cdots, z_m$을 $G(s)$의 **영점(zeros)**이라 칭하고, $a(s)$의 근인 $p_1, p_2, \cdots, p_n$, 을 $G(s)$의 **극점(poles)**이라 칭한다. K를 $G(s)$의 **(고주파수)이득(high frequency gain)**이라 칭한다. 이 인수분해형을 **영점-극점-이득 형(zero-pole-gain form)**이라 칭한다.

몇 가지 추가적인 정의가 필요하다. 만일 $\deg b(s) \leq \deg a(s)$ 혹은 같은 의미로 $|G(\infty)| \leq \infty$ 라면 전달함수나 시스템 $G(s)$는 **고유(proper)**하다고 말한다. 만일 $\deg b(s) < \deg a(s)$ 혹은 같은 의미로 $G(\infty) = 0$ 라면 **완전 고유(strictly proper)**하다고 말한다. 만일 $\deg b(s) = \deg a(s)$ 혹은 같은 의미로 $0 \neq |G(\infty)| \neq \infty$ 라면 **양측 고유(bi-proper)**하다고 말한다. 상태 공간 모델로부터 구한 전달함수는 항상 고유하지만 때때로 비정상적인 사례에서 비고유 전달함수가 나타난다. 고유 전달함수에서 차이 $\deg a(s) - \deg b(s)$를 $G(s)$의 **상대차수(relative degree)**라고 칭하고, $\deg a(s)$를 $G(s)$의 **차수(order)**라 한다. $G(0)$를 $G(s)$의 **직류 이득(DC gain)**이라 칭한다. (고주파수) 이득과 직류 이득 사이의 차이를 주의한다.

상태 공간 모델의 전달함수에서

$$G(s) = \boldsymbol{c}(s\boldsymbol{I} - \boldsymbol{A})^{-1}\boldsymbol{b} + d = \frac{\boldsymbol{c}\,\mathrm{adj}(s\boldsymbol{I} - \boldsymbol{A})\,\boldsymbol{b}}{\det(s\boldsymbol{I} - \boldsymbol{A})} + d$$

여기서 adj는 행렬의 수반 행렬(부록 B 참고)를 의미한다. 만일 위의 분자와 분모에 공통인수가 없다면, $a(s) = \det(s\boldsymbol{I} - \boldsymbol{A})$, 즉 $a(s)$는 행렬 $\boldsymbol{A}$의 특성다항식이고, 시스템의 극점은 $\boldsymbol{A}$의 고유값이다. 만일 위의 분자와 분모에 공통인수가 있다면, $a(s)$는는 단지 $\det(s\boldsymbol{I} - \boldsymbol{A})$의 인자이고, 시스템의 극점은 $\boldsymbol{A}$의 고유값의 일부이다. 이 경우에 $\boldsymbol{A}$의 고유값의 일부는 전달함수 $G(s)$의 극점으로 나타나지 않는다. 이 들은 전달함수로부터 숨겨지므로 **숨은 극점(hidden poles)**이라 칭한다. 이는 비정상적인 현상으로 문제가 되기 쉽다. 이 경우에 각별한 주의가 요구된다. 앞으로의 내용에서는 이와 같은 일이 발생하지 않는다고 가정할 것이다.

MATLAB에서 다항식

$$p(s) = p_0 s^n + p_1 s^{n-1} + \cdots + p_n$$

을 벡터

$$\boldsymbol{p} = [\ p_0 \quad p_1 \quad \cdots \quad p_n\ ].$$

로 나타낼 수 있다.

p(s)의 근을 찾기 위해 명령을 입력한다

```
>> roots(p)
```

가끔 다항식의 합과 곱을 계산할 필요가 있다. 다음에 대해

$$p(s) = s^3 + 2s^2 + 3s + 4, \quad q(s) = 5s + 6.$$

MATLAB에서 표현하면,

```
>>p=[1 2 3 4];
>>q=[5 6];
```

그러나, 다음 명령의 어느 것에서도

```
>>p+q
>>p*q
```

원하는 결과를 얻을 수 없다. 이유는 첫째 두 벡터가 동일한 차원을 가져야 하며, 둘째 일반적으로 전혀 정의되지 않았기 때문이다. 다항식 덧셈을 위해 동일한 차원을 갖도록 충분한 0을 사용하여 p나 q를 증가시켜야 한다. 위의 예제에서 다음과 같이 해야 한다.

```
>>p+[0 0 q];
```

다항식 곱셈을 위해 명령어 "conv"를 사용해야 한다.

```
>>conv(p,q)
```

이와 같은 일들이 불편하고 반직관적임을 알 수 있다. 2.6절에서 MATLAB에서 다항식을 표현하고 운영하는 다른 방법을 제시할 것이다.

선형 시불변 시스템의 전달함수 $G(s)$가 입력 Laplace 변환 $U(s)$에 대한 출력 Laplace 변환 $Y(s)$의 비이므로, 만일 $U(s)$=1, 즉 $u(t) = \delta(t)$ 라면 $Y(s) = G(s)$이고 $y(t) = \mathcal{L}^{-1}[G(s)] = g(t)$이다. 그러므로 $g(t)$로 표현되는 $G(s)$의 Laplace 역변환을 **임펄스 응**답이라 칭한다.

2.4 블록선도 단순화

상호 연결된 시스템을 블록선도로 편리하게 표현할 수 있다. 예로 앞 절의 시스템 $Y(s) = G(s)U(s)$는 그림 2.9과 같이 블록선도를 사용하여 표현한다.

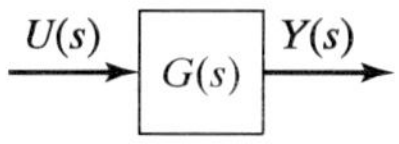

그림 2.9 블록선도 표현

블록선도는 여러 부 시스템의 조합으로 구성된 복잡한 시스템을 다룰 때 특히 유용하다. 표 2.1의 등가관계를 사용하여 단순화할 수 있다.

복잡한 시스템이 블록선도를 통해 어떻게 단순화되는지를 알아본다.

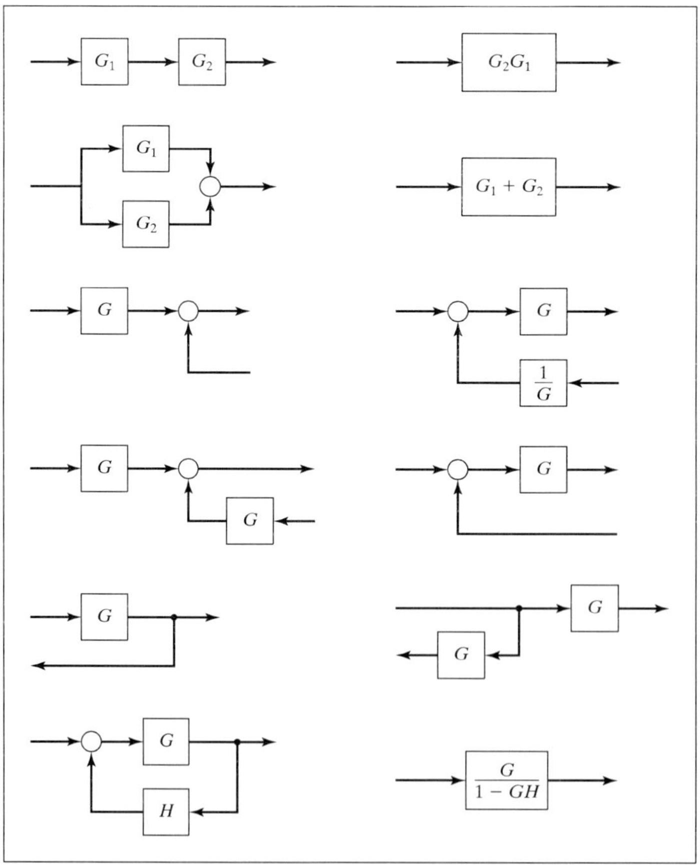

표 2.1 등가 블록선도

예제 2.14

그림 2.10에 나타낸 단순 피드백 시스템을 고려한다. r과 y사이의 관계를 알기 위해 모든 식을 작성한다.

$$Y(s) = P(s)U(s), \quad U(s) = C(s)E(s), \quad E(s) = F(s)R(s) - H(s)Y(s).$$

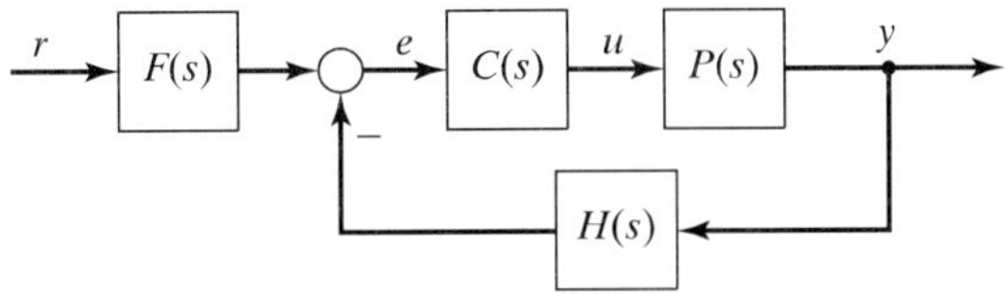

그림 2.10 단순 피드백 시스템

중간변수 $E(s)$와 $U(s)$를 제거하고 다음의 식을 얻는다.

$$Y(s) = P(s)C(s)\left[F(s)R(s) - H(s)Y(s)\right].$$

따라서 $Y(s)$에 대해 정리하면 다음과 같다.

$$Y(s) = \frac{P(s)C(s)F(s)}{1 + P(s)C(s)H(s)}R(s)$$

즉, $R(s)$로부터 $Y(s)$로의 최종적인 전달함수는 다음과 같다.

$$\frac{Y(s)}{R(s)} = \frac{P(s)C(s)F(s)}{1 + P(s)C(s)H(s)}.$$

예제 2.15

그림 2.11에 나타낸 피드백 제어시스템을 고려한다. 간략한 표현을 위해 전달함수 표기에서 변수 s는 생략하였다.

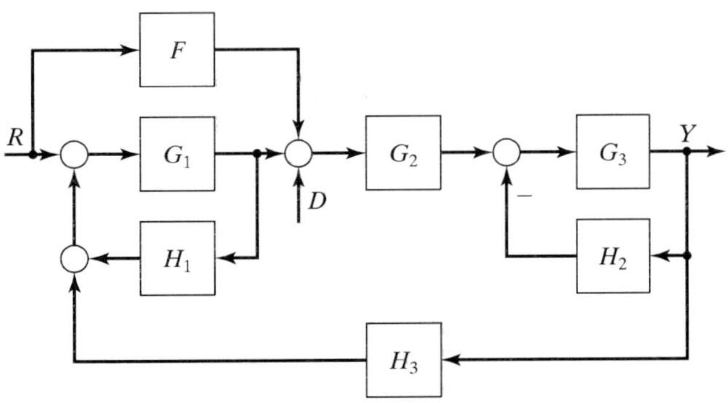

그림 2.11 예제 2.15의 원형 선도

R로부터 Y로의 전달함수를 계산한다. 따라서, D=0이라고 가정하고, 우선 $G_1 \to H_1 \to G_1$ 루프와 $G_3 \to H_2 \to G_3$ 루프인 두 개의 내부 루프를 닫아 그림 2.12의 블록선도가 되도록 블록선도를 단순화 한다. 그리고, 그림 2.13의 블록선도를 얻기 위해 첫 번째 합류점을 두 번째 합류점의 위치로 이동한다. 마지막으로 루프를 닫아 얻게 되는 식은 다음과 같다.

$$\frac{Y}{R} = \left(F + \frac{G_1}{1 - G_1 H_1}\right) \frac{\dfrac{G_2 G_3}{1 + G_3 H_2}}{1 - \dfrac{G_2 G_3}{1 + G_3 H_2} \dfrac{G_1 H_3}{1 - G_1 H_1}}$$
$$= \frac{G_2 G_3 (F - F G_1 H_1 + G_1)}{1 - G_1 H_1 + G_3 H_2 - G_1 G_3 H_1 H_2 - G_1 G_2 G_3 H_3}.$$

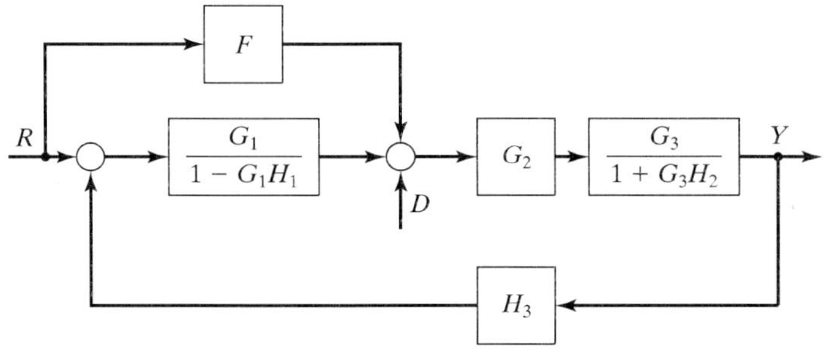

그림 2.12 내부루프가 닫힌 예제 2.15의 블록선도

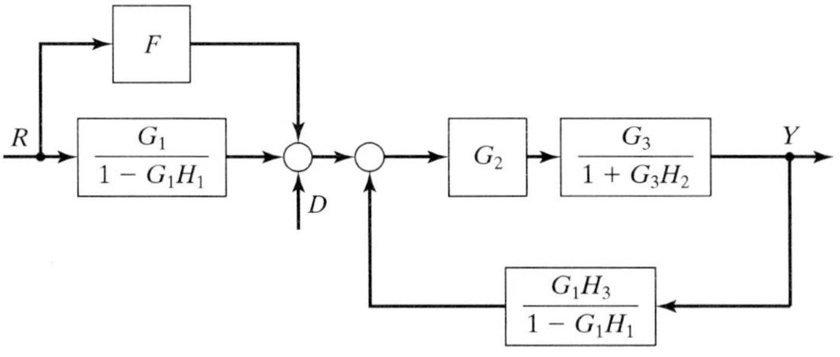

그림 2.13 예제 2.15의 더욱 간략화된 블록선도

또한 D로부터 Y로의 전달함수를 다음과 같이 구한다.

$$\frac{Y}{D} = \frac{\dfrac{G_2 G_3}{1 + G_3 H_2}}{1 - \dfrac{G_2 G_3}{1 + G_3 H_2} \dfrac{G_1 H_3}{1 - G_1 H_1}}$$
$$= \frac{G_2 G_3 (1 - G_1 H_1)}{1 - G_1 H_1 + G_3 H_2 - G_1 G_3 H_1 H_2 - G_1 G_2 G_3 H_3}.$$

일반적으로 블록선도는 표 2.1에 나타낸 바와 같이 블록선도 대수를 사용하여 항상 간략화 할 수 있다.

2.5 전달함수 모델링

서로 복잡하게 연결된 선형 시불변 시스템의 모델링은 부 시스템의 전달함수를 알 수 있는 경우에 전달함수와 블록선도를 사용하여 Laplace 변환 영역에서 수행할 수 있다.

이 과정을 알아보기 위해 그림 2.7에 보인 부하 토크를 가진 전기자 제어 직류 모터를 살펴 본다. 부하는 각가속도에 비례하는 관성 토크와 각속도에 비례하는 마찰 토크를 포함할 뿐만 아니라 각위치, 각속도, 및 각가속도에 의존하지 않는 0이 아닌 시변 토크 $\tau_d(t)$를 포함한다. 이와 같은 시스템은 전기, 자기, 기계 부 시스템이 상호 연결된 시스템으로 간주될 수 있다.

우선, 전기 부분에서 주목하면, 다음 식을 갖는다.

$$I_a(s) = \frac{1}{L_a s + R_a}[V_a(s) - V_b(s)]. \tag{2.20}$$

그리고, 모터에 의해 발생된 토크는 다음과 같이 주어진다.

$$T_m(s) = K_t I_a(s). \tag{2.21}$$

역기전력 전압은 다음과 같음을 알 수 있다.

$$V_b(s) = K_b \Omega(s). \tag{2.22}$$

기계 부분은 관계

$$\Omega(s) = \frac{1}{Js + K_f}[T_m(s) - T_d(s)] \tag{2.23}$$

와

$$\Theta(s) = \frac{1}{s}\Omega(s)$$

의 관계를 가지며, 여기서 $T_d(s)$는 가능한 부하 토크의 Laplace 변환이다. 모든 이들 식을 조합하면 전체 시스템의 블록선도가 그림 2.14와 같다는 것을 알 수 있다.

블록선도를 단순화하면 다음과 같다.

$$\Theta(s) = \frac{1}{s[L_a s + R_a)(J_s + K_f) + K_t K_b}[K_t \quad -(L_a s + R_a)]\begin{bmatrix} V_a(s) \\ T_d(s) \end{bmatrix}.$$

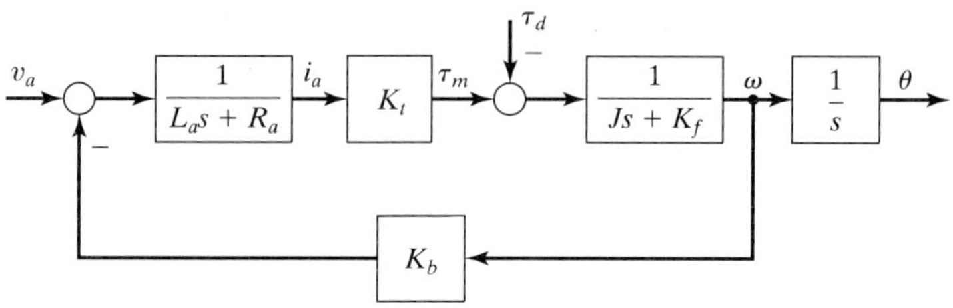

그림 2.14 전기자 제어 직류 모터의 블록선도

또 다른 예제는 그림 2.15에 나타낸 필드 제어 직류 모터이다. 필드 제어 직류 모터는 전기자 제어 직류 모터와 동일한 구조를 가진다. 차이점은 필드 제어 사례에서는 전기자 전류 $i_a(t)$가 일정하게 설정되지만 필드 회로는 변하는 토크를 제어하기 위해 사용된다. 이 경우에 토크는 필드 전류와 다음과 같이 관련이 되며

$$\tau_m(t) = K_t i_f(t) \tag{2.24}$$

여기서, $i_f(t)$는 필드 전류이다. Laplace 영역에서 다음 식을 가지며

$$T_m(s) = K_t I_f(s) \tag{2.25}$$

여기서 $I_f(s)$는 $i_f(t)$의 Laplace 변환이다.

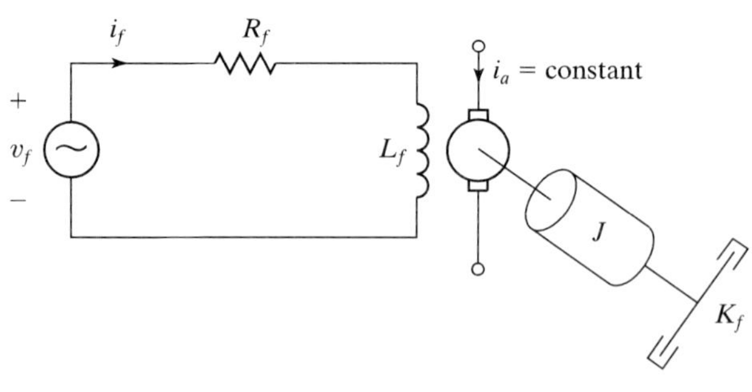

그림 2.15 필드 제어 직류 모터 시스템

필드 전류는 필드 회로를 통해 필드 전압에 의해 생성되고, 다음 방정식을 만족한다.

$$v_f(t) = L_f \frac{di_f(t)}{dt} + R_f i_f(t) \tag{2.26}$$

여기서, $i_f(t)$는 필드 전류이다. Laplace 변환의 항으로 다음과 같이 주어진다.

$$\frac{I_f(s)}{V_f(s)} = \frac{1}{L_f s + R_f}. \tag{2.27}$$

식 (2.23), (2.25)와 (2.27)를 조합하면, 다음 식을 얻는다.

$$\Theta(s) = \frac{1}{(L_f s + R_f)(Js + K_f)s} \begin{bmatrix} K_t & -(L_f s + R_f) \end{bmatrix} \begin{bmatrix} V_f(s) \\ T_d(s) \end{bmatrix}.$$

이 시스템에 대한 상호 연결 블록선도를 그림 2.16에 나타낸다.

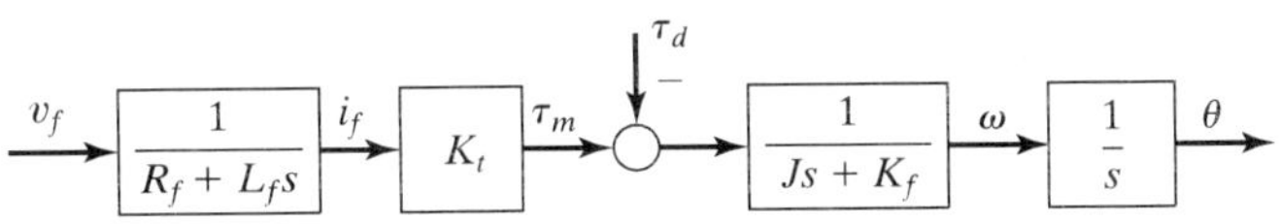

그림 2.16 필드 제어 직류 모터의 블록선도

2.6 선형 시불변 시스템의 MATLAB 사용

MATLAB 제어 시스템 도구 상자에서 시스템은 상태 공간 모델 혹은 전달함수 모델에 관계없이 단일 변수로 표현될 수 있다. 다음과 같이 자체의 상태 공간 모델로 표현된 시스템을 갖는다고 가정하고 이를 F 라고 한다.

$$\dot{\boldsymbol{x}}(t) = \begin{bmatrix} 0 & 1 \\ -1 & -2 \end{bmatrix} \boldsymbol{x}(t) + \begin{bmatrix} 0 \\ 1 \end{bmatrix} u(t)$$
$$y(t) = \begin{bmatrix} 2 & 1 \end{bmatrix} \boldsymbol{x}(t)$$

그리고 다음순서의 명령에 의해 상태 공간 표현으로 변수 F를 지정한다.

```
>>A=[ 0 1; -1 -2];

>>B=[0 ; 1];

>>C=[2 1];

>>D=0;
```

```
>>F=ss(A, B,C,D);
```

자체의 전달함수 모델로 표현된 시스템을 갖는다고 가정하고

$$\frac{s+2}{s^2+2s+1}$$

이를 G라고 한다. 그리고 다음순서의 명령에 의해 전달함수 표현으로 변수 G를 지정한다.

```
>>num=[1 2];
>>den=[1 2 1];
>>G=tf(num,den);
```

시스템의 다른 표현은 한 표현에서 다른 표현으로 쉽게 변경할 수 있다. 명령

```
>>F=tf(F);
```

는 상태 공간에서 전달함수로 F의 표현을 변경한다. 이렇게 함으로써, 동일한 전달함수를 가지므로 F와 G가 실제로 동일한 시스템임을 알 수 있다. 또한 명령

```
>>G=ss(G);
```

는 전달함수에서 상태 공간으로 G의 표현을 변경한다. 그러나 G와 F가 동일한 전달함수를 가지고 있더라도 원래 F와 동일한 상태 공간 표현을 얻을 필요는 없다. 이는 하나의 시스템이 다른 상태 공간 표현을 가질 수 있기 때문이다. 이제 F는 전달함수 형이다. 다음을 실행한다.

```
>>F=ss(F);
```

F의 이 상태 공간 표현이 F의 최초의 상태 공간 표현과 다르다는 것을 발견할 것이지만, 변환으로부터 얻은 G의 상태 공간 표현과 실제로는 동일하다. 이는 상태 공간 표현으로 전달함수의 실행에 의해 컴퓨터 프로그램이 많은 가능한 표현 중에서 상태 공간 표현의 특별한 기준형을 선택하기 때문이다. 만일 바로 그 최초의 상태 공간 표현이 이 기준형이 아니라면, 상태 공간에서 전달함수로 전달함수에서 상태 공간으로 변환이 동일한 결과를 제공하지 않을 것이다. F의 최초의 상태 공간 표현이 "ss"에서 "tf"로 변환 후에 영원히 손실되게 된다.

상태 공간형이나 전달함수형을 갖는 시스템 F에 대해, 명령

```
>> [A, B, C, D]=ssdata(F);
>> [num,den]=tfdata(F);
```

은 각각 자체의 상태 공간 표현의 매개변수 행렬들과 자체의 전달함수의 분자와 분모 계수들을 돌려준다. 주어진 전달함수에 대해 상태 공간 모델의 비유일함 때문에, 만일 F가 전달함수형이라면 첫 번째 명령이 어떤 선택을 수행할지를 걱정하게 될 것이다. 명령 "ss(F)"에 의해 선택된 것과 동일한 기준형이 또한 여기서 선택되는 결과가 된다.

선형 시불변 시스템 변수의 사용은 많은 편리성을 가져온다. 시스템 F의 극점과 영점을 찾기 위해 전달함수 $F(s)$의 분자와 분모다항식을 계산하고 명령 "roots"를 사용하는 대신 간단히

```
>>pole(F);
```

와

```
>>zero(F);
```

로 할 수 있다.
여기서 F의 실제 형은 중요하지 않다. 시스템의 합과 곱을 계산하기 위해 간단히 실행할 수 있다.

```
>>F+G
```

와

```
>>F*G
```

여기서 F와 G는 다른 형을 가질 것이다. 다음 명령은 분명한 의미를 갖는다.

```
>>F-G
```

와

```
>>F/G
```

마지막 연산을 수행할 때, G가 완전 고유이고 F나 G가 상태 공간형이면 완적 고유 시스템의 역은 상태 공간 시스템으로 표현될 수 없기 때문에 문제가 될 것이다. 그럼에도 불구하고 만일 $G(s)=0$이 아니면서 F와 G가 모두 전달함수형이라면 문제가 되지 않을 것이다. 두 시스템의 피드백 연결은 쉽게 계산된다.

```
>> feedback(F,G)
```

은

$$\frac{F}{1+FG}$$

을 계산하고

```
>> feedback(F,G,1)
```

은

$$\frac{F}{1-FG}.$$

을 계산한다.

선형 시불변 시스템 변수들은 단순히 분모다항식으로 1을 갖는 전달함수로 해석함으로써 다항식을 표현하고 연산하기 위한 다른 방법을 제공한다. 이 사례에서 덧셈과 곱셈 같은 다항식 연산은 고유 언어(우리가 사용하는 언어)에 가까운 방법으로 행해질 수 있다. 다시 예제로

$$p(s) = s^3 + 2s^2 + 3s + 4, \quad q(s) = 5s + 6$$

를 선택한다. 명령

```
>> p=tf([1 2 3 4], 1);
>> q=tf([5 6], 1);
```

는 분모, 즉 분모다항식으로 1를 갖는 적절한 전달함수가 되도록 p와 q를 지정한다. 덧셈과 곱셈은 벡터 곱에 의해 초래되는 차원 호환성과 복잡성에 대한 걱정 없이 다음과 같은 자연스러운 방법으로 행해질 수 있다.

```
>> p+q
>> p*q
```

2.7 시스템 시뮬레이션 및 실행

미분 방정식을 사용하여 물리 시스템을 어떻게 모델링 하는지, 그리고 이 모델을 전달함수로 어떻게 변환하는지를 살펴보았다. 많은 경우에서 역 과정을 필요로 하는데, 예로 시스템 시뮬레이션에서 시스템의 동작을 관찰하기 위해 주어진 전달함수를 이용하여 물리 시스템을 만들어야 하는 상황이 발생 할 수 있다. 또한, 제어를 위한 피드백 루프를 구성하기 위해 설계된 제어기 전달함수로부터 물리적 제어기를 만들어야 하는 상황도 있다. 주어진 전달함수를 사용하여 실제 물리 시스템을 만드는 과정을 **구현(realization)**라 칭한다. 물리적 요소와 시스템의 구성과 구조가 다양하게

고려될 수 있기 때문에, 물리 시스템으로부터 전달함수를 찾는 모델링 과정과 달리 역 구현 과정은 매우 다양하다. 최근 이런 과정은 컴퓨터 소프트웨어에 의해 많이 이루어지지만, 하드웨어 요소를 사용하는 전통적인 방법이 아직 이론적으로 가치가 있다. 이와 같은 시스템 시뮬레이션과 실행의 대부분에 연산증폭기 회로가 사용된다.

2.7.1 하드웨어 시뮬레이션과 실행

고유의 n차의 전달함수로 주어지는 시스템을 고려하자.

$$G(s) = \frac{b(s)}{a(s)} = \frac{b_0 s^n + b_1 s^{n-1} + \cdots + b_n}{a_0 s^n + a_1 s^{n-1} + \cdots + a_n}, \quad a_0 \neq 0.$$

그림 2.17에 나타낸 연산증폭기 회로가 $G(s)$의 구현이다. 이를 보이기 위해 다음식을 주목하자.

$$a_0 x^{(n)}(t) = -a_1 x^{(n-1)}(t) - \cdots - a_n x(t) + u(t).$$

0의 초기조건으로 Laplace 변환을 수행하면 다음과 같이 표현된다.

$$a_0 s^n X(s) = -a_1 s^{n-1} X(s) - \cdots - a_n X(s) + U(s).$$

이 식은 다음과 같이 단순화 된다.

$$a(s)X(s) = U(s).$$

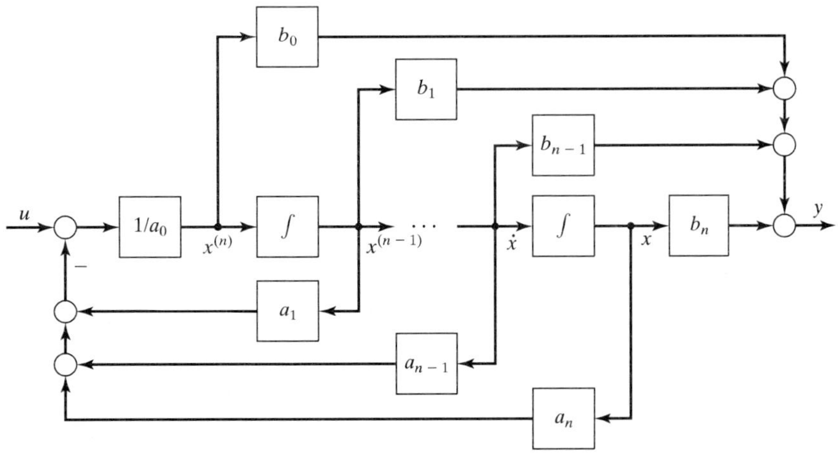

그림 2.17 제어기 형 구현

또한

$$y(t) = b_0 x^{(n)}(t) + b_1 x^{(n-1)}(t) + \cdots + b_n x(t).$$

을 주목하자.

0의 초기조건으로 Laplace 변환을 수행하면

$$Y(s) = b_0 s^n X(s) + b_1 s^{n-1} X(s) + \cdots + b_n X(s) = b(s)X(s).$$

을 얻는다.

그러므로

$$\frac{Y(s)}{U(s)} = \frac{b(s)}{a(s)}.$$

이 구현을 **제어기 형 구현(controller form realization)**이라 한다.

그림 2.17의 연산증폭기 회로는 고유상태 공간 모델을 갖는다. 만일 적분기에 숨겨진 커패시터를 가로지르는 전압을 지정하는 전통을 따른다면 상태벡터는

$$\boldsymbol{x}(t) = \begin{bmatrix} x^{(n-1)}(t) \\ \vdots \\ \dot{x}(t) \\ x(t) \end{bmatrix}.$$

이 된다.

해당하는 상태 공간 모델은 다음과 같다.

$$\dot{\boldsymbol{x}}(t) = \begin{bmatrix} -\frac{a_1}{a_0} & \cdots & -\frac{a_{n-1}}{a_0} & -\frac{a_n}{a_0} \\ 1 & \cdots & 0 & 0 \\ \vdots & \ddots & \vdots & \vdots \\ 0 & \cdots & 1 & 0 \end{bmatrix} \boldsymbol{x}(t) + \begin{bmatrix} \frac{1}{a_0} \\ 0 \\ \vdots \\ 0 \end{bmatrix} u(t)$$

$$y(t) = \begin{bmatrix} b_1 - b_0\frac{a_1}{a_0} & \cdots & b_{n-1} - b_0\frac{a_{n-1}}{a_0} & b_n - b_0\frac{a_n}{a_0} \end{bmatrix} \boldsymbol{x}(t) + \frac{b_0}{a_0} u(t).$$

물론 이 상태 공간 모델은 주어진 전달함수와 정확히 동일한 전달함수를 제공한다.

동일한 시스템의 다른 구현은 그림 2.18에 나타낸 회로에 의해 주어진다. 이를 보이기 위해 다음 식을 주목할 필요가 있다.

$$
\begin{aligned}
a_0 y(t) &= x_1(t) + b_0 u(t) \\
\dot{x}_1(t) &= x_2(t) - a_1 y(t) + b_1 u(t) \\
&\vdots \\
\dot{x}_{n-1}(t) &= x_n(t) - a_{n-1} y(t) + b_{n-1} u(t) \\
\dot{x}_n(t) &= -a_n y(t) + b_n u(t).
\end{aligned}
$$

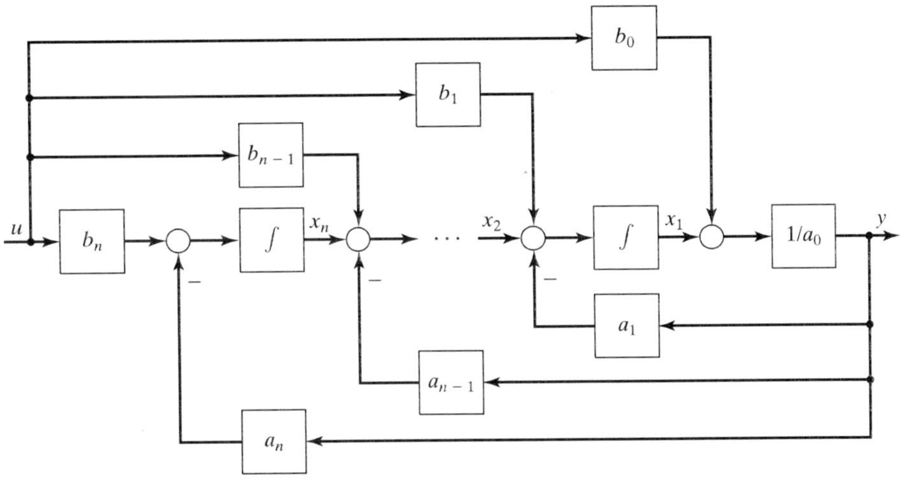

그림 2.18 관측기 형 구현

0의 초기조건으로 Laplace 변환을 수행하면

$$
\begin{aligned}
a_0 Y(s) &= X_1(s) + b_0 U(s) \\
sX_1(s) &= X_2(s) - a_1 Y(s) + b_1 U(s) \\
&\vdots \\
sX_{n-1}(s) &= X_n(s) - a_{n-1} Y(s) + b_{n-1} U(s) \\
sX_n(s) &= -a_n Y(s) + b_n U(s).
\end{aligned}
$$

을 얻는다.

위의 식을 각각 s^n, s^{n-1}, ⋯, s, 1로 곱하고, 이들을 모두 더하면, 변수 $X_1(s)$,⋯, $X_n(s)$이 모두 제거되고 결과 식은 다음과 같다.

$$a(s)Y(s) = b(s)U(s).$$

또한 다음과 같이 정리 할 수 있다.

$$\frac{Y(s)}{U(s)} = \frac{b(s)}{a(s)}.$$

이 구현을 **관측기 형 구현(observer form realization)**이라 한다. 이 구현은 또한 상태 공간 모델을 갖는다. 상태 변수로 커패시터를 가로지르는 전압을 다시 지정한다. 그러면 상태벡터는 다음과 같이 표현된다.

$$\boldsymbol{x}(t) = \begin{bmatrix} x_1(t) \\ x_2(t) \\ \vdots \\ x_n(t) \end{bmatrix}.$$

해당하는 상태 공간 모델은 다음과 같다.

$$\dot{\boldsymbol{x}}(t) = \begin{bmatrix} -\dfrac{a_1}{a_0} & 1 & \cdots & 0 \\ \vdots & \vdots & \ddots & \vdots \\ -\dfrac{a_{n-1}}{a_0} & 0 & \cdots & 1 \\ -\dfrac{a_n}{a_0} & 0 & \cdots & 0 \end{bmatrix} \boldsymbol{x}(t) + \begin{bmatrix} b_1 - b_0\dfrac{a_1}{a_0} \\ \vdots \\ b_{n-1} - b_0\dfrac{a_{n-1}}{a_0} \\ b_n - b_0\dfrac{a_n}{a_0} \end{bmatrix} u(t)$$

$$y(t) = \begin{bmatrix} \dfrac{1}{a_0} & 0 & \cdots & 0 \end{bmatrix} \boldsymbol{x}(t) + \frac{b_0}{a_0}u(t).$$

2.7.2 소프트웨어 시뮬레이션과 실행

MATLAB은 시스템 응답의 수학적인 계산을 위한 확실한 도구를 제공한다. 임펄스 응답, 즉 단위 임펄스입력 $\delta(t)$와 $G_2(s)\delta(t)$에 대한 응답을 계산하기 위해 전달함수형이나 상태 공간형에 관계없이 변수 G로 표현되는 시스템에 대해

```
>> [y, t]=impulse(G);
```

을 사용할 수 있다.

계단응답, 즉 단위 계단입력 $\sigma(t)$에 대한 응답을 계산하기 위해

```
>> [y, t]=step(G);
```

을 사용할 수 있다.

임펄스신호나 계단신호 보다 더 일반적인 입력신호에 대한 시스템의 응답을 계산하기 위해 MATLAB 명령 lsim을 사용할 수 있다. 예제로 다음 순서에 의한 명령은

시스템의 사인곡선응답을 제공한다.

```
>> t=0:0.1:10;
>> u=sin(t);
>> y=lsim(G,u,t);
```

MATLAB과 관련된 다른 소프트웨어 제품은 SIMULINK이다. 블록선도로 표현된 상호 연결된 시스템을 시뮬레이션 하기 위해 사용될 수 있다. 두 예제로 사용법을 설명한다.

예제 2.16

다음과 같은 루프 전달함수를 갖는 그림 2.19에 나타낸 단위 피드백 시스템을 고려한다.

$$L(s) = \frac{1}{s(s+1)}.$$

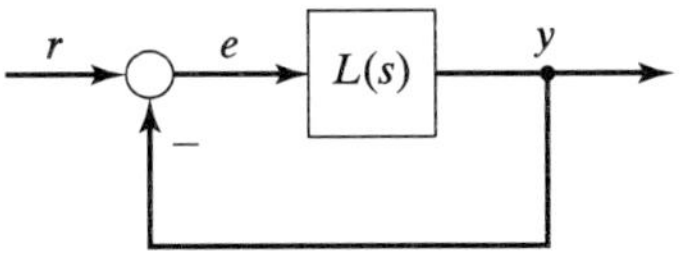

그림 2.19 예제 2.16과 2.17 용

다양한 종류의 명령신호에 대한 이 시스템의 시간응답은 그림 2.20에 나타낸 바와 같이 SIMULINK 선도를 사용하여 시뮬레이션하고, 이를 그림 2.21에 나타낸다.

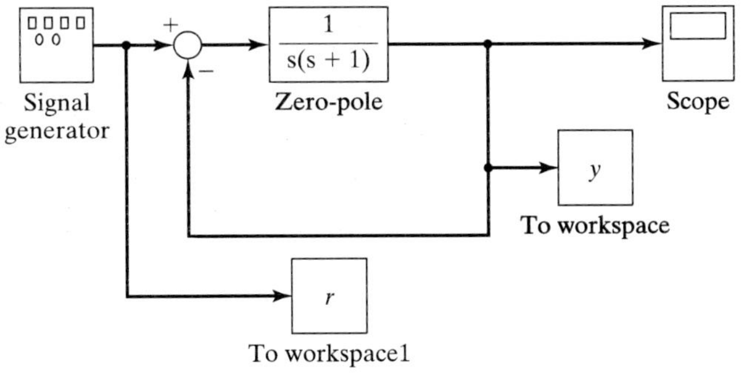

그림 2.20 예제 2.16에 대한 SIMULINK 선도

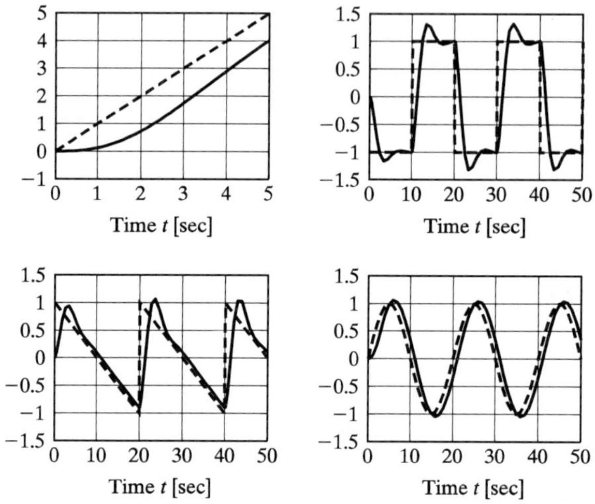

그림 2.21 예제 2.16에 대해 램프신호, 구형파, 톱니신호, 그리고 사인파에 대한 응답

예제 2.17

다음과 같은 루프 전달함수를 갖는 그림 2.19에 나타낸 단위 피드백 시스템을 고려한다.

$$L(s) = \frac{5(s+1)}{s^2(s+2)}.$$

그러면, 비슷한 SIMULINK 블록이 만들어 질 수 있고, 램프신호와 0.05Hz의 구형파에 대한 시스템의 시간응답은 그림 2.22에 나타낸다. 이 시스템에 대해 램프신호를 추종하는데 정상 상태 오차가 없다는 것에 주목한다. 그러나, 이 시스템은 약하게 감쇠되어 있어 과도성능이 이전 보다 나쁘다.

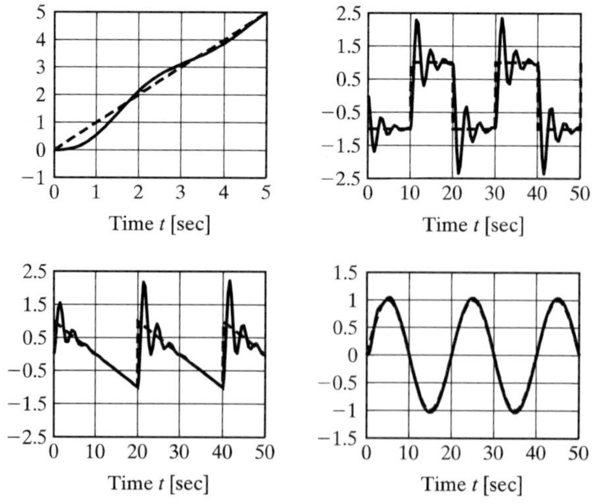

그림 2.22 예제 2.17에 대해 램프신호, 구형파, 톱니신호, 그리고 사인파에 대한 응답

SIMULINK는 또한 디지털 형으로 제어기를 실행하는데 사용할 수 있다. 즉, 컴퓨터가 피드백 시스템에서 제어기로 동작할 수 있도록 컴퓨터 코드를 생성하기 위해 SIMULINK가 사용될 수 있다. 자세한 과정은 SIMULINK 매뉴얼을 참조한다.

2.8 MISO와 SIMO 시스템

지금까지 대부분 SISO(단일입력단일출력) 시스템을 다루었다. 일반적인 시스템은 MIMO, 즉 다수의 입력과 다수의 출력을 갖는 시스템이다. MIMO 피드백 시스템은 보다 상급 코스에서 다루도록 한다. 이 책에서는 두 가지 이유로 가끔 MISO(다입력단일출력) 시스템이나 SIMO(단일입력다출력) 시스템에 대해 언급할 것이다. 첫 번째로 MISO 및 SIMO 시스템은 실제 사례로 자주 볼 수 있고, SISO 시스템에서 크게 확장되지 않은 구조로 볼 수 있다. 두 번째로 조절 제어에서와 같이 MISO 시스템은 SISO 시스템보다 좋은 성능을 낼 수 있는 제어기로 활용될 수 있다.
표시법과 이해를 단순화하기 위해 두입력단일출력(DISO) 시스템과 단일입력두출력(SIDO)시스템에 대해서만 학습할 것이다. MISO와 SIMO 시스템의 일반적인 이론은 DISO와 SIDO 시스템의 이론으로부터 보다 명백한 방법으로 확장된다. 이 책에서 다루고 사용하고자 하는 MISO와 SIMO 시스템은 DISO와 SIDO 시스템이다.

선형 시불변 DISO 시스템은 두 개의 입력과 하나의 출력을 갖는다. 이 시스템의 블록선도는 그림 2.23과 같은 형을 가지며, 전달함수는

$$\boldsymbol{G}(s) = \begin{bmatrix} G_1(s) & G_2(s) \end{bmatrix}$$

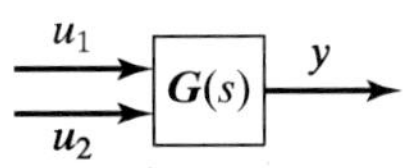

그림 2.23 DISO 시스템

형이며, 이 형의 의미는 다음과 같다.

$$Y(s) = \begin{bmatrix} G_1(s) & G_2(s) \end{bmatrix} \begin{bmatrix} U_1(s) \\ U_2(s) \end{bmatrix} = G_1(s)U_1(s) + G_2(s)U_2(s).$$

여기서, 굵은 문자를 사용하는 벡터와 행렬 표현의 관례를 따른다.

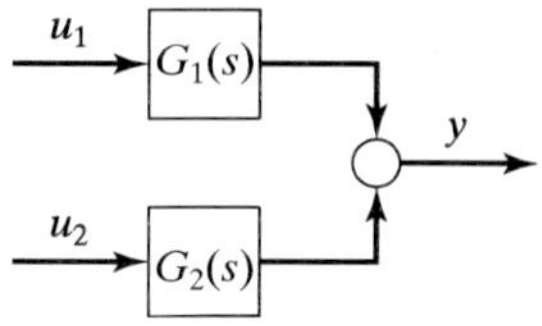

그림 2.24 DISO 시스템을 보는 잘못된 방법

그림 2.24에 보인 바와 같이 두 개의 SISO 부 시스템을 연결하여 DISO 시스템을 정의하려고 할 수도 있으나 이 관점은 득보다는 실이 많을 수 있다. 이 방법은 입력에 대한 출력 관계의 대수 연산에서는 유용하지만, 안정성 분석, 시뮬레이션과 실행에 잘못된 결과를 초래할 수 있다. 따라서, 그림 2.24는 단지 그림 2.23과 대수적으로만 등가라고 할 수 있다. DICO 시스템은 분리할 수 없는 단일 시스템으로 간주하는 것이 좋다. 그러므로,

$$\begin{aligned} \boldsymbol{G}(s) &= \frac{\boldsymbol{b}(s)}{a(s)} = \frac{1}{a(s)}\left[\ b_1(s) \quad b_2(s)\ \right] \\ &= \frac{\left[\ b_{10}s^n + \cdots + b_{1n} \quad b_{20}s^n + \cdots + b_{2n}\ \right]}{a_0 s^n + a_1 s^{n-1} + \cdots + a_n}, \qquad a_0 \neq 0. \end{aligned}$$

로 쓰는 것을 선호한다.

여기서, $a(s)$는 $G_1(s)$와 $G_2(s)$의 공통분모, 즉 $G_1(s)$와 $G_2(s)$의 분모의 최소공배수이다. 대표적인 질문은 이 시스템의 차수는 몇 인가라는 것이다. 시스템의 차수는 연산증폭기 회로 구현에 필요한 적분기의 최소 갯수로 간주하기로 한다. 만일 두 개의 부 시스템 $G_1(s)$와 $G_2(s)$를 분리해서 구현하고 그림 2.24에서와 같이 연결한다면 최악의 경우에 $2n$개의 적분기가 필요할 것이다.

그러나, 보다 경제적인 구현은 단지 n개의 적분기가 사용되는 그림 2.25에서 주어진다. 따라서, 시스템의 차수는 $2n$이 아니고 n이다. 그림 2.25에서 이 구현의 중요성은 단지 적분기를 절약하는 것만이 아니다. 보다 중요하게, 이 구현에서 만일 DISO 시스템이 두 개의 분리된 시스템의 합으로 구현되었다면 예상할 수 없고 원하지 않는 방법으로 동작하게 될 많은 여분의 신호가 제거되었다.

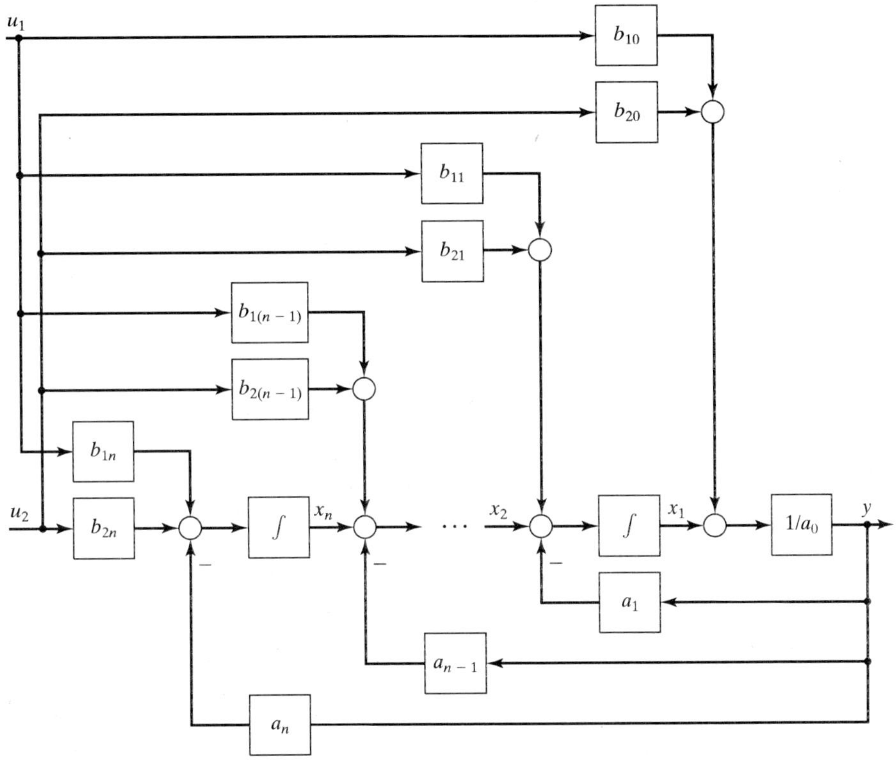

그림 2.25 DISO 시스템의 구현

SIMULINK나 다른 소프트웨어가 이 시스템을 시뮬레이션하거나 실행하기 위해 사용될 때, DISO 시스템은 두 개의 SISO 시스템이 아니라 하나의 통합된 시스템이라는 것을 명심해야 한다.

유사하게, 선형 시불변 SIDO 시스템은 1입력과 2출력을 갖는다. 이 시스템의 블록선도는 그림 2.26의 형을 가지며

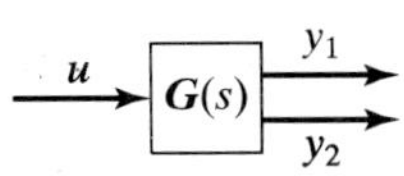

그림 2.26 SIDO 시스템

전달함수는

$$\boldsymbol{G}(s) = \begin{bmatrix} G_1(s) \\ G_2(s) \end{bmatrix},$$

의 형이며, 이 형의 의미는

$$\begin{bmatrix} Y_1(s) \\ Y_2(s) \end{bmatrix} = \begin{bmatrix} G_1(s) \\ G_2(s) \end{bmatrix} U(s)$$

혹은

$$Y_1(s) = G_1(s)U(s), \quad Y_2(s) = G_2(s)U(s).$$

이다.

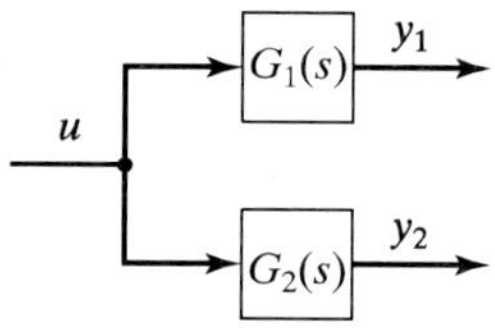

그림 2.27 SIDO 시스템을 보는 잘못된 방법

다시, 그림 2.27에 보인 바와 같이 두 개의 SISO 부시스템의 연결로 SIDO 시스템을 간주하려고 할 때에 주의해야 한다. 이 방법은 입력에 대한 출력 관계의 대수 연산에서는 유용하지만, 안정성 분석, 시뮬레이션과 실행에 잘못된 결과를 초래할 것이다. 따라서, 그림 2.27은 단지 그림 2.26과 대수적으로만 등가라고 할 수 있다. 그러므로, 다음으로 쓰는 것이 바람직하다.

$$\boldsymbol{G}(s) = \frac{\boldsymbol{b}(s)}{a(s)} = \frac{1}{a(s)} \begin{bmatrix} b_1(s) \\ b_2(s) \end{bmatrix} = \frac{\begin{bmatrix} b_{10}s^n + \cdots + b_{1n} \\ b_{20}s^n + \cdots + b_{2n} \end{bmatrix}}{a_0 s^n + a_1 s^{n-1} + \cdots + a_n}, \quad a_0 \neq 0.$$

시스템의 차수는 연산증폭기 회로 구현에 필요한 적분기의 최소 개수로 다시 간주하기로 한다. 만일 두 개의 부 시스템 $G_1(s)$와 $G_2(s)$를 분리해서 구현하고 그림 2.27에서와 같이 연결한다면 최고 2n개의 적분기가 필요할 것이다. 그러나, 보다 경제적인 구현은 단지 n개의 적분기가 사용되는 그림 2.28에서 주어진다. 따라서, 시스템의 차수는 $2n$이 아니고 n이다. 그림 2.28에서 이 구현은 만일 SIDO 시스템이 두 개의 분리된 시스템의 상호연결로 구현되었다면 예상할 수 없고 원하지 않는 방법으로 동작하게 될 많은 여분의 신호를 제거하였다.

2.9 폐루프 시스템의 모델링

이 책에서는 두 형태의 폐루프 시스템을 사용한다. 한 시스템은 그림 2.29에서 보는 바와 같은 **안정을 위한 피드백 시스템(feedback system for stabilization)**이고, 다른 시스템은 그림 2.30에 나타난 **조절을 위한 피드백 시스템(feedback system for regulation)**이다.

우선 안정을 위한 피드백 시스템을 분석한다. w_1에서 y_1으로의 전달함수는 $\frac{P(s)C(s)}{1+P(s)C(s)}$이다. 여기서 $1+P(s)C(s)$는 전달함수가 의미가 있기 위해서는 0이 아니어야 한다. 만일 임의의 외부 신호로부터 임의의 내부 신호로의 전달함수를 찾고자 한다면, 항상 $1+P(s)C(s)$ 이 0이 아니어야 한다는 것을 알 수 있다.

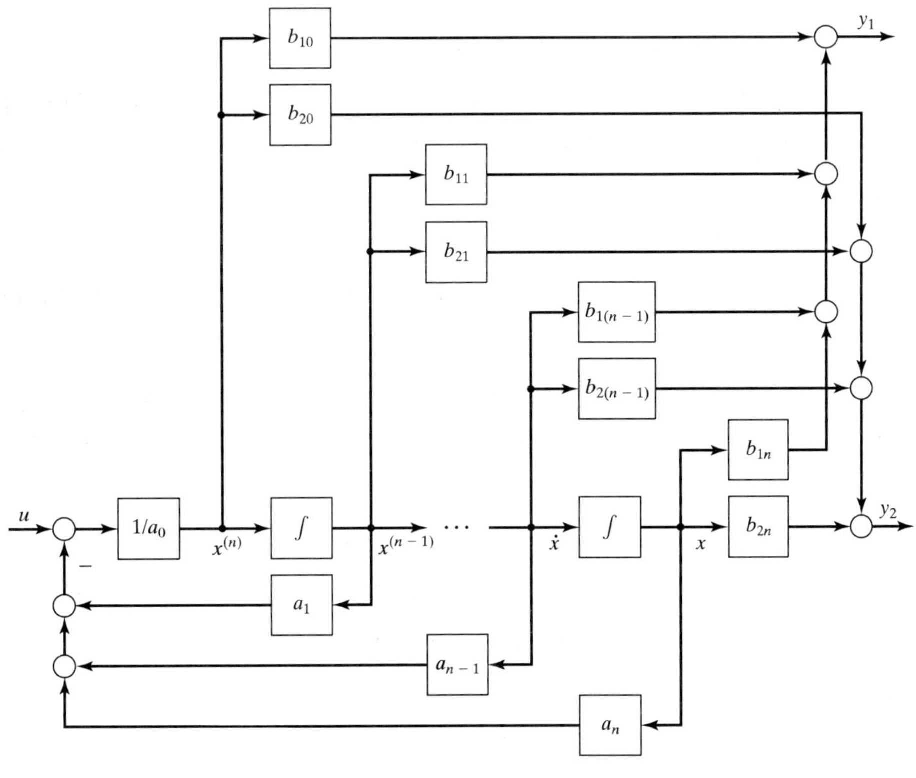

그림 2.28 SIDO 시스템의 구현

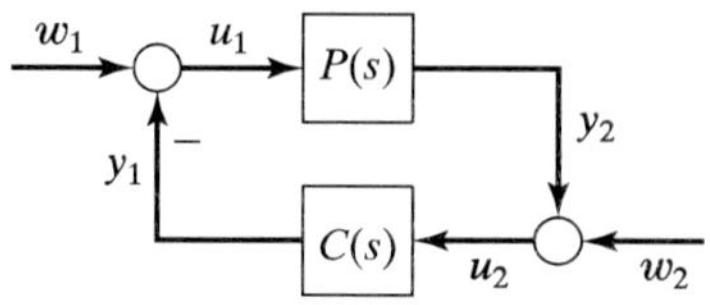

그림 2.29 안정을 위한 피드백 시스템

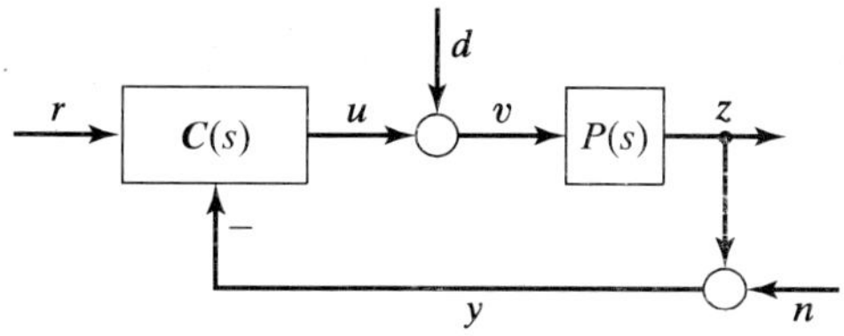

그림 2.30 조절을 위한 피드백 시스템

정의 2.18. 그림 2.29에 나타낸 폐루프 시스템은 만일 $1+P(s)C(s)\neq 0$이라면 **잘 구성된 폐루프 시스템(well-posed closed-loop system)**이라고 한다. 그렇지 않다면, **잘 못 구성된 폐루프 시스템(ill-posed closed-loop system)**이라고 한다.

잘 못 구성된 시스템은 의미가 없으며, 제대로 동작하지 않으며, 피해야 한다.

예제 2.19

만일 $P(s)$=1이고 $C(s)$=−1이라면, 그림 2.29에 나타낸 시스템은 잘 못 구성된 이다. 이 경우에 내부 신호는 외부 신호로부터 유일하게 정의될 수 없다.

정리 2.20. 만일 $P(s)$와 $C(s)$가 고유하고 적어도 둘 중의 하나가 완전 고유하다면, 그림 2.29에 나타낸 폐루프 시스템은 잘 구성된 이다.

증명: 만일 $P(s)$와 $C(s)$가 고유하다면, $|P(\infty)| < \infty$이고 $|C(\infty)| < \infty$이다. 더욱이 만일 적어도 $P(s)$와 $C(s)$중의 하나가 완전 고유하다면 $P(\infty)=0$ 혹은 $C(\infty)=0$이다. 이는 $P(\infty)C(\infty)=0$, 즉 $1+P(\infty)C(\infty)=1$임을 나타낸다. 그러므로 $1+P(\infty)C(\infty)\neq 0$ 이다. **[증명 끝]**

대부분의 적용에서, 정리 2.20에서의 조건이 만족된다. 페루프 시스템이 잘 구성된 일 때 외부의 신호 $w_1(t)$, $w_2(t)$ 중의 하나에서 내부신호 $u_1(t)$, $u_2(t)$, $y_1(t)$, $y_2(t)$ 중의 하나로의 전달함수를 찾을 수 있다. 예로, $w_1(t)$에서 $y_2(t)$로의 전달함수는 다음과 같다.

$$\frac{P(s)}{1+P(s)C(s)}.$$

간결한 행렬 형으로 모든 전달함수를 작성하는 것이 보다 편리하다.

$$\begin{bmatrix} U_1(s) \\ U_2(s) \\ Y_1(s) \\ Y_2(s) \end{bmatrix} = \begin{bmatrix} \dfrac{1}{1+P(s)C(s)} & \dfrac{-C(s)}{1+P(s)C(s)} \\ \dfrac{P(s)}{1+P(s)C(s)} & \dfrac{1}{1+P(s)C(s)} \\ \dfrac{P(s)C(s)}{1+P(s)C(s)} & \dfrac{C(s)}{1+P(s)C(s)} \\ \dfrac{P(s)}{1+P(s)C(s)} & \dfrac{-P(s)C(s)}{1+P(s)C(s)} \end{bmatrix} \begin{bmatrix} W_1(s) \\ W_2(s) \end{bmatrix} \tag{2.28}$$

여기서, 큰 4×2 행렬의 인자는 단순히 해당하는 외부 신호에서 해당하는 내부 신호로의 전달함수이다. 비록 8개의 다른 가능한 입력/출력 쌍이 있지만, 이들 입력/출력 쌍 사이의 전달함수는 몇 개의 반복을 포함한다. 본질적으로 오직 4개의 다른 전달함수가 존재한다.

$$\frac{1}{1+P(s)C(s)},\quad \frac{P(s)}{1+P(s)C(s)},\quad \frac{C(s)}{1+P(s)C(s)},\quad \frac{P(s)C(s)}{1+P(s)C(s)}. \tag{2.29}$$

이들 4개의 다른 전달함수를 **4인방(gang of four)**이라 칭한다. 4인방에 있는 전달함수 중에서, 다시

$$S(s) = \frac{1}{1+P(s)C(s)} \quad \text{and} \quad T(s) = \frac{P(s)C(s)}{1+P(s)C(s)},$$

로 나타내고 각각 민감도 함수와 보 민감도 함수라고 칭한다. 이 들 두 페루프 전달함수는

$$S(s) + T(s) = 1.$$

에 의해 관련된다.

조절을 위한 피드백 시스템을 고려한다. 이 경우에 $C(s)$는 DISO 시스템이다. 그러므로 다음과 같이 표현할 수 있다.

$$U(s) = \begin{bmatrix} C_1(s) & -C_2(s) \end{bmatrix} \begin{bmatrix} R(s) \\ Y(s) \end{bmatrix}.$$

이는 음의 피드백을 제안하므로 $C_2(s)$의 앞에 음의 신호를 붙인다. 이 제어기 $C(s)$는 실제로 두 개의 전달함수 $C_1(s)$와 $C_2(s)$를 포함하므로 **2자유도(two-degree-of-freedom)** 혹은 간략히 **2DOF** 제어기라고 불린다. 순수한 대수적인 관점에서 그림 2.30의 피드백 시스템은 그림 2.31에 나타낸 시스템과 등가이다. 그러나, 분석적으로는 두 시스템은 등가이지 않고 그림 2.31은 실제의 피드백 시스템을 구축하는데 사용될 수 없다는 것을 후에 알게 될 것이다.

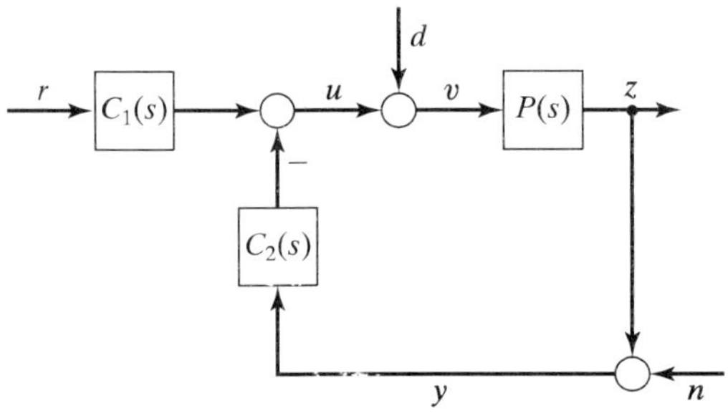

그림 2.31 그림 2.30의 대수적 등가

그림 2.31로부터 $P(s)$와 $C_2(s)$에 의해 만들어지는 안정 시스템은 조절 시스템의 부 시스템임을 알 수 있다. 그러므로 그림 2.30에 있는 시스템이 제대로 동작하도록 하기 위해 $P(s)$와 $C_2(s)$에 의해 만들어지는 안정 시스템이 제대로 동작해야 한다.

정의 2.21. 만일 $P(s)$와 $C_2(s)$에 의해 만들어지는 안정을 위한 피드백 시스템이 잘 구성된 이라면 그림 2.30에 나타낸 폐루프 시스템은 잘 구성된 이라고 한다.

만일 폐루프 시스템이 잘 구성된 이라면, 외부의 신호 $d(t), n(t), r(t)$에서 내부 신호 $u(t), v(t), y(t), z(t)$로의 각각의 전달함수를 찾을 수 있다.
이들 전달함수를 간결한 행렬형으로 표현할 수 있다.

$$\begin{bmatrix} U(s) \\ V(s) \\ Y(s) \\ Z(s) \end{bmatrix} = \begin{bmatrix} \frac{-P(s)C_2(s)}{1+P(s)C_2(s)} & \frac{-C_2(s)}{1+P(s)C_2(s)} & \frac{C_1(s)}{1+P(s)C_2(s)} \\ \frac{1}{1+P(s)C_2(s)} & \frac{-C_2(s)}{1+P(s)C_2(s)} & \frac{C_1(s)}{1+P(s)C_2(s)} \\ \frac{P(s)}{1+P(s)C_2(s)} & \frac{1}{1+P(s)C_2(s)} & \frac{P(s)C_1(s)}{1+P(s)C_2(s)} \\ \frac{P(s)}{1+P(s)C_2(s)} & \frac{-P(s)C_2(s)}{1+P(s)C_2(s)} & \frac{P(s)C_1(s)}{1+P(s)C_2(s)} \end{bmatrix} \begin{bmatrix} D(s) \\ N(s) \\ R(s) \end{bmatrix}. \tag{2.30}$$

여기서, 12개의 가능한 입력/출력 쌍에 해당하는 행렬에서 12개 인자가 있지만, 12개 인자 중에서 반복이 있다는 것을 알 수 있다. 본질적으로 오직 6개의 다른 전달함수, $C_1(s)$를 포함하는 2개의 추가적인 것 외에 $P(s)$와 $C_2(s)$에 의해 만들어지는 4인방이 있다.

$$\frac{C_1(s)}{1+P(s)C_2(s)} \quad \text{과} \quad \frac{P(s)C_1(s)}{1+P(s)C_2(s)}$$

2자유도 제어기는 또한 몇 가지 다른 등가형을 갖는다. 그림 2.32는 2개-루프 피드백 시스템을 나타낸다. 여기서, $H(s)$는 다음의 전달함수를 갖는 DISO 시스템이다.

$$\boldsymbol{H}(s) = \begin{bmatrix} H_1(s) & H_2(s) \end{bmatrix}.$$

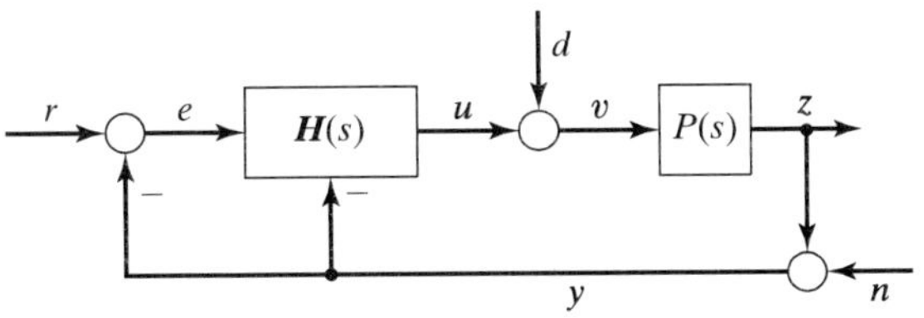

그림 2.32 2개-루프 피드백 시스템

그러므로,

$$U(s) = \begin{bmatrix} H_1(s) & -H_2(s) \end{bmatrix} \begin{bmatrix} E(s) \\ Y(s) \end{bmatrix}.$$

이 시스템은 $H_2(s)$와 $P(s)$로 구성되는 내부루프와 $H_1(s)$과 내부루프로 구성되는 외부루프를 갖는다. 이는 그림 2.33에 나타낸 이 시스템의 대수 등가로부터 보다 쉽게 알 수 있다. 만일

$$H_1(s) = C_1(s) \quad \text{and} \quad H_2(s) = C_2(s) - C_1(s),$$

라면 2자유도 제어기와 등가라는 것을 쉽게 나타낼 수 있다.

DISO 제어기의 다른 등가형은 그림 2.34에 나타낸 피드백 더하기 피드포워드 구성이다. 여기서 $F(s)$는 다음 전달함수를 갖는 DISO 시스템이다.

$$\boldsymbol{F}(s) = \begin{bmatrix} F_1(s) & F_2(s) \end{bmatrix}.$$

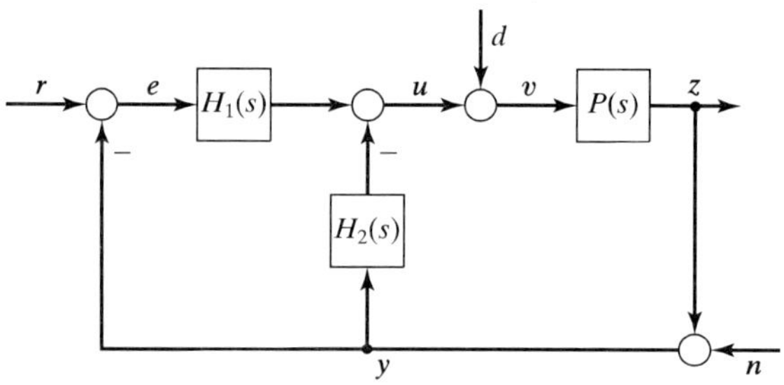

그림 2.33 그림 2.32의 대수적 등가

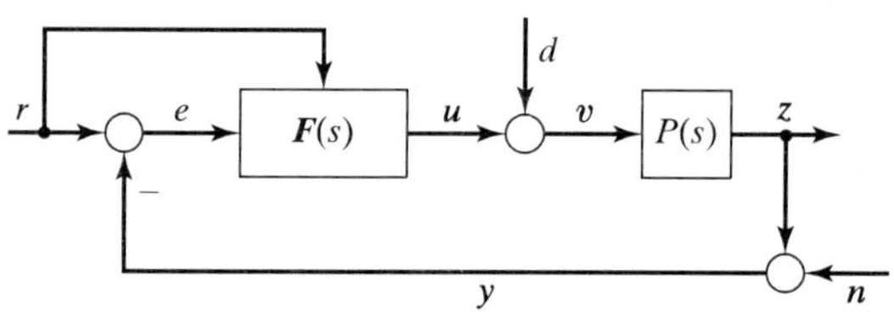

그림 2.34 피드백 더하기 피드포워드 시스템

그러므로,

$$U(s) = \begin{bmatrix} F_1(s) & F_2(s) \end{bmatrix} \begin{bmatrix} R(s) \\ E(s) \end{bmatrix}.$$

이 시스템은 $F_2(s)$와 $P(s)$로 구성되는 피드백루프와 전달함수 $F_1(s)$를 갖는 피드포워드 경로를 갖는다. 또한 이 시스템은 그림 2.35에 나타낸 것과 같은 대수적 등가를 갖는다. 만일

$$F_1(s) = C_1(s) - C_2(s) \quad \text{and} \quad F_2(s) = C_2(s),$$

라면, 2자유도 제어기와 등가라는 것을 쉽게 알 수 있다.

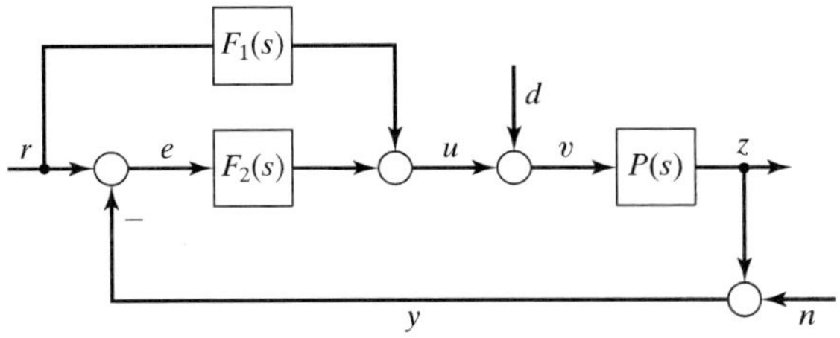

그림 2.35 그림 2.34의 대수적 등가

아직 2자유도 제어기의 또 다른 등가형은 그림 2.36에 나타낸 관측기 기반 피드백 시스템이다. 제어기 $O(s)$가 플랜트의 입력과 출력 모두를 가지고 외부 신호로부터 플랜트의 내부 거동을 관측할 수 있는 능력을 가지기 때문에 이렇게 불린다. 만일

$$\boldsymbol{O}(s) = \begin{bmatrix} O_1(s) & O_2(s) \end{bmatrix} = \begin{bmatrix} \dfrac{1 - C_1(s)}{C_1(s)} & \dfrac{C_2(s)}{C_1(s)} \end{bmatrix},$$

라면 2자유도 제어기와 등가라는 것을 알 수 있다.

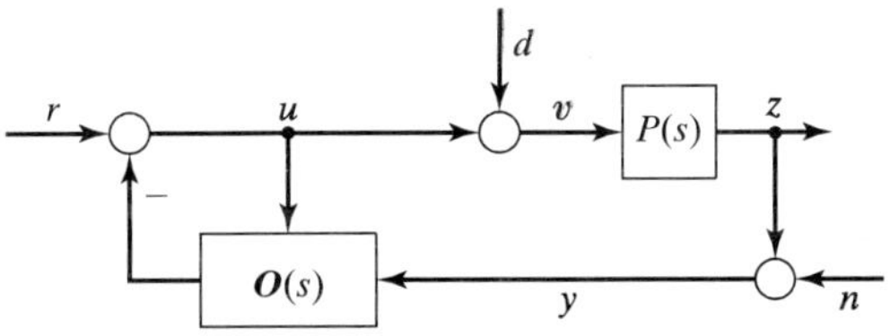

그림 2.36 관측기 기반 피드백 시스템

그림 2.30에 나타낸 조절 시스템이 폭 넓게 사용되는 특별한 사례는 $C_1(s) = C_2(s) = C(s)$로 설정함으로써 그림 2.30으로부터 얻어지는 그림 2.37에 나타낸 단위 피드백 시스템이다.

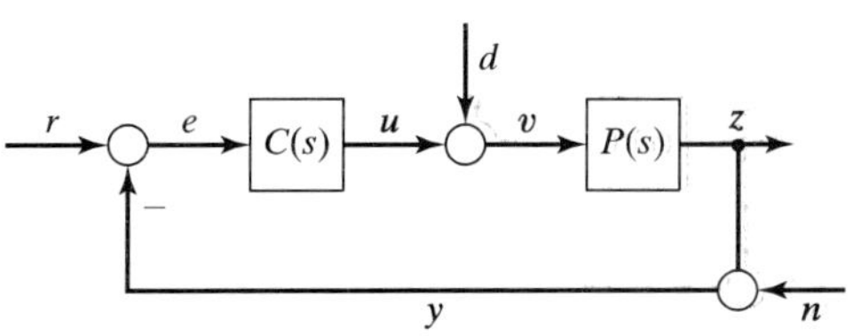

그림 2.37 단위 피드백 시스템

만일 그리고 오직 그림 2.29에서 안정을 위한 시스템이 잘 구성된 이라면 이 시스템은 잘 구성된 이라는 것을 쉽게 알 수 있다.

2.10 사례 연구

이 절에서는 실험실에서 자주 보는 두 개의 기계 시스템을 자세히 살펴본다. 첫 번째 시스템은 볼과 빔 시스템이다. 두 번째 시스템은 역진자이다.

2.10.1 볼과 빔 시스템

볼과 빔 시스템은 그림 2.38에 나타낸 바와 같이 기울어진 레일을 따라 구르는 볼로 구성된다. (빔이라고도 부르는) 레일은 철 봉과 저항 바인 두 부분으로 만들어진다. 철 볼이 두 요소에서 구를 때 전위차계의 것과 유사한 가동 접촉자로 동작한다. 전압은 저항 바의 양단에 작용하고, 이에 따라 볼의 거리는 철 바의 전압을 측정함으로써 알 수 있다.

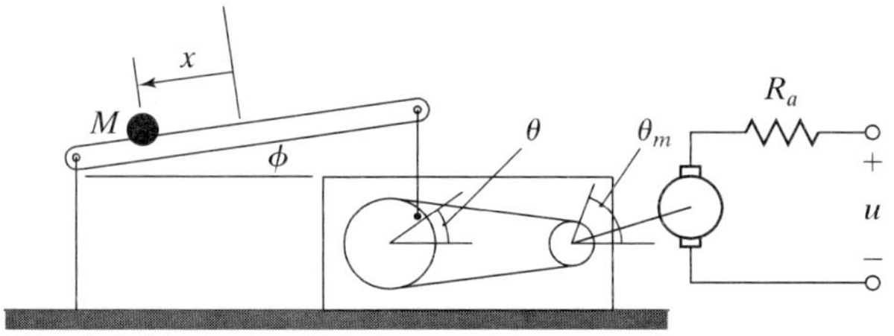

그림 2.38 볼과 빔 시스템

단자블록은 지지대로 빔의 한 단에 고정된다. 큰 원판의 회전운동을 수직운동으로 변환하는 기계 팔이 빔의 다른 단에 있다. 그러므로, 큰 원판의 각도를 제어함으로써 지지대 주위에서 빔이 회전한다. 그리고, 큰 원판은 기어를 갖는 모터 조립품에 의해 구동된다.

볼과 빔 시스템의 완벽한 기계 모델은 복잡하다. 다행히, 근사모델이 피드백 제어를 위해 충분하다. 볼과 빔 시스템의 단순한 근사모델을 유도하자. 대략, 볼과 빔 시스템 모델은 볼과 빔 모델, 각도 변환 기계 모델, 기어 모델, 그리고 모터 모델인 네 개의 부분으로 분해할 수 있다. 볼과 빔 모델은 볼의 위치 $x(t)$와 빔의 기울어진 각도 $\phi(t)$를 관련시키는 반면에 각도 변환 기계 모델은 큰 원판의 회전각도 $\theta(t)$와 기울어진 각도 $\phi(t)$을 관련시킨다. 마지막으로 볼과 빔 시스템의 모터는 내부적으로 제어되고 회전각도 $\theta_m(t)$와 모터제어시스템으로의 전압입력 $u(t)$를 관련시킨다.

마찰이 없는 표면에서 미끄러지는 점 질량으로 빔 위에서 구르는 볼을 근사화 한다. 그러면, Newton의 제 2법칙에 의해

$$M\ddot{x}(t) = Mg\sin\phi(t)$$

이 주어지며, 여기서 M은 볼의 질량이고, G는 중력가속도이다. 기울어진 각도 $\phi(t)$이 작다고 가정한다. 그러면, 선형화된 식을 얻는다.

$$\ddot{x}(t) = g\phi(t).$$

Laplace 변환을 취하면,

$$\frac{X(s)}{\Phi(s)} = \frac{g}{s^2}. \tag{2.31}$$

을 얻는다.

큰 원판의 기울어진 각도 $\phi(t)$와 회전각도 $\theta(t)$사이의 관계는 비선형적이지만 정적이다. 이는 식

$$\frac{\Phi(s)}{\Theta(s)} = \frac{\phi(t)}{\theta(t)} = \frac{R}{L}, \tag{2.32}$$

에 의해 근사화 할 수 있으며, 여기서 R은 모터 원판의 반경이고 L은 빔의 길이이다.

큰 원판의 각 변위 $\theta(t)$와 $\theta_m(t)$로 표현되는 모터 회전자의 각 변위는 다음과 같이 기어비 K_g로 관련된다.

$$\frac{\Theta(s)}{\Theta_m(s)} = K_g.$$

마지막으로 모터 전달함수는 $L_a \approx 0$과 $K_b \approx 0$으로 가정함으로써 예제 2.12에서 주어진 전달함수의 근사화로 구해진다.

$$\frac{\Theta_m(s)}{U(s)} = \frac{K_t}{R_a s(Js + K_f)}.$$

부하 관성이 볼 위치에 의존하고 볼 운동이 모터 속도에 의존하기 때문에 모터 동역학과 볼 동역학은 실제로 연결되어 있다. 그렇지만, 위의 근사화는 제어목적을 위해 충분히 사용할 만하다.

결과로, 그림 2.39에 나타낸 바와 같이 전체 볼과 빔 시스템은 볼과 빔 부분, 각도 변환 부분, 기어부분, 그리고 모터 부분인 4개 시스템의 직렬연결로 근사화 할 수 있다.

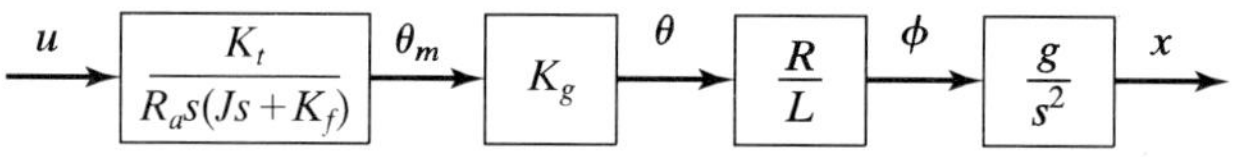

그림 2.39 볼과 빔 시스템의 블록선도

볼과 빔 시스템은 원판 각도 $\theta(t)$와 볼 위치 $x(t)$의 두 측정값을 갖는다. 그러므로, 전체 시스템은 SIDO이고 입력/출력 관계는 다음과 같이 주어진다.

$$\begin{bmatrix} \Theta(s) \\ X(s) \end{bmatrix} = \frac{1}{R_a s^3(Js+K_f)} \begin{bmatrix} K_t K_g s^2 \\ K_t K_g Rg/L \end{bmatrix} U(s).$$

특별한 사례로, R_a=10[Ω], J=0.75x10^{-3}[Nm sec^2/rad], L=0.4[m], R=0.04[m], K_t=7.5[Nm/A], K_f=37.5x10^{-3} [Nm sec/rad], 그리고 K_g=1/75를 갖는다. 이 모든 매개변수를 대입하면, 전형적인 볼과 빔 시스템의 입력/출력 관계

$$\begin{bmatrix} \Theta(s) \\ X(s) \end{bmatrix} = \frac{1}{s^3(s+50)} \begin{bmatrix} s^2/75 \\ g/750 \end{bmatrix} U(s)$$

를 얻을 수 있으며, 여기서 g는 9.8[m/sec^2]에 해당한다.

2.10.2 역 진자 시스템

그림 2.40 은 수레 위에 놓여진 막대의 균형을 유지하는 역 진자 시스템을 나타낸다. 흔히, 손가락 위에 막대를 올려놓고 균형을 잡는 것과 유사하다. 손가락이 수평면에서 움직이고 막대가 모든 방향으로 떨어질 수 있는 것과 달리, 수레는 레일을 따라 선형으로 움직이고 막대는 수레의 앞뒤로 움직인다. 즉, 수레를 움직여서 막대의 균형을 잡아야 한다.

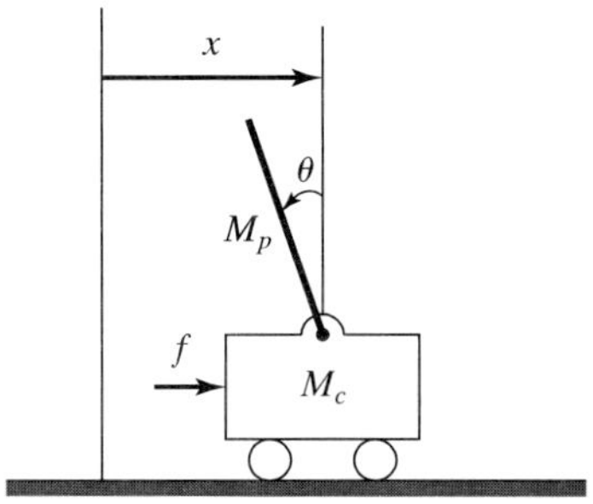

그림 2.40 역진자 시스템

수레의 질량은 M_c이고, 모터를 이용하여, 레일 위를 움직인다. 막대의 질량은 M_p이고, 질량은 막대 전체에 일정하게 분포되어 있다고 가정한다. 길이는 L 이고, 막대의 회전축은 수레의 이동방향에 수직이다. 수레의 위치 $x(t)$와 진자의 각도 $\theta(t)$를 측정할 수 있다. 이 시스템의 입력은 수레에 작용하는 힘 $f(t)$이다.

수평방향에 Newton의 제 2법칙을 적용하면, 다음과 같이 표현 할 수 있다.

$$f(t) = M_c \frac{d^2 x(t)}{dt^2} + M_p \frac{d^2 [x(t) - L/2 \sin\theta(t)]}{dt^2}.$$

위 식을 정리하면 다음과 같다.

$$(M_p + M_c)\ddot{x}(t) - \frac{M_p L}{2}\ddot{\theta}(t)\cos\theta(t) + \frac{M_p L}{2}\dot{\theta}^2(t)\sin\theta(t) = f(t). \qquad (2.33)$$

회전 중심점에 대한 막대의 관성 모멘트는 다음과 같이 계산될 수 있다.

$$J = \int_0^L \ell^2 \left(\frac{M_p}{L} d\ell\right) = \frac{1}{3} M_p L^2.$$

회전 중심점 주위에서 진자에 대해 Newton의 제 2법칙의 회전 버전으로 작성하면, 다음과 같다.

$$J\ddot{\theta}(t) = M_p \ddot{x}(t)\cos\theta(t)\frac{L}{2} + M_p g \sin\theta(t)\frac{L}{2}.$$

위 식은 다음과 정리된다.

$$\frac{2}{3}L\ddot{\theta}(t) - \ddot{x}(t)\cos\theta(t) - g\sin\theta(t) = 0. \qquad (2.34)$$

그러므로 시스템의 미분 방정식 모델은 다음과 같다.

$$(M_p + M_c)\ddot{x}(t) - \frac{1}{2}M_pL\ddot{\theta}(t)\cos\theta(t) + \frac{1}{2}M_pL\dot{\theta}^2(t)\sin\theta(t) = f(t)$$
$$-\ddot{x}(t)\cos\theta(t) + \frac{2}{3}L\ddot{\theta}(t) - g\sin\theta(t) = 0.$$

이것은 매우 비선형적인 시스템이다. $x(t)=0$, $\dot{x}(t)=0$, $\theta(t)=0$, $\dot{\theta}(t)=0$ 부근에서 선형화하기 위한 직접적인 방법은 2차 항과 고차 항을 제거하는 것이다.

$$(M_p + M_c)\ddot{x}(t) - \frac{1}{2}M_pL\ddot{\theta}(t) = f(t)$$
$$-\ddot{x}(t) + \frac{2}{3}L\ddot{\theta}(t) - g\theta(t) = 0.$$

식의 양변에 Laplace 변환을 취하면, 다음과 같다.

$$(M_p + M_c)s^2X(s) - \frac{1}{2}M_pLs^2\Theta(s) = F(s)$$
$$-s^2X(s) + \frac{2}{3}Ls^2\Theta(s) - g\Theta(s) = 0.$$

출력으로 $X(s)$와 $\Theta(s)$를 선택하고 입력으로 $F(s)$를 선택하면, 다음을 얻는다.

$$\begin{bmatrix} X(s) \\ \Theta(s) \end{bmatrix} = \frac{1}{(M_p + M_c)s^2(2Ls^2/3 - g) - M_pLs^4/2}\begin{bmatrix} 2Ls^2/3 - g \\ s^2 \end{bmatrix}F(s)$$
$$= \frac{1}{s^2[(M_p + 4M_c)Ls^2 - 6(M_p + M_c)g]}\begin{bmatrix} 4Ls^2 - 6g \\ 6s^2 \end{bmatrix}F(s).$$

그러므로 시스템의 벡터 전달함수는 다음과 같다.

$$\boldsymbol{P}(s) = \begin{bmatrix} P_x(s) \\ P_\theta(s) \end{bmatrix} = \frac{1}{s^2[(M_p + 4M_c)Ls^2 - 6(M_p + M_c)g]}\begin{bmatrix} 4Ls^2 - 6g \\ 6s^2 \end{bmatrix}.$$

예제로 M_c=1[kg], M_p=2[kg], L=1[m]을 갖는 가상의 역 진자 시스템을 가정한다. 이는

$$\boldsymbol{P}(s) = \frac{1}{s^2(s^2 - 3g)}\begin{bmatrix} 2/3s^2 - g \\ s^2 \end{bmatrix} \tag{2.35}$$

를 제공하며, 여기서 g는 9.8[m/sec^2]이다.

연습문제

2.1. 그림 2.41에서 보는 바와 같이 회로의 입력은 $v_i(t)$이고 출력은 $v_o(t)$이다. 이 시스템의 상태 공간 모델과 전달함수를 구하라.

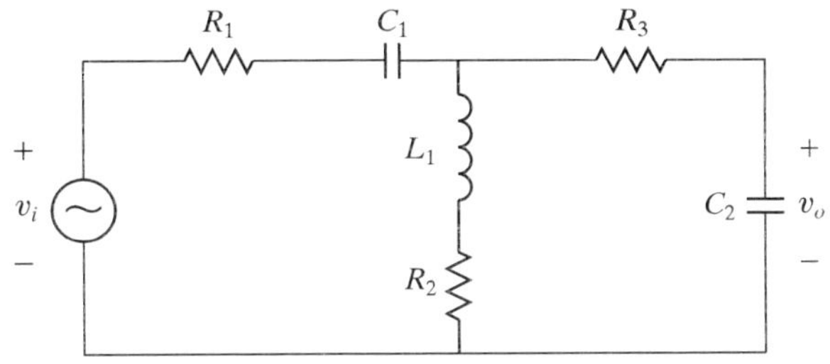

그림 2.41 연습문제 2.1을 위한 간단한 RLC 회로

2.2. 그림 2.42에 나타난 기계 시스템에서, $u(t)$는 질량 M에 인가된 외력이고, $y(t)$는 스프링에 변형이 없을 때의 위치에 대한 질량의 변위이다.

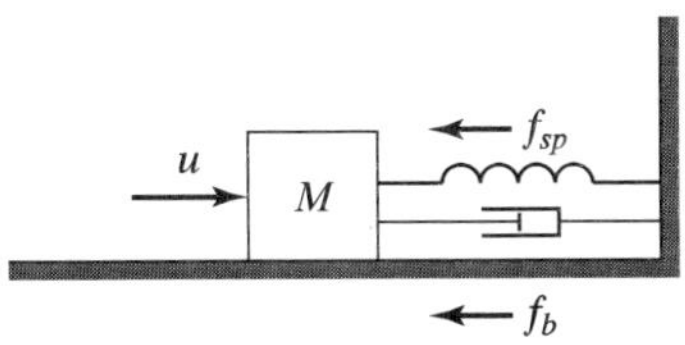

그림 2.42 연습문제 2.2을 위한 질량과 스프링 시스템

스프링 힘과 마찰 힘이 다음과 같이 각각 주어진다.

$$f_{sp}(t) = k(1 + ay^2(t))y(t), \qquad f_b(t) = b\dot{y}(t).$$

1. 이 시스템의 미분 방정식 모델을 작성하라
2. 이 시스템의 상태 공간 표현을 작성하라
3. 이 시스템은 선형인가? 만일 선형이 아니라면, $u_0 = 0$을 갖는 동작점 근처에서 선형화하라.
4. 선형화된 시스템의 전달함수를 구하라.

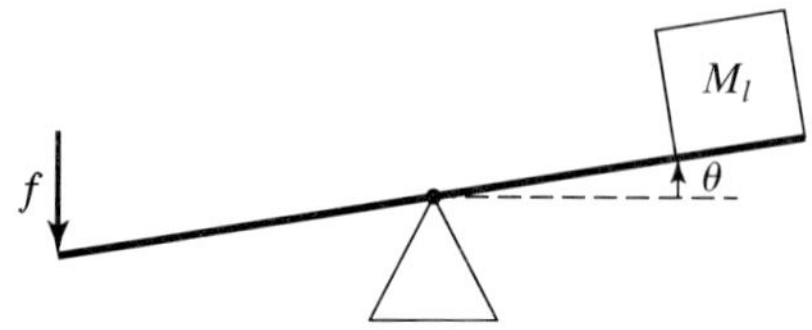

그림 2.43 연습문제 2.3을 위한 시소 시스템

2.3. 그림 2.43에 나타낸 시소 시스템을 고려한다. 빔은 균일하게 분포하는 질량 M_b인 길이 L을 갖는다. 질량 M_1이 한 끝에 앉는다. 다른 끝에 수직 아래로 향하는 힘 $f(t)$가 작용한다. 수평선과 갖는 빔의 각 위치 $\theta(t)$에 대해 관심을 갖는다.

1. 입력 $f(t)$와 출력 $\theta(t)$를 갖는 이 시스템의 미분 방정식 모델을 작성하라.
2. 이 시스템은 선형인가? 만일 선형이 아니라면, $\theta_0 = 0$을 갖는 동작점 근처에서 선형화하라.
3. $\Delta f(t)$에서 $\Delta\theta(t)$로의 전달함수를 구하라. 여기서, $\Delta f(t)$와 $\Delta\theta(t)$는 동작점에서의 값과 $f(t)$와 $\theta(t)$의 차이이다.

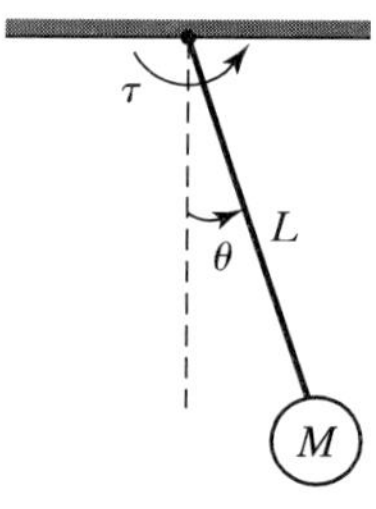

그림 2.44 연습문제 2.4을 위한 진자 시스템

2.4. 그림 2.44에 나타낸 진자 시스템을 고려한다. 이 진자는 균일하게 분포된 질량 m을 갖는 길이 L의 막대와 아래 끝에 점질량 M으로 구성된다. 입력은 토크 $\tau(t)$이고 출력은 각 위치 $\theta(t)$이다. 마찰이 없다고 가정한다.

1. 시스템의 상태 공간 모델을 유도하라.
2. 이 시스템은 선형인가? 만일 선형이 아니라면, $\theta_0 = 0$을 갖는 동작점 근처에서 선형화하라.
3. 선형화된 모델의 전달함수를 계산하라.

2.5 그림 2.45에 나타낸 시스템을 고려한다. ϕ는 $\phi(0)=0$을 만족하는 연속적으로 미분 가능한 비선형 함수이다. 폐루프 시스템의 상태 공간 방정식을 작성하라.

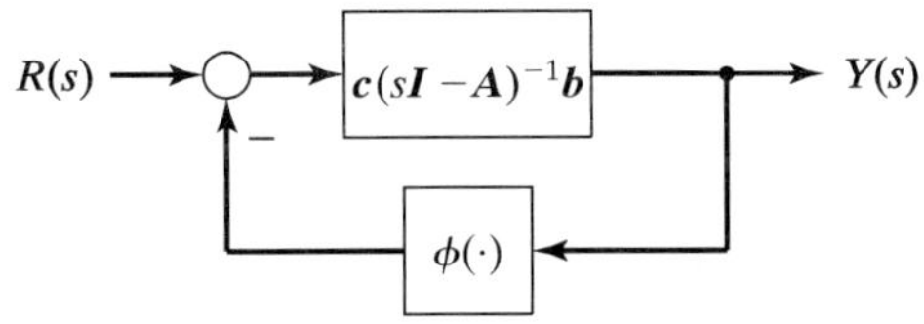

그림 2.45 연습문제 2.5을 위한 비선형 기억장치가 없는 피드백을 갖는 선형 시스템

시스템을 영 출력을 갖는 평형점 주위에서 선형화하라. 선형화된 폐루프 시스템의 전달함수를 구하라.

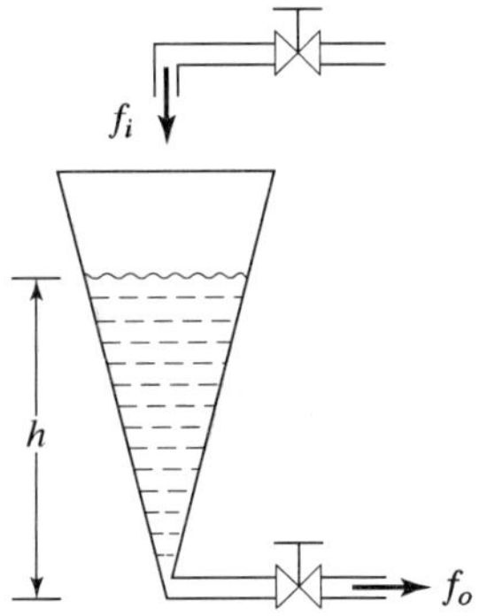

그림 2.46 연습문제 2.6을 위한 원뿔형 물탱크

2.6. 그림 2.46에 나타낸 아이스크림 콘의 형태를 갖는 물탱크를 고려한다. 높이는 6[m]이고 상면 직경은 3[m]이다. 입력은 유입 $f_i(t)$이고 출력은 수위 $h(t)$라고 가정한다. 유출은 $f_o(t)=\sqrt{4h(t)}$라고 이미 알고 있다.

1. 시스템의 상태 변수를 선택하고 시스템의 상태 공간 모델을 작성하라
2. 이 시스템은 선형인가? 만일 선형이 아니라면, h_0=4[m]을 갖는 평형점 근처에서 선형화하라.
3. 선형화된 시스템의 전달함수를 구하라.

2.7. 그림 2.47에 나타내 반경 R을 갖는 볼 형태의 물탱크를 고려한다. 입력은 유입 $f_i(t)$이고 출력은 수위 $h(t)$라고 가정한다. 유출은 $f_o(t) = \alpha$라고 이미 알고 있다.

1. 이 시스템의 상태 공간 모델을 작성하라
2. 이 시스템은 선형인가? 만일 선형이 아니라면, 탱크가 반이 채워졌을 때 선형화하라.
3. 선형화된 시스템의 전달함수를 구하라.
4. 시스템의 극점과 영점은 무엇인가?

2.8. 그림 2.48을 고려한다. $P(s)$의 상태 공간 모델이

$$\dot{\boldsymbol{x}}(t) = \boldsymbol{A}\boldsymbol{x}(t) + \boldsymbol{b}u(t)$$
$$y(t) = \boldsymbol{c}\boldsymbol{x}(t)$$

이고 K가 순수 이득이라고 가정한다. 입력 $r(t)$와 출력 $y(t)$를 갖는 폐루프 시스템의 상태 공간 모델을 구하라.

2.9. 그림 2.49에 나타낸 시스템의 폐루프 전달함수을 구하라. 폐루프 전달함수가 1인 $F(s)$를 구하라.

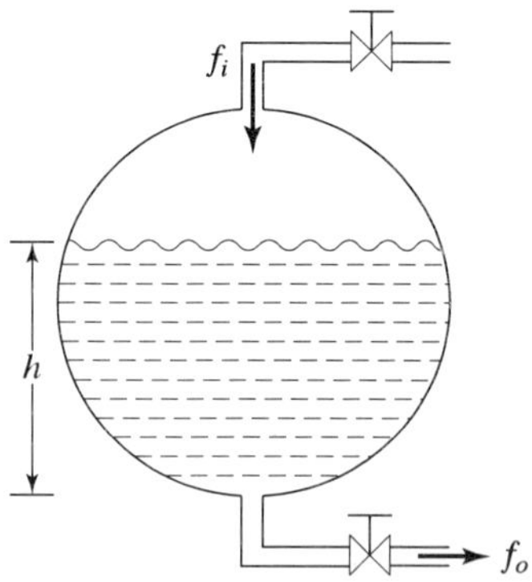

그림 2.47 연습문제 2.7을 위한 볼형태 물탱크

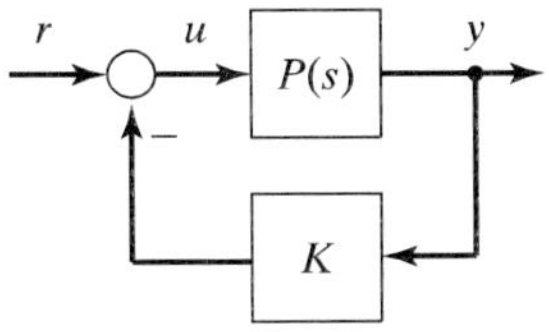

그림 2.48 연습문제 2.8을 위한 비례 피드백을 갖는 단위 피드백 시스템

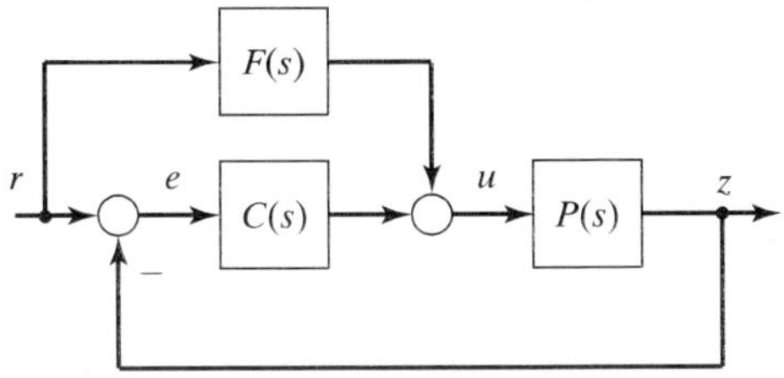

그림 2.49 연습문제 2.9를 위한 피드백 더하기 피드포워드 시스템

2.10. 그림 2.50에 나타낸 피드백 시스템을 고려한다.

1. r에서 y로의 전달함수를 구하라
2. 등가 2자유도 피드백 구조를 구하라. 즉, r에서 u로의 전달함수와 y에서 u로의 전달함수가 동일한 2자유도 제어기를 구하라.

2.11. 그림 2.51에 나타낸 시스템의 r에서 y로의 전달함수를 구하라. 전달함수가 1이 되는 $H(s)$를 구하라.

2.12. 그림 2.52에 나타낸 시스템의 r에서 y로의 전달함수를 구하라.

MATLAB 연습문제

2.13. MATLAB에서, 상태 공간형과 전달함수형 외에 SISO 선형 시불변 시스템을 표현하기 위한 세 번째 형이 있다. 이 세 번째 형은 영점-극점-이득 형이라 칭한다. 영점-극점-이득 형으로 표현된 시스템을 생성하거나 변환하기 위한 명령은 zpk이다. 온라인 도움으로부터 help 명령을 사용하여 명령 zpk와 관련된 명령 zpkdata의 사용에 대해 학습하라.

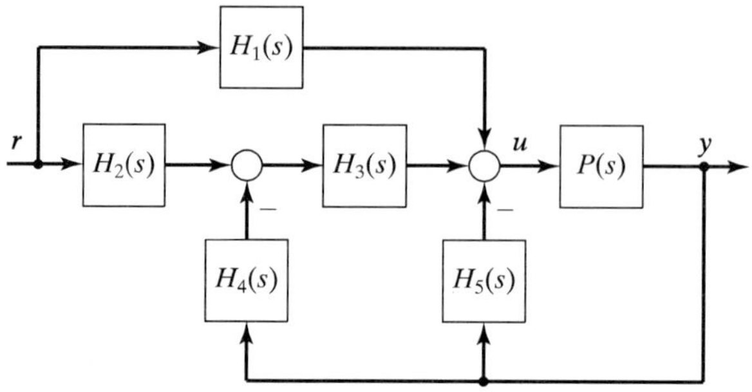

그림 2.50 연습문제 2.10을 위한 복잡한 피드백 시스템

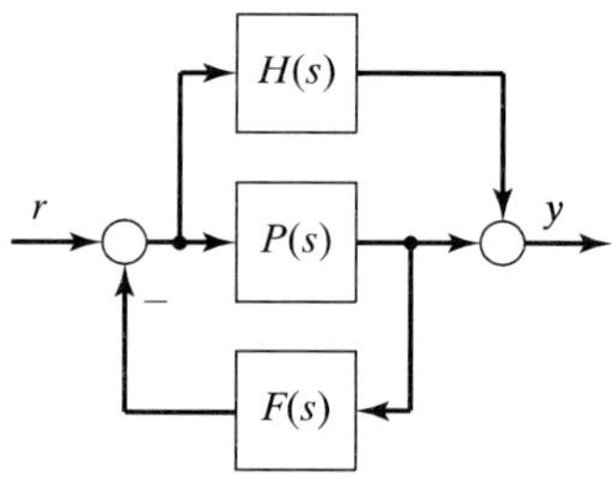

그림 2.51 연습문제 2.11을 위한 부분 피드백 시스템

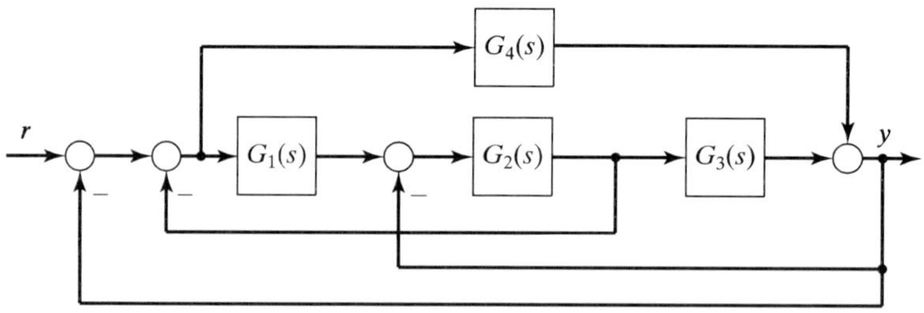

그림 2.52 연습문제 2.12을 위한 복잡한 피드백 시스템

2.14. 이 문제를 풀기 위해 MATLAB을 사용하라. 유연한 빔 시스템이 다음의 상태 공간 방정식으로 표현된다.

$$\dot{\boldsymbol{x}}(t) = \begin{bmatrix} -1.7860 & 15.9674 & -1.6930 & 13.1487 \\ -1.1773 & -15.2644 & -1.3548 & -14.5145 \\ 3.3427 & -6.8798 & 3.4513 & -3.5889 \\ 1.5017 & 16.7058 & 1.1717 & 13.4250 \end{bmatrix} \boldsymbol{x}(t) + \begin{bmatrix} -0.9618 \\ 1.3011 \\ 0.1081 \\ -1.1984 \end{bmatrix} u(t)$$

$$y(t) = \begin{bmatrix} 29.8608 & 35.9450 & 29.4689 & 17.7162 \end{bmatrix} \boldsymbol{x}(t).$$

1. 이 시스템을 표현하는 시스템 변수를 만들어라 (ss를 사용하라).
2. 이 시스템의 전달함수를 구하라 (tf를 사용하라).
3. 이 시스템의 극점, 영점, 직류 이득을 구하라 (zpk를 사용하라).
4. 2.7절에 있는 공식을 사용하는 전달함수로부터 시스템의 상태 공간 방정식을 작성하라.
5. ss를 사용하여 전달함수로부터 시스템의 상태 공간 방정식을 구하라. 본래의 상태 공간 방정식을 갖는 결과와 앞의 4에서 구한 결과를 비교하라. 이들은 같은가? 이유를 설명하라.

2.15. MISO 시스템을 실행하기 위해 SIMULINK에 전달함수 블록을 생성하라. 그림 2.53(a)에 나타낸 시스템을 생성하기 위해 새로운 블록을 사용하고, SIMULINK에 존재하는 블록을 사용해서 그림 2.53(b)에 있는 시스템을 생성하라. 두 시스템의 계단응답을 시뮬레이션하고 비교하라. 그림 2.53(b)에 있는 합점 전의 신호에 주의하라.

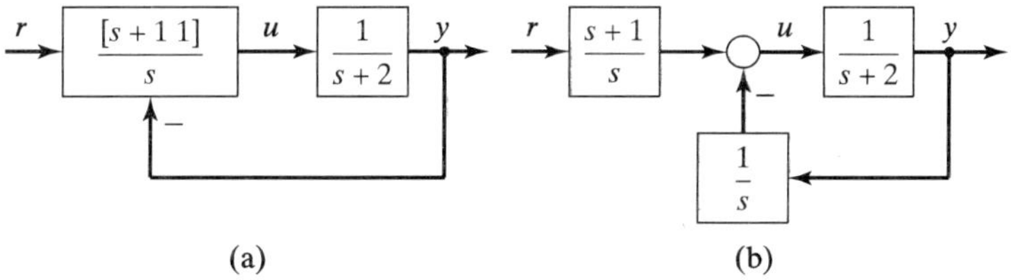

그림 2.53 MATLAB 연습문제 2.15 용

참고문헌

물리 시스템의 모델링은 일반적으로 그 시스템이 해당되는 분야에서의 전문지식을 포함한다. 이 장에서 논의한 것과 같이 단순한 시스템에 대해서는, 기초물리에 대한 지식이면 일반적으로 충분하다.

회로분석의 보다 상세한 적용범위는

C. A. Desoer and E. S. Kuh, Basic Circuit Theory, McGraw-Hill International, Auckland, 1969.

에서 주어진다.

직류 모터에 대한 상세한 지식 뿐만 아니라 연산증폭기 회로의 분석에 대해서는

R. J. Smith and R. C. Dorf, Circuits, Devices, and Systems, 5th Edition, John Wiley & Sons, new York, 1992.

를 보라.

기계 시스템 모델링에 대한 좋은 참고문헌은

A. Bedford and W. Fowler, Engineering Mechanics, 3rd Editionm, Prentice Hall, upper Saddle River, NewJersey, 2002.

이다.

(2.29)에서 4개의 전달함수에 대한 4인방의 사용은

K. J. Astrom and R. Murray, Feedback Systems: An Introduction for Scientists and Engineers, Princeton University Press, Princeton and Oxford, 2008.

에서 처음 나타났다.

Chapter 03

Stability and Stabilization

안정도와 안정화

이 장에서 공부해야 될 내용

3.1 안정도의 개념
3.2 ROUTH 판별법
3.3 다른 안정도 판별
3.4 강인한 안정도 (ROBUST STABILITY)
3.5 폐루프 시스템의 안정도
3.6 극-배치 설계
3.7 범용 안정화 제어기* (ALL STABILIZING CONTROLLERS*)
3.8 범용 2자유도 안정화 제어기* (ALL STABILIZING 2DOF CONTROLLERS*)
3.9 사례 연구

피드백 시스템은 제어된 입력 신호를 통해 외란, 기준 신호와 잡음 등을 포함하여, 해당 시스템의 모든 신호를 원하는 대로 제어할 수 있어야 한다. 이번 장에서는 몇 가지 안정도 개념을 이용하여 이 사항의 만족수준을 측정하는 방법에 대해 공부할 것이다. 특별히, 유계 입력 유계 출력 안정도의 개념을 정의하고, Routh 안정도 판별법과 Routh-Hurwitz 안정도 판별법과 같은 몇 가지 유명한 안정도 판별법에 대해 공부할 것이다. 또한 Kharitonov 정리를 이용하여, 구간 다항식으로 표현되는 시스템들의 강인 안정도에 대해 생각해 볼 것이다. 폐루프 피드백 시스템의 안정화와 규정을 위한 구간 안정도개념의 개요와 특징에 대해 공부할 것이다. 이번 장의 나머지 절반의 부분에서는 안정화 제어기의 설계에 관한 내용을 다룰 것이다. 특정 플랜트 $P(s)$에 대한 폐루프 시스템의 모든 극점들의 위치를 적절히 조절할 수 있도록 극점 배치 기법을 이용하여 안정화 제어기 $C(s)$를 설계하는 방법을 볼 것이다. 이것은 선형 행렬 방정식인 Diophantine 다항 방정식을 구하는 방법을 통해 쉽게 설계할 수 있다. 또한 이번 장에서는 이론적으로 정말 중요한 문제인 "범용 안정화 제어기의 특징별 분류"에 대해 알아볼 것이다. 이 문제에서 설계사항들을 양함수로 표현하는 간단한 방법을 통해 주어진 플랜트의 안정화 제어기의 모든 집합을 표현하는 방법을 알아낼 것이다. 이를 이용하면 실제로 설계할 때, 안정화 제어기를 좀 더 쉽게 선택 할 수 있다. 1970년대에 개발되어 현대 제어이론에서 매우 중요한 "주어진 플랜트의 안정화 제어기의 모든 집합을 파라미터화하는 공식"을 이용하여 이 문제의 해답을 찾을 수 있다.

3.1 안정도의 개념

시스템 안정도 개념의 핵심은 입력신호가 제어가 되었을 때 출력신호 또한 제어가 되게 하는 것이다. 시스템의 안정도를 정의하는 방법에는 몇 가지가 있는데, 그 중 가장 간단하고 포괄적인 정의를 이용할 것이다. 모든 $t \in [0, \infty)$에 대하여 아래의 조건을 만족하는 양의 실수 M이 존재한다면

$$|x(t)| \le M$$

신호 $x(t)$는 한정되었다고 하며, 이러한 경우, M은 신호 $x(t)$의 한도라고 한다. 만약 어떤 신호가 한정되었다면, 그 한도는 유일하지 않다. 우리는 최소 한도 값을 종종 다루게 될 것인데 이는 **피크 크기(peak magnitude)** 또는 **신호의 진폭(amplitude of the signal)**이라 하며 다음과 같이 표현한다.[1)]

$$\|x(t)\|_\infty = \sup_{t\in[0,\infty)} |x(t)|.$$

그림 3.1과 같은 임의의 제어 시스템이 있다고 하자. 여기서 $u(t)$는 입력, $y(t)$는 출력, 그리고 $G(s)$는 전달함수이다. 단, 전달함수 $G(s)$는 유리함수로 가정한다.

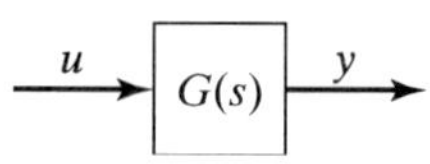

그림 3.1 임의의 제어 시스템

정의 3.1. 임의의 시스템에 대하여 한정된 입력에 대한 출력이 한정된다면 해당 시스템은 **유계 입력-유계 출력(BIBO) 안정(bounded-input-bounded-output stable)**이라고 한다.

1) 여기서 max 대신에 sup를 사용하는 이유는, 예를 들어 1은 $x(t)=1-e^{-t}$, $t \ge 0$에서의 최소 상위 한도이지만, 이 한도는 어떤 유한한 $t \ge 0$에서도 도달하지 않는다. 그러므로 $\sup_{t\in[0,\infty)}|x(t)|$은 존재하지만, $\max_{t\in[0,\infty)}|x(t)|$은 존재하지 않는다.

BIBO 안정 시스템은 한정된 입력에 대한 한정된 출력을 항상 보장한다. 앞으로 이 책의 대부분에서는 BIBO 안정도에 대해 다루기 때문에, 안정도를 언급할 때는 단어 BIBO를 생략한다. 정의 3.1을 참조하면, 시스템이 불안정하다는 것을 보이기 위해서는 발산하는 출력을 생성하는 한정된 입력을 찾기만 하면 되는 것이다. 반면, 한두 가지의 한정된 입력만으로 출력이 한정된다는 것을 증명하기는 부족하기 때문에, 시스템이 안정하다는 것을 증명하는 것은 훨씬 어렵다. 우리는 모든 임의 한정 입력에 대해서 출력이 한정된다는 것을 해석적, 논리적인 방법으로 증명해야 한다.

예제 3.2

전달함수 $G(s)=\dfrac{1}{s+\gamma}$의 시스템이 안정한지 알아보자.

만약 $\gamma<0$이고, 입력이 $u(t)=\sigma(t)$인 명백히 한정된 단위 계단함수라 한다면, $y(t)$는 다음과 같다.

$$y(t)=L^{-1}\left[\frac{1}{s(s+\gamma)}\right]=L^{-1}\left[\frac{1}{\gamma}\left(\frac{1}{s}-\frac{1}{s+\gamma}\right)\right]=\frac{1}{\gamma}(1-e^{-\gamma t})\sigma(t),$$

여기서 t가 ∞가 되면 $y(t)$ 또한 ∞ 가되기 때문에 $y(t)$는 한정되지 않는다. 이는 이 시스템이 불안정하다는 것을 의미한다.

만약 $\gamma=0$이면, 이 시스템은 **적분기**(integrator)가 된다. 마찬가지로 입력을 $u(t)=\sigma(t)$라 하면,

$$y(t)=L^{-1}\left[\frac{1}{s^2}\right]=t\sigma(t)$$

가 되고, 마찬가지로 t가 ∞가 되면 $y(t)$도 ∞가 된다. 이 시스템 또한 불안정하다는 의미한다.

만약 $\gamma>0$이고, $G(s)$의 임펄스 응답이 $g(t)=e^{-\gamma t}\sigma(t)$ 이면,

$$|y(t)|=\left|\int_0^t g(\tau)u(t-\tau)d\tau\right|\le\int_0^t|g(\tau)||u(t-\tau)|d\tau.$$

이다.

만약 모든 $t\in[0,\infty)$에 대해서 $|u(t)|\le M$이라면, $y(t)$는 M/γ로 한정된다.

$$|y(t)|\le M\int_0^\infty|g(\tau)|d\tau=M\int_0^\infty e^{-\gamma\tau}d\tau=\frac{M}{\gamma}.$$

이는 이 시스템이 안정하다는 것을 나타낸다.

요약하면, 전달함수 $G(s) = \dfrac{1}{s+\gamma}$ 인 시스템은 $\gamma > 0$이면 안정하고, $\gamma \leq 0$이면 불안정 하다.

시스템의 안정도를 측정하기 위해 위 예제의 과정을 이용하는 것은 복잡하다. 그래서 좀 더 간단한 안정도 측정 방법이 필요하다.

정리 3.3. 다음의 조건을 만족한다면 임펄스 응답 함수 $g(t)$를 갖는 LTI시스템은 안정하다.

$$\int_0^{\infty} |g(t)|dt < \infty. \tag{3.1}$$

증명: 입력 $u(t)$가 M으로 한정되었다고 가정하면,

$$|y(t)| = \left| \int_0^t g(\tau)u(t-\tau)d\tau \right| \leq \int_0^t |g(\tau)||u(t-\tau)|d\tau \leq M \int_0^{\infty} |g(\tau)|d\tau.$$

이다.

만약 식 (3.1)을 만족하고, $N = M\int_0^{\infty} |g(\tau)|d\tau$ 라 하면, M으로 한정된 입력은 N으로 한정된 출력을 만들어 낸다. 이는 시스템이 안정하다는 것을 의미한다. 이것은 시스템이 안정하기 위한 충분조건이다.

만약 식 (3.1)을 만족하지 않는 $\int_0^{\infty} |g(t)|dt = \infty$ 이라면, 어떤 $M > 0$에 대해서 다음을 만족하는 t_0를 선택하고,

$$\int_0^{t_0} |g(\tau)|d\tau > M$$

$0 \leq t \leq t_0$에 대해서 다음을 만족하는 입력 $u(t)$를 선택하면,

$$u(t) = \begin{cases} 1, & \text{if } g(t_0 - t) \geq 0; \\ -1, & \text{if } g(t_0 - t) < 0 \end{cases}$$

$$|y(t_0)| = \left| \int_0^{t_0} g(t_0-\tau)u(\tau)d\tau \right| = \int_0^{t_0} |g(t_0-\tau)|d\tau = \int_0^{t_0} |g(\tau)|d\tau > M$$

가 된다. 이것은 1로 한정된 입력 $u(t)$에 대해서 출력은 임의로 커질 수 있다는 것을 나타낸다. 그러므로 이 시스템은 불안정하다. 이것은 시스템이 안정하기 위한 필요조건이다. **[증명 끝]**

예제 3.4

전달함수가 $G(s) = \dfrac{1}{s+\gamma}$의 시스템을 고려해 보자. 이 시스템의 임펄스 응답은

$$g(t) = e^{-\gamma t}\sigma(t)$$

이며, 다음이 성립한다.

$$\int_0^{\infty} |g(t)|dt = \int_0^{\infty} e^{-\gamma t}dt = \begin{cases} \dfrac{1}{\gamma} & \text{if } \gamma > 0 \\ \infty & \text{if } \gamma \le 0. \end{cases}$$

그러므로 이 시스템은 $\gamma > 0$이면 안정하고, $\gamma \le 0$이면 불안정하다. 이 결과는 예제 3.2의 결과와 같다.

하지만 함수의 절대값을 적분하는 것은 쉽지 않은 문제이다. 아래의 정리는 어떤 LTI 시스템의 안정도 판별을 위한 작업을 훨씬 간단하게 한다.

정리 3.5. 전달함수가 $G(s)$인 시스템은 $G(s)$가 [2]고유(proper)하고 $G(s)$의 모든 극점의 실수 부분이 음수라면 안정하다.

증명: 만약 시스템이 안정하다면,

$$\int_0^{\infty} |g(t)|dt < \infty$$

이다. 이것은 $Re(s) \ge 0$인 모든 s에 대해서,

---

2) 고유(proper) : 전달함수의 분모의 차수의 크기가 분자의 차수의 크기 이상인 경우
완전 고유(strictly proper) : 전달함수의 분모의 차수의 크기가 분자의 차수의 크기 초과인 경우
양측 고유(bi-proper) : 전달함수의 분모의 차수의 크기가 분자의 차수의 크기와 같은 경우

$$|G(s)| = \left| \int_0^\infty g(t) e^{-st} dt \right| \le \int_0^\infty |g(t)| dt < \infty,$$

이 성립하며, $G(s)$는 복소평면의 우반 평면에 한정된다. 그러므로 $G(s)$는 고유하며 복소평면의 우반평면에서는 극점이 없게 된다.
만약 $G(s)$가 고유하고 모든 극점들의 실수부분이 음수라면, 다음의 부분분수 전개를 $G(s)$에 대해서 할 수 있다.

$$G(s) = \sum_i G_i(s)$$

이때 $G_i(s)$는 다음의 세 가지 형태중 하나를 갖는다.

$$G_i(s) = a \quad \text{또는} \quad \frac{b}{(s+\gamma)^m} \quad \text{또는} \quad \frac{q(s)}{[(s+\rho)^2+\omega^2]^l}$$

여기서 $\gamma > 0$, $\rho > 0$이며, $q(s)$는 s의 l차 다항식이다. 그러므로

$$g_i(t) = L^{-1}[G_i(s)] = a\delta(t) \;\; \text{또는} \;\; e^{-\gamma t} p(t) \;\; \text{또는} \;\; e^{-\rho t}[p_1(t)\cos\omega t + p_2(t)\sin\omega t]$$

여기서 $p(t)$, $p_1(t)$, $p_2(t)$는 t의 다항식이다. 이들 세 가지 가능한 형태 중 각각은

$$\int_0^\infty |g_i(t)| dt < \infty$$

을 만족하고, 지수 함수 $e^{-\gamma t}$와 $e^{-\rho t}$는 $p(t)$, $p_1(t)$, $p_2(t)$가 무한대로 가는 것보다 훨씬 빠르게 0으로 수렴하기 때문에, 다음이 성립한다.

$$\int_0^\infty |g(t)| dt \le \sum_i \int_0^\infty |g_i(t)| dt < \infty$$

이것은 시스템이 안정하다는 것을 나타낸다. **[증명 끝]**

시스템이 안정하기 위해서는 전달함수가 고유해야 한다. 그렇기 때문에 전달함수가 s인 이상적인 미분기는 불안정하다. 또한 우리가 **비례-적분-미분(proportional-integral-derivative)** 장치 또는 간단히 PID장치라고 부르는 다음과 같은 전달함수를 갖는 시스템 역시 불안정하다.

$$G(s) = K_P + K_I \frac{1}{s} + K_D s$$

고유하지 않은 전달함수를 갖는 모든 시스템은 불안정하다. 하지만, 고유하지 않은 시스템은 단지 수학적인 추상적인 개념일 뿐이다. 현실적인 모든 시스템은, 그것이 자연적이든 인공적이든, 인과적이기 때문에 고유하지 않은 전달함수를 가질 수 없다. 이는 s나 s^2(**이상적 미분기-ideal differentiator 또는 이상적 2차 미분기-ideal double differentiator**)와 같은 전달함수의 시스템은 비인과적이기 때문이다. 비인과적인 전달함수는 현실적으로 아주 빠른 동적인 시스템을 나타낸다. 예를 들어, 우리가 자주 사용하는 현실적인 미분기는 아주 작은 양의 값인 T를 갖는 전달함수 $\frac{s}{Ts+1}$ 형태이다. 그러므로 현실적인 미분기는 안정하다.

정리 3.3과 3.5 때문에, 우리는 임펄스 응답과 전달함수의 안정도에 관해서 이야기할 수 있다. 어떤 시스템이 안정하다면, 그 시스템의 임펄스 응답은 당연히 안정하며, 적분 또한 가능하다. 즉 어떤 시스템이 안정하다면, 그 시스템의 전달함수 또한 안정하며 고유하고, 모든 극점의 실수부분은 음수이다. 바꾸어 말하면, 어떤 LTI시스템의 안정도, 그 시스템의 임펄스 응답 $g(t)$의 안정도, 그리고 그 시스템의 전달함수 $G(s)$의 안정도는 모두 같은 개념이다. 그렇기 때문에 앞으로 아무 것이나 언급 한다 하여도 혼란스럽지는 않을 것이다.

어떤 전달함수 $G(s)$의 극점들은 그 전달함수의 분모 다항식의 근들이기 때문에 정리 3.5를 이용해서 어떤 LTI시스템의 안정도를 알아내는 것은 어떤 다항식의 근들의 위치를 알아보는 것과 근본적으로 동일하다. 결론적으로 어떤 다항식의 안정도에 대해서 논의하는 것은 매우 의미 있는 것이다.

정의 3.6. 다항식에서 그 모든 해의 실수 부분이 음수라면 그 다항식은 안정한다.

3.2 ROUTH 판별법

어떤 다항식의 안정도를 결정하기 위해서는, 간단히 MATLAB 등을 사용하여 그 다항식의 해를 구하면 된다. 하지만, 몇몇 계수들이 파라미터의 함수일 때, 그 파라미터들의 가능한 모든 변화에 대한 해를 계산하는 것은 매우 어렵거나 불가능하다. 하지만, 해를 계산하지 않으면서도 다항식의 안정도를 결정하는 방법이 있다.

다음의 다항식을 생각해 보자.

$$a(s) = a_0 s^n + a_1 s^{n-1} + \cdots + a_n, \qquad a_0 > 0 \tag{3.2}$$

이는 항상 다음과 같이 분해가 가능하다.

$$a(s) = a_0(s+\gamma_1)(s+\gamma_2)\cdots(s+\gamma_m)\left[(s+\rho_1)^2+\omega_1^2\right]\cdots\left[(s+\rho_l)^2+\omega_l^2\right]$$

여기서 γ_i, $i=1,\ldots,m$, 그리고 ρ_i, ω_i, $i=1,\ldots,l$ 는 모두 실수이다. $-\gamma_i$는 $a(s)$의 실수해이고, $-\rho_i \pm j\omega_i$는 $a(s)$의 켤레 복소수 해라는 것을 주의하라. 만약 $a(s)$가 안정하다면, γ_i, $i=1,\ldots,m$, 그리고 ρ_i, $i=1,\ldots,l$, 는 양수이다. a_i, $i=1,\ldots,n$ 은 γ_i, ρ_i, ω_i^2의 곱들의 합이기 때문에, 양수여야 한다. 이는 다음의 정리로 연결된다.

정리 3.7. 만약 $a(s)$가 안정하다면, $a_i > 0$, $i=1,\ldots,n$ 이다.

정리 3.7은 초기 안정도 검사로 쓸 수 있는 안정도의 필요조건이다. 만약 계수중 하나가 영이나 음수라면, 그 다항식은 불안정하다. 그러나 이 조건은 일차, 이차 다항식을 제외하고는 절대 충분조건이 될 수 없다. 만약 모든 계수들이 양수라면, 일반적으로 안정도에 대한 결정을 곧바로 내릴 수 없다.

예제 3.8

다음 다항식을 고려하자.

$$a(s) = s^3 + s^2 + 4s + 30 = (s+3)(s^2 - 2s + 10).$$

이 다항식은 세 개의 양의 계수를 가지고 있지만 불안정하다. 해는 -3과 $1 \pm 3j$이다.

이 절에서는 해를 직접 구하지 않으면서 다항식의 안정도를 결정하는 방법을 설명한다. 먼저, 다항식 (3.2)를 위해 표 3.1과 같은 **Routh 표(Routh table)**를 만들어 보자.

s^n	$r_{00} = a_0$	$r_{01} = a_2$	$r_{02} = a_4$	$r_{03} = a_6$	$\cdots$
s^{n-1}	$r_{01} = a_1$	$r_{11} = a_3$	$r_{12} = a_5$	$r_{13} = a_7$	$\cdots$
s^{n-2}	r_{20}	r_{21}	r_{22}	r_{23}	$\cdots$
s^{n-3}	r_{30}	r_{31}	r_{32}	r_{33}	$\cdots$
$\vdots$	$\vdots$	$\vdots$	$\vdots$	$\vdots$	
s^2	$r_{(n-2)0}$	$r_{(n-2)1}$			
s^1	$r_{(n-1)0}$				
s^0	r_{n0}				

표 3.1 Routh 표

처음의 두 행은 $a(s)$의 계수들로부터 바로 구할 수 있다. 다른 각 행은 이전 두 행으로부터 다음과 같이 구한다.

$$r_{ij} = -\frac{1}{r_{(i-1)0}}\det\begin{bmatrix} r_{(i-2)0} & r_{(i-2)(j+1)} \\ r_{(i-1)0} & r_{(i-1)(j+1)} \end{bmatrix} = \frac{r_{(i-1)0}r_{(i-2)(j+1)} - r_{(i-2)0}r_{(i-1)(j+1)}}{r_{(i-1)0}}$$

여기서, i는 2에서 n으로 변화하며 j는 0에서 $\left[\dfrac{n-i}{2}\right]$로 변화한다. 예를 들면,

$$r_{20} = -\frac{1}{r_{10}}\det\begin{bmatrix} r_{00} & r_{01} \\ r_{10} & r_{11} \end{bmatrix} = \frac{r_{10}r_{01} - r_{00}r_{11}}{r_{10}} = \frac{a_1a_2 - a_0a_3}{a_1} \quad ,$$

$$r_{21} = -\frac{1}{r_{10}}\det\begin{bmatrix} r_{00} & r_{02} \\ r_{10} & r_{12} \end{bmatrix} = \frac{r_{10}r_{02} - r_{00}r_{12}}{r_{10}} = \frac{a_1a_4 - a_0a_5}{a_1} \quad ,$$

$$r_{22} = -\frac{1}{r_{10}}\det\begin{bmatrix} r_{00} & r_{03} \\ r_{10} & r_{13} \end{bmatrix} = \frac{r_{10}r_{03} - r_{00}r_{13}}{r_{10}} = \frac{a_1a_6 - a_0a_7}{a_1} \quad .$$

Routh 표의 특정 행의 마지막 요소를 계산할 때는, 우리가 필요한 하나의 요소가 부족한 것을 볼 수 있을 것이다. 예를 들어, r_{n0}를 계산할 때, $r_{(n-1)1}$이 필요하지만 $r_{(n-1)1}$은 없다. 이 경우, 간단히 이전 행의 끝에 0을 삽입하여 계산을 이어나갈 수 있다. 이 삽입된 0은 Routh 표에 포함되지 않는 부분이라는 것을 명심하자. 동일하게, $r_{(i-1)(j+1)}$이 없을 때마다, $r_{ij} = r_{(i-2)(j+1)}$을 쓴다. 예를 들어, r_{n0}는 아래와 같이 계산할 수 있다.

$$r_{n0} = -\frac{1}{r_{(i-1)0}}\det\begin{bmatrix} r_{(i-2)0} & r_{(i-2)l} \\ r_{(i-1)0} & 0 \end{bmatrix} = r_{(n-2)l}$$

Routh 표를 만드는 다른 방법은 다음 예제에서 소개한다.

예제 3.9

다음 다항식을 고려해 보자.

$$a(s) = a_0s^5 + a_1s^4 + a_2s^3 + a_3s^4 + a_4s^1 + a_5$$

Routh 표는 아래와 같이 만들 수 있다.

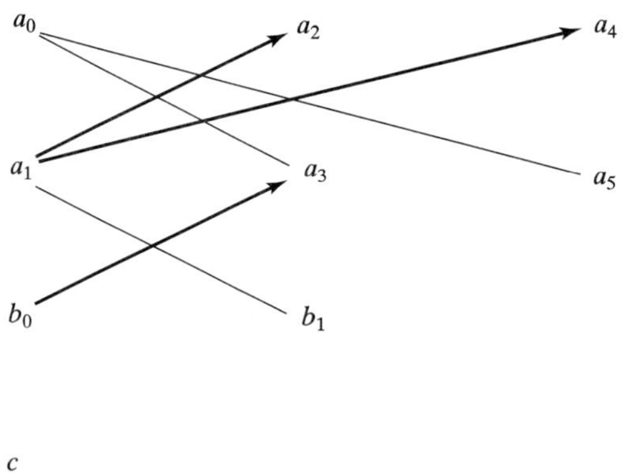

표의 b_0는 $a_1 \times a_2$에 $a_0 \times a_3$을 빼고 a_1으로 나누어서 구한다.

$$b_0 = \frac{a_1a_2 - a_0a_3}{a_1}.$$

b_1과 c는 위와 비슷한 방법으로 구한다.

$$b_1 = \frac{a_1a_4 - a_0a_5}{a_1}$$

그리고

$$c = \frac{b_0a_3 - a_1b_1}{b_0}.$$

Edward John Routh (1831–1907)은 퀘벡(캐나다)에서 태어났고, 세 살 때 영국으로 이사했다. 그는 런던 대학 부속학교를 졸업한 후, 1847년 런던 대학교 장학생으로 입학했다. 그곳에서 그는 Augustus DeMorgan의 밑에서 공부를 하였는데, 스승의 영향을 받아 수학자로서의 길을 걷게 되었다. 그리고 학사학위(1849)와 석사학위(1853)를 받은 후, 1854년, 그는 케임브리지 대학에서 수석 학사학위와 Smith 상을 받고 뒤이어 1857년에 석사학위를 받았다. 19세기 중반, 그는 케임브리지 대학에서 가장 유명한 우수 수학 졸업자 시험을 준비하는 학생들에게 가장 유명한 지도자가 되었다. 그는 1854년에 James Clerk Maxwell을 꺾으며 수석 졸업자가 되었고, 1862년부터 22년의 기간 동안, 매년 수석 졸업자들을 키웠다. 그는 "주어진 운동 상태의 안정도에 대한 논문(1877)"을 포함하여, 표준 응용 수학 교과서가 된 훌륭한 논문들을 발표했다. 동적 안정도에 대한 연구로 그는 1877년에 Adams 상을 받았으며, 1872년 6월 6일에는 영국 왕립 학술원의 특별회원으로 뽑혔다.

정리 3.10 (Routh 안정도 판별법–Routh Stability Criterion). 다음 세 문장은 상호 등가이다.

1. $a(s)$는 안정하다.
2. Routh 표의 모든 요소는 양수이며 다음 조건을 만족한다.

   $r_{ij} > 0,\ i = 0,1,\ldots,n,\ j = 0,1,\ldots,n$
3. Routh 표의 첫 번째 열의 모든 요소는 양수이며 다음 조건을 만족한다.

   $r_{i0} > 0,\ i = 0,1,\ldots,n$

일반적으로, 첫 번째 행의 몇몇 요소가 0이라면 Routh 표는 완전히 만들 수 없다. 이런 경우에는, 이미 Routh 판별법으로부터 다항식이 불안정하다는 것을 알기 때문에, 나머지 일람표를 만들 필요가 없다.

이 절의 마지막에는 Routh 안정도 판별법을 증명할 것이다. 이 판별법의 사용에 대한 몇 가지 예제를 보도록 하자.

예제 3.11

다음 다항식을 고려해 보자.

$$a(s) = s^4 + 10s^3 + 35s^2 + 50s + 24.$$

Routh 표를 다음과 같이 만들 수 있다.

s^4	1	35	24
s^3	10	50	
s^2	$r_{20} = 30$	$r_{21} = 24$	
s^1	$r_{30} = 42$		
s^0	$r_{40} = 24$		

여기서 r_{20}, r_{21}, r_{30}, 그리고 r_{40}은 다음과 같이 계산한다.

$$r_{20} = \frac{-1}{10}\det\begin{bmatrix} 1 & 35 \\ 10 & 50 \end{bmatrix} = 30, \quad r_{21} = \frac{-1}{10}\det\begin{bmatrix} 1 & 24 \\ 10 & \mathbf{0} \end{bmatrix} = 24,$$

$$r_{30} = \frac{-1}{30}\det\begin{bmatrix} 10 & 50 \\ 30 & 24 \end{bmatrix} = 42, \quad r_{40} = \frac{-1}{42}\det\begin{bmatrix} 30 & 24 \\ 42 & \mathbf{0} \end{bmatrix} = 24.$$

표에 빠진 요소들은 0이라는 것을 주의하라.

표의 첫 번째 열의 모든 요소들은 양수이기 때문에, 이 시스템은 안정하다는 것을 알 수 있다. 실제로 다항식 $a(s)$는 다음과 같다.

$$a(s) = (s+1)(s+2)(s+3)(s+4).$$

예제 3.12

다음 다항식을 고려해 보자.

$$a_1(s) = s^3 + 2s^2 + 3s + 10.$$

대응하는 Routh 표를 다음과 같이 만들 수 있다.

s^3	1	3
s^2	2	10
s^1	−2	
s^0	10	

첫 번째 열에 음수인 요소가 있기 때문에, $a_1(s)$는 불안정하다. 실제로, 이 결과는 Routh 표의 세 번째 행에서 −2값을 확인하면 알 수 있기 때문에 전체 Routh 표를 완성할 필요는 없다.

때때로, 첫 번째 열을 제외한 곳에서 음수인 요소가 먼저 나타날 수 있는데, 이럴 때는

Routh 판별법의 문장 1과 2의 등가성이 유용하다.

다음 다항식을 생각해 보자.

$$a_2(s) = s^5 + 10s^4 + 35s^3 + 50s^2 + 24s + 300.$$

대응하는 Routh 표(부분적)은 다음과 같다.

s^5	1	35	24
s^4	10	50	300
s^3	$r_{20} = 30$	$r_{21} = -6$	

Routh 표에서 음수인 요소를 확인하면, $a_2(s)$는 불안정하다는 것을 곧바로 알 수 있다.

이제 다른 다항식을 생각해 보자.

$$a_3(s) = s^4 + 3s^3 + 3s^2 + 3s + 2.$$

대응하는 Routh 표는 다음과 같이 만들 수 있다.

s^4	1	3	2
s^3	3	3	
s^2	2	2	
s^1	$r_{30} = 0$		
s^0	r_{40}		

$r_{30} = 0$이기 때문에, 다음 요소 r_{40}은 계산할 수 없다는 것에 주의하라. 물론 첫 번째 열의 요소들이 모두 양수가 아니므로, 지금 $a_3(s)$은 불안정하다고 결론짓고 멈출 수도 있다. 실제로 이 다항식은 허수축에 2개의 해를 가지고 있다.

$$a_3(s) = (s+1)(s+2)(s^2+1)$$

앞에서도 언급했듯이, Routh 판별법은 많은 파라미터가 포함된 다항식의 안정도를 결정할 때 매우 유용하게 쓰인다.

예제 3.13

다음 다항식을 고려해 보자.

$$a(s) = s^4 + 2s^3 + 4s^2 + 4s + K.$$

$a(s)$를 안정하게 하는 K의 값을 구하라.

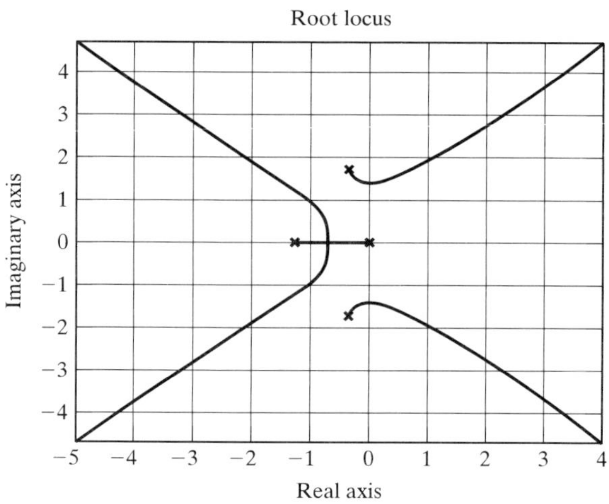

그림 3.2 예제 3.13의 다항식에서 K가 0에서 ∞까지 변할 때의 근 궤적

이 다항식에 대응하는 Routh 표는 다음과 같다.

s^4	1	4	K
s^3	2	4	
s^2	2	K	
s^1	$4-K$		
s^0	K		

그러므로 $a(s)$는 $K>0$이거나 $4-K>0$일 때 안정하다. 이것은 $a(s)$가 안정하기 위한 필요충분조건이 $0<K<4$임을 의미한다.

MATLAB을 사용하면, K가 0에서 ∞까지 변할 때 이에 대응하는 해의 모든 위치를 계산할 수 있다. 이 해의 위치들은 그림 3.2에 표시되어 있다. 이 그래프를 **근 궤적(root locus)**이라 부르고, 제 5장에서 더 자세히 살펴볼 것이다.

이 절의 나머지 부분은 Routh 안정도 판별법의 증명에 할애되어 있다. 이 증명은 궁금한 독자들을 위해 준비하였으며, 이 책의 나머지 부분을 이해하는 데는 꼭 필요하지 않다. 또한, 이 증명은 제 5장에서 소개할 근–궤적 해석의 주요 개념과 맥락을 함께한다.

Routh 표의 각 행에 대응하는 다항식 집합은 다음의 방법으로 정의할 수 있다.

$$r_0(s)=r_{00}s^n+r_{01}s^{n-2}+r_{02}s^{n-4}+\cdots$$

$$r_1(s)=r_{10}s^{n-1}+r_{11}s^{n-3}+r_{12}s^{n-5}+\cdots$$

$$\vdots$$

$$r_{n-1}(s)=r_{(n-1)0}s$$

$$r_n(s)=r_{n0}$$

Routh 표를 만드는 것은 다음을 의미한다.

$$r_{i+1}(s)=\frac{r_{i0}r_{i-1}(s)-r_{(i-1)0}sr_i(s)}{r_{i0}}=r_{i-1}(s)-\frac{r_{(i-1)0}}{r_{i0}}sr_i(s) \tag{3.3}$$

여기서 $i=1,2,\ldots,n-1$ 이다. 다음 다항식의 집합은 연속된 두 방정식의 합을 이용해 정의한다.

$$a_1(s)=r_0(s)+r_1(s)=r_{00}s^n+r_{10}s^{n-1}+\cdots$$

$$a_2(s)=r_1(s)+r_2(s)=r_{10}s^{n-1}+r_{20}s^{n-2}+\cdots$$

$$\vdots$$

$$a_n(s)r_{n-1}(s)+r_n(s)=r_{(n-1)0}s+r_{n0}$$

명백히 $a_1(s)=a(s)$ 이다. 각 $a_i(s)$는 $n-i+1$의 차수를 가지며, 처음 몇 개의 행을 빼고 나면, $a_i(s)$의 Routh 표는 $a(s)$의 남은 부분과 정확히 일치한다.

사실 3.14. $r_{(i-1)0}>0$과 같이 $a_i(s)$의 앞 계수가 양수라 가정하자. 그러면 $r_{i0}>0$이고, $a_{i+1}(s)$이 안정하다면, $a_i(s)$는 안정하다.

증명: 다항식 $p_K(s)=a_i(s)+Ka_{i+1}(s)$을 생각해 보자. 다항식의 해는 파라미터의 연속함수이기 때문에, K가 0에서 ∞로 변화함에 따라, $p_K(s)$의 해는 $a_i(s)$의 해에서부터 $a_{i+1}(s)$의 해까지 연속적으로 변화한다. 해들이 움직이는 방법에 대한 더 자세한 사항은 부록의 절 B.2에 나와 있다. 먼저, 만약 $a_i(s)$ 또는 $a_{i+1}(s)$이 안정하다면, K가 0에서 ∞까지 변화함에 따라, $p_K(s)$의 해들로 이루어진 연속적인 궤적은 허수축을 통과하지 않는다는 것을 알 수 있다. 즉 모든

$K \in [0, \infty)$와 $\omega \in \boldsymbol{R}$에 대해 $p_K(j\omega) \neq 0$이 성립한다. 또한 반대를 가정해 보면, 몇몇 $K \in [0, \infty)$와 $\omega \in \boldsymbol{R}$에 대해 등식 $p_K(j\omega) = 0$이 성립한다. 왜냐하면 등식 (3.3)과 다음의 전개가 성립하기 때문이다.

$$\begin{aligned} p_K(j\omega) &= a_i(j\omega) + K a_{i+1}(j\omega) \\ &= r_{i-1}(j\omega) + r_i(j\omega) + K r_i(j\omega) + K r_{i+1}(j\omega) \\ &= \left[(1+K) r_{i-1}(j\omega) - K \frac{r_{(i-1)0}}{r_{i0}} j\omega r_i(j\omega)\right] + (1+K) r_i(j\omega) \end{aligned}$$

만약 $n-i$가 홀수라면, $r_i(j\omega)$는 실수이며 $r_{i-1}(j\omega)$는 허수이다. 만약 $n-i$가 짝수라면, $r_i(j\omega)$는 허수이며 $r_{i-1}(j\omega)$는 실수이다. 모든 경우 두 요소는 각각 실수 또는 허수로 이루어져 있다. 그러므로 $p_K(j\omega) = 0$ 은 $r_i(j\omega) = 0$ 과 $r_{i-1}(j\omega) = 0$을 내포한다는 것을 식 (3.3)을 통해 알 수 있다. $a_i(s)$와 $a_{i+1}(s)$의 정의를 통해 $a_i(j\omega) = a_{i+1}(j\omega) = 0$ 임을 알 수 있고, 이는 $a_i(s)$와 $a_{i+1}(s)$ 중 하나만 안정하다고 가정할 때 불가능 하다.

이제 $a_i(s)$가 안정하다고 가정해 보자. 정의 3.7로부터 $r_{i0} > 0$을 알 수 있으며, $p_K(s)$의 해들은 K가 0에서 ∞까지 변화함에 따라 허수축을 통과하지 않으므로, $a_{i+1}(s)$의 해들은 반드시 $a_i(s)$의 해들과 허수축을 기준으로 같은 쪽에 있어야 한다. 또한 $a_{i+1}(s)$도 안정하다.

반대로, $r_{i0} > 0$과 $a_{i+1}(s)$을 가정해 보자. $a_{i+1}(s)$는 $n-i$개의 해를 지니며 $a_i(s)$는 $n-i+1$개의 해를 지니는 것에 주의 하자. K가 0에서 ∞까지 변화함에 따라, $p_K(s)$의 $n-i$개의 해들은 $a_i(s)$의 $n-i$개의 해들에서부터 $a_{i+1}(s)$의 $n-i$개의 해들까지 연속적으로 이동하며, $p_K(s)$의 남은 해는 $a_i(s)$의 남은 해에서부터 ∞까지 연속적으로 이동한다. ∞을 향해 이동하는 해를 s_K로 표시 하자. 그러면

$$0 = \frac{1}{s_K^{n-i}} p_K(s_K) = r_{(i-1)0} s_K + r_{i0} + \cdots + K(r_{i0} + r_{(i-1)0} s_K^{-1} + \cdots)$$

이 성립하며, 생략된 요소들은 모두 무시 가능하다. 양수 요소들을 상쇄하기 위해 s_K는 반드시 음수여야 함을 알 수 있다. 만약 해들이 이동하는 동안 허수축을 통

과하지 않는다면, $a_i(s)$의 $n-i$개의 해들은 반드시 $a_{i+1}(s)$의 해들과 허수축 기준으로 같은 쪽인 좌반평면에 있어야 한다. 게다가 무한대까지 가는 $a_i(s)$의 해 또한 반드시 큰 음수와 같은 쪽에 있어야 한다. 이는 $a_i(s)$가 안정하다는 것을 의미한다. **[증명 끝]**

사실 3.14를 보면, Routh 안정도 판별법의 문장 1과 3의 등가성은 수학적으로 유도가능하다. $a_i(s)$의 첫 번째 계수가 양수라고 가정하면, 다음의 등가성 전개가 성립한다.

$a(s)=a_1(s)$은 안정하다. $\Leftrightarrow r_{10}>0$이며 $a_2(s)$는 안정하다.

$\Leftrightarrow r_{10}>0,\ r_{20}>0$이며 $a_3(s)$는 안정하다.

$\vdots$

$\Leftrightarrow r_{10}>0,\ r_{20}>0,\ldots,\ r_{(n-1)0}>0$이며 $a_n(s)$는 안정하다.

$\Leftrightarrow r_{10}>0,\ r_{20}>0,\ldots,\ r_{n0}>0$이다.

마지막 문장은 $a_n(s)$가 계수 $r_{(n-1)0}$과 r_{n0}의 일차 다항식이라는 간단한 사실에 근거한다. 또한 위의 유도는 문장 2가 문장 3을 명백히 내포하지만, 문장 1은 문장 2를 내포한다는 것을 정리 3.7을 통해 보여준다. 그러므로 Routh 안정도 판별법의 모든 문장들은 상호 등가이다.

3.3 다른 안정도 판별법

식 (3.2)에 대응하는 **Hurwitz 행렬(Hurwitz matrix)**은 $n\times n$차원 행렬로 다음과 같이 정의한다.

$$H=\begin{bmatrix} a_1 & a_3 & a_5 & a_7 & \cdots & 0 \\ a_0 & a_2 & a_4 & a_6 & \ddots & \vdots \\ 0 & a_1 & a_3 & a_5 & \ddots & \vdots \\ 0 & a_0 & a_2 & a_4 & \ddots & \vdots \\ \vdots & \ddots & \ddots & \ddots & \ddots & \vdots \\ 0 & \cdots & \cdots & \cdots & \cdots & a_n \end{bmatrix}$$

처음 두 행은 $a(s)$의 계수들과 0으로 바로 구할 수 있다. 이어지는 두 행은 이전의 두 행을 오른쪽으로 이동하고 빈 공간에 0을 채우면서 구할 수 있다. Δ_i를 H의 i번째 주요 마이너라 하자. 즉, H의 왼쪽 위 모퉁이의 $i \times i$차원 종속행렬의 행렬식이다.

$$\Delta_1 = a_1,\ \Delta_2 = \det\begin{bmatrix} a_1 & a_3 \\ a_0 & a_2 \end{bmatrix}, \ldots,\ \Delta_i = \det\begin{bmatrix} a_1 & a_3 & \cdots & \cdots \\ a_0 & a_2 & \cdots & \cdots \\ \vdots & \vdots & \ddots & \vdots \\ \vdots & \vdots & \cdots & a_i \end{bmatrix}$$

$i = 1, 2, \ldots n$에서 Δ_i의 행렬식은 **Hurwitz 행렬식(Hurwitz determinants)**이라 하며, Routh 표와 밀접한 관계가 있다. 먼저 H는 다음과 같이 고쳐 쓸 수 있음을 주목하라.

$$H = \begin{bmatrix} r_{10} & r_{11} & r_{12} & r_{13} & \cdots \\ r_{00} & r_{01} & r_{02} & r_{03} & \ddots \\ 0 & r_{10} & r_{11} & r_{12} & \ddots \\ 0 & r_{00} & r_{01} & r_{02} & \ddots \\ \vdots & \ddots & \ddots & \ddots & \ddots \end{bmatrix}$$

여기서 이때 r_{ij}는 Routh 표의 요소이다. 만약 우리가 H의 $(2i-1)$번째 행에 $\frac{r_{00}}{r_{10}}$을 곱해서 $2i$번째 행에 뺀다면, H는 아래 행렬로 변환된다.

$$\begin{bmatrix} r_{10} & r_{11} & r_{12} & r_{13} & \cdots \\ 0 & r_{20} & r_{21} & r_{22} & \ddots \\ 0 & r_{10} & r_{11} & r_{12} & \ddots \\ 0 & 0 & r_{20} & r_{21} & \ddots \\ \vdots & \ddots & \ddots & \ddots & \ddots \end{bmatrix}$$

그리고 이 변환은 이전의 주요 마이너 값을 유지한다. 이제 이 새로운 행렬의 $2i$번째 행에 $\frac{r_{10}}{r_{20}}$을 곱해서 $(2i+1)$번째 행에 빼면, 위 행렬은 아래 행렬로 변환된다.

$$\begin{bmatrix} r_{10} & r_{11} & r_{12} & r_{13} & \cdots \\ 0 & r_{20} & r_{21} & r_{22} & \ddots \\ 0 & 0 & r_{30} & r_{31} & \ddots \\ 0 & 0 & r_{20} & r_{21} & \ddots \\ \vdots & \ddots & \ddots & \ddots & \ddots \end{bmatrix}$$

이 작업을 계속 하면, 마침내 상위 삼각 행렬(upper triangular matrix)을 아래와 같이 얻는다.

$$\begin{bmatrix} r_{10} & r_{11} & r_{12} & r_{13} & \cdots & 0 \\ 0 & r_{20} & r_{21} & r_{22} & \ddots & \vdots \\ 0 & 0 & r_{30} & r_{31} & \ddots & \vdots \\ 0 & 0 & 0 & r_{40} & \ddots & \vdots \\ \vdots & \ddots & \ddots & \ddots & \ddots & \vdots \\ 0 & \cdots & \cdots & \cdots & \cdots & r_{n0} \end{bmatrix}$$

모든 변환은 이전의 주요 마이너 값을 유지한다. 그러므로 우리는 Δ_i와 Routh 표의 요소들과의 연관성은 아래와 같다.

$$\Delta_1 = r_{10}, \qquad \Delta_2 = r_{10}r_{20}, \qquad \Delta_3 = r_{10}r_{20}r_{30}, \ldots$$

Routh 표의 첫 번째 행의 요소들 r_{10}, r_{20}, $r_{30}, \ldots$은 Hurwitz 행렬식 Δ_1, Δ_2, $\Delta_3, \ldots$이 모두 양수일 경우에만, 모두 양수이다. 이를 통해 아래의 새로운 안정도 판별법을 정의한다.

정리 3.15 (Routh–Hurwitz 안정도 판별법(Routh–Hurwitz Stability Criterion)). 다항식 $a(s)$은 $\Delta_i > 0$, $i = 1, 2, \ldots, n$일 경우에만 안정하다.

이 정리는 Hurwitz가 혼자 발명했음에도 불구하고, Routh–Hurwitz 안정도 판별법이라 부르는 이유는 위에서 설명한 바와 같이 Routh 판별법과 밀접하게 연관되어 있기 때문이다. 흔히 안정한 다항식을 **Hurwitz 다항식(Hurwitz polynomial)**이라 부르는 것으로 볼 때, Hurwitz의 기여가 대단한 것임을 알 수 있다.

Adolf Hurwitz (1859–1919)는 독일에서 현재는 Lower Saxony라 불리는 Hildesheim에서 태어났다. Hurwitz는 1877년에 Munich 대학에 입학하여 Felix Klein의 강의를 들으며 1년을 보냈다. 이후 베를린 대학에서 1877–1878년의 학년을 Kummer, Weierstrass, 그리고 Kronecker의 강의를 들으며 보냈다. 1880년 10월, Felix Klein은 Leipzig 대학으로 옮겼다. Hurwitz는 그를 따라서 그곳으로 옮겨가 1881년에 Klein의 지도하에 타원 모듈러 함수에 대한 학위논문을 완성하며 박사학위를 받았다. Gottingen 대학에

서 2년 후, 1884년, 그에게 큰 영향을 준 젊은 David Hilbert와 Hermann Minkowski를 만난 Konigsberg에 있는 Albertus Universitat(현재는 Kant Russian State 대학이라 불린다.)에서, 특별 교수가 되었다. 이어지는 Frobenius에서의 출발에서 1892년, Eidgenossische Polytechnikum Zurich(현재는 the ETH Zurich라 불린다.)에서 Hurwitz는 학과장이 되었으며, 그의 남은 인생동안 그곳에 남게 된다. 그는 Riemann 표면 이론의 초기 전문가 중 한 사람이었으며, Hurwitz의 자기 동형 이론과 같은 대수 곡선에 대한 많은 주요한 결과를 증명하기 위해 Riemann 표면 이론을 사용 했다. 대수 상관성의 일반론, Hecke 연산, 그리고 Lefschetz 부동-소수점과 같은 많은 수의 이후의 이론들을 예측했다. Zurich로 간 직후, 그의 동료인 Aurel Stodola는 Hurwitz에게, 앞 계수 $a_0 > 0$의 실수 계수 n차 다항식

$$f(x) = a_0 x^n + a_1 x^{n-1} + \cdots + a_n$$

의 모든 해의 실수부분이 언제 음수가 되는지 묻자, Hurwitz는 특정 행렬식들로 이루어진 수열이 모두 양수일 때만 그 조건이 만족한다는 것을 보이며 풀었다. 그는 이것을 1895년의 Mathematische Annalen에 실린 논문, Uber die Bedingungen, unter welchen eine Gleichung nur Wurzeln mit negativen reelen Theilen besitzt, 에 발표했다.

앞에서 H의 모든 주요 마이너들을 계산하는 것은 아마 쉽지 않을 것이다. 다음의 Liénard와 Chipart 판별법을 사용하면 약간의 계산 량을 줄일 수 있다.

정리 3.16 (Liénard and Chipart 안정도 판별법-Liénard and Chipart Stability Criterion). 만약 $a_i > 0$, $i = 0, 1, \ldots, n$이라면, 다음의 문장들은 상호 등가이다.

1. $a(s)$은 안정하다.
2. $\Delta_1 > 0$, $\Delta_3 > 0$, $\Delta_5 > 0, \ldots$.
3. $\Delta_2 > 0$, $\Delta_4 > 0$, $\Delta_6 > 0, \ldots$.

Liénard와 Chipart 판별법은 양의 계수들의 다항식에서 홀수 차의 Hurwitz 행렬식들이 모두 양수라면, 짝수 차의 Hurwitz 행렬식들도 양수이며, 반대도 성립한다는 것을 의미한다. 이는 계산할 Hurwitz 행렬식들의 개수를 대략 $n/2$ 정도로 줄여준다.

예제 3.17

예제 3.13에서 쓰였던 다항식을 다시 한 번 고려해 보자.

$$a(s) = s^4 + 2s^3 + 4s^2 + 4s + K.$$

이제 $a(s)$가 안정하도록 K의 값을 정하기 위해 Routh–Hurwitz와 Liénard and Chipart 안정도 판별법을 쓰려고 한다. 행렬 H는 다음과 같다.

$$H = \begin{bmatrix} 2 & 4 & 0 & 0 \\ 1 & 4 & K & 0 \\ 0 & 2 & 4 & 0 \\ 0 & 1 & 4 & K \end{bmatrix}.$$

그 결과,

$$\Delta_1 = 2, \Delta_2 = 4, \Delta_3 = 16 - 4K, \Delta_4 = K(16 - 4K).$$

가 된다.

Routh–Hurwitz 안정도 판별법을 이용하면, $16 - 4K > 0$과 $K(16 - 4K) > 0$을 얻는다. 이를 이용하여 $0 < K < 4$를 얻는다.

Liénard and Chipart 안정도 판별법을 이용하면, 다항식 $a(s)$의 모든 계수들과 Δ_1과 Δ_3만 검사하면 된다. 이를 통해 $16 - 4K > 0$과 $K > 0$을 얻고, 결과적으로 $0 < K < 4$와 동일하다.

두 안정도 판별법은 같은 결과를 보인다.

그럼에도 불구하고 Routh 안정도 판별법과 밀접하게 연관이 있고, Routh 판별법의 다른 형태의 구현이라 할 수 있는 또 다른 안정도 판별법이 있다. 다시 다항식 (3.2)을 생각해 보자. 이 다항식으로부터 다음과 같은 새로운 두 개의 다항식을 만들 수 있다.

$$r_0(s) = a_0 s^n + a_2 s^{n-2} + a_4 s^{n-4} + \cdots$$
$$r_1(s) = a_1 s^{n-1} + a_3 s^{n-3} + a_5 s^{n-5} + \cdots$$

둘 중 하나의 다항식에는 s의 짝수 승만 존재하고, 다른 하나에는 s의 홀수 승만 존재한다. 이번엔 $r_1(s)$에 대한 $r_0(s)$의 비율을 다음과 같이 분해해 보자.

$$\frac{r_0(s)}{r_1(s)} = \alpha_1 s + \frac{r_2(s)}{r_1(s)} \tag{3.4}$$

여기서 첫 번째 요소는 비율의 다항식 부분이며, 두 번째 요소는 비율의 고유한 부분이다. 다른 방식으로 보면, $\alpha_1 s$는 비례계수이며 $r_2(s)$는 $r_0(s)$를 $r_1(s)$로 나눈 나머지이다. 다항식, 혹은 s에 선형적으로 비례하는 다항식 부분이 존재하는 이유는, $r_0(s)$와 $r_1(s)$의 형태 때문이다. $\alpha_1 = a_0/a_1$이며 $r_2(s)$는 아래와 같다.

$$r_2(s) = r_{20}s^{n-2} + r_{21}s^{n-4} + \cdots$$

즉 s의 홀수 승의 요소 혹은 짝수 승의 요소들만 포함된다. 이제 $r_1(s)$와 $r_2(s)$의 비율은 $r_0(s)$와 $r_1(s)$와 같은 방법으로 얻는다. 그 결과는 다음과 같다.

$$\frac{r_1(s)}{r_2(s)} = \alpha_2 s + \frac{r_3(s)}{r_2(s)} \tag{3.5}$$

여기서

$$\alpha_2 = \frac{a_1}{r_{20}} \text{ 와 } r_3(s) = r_{30}s^{n-3} + r_{31}s^{n-5} + \cdots$$

이다.

이제 (3.4)와 (3.5)를 조합하면 다음 식이 된다.

$$\frac{r_0(s)}{r_1(s)} = \alpha_1 s + \cfrac{1}{\alpha_2 s + \cfrac{r_3(s)}{r_2(s)}}$$

이 과정을 이어나가면 아래의 순환 공식을 얻을 수 있다.

$$\frac{r_{i-1}(s)}{r_i(s)} = \alpha_i s + \frac{r_{i+1}(s)}{r_i(s)}, \quad i = 1, 2, \ldots, n$$

여기서 $r_{n+1}(s) = 1$이다. 순환 공식을 연속적으로 조합하여 다음 식이 된다.

$$\frac{r_0(s)}{r_1(s)} = \alpha_1 s + \cfrac{1}{\alpha_2(s) + \cfrac{1}{\alpha_3(s) + \ddots + \cfrac{1}{\alpha_{n-1}s + \cfrac{1}{\alpha_n s}}}} \tag{3.6}$$

여기서 α_1, $\alpha_2, \cdots$, α_n은 $a(s)$의 **원자(atoms)**라고 한다. 식 (3.6)의 표현은 $r_0(s)/r_1(s)$의 **연속 분수 전개(continued fractional expansion)**라고 한다.

독자는 $r_0(s)$와 $r_1(s)$이 다항식 $a(s)$에 대응하는 Routh 표의 첫 번째와 두 번째 행으로부터 나온 다항식이라는 것을 알 수 있을 것이다. α_1과 $r_2(s)$를 얻기 위해, 다음의 과정을 따른다.

$$\frac{r_0(s)}{r_1(s)}=\frac{a_0s^n+\dfrac{a_0}{a_1}a_3s^{n-2}+\dfrac{a_0}{a_1}a_5s^{n-4}+\cdots}{a_0s^{n-1}+a_3s^{n-3}+a_5s^{n-5}+\cdots}$$

$$+\frac{\left(a_2-\dfrac{a_0}{a_1}a_3\right)s^{n-2}+\left(a_4-\dfrac{a_0}{a_1}a_5\right)s^{n-4}\cdots}{a_0s^{n-1}+a_3s^{n-3}+a_5s^{n-5}+\cdots}$$

$$=\frac{a_0}{a_1}s+\frac{\left(a_2-\dfrac{a_0}{a_1}a_3\right)s^{n-2}+\left(a_4-\dfrac{a_0}{a_1}a_5\right)s^{n-4}\cdots}{a_0s^{n-1}+a_3s^{n-3}+a_5s^{n-5}+\cdots}$$

이것은 $r_2(s)$의 계수들이 Routh 표의 세 번째 열의 요소들과 정확히 일치한다는 것을 보여준다. 좀 더 분석해 보면 다항식 $r_i(s)$은 $a(s)$의 Routh 표의 각 행과 정확히 일치한다.

$$r_i(s)=r_{i0}s^{n-i}+r_{i1}s^{n-i-2}+\cdots$$

그 결과 α_i는 다음과 같이 주어진다.

$$\alpha_i=\frac{r_{(i-1)0}}{r_{i0}}$$

α_1 $\alpha_2, \ldots,$ α_n이 양수일 때만 r_{10}, $r_{20}, \ldots,$ r_{n0}이 양수라는 것을 쉽게 알 수 있다. 이제 또 다른 안정도 판별법을 알아보자.

정리 3.18 (다른 형태의 Routh 안정도 판별법–Alternative version of the Routh stability criterion). 다항식 $a(s)$는 모든 원자가 양수일 때만 안정하다. (예 : $\alpha_i>0$, $i=1,2,\ldots,n$)

예제 3.19

예제 3.13과 3.17에서 쓰인 다항식을 다시 한 번 고려해 보자.

$$a(s) = s^4 + 2s^3 + 4s^2 + 4s + K$$

이 다항식에 다른 형태의 Routh 안정도 판별법을 사용하자.

$$r_0(s) = s^4 + 4s^2 + K$$

$$r_1(s) = 2s^3 + 4s$$

먼저,

$$\frac{r_0(s)}{r_1(s)} = \frac{1}{2}s + \frac{2s^2 + K}{2s^3 + 4s}$$

$\alpha_1 = 1$와 $r_2(s) = 2s^2 + K$를 얻는다. 이어서 계산하면,

$$\frac{r_1(s)}{r_2(s)} = s + \frac{(4-K)s}{2s^2 + K}$$

$\alpha_2 = 1$와 $r_3(s) = (4-K)s$를 얻는다. 마지막으로,

$$\frac{r_2(s)}{r_3(s)} = \frac{2}{4-K}s + \frac{K}{(4-K)s}$$

$\alpha_3 = \dfrac{2}{4-K}$와 $\alpha_4 = \dfrac{4-K}{K}$를 얻는다. 지금까지의 과정들을 조합하면, 다음의 연속 분수 전개를 얻는다.

$$\frac{r_0(s)}{r_1(s)} = \frac{1}{2}s + \cfrac{1}{s + \cfrac{1}{\frac{2}{4-K}s + \cfrac{1}{\frac{4-K}{K}s}}}.$$

결과적으로, 다른 형태의 Routh 판별법을 사용하면 다음을 얻는다.

$$\frac{2}{(4-K)} > 0 \text{ 그리고 } \frac{4-K}{K} > 0$$

결국 $0 < K < 4$를 얻을 수 있다.

저차 다항식에 있어서는, 이전까지의 안정도 판별법 중 어느 것을 바로 적용하더라도 명확한 안정도 조건을 얻을 수 있다.

결론 3.20.

1. 2차 다항식 $a(s) = s^2 + a_1 s + a_2$ 는 $a_1 > 0$와 $a_2 > 0$이 성립할 때만 안정하다.

2. 3차 다항식 $a(s) = s^3 + a_1 s^2 + a_2 s + a_3$ 는 $a_1 > 0$, $a_3 > 0$, 그리고 $a_1 a_2 - a_3 > 0$이 성립할 때만 안정하다.

3. 4차 다항식 $a(s) = s^4 + a_1 s^3 + a_2 s^2 + a_3 s + a_4$ 는 $a_2 > 0$, $a_3 > 0$, $a_4 > 0$, 그리고 $a_1 a_2 a_3 - a_4 a_1^2 - a_3^2 > 0$ 이 성립할 때만 안정하다.

3.4 강인 안정도

많은 실제 문제에 있어서, 시스템의 파라미터들은 정확히 주어지지 않는다. 아마도 파라미터들이 어느 정도의 범위 안에 있는지 정도만 알 것이다. 파라미터들의 모든 가능한 값들의 범위 내에서 시스템이 안정한지 결정을 해야 할 때가 많다.

다음 다항식의 집합을 생각해 보자.

$$\mathcal{P} = \{a(s) = a_0 s^n + a_1 s^{n-1} + \cdots + a_{n-1} s + a_n : a_i \in [\underline{a}_i, \overline{a}_i]\}.$$

이 다항식의 집합은 계수의 특정 구간에 존재하기 때문에, 이 다항식을 **구간 다항식 (interval polynomial)**이라 한다. 여기서의 문제는 $\mathcal{P}$의 모든 요소들이 안정한지 아니지를 결정하는 것이다.

정리 3.21 (구간 다항식에 대한 Kharitonov 정리–Kharitonov Theorem on an Interval Polynomial). 다음 4개의 다항식들이 안정할 때만 $\mathcal{P}$의 모든 요소들이 안정하다.

$$\begin{aligned}
a_1(s) &= \underline{a}_0 s^n + \underline{a}_1 s^{n-1} + \overline{a}_2 s^{n-2} + \overline{a}_3 s^{n-3} + \underline{a}_4 s^{n-4} + \cdots \\
a_2(s) &= \underline{a}_0 s^n + \overline{a}_1 s^{n-1} + \overline{a}_2 s^{n-2} + \underline{a}_3 s^{n-3} + \underline{a}_4 s^{n-4} + \cdots \\
a_3(s) &= \overline{a}_0 s^n + \underline{a}_1 s^{n-1} + \underline{a}_2 s^{n-2} + \overline{a}_3 s^{n-3} + \overline{a}_4 s^{n-4} + \cdots \\
a_4(s) &= \overline{a}_0 s^n + \overline{a}_1 s^{n-1} + \underline{a}_2 s^{n-2} + \underline{a}_3 s^{n-3} + \overline{a}_4 s^{n-4} + \cdots .
\end{aligned}$$

이 정리의 증명은 이 절의 마지막 부분에 있다. Kharitonov 정리의 4가지 다항식들의 계수들은, 구간 다항식의 계수 구간에서 최상 혹은 최하 한도의 값과 같은 극단 값으로 이루어져 있다. 처음 두 계수들은 양 극단의 값들의 4가지 가능한 조합에서부터 시작하며, 이어지는 계수들은 두 상위(하위)경계에서 두 하위(상위)경계로 순차적으로 변화하는 순서를 따른다.

예제 3.22

다음 다항식 집합을 고려해 보자.

$$\mathcal{P} = \{s^4 + a_1 s^3 + a_2 s^2 + a_3 s + a_4 : a_1 \in [3, 4], a_2 \in [3, 4], a_3 \in [2, 3], a_4 \in [0.5, 1]\}.$$

이 집합의 모든 다항식들은 안정한가? Kharitonov 정리에 필요한 4개의 다항식들은 다음과 같다.

$$\begin{aligned} a_1(s) &= s^4 + 3s^3 + 4s^2 + 3s + 0.5 \\ a_2(s) &= s^4 + 4s^3 + 4s^2 + 2s + 0.5 \\ a_3(s) &= s^4 + 3s^3 + 3s^2 + 3s + 1 \\ a_4(s) &= s^4 + 4s^3 + 3s^2 + 2s + 1. \end{aligned}$$

수치 계산 또는 이전 절에서 언급한 안정도 판별법 중 하나를 이용하면, 이 경우에 네 개의 모든 다항식들이 모두 안정하다는 것을 쉽게 알 수 있다. 그러므로 집합 $\mathcal{P}$의 구간 다항식들은 모두 안정하다.

이번 절의 남은 부분은 Kharotonov 정리의 증명에 할애할 것이다. 관심이 있는 독자는 읽어보기 바란다. 증명을 위해서는 우선 몇 가지 준비가 필요하다.

먼저, ω가 0에서 ∞로 변화할 때의 $a(j\omega)$를 생각해 보자. ω가 0에서 ∞로 변화함에 따라, $a(j\omega)$는 복소평면에서 연속 경로를 그린다. 만약 $a(j\omega) \neq 0$라면, $\angle\, a(j\omega)$, $a(j\omega)$의 편각 혹은 위상은, 연속함수로 쉽게 정의할 수 있다.

사실 3.23. 만약 $a(s)$가 안정하다면, $\angle\, a(j\omega)$는 엄격히 $\omega \in [0, \infty)$의 증가함수이다.

증명: 만약 $a(s)$가 안정하다면,

$$a(s) = a_0 \prod_{i=1}^{n} (s - z_i)$$

을 만족하고, 여기서 Re $z_i < 0$이다. 이것은 다음을 의미한다.

$$\angle a(j\omega) = \sum_{i=1}^{n} \angle (j\omega - z_i)$$

그림 3.3에서의 z_2, z_3, z_4처럼, $\angle (j\omega - z_i)$는 증가함수이기 때문에, $\angle a(j\omega)$또한 증가함수이다. **[증명 끝]**

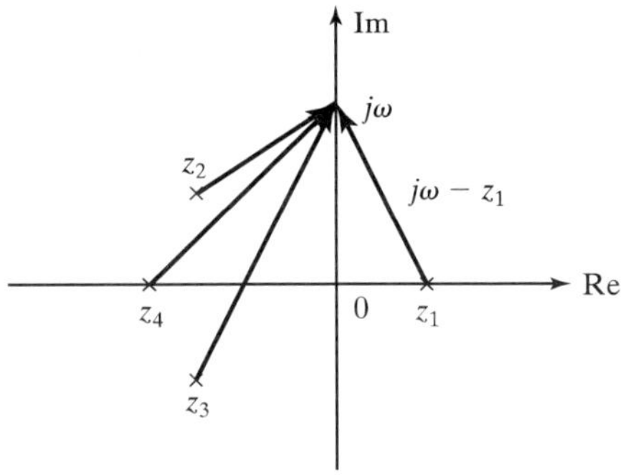

그림 3.3 z_i들에 의한 $\angle (j\omega - z)$

이제 ω가 0에서 ∞까지 증가함에 따른 $\angle a(j\omega)$의 총 증가량을 $\Delta \angle a(j\omega)$라 하자.

$$\Delta \angle a(jw) = \lim_{\omega \to \infty} \angle a(jw) - \angle a(0).$$

예를 들어, 그림 3.3을 보면 $\Delta \angle (j\omega - z_1) = -\pi/2$, $\Delta \angle (j\omega - z_4) = \pi/2$, 그리고 $\Delta \angle (j\omega - z_2)(j\omega - z_3) = \pi$라는 것을 쉽게 알 수 있다.

사실 3.24. $a(s)$는 모든 $\omega \in [0, \infty)$와 아래의 조건하에서 $a(j\omega) \neq 0$이 성립하여야만 안정하다.

$$\Delta \angle a(jw) = n\frac{\pi}{2}.$$

증명: $a(s)$는 다음과 같이 분해할 수 있다.

$$a(s) = a_0 \prod_{i=1}^{n} (s - z_i)$$

위 식에서 $\Delta \angle a(jw)$를 다음과 같다.

$$\Delta \angle a(jw) = \sum_{i=1}^{n} \Delta \angle (jw - z_i)$$

만약 $a(s)$가 안정하다면, $Re\, z_i < 0$.이다. 그러므로 z_i가 실수라면, 그림 3.3에서의 z_4와 같이

$$\Delta \angle (jw - z_i) = \frac{\pi}{2}$$

이 성립한다. 만약 z_i가 실수가 아니라면, 몇몇 $j \neq i$에 대해 $z_j = z_i^*$ 이며, 그림 3.3에서의 z_2와 z_3와 같이

$$\Delta \angle (jw - z_i) + \Delta \angle (jw - z_j) = \pi,$$

이 성립한다. 이것은 $\Delta \angle a(jw) = n\pi/2$임을 나타낸다. 만약 $a(s)$이 불안정하다면, 몇몇 $\omega \in [0, \infty)$에 의해 $a(j\omega) = 0$이 성립하거나, 혹은 최소 하나 이상의 z_i의 실수부분이 양수이다. 후자의 경우, 만약 z_i가 실수라면, 그림 3.3에서의 z_1와 같이

$$\Delta \angle (jw - z_i) = -\frac{\pi}{2},$$

이 성립한다. 그리고 z_i가 허수라면, 다음을 만족하는 또 다른 $z_j = z_i^*$ 가 존재한다.

$$\Delta \angle (jw - z_i) + \Delta \angle (jw - z_j) = -\pi.$$

이는 다음을 의미한다.

$$\Delta \angle a(jw) < n\frac{\pi}{2}.$$

[증명 끝]

그러므로 $a(s)$의 주파수 선도를 작성하고, 원점을 시계 반대방향으로 $n/4$번 회전하는지 확인하면 다항식의 안정도를 검사할 수 있다. 이 안정도 검사방법을 사용해도 계산 량의 이득은 별로 없지만, 다음에 이어지는 Kharitonov 정리의 증명에 개념적으로 이용된다.

이 정리의 안정도에 대한 필요조건은 이미 명백하며, 단지 충분조건만 증명하면 된다. 증명의 기본 개념은, 만약 4개의 특별한 다항식들이 원점을 반시계방향으로 $n/4$번

회전한다면, 집합 $\mathcal{P}$의 다항식들 또한 같다.

다음과 같이 정의하자.

$$f_1(s) = \underline{a}_n + \overline{a}_{n-2}s^2 + \underline{a}_{n-4}s^4 + \cdots$$

$$f_2(s) = \overline{a}_n + \underline{a}_{n-2}s^2 + \overline{a}_{n-4}s^4 + \cdots$$

$$g_1(s) = \underline{a}_{n-1}s + \overline{a}_{n-3}s^3 + \underline{a}_{n-5}s^5 + \cdots$$

$$g_2(s) = \overline{a}_{n-1}s + \underline{a}_{n-3}s^3 + \overline{a}_{n-5}s^5 + \cdots$$

및

$$h_{kl}(s) = f_k(s) + g_l(s) \qquad k, l = 1, 2$$

4개의 다항식들 $a_i(s)$, $i = 1, 2, 3, 4$는 $h_{kl}(s)$, $k, l = 1, 2$와 정확히 일치함에 주의하라. 또한 $f_k(j\omega)$는 실수이고 $g_l(j\omega)$는 허수라는 것에도 주의하라. 그러면

$$\mathrm{Re}\left[h_{k1}(j\omega)\right] = \mathrm{Re}\left[h_{k2}(j\omega)\right] = f_k(j\omega)$$

$$j\mathrm{Im}\left[h_{1l}(j\omega)\right] = j\mathrm{Im}\left[h_{2l}(j\omega)\right] = g_l(j\omega)$$

이 되고, 이것은 $\{h_{11}(j\omega), h_{12}(j\omega), h_{21}(j\omega), h_{22}(j\omega)\}$이 그림 3.4와 같이 복소평면의 축들과 평행한 선들로 이루어진, 사각형의 꼭짓점을 형성하게 된다는 것을 의미한다.

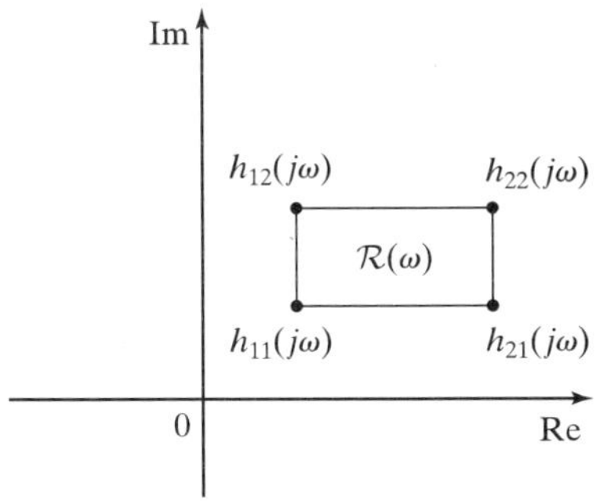

그림 3.4 $a(s) \in \mathcal{P}$에 대한 $a(j\omega)$의 가능한 값들

이 사각형 내에 제한되는 점들의 집합을 $\mathcal{R}(\omega)$이라고 하자. $a(s) \in \mathcal{P}$이라 하면,

$$a(j\omega) = \left[a_n + a_{n-2}(j\omega)^2 + a_{n-4}(j\omega)^4 + \cdots\right]$$

$$+\left[a_{n-1}(j\omega)+a_{n-3}(j\omega)^3+a_{n-5}(j\omega)^5+\cdots\right]$$

$$=\left(a_n-a_{n-2}\omega^2+a_{n-4}\omega^4-\cdots\right)+j\left(a_{n-1}\omega-a_{n-3}\omega^3+a_{n-5}\omega^5+\cdots\right)$$

이다. 그러면, $\omega\in[0,\infty)$에 대하여,

$$f_1(j\omega)=\underline{a}_n-\overline{a}_{n-2}\omega^2+\underline{a}_{n-4}\omega^4-\cdots\ \le \mathrm{Re}\left[a(j\omega)\right]$$

$$\le \overline{a}_n-\underline{a}_{n-2}\omega^2+\overline{a}_{n-4}\omega^4-\cdots=f_2(j\omega)$$

그리고

$$g_1(j\omega)/j=\underline{a}_{n-1}\omega-\overline{a}_{n-3}\omega^3+\underline{a}_{n-5}\omega^5-\cdots\ \le \mathrm{Im}\left[a(j\omega)\right]$$

$$\le \overline{a}_{n-1}\omega-\underline{a}_{n-3}\omega^3+\overline{a}_{n-5}\omega^5-\cdots=g_2(j\omega)/j$$

이 성립한다. 이것은 $a(j\omega)\in\mathcal{R}(\omega)$임을 나타낸다. 이제 h_{kl}, $k,l=1,2$이 안정하다고 가정하자. ω가 0에서 ∞까지 증가하는 동안, $\mathcal{R}(\omega)$의 각 꼭짓점들은 원점을 감싸게 된다. $\mathcal{R}(\omega)$가 움직이는 동안 원점에 닫는다고 가정해 보자. 그렇다면 원점은 반드시 $\mathcal{R}(\omega)$의 경계 중 한 점을 통과하게 된다.

$\mathcal{R}(\omega)$의 꼭짓점들에 대응하는 4개의 다항식들은 모두 안정하기 때문에, 이 점은 $\mathcal{R}(\omega)$의 꼭짓점들 중 하나가 될 수 없다. 그림 3.5와 같이, 이 점이 4개의 경계 중 하나의 위에 있다고 가정해 보자. 그러면 사실 3.23에 의해, 이 부분의 점들은 반시계방향으로 회전할 것이다. 이는, 모든 ω에 대해서, 사각형 $\mathcal{R}(\omega)$의 선 들은 복소평면의 축들과 평행하다는 사실을 분명히 위반한다. 그래서 ω가 0에서 ∞까지 증가하는 동안, 사각형 $\mathcal{R}(\omega)$은 원점과 만나지 않으며, 자신의 꼭짓점들이 그러하듯 원점을 감싸게 된다. 4개의 꼭짓점들은 원점을 $n/4$번 감싸기 때문에, 사각형 내부의 모든 점들도 그러할 것이다. 이는 $a(j\omega)$은 원점과 닫지 않으며 원점을 $n/4$번 감싼다는 것을 보인다. 그러므로 $a(s)$는 안정하다.

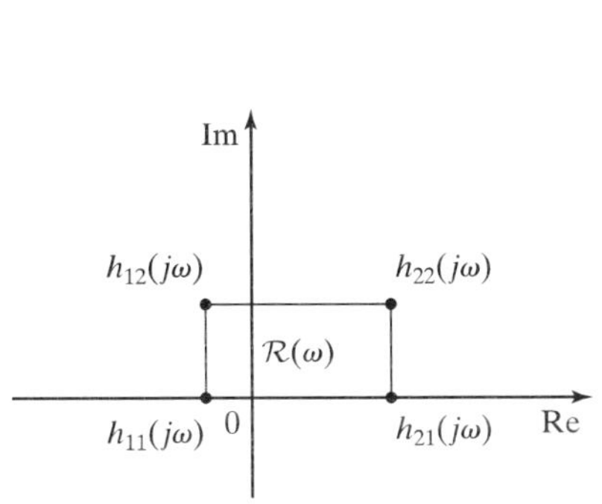

그림 3.5 $a(s) \in \mathcal{P}$에 대한 $a(j\omega)$의 값의 불가능한 상황

3.5 폐루프 시스템의 안정도

지금까지는 시스템의 구성, 입력과 출력을 고려하여 시스템의 안정도에 대해 공부했다. 제어의 기본적인 목적은 제어기를 설계하여 폐루프 시스템이 안정하며, 원하는 목표 사양을 만족하도록 하는 것이다. 그러면 폐루프 시스템의 안정도는 무엇일까? 그림 3.6과 같은 안정화를 위한 폐루프 시스템을 고려해 보자.

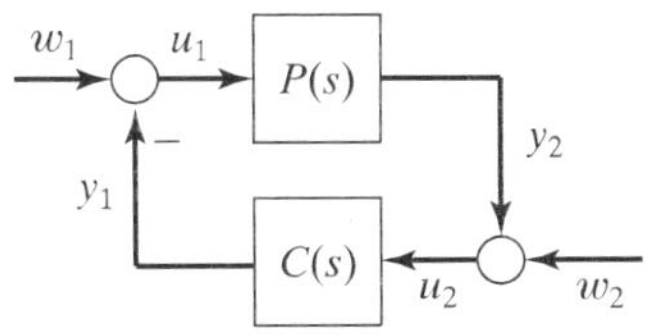

그림 3.6 안정화를 위한 피드백 시스템

정의 3.25. 그림 3.6의 폐루프 시스템은, 만약 w_i, $i=1,2$에서 u_j와 y_j, $j=1,2$까지의 8개의 전달함수들이 안정[3)]하다면, **내부적으로 안정**하다.

이 정의를 위한 동기는, 모든 내부 신호 $u_1(t)$, $u_2(t)$, $y_1(t)$, $y_2(t)$뿐만 아니라 외란, 잡음, 또는 인가 신호를 표현하는 외부 신호들 $w_1(t)$, $w_2(t)$이 모두 한정됨을 확실히 하기 위한 것이다.

---

3) 앞에서 언급한 바와 같이 어떤 전달함수가 고유하고(proper) 분모 다항식이 안정할 때만 안정하다는 것을 상기해 보자. 따라서 $\dfrac{s^2}{s+1}$은 불안정하고 고유하지 않다.

8개의 전달함수들은 식 (2.28)에 주어져 있다. 이중 몇몇은 비슷한 형태가 반복되기 때문에 4개의 다른 전달함수로 이루어진 기본적인 전달함수의 집합은 다음과 같다.

$$\frac{1}{1+P(s)C(s)},\quad \frac{P(s)}{1+P(s)C(s)},\quad \frac{C(s)}{1+P(s)C(s)},\quad \frac{P(s)C(s)}{1+P(s)C(s)}. \tag{3.7}$$

그러므로 폐루프 안정도를 검사할 때 이 4개의 전달함수들의 안정도만 검사하면 된다. 또한, 만약 $P(s)$와 $C(s)$가 다음과 같고,

$$P(s)=\frac{b(s)}{a(s)} \text{ 와 } C(s)=\frac{q(s)}{p(s)}$$

여기서 $a(s)$와 $b(s)$ 및 $p(s)$와 $q(s)$가 서로 소(coprime) 다항식이라면, 4개의 전달함수의 집합은 다음과 같이 표현된다.

$$\begin{aligned}
\frac{1}{1+P(s)C(s)} &= \frac{a(s)p(s)}{a(s)p(s)+b(s)q(s)}\\
\frac{P(s)}{1+P(s)C(s)} &= \frac{b(s)p(s)}{a(s)p(s)+b(s)q(s)}\\
\frac{C(s)}{1+P(s)C(s)} &= \frac{a(s)q(s)}{a(s)p(s)+b(s)q(s)}\\
\frac{P(s)C(s)}{1+P(s)C(s)} &= \frac{b(s)q(s)}{a(s)p(s)+b(s)q(s)}.
\end{aligned}$$

여기서 4개의 전달함수의 분모들은 모두, $a(s)p(s)+b(s)q(s)$로, 같다는 것을 알 수 있다. 이로써 4개의 전달함수 중 하나가 안정해야만, 폐루프 시스템이 내부적으로 안정하다는 것을 알 수 있다. 독자는 $a(s)p(s)+b(s)q(s)$이 안정해야만 폐루프 시스템이 내부적으로 안정하다는 것을 예상할 수 있을 것이다. 이것은 실제로 대부분 성립한다.

정리 3.26. $P(s)=\frac{b(s)}{a(s)}$와 $C(s)=\frac{q(s)}{p(s)}$이 고유한 전달함수이고 $1+P(\infty)C(\infty)\neq 0$.이라고 가정하면, 다음의 문장들은 상호 등가이다.

1. 폐루프 시스템은 내부적으로 안정하다.
2. 다항식 $a(s)p(s)+b(s)q(s)$은 안정하다.
3. 곱 $P(s)\,C(s)$의 과정에서 불안정한 극점/영점 취소는 없으며, 식 (3.7)의 4개의 전달함수 중 적어도 하나는 안정하다.

폐루프 안정도와 다른 폐루프 특성들의 결정에서 다항식 $a(s)p(s)+b(s)q(s)$은 매우 중요하기 때문에 다음을 정의한다.

정의 3.27. $P(s)=\dfrac{b(s)}{a(s)}$와 $C(s)=\dfrac{q(s)}{p(s)}$를 갖는 그림 3.6과 같은 피드백 시스템에서, 다항식 $a(s)p(s)+b(s)q(s)$을 **특성 다항식(characteristic polynomial)**이라 한다.

피드백 시스템의 특성 다항식은 피드백 시스템 분석에서 매우 중요하다.

정리 3.26의 가정이 성립하지 않을 때는 폐루프 시스템의 내부 안정도를 주의해서 결정해야 한다. 다음의 예제는 정리 3.26의 가정이 성립하지 않는 문제가 될 만한 예를 나타낸다.

예제 3.28

1. $P(s)=\dfrac{1}{s-1}$와 $C(s)=\dfrac{s-1}{s+1}$을 가정하면,

$$\frac{1}{1+P(s)C(s)}=\frac{s+1}{s+2},\qquad \frac{P(s)}{1+P(s)C(s)}=\frac{s+1}{(s-1)(s+2)},$$
$$\frac{C(s)}{1+P(s)C(s)}=\frac{s-1}{s+2},\qquad \frac{P(s)C(s)}{1+P(s)C(s)}=\frac{1}{s+2}.$$

이 성립한다. 이것은 폐루프 시스템이

$$\frac{P(s)}{1+P(s)C(s)},$$

를 제외한 넷 중 셋의 폐루프 전달함수들이 안정함에도 불구하고, 불안정하다는 것을 알 수 있다.

2. $P(s)=\dfrac{s-2}{s+1}$와 $C(s)=\dfrac{1}{s-2}$을 가정하면,

$$\frac{1}{1+P(s)C(s)}=\frac{s+1}{s+2},\qquad \frac{P(s)}{1+P(s)C(s)}=\frac{s-2}{s+2},$$
$$\frac{C(s)}{1+P(s)C(s)}=\frac{(s+1)}{(s+2)(s-2)},\qquad \frac{P(s)C(s)}{1+P(s)C(s)}=\frac{1}{s+2}.$$

이 성립한다. 이는 폐루프 시스템이,

$$\frac{C(s)}{1+P(s)C(s)},$$

를 제외한 넷 중 셋의 폐루프 전달함수들이 안정함에도 불구하고, 불안정하다는 것을 알 수 있다.

3. $P(s)=\dfrac{\omega_n^2}{s^2+2\zeta\omega_n s+\omega_n^2}$와 $C(s)=K_D s+K_P$을 가정하자. 이와 같은 제어기를 **비례-미분**(proportional-derivaive) 제어 혹은 간략히 PD 제어기라고 한다. 우선,

$$\frac{P(s)C(s)}{1+P(s)C(s)}=\frac{(K_D s+K_P)\omega_n^2}{s^2+(2\zeta\omega_n+K_D\omega_n^2)s+(1+K_P)\omega_n^2}$$

은 K_D와 K_P를 조절하여 안정하게 만들 수 있지만,

$$\frac{C(s)}{1+P(s)C(s)}=\frac{(s^2+2\zeta\omega_n s+\omega_n^2)(K_D s+K_P)}{s^2+(2\zeta\omega_n+K_D\omega_n^2)s+(1+K_P)\omega_n^2}$$

은, $s\to\infty$에서 전달함수가 한정되지 않기 때문에, $K_D\neq 0$이면 불안정하다. 이 결과는 PD와 PID제어의 사용자들을 혼란스럽게 한다. 하지만, 제어기의 미분 항을 현실적인 미분기로 대체한다면(예: 만약 $C(s)$를 아주 작은 $T>0$에 대해서 $K_D\dfrac{s}{Ts+1}+K_P$로 대체한다면) $P(s)$와 $C(s)$모두 고유하고, $1+P(\infty)C(\infty)=1$이 성립하며, 폐루프 특성 다항식은 다음과 같이 된다.

$$Ts[s^2+2\zeta\omega_n s+(1+K_D)\omega_n^2]+s^2+(2\zeta\omega_n+K_D\omega_n^2)s+(1+K_P)\omega_n^2.$$

부록 B에서 절 B.2의 내용을 보면, 작은 $T>0$에 대해서 이 다항식의 해들은,

$$s^2+(2\zeta\omega_n+K_D\omega_n^2)s+(1+K_P)\omega_n^2$$

의 해들과 비슷하며, 음의 실수축에 해가 하나 더 있는 것을 알 수 있다. 정리 3.26을 보면, 현실적인 PD제어기를 쓸 때는, 해당 폐루프 시스템이 내부적으로 안정하도록 K_P와 K_D를 항상 조절할 수 있다는 것을 알 수 있다.

4. $P(s)=\dfrac{s+2}{s+1}$와 $C(s)=-1$을 가정하면,

$$\frac{P(s)}{1+P(s)C(s)}=s+2,\quad \frac{C(s)}{1+P(s)C(s)}=s+1$$

이 성립하며, 이는, $a(s)p(s)+b(s)q(s)=-1$이 안정하고 플랜트와 제어기 모두 고유한다 해도, 폐루프 시스템이 불안정하다는 것을 보여준다.

이 예제는, 폐루프 안정도를 결정하기 위해, 지금까지 배운 과정 (전달함수들 중 하나만 조사하거나, 혹은 다항식 $a(s)p(s)+b(s)q(s)$만 조사함) 을 그대로 따르면, 몇몇 문제점이 생길 수도 있다는 것을 보여준다. 첫째로, $P(s)C(s)$에서 불안정한 극점/영점 소거가 있을 수 있다.

예를 들어 $P(s)$의 불안정한 극점 (혹은 영점)들 중 하나가 $C(s)$의 영점 (혹은 극점)과 정확히 일치하는 상황이다. 이러한 극점들과 영점들은 $P(s)C(s)$에 의해 소거된다. 이 소거는, 예제 3.28의 경우 3과 같이, 완전 고유한(strictly proper) 플랜트에 부고유한 제어기가 연결되어 있는 경우, "무한"에 있는 극점들과 영점들에서 일어난다. 이러한 종류의 소거는, 몇몇 폐루프 전달함수들이 계속 안정하다고 해도, 분명히 불안정한 폐루프를 초래할 것이다. 둘째로, $a(s)p(s)+b(s)q(s)$의 차수의 크기는, $a(s)p(s)$와 $b(s)q(s)$의 앞의 계수들의 소거 때문에, $a(s)p(s)$와 $b(s)q(s)$의 차수의 크기보다 작아진다. 이는 4개의 전달함수들 중 하나를 고유하지 않게 한다.

그러므로 폐루프 시스템의 안정도를 알기 위해, 4개의 전달함수들 중 하나의 안정도만 조사하는 것은 부족하며, 또한 다항식 $a(s)p(s)+b(s)q(s)$의 안정도만 조사하는 것도 부족하다. 정리 3.26의 가정들을 살펴보아야 한다.

다음의 정리는 종종 유용하다.

정리 3.29. 다음의 문장들은 상호 등가이다.

1. 폐루프 시스템은 내부적으로 안정하다.
2. 다음의 전달함수들

$$\frac{P(s)}{1+P(s)C(s)} \text{ 와 } \frac{C(s)}{1+P(s)C(s)}$$

   는 안정하다.
3. 부등식

$$\deg[a(s)p(s)+b(s)q(s)] \geq \max\{\deg a(s)q(s), \deg b(s)p(s)\} \quad (3.8)$$

이 성립하며, 다항식 $a(s)p(s)+b(s)q(s)$은 안정하다.

정리 3.29의 증명은 가외의 연습문제로 남긴다.

정리 3.29는 그림 3.6과 같은 피드백 시스템에서 모든 다른 폐루프 전달함수들 중, 폐루프 안정도에 관한 한 오로지 다음의 두 개의 전달함수만 영향을 미친다는 것을 말해 준다.

$$\frac{P(s)}{1+P(s)C(s)} \text{ 와 } \frac{C(s)}{1+P(s)C(s)}$$

폐루프 시스템의 내부 안정도를 조사하기 위해서는, 이 두 전달함수들의 안정도만 조사해도 충분하다. 한편, 예제 3.28은 피드백 시스템의 안정도를 조사하기 위해 필요한 전달함수들의 개수를 더 줄이는 것은 일반적으로 불가능하다는 것을 보여준다.

또한 정리 3.29는 폐루프 안정도를 추론하기 위해 $a(s)p(s)+b(s)q(s)$의 안정도를 사용할 때, 다항식의 차수에 대한 하나의 추가 조건을 확인해야 함을 나타낸다.

그럼에도 불구하고, $P(s)C(s)$를 만드는데 있어서 불안정한 극점과 영점 소거 혹은 이득 −1을 갖는 피드백 시스템에서 대수(algebraic) 루프가 있는 이상한 경우들을 없애기 위한 추가 조건들이 플랜트나 제어기 전달함수에 부가되면, 보다 더 간소화가 가능하다.

결론 3.30. $P(s)$와 $C(s)$가 고유한 전달함수이고, $1+P(\infty)C(\infty)\neq 0$이라고 가정하자.

1. $P(s)$가 안정하다고 가정하자. 그러면 폐루프 시스템은 $\dfrac{C(s)}{1+P(s)C(s)}$가 안정할 때만 안정하다.
2. $C(s)$가 안정하다고 가정하자. 그러면 폐루프 시스템은 $\dfrac{P(s)}{1+P(s)C(s)}$가 안정할 때만 안정하다.

증명: 우선 문장 1을 증명할 것이다. 문장 2의 증명은 비슷하다.

$P(s)$와 $\dfrac{C(s)}{1+P(s)C(s)}$가 모두 안정하다고 가정하자. 그러면 다음

$$\frac{1}{1+P(s)C(s)} = 1-\frac{P(s)C(s)}{1+P(s)C(s)} = 1-P(s)\times\frac{C(s)}{1+P(s)C(s)}$$

이 안정하다. 그러므로

$$\frac{P(s)}{1+P(s)C(s)} = P(s)\times \frac{1}{1+P(s)C(s)}$$

이 안정하다. 그러므로 정리 3.29에 의해, 폐루프 시스템은 내부적으로 안정하다.

[증명 끝]

조절을 위한 폐루프 시스템의 구조를 **2자유도 제어기 구조(2DOF controller structure)** 라 하는데, 이 구조는 그림 3.7과 같다.

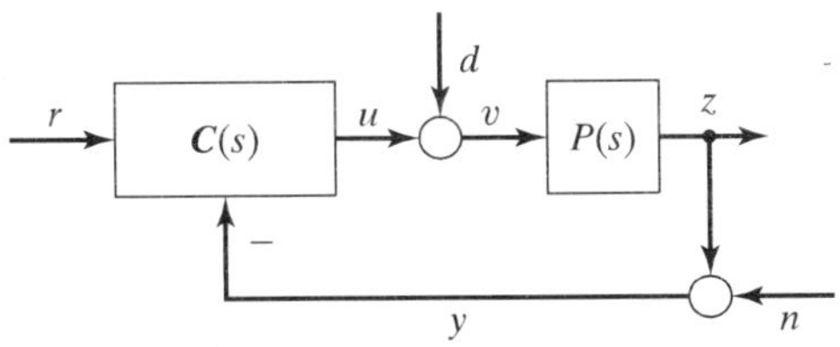

그림 3.7: 2자유도 피드백 제어 시스템

정의 3.31. 그림 3.7과 같은 폐루프 시스템은, $d(t)$, $n(t)$, $r(t)$에서 $u(t)$, $v(t)$, $y(t)$, $z(t)$까지, 12개의 전달함수들이 모두 안정해야, 내부적으로 안정하다.

12개의 전달함수들은 (2.30)에 나와 있다. 12개의 전달함수들 중에는 반복되는 것들이 있는데, 다음 6개는 전달함수들은 다르다.

$$\frac{1}{1+P(s)C_2(s)},\quad \frac{P(s)}{1+P(s)C_2(s)},\quad \frac{C_2(s)}{1+P(s)C_2(s)},\quad \frac{P(s)C_2(s)}{1+P(s)C_2(s)} \tag{3.9}$$

과

$$\frac{C_1(s)}{1+P(s)C_2(s)},\quad \frac{P(s)C_1(s)}{1+P(s)C_2(s)}. \tag{3.10}$$

다음을 보자.

$$P(s)=\frac{b(s)}{a(s)}$$

그리고

$$\boldsymbol{C}(s) = [\, C_1(s) \quad C_2(s) \,] = \frac{1}{p(s)}[\, q_1(s) \quad q_2(s) \,]$$

이때, $a(s)$와 $b(s)$, 그리고 $p(s)$와 $[\, q_1(s) \quad [\, q_2(s) \,]$는 서로 소 다항식이다. 여기서 $p(s)$와 $q_1(s)$ (혹은 $q_2(s)$)는 꼭 서로 소일 필요는 없다. 예를 들면 $p(s) = (s+1)(s+2)$, $q_1(s) = s+1$, 그리고 $q_2(s) = s+2$ 들이다. 그러면 $q_1(s)$와 $q_2(s)$는 서로 소 다항식이고 $p(s)$와 $q_1(s)$는 서로 소가 아니다. 또한 $p(s)$와 $q_2(s)$도 서로 소가 아니다.

그러므로

$$\begin{aligned}
\frac{1}{1+P(s)C_2(s)} &= \frac{a(s)p(s)}{a(s)p(s)+b(s)q_2(s)} \\
\frac{P(s)}{1+P(s)C_2(s)} &= \frac{b(s)p(s)}{a(s)p(s)+b(s)q_2(s)} \\
\frac{C_2(s)}{1+P(s)C_2(s)} &= \frac{a(s)q_2(s)}{a(s)p(s)+b(s)q_2(s)} \\
\frac{P(s)C_2(s)}{1+P(s)C_2(s)} &= \frac{b(s)q_2(s)}{a(s)p(s)+b(s)q_2(s)} \\
\frac{C_1(s)}{1+P(s)C_2(s)} &= \frac{a(s)q_1(s)}{a(s)p(s)+b(s)q_2(s)} \\
\frac{P(s)C_1(s)}{1+P(s)C_2(s)} &= \frac{b(s)q_1(s)}{a(s)p(s)+b(s)q_2(s)}.
\end{aligned}$$

이다.

정리 3.32. $P(s) = \dfrac{b(s)}{a(s)}$와

$$\boldsymbol{C}(s) = [\, C_1(s) \quad C_2(s) \,] = \frac{1}{p(s)}[\, q_1(s) \quad q_2(s) \,]$$

을 고유한 전달함수라 하고, $1 + P(\infty)C(\infty) \neq 0$를 가정하자. 그러면 다음의 문장들은 상호 등가이다.

1. 2 자유도(DOF) 폐루프 시스템은 내부적으로 안정하다.

2. 다항식 $a(s)p(s) + b(s)q_2(s)$은 안정하다.

3. 곱 $P(s)C_2(s)$에서 불안정한 극점/영점 취소는 없으며, 식 (3.9)와 (3.10)의 6개 의 전달함수들 중 어느 하나는 안정하다.

$\frac{P(s)}{1+P(s)C_2(s)}$와 $\frac{C_2(s)}{1+P(s)C_2(s)}$의 안정도는 $\frac{P(s)C_2(s)}{1+P(s)C_2(s)}$와 $\frac{1}{1+P(s)C_2(s)}$의 안정도를 의미하기 때문에,

$$\frac{P(s)}{1+P(s)C_2(s)}, \quad \frac{C_2(s)}{1+P(s)C_2(s)}, \quad \frac{C_1(s)}{1+P(s)C_2(s)}, \quad \frac{P(s)C_1(s)}{1+P(s)C_2(s)}.$$

의 안정도만 조사하면 된다.

요약하면, 다음의 폐루프 안정도 테스트를 얻는다.

정리 3.33. 다음 문장들은 상호 등가이다.

1. 그림 3.7과 같은 폐루프 시스템은 내부적으로 안정하다.
2. 다음 4개의 전달함수들은

$$\frac{P(s)}{1+P(s)C_2(s)}, \quad \frac{C_2(s)}{1+P(s)C_2(s)}, \quad \frac{C_1(s)}{1+P(s)C_2(s)}, \quad \frac{P(s)C_1(s)}{1+P(s)C_2(s)}$$

   안정하다.
3. 부등식

$$\deg\left[a(s)p(s)+b(s)q_2(s)\right]$$
$$\geq \max\{\deg a(s)q_2(s), \deg b(s)p(s), \deg a(s)q_1(s), \deg b(s)q_1(s)\} \quad (3.11)$$

   이 성립하고, 다항식 $a(s)p(s)+b(s)q_2(s)$는 안정하다.

대부분의 경우에 있어, 전달함수들 $C_1(s)$, $C_2(s)$, 그리고 $P(s)$는 모두 고유하며, $C_2(s)$와 $P(s)$ 중 최소 하나는 완전 고유하다. 이 경우, 조건 (3.11)은 항상 성립하기 때문에, 특성 다항식 $a(s)p(s)+b(s)q_2(s)$의 안정도만 조사하면 된다.

그림 3.7의 시스템은 대수적으로 그림 3.8의 시스템과 동일하다는 것을 보였다. 하지만, 두 시스템은, 그림 3.8의 시스템에는 하나의 추가 신호 $w(t)$가 있기 때문에, 해

석적으로는 동일하지 않다. 그림 3.7과 같은 시스템의 내부 안정도는 그림 3.8과 같은 시스템의 내부 안정도와 관련이 없다.

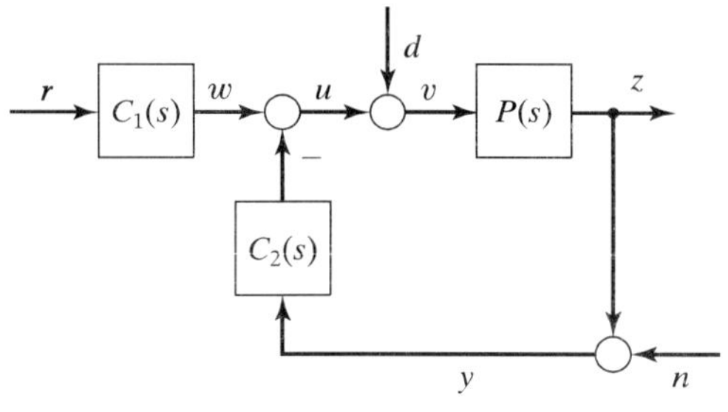

그림 3.8 그림 3.7의 대수적 등가 시스템

예제 3.34

$C(s) = \frac{1}{s}[s+1 \quad 1]$와 $P(s) = \frac{1}{s+2}$라 하자. 이때 그림 3.7의 시스템은 내부적으로 안정하지만, 그림 3.8의 r에서 w까지의 전달함수 $\frac{s+1}{s}$는 불안정하다. 이는 그림 3.8과 같은 구조로 피드백 시스템을 설계하면, 몇몇 내부 신호는 한정된 외부 신호에 대해 한정되지 않게 된다. 그러므로 그림 3.7과 3.8은 안정도 측면에서 서로 해석적으로 등가적이지 않고, 그림 3.7의 시스템을 구현하는 경우 그림 3.8의 구조를 적용하면 안 된다.

그림 3.9와 같이 널리 사용되는 단위 피드백 시스템의 내부 안정성은 그림 3.6의 피드백 시스템의 안정성과 동일하다.

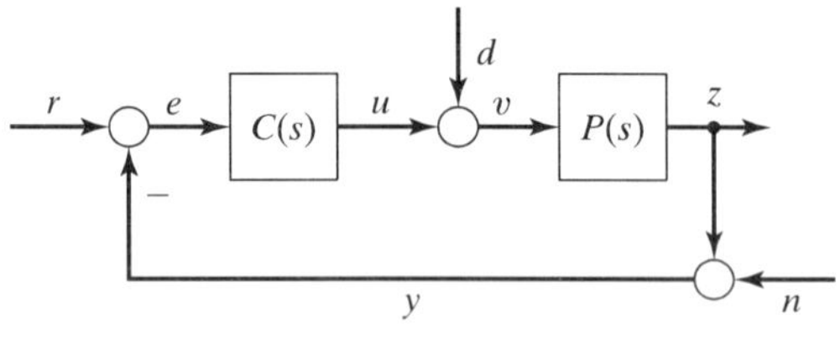

그림 3.9 단위 피드백 시스템

마지막으로 피드백 시스템의 폐루프 안정도를 보장하는 파라미터들의 범위를 결정하는데 Routh 안정도 판별법을 어떻게 이용하는지 알아보자.

예제 3.35

그림 3.9에서 다음과 같은 전달함수를 갖는 단위 피드백 제어 시스템을 고려해 보자.

$$P(s) = \frac{10}{(s+1)(s+2)}.$$

$C(s)$를 비례-적분(proportional-integral) 제어기 혹은 PI제어기라 하자.

$$C(s) = K_P + \frac{K_I}{s}.$$

폐루프 시스템이 안정할 수 있는 파라미터 K_P와 K_I의 허용 범위를 찾고자 한다.

$C(s)$는 고유하며 $P(s)$는 완전 고유하기 때문에, 폐루프 특성 다항식의 안정도만 검사하면 된다. 특성 다항식은 다음과 같다.

$$d(s) = s^3 + 3s^2 + (2+10K_P)s + 10K_I.$$

이에 대응하는 Routh 표는 다음과 같다.

s^3	1	$(2+10K_P)$
s^2	3	$10K_I$
s^1	$\dfrac{3(2+10K_P)-10K_I}{3}$	
s^0	$10K_I$	

Routh 판별법을 사용하면 시스템의 안정도의 다음의 조건을 만족해야 한다.

$$\frac{3(2+10K_P)-10K_I}{3} > 0, \quad 10K_I > 0$$

정리하면

$$3 + 15K_P - 5K_I > 0, \quad K_I > 0.$$

이며, K_I와 K_P의 안정 범위는 그림 3.10과 같다.

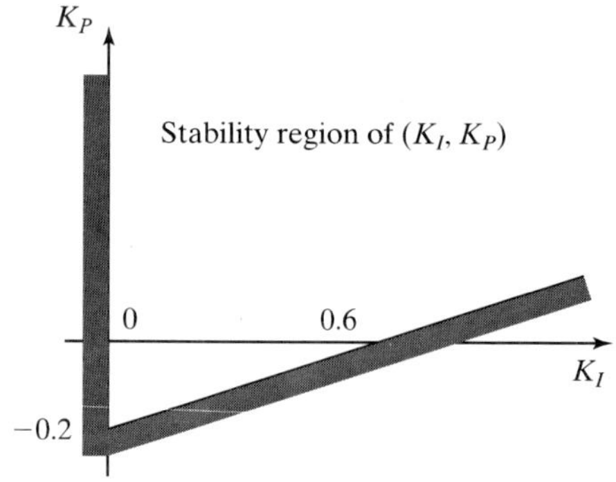

그림 3.10 예제 3.35의 안정 범위

3.6 극점 배치 설계

다음 몇 절에서는 안정화 제어기 설계에 대해 다룰 것이다. 우선 그림 3.11과 같이 주어진 플랜트 $P(s)$와 폐루프 시스템이 내부적으로 안정하도록 설계된 제어기 $C(s)$에서 시스템의 안정화 문제부터 시작한다.

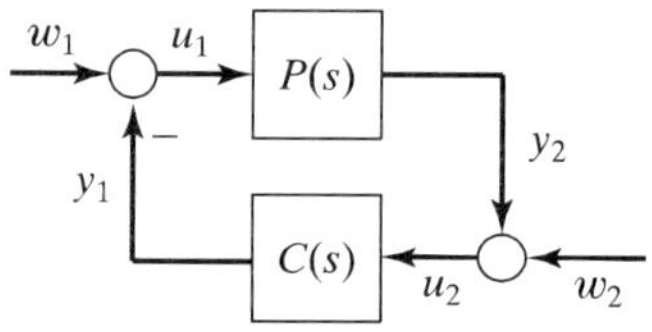

그림 3.11 안정화를 위한 피드백 시스템

극점 배치의 기본 개념은 폐루프 시스템의 극점들(=폐루프 특성 다항식의 해들)이 설계자가 원하는 곳에 배치할 수 있도록 제어기를 설계하는 것이다. 이어지는 내용에서는 플랜트가 고유하다고 가정한다. 고유한 제어기와 완전 고유한 제어기를 사용한 극점 배치를 고려해 보자.

다음과 같은 플랜트가 주어졌다고 하자.

$$P(s) = \frac{b(s)}{a(s)} = \frac{b_0 s^n + b_1 s^{n-1} + \cdots + b_n}{a_0 s^n + a_1 s^{n-1} + \cdots + a_n} \tag{3.12}$$

여기서 $a(s)$와 $b(s)$는 서로 소이고 $a_0 \neq 0$이다. 우선 다음 형태의 고유한 제어기를 고려하자.

$$C(s)=\frac{q(s)}{p(s)}=\frac{q_0s^m+q_1s^{m-1}+\cdots+q_m}{p_0s^m+p_1s^{m-1}+\cdots+p_m} \tag{3.13}$$

여기서 $p(s)$와 $q(s)$는 서로 소이고 $p_0 \neq 0$이다. 그러면 폐루프 특성 다항식은 다음과 같다.

$$a(s)p(s)+b(s)q(s)=c(s) \tag{3.14}$$

여기서 $c(s)$의 차수의 크기는 $n+m$이하 이며, 다음과 같다.

$$c(s)=c_0s^{n+m}+c_1s^{n+m-1}+\cdots+c_{n+m}.$$

절 3.5의 내용에 의하면, $c_0 \neq 0$이고 $c(s)$가 안정한 다항식일 때만 폐루프 시스템은 내부적으로 안정하다. 그러므로 만약 어떤 다항식 $c(s)$가 안정하고 차수가 $(n+m)$이며, 식 (3.14)를 만족하는 다항식 $p(s)$와 $q(s)$을 정할 수 있다면, 폐루프 시스템을 안정화 할 수 있고, 주어진 제어기 $C(s)=\dfrac{q(s)}{p(s)}$는 안정화 제어기이다.

주어진 $a(s)$, $b(s)$, $c(s)$와 모르는 $p(s)$, $q(s)$를 갖는 방정식 (3.14)를 다항식 **Diophantine 방정식(Diophantine equation)**이라고 한다. 그러면 Diophantine 방정식의 해가 존재할 조건은 무엇일까? 존재한다면 어떻게 찾을 수 있을까? 우선 이 질문에 대한 답을 찾아보자.

부록 B.2를 보면 두 $(n+m)\times m$ 차원 행렬을 다음과 같이 정의한다.

$$\boldsymbol{T}(a(s),m)=\overbrace{\begin{bmatrix} a_0 & 0 & \cdots & 0 \\ a_1 & a_0 & \ddots & \vdots \\ \vdots & a_1 & \ddots & 0 \\ a_n & \vdots & \ddots & a_0 \\ 0 & a_n & \ddots & a_1 \\ \vdots & \vdots & \ddots & \vdots \\ 0 & 0 & \cdots & a_n \end{bmatrix}}^{m \text{ columns}}, \quad \boldsymbol{T}(b(s),m)=\overbrace{\begin{bmatrix} b_0 & 0 & \cdots & 0 \\ b_1 & b_0 & \ddots & \vdots \\ \vdots & b_1 & \ddots & 0 \\ b_n & \vdots & \ddots & b_0 \\ 0 & b_n & \ddots & b_1 \\ \vdots & \vdots & \ddots & \vdots \\ 0 & 0 & \cdots & b_n \end{bmatrix}}^{m \text{ columns}}.$$

이 행렬들의 대각성분들은 모두 같은 성질을 갖는다. 이러한 행렬들을 **Toeplitz 행렬 (Toeplitz matrices)**이라고 한다. 다음을 정의하자.

$$\boldsymbol{S}(a(s),b(s),m)=\begin{bmatrix} \boldsymbol{T}(a(s),m) & \boldsymbol{T}(b(s),m) \end{bmatrix},$$

여기서 행렬의 차원은 $(n+m)\times 2m$이다. $m<n$이면 높은(tall) 행렬, $m=n$이면 정방(square) 행렬, $m>n$이면 넓은(wide) 행렬이라 한다. 정리 B.3에 의하면, Sylvester의 결과 행렬 $\boldsymbol{S}(a(s), b(s), n)$은, 다항식 $a(s)$와 $b(s)$가 서로 소일 경우에만, 비특이(nonsingular)하다.

$m \neq n$일 경우의 $\boldsymbol{S}(a(s), b(s), n)$는 어떨까? 만약 $a(s)$와 $b(s)$가 서로 소라면, $\boldsymbol{S}(a(s), b(s), n)$는 $m<n$일 때 최대 열 랭크를 갖고, $m>n$일 때 최대 행 랭크를 갖는다. 독자들은, 정리 B.3을 기반으로 이 진술을 증명해 봄으로 해서 자신의 선형대수학 기량을 테스트해 볼 수 있을 것이다.

이제 극점 배치를 수행 할 준비가 되었다. Diophantine 방정식 (3.14)의 양변의 계수들을 비교하여, 다음의 행렬 형태로 선형 방정식들의 집합을 표현할 수 있음에 주목하자.

$$\boldsymbol{S}(a(s), b(s), m+1)\begin{bmatrix} p_0 \\ \vdots \\ p_m \\ q_0 \\ \vdots \\ q_m \end{bmatrix} = \begin{bmatrix} c_0 \\ c_1 \\ \vdots \\ c_{n+m-1} \\ c_{n+m} \end{bmatrix}. \tag{3.15}$$

$m+1<n$라면, 식 (3.15)의 선형 방정식들의 수는 미지수 개수보다 많아지며 Sylvester 결과 행렬 $\boldsymbol{S}(a(s), b(s), n+1)$은 최대 열 랭크를 갖게 된다. 그러므로 $c(s)$가 임의로 정해졌다면, 일련의 선형 방정식 (3.15)는 해를 갖기 힘들다. 만약 $m+1=n$이라면 방정식들의 개수는 미지수들의 개수와 같아지며 계수 행렬 $\boldsymbol{S}(a(s), b(s), n+1)$은 정리 B.3에 의해 비특이(nonsingular)하다. 그러므로 $c(s)$가 어떻게 정해지든 식 (3.15)는 하나의 해를 갖게 된다. 만약 $m+1>n$이라면 방정식들의 개수보다 미지수가 더 많게 되며 $[\,\boldsymbol{T}(a(s), m+1) \quad \boldsymbol{T}(b(s), m+1\,] = \boldsymbol{S}(a(s), b(s), m+1)$이 넓은 행렬이 된다. 그러므로 이 경우 식 (3.15)는 임의의 $c(s)$에 대해서 무한히 많은 해를 갖게 된다.

요약하면, $m \geq n-1$인 경우에만, 폐루프 극점들이 일련의 $n+m$개의 복소수들로 임의로 배정되는 m차 제어기가 존재한다. 만약 이 조건이 성립하고 원하는 폐루프 특성 다항식 $c(s)$가 주어졌다면, 선형 방정식들을 풀어서 제어기를 얻을 수 있다.

극점 배치 제어기가 존재하고, 플랜트가 고차(of high order)이면서 컴퓨터-보조 설계가 가능한 경우, 선형 방정식들 (3.15)을 풀어서, 극점 배치 제어기를 설계할 수 있다. 플랜트가 저차(low-order)이고 직접 계산(hand calculation)을 할 경우, 식 (3.14)의 양변의 계수들을 직접 비교하여 극점 배치 제어기를 설계하는 것이 일반적으로 더 편리하다.

예제 3.36

플랜트 $P(s)$는 다음과 같다.

$$P(s) = \frac{s-1}{s(s-2)}.$$

폐루프 극점들이 $(-1,\ -2,\ -3)$ 또는 폐루프 특성 다항식이 다음과 같이 되도록 1차 제어기를 설계하라.

$$c(s) = (s+1)(s+2)(s+3) = s^3 + 6s^2 + 11s + 6.$$

제어기 $C(s)$의 전달함수를 다음과 같이 두면,

$$C(s) = \frac{q_0 s + q_1}{p_0 s + p_1}.$$

식 (3.15)의 방정식은 다음과 같다.

$$\begin{bmatrix} 1 & 0 & 0 & 0 \\ -2 & 1 & 1 & 0 \\ 0 & -2 & -1 & 1 \\ 0 & 0 & 0 & -1 \end{bmatrix} \begin{bmatrix} p_0 \\ p_1 \\ q_0 \\ q_1 \end{bmatrix} = \begin{bmatrix} 1 \\ 6 \\ 11 \\ 6 \end{bmatrix}.$$

해는 다음과 같다.

$$p_0 = 1, \quad p_1 = -25, \quad q_0 = 33, \quad q_1 = -6.$$

그러므로 설계된 제어기는 다음과 같다.

$$C(s) = \frac{33s - 6}{s - 25}.$$

한편 계수 비교를 이용하면 다음과 같은 방정식을 만들 수 있다.

$$s(s-2)(p_0 s + p_1) + (s-1)(q_0 s + q_1) = s^3 + 6s^2 + 11s + 6.$$

이를 통해 다음을 얻는다.

$$p_0 = 1, \quad -2p_0 + p_1 + q_0 = 6, \quad -2p_1 - q_0 + q_1 = 11, \quad -q_1 = 6.$$

이 선형 방정식들을 풀면 전자와 동일한 제어기 계수를 얻을 수 있다. 직접 계산을 한다면 후자의 방법이 더 간단해 보인다.

원하는 대로 극점 배치를 하기 위해서는 제어기 차수 m은 최소한, $n-1$(플랜트 차수 n)이 되어야 한다. 하지만, 다음 예제를 보면, 차수가 $n-1$보다 작은 제어기로도 폐루프 극점들을 원하는 위치로 배치할 수 있다.

예제 3.37

플랜트 $P(s)$는 다음과 같다.

$$P(s) = \frac{1}{s(s+2)}$$

0차 제어기 $C(s) = q_0/p_0$를 사용하여 폐루프 극점들을 -1과 -1에 배치해 보자. 이것은 폐루프 특성 다항식을 다음과 같이 만드는 것이다.

$$c(s) = s(s+2)p_0 + q_0 = (s+1)^2$$

이 다항식의 해는 $p_0 = q_0 = 1$일 때, 즉 $C(s) = 1$일 때 존재한다. 위 Diophantine 방정식은 선형 방정식들로 표현되는데 이 방정식들의 개수가 미지수 개수보다 더 많다. 그럼에도 불구하고 이 선형 방정식들은 독립적이지 않은데, 그 이유는 위의 특정 $c(s)$때문이다.

다음과 같은 1차 제어기를 사용하여 폐루프 극점들을 -1, -1, -2에 배치시키면, 어떻게 되는지 조사해 보자.

$$C(s) = \frac{q_0 s + q_1}{p_0 s + p_1}$$

이 경우, Diophantine 방정식은 다음과 같다.

$$s(s+2)(p_0 s + p_1) + (q_0 s + p_1) = (s+1)^2(s+2)$$

해는 다음과 같다.

$$p_0 = 1, \quad p_1 = 2, \quad q_0 = 1, \quad q_1 = 2$$

이를 통해 다음을 얻는다.

$$C(s) = \frac{s+2}{s+2} = 1$$

이 결과를 통하여 $C(s)$가 1차(first order) 인지, 혹은 폐루프 시스템이 3차(third order)인지의 여부에 대해서는 논란의 여지가 있다. 하지만 여기서 이 문제를 더 이상 설명하지 않을 것이다. 독자들 스스로 판단해 보기 바란다.

이 예제는 n차 플랜트의 임의 극점 배치를 위한 제어기의 최소 차수가 $n-1$임에도 불구하고, 안정화 제어기의 최소 차수가 $n-1$보다 작아야 한다는 사실을 말해 준다. 제어기 차수는 제어기 설계에 있어서 중요한 사양이며 제어기 복잡도에 비례하기 때문에, 저차 제어기를 써서 플랜트를 안정화하는 것이 바람직하다. 주어진 플랜트를 위한 안정화 제어기의 최소 차수를 찾는 규격화된 방법은 아직 없다. 하지만, 실제 접하는 대부분의 플랜트들에 잘 적용되는 저차 안정화 제어기를 설계하는 유용한 방법들이 있다. 이 방법들은 다음 절에서 소개할 것이다.

극점 배치 제어기는 $m = n-1$일 경우에만 유일하다. 만약 $m > n-1$이라면, 원하는 폐루프 극점들의 집합에 대응하는 극점 배치 제어기는 유일하지 않다. 이렇게 되는 이유는, m이 증가할 때, 제어기 파라미터들의 개수가 폐루프 특성 다항식의 계수들의 개수보다 2배 더 빨리 증가하며, 방정식의 개수보다 미지수의 개수가 더 많아지기 때문이다.

다음으로, 완전 고유한 제어기들을 이용한 극점 배치를 생각해 보자. 완전 고유한 제어기들은, 다음 절에서 나올 내용처럼, 몇몇 상황에 있어서 더 유리하다. 이 경우, 제어기의 형태는 다음과 같다.

$$C(s) = \frac{q(s)}{p(s)} = \frac{q_1 s^{m-1} + \cdots + q_m}{p_0 s^m + p_1 s^{m-1} + \cdots + p_m} \tag{3.16}$$

여기서 $p(s)$와 $q(s)$는 서로 소이고 $p_0 \neq 0$이다. 폐루프 특성 다항식은 다음과 같다.

$$a(s)p(s) + b(s)q(s) := c(s) = c_0 s^{n+m} + c_1 s^{n+m-1} + \cdots + c_{n+m}.$$

계수들을 비교하면, Diophantine 방정식은 다음 형태와 같은 일련의 방정식이 된다.

$$\begin{cases} p_0 = c_0/a_0 \\ \boldsymbol{S}(a(s), b(s), m) \begin{bmatrix} p_1 \\ \vdots \\ p_m \\ q_1 \\ \vdots \\ q_m \end{bmatrix} = \begin{bmatrix} c_1 - a_1 c_0/a_0 \\ \vdots \\ c_n - a_n c_0/a_0 \\ c_{n+1} \\ \vdots \\ c_{n+m} \end{bmatrix} \end{cases}. \tag{3.17}$$

요약하면, $m \geq n$일 경우에만, 폐루프 극점들이 일련의 $n+m$개의 복소수들로 임의로 배정되는 m차의 완전 고유한 제어기가 존재한다. 만약 이 조건이 성립하고 원하는 폐루프 특성 다항식 $c(s)$가 주어진다면, 선형 방정식들을 풀어서 제어기를 구할 수 있다.

예제 3.38

플랜트 $P(s)$는 다음과 같다.

$$P(s) = \frac{s-1}{s(s-2)}.$$

폐루프 극점들이 $(-1 \pm j1,\ -2 \pm j2)$ 또는 폐루프 특성 다항식이 다음과 같이 되도록 엄격히 고유한 2차 제어기를 설계하라.

$$c(s) = (s^2+2s+2)(s^2+4s+8) = s^4+6s^3+18s^2+24s+16.$$

제어기 $C(s)$의 전달함수를 다음과 같이 두면,

$$C(s) = \frac{q_1 s + q_2}{p_0 s^2 + p_1 s + p_2}.$$

식 (3.17)의 방정식은 다음과 같다.

$$\begin{cases} p_0 = 1 \\ \begin{bmatrix} 1 & 0 & 0 & 0 \\ -2 & 1 & 1 & 0 \\ 0 & -2 & -1 & 1 \\ 0 & 0 & 0 & -1 \end{bmatrix} \begin{bmatrix} p_1 \\ p_2 \\ q_1 \\ q_2 \end{bmatrix} = \begin{bmatrix} 6-(-2) \\ 18-0 \\ 24 \\ 16 \end{bmatrix}. \end{cases}$$

해는 다음과 같다.

$$p_0 = 1, \quad p_1 = 8, \quad p_2 = -74, \quad q_1 = 108, \quad q_2 = -16.$$

그러므로 설계된 제어기는 다음과 같다.

$$C(s) = \frac{108s - 16}{s^2 + 8s - 74}.$$

한편 계수 비교를 이용하면 다음과 같은 방정식을 만들 수 있다.

$$s(s-2)(p_0 s^2 + p_1 s + p_2) + (s-1)(q_1 s + q_2) = s^4 + 6s^3 + 18s^2 + 24s + 16.$$

이를 통해 다음을 얻는다.

$$p_0 = 1, \quad -2p_0 + p_1 = 6, \quad -2p_1 + p_2 + q_1 = 18, \quad -2p_2 - q_1 + q_2 = 24, \quad -q_2 = 16.$$

위의 선형 방정식들을 풀면 전자와 동일한 제어기 계수를 얻을 수 있다.

$$p_0 = 1, \quad p_1 = 8, \quad p_2 = -74, \quad q_1 = 108, \quad q_2 = -16$$

이번에도 직접 계산을 할 경우 후자의 방법이 더 편해 보인다. 폐루프 시스템이 안정함에도 불구하고, 제어기 자체는 불안정하다는 것을 알 수 있다. 뒤의 절에서도, 이 시스템은 어떤 안정한 제어기로도 안정화 시킬 수 없음을 알게 될 것이다.

다시 한 번 말하지만, 완전 고유한 극점 배치 제어기는, $m=n$일 때 유일하고, $m>n$일 때 유일하지 않다는 것을 주목하자.

3.7 범용 안정화 제어기 *

플랜트 $P(s)$는 다음과 같다.

$$P(s) = \frac{b(s)}{a(s)} = \frac{b_0 s^n + b_1 s^{n-1} + \cdots + b_n}{a_0 s^n + a_1 s^{n-1} + \cdots + a_n}$$

여기서 $a(s)$와 $b(s)$는 서로 소이고 $a_0 \neq 0$이다. 유용한 제어기라면 최소 $P(s)$는 안정화 시켜야 하기 때문에, 범용 안정화 제어기의 집합을 조사할 필요가 있다. 이 집합을 $S(P)$라고 하자. 또한 다음을 범용 안정화 제어기라고 하자.

$$C_0(s) = \frac{q(s)}{p(s)} = \frac{q_0 s^m + q_1 s^{m-1} + \cdots + q_m}{p_0 s^m + p_1 s^{m-1} + \cdots + p_m}$$

이때 $p(s)$와 $q(s)$는 서로 소이고 $p_0 \neq 0$이다. 또한 $a(s)p(s)+b(s)q(s)-c(s)$은 안정하다.

$\deg f(s)=n$과 $\deg h(s)=m$이 되도록, $c(s)$를 $c(s)=f(s)h(s)$와 같이 분해하자. 그리고 다음을 정하자.

$$M(s) = \frac{a(s)}{f(s)}, \quad N(s) = \frac{b(s)}{f(s)}, \quad X(s) = \frac{p(s)}{h(s)}, \quad Y(s) = \frac{q(s)}{h(s)}$$

그러면 안정한 전달함수 $M(s)$, $N(s)$, $X(s)$, $Y(s)$ 는 모두 다음 조건들을 만족한다.

$$P(s)=\frac{N(s)}{M(s)}, \qquad C_0(s)=\frac{Y(s)}{X(s)}$$

$$M(s)X(s)+N(s)Y(s)=1$$

정리 3.39 (범용 안정화 제어기들의 파라미터화—Parameterization of all stabilizaing controllers).

$$S(P)=\left\{C(s)=\frac{Y(s)+M(s)Q(s)}{X(s)-N(s)Q(s)} \;:\; Q(s)\text{는 임의의 안정한 시스템이다.}\right\}$$

이 정리는, 그림 3.12 또는 3.13과 같이 구성한 임의의 안정한 시스템 $Q(s)$를 갖는 모든 안정화 제어기를 말한다. 제어기를 실제로 구현할 때 만족스러운 $Q(s)$가 이미 정해져 있다면, 정리 3.39의 공식을 통해 $C(s)$의 전달함수를 계산하여 그림 3.11과 같이 제어기를 플랜트에 연결하거나, 혹은 그림 3.12 또는 3.13과 같이 제어기의 여러 부분들을 같이 묶을 수 있다.

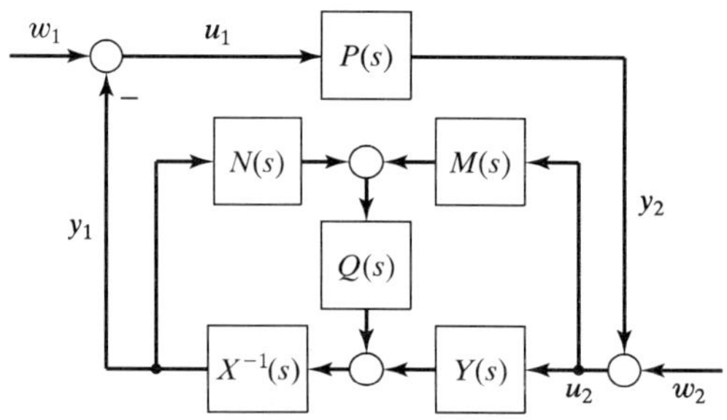

그림 3.12 범용 안정화 제어기 (1)

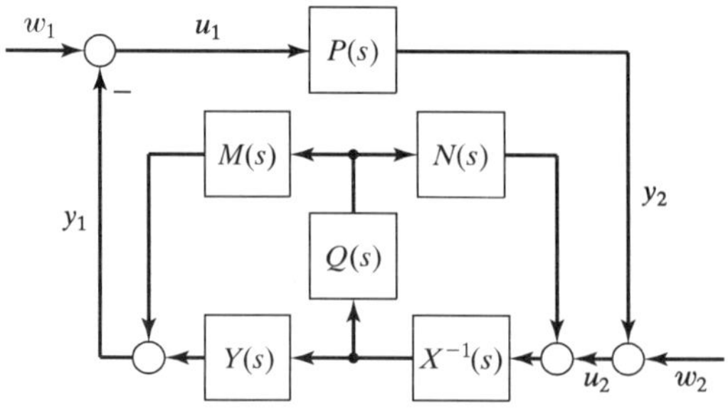

그림 3.13 범용 안정화 제어기 (2)

고정된 플랜트 $P(s)$ 대하여 위 형태의 안정화 제어기를 폐루프 전달함수에 연결한다면, 폐루프 전달함수는 $Q(s)$의 함수가 된다. 그러면 안정한 $Q(s)$를 정하여 폐루프 전달함수가 원하는 특성을 갖도록 할 수 있다. 또한 다음 공식과 같이 놀랍게도 모든 4개의 폐루프 전달함수들은 $Q(s)$의 어파인 함수(affine function)이다.

$$\begin{bmatrix} \dfrac{P(s)}{1+P(s)C(s)} & \dfrac{1}{1+P(s)C(s)} \\ \dfrac{P(s)C(s)}{1+P(s)C(s)} & \dfrac{C(s)}{1+P(s)C(s)} \end{bmatrix}$$

$$= \begin{bmatrix} N(s)X(s) & M(s)X(s) \\ N(s)Y(s) & M(s)Y(s) \end{bmatrix} - \begin{bmatrix} N(s) \\ -M(s) \end{bmatrix} Q(s) \begin{bmatrix} N(s) & M(s) \end{bmatrix}$$

이는 많은 경우에 있어 $Q(s)$를 쉽게 정하게 해 준다. 이러한 경우의 예제들은 9.4절을 참조하라.

예제 3.40

2중 적분기 플랜트 $P(s)=1/s^2$를 고려해 보자. 다음과 같은 제어기 $C_0(s)$는 안정한 제어기라는 것은 쉽게 알 수 있다.

$$C_0(s) = \frac{2\sqrt{2}s+1}{s^2+2\sqrt{2}s+4}$$

이 제어기의 폐루프 특성 다항식은 다음과 같다.

$$s^2(s^2+2\sqrt{2}s+4)+2\sqrt{2}s+1=(s^2+\sqrt{2}s+1)^2$$

$f(s)=h(s)=s^2+\sqrt{2}s+1,$

$$M(s)=\frac{a(s)}{f(s)}=\frac{s^2}{s^2+\sqrt{2}s+1}, \qquad N(s)=\frac{b(s)}{f(s)}=\frac{1}{s^2+\sqrt{2}s+1},$$

$$X(s)=\frac{p(s)}{h(s)}=\frac{s^2+2\sqrt{2}s+4}{s^2+\sqrt{2}s+1}, \qquad Y(s)=\frac{q(s)}{h(s)}=\frac{2\sqrt{2}s+1}{s^2+\sqrt{2}s+1}$$

로 두면, 2중 적분기 플랜트의 범용 안정화 제어기는 다음과 같다.

$$C(s)=\frac{\dfrac{2\sqrt{2}s+1}{s^2+\sqrt{2}s+1}+\dfrac{s^2}{s^2+\sqrt{2}s+1}Q(s)}{\dfrac{s^2+2\sqrt{2}s+4}{s^2+\sqrt{2}s+1}-\dfrac{1}{s^2+\sqrt{2}s+1}Q(s)} \tag{3.20}$$

여기서 $Q(s)$는 임의의 안정 시스템이다. 예를 들어 $Q(s)=0$이라 하면,

$$C(s)=\frac{2\sqrt{2}s+1}{s^2+2\sqrt{2}s+4} \tag{3.20}$$

이고, 이는 원래의 안정화 제어기 $C_0(s)$이다. 또한 임의의 스칼라 시스템인 $Q(s)=K$을 선택한 경우에도 임의의 $K\in\mathbb{R}$에 대해서 다음과 같은 유사 형태의 안정화 제어기가 얻어진다.

$$C(s)=\frac{Ks^2+2\sqrt{2}s+1}{s^2+2\sqrt{2}s+4-K}$$

또한 $Q(s)=1+\sqrt{2}+\dfrac{2(1-\sqrt{2})}{s+1}$로 선택한 경우,

$$C(s)=\frac{(1+\sqrt{2})s+1}{s+1+\sqrt{2}} \tag{3.21}$$

이다. 위 과정을 통해 주어진 플랜트에 대한 범용 안정화 제어기를 얻을 수 있지만, 어느 특정한 것이 더 좋다고 말할 수는 없다. 이 시점에서, 저차 제어기가 고차 제어기보다 구현하기가 쉬울 것이라고 직관적으로 생각할 수 있다. 이 관점에서, 안정화 제어기 식 (3.21)은 안정화 제어기 식(3.20)보다 더 유리하다.

이제 다른 초기 안정화 제어기로부터 안정화 제어기들의 집합을 파라미터화 해 보자. 우선 $C_0(s)$를 다음과 같이 선택하자.

$$C_0(s)=\frac{(1+\sqrt{2})s+1}{s+1+\sqrt{2}}$$

그러면 특성 다항식은 다음과 같다.

$$s^2(s^2+1+\sqrt{2})+(1+\sqrt{2})s+1=(s^2+\sqrt{2}s+1)(s+1)$$

$f(s)=s^2+\sqrt{2}s+1$과 $h(s)=s+1$,

$$M(s)=\frac{a(s)}{f(s)}=\frac{s^2}{s^2+\sqrt{2}s+1}, \qquad N(s)=\frac{b(s)}{f(s)}=\frac{1}{s^2+\sqrt{2}s+1},$$

$$X(s)=\frac{p(s)}{h(s)}=\frac{s+1+\sqrt{2}}{s+1}, \qquad Y(s)=\frac{q(s)}{h(s)}=\frac{(1+\sqrt{2})s+1}{s+1}$$

로 두면, 범용 안정화 제어기는 다음과 같다.

$$C(s)=\frac{\dfrac{(1+\sqrt{2})s+1}{s+1}+\dfrac{s^2}{s^2+\sqrt{2}s+1}Q(s)}{\dfrac{s+1+\sqrt{2}}{s+1}-\dfrac{1}{s^2+\sqrt{2}s+1}Q(s)} \tag{3.22}$$

여기서 $Q(s)$는 임의의 안정 시스템이다. 파라미터화 (3.22)와 (3.19)는 겉보기로는 다르지만, 실제로는 같은 제어기들의 집합을 의미한다.

예를 들면 (3.22)에서 $Q(s)=-1-\sqrt{2}-\dfrac{2(1-\sqrt{2})}{s+1}$로 정하면 제어기 (3.20)를 얻고, $Q(s)=0$을 정하면 제어기 (3.21)을 얻는다.

예제 3.41

양측 고유한 (bi-proper) 플랜트 $P(s)=\dfrac{s+1}{s+2}$를 고려해 보자. 이 경우에는 특별한 경우가 발생한다. $P(s)$는 안정하므로, 하나의 특정한 안정화 제어기는 영 제어기 $C_0(s)=0$이다. 이 특정한 초기 안정화 제어기에 대한 파라미터들은 다음과 같다.

$p(s)=1,\ q(s)=0,\ f(s)=a(s),\ h(s)=1$

그러므로

$$M(s)=\frac{a(s)}{f(s)}=1,\qquad N(s)=\frac{b(s)}{f(s)}=P(s)=\frac{s+1}{s+2}$$

$$X(s)=\frac{p(s)}{h(s)}=1,\qquad Y(s)=\frac{q(s)}{h(s)}=0$$

이며, 범용 안정화 제어기는 다음과 같이 주어진다.

$$C(s)=\frac{Q(s)}{1-P(s)Q(s)}$$

여기서 $Q(s)$는 임의의 안정한 시스템이다. 만약 $Q(s)=1$이라면, PD 제어기이면서 고유하지 않은(nonproper) 또 다른 안정화 제어기 $C(s)=s+2$를 얻을 수 있다. 현실적인 관점에서는 조금 이상하게 들릴 수 있지만, 폐루프 안정도만 고려할 경우에는 이론적으로 문제될 것이 없다.

왜 정리 3.39가 참이 되는지 간단하게 한번 생각해 보자. 만약 임의의 안정한 $Q(s)$에 대해서 제어기가

$$C(s) = \frac{Y(s) + M(s)Q(s)}{X(s) - N(s)Q(s)}$$

와 같이 주어진다면, 모든 폐루프 전달함수들은 안정한 전달함수들의 곱의 합으로만 이루어져 있으며 안정한 (3.18)과 같이 주어진다. 그러므로 폐루프 시스템은 안정하다. 한편, 만약 $C(s)$가 안정화 제어기라면, $C(s)$는 다음과 같이 표현할 수 있다.

$$C(s) = \frac{Y(s) + M(s)Q(s)}{X(s) - N(s)Q(s)}$$

여기서

$$Q(s) = \frac{X(s)C(s) - Y(s)}{N(s)C(s) + M(s)}$$

이다. 이 경우, 다음의 폐루프 전달함수들

$$\begin{bmatrix} \dfrac{1}{1+P(s)C(s)} & \dfrac{-C(s)}{1+P(s)C(s)} \\ \dfrac{P(s)}{1+P(s)C(s)} & \dfrac{1}{1+P(s)C(s)} \end{bmatrix}$$

$$= \begin{bmatrix} M(s)X(s) & -M(s)Y(s) \\ N(s)X(s) & M(s)X(s) \end{bmatrix} - \begin{bmatrix} M(s) \\ N(s) \end{bmatrix} Q(s) [N(s) \;\; M(s)] \tag{3.23}$$

은 반드시 안정해야 한다. (3.23)의 왼쪽을 $[X(s) \;\; Y(s)]$으로, 오른쪽을 $\begin{bmatrix} Y(s) \\ X(s) \end{bmatrix}$으로 곱하자. 이때 $M(s)X(s) + N(s)Y(s) = 1$을 기억하자. 그러면 다음을 얻는다.

$$Q(s) = [X(s) \;\; Y(s)] \begin{bmatrix} M(s)X(s) & -M(s)Y(s) \\ N(s)X(s) & M(s)X(s) \end{bmatrix} \begin{bmatrix} Y(s) \\ X(s) \end{bmatrix}$$

$$- [X(s) \;\; Y(s)] \begin{bmatrix} \dfrac{1}{1+P(s)C(s)} & \dfrac{-C(s)}{1+P(s)C(s)} \\ \dfrac{P(s)}{1+P(s)C(s)} & \dfrac{1}{1+P(s)C(s)} \end{bmatrix} \begin{bmatrix} Y(s) \\ X(s) \end{bmatrix}$$

위 식은 안정한 전달함수들의 합과 곱으로 이루어져 있기 때문에 안정해야 한다. 이는 $C(s)$가 정리 3.39에 주어진 집합에 속해야 한다는 것을 의미한다.

만약 $P(s)$가 안정하다면, $C_0(s)$는 안정화 제어기가 된다. 이 경우, $c(s) = a(s)$이다. 그리고 $f(s) = a(s)$와 $h(s) = 1$로 선택하면, 다음과 같다.

$$M(s) = 1, \quad N(s) = P(s), \quad X(s) = 1, \quad Y(s) = 0$$

그러면 다음의 결론을 내릴 수 있다.

결론 3.42. 만약 $P(s)$가 안정하다면,

$$S(P) = \left\{ C(s) = \frac{Q(s)}{1 - P(s)Q(s)} \ : \ Q(s)\text{는 임의의 안정한 시스템이다.} \right\}$$

이 경우, 그림 3.12와 3.13은 3.14와 같아진다. 만약 그림 3.14의 구조를 이용하여 제어기를 구현한다면 제어기는 플랜트 모형을 포함한다. 그러므로 이 제어기 구조는 **내부 모델 제어(internal model control)**라고 부른다.

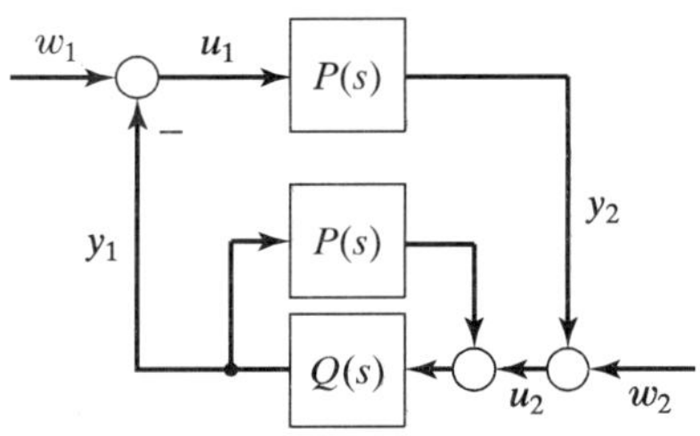

그림 3.14 내부 모델 안정화

이 경우, $Q(s)$로 표현된 4개의 폐루프 전달함수들은 다음 공식에 의해 주어진다.

$$\begin{bmatrix} \dfrac{P(s)}{1+P(s)C(s)} & \dfrac{1}{1+P(s)C(s)} \\ \dfrac{P(s)C(s)}{1+P(s)C(s)} & \dfrac{C(s)}{1+P(s)C(s)} \end{bmatrix} = \begin{bmatrix} P(s) & 1 \\ 0 & 0 \end{bmatrix} - \begin{bmatrix} P(s) \\ -1 \end{bmatrix} Q(s) \begin{bmatrix} P(s) & 1 \end{bmatrix}$$

3.8 범용 안정화 2자유도 제어기 *

이번 절에서는, 이전 절의 범용 안정화 제어기의 파라미터화를 그림 3.15와 같은 2자유도 피드백 시스템으로 확장 할 것이다.

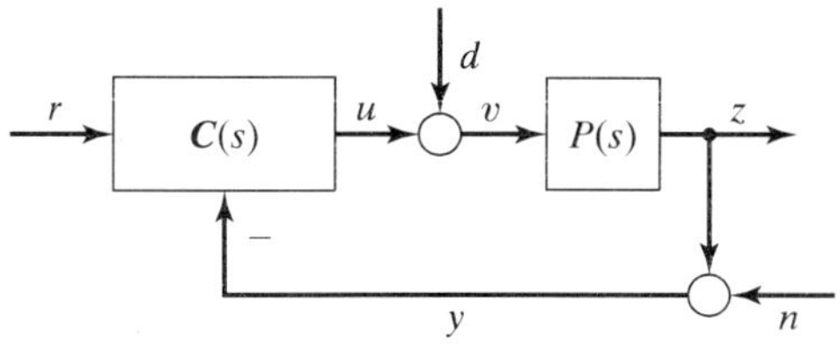

그림 3.15 2자유도 피드백 제어 시스템

플랜트 $P(s)$는 다음과 같다.

$$P(s) = \frac{b(s)}{a(s)} = \frac{b_0 s^n + b_1 s^{n-1} + \cdots + b_n}{a_0 s^n + a_1 s^{n-1} + \cdots + a_n}$$

여기서 $a(s)$와 $b(s)$는 서로 소이고 $a_0 \neq 0$이다. 유용한 2자유도 제어기라면 최소한 $P(s)$는 안정화 (폐루프 시스템을 내부적으로 안정하게 하기 위하여) 시켜야 하기 때문에, 폐루프 시스템을 안정하게 하는 범용 2자유도 제어기의 집합을 조사할 필요가 있다. 이 집합을 $\mathcal{T}(P)$라고 하자.

$$\mathcal{T}(P) = \{\boldsymbol{C}(s) = [\ C_1(s) \quad C_2(s)\ ] :: \text{그림 3.15의 시스템은 내부적으로 안정하다.}\}$$

다음을 일반적인 안정화 제어기라고 하자.

$$C_0(s) = \frac{q(s)}{p(s)} = \frac{q_0 s^m + q_1 s^{m-1} + \cdots + q_m}{p_0 s^m + p_1 s^{m-1} + \cdots + p_m}$$

여기서 $q(s)$는 서로 소이고 $p_0 \neq 0$이다. 이때 $a(s)p(s) + b(s)q(s) = c(s)$은 안정하다. $\deg f(s) = n$과 $\deg h(s) = m$이 되도록 $c(s)$를 $c(s) = f(s)h(s)$와 같이 분해하자. 그리고 다음을 정하자.

$$M(s) = \frac{a(s)}{f(s)}, \quad N(s) = \frac{b(s)}{f(s)}, \quad X(s) = \frac{p(s)}{h(s)}, \quad Y(s) = \frac{q(s)}{h(s)}$$

그러면 안정한 전달함수 $M(s)$, $N(s)$, $X(s)$, $Y(s)$는 모두 다음 조건들을 만족한다.

$$P(s)=\frac{N(s)}{M(s)},\qquad C_0(s)=\frac{Y(s)}{X(s)}$$

$$M(s)X(s)+N(s)Y(s)=1$$

정리 3.43 (범용 안정화 2자유도 제어기들의 파라미터화–Parameterization of all stabilizing 2DOF controller).

$$\mathcal{T}(P)=\left\{C(s)=\begin{bmatrix}\dfrac{Q_1(s)}{X(s)-N(s)Q_2(s)} & \dfrac{Y(s)+M(s)Q_2(s)}{X(s)-N(s)Q_2(s)}\end{bmatrix}:\right.$$

$$\left. Q_1(s)\text{와 } Q_2(s)\text{는 임의의 안정한 시스템들이다.}\right\} \tag{3.24}$$

이 정리는, 그림 3.16과 같이 구성한 임의의 안정한 시스템 $Q_1(s)$와 $Q_2(s)$를 갖는 모든 안정화 2자유도 제어기를 말한다. 제어기를 실제로 구현할 때 만족스러운 $Q_1(s)$와 $Q_2(s)$가 이미 정해져 있다면, 정리 3.43의 공식을 통해 $C(s)$의 전달함수를 계산하여 그림 3.15와 같이 제어기를 플랜트에 연결하거나, 혹은 그림 3.16과 같이 제어기의 여러 부분들을 같이 묶을 수 있다.

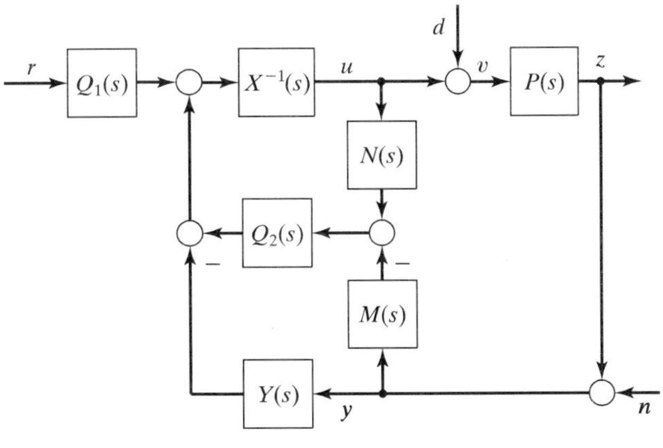

그림 3.16 범용 안정화 2자유도 제어기

고정된 플랜트 $P(s)$ 대하여, 위 형태의 안정화 2자유도 제어기를 폐루프 전달함수에 연결한다면, 폐루프 전달함수는 $Q_1(s)$과 $Q_2(s)$의 함수가 된다. 그러면 안정한 $Q_1(s)$

과 $Q_2(s)$를 정하여 폐 루프 전달함수가 원하는 특성을 갖도록 할 수 있다. 모든 폐루프 전달함수들은 $Q_1(s)$와 $Q_2(s)$ 중 하나의 어파인 함수이며, 둘 다의 함수는 아니다. r에서부터 내부 변수들 u, v, y, z까지의 4개의 전달함수들은 오로지 $Q_1(s)$하나에 의존하다.

$$\begin{bmatrix} \dfrac{C_1(s)}{1+P(s)C_2(s)} \\ \dfrac{C_1(s)}{1+P(s)C_2(s)} \\ \dfrac{P(s)C_1(s)}{1+P(s)C_2(s)} \\ \dfrac{P(s)C_1(s)}{1+P(s)C_2(s)} \end{bmatrix} = \begin{bmatrix} M(s) \\ M(s) \\ N(s) \\ N(s) \end{bmatrix} Q_1(s) \tag{3.25}$$

이중 2개만 다르다. d, n 에서부터 u, v, y, z까지의 다른 6개의 전달함수들은 오로지 $Q_2(s)$에만 의존하다.

$$\begin{bmatrix} \dfrac{-P(s)C_2(s)}{1+P(s)C_2(s)} & \dfrac{-C_2(s)}{1+P(s)C_2(s)} \\ \dfrac{1}{1+P(s)C_2(s)} & \dfrac{-C_2(s)}{1+P(s)C_2(s)} \\ \dfrac{P(s)}{1+P(s)C_2(s)} & \dfrac{1}{1+P(s)C_2(s)} \\ \dfrac{P(s)}{1+P(s)C_2(s)} & \dfrac{-P(s)C_2(s)}{1+P(s)C_2(s)} \end{bmatrix}$$

$$= \begin{bmatrix} -N(s)Y(s) & -M(s)Y(s) \\ M(s)X(s) & -M(s)Y(s) \\ N(s)X(s) & M(s)Y(s) \\ N(s)X(s) & -N(s)X(s) \end{bmatrix} - \begin{bmatrix} M(s) \\ M(s) \\ N(s) \\ N(s) \end{bmatrix} Q_2(s)\,[N(s) \;\; M(s)] \tag{3.26}$$

이중 4개만 다르다. 이는 $Q_1(s)$을 정하는 것과 $Q_2(s)$를 정하는 것을 독립적으로 분리하며 각각을 더 편하게 해 준다.

예제 3.44

다음과 같은 2중 적분기 플랜트 $P(s)=1/s^2$를 고려해 보자. 그리고 $C_0(s)$를 다음과 같이 선택하자.

$$C_0(s)=\frac{(1+\sqrt{2})s+1}{s+1+\sqrt{2}}$$

그러면 특성 다항식은 아래와 같다.

$$s^2(s^2+1+\sqrt{2})+(1+\sqrt{2})s+1=(s^2+\sqrt{2}s+1)(s+1)$$

$f(s)=s^2+\sqrt{2}s+1$와 $h(s)=s+1$,

$$M(s)=\frac{a(s)}{f(s)}=\frac{s^2}{s^2+\sqrt{2}s+1}, \qquad N(s)=\frac{b(s)}{f(s)}=\frac{1}{s^2+\sqrt{2}s+1},$$

$$X(s)=\frac{p(s)}{h(s)}=\frac{s+1+\sqrt{2}}{s+1}, \qquad Y(s)=\frac{q(s)}{h(s)}=\frac{(1+\sqrt{2})s+1}{s+1}$$

로 두면, 범용 안정화 2자유도 제어기들은 다음과 같이 주어진다.

$$\boldsymbol{C}(s)=\frac{\left[Q_1(s)\dfrac{(1+\sqrt{2})s+1}{s+1}+\dfrac{s^2}{s^2+\sqrt{2}s+1}Q_2(s)\right]}{\dfrac{s+1+\sqrt{2}}{s+1}-\dfrac{1}{s^2+\sqrt{2}s+1}Q_2(s)} \tag{3.27}$$

여기서 $Q_1(s)$과 $Q_2(s)$는 임의의 안정 시스템이다. 예를 들어

$$Q_1(s)=\frac{s+1+\sqrt{2}}{s+1} \quad 그리고 \quad Q_2(s)=0$$

로 선택하고, 이를 (3.27)에 대입하면, 범용 안정화 2자유도 제어기는 다음과 같다.

$$\boldsymbol{C}(s)=\left[1 \quad \frac{(1+\sqrt{2})s+1}{s+1+\sqrt{2}}\right]$$

만약, $Q_1(s)$과 $Q_2(s)$를 다음과 같이 선택하면,

$$Q_1(s)=\frac{(1+\sqrt{2})s+1}{s+1} \quad 그리고 \quad Q_2(s)=0$$

범용 안정화 2자유도 제어기는 다음과 같은 단위 피드백 제어기가 된다.

$$\boldsymbol{C}(s)=\frac{(1+\sqrt{2})s+1}{s+1+\sqrt{2}}[1 \quad 1]$$

정리 3.43이 참인 이유는 간단하다. 만약 2자유도 제어기가 다음과 같다면,

$$\boldsymbol{C}(s)=\left[\frac{Q_1(s)}{X(s)-N(s)Q_2(s)} \quad \frac{Y(s)+M(s)Q_2(s)}{X(s)-N(s)Q_2(s)}\right] \tag{3.28}$$

(여기서 $Q_1(s)$와 $Q_2(s)$는 임의의 안정한 시스템이다.) 모든 폐루프 전달함수들은, (3.25)와 (3.26)으로 주어지는데, 모두 안정하다. 이는 안정한 전달함수들의 곱과 합으로만 이루어져 있기 때문이다. 그러므로 폐루프 시스템은 안정하다. 한편으로, 만약 $\boldsymbol{C}(s)$가 안정화 2자유도 제어기라면, 절 3.7과 비슷한 내용들을 통해, $\boldsymbol{C}(s)$는 안정한 $Q_1(s)$와 $Q_2(s)$의 (3.28)의 형태이여야 한다.

만약 플랜트 $P(s)$가 안정하다면, $C_0(s)=0$는 안정화 제어기가 된다. 이 경우, $c(s)=a(s)$이다. $f(s)=a(s)$와 $h(s)=1$로 선택하면,

$$M(s)=1\ ,\quad N(s)=P(s)\ ,\quad X(s)=1\ ,\quad Y(s)=0$$

이 성립한다. 그러면 다음의 결론을 내릴 수 있다.

결론 3.45. 만약 $P(s)$가 안정하다면,

$$\mathcal{T}(P)=\left\{\boldsymbol{C}(s)=\left[\frac{Q_1(s)}{1-P(s)Q_2(s)} \quad \frac{Q_2(s)}{1-P(s)Q_2(s)}\right]\ :\ Q(s)\text{는 임의의 안정한 시스템이다.}\right\}$$

이 경우, 그림 3.16은 그림 3.17와 같아진다. 만약 그림 3.17의 구조를 이용하여 제어기를 구현한다면, 제어기는 플랜트의 모델을 포함한다. 그러므로 이 제어기 구조는 **2자유도 내부 모델 제어(2DOF internal model control)**라고 부른다.

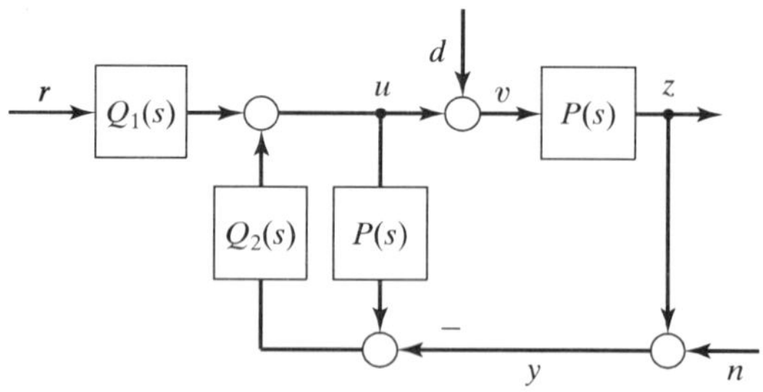

그림 3.17 2자유도 내부 모델 제어

이 경우, r에서 u, z까지의 전달함수들은 각각 $Q_1(s)$와 $P(s)Q_1(s)$이다. 나머지 4개의 전달함수들은 다음 공식에 의해 주어진다.

$$\begin{bmatrix} \dfrac{P(s)}{1+P(s)C_2(s)} & \dfrac{1}{1+P(s)C_2(s)} \\ \dfrac{P(s)C_2(s)}{1+P(s)C_2(s)} & \dfrac{C_2(s)}{1+P(s)C_2(s)} \end{bmatrix}$$

$$= \begin{bmatrix} P(s) & 1 \\ 0 & 0 \end{bmatrix} - \begin{bmatrix} P(s) \\ -1 \end{bmatrix} Q_2(s) \, [P(s) \;\; 1] \qquad (3.29)$$

3.9 사례 연구

3.9.1 공과 빔 시스템

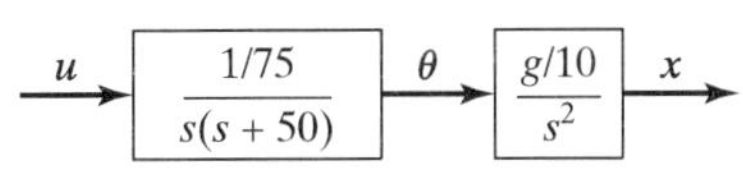

그림 3.18 공과 빔 시스템의 블록선도 (block diagram)

공과 빔 시스템의 수학적 모델은 제 2장에서 구했다. 그 블록선도를 그림 3.18에 다시 그렸다. 시스템의 전달함수는 다음과 같다.

$$\begin{bmatrix} \Theta(s) \\ X(s) \end{bmatrix} = \begin{bmatrix} P_\theta(s) \\ P_x(s) \end{bmatrix} U(s) = \frac{1}{s^3(s+50)} \begin{bmatrix} s^2/75 \\ g/750 \end{bmatrix} U(s).$$

이 시스템은 입력 $u(t)$와 출력 $\theta(t)$와 $x(t)$의 [4]SIDO 시스템이다. 지금은 SISO 시스템의 안정도와 안정화 이론만 가능하므로, 공과 빔 시스템의 안정화 문제를 SISO 시스템의 안정화 문제로 바꿔 생각할 수 있는지 알아보자. 시스템의 3개의 불안정 극점들은 모두 원점에 있다. 단 하나의 출력을 이용하여 전체 시스템을 안정화 할 수 있는지 여부를 알아보아야 한다. 만약 가능하다면, 이 문제는 SISO 안정화 문제가 되고 가능한 이론을 적용할 수 있으며, 하나의 센서를 줄일 수 있다. 출력 $\theta(t)$만 쓰면 시스템을 안정화 할 수 없는데, 전체 시스템은 세 개의 불안정한 극점들을 가지지만 $u(t)$에서

4) SIDO : Single Input Double Output
SISO : Single Input Single Output

$\theta(t)$까지의 시스템은 하나의 불안정한 극점만을 가지기 때문이다. 이 SISO 제어기는 어떻게 설계하든 다른 두 개의 불안정한 극점들이 피드백 루프 밖에 있게 되어 안정화할 수 없다. 하지만, 출력 $x(t)$하나만 이용하면 전체 시스템을 안정화 시킬 수 있다. $u(t)$에서 $x(t)$까지의 시스템은 다음과 같은 전달함수가 된다.

$$P_x(s) = \frac{X(s)}{U(s)} = \frac{g/750}{s^3(s+50)}.$$

이 시스템은 4차이다. 3차 제어기를 써서 극점들을 복소평면의 좌반면에 배치시킬 수 있다. 하지만 폐루프 극점들의 위치들을 정하는 것은 간단한 문제가 아니다. 다음 장들에서 다룰 극점 위치들과 폐루프 시스템 성능 사이의 관계를 어느 정도 이해해야 하며, 일반적으로 시행착오와 조율을 하게 된다. 다음 장들은 폐루프 극점들을 선택하는 지침에 관련된 내용을 담고 있다. 특히 최적 제어를 공부할 때는, 최적의 폐루프 극점들을 설계 알고리듬에 따라 결정한다. 이 시점에서는 본 절에서 제시한 예의 목적에 따라서 간단히 다음과 같은 극점 위치들을 선택한다.

$$-1, -1, -1, -1, -1, -1, -50.$$

폐루프 극점들 중 하나는 개 루프 극점들 중 하나와 같도록 선택한 것에 주목하자. 이 극점이 문제가 없다면, 굳이 이를 옮기기 위해 에너지를 소모할 이유가 없기 때문이다. 지금으로서 더 좋은 선택의 여지가 없어서 다른 극점들은 모두 -1로 정하였다. 다음 3차 제어기

$$C_x(s) = \frac{q_0 s^3 + q_1 s^2 + q_2 s + q_3}{p_0 s^3 + p_1 s^2 + p_2 s + p_3},$$

를 고려하였을 때의 Diophantine 방정식은 다음과 같다.

$$s^3(s+50)(p_0 s^3 + p_1 s^2 + p_2 s + p_3) + \frac{g}{750}(q_0 s^3 + q_1 s^2 + q_2 s + q_3) = (s+50)(s+1)^6$$

해는 다음과 같다.

$$\begin{aligned} &p_0 = 1, && p_1 = 6, && p_2 = 15, && p_3 = 20, \\ &q_0 = 1,148, && q_1 = 5.786 \times 10^4, && q_2 = 2.304 \times 10^4, && q_3 = 3,827. \end{aligned}$$

그러므로 설계된 제어기는 다음과 같다.

$$C_x(s) = \frac{1148s^3 + 5.786 \times 10^4 s^2 + 2.304 \times 10^4 s + 3827}{s^3 + 6s^2 + 15s + 20}.$$

단 하나의 센서 출력을 이용하여 전체 시스템을 안정화하는 것이 가능하지만, 2개의 센서가 있을 때는 2개 다 이용 하는 것이 성능 상 유리하기 때문에, 하나만 이용하는 것은 바람직하지 않다. 지금은 시스템 성능에 대한 자세한 분석을 하지 않고 직관적으로 해석했다. 만약 DC모터 부분 $P_\theta(s)$에 외란이 발생하여 어떤 변수들을 값을 바람직한 값에서 벗어나게 한다면, 이 정보(신호)가 센서 $x(t)$까지 도달하는 시간이 오래 걸릴 것이다. 제어기는 이 센서가 뭔가 이상하다는 것을 감지한 후에야 반응을 보일 것이다. 이 모든 일이 일어난 후에는, $P_\theta(s)$의 문제 상황은 더 커질 것이다. 이것은 센서 $x(t)$ 하나만으로 시스템을 안정화시키기 위해서 왜 많은 제어 연산이 필요한지를 부분적으로 설명한 것이다.

이제 센서 두 개를 모두 사용해서 안정화를 시도해 보자. 한 가지 가능한 설계는 $\theta(t)$ 피드백 제어기 $C_\theta(s)$를 이용하여 $P_\theta(s)$를 안정화시키고 나서, $x(t)$ 피드백 제어기 $C_x(t)$를 이용하여 $\dfrac{P_\theta(s)}{1+P_\theta(s)C_\theta(s)}$와 $\dfrac{g/10}{s^2}$의 종속시스템(cascaded system)을 안정화시키는 것이다. 이 폐루프 시스템의 블록선도는 그림 3.19와 같다.

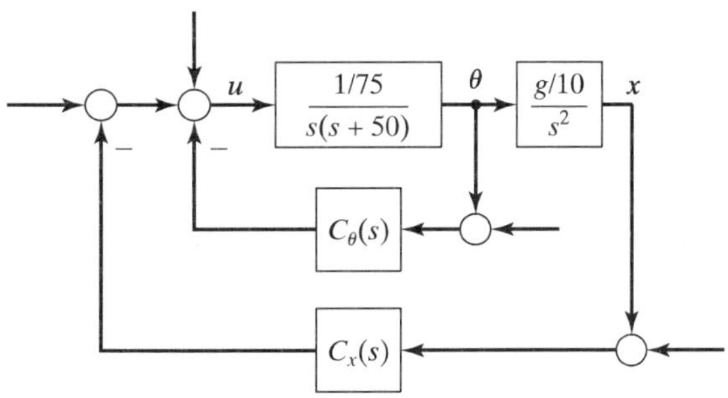

그림 3.19 공과 빔 제어 시스템의 블록선도

$P_\theta(s)$는 2차 시스템이며 쉽게 안정화 시킬 수 있다. 이 시스템의 극점들을 -25, -25, -50에 배치하기 위해서 다음과 같은 1차 극점 배치 제어기를 생각해 보자.

$$C_\theta(s) = \frac{q_0 s + q_1}{p_0 s + p_1}$$

Diophantine 방정식은 다음과 같다.

$$s(s+50)(p_0 s+p_1)+1/75(q_0 s+q_1)=(s+25)^2(s+50).$$

이 방정식의 해는 다음과 같다.

$$p_0=1,\quad p_1=50,\quad q_0=46875,\quad q_1=2343750=46875\times 50.$$

그러므로 제어기를 다음과 같이 설계할 수 있다.

$$C_\theta(s)=\frac{46875(s+50)}{s+50}=46875.$$

극점/영점 소거 때문에, 제어기 차수가 영으로 떨어진다는 것은 놀랍다. 이는 내부 폐루프 극점들을 선택하여 생긴 긍정적인 부산물이다. 이 $C_\theta(s)$의 설계에 의하면 내부 폐루프 시스템

$$\frac{P_\theta(s)}{1+P_\theta(s)C_\theta(s)}=\frac{1/75}{(s+25)^2}$$

의 차수는 2인데, 만약 다른 안정한 극점들을 선택했다면 3이다. 차수가 줄어든다는 것은 제어기 $C_x(s)$의 설계를 간단하게 한다. 제어기 $C_x(s)$을 설계하여 다음을 안정화시킨다.

$$\frac{g/10}{s^2}\frac{P_\theta(s)}{1+P_\theta(s)C_\theta(s)}=\frac{g/750}{s^2(s+25)^2}.$$

임의의 극점 배치를 위한 극점 배치 제어기는 보통 3차이고 다음과 같이 정한다.

$$C_x(s)=\frac{q_0 s^3+q_1 s^2+q_2 s+q_3}{p_0 s^3+p_1 s^2+p_2 s+p_3},$$

그리고 폐루프 극점들을 다음과 같이 선택하자.

$$-25,\ -25\ -1,\ -1,\ -1,\ -1,\ -1$$

이번에도, -25에 이미 존재하는 두 개의 극점들을 옮기지 않을 것이다. 남은 극점들은 모두 -1에 두기로 한다. Diophantine 방정식은 다음과 같다.

$$s^2(s+25)^2(p_0s^3+p_1s^2+p_2s+p_3)+\frac{g}{750}(q_0s^3+q_1s^2+q_2s+q_3)$$

$$=(s+25)^2(s+1)^5$$

해는 다음과 같다.

$p_0=1,\quad p_1=5,\quad p_2=10,\quad p_3=10,$

$q_0=382.7,\quad q_1=1.921\times10^4,\quad q_2=2.430\times10^5,\quad q_3=4.783\times10^4$

그러므로 제어기 $C_x(s)$는 다음과 같다.

$$C_x(s)=\frac{382.7s^3+1.921\times10^4s^2+2.430\times10^5s+4.783\times10^4}{s^3+5s^2+10s+10}$$

$$=\frac{382.7(s+25)^2(s+0.2679)}{(s+2.1213)(s^2+1.6108s+1.7456)}.$$

$C_x(s)$를 설계할 때는 $C_\theta(s)$를 설계할 때와는 다르게 차수가 떨어지지 않았다. 설계된 $C_x(s)$는 3차이다. $C_\theta(s)$가 0차이기 때문에 전체적인 제어기는 3차이다. 이 시스템을 제어하는 데 있어서 고차 제어기는 필요하지 않다. 제 5장에서 어떻게 저차 제어기를 설계할 수 있는지를 다룰 것이다.

3.9.2 도립 진자 시스템

2.10절에서 구한 바와 같이, 도립 진자 시스템의 선형 모델의 전달함수는 다음과 같다.

$$\boldsymbol{P}(s)=\begin{bmatrix} P_x(s) \\ P_\theta(s) \end{bmatrix}=\frac{1}{s^2(s^2-3g)}\begin{bmatrix} 2/3s^2-g \\ s^2 \end{bmatrix},$$

이것은 0, 0, $\sqrt{3g}$, $-\sqrt{3g}$ 에 극점이 있는 4차 SIDO 시스템이며, 매우 불안정하다. 다음의 전달함수 $P_\theta(s)=\dfrac{1}{s^2-3g}$가 3개의 불안정한 극점 중 하나만 포함하기 때문에, 출력 $\theta(t)$만 이용하면 시스템을 안정화시킬 수 없다는 것을 쉽게 알 수 있다. 출력 $x(t)$만 이용하면 시스템을 안정화 시킬 수 있을까? 이는 마치 긴 막대기를 손가락 끝에 올린 후 손가락 끝만 바라보며 전체 균형을 잡는 것과 같다. 이는 가능해 보이지 않는다. 하지만 놀랍게도 다음 $f(t)$에서 $x(t)$까지의 전달함수 $P_x(s) = \dfrac{2/3s^2 - g}{s^2(s^2 - 3g)}$가 시스템의 모든 불안정한 극점들을 포함하기 때문에, 출력 $x(t)$만 이용하여 도립 진자 시스템을 안정화 하는 것은 이론적으로 가능하다. 이제 이를 통해 $x(t)$에서 $f(t)$까지의 폐루프 제어기를 설계하여 도립 진자 시스템을 안정화 시켜 보자. 그림 3.20은 이 폐루프 시스템의 블록선도이다.

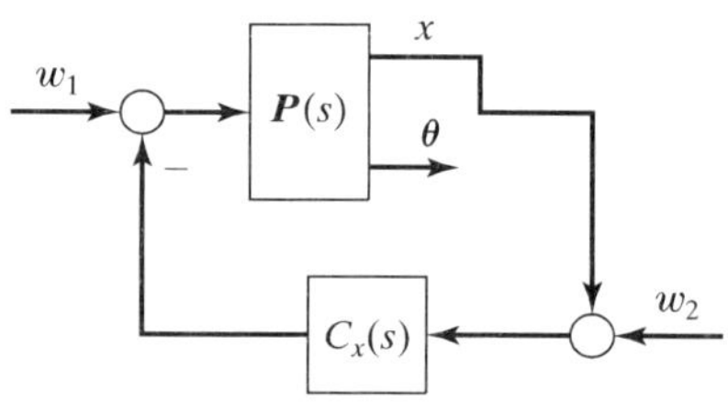

그림 3.20 출력 $x(t)$만 이용한 반전 진자의 안정화

다음 3차 제어기

$$C_x(s) = \frac{q_0 s^3 + q_1 s^2 + q_2 s + q_3}{p_0 s^3 + p_1 s^2 + p_2 s + p_3}$$

를 사용하여 모든 폐루프 극점들이 다음

$$-6, -0.5 \pm j4, -2 \pm j2.5, -8.5 \pm j4.5.$$

와 같이 배치되도록 극점 배치 설계를 해 보자. Diophantine 방정식은 다음과 같다.

$$\begin{aligned} s^2(s^2 - 3g)(p_0 s^3 + p_1 s^2 + p_2 s + p_3) + (0.67s^2 - g)(q_0 s^3 + q_1 s^2 + q_2 s + q_3) \\ = (s+6)(s^2 + s + 16.25)(s^2 + 4s + 10.25)(s^2 + 17s + 92.5). \end{aligned}$$

해는 다음과 같다.

$p_0 = 1$, $p_1 = 28$, $p_2 = -1434$, $p_3 = -5963$,

$q_0 = 2705$, $q_1 = 13640$, $q_2 = -7567$, $q_3 = -9433$

그러면 설계된 제어기는 다음과 같다.

$$C_x(s) = \frac{2705s^3 + 13640s^2 - 7567s - 9433}{s^3 + 28s^2 - 1434s - 5963}.$$

이는 잘 된 설계인가? 시뮬레이션을 생각해보자. 시뮬레이션의 물리적 분석을 위해, $w_1(t)$에서 $x(t)$까지 와 $w_1(t)$에서 $\theta(t)$까지의 시스템들의 임펄스 응답을 고려해 보자. 시뮬레이션을 통해 알고자 하는 것은 누군가 카트를 밀 때 카트위치와 진자 각도의 물리적 반응이다. 임펄스 응답은 그림 3.21에 나와 있는데, 진동을 꽤 하며 안정될 때까지 긴 시간이 걸린다. 누군가는 제어기 파라미터들의 값이 극단적 (extreme)이라는 것을 알 수 있을 것이다. 결정적으로, 이 시스템은 불안정하다. 폐루프 시스템이 내부적으로 안정하기 위해 제어기가 꼭 안정할 필요는 없지만, 안정한 제어기가 필요할 때가 많다. 다음 장에서는, $P_x(s)$가 안정한 안정화 제어기를 갖지 않는 것을 볼 것이다. 즉 신호 $x(t)$만을 이용해 피드백 제어를 할 때, "이론적인" 안정화 제어기를 설계 할 수 있지만, 만약 제어기 자체가 안정해야 한다면, 시스템을 안정화 시킬 수 없다. 이어지는 내용에서는 $P_x(s)$를 제어하기 어려운 것이, 간단하게도 $\sqrt{3g}$ 의 불안정한 극점과 $\sqrt{3g/2}$ 의 불안정한 영점이 서로 너무 가깝기 때문이라는 것을 다양한 방법을 통해 증명할 것이다. 이러한 시스템을 제어할 때는 좋은 성능을 내기가 어렵다. 이는, 긴 막대를 우리의 손을 이용하여 균형을 맞출 때, 왜 막대의 아래 끝 부분만을 보지 않는지에 대한 부분적인 설명을 해 준다.

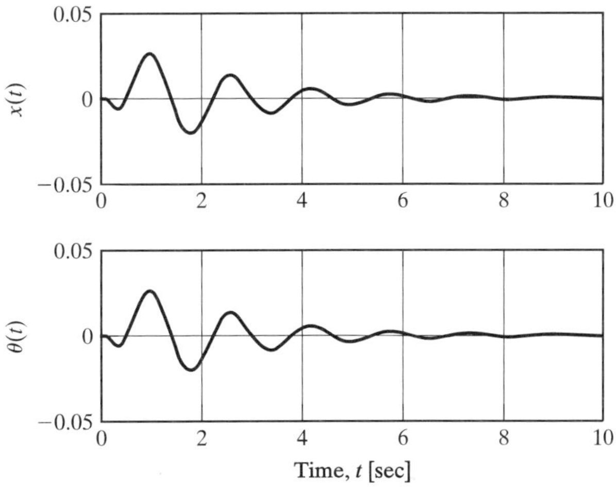

그림 3.21 $C_x(s)$로 제어할 때의 반전 진자 시스템의 임펄스 응답

긴 막대를 손을 써서 균형을 맞출 때, 진짜 보는 것은 무엇인가? 막대의 꼭대기 부분을 본다. 만약 이 인간 행동을 모방한다면 피드백 $\theta(t)$ 하나만 사용해서는 안 되며, 피드백 $x(t)$하나만 사용해도 안 된다. 대신, 꼭대기의 (수평) 위치

$$z(t) = x(t) - L\sin\theta(t)$$

를 피드백 해야 한다. 위 식을 선형화하면 다음과 같다.

$$z(t) = x(t) - L\theta(t)$$

여기서는 $L = 1$인 시스템을 고려하자. 만약 $z(t)$를 출력으로 생각하면, $f(t)$에서 $z(t)$까지의 시스템 전달함수는 다음과 같다.

$$P_z(s) = P_x(s) - P_\theta(s) = -\frac{1/3s^2 + g}{s^2(s^2 - 3g)}.$$

$P_x(s)$의 양수 극점 $\sqrt{3g}$ 근처에 있는 양의 실수 축 위의 영점 $\sqrt{3g/2}$은 더 이상 $P_z(s)$의 영점이 아니다. 플랜트 $P_z(s)$는 쉽게 제어할 수 있다. 이제 시스템 $P_z(s)$를 안정화 하는 제어기를 설계해 보자. 이 설계에 사용할 피드백 시스템의 블록선도는 그림 3.22와 같다.

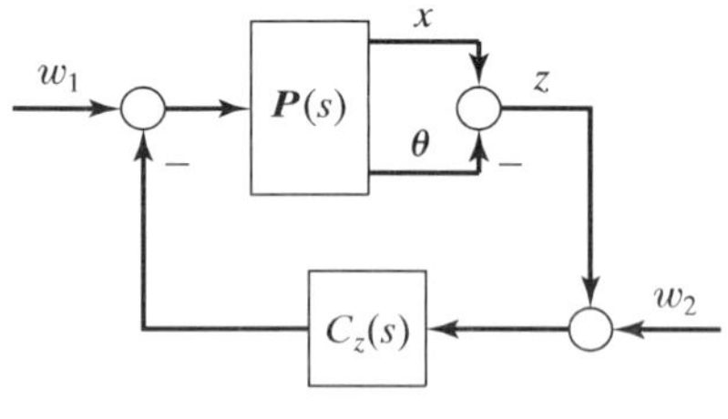

그림 3.22 출력 $x(t) - L\theta(t)$을 이용한 반전 진자의 안정화

이번에도, 3차 제어기

$$C_z(s) = \frac{q_0 s^3 + q_1 s^2 + q_2 s + q_3}{p_0 s^3 + p_1 s^2 + p_2 s + p_3}$$

를 이용하여, 폐루프 극점들을 이전과 같이 배치시키는 극점 배치 설계를 할 것이다. Diophantine 방정식은 다음과 같다.

$$s^2(s-3g)(p_0s^3+p_1s^2+p_2s+p_3)-(1/3s^2+g)(q_0s^3+q_1s^2+q_2s+q_3)$$

$$=(s+6)(s^2+s+16.25)(s^2+4s+10.25)(s^2+17s+92.5)$$

해는 다음과 같다.

$p_0=1,\quad p_1=28,\quad p_2=47.25,\quad p_3=1015,$

$q_0=-966.5,\quad q_1=-6337,\quad q_2=-7567,\quad q_3=-9433$

설계된 제어기는 다음과 같다.

$$C_z(s)=-\frac{966.5s^3+6337s^2+7567s+9433}{s^3+28s^2+47.25s+1015}$$

제어기 파라미터들이 덜 극단적 (less extreme)이라는 것을 바로 알 수 있다. 그림 3.23과 같이, $w_1(t)$에 임펄스를 가할 때, $x(t)$와 $\theta(t)$의 임펄스 응답의 시뮬레이션을 보면 이 설계가 더 나은 방법이라는 것을 확실히 알 수 있다. 또한 제어기가 안정하다는 것을 -27.64와 $-0.1900\pm j6.060$의 안정한 극점들을 통해 알 수 있다.

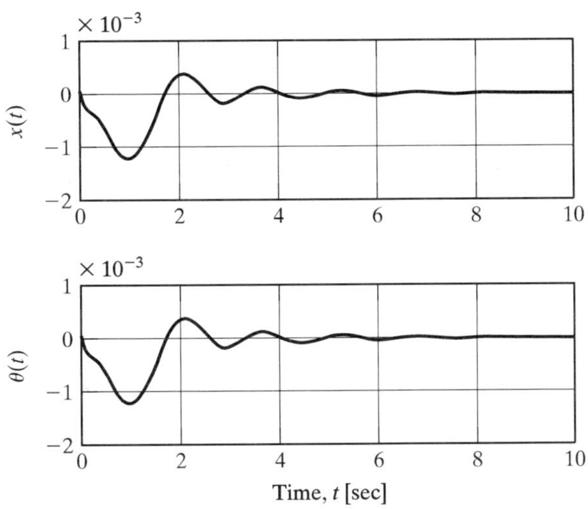

그림 3.23 $C_z(s)$로 제어했을 때의 도립 진자 시스템의 임펄스 응답

이전의 두 설계들은 SISO 극점 배치 이론에 근거한다. 만약 순수 SIDO 설계를 해야 한다면 어떻게 할 것인가? 이 책은 일반적인 SIDO 이론을 다루지 않지만, 이 특정한 SIDO 시스템에 SISO 이론의 개념을 확장시켜 보자. SIDO 시스템의 안정화를 위한 피드백 시스템 구조는 그림 3.24와 같다. 플랜트가 SIDO이기 때문에, 제어기는 DISO이다. 제어기를 다음과 같이 표현해 보자.

$$\boldsymbol{C}(s) = \begin{bmatrix} C_x(s) & C_\theta(s) \end{bmatrix} = \frac{\begin{bmatrix} q_x(s) & q_\theta(s) \end{bmatrix}}{p(s)}.$$

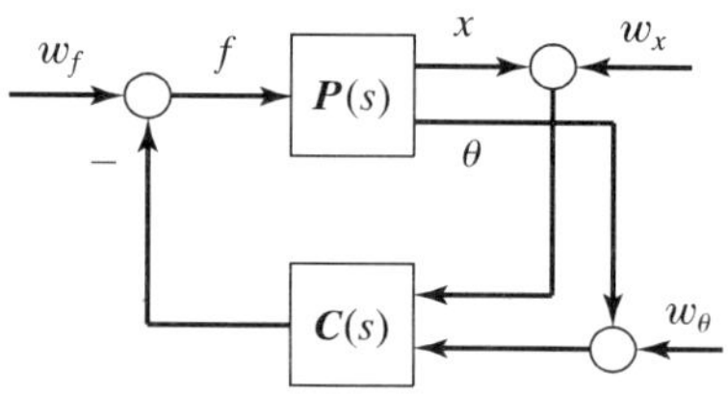

그림 3.24 도립 진자를 안정화하기 위한 피드백 시스템 구조

그러면 폐루프 특성 다항식은 다음과 같다.

$$c(s) = a(s)p(s) + b_x(s)q_x(s) + b_\theta(s)q_\theta(s).$$

임의의 극점 배치를 위한 제어기의 최소 차수는 얼마인가? SISO 이론에 의한 결과는 여기에 적용되지 않는다. 우선 0차 제어기가 적용될 수 있는지 확인해 보자. 이 경우, 제어기는 다음의 형태를 갖는다.

$$\boldsymbol{C}(s) = \frac{\begin{bmatrix} q_{x0} & q_{\theta 0} \end{bmatrix}}{p_0}$$

폐루프 특성 방정식이 4차이며 5개의 계수들을 갖는 데 반해, 이 제어기는 3개의 파라미터들을 갖는다. 그러므로 폐루프 극점들을 임의로 배치하기 위해, $c(s)$를 임의로 정할 수 있는 설계 자유도가 부족하다. 그러므로 0차 제어기들은 부적합하다.

이번엔 1차 제어기를 이용해 보자. 이 경우, 제어기는 6개의 파라미터들을 갖는 다음의 형태와 같다.

$$\boldsymbol{C}(s) = \frac{\begin{bmatrix} q_{x0}s + q_{x1} & q_{\theta 0}s + q_{\theta 1} \end{bmatrix}}{p_0 s + p_1}$$

$c(s)$는 5차이기 때문에, 6개의 계수들을 갖는다. 이는 상황에 잘 들어맞으며, 1차 제어기를 사용하여 폐루프 극점들을 임의로 배치할 수 있다는 것을 잘 보여준다. 이제 원하는 폐루프 극점들이 -6, $-2 \pm j2.5$, $-8.6 \pm j4.5$이라고 가정하자. 그러면 극점 배치를 위한 다항 방정식은 다음과 같다.

$$s^2(s^2-3g)(p_0 s+p_1)+(2/3s^2-g)(q_{x0}s+q_{x1})+s^2(q_{\theta 0}s+q_{\theta 1})$$
$$=(s+6)(s^2+4s+10.25)(s^2+17s+92.5).$$

이 방정식은 Diophantine 방정식이라 하지 않는데, 3개의 미지 다항식(unknown polynomials)들을 갖기 때문이다. 하지만, 계수들을 비교하여 Diophantine 방정식의 경우와 같은 방법으로 풀 수 있다. 해는 다음과 같다.

$p_0=1$, $p_1=27$, $q_{x0}=-430.0$, $q_{x1}=-580.5$, $q_{\theta 0}=612.9$, $q_{\theta 1}=2750$

그러므로 설계된 제어기는 다음과 같다.

$$\boldsymbol{C}(s)=\frac{\begin{bmatrix}-430.0s-580.5 & 612.9s+2750\end{bmatrix}}{s+27}.$$

순수한 SIDO 설계를 통한 제어기는 저차이다. 폐루프 임펄스 답의 시뮬레이션은 그림 3.25와 같다.

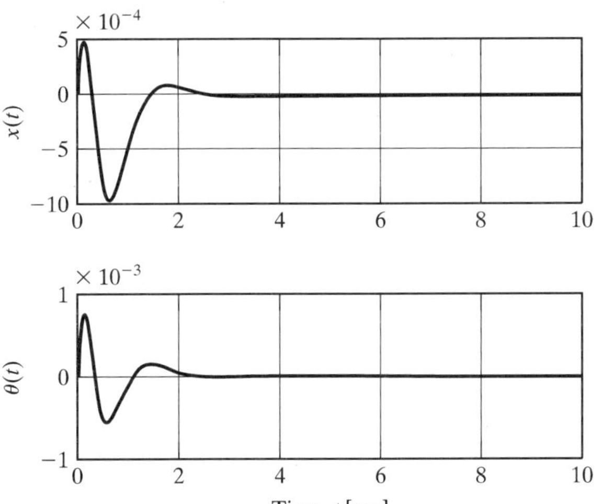

그림 3.25 DISO 제어기 $\boldsymbol{C}(s)$로 제어한 반전 진자의 임펄스 응답

이번에도 $w_f(t)$에 단위 임펄스가 가해진다. 이 제어기를 쓰면, $w_f(t)$에 가해진 단위 임펄스에 대한 $x(t)$와 $\theta(t)$의 반응이 이전의 제어기들을 사용했을 때보다 훨씬 작다. 이는 MIMO 시스템 제어 이론을 공부할 강한 동기가 된다. SISO 시스템 제어 이론은, 피드백 제어 공부의 좋은 시작점이지만, 실제 적용에 있어서는 매우 비효율적이다.

연습문제

3.1. 전달함수 $\frac{\omega_n^2}{s^2+\omega_n^2}$의 시스템은 불안정하다. 출력이 한정되지 않게 하는 한정된 입력을 찾아라.

3.2. 이상적인 미분기의 출력은 입력의 미분이며 전달함수는 s이다. 한정된 입력에 대해서 한정되지 않은 출력을 내 보내는 경우를 찾아서 미분기가 불안정함을 보여라.

3.3. 다음의 다항식들의 안정도를 조사하라.

1. $p_1(s) = s^4 + s^3 + 10s^2 + 6s + 8$
2. $p_2(s) = s^5 + 2s^4 + 16s^3 + 24s^2 + 48s + 32$
3. $p_3(s) = s^3 + (4K+1)s^2 + Ks + 5$

3.4. 다음 다항식이 안정해지는 K의 범위를 찾아라.

$$s^4 + s^3 + 2Ks^2 + s + 1$$

3.5. 결론 3.20을 Liénard and Chipart 안정도 판별법을 이용하여 증명하라.

3.6. 알고리듬의 복잡도는 문제 크기의 함수로써 계산을 마치기 위해 필요한 곱셈의 수로 자주 평가한다. 만약 해를 구하여 다항식의 안정도를 찾는다면, n차 다항식의 함수로 복잡도의 추정하라. (이를 위해서는 수치 계산에 대한 책을 참조해

야 할 것이다.) 만약 Routh 판별법을 이용하여 안정도를 찾는다면, 복잡도를 n의 함수로 추정하라. 어느 방법의 복잡도가 더 낮은가?

3.7. 다음 3차 다항식 집합의 모든 다항식들이 2개의 특별한 다항식들이 안정할 때만 안정함을 보이고, 이 2개의 다항식들을 찾아라.

$$\left\{s^3 + a_s s^2 + a_2 s + a_3 : a_1 \in \left[\underline{a}_1, \overline{a}_1\right], a_2 \in \left[\underline{a}_2, \overline{a}_2\right], a_3 \in \left[\underline{a}_3, \overline{a}_3\right]\right\}$$

3.8. 다음 다항식 집합의 모든 경우가 안정한지 결정하라.

1. $\mathcal{P}=\left\{a_0 s^4 + a_1 s^3 + a_2 s^2 + a_3 s + a_4 : a_0/2, a_1 - 1, a_2 - 7, a_3 - 1, a_4 \in [1,2]\right\}$
2. $\mathcal{P}=\left\{s^4 + a_1 s^3 + a_2 s^2 + a_3 s + a_4 : a_1 \in [2,3], a_2 \in [10,20], a_3, a_4 \in [1,2]\right\}$
3. $\mathcal{P}=\left\{s^4 + a_1 s^3 + a_2 s^2 + a_3 s + a_4 : a_1, a_2/2, a_3 \in [2,3], a_4 \in [2,4]\right\}$
4. $\mathcal{P}=\left\{s^4 + a_1 s^3 + a_2 s^2 + a_3 s + a_4 : a_1, a_2/2, a_3, a_4 + 1 \in [2,3]\right\}$

3.9. 다음 다항식을 고려하자.

$$a(s) = a_0 s^3 + a_1 s^2 + a_2 s + a_3$$

1. 만약 $a_0 \in [1,4]$, $a_1 \in [1,3]$, $a_2 \in [1,2]$, $a_3 \in [0.1,0.5]$라면, $a(s)$이 모든 가능한 계수들에 대해서 안정한가?
2. 만약 $a_0 = 1 + 3K$, $a_1 = 1 + 2K$, $K \in [0,1]$, $a_2 \in [1,2]$, $a_3 = [0.1,0.5]$라면, $a(s)$이 모든 가능한 계수들에 대해서 안정한가?

3.10. [사실 3.24]를 이용하여 안정도 테스트를 할 때, 한 가지 단점은 ω가 클 때 $a(j\omega)$의 크기도 크고, $p(j\omega)$를 그리기 위해서 매우 큰 종이가 필요하다는 점이다. 이 단점을 해결하기 위해서 대신 $a(-j\omega)/a(j\omega)$를 그릴 수 있다. 이 작도(plot)는 $a(s)$가 허수축 위에 해를 가져서 불안정한 경우를 제외하면 너무 커지진 않는다. $\deg a(s) = n$ 일 때, 아래의 조건이 성립해야만 $a(s)$가 안정함을 보여라.

$$\Delta \angle \left[\frac{1(-j\omega)}{a(j\omega)}\right] = -n\pi$$

3.11. 피드백 시스템이 다음의 플랜트와 제어기로 구성되었을 때 이 시스템은 내부적으로 안정한가?

1. $P(s) = \dfrac{s-3}{(s+1)(s+2)}$, $C(s) = \dfrac{1}{s-3}$

2. $P(s) = \dfrac{1}{(s+1)(s+2)}$, $C(s) = 3 + \dfrac{2}{s} + s$

3. $P(s) = \dfrac{s+1}{s}$, $C(s) = -\dfrac{s+2}{s+1}$

3.12. 아래의 피드백 시스템을 고려하자.

1. $P(s) = \dfrac{s+1}{s+2}$, $C(s) = -1$ 일 때 내부적으로 안정한가?

2. $P(s) = \dfrac{s-2}{s+3}$, $C(s) = \dfrac{1}{s-2}$ 일 때 내부적으로 안정한가?

3. $P(s) = \dfrac{1}{s+3}$, $C(s) = \dfrac{s+1}{s}$ 일 때 내부적으로 안정한가?

3.13. 불확실한 플랜트 $P(s) = \dfrac{b_1 s + b_2}{a_0 s^2 + a_1 s + a_2}$, $b_1 \in [2,3]$, $b_2 \in [1,2]$, $a_0 = 1$, $a_1 = [2,3]$, $a_2 \in [4,6]$와 2단 적분 제어기 $C(s) = \dfrac{1}{s^2}$로 피드백 시스템이 이루어져 있다. 모든 가능한 파라미터들에 대해서 이 시스템은 안정한가?

3.14. 정리 3.26을 증명하라.

3.15. $P(s) = \dfrac{s^2 + 25}{s^3 + s^2 + 15s + 10}$과 $C(s) = K$ 일 때 피드백 시스템이 내부적으로 안정하기 위한 K의 범위를 찾아라.

3.16. 단위 부-피드백(unity negative feedback) 시스템은 다음의 forward path 전달함수를 가진다.

$$L(s) = \frac{K(s+2)}{s(1+\tau s)(1+2s)}$$

이 시스템을 위한 $K-\tau$평면의 안정화 영역을 결정하고 그려라.

3.17. 2자유도 피드백 시스템을 고려하자.

$$P(s)=\frac{b}{s^3+a_1s^2+a_2s+a_3}$$

에서 $a_1 \in [2,3]$, $a_2 \in [4$, $a_3=[2,3]$, $b \in [2,3]$이고

$$\boldsymbol{C}(s)=\frac{1}{s}[s+2 \quad 2]$$

라 하자. 모든 파라미터들의 가능한 값들에 대해서 이 폐루프 시스템은 내부적으로 안정한가?

3.18. $P(s)=\frac{1}{s^2}$라 하자. 폐루프 시스템이 $-1 \pm 2j$와 -5에 극점들을 가지기 위한 안정화 제어기를 설계하라.

3.19. $P(s)=\frac{1}{s(s+1)}$라 하자.

1. 순수 비례(pure proportional) 피드백을 이용하여 이 시스템을 안정화 할 수 있는가? 이유는 무엇인가?
2. 폐루프 극점들이 -2와 $-1 \pm 2j$에 있기 위한 피드백 제어기를 설계하라.

3.20. $P(s)=\frac{1/2}{s(s+1)}$라 하자. 폐루프 극점들이 -1, -9, -9, -7에 있기 위한 2차 완전 고유한 제어기를 설계하라.

3.21. $P(s)=\frac{1/2}{s(s+1)}$라 하자. 폐루프 극점들이 -4, -5, -6에 있기 위한 안정화 제어기를 설계하라.

3.22. 주어진 플랜트 $P(s) = \dfrac{1}{(s+1)(s-1)}$ 에 대한, 폐루프 시스템이 -4, -1, -8에 극점들을 가지기 위한 안정화 제어기를 설계하라.

3.23. 플랜트 $P(s) = \dfrac{s+1}{s(s-1)}$ 에 대한 범용 안정화 (all stabilizing) 제어기를 자유 (free) 전달함수 $Q(s)$의 함수로 표현하라. $Q(s) = K$로 두라. 단, K는 비례 이득이다. K가 $-\infty$에서 ∞까지 변화할 때 폐루프 시스템의 극점들의 궤적(trajectory)을 복소평면에 그려라. 이 궤적이 복소평면의 좌반면에 완전히 포함되어 있음을 관찰하라. 만약 그렇다면 그 이유가 무엇인지 설명하라.

MATLAB 연습문제

3.24. Routh 안정도 판별법을 수행하는 MATLAB 프로그램을 작성하라. 입력은 다항식의 계수들을 표현하는 벡터이고, 출력은 2개의 변수 (첫 번째는 "안정"과 "불안정"의 가능한 값을 가지는 문자열이고, 두 번째는 Routh 표의 행렬)인 "routh"라는 이름의 함수여야 한다. 이 프로그램을 이용하여 다음 다항식들의 안정도를 조사하라.

1. $s^8 + 7s^7 + 4s^6 + s^5 + 7s^4 + 2s^2 + s + 3$
2. $s^5 + 10s^4 + 30s^3 + 80s^2 + 344s + 480$
3. $s^6 + 22s^5 + 169s^4 + 547s^3 + 760s^2 + 331s + 42$
4. $s^6 + 14s^5 + 62s^4 + 185s^3 + 446s^2 + 584s + 112$

3.25. Hurwitz 안정도 판별법을 수행하는 MATLAB 프로그램을 작성하라. 입력은 다항식의 계수들을 표현하는 벡터이고, 출력은 2개의 변수 (첫 번째는 "안정"과 "불안정"의 가능한 값을 가지는 문자열이고, 두 번째는 Hurwitz 행렬식들의 벡터)인 "hurwitz"라는 이름의 함수여야 한다. 이 프로그램을 이용하여 연습문제 3.24의 다항식들의 안정도를 조사하라.

3.26. 다음 구간 다항식

$$\mathcal{P}=\left\{a_0 s^n + a_1 s^{n-1} + \cdots + a_{n-1} s + a_n : a_i \in \left[\underline{a}_i, \overline{a}_i\right]\right\}$$

의 안정도를 결정하는 MATLAB 프로그램을 연습문제 3.24에서 작성한 "routh" 프로그램을 이용하여 작성하라. 이번에는 이 프로그램이 2개의 입력 변수 (첫 번째는 각 계수들의 최솟값의 벡터 이며, 두 번째는 각 계수들의 최댓값의 벡터)를 받는 함수가 되게 하려 한다. 출력은 이번에도 "안정" 또는 "불안정"의 문자열이다. 이 프로그램을 이용하여 연습문제 3.8의 구간 다항식들의 안정도를 조사하라.

3.27. 극점 배치를 위한 "poleplace" MATLAB 프로그램을 작성하라. 입력은 $P(s)$와 원하는 폐루프 극점들이고, 출력은 $C(s)$이다. 또한 입력은 제어기가 고유한지 혹은 완전 고유한지 정하는 옵션도 포함한다.

추가 연습문제

3.28. Liénard and Chipart 안정화 판별법을 증명하라.

3.29. 정리 3.29를 증명하라.

3.30. $p(s)$와 $q(s)$가 다음과 같다.

$$p(s) = p_0 s^n + p_1 s^{n-1} + \cdots + p_n$$

$$q(s) = q_0 s^n + q_1 s^{n-1} + \cdots + q_n$$

$p(s)$와 $q(s)$ Hadamard 곱셈은 다음과 같이 정의된다.

$$p(s) \odot q(s) = p_0 q_0 s^n + p_1 q_1 s^{n-1} + \cdots + p_n q_n$$

$p(s)$와 $q(s)$가 안정할 때 $p(s) \odot q(s)$가 안정함을 보여라.

참고문헌

영국 물리학자 J. C. Maxwell은 주어진 다항식의 모든 해들이 복소평면의 좌반면에 있을 조건을 처음으로 확립하기 위해 시도하였다.

J. C. Maxwell, "On governors," *Proceedings of the Royal Society of London*, vol. 16. pp. 270-283, 1868.

Routh 판별법은 영국 응용 수학자 E. J. Routh에 의해 개발되었다.

E. J. Routh, *A Treatise on the Stability of a Given State of Motion*, Macmillan, London, 1877.

E, J. Routh, *The Advanced Part of a Treatise on the Dynamics of a Rigid Body*, 6th Edition, Macmillan, London, 1905; reprint, Dover, New York, 1959.

Routh에 의한 증명은 꽤 복잡하고 일반적인 피드백 제어 교과서들에는 생략되어 있다. 더 간단한 증명을 하기 위한 계속된 시도들이 있어왔으며 다음과 같다.

P. C. Parks, "A new proof on the Routh-Hurwitz stability criterion using the second method of Lyapunov," *Proceedings of the Cambridge Philosophical Society*, vol. 58, pp. 694-702, 1962.

H. Chapellat, M. Mansour, and S. P. Bhattacharyya, "Elementary proofs of some classical stability criteria," *IEEE Transactions of Education*, vol. 33, pp. 232-239, 1990.

M. Margaliot and G. Langholz, "The Routh-Hurwitz array and realization of characteristic polynomials," *IEEE Transactions on Automatic Control*, vol. 45, pp. 2424-2426, 2000.

3.2절에 제시된 간단한 증명은 다음의 논문에 처음으로 제시되었다.

G. Meinsma, "Elementary proof of the Routh-Hurwitz test," *Systems & Control Letters*, vol. 25, pp. 227-242, 1995.

A. Ferrante, A. Lepschy, and U. Viaro, "A simple proof of the Routh test," *IEEE Transactions on Automatic Control*, vol. 44, pp. 1306-1309, 1999.

Routh-Hurwitz 안정도 판별법은 독일 수학자 A. Hurwitz가 독립적으로 발표했다.

A. Hurwitz, "Über die Bedingungen unter wechen eine Gleichung nur Wurzeln mit negativen reelen Eilen besitzt," *Mathematische Annalen*, vol. 46, pp. 273-284, 1895.

이는 일반적으로 Routh-Hurwitz 판별법이라 언급되는데, Routh 판별법과의 밀접한 연관성 때문이다. Liénard and Chipart 판별법은 두 프랑스 수학자 Liénard와 Chipart의 이름을 따른다.

A. Liénard and M. H. Chipart, "Sur la signe de la partie Réelle desracines d'une quations algébrique," *Jounal de Mathématiques Pures et Appliqu es*, vol. 10, pp. 291-346, 1914.

Routh 안정도 판별법과 몇몇 안정도 판별법들은 다른 몇몇 용도로 확장 가능하다. 첫 번째 용도는 복소평면의 좌반면의 해의 개수 혹은 더 다의적인 the inertia, the triple of integers $\{n_-, n_0, n_+\}$ (각각 음의 실수 영역, 0의 실수 영역, 그리고 양의 실수 영역의 해들의 개수를 표현)를 결정하는 것이다. 두 번째 용도는 복소수 계수들의 다항식을 고려하는 것이다. 안정도 판별법과 수학적 문제들과의 연관성에 대한 가장 권위 있는 참조는 다음과 같다.

F. R. Gantmacher, *Theory of Matrices*, Vol. 2, Chelsea, New York, 1960.

이 책은 Liénard and Chipart 판별법에 대한 좀 더 복잡한 증명을 포함한다. 연습문제 3.28의 의도는 이 책 범위 안의 개념들만을 이용하여 간단한 증명을 하는 것이다.

러시아 수학자 V. Kharitonov는 구간 다항식의 안정도 문제를 제시하였고 또한 놀랍도록 간단히 해결하였다.

V. Kharitonov, "Asymptotic stability an equilibrium position of a family of systems of differential equations," *Differential Uravnen*, vol. 14, pp. 2086-2088, 1978.

Original 증명은 복잡하다. 다음과 같은 간략화 시도가 있다.

N. K. Bose, "A system theoretic approach to stability of sets of polynomials," *Contemporary Mathematics*, vol. 47, pp. 25-34, 1985.

K. S. Yeung and S. S. Wang, "A simple proof of Kharitonov's theorem," *IEEE Transactions on Automatic Control*, vol. 32, pp. 822-823, 1987.

H. Chapellat and S. P. Bhattacharyya, "An alternative proof of Kharitonov's theorem," *IEEE Transactions on Automatic Control*, vol. 34, pp. 448-450, 1989.

3.4절에 제시된 증명은 다음에 근거한다.

R. J. Minnichelli, J. J. Anagnost, and C. Desoer, "An elementary proof of Kharitonov's stability theorem with extension," *IEEE Transactions on Automatic Control*, vol 34, pp. 995-998, 1989.

Kharitonov 정리는 특정한 집합에 존재하는 파라미터들의 다항식 혹은 시스템의 안정도에 대한 1980년대의 많은 연구 활동들을 촉진하였다. 이에 대한 넓은 범위와 깊이 있는 연구들은 다음을 포함한다.

B. R. Barmish, *New Tools for Robustness of Linear Systems*, Macmillan, New York, 1994.

S. P. Bhattacharyya, H. Chapellat, and L. H. Keel, *Robust Control, the Parametric Approach*, Prentice Hall, Upper Saddle River, 1995.

범용 제어기의 파라미터화는 다음의 "발견"을 인정하여 Youla 파라미터화라고 처음으로 불리게 되었다.

D. C. Youla, H. A. Jabr, and J. J. Bongiorno Jr, "Modern Wiener-Hopf design of optimal controllers - Part II: the multivariable case," *IEEE Transactions on Automatic Control*, vol. AC-21, pp. 319-318, 1976.

이후에 다음의 더 이른 "발견"을 인정하여 Youla–Kuěcera 파라미터화라고 부르게 된다.

V. Kucěra, "Stability of discrete linear systems," *Preprints of the 6th IFAC World Congress*, Boston, MA, 1975.

최초의 발견은 훨씬 이른 시간에 나왔다.

V. B. Larin, K. I. Naumenko, and V. N. Suntsev, *Spectral Methods for Synthesis of Linear Systems with Feedback* (in Russian), Naukova Dumka, Kiev, USSR, 1971.

이를 Youla–Kučera–Larin 파라미터화, Larin–Kucěra–Youla 파라미터화, 혹은 간단한 Larin 파라미터화 중에 어떻게 불러야 하는가? 최초의 발견자들을 대변하는 LNS 파라미터화는 어떤가?

3.8절에 제시된 범용 2자유도 제어기의 파라미터화는 다음에 소개되어 있다.

C. A. Desoer and C. L. Gustafson, "Algebraic theory of linear multivariable feedback systems," *IEEE Transactions on Automatic Control*, vol. AC–29, pp. 909–917, 1984.

D. C. Youla, H. A. Jabr, and J. J. Bongiorno Jr. "A feedback theory of two–degree–of freedom optimal Wiener–Hopf design," *IEEE Transactions on Automatic Control*, vol. AC–30, pp. 652–665, 1985.

3.7절과 3.8절의 자료들에 대한 훌륭한 해설은 다음에 포함되어 있다.

M. Vidyasagar, *Control System Synthesis: a Factorization Approach*, MIT Press, Cambridge, MA, 1985.

연습문제 3.30의 결과는 다음에 근거한다.

J. Garloff and D. G. Wagner, "Hadamard products of stable polynomials are stable," *Journal of Mathematical Analysis and Applications*, vol. 202, pp. 797–809, 1996.

Introduction to Feedback Control

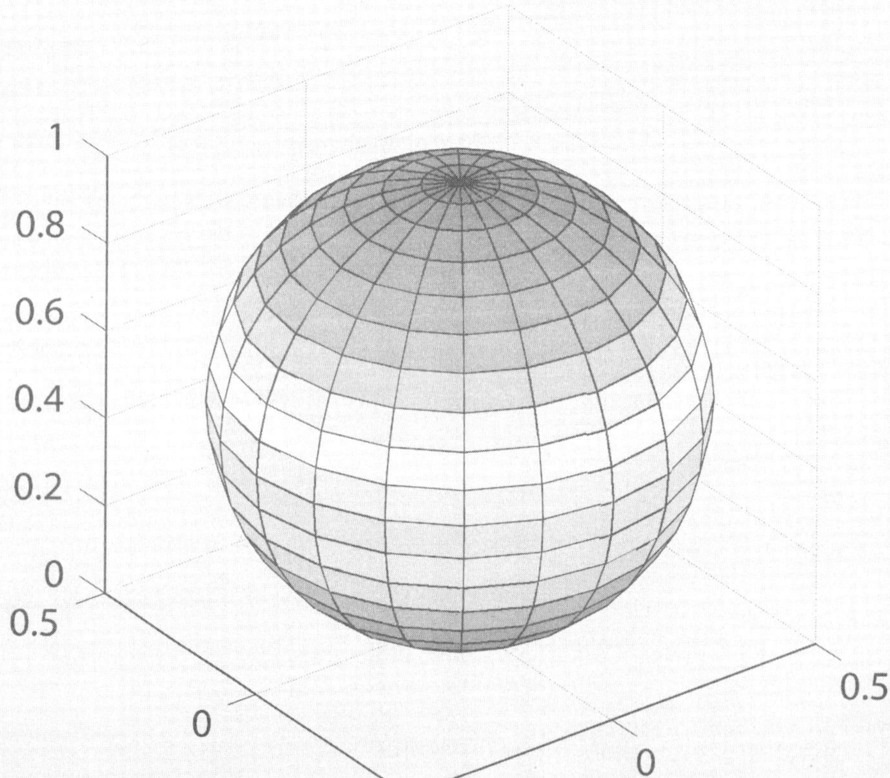

Chapter 04

Time-Domain Analysis

시간영역 해석

이 장에서 공부해야 될 내용

4.1 표준 입력신호에 대한 시간응답
4.2 계단응답 해석
4.3 지배 극점과 영점
4.4 정상상태 응답과 시스템의 타입
4.5 내부 모델 법칙
4.6 언더슈트
4.7 오버슈트
4.8 시간영역 신호와 시스템의 놈
4.9 시간영역 2-놈의 계산

시스템 해석의 목적은 시스템이 어떻게 동작하고 성능이 어떠한가를 따져보는 것이다. 해석을 함으로써 우리는 그 시스템이 우리가 요구하는 바를 만족시키는지 알 수 있고 제어성능을 향상시키기 위해서 제어기를 어떻게 구성해야만 하는지를 알 수 있다. 본 Chaper는 시간영역 관점에서 시스템의 성능을 평가하는 도구를 제시하고 있다. 첫번째, 우리는 임펄스, 계단, 정현파 입력 등과 같은 전형적인 입력들 하에서 시스템의 응답들을 살펴 볼 것이다. 그 다음에 시스템의 계단응답에 대해서 자세히 공부할 것이다. 단위 계단입력에 대한 과도응답과 정상상태응답은 시스템의 성능에 대한 많은 사항들을 알려줄 수 있으며 다음에 나오는 몇몇 절에서 설명될 것이다.

시스템의 파라메터와 구조의 변화에 대한 계단응답에 대해서도 설명될 것이며 이것은 피드백 제어기 구성과 시스템의 근사화에 대한 개념을 갖게 해 준다.

마지막으로, 신호나 시스템의 강도가 어떻게 측정될 수 있고 계산될 수 있는지 살펴볼 것이다. 이러한 신호나 시스템의 정량적인 측정은 시스템의 최적화에 있어서 매우 중요하다.

4.1 전형적인 입력신호에 대한 시간응답

Chapter 2에서, 하드웨어나 소프트웨어 시뮬레이션으로부터 어떻게 시스템의 응답을 얻을 수 있는지 살펴보았다. 어떤 전형적인 입력신호에 대해서 시스템의 응답은 해석적으로 구해질 수 있다. 우리는 시스템의 시간응답의 Laplace 변환은 전달함수와 입력의 Laplace 변환의 곱이라는 것을 알고 있다.

$$Y(s) = G(s)U(s).$$

그러므로 전달함수와 입력을 알고 있다면 Laplace 역변환을 통해서 응답의 시간함수를 구할 수 있다. 예를 들면 시스템의 (단위) **임펄스 응답(impusle response)**은 다음과 같다.

$$y(t) = \mathcal{L}^{-1}[G(s)],$$

그것의 (단위) **계단응답(step response)**은 다음과 같다.

$$y(t) = \mathcal{L}^{-1}\left[G(s)\frac{1}{s}\right],$$

그리고 정현입력 $u(t) = (\sin\omega t)\sigma(t)$ 에 대한 응답은 다음과 같다.

$$y(t) = \mathcal{L}^{-1}\left[G(s)\frac{\omega}{s^2+\omega^2}\right].$$

예제 4.1

일차 시스템을 고려해 보자.

$$G(s) = \frac{T}{Ts+1}.$$

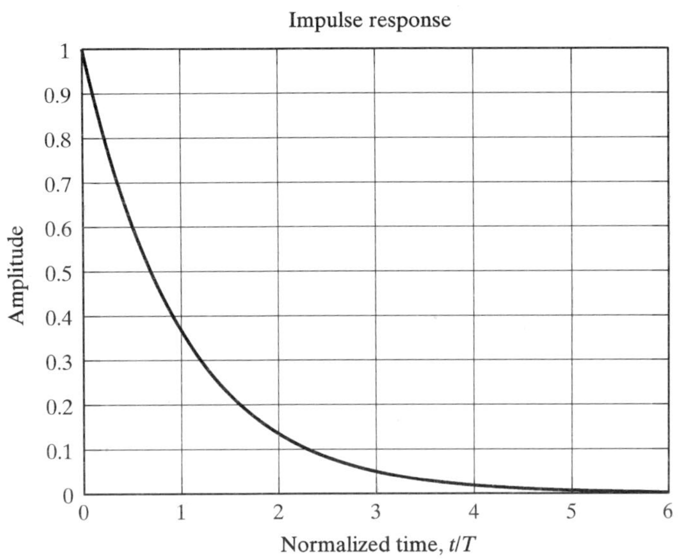

그림 4.1 표준 일차 시스템의 임펄스 응답

여기서 T 는 시스템의 **시정수**(time constant)라고 불린다. 이 시스템은 $-1/T$ 에 하나의 극점을 가지고 있으며 그것의 임펄스 응답은 다음과 같다.

$$y(t) = \mathcal{L}^{-1}\left[\frac{T}{Ts+1}\right] = e^{-t/T}\sigma(t).$$

그림 4.1은 정규화된 시간 t/T에 따른 임펄스 응답이다. 임펄스 응답은 항상 1에서 0까지 지수적으로 단조감소한다. 임펄스 응답의 감소속도는 시정수 T에 의해서 결정된다는 것을 알 수 있다: T가 작을수록 임펄스 응답이 영으로 감소하는 속도는 빨라진다.

예제 4.2

표준 이차 시스템을 고려하자.

$$G(s) = \frac{\omega_n^2}{s^2 + 2\zeta\omega_n s + \omega_n^2}$$

여기서 $\omega_n > 0$는 고유주파수(natural frequency)라고 부르고 $\zeta \geq 0$는 **감쇄비**(damping ratio)라고 부른다.

감쇄비의 값에 따라서, 시스템은 **무감쇄**(undamped)($\zeta = 0$), **미흡감쇄**(underdamped)($0 < \zeta < 1$), **임계감쇄**(critically damped)(($\zeta = 1$), 혹은 **과감쇄**(overdamped)(($\zeta > 1$)의 경

우로 분류된다. 미흡감쇄에서는 시스템이 실제적으로 불안정하다는 것에 주의해야 한다: 여기에서는 단지 비교를 하기 위한 목적으로 내용에 포함시키고 있다. 시스템에 대한 극점의 양상이 그림 4.2에 보여지며 다음과 같이 주어진다.

1. $\zeta=0$: $G(s)$는 $\pm j\omega$;에 두개의 허수축에 존재하는 극점을 갖는다.

2. $0<\zeta<1$: $G(s)$는 $-\zeta w_n \pm j\omega_d$에 두개의 복소 극점을 갖는다. 여기서 $\omega_d=\omega_n\sqrt{1-\zeta^2}$는 **감쇄 주파수(damped frequency)**라고 부른다.

3. $\zeta=1$: $G(s)$는 $-\zeta\omega_n$에 두개의 중복근을 갖는다.

4. $\zeta>1$: $G(s)$는 $p_1=\zeta\omega_n-\omega_n\sqrt{\zeta^2-1}$와 $p_2=-\zeta\omega_n+\omega_n\sqrt{\zeta^2-1}$에 두개의 실수 극점을 갖는다.

시스템의 임펄스 응답은 $t>0$에 대해서 다음과 같다.

$$y(t)=\mathcal{L}^{-1}\left[\frac{\omega_n^2}{s^2+2\zeta\omega_n s+\omega_n^2}\right]$$

$$=\begin{cases}\dfrac{\omega_n}{\sqrt{1-\zeta^2}}e^{-\zeta\omega_n t}\sin\sqrt{1-\zeta^2}\omega_n t & \text{if } 0\le\zeta<1\\ \omega_n^2 t e^{-\omega_n t} & \text{if } \zeta=1\\ \dfrac{\omega_n}{2\sqrt{\zeta^2-1}}\left[e^{-(\zeta-\sqrt{\zeta^2-1})\omega_n t}-e^{-(\zeta+\sqrt{\zeta^2-1})\omega_n t}\right] & \text{if } \zeta>1\end{cases}$$

그림 4.3은 $\zeta=0, 0.1, 0.3, 0.6, 1.0, 1.5,$와 2.1에 대한 임펄스 응답이다.

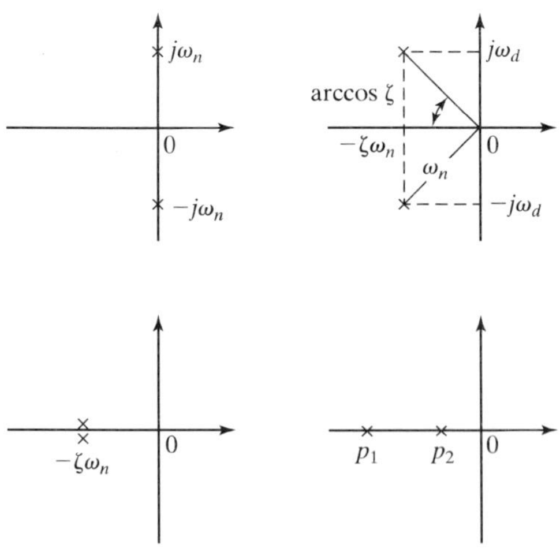

그림 4.2 2차시스템에 대한 극점 양상

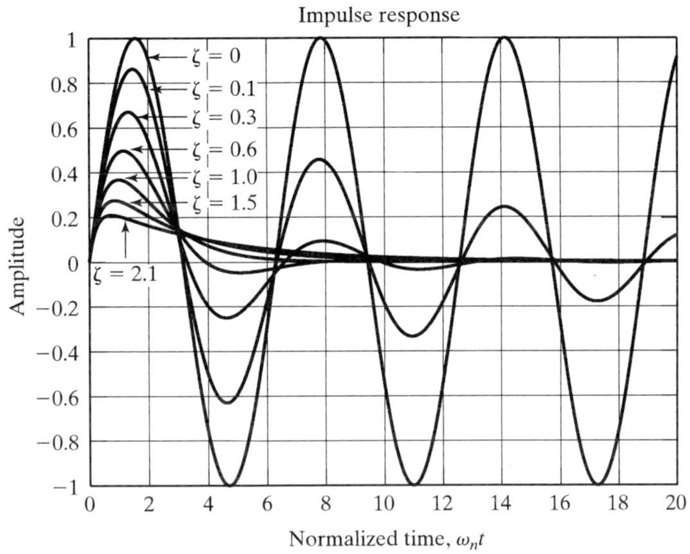

그림 4.3 표준 이차시스템의 임펄스 응답

동적시스템의 임펄스 응답은 중요한 이론적 가치를 가지고 있다. 그것은 시스템의 전달함수와 직접적으로 연관되어 있다. 그것은 안정도 해석에 있어서 중요한 역할을 하고 있다. 정리 3.3은 다음과 같이 다시 표현될 수 있다: 시스템은 그것은 임펄스 응답이 절대적으로 적분가능하면 안정하다. 나중에, 임펄스 응답이 영으로 감소하는 속도가 시스템의 상대안정도를 측정하는 척도로서 사용됨을 보게 될 것이다. 또한 임펄스 응답은 시스템의 강도를 정의하는데 사용될 것이다. 하지만 고전적인 제어이론에서는 임펄스 응답이 실제적인 하드웨어 시뮬레이션으로 구현될 수 없이 때문에 간과되어 왔다. 컴퓨터 시대에서는, 임펄스 응답을 컴퓨터로 시뮬레이션 하는 데에는 전혀 문제가 없다.

다음 절에서 동적시스템의 계단응답에 대해서 자세하게 공부할 것이다. 정현파신호에 대한 시스템의 응답은 중요한 주제이며 6장에서 다루어진다.

그림 4.4는 전달함수 $G(s)$를 갖는 동적시스템을 보여주고 있다.

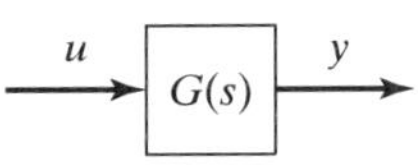

그림 4.4 동적시스템.

임의의 신호에 대한 안정한 시스템의 시간응답은 두 부분으로 나누어 질 수 있다. **과도응답(transient response)**은, $y_t(t)$로 표시되고, $t \to \infty$에 따라 영으로 가게 되며, **정상상태 응답(steady-state response)**은, $y_s(t)$로 표시되며, $t \to \infty$에도 영으로 가지 않는다. 예를 들면, 그림 4.4에 있는 입력 $u(t)$와 출력 $y(t)$를 갖는 시스템을 생각해 보자. $G(s) = \dfrac{1}{s+1}$이고 $u(t) = t\sigma(t)$라고 하자. 그러면 다음과 같다.

$$Y(s) = \frac{1}{s^2(s+1)}, \quad \Rightarrow \quad y(t) = (e^{-t} - 1 + t)\sigma(t).$$

그러므로 과도응답과 정상상태 응답은 각각 다음과 같이 주어진다.

$$y_t(t) = e^{-t}, \quad y_{ss}(t) = -1 + t.$$

$G(s)$를 안정한 전달함수라고 하고 $u(t)$를 시스템의 입력이라고 하자. 이제 표준 입력군에 대해서 시스템의 정상상태 응답을 생각해 볼 것이다. 다음을 주목하자.

$$Y(s) = G(s)U(s).$$

계단입력(Step input): 이 경우,

$$u(t) = \sigma(t), \quad U(s) = \frac{1}{s}.$$

그러면 다음을 얻으며

$$Y(s) = G(s)\frac{1}{s} = \frac{G(0)}{s}$$

$t > 0$에 대해서 다음과 같다.

$$y(t) = G(0)$$

그러므로 다음과 같다.

$$y_{ss}(t) = G(0)\sigma(t).$$

램프입력(Ramp input): 이 경우,

$$u(t) = t\sigma(t), \quad U(s) = \frac{1}{s^2}.$$

그러면 다음을 얻는다.

$$Y(s) = G(s)\frac{1}{s^2} = \frac{G'(0)}{s} + \frac{G(0)}{s^2}$$

여기서 $G'(s)$는 $G(s)$의 일차 미분을 나타내며 $t \geq 0,$에 대해,

$$y(t) = G'(0) + G(0)t + \text{지수적으로 감소하는 부분}$$

$$y_{ss}(t) = [G'(0) + G(0)t]\sigma(t).$$

가속입력(Acceleration input): 이 경우,

$$u(t) = \frac{1}{2}t^2\sigma(t), \quad U(s) = \frac{1}{s^3}.$$

그럼므로 다음을 얻는다.

$$Y(s) = G(s)\frac{1}{s^3} = \frac{G''(0)}{2s} + \frac{G'(0)}{s^2} + \frac{G(0)}{s^3} + \text{분모의 차수가 분자보다 크고 안정한 부분}$$

여기서 $G''(s)$는 $G(s)$의 이차 미분을 나타내며, $t \geq 0$에 대해,

$$y(t) = \frac{1}{2}G''(0) + G'(0)t + G(0)\frac{t^2}{2} + \text{지수적으로 감소하는 부분}$$

그러므로

$$y_{ss}(t) = \left[\frac{1}{2}G''(0) + G'(0)t + G(0)\frac{t^2}{2}\right]\sigma(t).$$

정현파 입력(Sinusoidal input): 이 경우, $u(t) = (\sin\omega t)\sigma(t)$, *i.e.*, 즉,

$$U(s) = \frac{\omega}{s^2 + \omega^2}.$$

그러면

$$\begin{aligned}Y(s) &= G(s)U(s) = G(s)\frac{\omega}{s^2+\omega^2}\\ &= \frac{-G(-j\omega)}{2}\,\frac{1}{s+j\omega} + \frac{G(j\omega)}{2}\,\frac{1}{s-j\omega} + \text{분모의 차수가 분자보다 크고 안정한 부분}\\ &= \frac{s\,\mathrm{Im}\,G(j\omega)+\omega\,\mathrm{Re}\,G(j\omega)}{s^2+\omega^2} + \text{분모의 차수가 분자보다 크고 안정한 부분}\end{aligned}$$

그리고 $t \geq 0$에 대해

$$y(t) = \mathrm{Im}\,G(j\omega)\cos\omega t + \mathrm{Re}\,G(j\omega)\sin\omega t + \text{지수적으로 감소하는 부분}$$

그러므로 다음과 같다.

$$y_{ss}(t) = \mathrm{Im}\,G(j\omega)\cos\omega t + \mathrm{Re}\,G(j\omega)\sin\omega t = |G(j\omega)|\sin(\omega t + \angle G(j\omega))$$

여기서 $\angle G(jw)\tan^{-1}\dfrac{Im\,G(jw)}{Re\,G(jw)}$는 $G(jw)$의 위상이며 $|G(jw)|$는 $G(jw)$의 크기이다.

4.2 계단응답 해석

특별히 어떤 시스템이 계단응답에 대해서 얼마나 잘 응답하는지 살펴볼 필요가 있다(특별히 단위 계단입력에 대해서). 이 경우의 출력을 (단위) **계단응답(step response)** 이라고 부른다. 항상 시스템이 안정하다고 가정하자. 그리고 시스템의 DC이득 또한 영이 아니라고 가정하자. 이렇게 가정함으로써 계단응답은 영이 아닌 정상상태 $y(\infty)$를 갖는다. DC이득이 영이 아닌 경우는 다루지 않는다. DC이득이 영보다 작거나 큰 경우 모두 해당되지만, DC이득이 1인 경우만 보여주게 되는데 이는 적당한 스케일링을 함으로써 다른 모든 경우를 DC이득이 일인 경우로 바꿀 수 있기 때문이다.

그림 4.5는 여러 가지 경우의 전형적인 계단응답을 보여 주고 있다. 이 계단응답들은 다음 시스템으로부터 얻어진 것들이다.

$$G_1(s) = \frac{1}{s+1}, \qquad G_2(s) = \frac{1}{s^2+s+1},$$
$$G_3(s) = \frac{1-s}{s^2+2s+1}, \qquad G_4(s) = \frac{1-s}{s^2+s+1},$$
$$G_5(s) = \frac{(1-s)^2}{(s+1)^3}, \qquad G_6(s) = \frac{(1-s)^2}{(s^2+s+1)(s+1)}.$$

그림 4.5에서 그림 들의 배치에서 계단응답의 위치는 위의 시스템의 위치와 일치한다. 본 chapter의 뒤에서 이러한 응답들이 왜 이런 형태를 보이는 지에 대해서 좀 더 자세히 설명할 것이다.

시스템의 계단입력에 대한 응답의 성능은 보통 상승시간, 정착시간, 퍼센트 오버슈트(PO) 등으로 나타낸다. 이러한 성능기준들이 그림 4.6에 나타나 있으며 다음과 같이 정의된다.

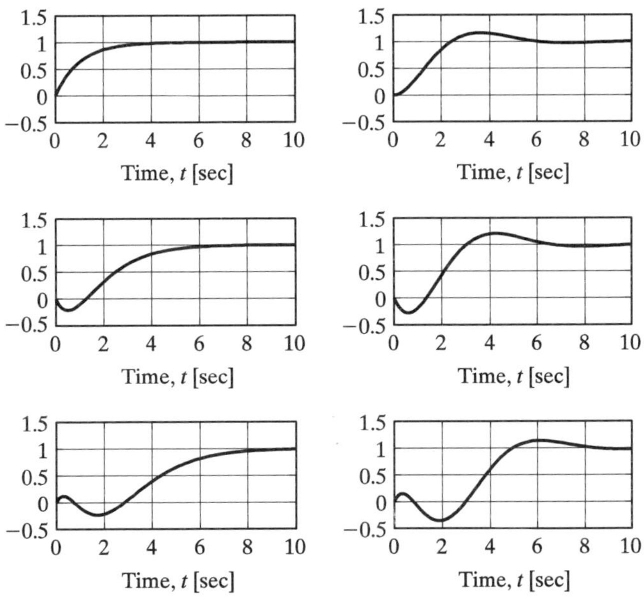

그림 4.5 일반적인 계단 응답.

- **상승시간(Rise time) t_r:** 계단응답이 단조적으로 증가하는 경우에, 상승시간 t_r은 최종값 10에서 90퍼센트까지 도달하는데 걸리는 시간이다.

계단응답이 단조적으로 증가하지 않는 경우에는 계단응답이 최종값의 10과/90퍼센트에 여러 번 도달할 수 있기 때문에 정확히 정의하기가 어렵다. 이 경우, 상승시간은 계단응답이 최종값의 10퍼센트가 되는 마지막 순간과 계단응답이 최초로 최종응답의 90퍼센트에 도달하는 순간까지의 시간으로 정의된다.

- **정착시간(Settling time)** t_s: 최종값에 대해서 원하는 오차범위 Δ 내에 정착하기까지 거리는 시간을 말한다.
  예를 들면, 그림 4.6은 시스템이 최종의 2퍼센트 이내로 정착하는데 걸리는 시간을 보여주고 있다. $\Delta = 2\%$와 $\Delta = 5\%$가 실제로 가장 일반적으로 사용하는 허용오차 범위이다.

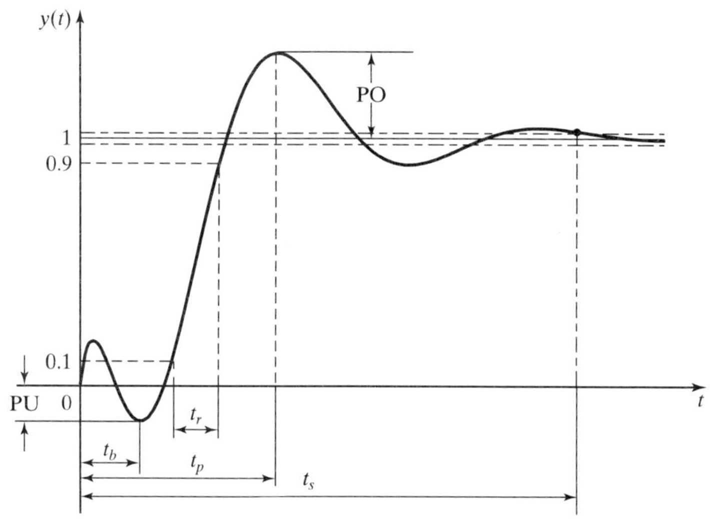

그림 4.6 성능 기준의 정의

- **최고값 시간(Peak time)** t_p**와 퍼센트 오버슈트(percentage overshoot, PO)**: 계단응답이 $t > 0$일 때 $y(t) > y(\infty)$이거나 $y(\infty) < 0$일 때 $y(t) < y(\infty)$인 t_p가 존재하는 경우 오버슈트를 갖는다고 말한다. $y(t)/y(\infty)$의 값이 최고치에 도달하는 시간을 최고값 시간이라고 부르고 t_p로 나타낸다.
  계단응답이 오버슈트를 갖지 않을 때, 즉 $y(t)$가 $y(\infty)$를 절대로 넘지 않을 때 $t_p = \infty$ 라고 말한다. PO는 다음식으로 정의된다.

$$\mathrm{PO} = \frac{y(t_p) - y(\infty)}{y(\infty)} \times 100\%.$$

이것은 보통 시스템응답의 평탄성 측정에 사용되고 있다.

- **최저시간(Bottom time) t_b와 퍼센트 언더슈트(percentage undershoot, PU):** 최저값 시간 t_b 와 퍼센트 언더슈트(PU): 계단응답이 $y(t)/y(\infty) < 0$인 $t > 0$가 존재하는 경우 언더슈트를 갖는다고 말한다. $y(t)/y(\infty)$의 값이 최저치에 도달하는 시간을 최저값 시간이라고 부르고 t_b로 나타낸다.
  계단응답이 언더슈트를 갖지 않을 때, 즉 $y(t)$가 $y(\infty)$의 반대편으로 절대로 가지 않을 때 t_b=0이다. PU는 다음 식으로 정의된다.

$$\mathrm{PU} = \frac{-y(t_b)}{y(\infty)} \times 100\%.$$

그림 4.5에서 계단응답 1은 오버슈트와 언더슈트를 갖지 않는다. 계단응답 2는 오버슈트만 갖고 계단응답 3와 5는 언더슈트만 가지고 있다. 계단응답 4와 6은 오버슈트와 언더슈트를 모두 가지고 있다.

임의 차수의 일반적인 시스템에 대해서, 이러한 성능 기준들은 시뮬레이션을 통해서 얻을 수 있다. 예를 들면, 그림 4.6에서와 같이 시뮬레이션으로 계단응답을 그릴 수 있고 이 그림으로부터 해당하는 값들을 얻을 수 있다. 그러나 일차 이차 시스템들에 대해서는 해석적으로 이러한 것들을 구할 수 있다.

$$G(s) = \frac{1}{Ts+1}$$

여기서 $T > 0$ 을 시스템의 시정수라고 부른다.

$r(t)$를 단위계단입력 $r(t) = t$라고 하자. 이 계단응답의 Laplace 변환은 다음과 같이 주어진다.

$$Y(s) = G(s)\Sigma(s) = \frac{1}{Ts+1}\,\frac{1}{s}.$$

$Y(s)$이 부분분수 전개를 하고 Laplace 역변환을 취하면 다음을 얻을 수 있다.

$$y(t) = 1 - e^{-t/T}.$$

시정수 T의 물리적 의미들은 $1/T = \dot{y}(0^{+})$이고 $y(T) = 1 - e^{-1} = 0.632$이라는 것이다.

$y(t)$의 시간응답이 그림 4.7에 나와 있고, 특별히 다음 사항을 알 수 있다.

$$y(3T) = 0.9502, \quad y(4T) = 0.9817.$$

그러므로 다음과 같음을 알 수 있다.

$$t_s \approx \begin{cases} 3T, & \text{if } \Delta = 5\% \\ 4T, & \text{if } \Delta = 2\%. \end{cases} \tag{4.1}$$

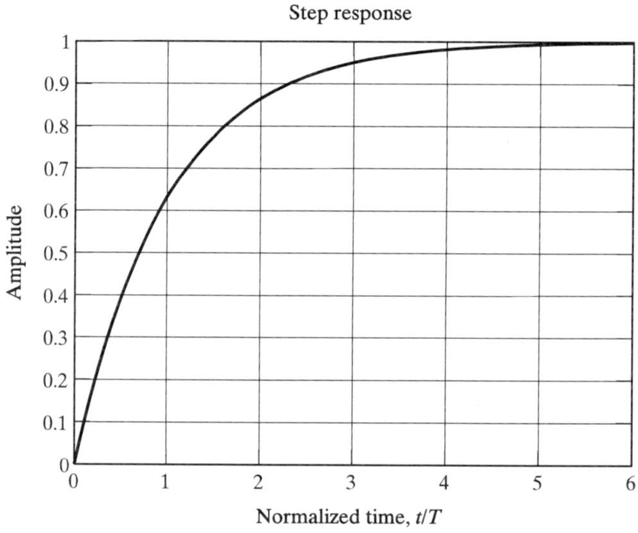

그림 4.7 표준 일차 시스템의 계단응답

t_1과 t_2를 각각 $y(t_1) = 0.1$과 $y(t_2) = 0.9$가 되는 시간이라고 하자. 즉

$$1 - e^{-t_1/T} = 0.1, \quad 1 - e^{-t_2/T} = 0.9.$$

그러면 $t_r = t_2 = t_1$

이와 같이 다음의 상승시간을 얻을 수 있다.

$$t_r = (\ln 9)T \approx 2.2T.$$

이 경우 계단응답이 오버슈트나 언더슈트를 갖지 않는 것이 명확하다.

다음에는 다음 전달함수로 표현되는 표준 이차시스템을 고려해 보자.

$$G(s) = \frac{\omega_n^2}{s^2 + 2\zeta\omega_n s + \omega_n^2}.$$

예제 4.2에서 보았듯이, 여기서 $w_n > 0$은 **자연주파수(natural frequnecy)**라고 부르고 $\zeta \geq 0$은 **감쇄비(damping ratio)**라고 부른다.

이제 감쇄비에 따른 네가지 경우의 계단응답을 살펴보기로 한다.

1. 무 감쇄 경우($\zeta = 0$)

$$Y(s) = \frac{\omega_n^2}{s(s^2 + \omega_n^2)} = \frac{1}{s} - \frac{s}{s^2 + \omega_n^2}.$$

따라서 다음과 같다.

$$y(t) = 1 - \cos\omega_n t.$$

2. 미흡 감쇄($0 < \zeta < 1$)

$$\begin{aligned} Y(s) &= \frac{\omega_n^2}{s(s^2 + 2\zeta\omega_n s + \omega_n^2)} \\ &= \frac{1}{s} - \frac{s + \zeta\omega_n}{(s + \zeta\omega_n)^2 + \omega_d^2} - \frac{\zeta}{\sqrt{1-\zeta^2}} \frac{\omega_d}{(s + \zeta\omega_n)^2 + \omega_d^2}. \end{aligned}$$

Laplace 역변환을 취하면 다음과 같다.

$$\begin{aligned} y(t) &= 1 - \frac{e^{-\zeta\omega_n t}}{\sqrt{1-\zeta^2}} \left(\sqrt{1-\zeta^2} \cos\omega_d t + \zeta \sin\omega_d t \right) \\ &= 1 - \frac{e^{-\zeta\omega_n t}}{\sqrt{1-\zeta^2}} \sin(\omega_d t + \arccos\zeta). \end{aligned}$$

3. 임계 감쇄 경우($\zeta = 1$)

$$Y(s) = \frac{\omega_n^2}{s(s + \omega_n)^2} = \frac{1}{s} - \frac{1}{s + \omega_n} - \frac{\omega_n}{(s + \omega_n)^2}.$$

Laplace 역변환을 취하면 다음과 같다.

$$y(t) = 1 - e^{-\omega_n t}(1 + \omega_n t).$$

4. 과감쇄 경우($\zeta > 1$)

$$Y(s) = \frac{\omega_n^2}{s(s-p_1)(s-p_2)} = \frac{1}{s} + \frac{\omega_n}{2\sqrt{\zeta^2 - 1}}\left(\frac{1}{p_2}\frac{1}{s-p_2} - \frac{1}{p_1}\frac{1}{s-p_1}\right).$$

Laplace 역변환을 취하면 다음과 같다.

$$y(t) = 1 - \frac{1}{2\sqrt{\zeta^2-1}}\frac{e^{-(\zeta-\sqrt{\zeta^2-1})\omega_n t}}{\zeta - \sqrt{\zeta^2-1}} + \frac{1}{2\sqrt{\zeta^2-1}}\frac{e^{-(\zeta+\sqrt{\zeta^2-1})\omega_n t}}{\zeta + \sqrt{\zeta^2-1}}.$$

그림 4.8은 위의 경우에 대한 시스템의 전형적인 계단응답을 나타내고 있다. 모든 경우 중에서 미흡 감쇄의 경우가 가장 흥미롭다. 이 경우, 성능기준을 따로 명확하게 유도할 수 있다.

첫 번째로 최고값 시간 t_p와 PO를 생각해 보자. $y(t)$가 최고값이 되기 위한 필요조건은 $\dot{y}(t) = 0$ 이다. 즉

$$\begin{aligned}\dot{y}(t) &= \mathcal{L}^{-1}[sY(s)] = \mathcal{L}^{-1}\left[\frac{\omega_n^2}{s^2 + 2\zeta\omega_n s + \omega_n^2}\right] \\ &= \frac{\omega_n}{\sqrt{1-\zeta^2}}e^{-\zeta\omega_n t}\sin\omega_d t = 0\end{aligned}$$

결과적으로 $w_d t = 0,\ \pi, 2\pi, \ldots$ ..... 그러므로 최고값 시간은 다음과 같이 주어진다.

$$t_p = \frac{\pi}{\omega_d}.$$

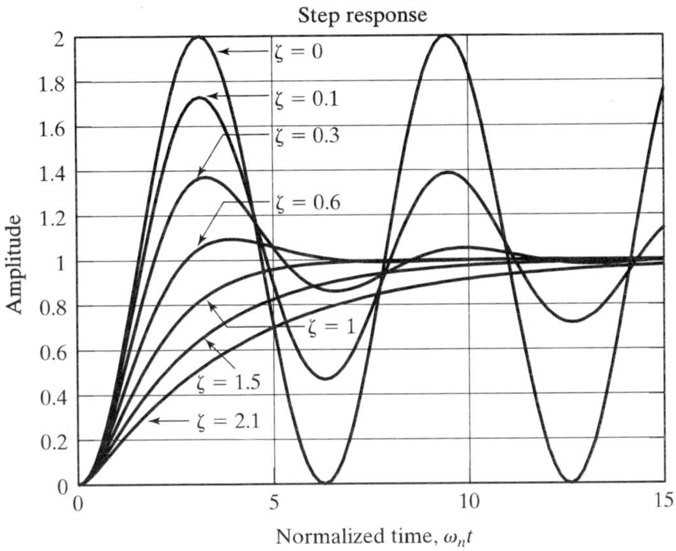

그림 4.8 2차시스템의 계단응답들

시간 t_p에서 계단응답은

$$y(t_p) = 1 + e^{-\zeta\omega_n t_p} = 1 + e^{-\zeta\pi/\sqrt{1-\zeta^2}}.$$

그러므로 PO는 다음과 같다.

$$\text{PO} = \frac{y(t_p) - y(\infty)}{y(\infty)} \times 100\% = e^{-\zeta\pi/\sqrt{1-\zeta^2}} \times 100\%.$$

ζ와 PO 관계는 그림 4.9에 나타나 있다. 정착시간 t_s는 그림 4.10에 보여지는 바와 같이 $y(t)$가 포락선 $1 \pm e^{-\zeta\omega_n t}/\sqrt{1-\zeta^2}$, *i.e.*, 의해서 제한된다는 것에 주목하면 구할 수 있다. 즉

$$1 - \frac{e^{-\zeta\omega_n t}}{\sqrt{1-\zeta^2}} \le y(t) \le 1 + \frac{e^{-\zeta\omega_n t}}{\sqrt{1-\zeta^2}},$$

그래서 시스템이 다음과 같은 조건을 만족시키면 정착된다는 것을 보장 받는다.

$$\frac{e^{-\zeta\omega_n t}}{\sqrt{1-\zeta^2}} \le \Delta$$

여기서 Δ는 허용범위이다. 결과적으로 정착시간의 최고 경계는 다음과 같이 구할 수 있다.

$$t_s \leq \frac{-\ln(\Delta\sqrt{1-\zeta^2})}{\zeta\omega_n}.$$

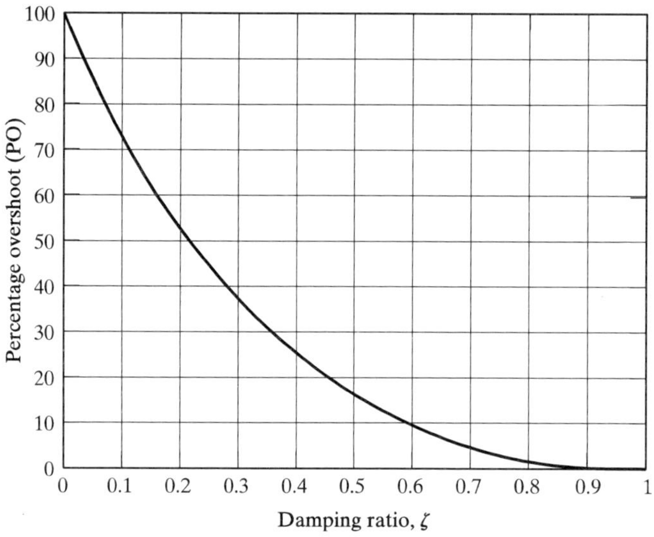

그림 4.9 이차시스템의 백분율 오버슈트

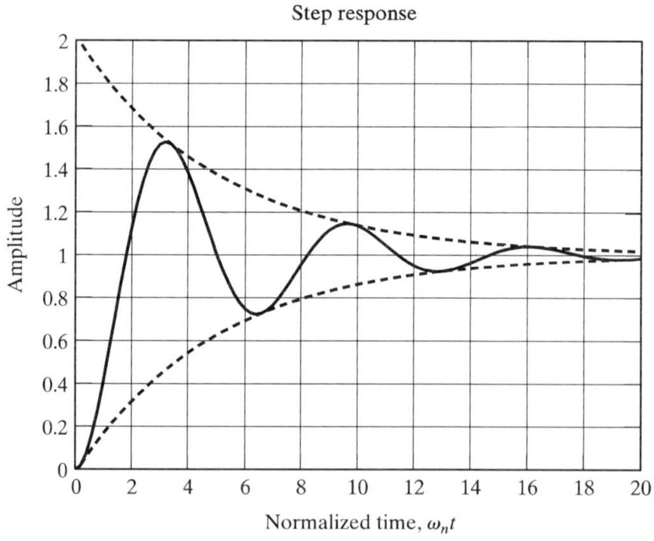

그림 4.10 이차시스템에 대한 시스템응답에 대한 포락선

Δ=0.02,i.e. 놓고 최종치의 2% 내에서 다음의 조건을 얻는다.

$$t_s \leq \frac{3.912 - 0.5\ln(1-\zeta^2)}{\zeta\omega_n} \leq \begin{cases} \dfrac{4.06}{\zeta\omega_n}, & \zeta \leq 0.5 \\ \dfrac{4.74}{\zeta\omega_n}, & \zeta \leq 0.9. \end{cases}$$

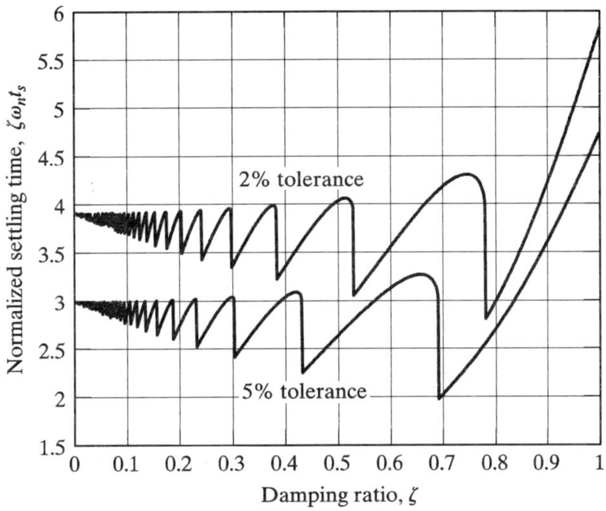

그림 4.11 2차 시스템의 정착시간

각 감쇄비에 대한 정확한 정착시간이 그림 4.11에 보여지고 있다.

$$t_s = \begin{cases} \dfrac{4}{\zeta\omega_n} & \text{if } \Delta = 2\% \\ \dfrac{3}{\zeta\omega_n} & \text{if } \Delta = 5\% \end{cases}$$

정확한 상승시간 t_r은 수치해석적으로 구할 수 있으나 미흡 감쇄의 경우 이차시스템에 대해서는 계단응답이 최종치의 100%에 도달하는 첫 번째 순간을 구함으로써 t_r을 구할 수 있다.

근사적으로 다음과 같다.

$$1 \approx 1 - \frac{1}{\sqrt{1-\zeta^2}} e^{-\zeta\omega_n t_r} \cos(\omega_d t_r - \arcsin\zeta),$$

위의 식에서 다음을 얻는다.

$$t_r \approx \frac{\pi/2 + \arcsin \zeta}{\omega_d}.$$

예제 4.3

다음과 같은 전달함수를 생각하자.

$$G(s) = \frac{10^2}{s^2 + 4s + 10^2}.$$

그러면 $w_n = 0, \zeta = 0.2$ 그리고 $w_d = w_n \sqrt{1-\zeta^2} = 9.798$

$$- Jw_n \sqrt{1-J^2} \times 100\% = 52.06\%$$
$$t_s \approx 4/(\zeta w_n) = 4/2 = 2$$
(2%의 허용치)

그래서 $t_p = \pi / w_d = 0.32$, $PO = e$

상승시간은 근사적으로 $t_r \approx 0.16$이다.

표준형태의 일차나 이차시스템은 실제에서는 별로 의미가 없는 시스템이다(모든 시스템들이 일차나 이차시스템으로 근사적으로 모델링될 수 있기는 하지만). 대부분의 시스템들은 고차의 전달함수를 사용하여 더 나은 모델링을 할 수 있고(즉 두 개 이상의 극점들을 가지면서) 유한한 영점들을 갖는다. 그러므로 이런 추가적인 극점들과 영점들이 시스템의 응답에 어떻게 영향을 미치는지 이해하는 것이 중요하다. 나머지 두절에서는 두가지 특별한 경우, 즉 표준 이차 부족감쇄 시스템에 추가의 극점이나 영점이 각각 더해지는 경우에 대해서 분석해 볼 것이다. 우선 표준 이차 시스템에 하나의 극점에 더해지는 경우를 고려해 보자.

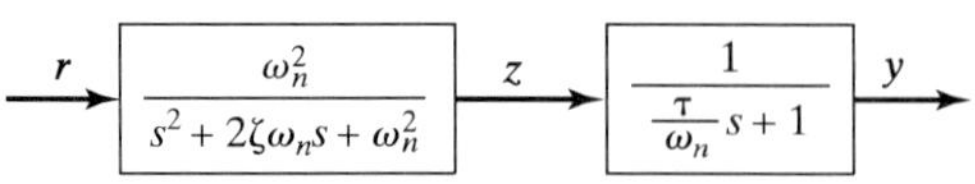

그림 4.12 하나의 극점이 더해짐

w_n에 독립적인 결과를 만들기 위해서, 추가적인 극점을 w_n으로 스케일링한다. 시스템은 일차시스템의 입력에 이차시스템의 출력이 연결된 이차시스템과 일차시스템의

직렬연결로 생각할 수 있다. 그러므로 이 시스템의 응답은 추가적인 저주파 필터링 때문에 표준 이차시스템의 응답보다 느리고 부드러울 것으로 예상할 수 있다. 시뮬레이션 결과가 그림 4.13에 보여지고 있다. 이 시뮬레이션들은 추가적인 극점이 시스템응답을 느리게 하고 오버슈트를 줄이고 있음을 보여준다.

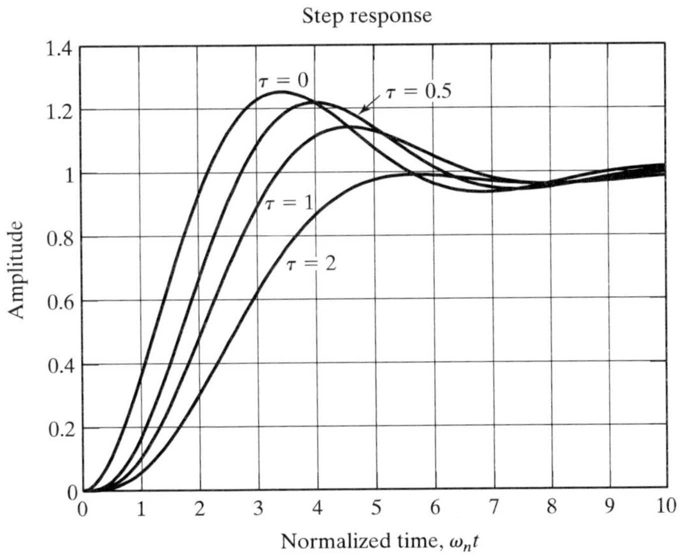

그림 4.13 ζ=0.4인 계단응답에 대한 극점의 영향

이제 표준 이차 부족감쇄 시스템에 하나의 영점이 추가되는 경우를 고려해 보자. 우선 그림 4.14에 보여지는 것과 같이 최소위상 영점이 추가된다고 가정하자.

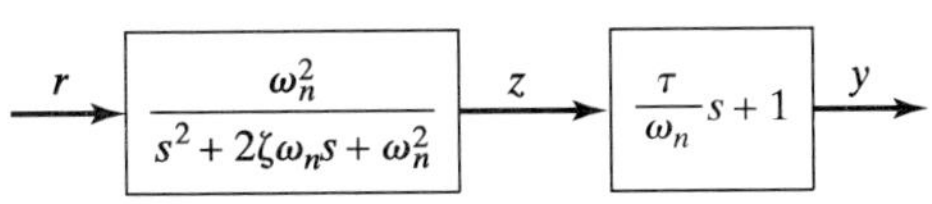

그림 4.14 최소위상 영점이 더해짐

다음을 쉽게 알 수 있다.

$$y(t) = z(t) + \frac{\tau}{\omega_n}\dot{z}(t).$$

$\dot{z}(t) > 0$ 에 대해서 $t < t_p$이기 때문에, 즉시 결론을 얻을 수 있는 것은 영점이 없을 때보다 더 짧은 최고치 시간, 그리고 더 큰 오버슈트를 갖는다는 것이다. 다른 위치의

영점에 대한 시뮬레이션이 그림 4.15에 보여지고 있다.

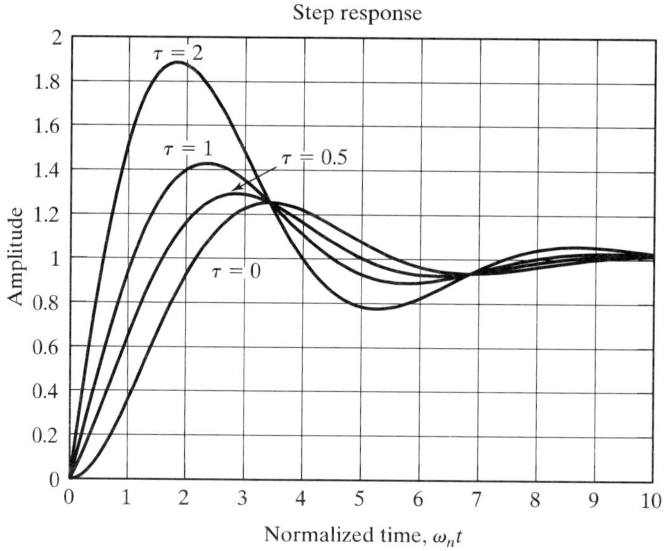

그림 4.15 ζ=0.4인 계단응답에 대한 영점의 영향

이제 그림 4.16에 보여지는 바와 같이 추가적인 영점이 비최소위상이라고 가정하자.

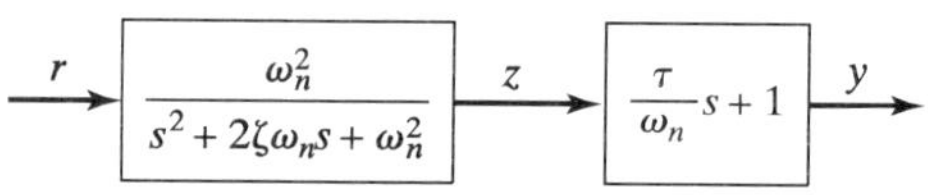

그림 4.16 비최소위상 영점을 더함

그러면 다음을 얻는다.

$$y(t) = z(t) - \frac{\tau}{\omega_n}\dot{z}(t).$$

$\dot{z}(t) > 0$에 대해서 $t < t_p$이기 때문에, 계단응답은 언더슈트 양상을 보여준다. 이것은 대부분의 제어시스템에 있어서 매우 바람직하지 못하다. 전형적인 비최소위상 영점을 갖는 시스템에 대한 시뮬레이션 결과가 그림 4.17에 보여지고 있다.

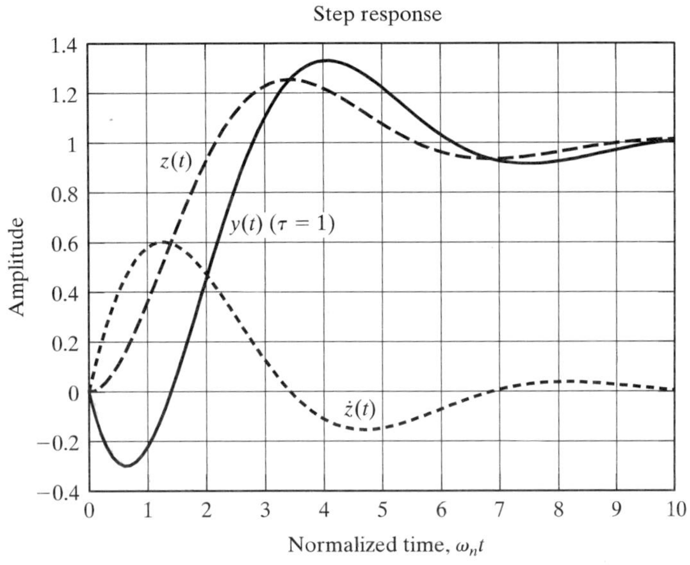

그림 4.17 ζ=0.4인 계단응답에 대한 비최소위상 영점의 영향

4.3 지배극점들과 영점들

일반적으로 고차시스템의 성능을 평가하기 위한 해석적인 공식을 찾는 것은 매우 어렵다. 그러나 많은 경우에 있어서 시스템의 시스템과 영점들 은 그 성질에 있어서 자연스럽게 구분이 된다. 예를 들면, 어떤 극점들과 영점들은 그림 4.18에 보여지는 바와 같이 다른 것들 보다 허수축에 매우 가까이 존재한다. 일차나 이차시스템에 대해서 극점들의 실수부가 시스템의 정착시간을 결정한다는 것을 기억할 필요가 있다.

허수축에서 멀리 떨어진 극점들과 영점들은 정시간을 비롯한 다른 성능지표에 별다른 영향을 미치지 않을 것이다. 이런 사실을 토대로 해서 해석이 간단해질 수 있고 저차시스템에 대한 성능공식이 적용될 수 있도록 지배극점이나 영점이 아닌 것들을 적당히 무시하여 저차 근사화를 잘 이룰 수 있다. 전형적으로, D/d 〉 5~ 10이라면, 허수축에 가까이 존재하고 부근에 영점들(극점들)이 없는 그런 극점들(영점들)을 **지배극점들(영점들)(dominant poles (zeros))**이라고 부른다. 그리고 허수축에서 멀리 떨어져 있는 극점들(영점들)을 **비지배 극점들(영점들)(nondominant poles (zeros))**이라고 부른다.

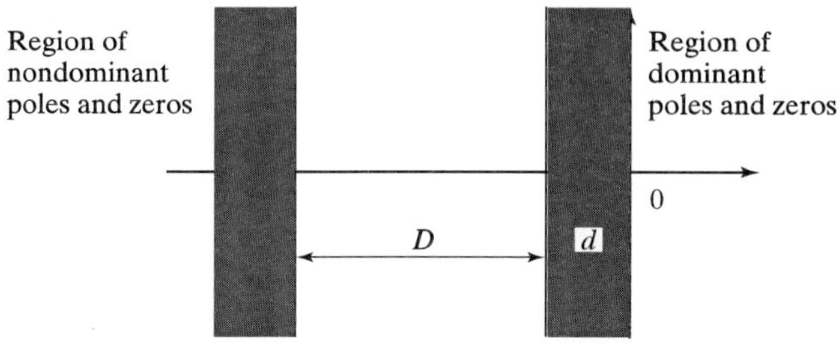

그림 4.18 지배 그리고 비지배 극점들과 영점들의 영역

전형적으로, 극점들이 복소극점쌍에 의해 지배된다면 그 지배 극점들로부터 얻어진 이차 시스템은 그 지배 극점들로부터 얻어진 이차 시스템에 의해 근사화될 수 있다. 물론 컴퓨터 시뮬레이션이 정확한 응답을 찾는데 사용될 수 있지만 제어구성 관점에서 성능지표와 극점의 위치들간의 관계를 확립하는 것은 매우 유용하다.

예를 들면, 원하는 정착시간 t_s와 PO의 요구사항들에 대해 다음 관계로부터

$$t_s = \frac{4}{\zeta\omega_n}, \qquad \mathrm{PO} = e^{-\zeta\pi/\sqrt{1-\zeta^2}} \times 100\%$$

다음과 같이 지배 폐루프 극점들 간의 근사위치를 추정할 수 있다.

$$\zeta\omega_n \geq \frac{4}{t_s}, \qquad \zeta \geq \frac{-\ln(\mathrm{PO})}{\sqrt{\pi^2 + (\ln \mathrm{PO})^2}}.$$

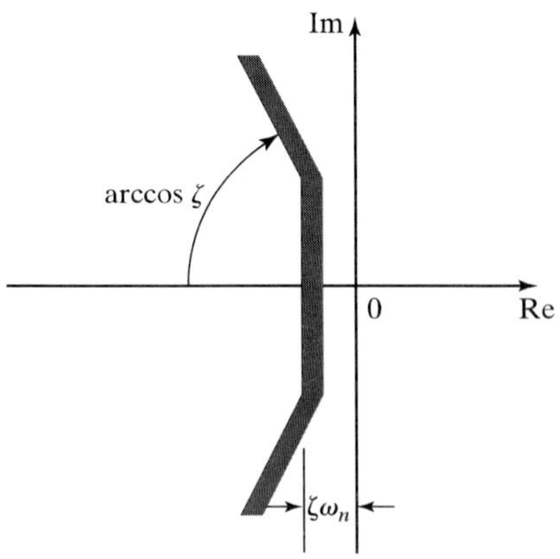

그림 4.19 원하는 지배극점 영역

원하는 지배극점 영역이 그림 4.19에 나타나 있다. 바람직한 지배극점의 위치는 지배극점들을 좀 더 바람직한 위치에 그리고 비지배 극점들을 더 멀리 위치하도록 적당한 제어기를 구성하도록 하는데 사용될 수 있다.

예제 4.4

다음의 루프전달함수를 가진 단위 피드백시스템이 그림 4.20에 나타나 있다.

$$L(s) = \frac{10(s+10)}{s(s+3)(s+5)}.$$

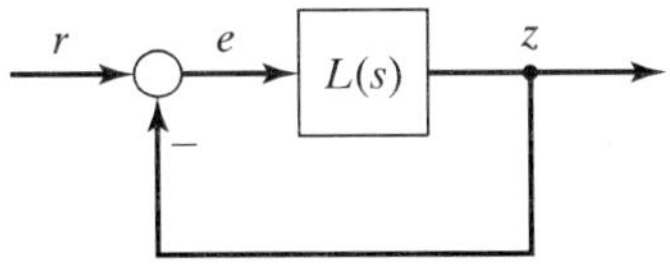

그림 4.20 예제 4.4

그러면 $r(t)$ 에서 $y(t)$ 까지의 폐루프 전달함수는 다음과 같이 주어진다.

$$T(s) = \frac{L(s)}{1+L(s)} = \frac{10(s+10)}{(s+6.5182)\left[(s+0.7409)^2+3.8461^2\right]}.$$

명확하게 $-0.7409 \pm j3.8461$이 폐루프 시스템의 지배극점이다. 그러므로 시스템의 성능은 영점이 이 극점들에게서 멀리 떨어져 있기 때문에 이 극점들을 근거로 해서 추정될 수 있다.

$$T(s) \approx \frac{10 \times 10}{6.5182\left[(s+0.7409)^2+3.8461^2\right]} = \frac{3.9168^2}{s^2+2\times 0.189 \times 3.9168s + 3.9168^2}.$$

이 극점들은 고유주파수 w_n=3.92와 감쇄비 ζ=0.189를 가지고 있다. 그러므로 계단응답은 2%의 허용범위를 가질 때 다음과 같은 정착시간을 갖는다고 예상할 수 있다.

$$t_s = \frac{4}{\zeta\omega_n} = 5.399$$

그리고 PO는 다음과 같다.

$$\mathrm{PO} = e^{-\zeta\pi/\sqrt{1-\zeta^2}}100\% = 54.63\%.$$

이 추정치들은 수치해석적인 시뮬레이션에서 확인된다.

```
>> L=tf(10*[1,10],[1,8,15,0]); T=feedback(L,1);
>> ltiview('step',T)
```

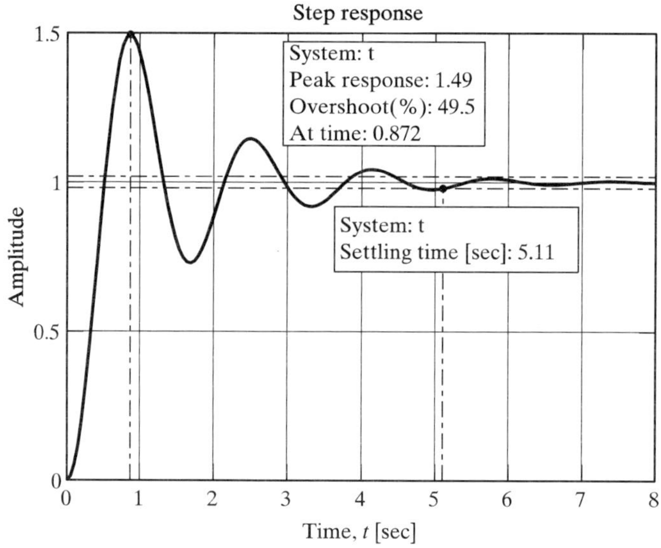

그림 4.21 예제 4.4의 계단응답

시스템의 계단응답이 그림 4.21에 보여지고 있다.

4.4 정상상태 응답과 시스템 타입

본 절에서는 우선 그림 4.22에 보여지는 바와 같이 기준입력으로서 여러 가지 형태의 입력신호와 외란 그리고 잡음을 갖는 내부적으로 안정한 단위피드백 시스템의 정상상태 응답을 공부하기로 한다.

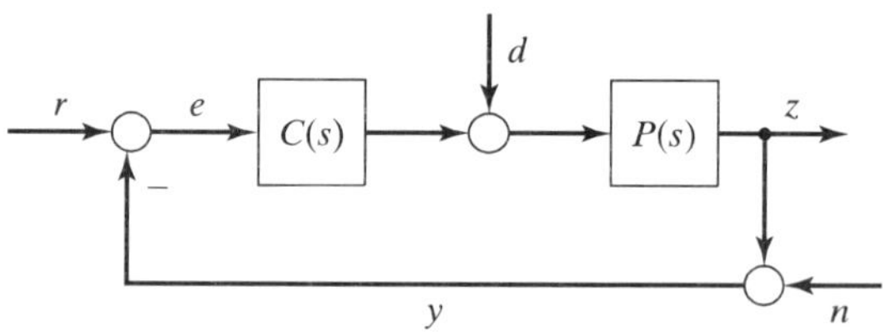

그림 4.22 단위 피드백 시스템

정상상태 추종 응답으로 시작한다. 이 경우 $d(t)=0$이고 $n(t)=0$이라고 가정한다. 그러므로 피드백시스템은 그림 4.23에 보여지는 것으로 간략화 될 수 있다. 여기서 $P(s)$나 $C(s)$를 합쳐서 $L(s)=P(s)C(s)$로 표현하는데 이것을 **루프이득(loop gain)**

혹은 **루프전달함수(loop transfer function)**라고 부른다. 그리고 외란 $d(t)$와 잡음 $n(t)$를 무시한다.

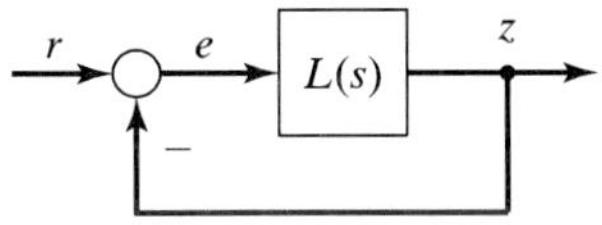

그림 4.23 간단한 단위피드백 시스템

다음과 같이 쓰자.

$$L(s) = \frac{1}{s^k} L_0(s)$$

여기서 $L_0(s)$는 0에 극점이나 영점을 가지지 않는다. 이때 k는 $L(s)$의 타입이라고 부른다. 다른 말로 표현하면, 어떤 **시스템의 타입(type of system)**은 직렬로 연결된 적분기의 개수이다.

통상적으로 $k \geq 0$인 경우만 다룬다. $k > 0$인 경우에는 $L(s)$의 DC이득은 영이고 시스템은 계단입력 신호조차도 추종하지 못한다.

예제 4.5

$$\frac{1}{s+1}, \quad \frac{1}{s}, \quad \frac{s+1}{s^2(s-1)}$$

아래의 시스템들은 각각 타입이 0,1,2인 시스템이다.

그림 4.23에서의 단위피드백시스템에 대해 $r(t) = (t^l/l!)\sigma(t)$ 형태의 입력에 대한 정상상태 오차를 아는 것이 필요하다. 이런 입력들은 l이 0,1 혹은 2냐에 따라 각각 단위계단, 단위램프, 단위포물선 신호들이다. 루프전달함수 $L(s)$의 타입이 k라고 가정하면 정성적으로 정상상태 오차가 결정된다.

정상상태 오차를 알아보기 위해서 최종치 정리를 사용하기로 한다. 피드백 시스템이 내부적으로 안정하다고 가정하면 기준입력 $r(t)$에서 오차 $e(t)$까지의 전달함수는 다음과 같다.

$$\frac{E(s)}{R(s)} = \frac{1}{1+L(s)} = \frac{s^k}{s^k + L_0(s)}$$

이 경우 복소평면의 좌반면에 모든 극점이 존재하고 원점에 k_r개의 중복 영점을 갖는다.

오차의 Laplace 변환은 다음과 같다.

$$E(s) = \frac{1}{1+L(s)}R(s) = \frac{s^k}{s^k + L_0(s)}\frac{1}{s^{l+1}}.$$

만약 $k > 1$이라면 다음과 같다.

$$E(s) = \frac{s^{k-l-1}}{s^k + L_0(s)}$$

이 경우 원점에 하나의 단순극점을 갖는 경우만 제외하면 안정한 극점만을 갖는다. 최종치정리(정리 A.20)를 사용하면 다음과 같다.

$$e(\infty) = \lim_{s\to 0} sE(s) = \lim_{s\to 0}\frac{s^{k-l}}{s^k + L_0(s)} = \begin{cases} 0 & \text{if } k > l \\ \dfrac{1}{1+L_0(0)} & \text{if } k = l = 0 \\ \dfrac{1}{L_0(0)} & \text{if } k = l > 0. \end{cases}$$

만약 $k < 1$ 이라면, $l+1-k > 2$ 이고 부분분수 전개를 하면 다음과 같다.

$$E(s) = \frac{c_1}{s^{l+1-k}} + \frac{c_2}{s^{l-k}} + \cdots + \frac{c_{l-k}}{s} + E_0(s)$$

여기서 $c_1 = L_0(0) \neq 0$이고 $E_0(s)$의 극점들은 모두 안정하다. 이것은 $t \to \infty$에 따라 다음을 의미한다.

$$\begin{aligned} e(t) &= \mathcal{L}^{-1}[E(s)] \\ &= \frac{c_1}{(l-k)!}t^{l-k} + \frac{c_2}{(l-k-1)!}t^{l-k-1} + \cdots + c_{l-k} + \mathcal{L}^{-1}[E_0(s)] \to \infty \end{aligned}$$

요약하면 다음과 같다.

$$\lim_{t\to\infty} e(t) = \begin{cases} 0 & \text{if } k > l \\ \dfrac{1}{1+L_0(0)} & \text{if } k = l = 0 \\ \dfrac{1}{L_0(0)} & \text{if } k = l > 0 \\ \infty & \text{if } k < l. \end{cases} \tag{4.2}$$

이것은 신호 $r(t) = (t^l/l!)\sigma(t)$를 점근적으로 추종할 수 있기 위해서는 루프이득의 타입 k가 1 보다는 커야한다는 것을 보여주고 있다. 특별히 계단신호에 대해 점근적인 추종 성능을 보이기 위해서는 루프이득의 타입이 0보다 커야 한다. 즉 적어도 하나 이상의 직력 연결된 적분기를 포함하고 있어야 한다. 시스템의 타입과 밀접하게 관련된 또 다른 개념은 오차상수이다.

정의 4.6. 전달함수 $L(s)$가 주어졌을 때 다음과 같이 정의한다.

1. 위치오차 상수(position error constant) $K_p = \lim_{s\to 0} L(s)$;
2. 속도오차 상수(velocity error constant) $K_v = \lim_{s\to 0} sL(s)$;
3. 가속도 오차상수(acceleration error constant) $K_a = \lim_{s\to 0} s^2 L(s)$.

$L(s)$가 타입 k이면 $L(s) = \dfrac{1}{s^k} L_0(s)$ 이다. 표 4.1은 각각 다른 k값에 대한 오차상수를 보여주고 있다.

	$k=0$	$k=1$	$k=2$
K_p	$L_0(0)$	∞	∞
K_v	0	$L_0(0)$	∞
K_a	0	0	$L_0(0)$

표 4.1 다른 타입의 루프이득에 대한 오차상수

(4.2)에 따라 루프전달함수가 여러 가지 형태이고 다양한 형태의 기준입력에 대한 단위 피드백 시스템들의 정상상태 오차는 표 4.2에서와 같이 루프전달함수의 오차상수를 이용해 표현될 수 있다.

	$k=0$	$k=1$	$k=2$
$r(t)=\sigma(t)$	$\frac{1}{1+K_p}$	0	0
$r(t)=t\sigma(t)$	∞	$\frac{1}{K_v}$	0
$r(t)=\frac{t^2}{2}\sigma(t)$	∞	∞	$\frac{1}{K_a}$

표 4.2 각각 다른 타입의 시스템과 각각 다른 기준입력에 대한 정상상태오차

예제 4.7

다음 전달함수를 가진 DC모터의 시스템을 고려해 보자.

$$P(s)=\frac{K_t}{L_aJs^3+(R_aJ+K_fL_a)s^2+(R_aK_f+K_tK_b)s}.$$

제어기가 비례제어기 $C(s)=K$라고 하자. 그러면 $L(s)=K_p(s)$는 타입 1인 시스템이다. 그러므로 다음과 같다.

$$K_p=\infty,\quad K_v=\frac{KK_t}{R_aK_f+K_tK_b},\quad K_a=0.$$

그리고 정상상태 오차는 다음과 같다.

$$e(\infty)=\begin{cases}0 & \text{if } r(t)=\sigma(t)\\ \frac{R_aK_f+K_tK_b}{KK_t} & \text{if } r(t)=t\sigma(t)\\ \infty & \text{if } r(t)=\frac{t^2}{2}\sigma(t).\end{cases}$$

오차상수들이 위치, 속도 그리고 가속도의 형태지만 오차는 항상 위치라는 것에 유의해야 한다.

이 예에서 공정이 항상 타입 1이기 때문에 파라메터 변동이 있을 지라도, 간단한 비례제어기는 시스템이 계단입력을 추종할 수 있도록 만들 수 있다는 것을 알 수 있다.

그림 4.22에 보여지는 바와 같은 단위 피드백 시스템에 대한 외란 $d(t)$의 정상상태 영향을 생각해 보자. $d(t)=t^l/l!$ 형태의 외란이 정상상태 출력에 미치는 영향을 고려할 때 중요한 것은 루프전달함수 $L(s)=P(s)C(s)$의 타입이 아니라 제어기 $C(s)$의 타입이 중요하다는 것을 알게 될 것이다. 이러한 목적으로 $r(t)=0$ 그리고 $n(t)=0$이라

고 놓고 그림 4.22를 그림 4.24로 다시 그린다.

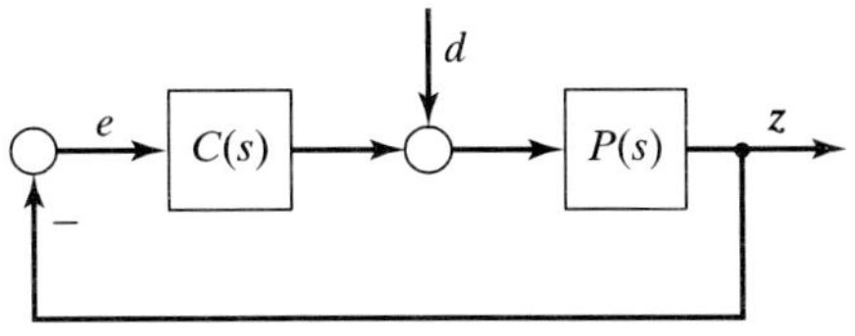

그림 4.24 외란의 영향을 받는 피드백 시스템

다음과 같이 쓰자.

$$C(s) = \frac{1}{s^k} C_0(s)$$

여기서 $C_0(s)$는 원점에 극점이나 영점을 갖고 있지 않다. 즉 $C(s)$는 타입 k이다.

여기서 또한 외란의 정상상태 영향을 분석하기 위해서 최종치 정리를 사용할 것이다. 출력의 Laplace 변환은 다음과 같다.

$$Z(s) = \frac{P(s)}{1+P(s)C(s)} D(s) = \frac{s^k P(s)}{s^k + P(s)C_0(s)} \frac{1}{s^{l+1}}.$$

만약 $k \geq l$ 이라면

$$Z(s) = \frac{s^{k-l-1} P(s)}{s^k + P(s)C_0(s)}$$

원점에 가능한 하나의 단순극점을 제외하고는 모든 극점들이 안정하다.
최종치 정리를 사용하면 다음과 같다.

$$z(\infty) = \lim_{s \to 0} sZ(s) = \lim_{s \to 0} \frac{s^{k-l} P(s)}{s^k + P(s)C_0(s)} = \begin{cases} 0 & \text{if } k > l \\ \dfrac{P(0)}{1+P(0)C_0(0)} & \text{if } k = l = 0 \\ \dfrac{1}{C_0(0)} & \text{if } k = l > 0 \end{cases}$$

만약 $k < l$이면 $l+1-k \geq 2$이고

$$Z(s) = \frac{c_1}{s^{l+1-k}} + \frac{c_2}{s^{l-k}} + \cdots + \frac{c_{l-k}}{s} + Z_0(s)$$

여기서 $C_1 \neq 0$이고 $Z_0(s)$는 복소평면의 좌반면에 모든 극점을 갖는다.

$$\begin{aligned} z(t) &= \mathcal{L}^{-1}[Z(s)] \\ &= \frac{c_1}{(l-k)!}t^{l-k} + \frac{c_2}{(l-k-1)!}t^{l-k-1} + \cdots + c_{l-k} + \mathcal{L}^{-1}[Z_0(s)] \to \infty \end{aligned}$$

이것은 $t \to \infty$에 따라 다음을 의미한다.

요약하면

$$\lim_{t\to\infty} z(t) = \begin{cases} 0 & \text{if } k > l \\ \dfrac{P(0)}{1+P(0)C_0(0)} & \text{if } k = l = 0 \\ \dfrac{1}{C_0(0)} & \text{if } k = l > 0 \\ \infty & \text{if } k < l \end{cases}$$

이것은 $t^l/l!$ 형태의 외란을 점근적으로 제거하기 위해서는 루프전달함수가 아닌 제어기의 타입이 l보다 커야함을 말하고 있다. 특별히 계단외란을 제거하기 위해서 제어기의 타입은 0보다 커야 한다. 즉 적어도 하나이상의 직렬로 연결된 적분기를 포함하고 있어야 한다.

예제 4.8

다시 다음과 같은 전달함수를 가진 DC모터를 생각해 보자.

$$P(s) = \frac{K_t}{L_a J s^3 + (R_a J + K_f L_a)s^2 + (R_a K_f + K_t K_b)s}.$$

이제 시스템이 부하토크 $d(t) = \sigma(t)$의 영향을 받는다고 가정한다. 이 경우 외란의 영향을 완전히 없애기 위해서는 제어기는 적어도 타입 1이 되어야만 한다. $C(s) = K_I/s$한 제어기로서 가장 간단한 형태는 형태의 I(적분)제어기이다.

그러나 공정을 안정하게 하는 K_I를 찾는 것은 불가능하다. 그래서 그 다음으로 간단한 타입 1의 제어기로 $C(s) = K_p + K_I/s$.의 PI제어기를 고려해야 한다. 폐루프시스템이 안정하도록 K_P와 K_I를 디자인 할 수 있다는 것은 이미 알려져 있다.

만약 피드백시스템이 측정오차 즉 $n(t) = (t^l/l!)\sigma(t)$의 영향을 받는다면 어떻게 될 것인가? 이 경우, 그림 4.22에서 $r(t) = 0$, $d(t) = 0$ 이라고 하고 그림 4.25에서와 같이 다시 그린다. 여기서 $L(s) = P(s)C(s)$.

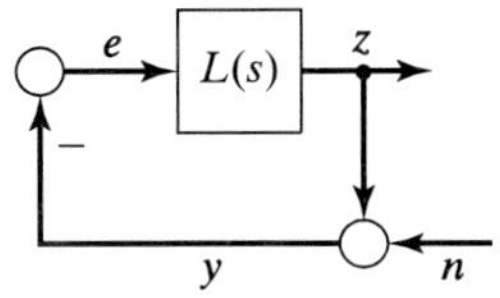

그림 4.25 측정 잡음이 포함된 피드백 시스템

다음 사항을 알 수 있다.

$$Z(s) = \frac{-L(s)}{1+L(s)}N(s).$$

만약 $n(t) = \sigma(t)$ 이면, 다음과 같다.

$$\lim_{t\to\infty} z(t) = \frac{-L(0)}{1+L(0)}.$$

이것은 루프전달함수 $L(s)$가 원점에서 영점을 가지는 경우에만 측정오차에 기인하는 정상상태오차가 영이 된다는 것을 의미한다. 그러나 만약 $L(0) = 0$ 라면 $z(t)$는 절대로 $r(t) = t^l/l!$ 형태의 기준입력을 추종할 수 없다. 이것은 피드백 시스템이 $n(t) = t^l/l!$ 형태의 기준입력을 추종해야 된다면 같은 형태의 측정오차를 배제할 수 없다는 것을 보여주고 있다. 계단함수, 램프함수 등과 같은 기준입력에 대해서 정상상태 추정오차를 영으로 만들기 위해서는, 측정오차는 계단, 램프 등과 같은 형태를 포함하면 안된다. 이러한 사실은 직관적으로 많은 아이디어를 제공한다. 예를 들어보면, 계단함수를 추종해야 하는 경우에 계단함수 측정오차가 있다면, 제어기는 출력의 참값을 절대로 알 수 없으므로 적절한 동작을 취할 수 없다.

위에서 이야기한 것들을 요약하면, 다음과 같이 단위 피드백시스템에 대한 내부모델 원리에 대한 정리를 얻을 수 있다.

정리 4.9.

1. $r(t) = t^{l_r}\sigma(t)$ 형태의 기준입력을 점근적으로 추종하고 $n(t) = t^{l_r}\sigma(t)$ 형태의 측정오차를 점근적으로 제거하도록 하는 단위피드백 제어기를 설계하는 것은 불가능하다.

2. $r(t)=t^{l_r}\sigma(t)$ 형태의 기준입력을 추종하고 $t^{l_r}\sigma(t)$ 형태의 외란을 점근적으로 배제할 수 있는 단위피드백 제어기의 설계가 가능할 필요충분조건은 $b(0)\neq 0$ 이다. 해가 존재할 조건은 다음과 같다.
   (a) $L(s)=P(s)C(s)$ 는 적어도 타입 l_r+1 이다.
   (b) $C(s)$는 적어도 타입 l_d+1 이다.

기준입력이 정현파; 즉, 어떤 주파수 ω에 대해서 $r(t)=(\sin wt)\sigma(t)$일 때 정상상태오차를 간단하게 고찰해 보기로 한다. 이 경우에 $R(s)=\frac{\omega}{s^2+\omega^2}$이고 다음과 같다는 것을 유의하자.

$$E(s)=\frac{1}{1+L(s)}\,\frac{\omega}{s^2+\omega^2}.$$

E(s) 는 일반적으로 jw와 $-jw$에 극점을 가지고 있기 때문에 L(s)가 jw 와 $-jw$에 극점을 가지지 않는 한 일반적으로 최종치 정리가 적용될 수 없다는 사실을 유의하는 것이 중요하다. 그럼에도 불구하고 폐루프 시스템은 안정하다고 가정되었기 때문에 다음의 감도함수는 안정하다.

$$S(s):=\frac{1}{1+L(s)}$$

그러므로 오차의 정상상태 응답은 다음과 같이 계산될 수 있다.

$$e_{ss}(t)=|S(j\omega)|\sin\left(\omega t+\angle S(j\omega)\right).$$

그러므로 정현파입력에 대한 정상상태 오차는 $|S(jw)|$ 보다 크지 않다. 정상상태오차가 영이 될 필요충분조건은 $S(jw)=0$이라는 것을, 즉 $L(s)$가 jw와 $-jw$ 에 극점쌍을 갖는 것이라는 것을 쉽게 알 수 있다.

예제 4.10

그림 4.26의 피드백 시스템을 생각해 보자. 이제 그 시스템이 안정하고 단위 램프입력 $r(t)=t\sigma(t)$ 에 대한 정상상태오차가 0.1보다 크지 않도록 하는 알맞은 파라메터 K를 구할 것이다.

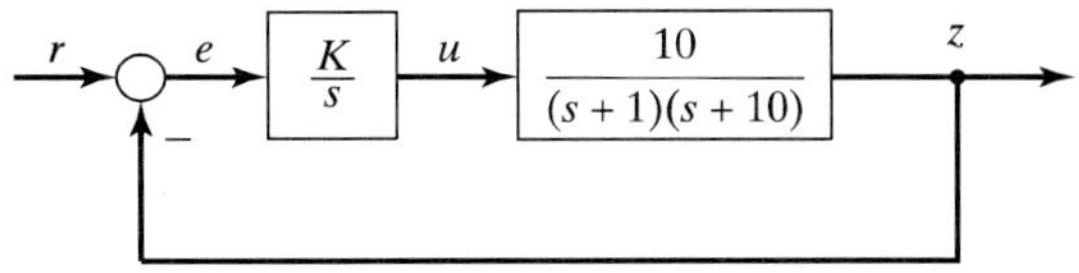

그림 4.26 예제 4.10 의 시스템

r 에서 e 까지의 폐루프 전달함수가 다음과 같다.

$$\frac{E(s)}{R(s)} = \frac{s(s+1)(s+10)}{s^3+11s^2+10s+10K}$$

Routh-Hurwitz 안정도 기준에 의해서, 시스템이 안정할 필요충분조건은 $K < 11$ 이다.

다음과 같기 때문에,

$$K_v = \lim_{s\to 0} sC(s)P(s) = \lim_{s\to 0} \frac{10K}{(s+1)(s+10)} = K,$$

램프입력에 대한 시스템의 정상상태 오차는 다음과 같이 주어진다.

$$e_{ss} = \frac{1}{K_v} = \frac{1}{K} \le 0.1$$

위의 조건으로부터 $K > 10$ 이므로 $10 \le K < 11$이다.

$K = 10$ 이라고 하자. 그러면 $r(t) = (\sin 2t)\sigma(t)$ 에 대한 정상상태 오차는 다음보다 크지 않다.

$$\left|\frac{E(j2)}{R(j2)}\right| = \left|\frac{j2(j2+1)(j2+1)}{(j2)^3+11(j2)^2+10(j2)+100}\right| = 0.7963.$$

4.5 내부 모델 원리

전절에서 외란과 측정잡음이 영인 상황에서 단위 피드백 시스템이 정상상태오차 없이 계단 기준입력을 추종할 수 있으려면 전향경로 전달함수 $L(s) = P(s)S(s)$는 하나의 적분을 포함해야 즉 원점에 극점을 가져야 한다는 것을 보았다.

만약 $L(s)$가 적분기를 포함하고 있다면, 단위 피드백 시스템은 계단함수를 추종하지 못할 뿐 아니라 내부 안정도는 유지되면서 정상상태 추종을 고려할 수 있는 적절한 파라미터가 없다는 관점에서 강인하지 못하다.

단위계단입력의 Laplace변환이 1/s이기 때문에, $L(s)$가 적어도 타입1이라는 요구조건은 기준입력의 Laplace변환의 극점들이 전향경로 전달함수 $L(s)$의 극점에 포함된다는 것으로 다시 기술될 수 있다. 그러므로 단위피드백시스템이 강인하게 계단기준입력을 추종할 필요충분조건은 $L(s)$의 극점들이 기준입력의 Laplace변환의 극점을 포함한다는 것이다. 마찬가지로, 단위피드백시스템이 램프기준입력을 강인하게 추종할 필요충분조건은 기준입력의 Laplace변환의 극점들(이 경우 0에서 두번 반복됨)을 포함한다는 것이다.

추종의 강인성은 루프전달함수의 타입이 강인하게 될 수 있는가의 여부, 즉 파라메터 변화에 민감하지 않다는 것의 여부에 달려있다. 루프전달함수의 타입은 공정 $P(s)$의 타입과 제어기 $C(s)$의 타입의 합이다. 공정의 타입은 보통 공정의 파라메터가 아니라 물리시스템의 구조에 의해서 결정된다. 예를 들면 예제 2.12의 DC모터의 위치제어에 있어서 공정은 파라메터 $R_a, L_a, K_t, K_b, K_f,$ 그리고 J가 무엇이든 간에 타입 1이다. 제어기의 타입은 제어기가 적절하게 구현되는 한 파라메터에 관계없이 만들어질 수 있다. 예를 들면, 그림 2.17과 2.18에서 보이는 바와 같이 제어기를 연산증폭기로 구현할 때 $a_n = 0$으로 놓는다면(회로의 가지를 끊음) 제어기는 강인하게 타입 1을 갖는다.

본 절에서, 위의 결론들은 그림 4.27에 보여지는 바와 같이 2DOF제어기까지 확장될 수 있다.

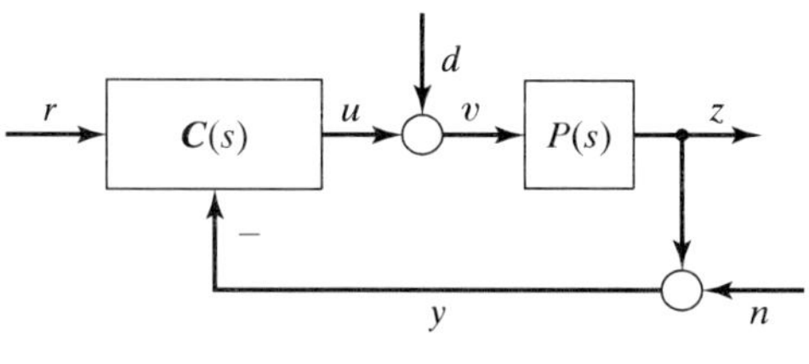

그림 4.27 2DOF 제어 시스템

다음과 같이 가정하자.

$$r(t) = \left(\frac{\alpha_0}{l!}t^l + \frac{\alpha_1}{(l-1)!}t^{l-1} + \cdots + \alpha_l\right)\sigma(t), \quad \alpha_0 \neq 0.$$

이러한 신호를 l차의 다항신호라고 부른다. $d(t) = 0$, $n(t) = 0$이라고 가정하기로 하자. 다음과 같이 놓는다.

$$P(s) = \frac{b(s)}{a(s)}$$

그리고

$$\boldsymbol{C}(s) = [\ C_1(s) \quad C_2(s)\ ] = \frac{1}{p(s)}[\ q_1(s) \quad q_2(s)\ ].$$

그러면 오차 $e(t) = r(t) - z(t)$의 Laplace변환은 다음과 같다.

$$E(s) = \frac{a(s)p(s) + b(s)[q_2(s) - q_1(s)]}{a(s)p(s) + b(s)q_2(s)} \frac{\alpha_0 + \alpha_1 s + \cdots + \alpha_l s^l}{s^{l+1}}.$$

그러므로, 내부적으로 안정하고 정상상태 추종이 요구된다면 폐루프 특성다항식 $a(s)p(s) + b(s)q_2(s)$가 안정해야 하고 분자다항식 $a(s)p(s) + b(s)[q_2(s) - q_1(s)]$가 s^{l+1}를 인자로 포함하고 있어야만 한다. 이 요구를 만족시키는 $P(s)$, $q(s)$그리고 $q(s)$를 설계하는 방법에는 여러 가지가 있다.

예제 4.11

$P(s) = \dfrac{1}{s+1}$이고 $C(s) = [2\ 1]$이라고 가정하자, 또한 $r(t) = \sigma(t)$이라고 가정하자. 그러면

$$E(s) = \frac{s}{s+2}\frac{1}{s} = \frac{1}{s+2}.$$

이 경우, 2DOF 피드백시스템은 외란과 잡음이 존재하지 않을 때 정상상태에서 계단 기준입력을 추종할 수 있다. 그러나 공정이 작은 섭동의 영향을 받아서 $\dfrac{1}{s+1.1}$이 되고 제어기가 작은 섭동의 영향을 받아서 [2.05 0.9]가 된다면 폐루프시스템의 내부안정도는 유지되지만 추종특성은 강인하지 못하다.

예제 4.11은 단위피드백 구조와 다른 매우 구별되는 형태의 2DOF를 보여주고 있다. 정상상태 추종의 요구사항과 강인한 정상상태 추종의 요구사항이 다르다는 것이다.

강인한 추종을 위해서는 s^{l+1}이 $a(s)P(s)$와 $b(s)[q_2(s) - q_1(s)]$ 모두의 인자가 되어야하는 것이 필요하다. $a(s)P(s)$와 $b(s)$가 불안정한 근을 공유할 수 없기 때문에, $a(s)P(s)$와 $q_2(s) - q_1(s)$ 모두 s^{l+1}을 인자로 가져야 한다는 것이 요구사항이 된다.

2DOF 제어경우에 대한 외란과 측정잡음의 영향에 대한 해석은 단위피드백 경우와 같다. 그러므로 2DOF 제어구조에 대한 다음과 같은 내부모델법칙에 다다르게 된다.

정리 4.12. l_r차수의 다항 기준입력, l_d차의 다항 외란, l_n차 다항 잡음에 대한 강인한 조정문제의 해가 존재하는 필요충분조건은 $P(0) \neq 0$이고 $n(t) = 0$이다.
강인한 조정문제의 해가 존재하기 위해서는 다음 사항이 요구된다.

1. $L(s) = P(s)C_2(s)$는 적어도 타입 $l_r + 1$이고 s^{l_r+1}는 $q_1(s) - q_2(s)$의 인자이다.
2. $C_2(s)$는 적어도 타입 $l_d + 1$이다.

s^{l_r+1}가 $q_1(s) - q_2(s)$의 인자라는 것을 강인하게 확보해주는 제어기가 어떻게 구성될 수 있을까에 대한 의문이 생길 수 있다. 이 요구조건은 다음과 같다는 것을 주목해야 한다.

$$q_{1n} = q_{2n}, \quad q_{1(n-1)} = q_{2(n-1)}, \quad \ldots, \quad q_{1(n-l_r)} = q_{2(n-l_r)}. \tag{4.3}$$

2DOF의 연산증폭기 회로 구성을 사용한다면, 그림 2.25에 있는 회로는 그림 4.28에 있는 회로로 변경될 수 있다. 그러면 요구조건(4.3)은 이제 제어기의 파라메터의 정확성이 아닌 구조에 의해서 보장받는 다는 것을 알 수 있다. 같은 방법이 2DOF 제어기의 소프트웨어적인 구성에도 사용될 수 있다.

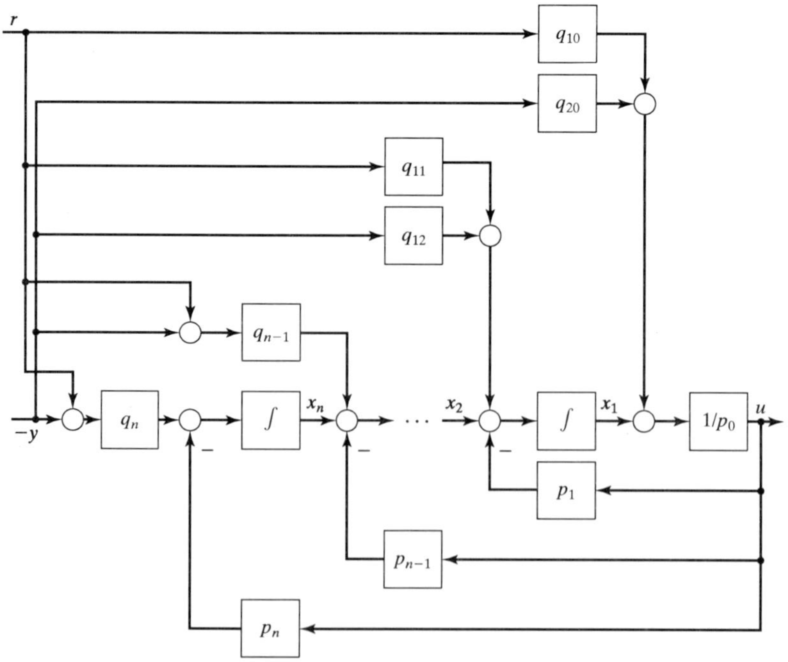

그림 4.28 2DOF 제어기의 구현

예제 4.13

다음과 같다고 하자.

$$P(s) = \frac{1}{s(s-1)}$$

그리고

$$C(s) = \frac{1}{s+7}\left[\ 2s+6 \quad 18s+6\ \right].$$

그러면 $P(s)\,C_2(S)$ 는 0에 하나의 극점을 가지고 있고 $C_2(s)-C_1(s)$도 0에 하나의 극점을 가지고 있다. 그러나, 이 제어기는 $C_2(s)$는 0에 극점을 가지고 있지 않기 때문에 계단외란 $D(s)=1/s$을 강인하게 제거할 수는 없다.

s가 $C_2(s)-C_1(s)$를 인자로 갖는 특성의 강인성을 보장하는 제어기의 연산증폭기의 구현이 그림 4.29에 보여지고 있다.

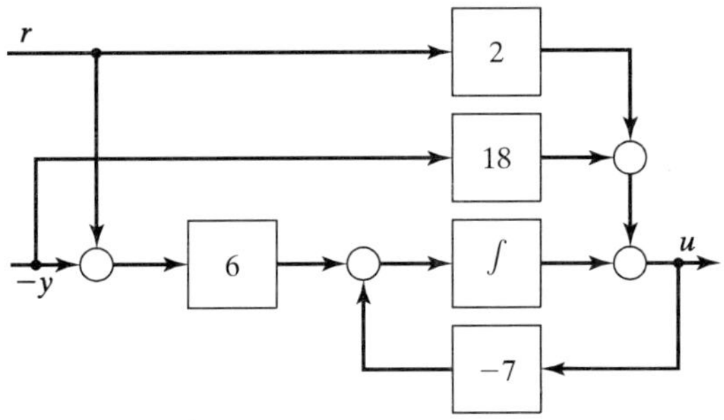

그림 4.29 예제 4.13에서의 2DOF 제어기의 연산증폭기 구현

4.6 언더슈트

언더슈트는 바람직하지 않다. 시뮬레이션 없이 주어진 시스템에서 계단응답에 대해 언제 어더슈트가 발생하는지 아는 것이 제어에 크게 도움이 된다. 어느 상황에서 언더슈트카 발생하는지에 대해 시스템 파라메터에 대한 조건을 정확하게 아는 것은 쉽지 않다. 주어진 정리는 충분조건을 제시해 주고 있다.

정리 4.14. $G(s)$는 안정하고 $G(0) \neq 0$ 이라고 가정하자. 그러면 계단응답은 $G(s)$가 양의 실수 영점이면 언더슈트를 갖는다.

증명: $z>0$이 $G(s)$의 양의 실수 영점이라고 하고 $y(t)$는 계단응답이라고 하자. 그러면

$$Y(s)=G(s)\frac{1}{s}=\int_{0-}^{\infty} y(t)e^{-st}dt.$$

z는 $y(t)$의 Lplace변환의 수렴영역에 있다는 것에 유의하라. 그러면

$$0=G(z)\frac{1}{z}=\mathcal{L}[y(t)](z)=\int_{0-}^{\infty} y(t)e^{-zt}dt.$$

$G(0)>0$이라고 가정하라. 그러면 $y(\infty)G(0)>0$.이다. $y(t)e^{-zt}>0$ 이기 때문에 충분히 큰 t에 대해서 $y(t_0)e^{-zt_0}<0$, i.e., $y(t_0)<0$. 인 $t_0>0$가 존재한다. 같은 비슷한 이야기가 $G(0)>0$일 때 적용된다. **[증명 끝]**

예제 4.15

다음 시스템을 고려하자.

$$G_1(s)=\frac{(s-1)(s-2)}{(s+1)(s^2+2s+2)},\quad G_2(s)=\frac{2-s}{s^2+2s+2}.$$

두 시스템 모두 양의 실수 영점을 가지고 있기 때문에 그것들의 계단응답 $y_1(t)$와 $y_2(t)$들은 그림 4.30에 보여지는 바와 같이 언더슈트를 가지는 것이 예상된다.

$y_2(t)$의 언더슈트는 $\dot{y}_2(0^+)=\lim_{s\to\infty} s^2Y_2(s)=-1<0$이기 때문에 $y_2(t)$는 시작부터 좋지 않은 방향으로 부터 시작하는 것을 쉽게 알 수 있다. 반면에 $y_1(t)$의 언더슈트는 $\dot{y}_1(0^+)1>0.$이기 때문에 늦게 나타난다.

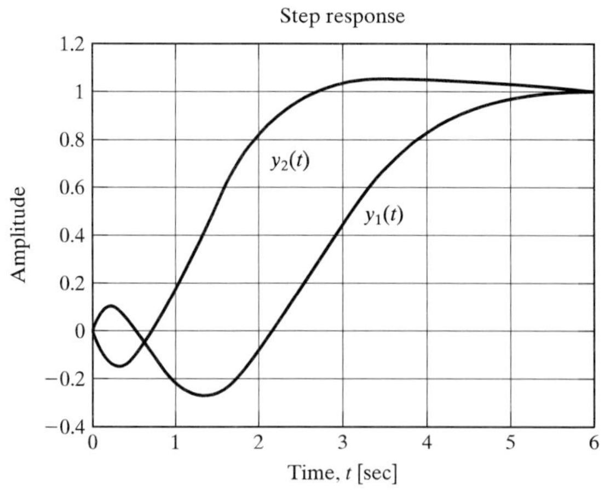

그림 4.30 예제 4.15에서 시스템 $G_1(s)$와 $G_2(s)$에 대한 계단 응답들

정리 4.14는 양의 실수 영점들이 바람직하지 않다는 것을 보여준다. 양의 실수부를 가지는 복소영점들 또한 바람직하지 않다는 것을 추측할 수 있다. 이것은 연습문제 4.13에서 보는 바와 같이 계단응답에서 필연적으로 언더슈트가 발생하지는 않지만 많은 상황에서 실제로 발생된다. 또한 이 문제는 전달함수가 양의 실수 영점들을 갖지 않더라도 계단응답이 언더슈트를 갖는 예를 제공해 주고 있다.

$G(s)$가 양의 실수 영점을 갖는 경우에 언더슈트의 발생뿐만 아니라 PU 또한 정착시간 t_s와 상반되는 관계를 가지고 있다.

정리 4.16. 정리 4.16. $G(s)$는 안정하고 $G(0) \neq 0$이라고 가정하자. $G(s)$가 양의 실수 영점 $z > 0$를 갖는다면

$$\mathrm{PU} \geq \frac{1-\Delta}{e^{zt_s}-1} \times 100\%$$

여기서 Δ는 정착시간 t_s를 정의하는데 사용되는 오차허용범위이다.

증명: $G(0)$=1인 경우에 대해서 증명해 보자. 다른 경우는 적당히 크기조절을 하면 마찬가지 경우로 다룰 수 있다. 이 경우 $t \geq t_s$에 대해서, $y(t) \geq 1-\Delta$가 성립한다. 그리고 다음과 같다.

$$\int_0^\infty y(t)e^{-zt}dt = \int_0^{t_s} y(t)e^{-zt}dt + \int_{t_s}^\infty y(t)e^{-zt}dt = 0.$$

다음의 두 식으로부터

$$\int_{t_s}^\infty y(t)e^{-zt}dt \geq (1-\Delta)\int_{t_s}^\infty e^{-zt}dt = (1-\Delta)\frac{e^{-zt_s}}{z}$$

그리고

$$\int_0^{t_s} y(t)e^{-zt}dt \geq y(t_b)\int_0^{t_s} e^{-zt}dt = y(t_b)\frac{1-e^{-zt_s}}{z},$$

다음과 같음을 알 수 있다.

$$-y(t_b)\frac{1-e^{-zt_s}}{z} \geq (1-\Delta)\frac{e^{-zt_s}}{z}$$

위로부터 필요한 부등식을 얻는다. **[증명 끝]**

계단응답에서 언더슈트는 두 가지 형태로 나누어 질 수 있다. 계단응답이 시간 0에서 정상상태 방향의 반대방향인 옳지 않은 방향으로 시작할 때 시스템의 계단응답은 **타입A 언더슈트(type A undershoot)**를 갖는다고 한다. 타입A가 아닌 것은 **타입B 언더슈트(type B undershoot)**라고 부른다. 그림 4.5에서 계단응답 3과 4는 타입A이고 그림 4.5의 계단응답 5와 6은 타입B이다.

예제 4.15에서 $y_2(t)$는 타입A 언더슈트이고 $y_1(t)$는 타입B 언더슈트이다. 정상상태 응답과 반대방향으로 시작하는 현상을 수학적으로 어떻게 정확하게 파악할 수 있을까? 계단응답이 초기상태에서 0에서 시작한다고 가정하자. 만약 그것의 초기 도함수가 정상상태 값과 같은 부호를 갖는다면 그 계단응답은 타입A의 언더슈트를 갖지 않는다. 만약 초기 도함수가 정상상태값의 반대부호를 갖는다면 타입A언더슈트를 갖지 않는다. 초기도함수가 0이면 어떤 일이 일어나는가? 이 경우, 계단응답의 초기방향은 그것의 초기 2차도함수에 좌우된다. 일반적으로, 계단응답의 초기 도함수는 그것의 처음으로 영이 아닌 첫번째 도함수의 차수, 이차도함수, 3차도함수에 의해 좌우된다. 수학적으로 계단응답 $y(t)$가 $y^{(0)}(0^+) := y(0^+)$이고 $i = 0,1,2,...,k-1$ 에 대해서 $y^{(i)}(0^+) = 0$이고 $y^{(k)}(0^+) \neq 0$일 때, 만약에 다음의 조건을 만족한다면 타입A언더슈트를 갖는다고 말한다.

$$y(\infty)y^{(k)}(0^+) < 0.$$

시간 0+에서 영이 아닌 값을 얻기 위하여 취하는 도함수의 차수는 0에서 계단응답의 평탄함이나 평활함에 대한 척도를 줄 수 있다. 이 차수는 정확하게 $G(s)$의 상대차수와 동일하다; 즉, 상대차수가 k인 전달함수 $G(s)$에 대해서 $y(t)$의 계단응답은 $y^{(i)}(0^+) = 0 \quad (i = 0,1,2,...,k-1)$을 만족한다. 이것에 대한 이유를 쉽게 알 수 있다. $i \leq k$이고 $y(0^+), \dot{y}(0^+), ..., y^{(i-1)}(0^+)$가 모두 영과 같다고 가정하자.
다음과 같기 때문에

$$Y(s) = G(s)\frac{1}{s},$$

다음이 성립한다.

$$\mathcal{L}[y^{(i)}(t)](s) = s^i Y(s) = s^{i-1}G(s).$$

초기치 정리에 의해서,

$$y^{(i)}(0^+) = \lim_{s\to\infty} s^i G(s)$$

위의 값은 $i < k$ 이면 영이고 $i = j$ 이면 영이 아니다.

다음 정리는 어떤 조건하에서 타입A 언더슈트가 발생하는 지를 간단한 시스템 특성의 관점하에서 정확하게 설명하고 있다.

정리 4.17. $G(s)$는 안정하고 $G(0) \neq 0$이라고 가정한다. 그러면 그것이 계단응답이 타입A의 언더슈트를 가질 필요충분조건은 $G(s)$가 홀수개의 실수 영점을 갖는다는 것이다.

증명: $G(s)$의 상대차수가 k라고 하자. 그러면 $G(s)$는 항상 다음 형태로 표현될 수 있다.

$$G(s) = K\frac{\prod_{i=1}^{l}(s-\alpha_i)\prod_{i=1}^{m}(s+\beta_i)\prod_{i=1}^{p}[(s+\sigma_i)^2+\omega_i^2]}{s^n + a_1 s^{n-1} + \cdots + a_n}$$

여기서 $\alpha_i, \beta_i > 0$이고 $l+m+2p = n-k$이다. 양의 실수 영점의 갯수는 l이다. 이제 다음과 같다.

$$\begin{aligned} y^{(k)}(0^+) &= \lim_{s\to\infty} s^k G(s) = K \\ y(\infty) &= G(0) = K\frac{\prod_{i=1}^{l}(-\alpha_i)\prod_{i=1}^{m}\beta_i\prod_{i=1}^{p}(\sigma_i^2+\omega_i^2)}{a_n}. \end{aligned}$$

다음과 같기 때문에

$$a_n > 0, \quad \prod_{i=1}^{m}\beta_i > 0, \quad \prod_{i=1}^{p}(\sigma_i^2+\omega_i^2) > 0,$$

$y^{(k)}(0^+)y(\infty) < 0$이기 위한 필요충분 조건은 $\Pi_{i=1}^{l}(-\alpha_i) < 0$이다. 이것이 참일 필요충분조건은 l이 홀수이어야 한다는 것이다. **[증명 끝]**

그림 4.31에서 보여지는 바와 같이 시스템은 보통 폐루프 모드에서 동작한다. 그러므로 공정 $P(s)$가 주어지고 제어기 $C(s)$가 자유롭게 설계될 수 있다면 언제 언더슈트가 발생하는 지를 파악하는 것이 중요하다.

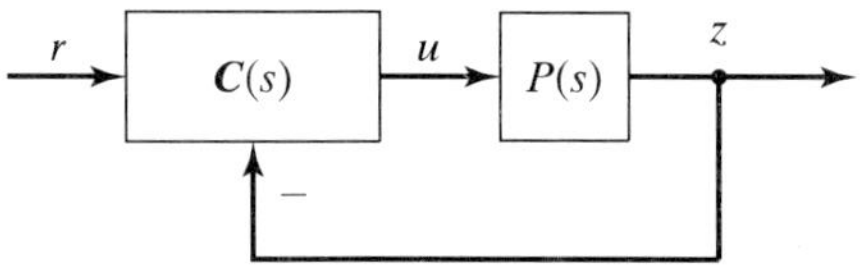

그림 4.31 2DOF제어 시스템

다음과 같다고 하자.

$P(s) = \dfrac{b(s)}{a(s)}$이고

$$\boldsymbol{C}(s) = \frac{1}{p(s)}\begin{bmatrix} q_1(s) & q_2(s) \end{bmatrix}$$

여기서 $a(s)$와 $b(s)$는 서로소인 다항식이고 $p(s), q_1(s)$그리고 $q_2(s)$도 서로소인 다항식이다.

$r(t)$에서 $s(t)$까지의 전달함수는

$$\frac{b(s)q_1(s)}{a(s)p(s) + b(s)q_2(s)}.$$

폐루프 시스템이 내부적으로 안정하다면 $a(s)p(s)+b(s)q_2(s)$는 양의 실수부를 갖는 근이 없다. 양의 실수부를 갖는 $P(s)$의 영점 즉 $b(s)$의 근은 $r(t)$로부터 $z(t)$까지의 폐루프 시스템의 전달함수의 영점으로 나타날 것이다. 이것은 $P(s)$가 양의 실수 영점을 갖는다면 아무리 2DOF 제어기 $C(s)$를 설계한다 하더라도, 언더슈트는 항상 발생한다는 것을 의미한다. 만약 빠른 정착시간이 요구된다면 PU는 나빠질 것이고, 역으로 작은 PU가 요구된다면 정착시간은 길어질 것이다. 만약 언더슈트가 절대로 있어서는 안된다면, 모든 양의 실수 영점을 제거하기 위해서는 공정은 다시 설계되거나 변경되어야 한다.

4.7 오버슈트

계단응답이 오버슈트를 가지는 경우를 살펴보기로 한다. 그림 4.32에 보여지는 단위 피드백 시스템을 고려해 보자. 이 시스템의 계단 기준입력 추종특성을 살펴볼 때, 보통은 전향 전달함수 $L(s)$의 타입을 적어도 1이라고 가정한다. 그렇지 않은 경우에는 시스템이 정상상태에서 계단 기준입력을 추종하지 못하기 때문이다.

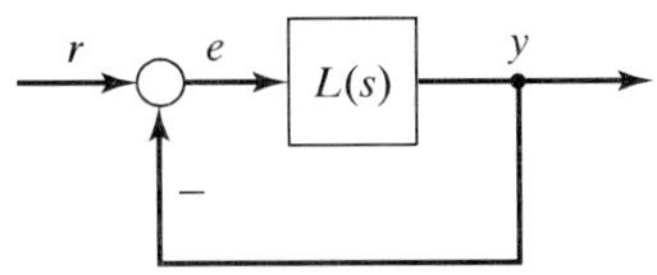

그림 4.32 루프이득 $L(s)$를 갖는 단위 피드백 시스템

오버슈트의 원인중의 하나는 불안정한 개루프 극점들이다.

정리 4.18. $L(s)$가 적어도 타입 1이고 양의 실수 극점을 가진다면 시스템의 계단응답은 오버슈트를 갖는다.

증명: 일반성을 잃지 않고 계단기준입력이 단위스텝 입력이라고 가정한다. 그러면 오차 e(t)의 Laplace변환은 다음과 같다.

$$E(s) = \frac{1}{1+L(s)}\frac{1}{s}.$$

만약 $L(s)$가 p에서 양의 실수 극점을 갖는다면 다음과 같다.

$$E(p) = \int_{0-}^{\infty} e(t)e^{-pt}dt = 0.$$

$e(t)e^{-pt}$가 충분히 작은 t에 대해서 양이기 때문에 $e(t)e^{-pt} < 0$이거나 같은 조건 $e(t) < 0, i.e., z(t)$를 만족시키는, 즉, 오버슈트를 갖는 $t > 0$가 존재한다. **[증명 끝]**

적용 예를 살펴보면, 그림 4.33에서 보여지는 바와 같이 루프이득 $L(s)$는 공정 $P(s)$와 제어기 $C(s)$로 이루어져 있다. 공정 $P(s)$는 양의 실수극점을 가지고 있다고 가정하자.

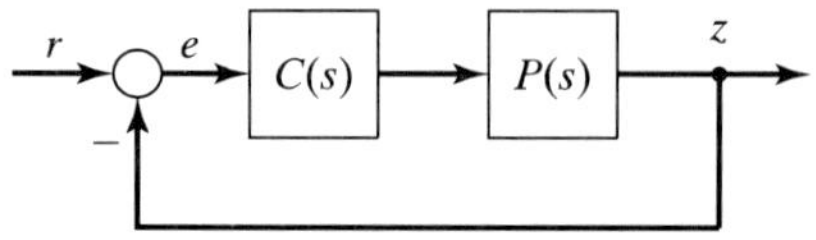

그림 4.33 공정 $P(s)$와 제어기 $C(s)$를 갖는 단위피드백시스템

피드백시스템을 내부적으로 안정하게 만드는 어떠한 제어기도 이 극점을 제거할 수 없기 때문에 이 극점은 $L(s) = P(s)S(s)$의 극점이 될 것이다. 이것은 어떻게 제어기 $C(s)$를 설계한다 할지라도 $L(s)$가 적어도 타입 1이라면 오버슈트는 항상 발생한다는 것을 보여주고 있다.

오버슈트의 또 다른 발생가능성은 단위피드백루프에 있는 여러 개의 적분기의 존재에 있다.

정리 4.19. 만약 $L(s)$의 타입이 적어도 2라면, 시스템의 계단응답은 오버슈트를 갖는다.

증명: 다시 계단 기준입력이 단위계단이라고 가정하자. 오차 e(t)의 Laplace변환이 다음과 같다.

$$E(s) = \frac{1}{1+L(s)}\frac{1}{s}.$$

그러므로 오차의 적분의 Laplace변환은 다음과 같다.

$$\mathcal{L}\left[\int_{0-}^{t} e(t)dt\right] = \frac{1}{1+L(s)}\frac{1}{s^2}.$$

최종치 정리를 사용함으로써 다음과 같음을 알 수 있다.

$$\int_{0-}^{\infty} e(t)dt = \lim_{t\to\infty}\int_{0-}^{t} e(t)dt = \lim_{s\to 0}\frac{1}{s}\frac{1}{1+L(s)} = 0.$$

충분히 작은 t에 대해서 $e(t) > 0$이기 때문에 $e(t) < 0$인 즉 오버슈트가 발생하는 시간 $t > 0$가 반드시 존재한다. **[증명 끝]**

전절에서 루프전달함수의 고차의 시스템 타입은 좀더 나은 정상상태 응답을 의미한다는 것을 알았다. 이제 우리는 이것이 과도응답의 관점에서 볼 때 바람직하지 못한 단점인 오버슈트의 발생 가능성을 갖게 한다는 것을 알게 되었다.

또한, 그림 4.33에서 $P(s)$의 타입이 적어도 2라면, 안정화시키는 제어기는 전체 루프이득 $L(s) = P(s)S(s)$의 타입을 감소시킬 수 없다. 이와 같이 아무리 안정화시키는 제어기를 사용한다 할지라도, 그러한 시스템에의 단위피드백에서의 계단응답 오버슈트는 항상 발생한다.

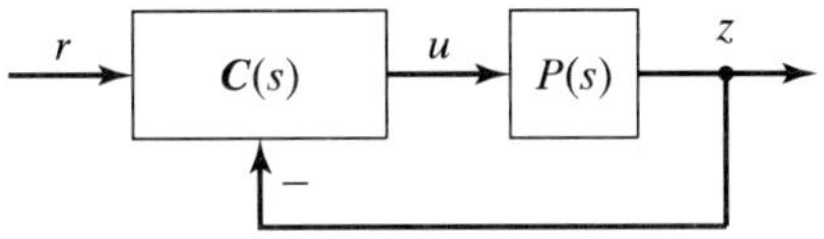

그림 4.34 2DOF 제어 시스템

반면에 그림 4.34에서 보여지는 단위 피드백 대신에 2DOF 추종 제어기를 사용한다면, $P(s)$가 양의 실수 극점과 혹은 다음의 두개의 예제에서 보여지는 것과 같은 2보다 더 고차의 타입을 갖는다 할지라도 오버슈트의 발생을 방지하는 것이 가능하다. 이것이 2DOF 제어기가 단위 피드백 제어기를 능가하는 장점을 갖게 해준다.

예제 4.20

다음과 같이 놓도록 하자.

$$P(s) = \frac{1}{s(s-1)}.$$

그림 4.33에서 보여지는 바와 같이 다음 제어기를 사용한 단위피드백을 사용한다면

$$C(s) = \frac{18s+6}{s+7},$$

페루프 시스템은 $r(t)$에서 $z(t)$까지의 전달함수가 다음과 같게 되며 안정하다.

$$\frac{18s+6}{s^3+6s^2+11s+6}.$$

계단응답은 그림 4.35에서의 실선과 같으며 오버슈트를 갖는다. 이러한 사실은 제어기가 어떻게 설계되는 것과 상관없이 오버슈트가 없는 계단응답을 가지는 가능성이 없는 경우를 알

려주는 정리 4.18에 의해서 예측될 수 있다. 만약 그림 4.34에서 보여지는 바와 같이 다음과 같은 2DOF 제어기를 사용한다면

$$C(s) = \frac{1}{s+7}\left[\ 2s+6 \quad 18s+6\ \right],$$

$r(t)$에서 $z(t)$까지의 페루프 전달함수는 다음과 같다.

$$\frac{2}{s^2+3s+2}.$$

그것의 계단응답은 그림 4.35에서 보여지며 오버슈트를 갖지 않는다.

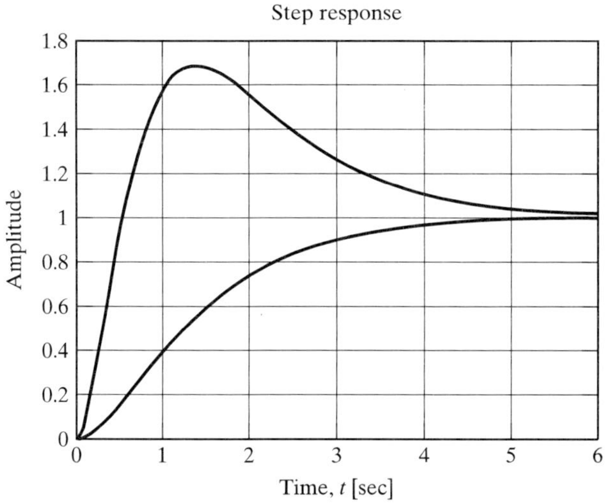

그림 4.35 예제 4.20에서의 두 시스템에 대한 계단응답

예제 4.21

다음과 같이 놓도록 하자.

$$P(s) = \frac{2s+1}{s^2}.$$

그러면 정리 4.19에 의해서 이 공정과 임의의 안정화제어기를 갖는 단위 피드백 시스템은 오버슈트를 갖는다. 그림 4.34에서과 같이 다음과 같은 2DOF 제어기를 사용한다면

$$C(s) = \frac{1}{2s+1}\left[\ 1 \quad 2s+1\ \right],$$

$r(t)$에서 $z(t)$까지의 페루프 전달함수는 다음과 같고

$$\frac{Z(s)}{R(s)} = \frac{1}{(s+1)^2},$$

그것은 임계 감쇄이고 표준 2차 시스템이기 때문에 계단응답이 오버슈트를 갖지 않는다.

위의 두 예제는 단위 피드백 제어기를 압도하는 2DOF의 장점을 보여주고 있다. 그것은 임의의 적당한 공정에 대해 2DOF를 사용함으로써 언제나 오버슈트를 회피하는 것이 항상 가능하다는 것을 밝혀주고 있다.

정리 4.22. $P(s)$ $P(0) \neq 0$ 인 임의의 LTI공정 $P(s)$에 대해, 기준입력 $r(t)$에서 출력 $z(t)$까지의 계단응답이 오버슈트를 갖지 않도록 하는 2DOF제어기가 존재한다.

본 절의 나머지는 정리 4.22의 증명에 대해 이야기 하고 있다. 증명은 구조적으로 되어 있어서 2DOF 제어기가 어떻게 설계될 수 있는 지에 대해서도 말해주고 있다. 여기서 3.8절에 주어진 모든 안정화시키는 2DOF 제어기의 파라메터 결정 방법을 사용한다. 공정이 다음과 같다고 하자.

$$P(s) = \frac{b(s)}{a(s)}$$

여기서 분모의 차수는 분자보다 크고 deg $a(s) = n$이다. deg $P(s) = m$인 초기 안정화 피드백 제어기가 다음과 같다고 하자.

$$C_0(s) = \frac{q(s)}{p(s)}$$

$P(0) \neq 0$이라는 가정은 $b(0) \neq 0$이라는 것을 의미하고 있다.

$c(s) = a(s)p(s) + b(s)q(s)$를 $c(s) = f(s)h(s)$와 같이 deg $f(s) = n$이고 deg $h(s) = m$인 인자로 표현한다. 다음과 같이 놓도록 하자.

$$M(s) = \frac{a(s)}{f(s)}, \quad N(s) = \frac{b(s)}{f(s)}, \quad X(s) = \frac{p(s)}{h(s)}, \quad Y(s) = \frac{q(s)}{h(s)}.$$

3.8절에 에서의 이론으로부터 모든 안정화 2DOF제어기들은 다음과 같이 주어진다.

$$\mathcal{T}(P) = \left\{ C(s) = \left[\frac{Q_1(s)}{X(s) - N(s)Q_2(s)} \quad \frac{Y(s) + M(s)Q_2(s)}{X(s) - N(s)Q_2(s)} \right] : \right.$$

여기서 $Q_1(s)$와 $Q_2(s)$는 두 개의 임의의 안정한 시스템이다.
그리고 $r(t)$로부터 $z(t)$까지의 페루프 전달함수는 다음과 같다.

$$G(s) = N(s)Q_1(s) = \frac{b(s)}{f(s)}Q_1(s)$$

위의 수식은 $Q_2(s)$와는 상관이 없다. 이것은 $Q_2(s)$는 $r(t)$로부터 $z(t)$까지의 계단응답과 상관이 없이 독립적으로 설계할 수 있다는 것을 보여준다. $b_s(s)$는 안정한 다항식이고 $b_u(s)$는 근이 $b(s)$의 불안정한 근과 같은 다항식이라고 할 때 $b(s)$를 $b(s) = b_s(s)b_u(s)$와 같이 인자들로 표현하자. 다음과 같이 구성하자.

$$Q_1(s) = \frac{f(s)}{b_s(s)b_u(0)} \prod_{i=1}^{k} \frac{\alpha_i}{s + \alpha_i}$$

여기서 $a_i > 0, i = 1, 2, ..., k,$이고 정수 k는 $Q_1(s)$이 분모의 차수가 큰 다항식, 즉, $i.e., k \geq \deg f(s) - \deg b_s(s)$ 이 되도록 선택한다. 이 다항식 $Q_1(s)$으로 우리는 다음과 같음을 알 수 있다.

$$G(s) = \frac{b_u(s)}{b_u(0)} \prod_{i=1}^{k} \frac{\alpha_i}{s + \alpha_i}.$$

이러한 $Q_1(s)$를 설계함으로써 두가지 목적을 달성하였다. 첫번째는 안정한 $Q_1(s)$의 안정한 극점을 사용해서 $N(s)$의 안정한 영점을 소거하는 것이다. 두번째는 $G(s)$으 모든 극점들이 음의 실수가 되도록 하는 것이다.

첫번째로 실제 경우의 대부분을 아우르는 몇개의 특별한 경우를 생각해 보자.

경우 1: $b_u(s)$는 상수이다, 즉 공정은 최소위상이다.

이 경우,

$$G(s) = \prod_{i=1}^{k} \frac{\alpha_i}{(s + \alpha_i)}.$$

연습문제 4.18에서 서술된 것은 $G(s)$의 계단응답이 단순증가나 감소이기 때문에 오버슈트로부터 자유롭다는 것을 의미한다.

경우 2: $z > 0$인 $b_u(s) = s - z$, 즉, 공정은 실수이면서 양수인 단지 하나의 불안정한 영점 z를 갖는다.

이 경우,

$$G(s) = \frac{\alpha_1(s-z)}{-z(s+\alpha_1)} \prod_{i=2}^{k} \frac{\alpha_i}{s+\alpha_i}.$$

연습문제 4.20.2에서의 결론은 $z(t)$는 오버슈트에서 자유롭다는 것을 의미한다.

경우 3: $\zeta \geq 0, w_n > 0$인 $b_u(s) = s^2 - s\zeta w_n s + w_n^2$, 즉 공정은 단지 두개의 복소공액이나 실수의 불안정한 영점들을 갖는다.

이 경우 다음과 같이 놓도록 하자.

$$\alpha_1 = \alpha_2 = \omega_n$$

그러면

$$G(s) = \frac{s^2 - 2\zeta\omega_n s + \omega_n^2}{(s+\omega_n)^2} \prod_{i=3}^{k} \frac{\alpha_i}{s+\alpha_i}.$$

연습문제 4.20.3에서의 결론은 $z(t)$가 오버슈트에서 자유롭다는 것을 의미하고 있다.

일반적인 경우에, 위의 설계 아이디어를 간단하게 확장할 수는 없으며, 다른 아이디어를 따라야만 한다. 모든 i에 대해서 $\alpha_i = \alpha$라고 하자. 그러면 단위 계단 기준입력에 대한 추종오차는 다음과 같다.

$$E(s) = [1 - G(s)]\frac{1}{s} = \left[1 - \frac{b_u(s)\alpha^k}{b_u(0)(s+\alpha)^k}\right]\frac{1}{s} = \frac{b_u(0)(s+\alpha)^k - b_u(s)\alpha^k}{b_u(0)(s+\alpha)^k s}.$$

분자는 다음과 같음을 주목하자.

$$b_u(0)[(s+\alpha)^k - \alpha^k] - [b_u(s) - b_u(0)]\alpha^k$$
$$= b_u(0)s[(s+\alpha)^{k-1}+(s+\alpha)^{k-2}\alpha+\cdots+(s+\alpha)\alpha^{k-2}+\alpha^{k-1}]-[b_u(s)-b_u(0)]\alpha^k.$$

또한 위의 두번째 항은 s에 의해서 나누어질 수 있음에 주목하고 그렇게 때문에 A.3 절에서의 부분분수 전개공식에 따라서 다음과 같다.

$$\frac{b_u(s)-b_u(0)}{b_u(0)(s+\alpha)^k s} = \frac{\beta_1(\alpha)}{s+\alpha} + \frac{\beta_2(\alpha)}{(s+\alpha)^2} + \cdots + \frac{\beta_k(\alpha)}{(s+\alpha)^k}$$

여기서 $\beta_i(\alpha), i=1,2,...,k,$ 들은 α의 다항 함수들이다. 이것은 다음식을 보여주고 있다.

$$E(s) = \frac{\gamma_1(\alpha)}{s+\alpha} + \frac{\gamma_2(\alpha)}{(s+\alpha)^2} + \cdots + \frac{\gamma_k(\alpha)}{(s+\alpha)^k}$$

여기서 i=1,2,...,k 에 대해 다음과 같다.

$$\gamma_i(\alpha) = \alpha^{i-1} - \beta_i(\alpha)\alpha^k = \alpha^{i-1}[1-\beta_i(\alpha)\alpha^{k-i+1}].$$

α가 충분히 작은 한, $\gamma_i(a)$,,i=1,2,...,k 들은 음이 아니다. 결과적으로

$$e(t) = \mathcal{L}^{-1}[E(s)] = \left(\gamma_1(\alpha) + \gamma_2(\alpha)t + \cdots + \frac{\gamma_k(\alpha)}{(k-1)!}t^{k-1}\right)e^{-\alpha t}\sigma(t)$$

은 항상 음이 아니다. 이것은 $z(t)$가 오버슈트를 갖지 않는다는 것을 의미한다.

4.8 시간영역 신호와 시스템 놈

제어시스템의 해석과 설계에 있어서 신호나 시스템의 강도를 측정하는 것이 필요하다. 그러한 강도를 수학적인 용어로 **놈(norm)**이라고 부른다. 우리는 자주 추정오차나 공정입력(기준신호의 크기가 고정되어 있을 때), 혹은 제어시스템의 성능지수로서 어떤 폐루프 시스템의 신호의 놈을 사용한다.

제어기설계의 목적은 성능지수의 값을 작게 혹은 최소가 되도록 하는 제어기 파라메터를 찾는 것이다. 신호나 시스템의 놈을 정의하는 몇가지 방법이 있다.

본 절에서는, 우선 몇 가지 시간영역의 놈들을 살펴볼 것이다. 8장에서, 주파수영역에서의 놈을 소개할 것이다.

정의 4.23. 어떤 $x(t)$라는 신호에 대해서

1. $x(t)$의 ∞−놈은 다음으로 정의된다.

$$\|x(t)\|_\infty = \sup_{t\geq 0} |x(t)|.$$

2. $x(t)$의 2−놈은 다음으로 정의된다.

$$\|x(t)\|_2 = \left[\int_{0^-}^{\infty} x^2(t)dt\right]^{1/2}.$$

3. $x(t)$의 1−놈은 다음으로 정의된다.

$$\|x(t)\|_1 = \int_{0^-}^{\infty} |x(t)|dt.$$

이러한 모든 놈들은 물리적 의미를 가지고 있다. ∞−놈은 크기의 최고값 혹은 신호의 크기이다. 2−놈의 제곱은 보통 **신호의 에너지(energy of the signal)**라고 부른다. 만약 $x(t)$가 저항부하의 전류나 전압이라고 한다면 $x(t)$의 2−놈의 제곱은 부하의 전체 에너지 소모에 비례한다. 만약 $x(t)$까 딱딱한 물체의 속도라면, $\| x(t) \|_2^2$는 그것의 운동에너지에 비례한다. 만약 $x(t)$가 무게중심점의 높이라면 $\| x(t) \|_2^2$는 그것의 위치에너지에 비례한다. $x(t)$가 어떤 오차신호인 경우라면 $x(t)$의 2−놈의 제곱은 또한 **제곱오차의 적분(integral of the squared error, ISE)**라고 부른다. 1−놈은 또한 신호의 움직임이라고 부른다. 만약 $x(t)$가 어떤 물질이나 연료의 흐름을 나타낸다면 $x(t)$ 의 1−놈은 물질이나 연료의 전체 소비량이다. $x(t)$가 오차신호인 경우에는 $x(t)$의 1−놈은 또한 **절대오차의 적분(integral of the absolute error, IAE)**라고 불린다.

우리는 시스템의 안정도 연구에서 ∞−놈이나 1−놈을 보아왔다. 어떤신호의 ∞−놈의 크기가 유한하다면 그 신호는 크기가 제한되어 있다고 말한다. 정리 3.3은 단순히 시스템이 안정할 필요충분조건은 임펄스 응답의 1−놈이 유한하다는 것을 말하고 있다.

만약 $x(t)$가 불안정한 동태를 가진다면, 즉 시간이 무한대로 감에 따라 무한대로 접근한다면, 혹은 지수적으로 등가하는 크기로 진동한다면, 그것의 놈은 무한대와 같을 것이다. 유한한 $\| x(t) \|_{\infty}$에 대해서 신호 $x(t)$는 크기가 제한된 동태를 가지고 있다. 임펄스 함수 $\delta(t)$의 놈이 무엇인지 궁금할 것이다. 조금만 생각해 보아도 다음과 같음을 알 수 있다.

$$\|\delta(t)\|_{\infty} = \infty, \quad \|\delta(t)\|_2 = \infty, \quad \|\delta(t)\|_1 = 1.$$

예제 4.24

그림 4.36에 보여진 바와 같이 단위 피드백 시스템을 고려하자.

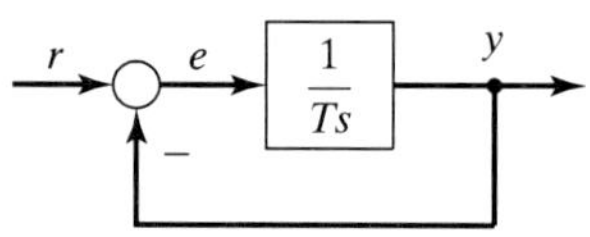

그림 4.36 일차 단위 피드백 시스템

$r(t)$가 단위 계단함수라고 가정한다. 우리는 e(t)의 다양한 놈을 찾는데 관심이 있다. 다음과 같다는 것을 알고 있다.

$$E(s) = \frac{T}{Ts+1}$$

그리고

$$e(t) = e^{-t/T}.$$

직접적인 계산은 다음과 같다.

$$\|e(t)\|_{\infty} = 1, \ \|e(t)\|_2 = \left[\int_{0^-}^{\infty} e^{-2t/T} dt\right]^{1/2} = \sqrt{\frac{T}{2}}, \ \|e(t)\|_1 = \int_{0^-}^{\infty} e^{-t/T} dt = T.$$

이 경우, 무한대 놈은 T의 변화와 전혀 무관하기 때문에 성능지수로서 적합하지 않다., 왜냐하면 그것은 좋지 않은 시정수와 좋은 시정수를 구별할 수 없기 때문이다. 다른 두개의 놈들은 시정수가 작을수록 오차가 작다는 우리의 상식과 일치한다.

예제 4.25

그림 4.37에 보여지는 단위 피드백시스템을 고려하자. 우리는 기준입력이 단위계단입력 일 때 오차신호의 다른 놈들에 대해 알고 싶은 것이다.

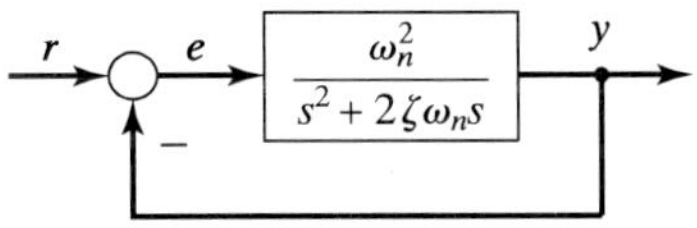

그림 4.37 이차 단위 피드백 시스템

해석적으로, 우리는 다음을 알고 있다.

$$e(t) = \begin{cases} \dfrac{e^{-\zeta\omega_n t}}{\sqrt{1-\zeta^2}} \sin\left(\sqrt{1-\zeta^2}\omega_n t + \arccos\zeta\right) & 0 < \zeta < 1 \\ e^{-\omega_n t}(1+\omega_n t) & \zeta = 1 \\ \dfrac{1}{2\sqrt{\zeta^2-1}} \dfrac{e^{-\left(\zeta-\sqrt{\zeta^2-1}\right)\omega_n t}}{\zeta-\sqrt{\zeta^2-1}} - \dfrac{1}{2\sqrt{\zeta^2-1}} \dfrac{e^{-\left(\zeta+\sqrt{\zeta^2-1}\right)\omega_n t}}{\zeta+\sqrt{\zeta^2-1}} & \zeta > 1. \end{cases}$$

이 경우, 놈 $\| e(t) \|_\infty$와 $\| e(t) \|_2$들은 좀 더 직접적인 방법으로 계산될 수 있다.

$$\|e(t)\|_\infty = 1 \tag{4.4}$$

$$\|e(t)\|_2 = \sqrt{\left(\frac{1}{4\zeta} + \zeta\right)\frac{1}{\omega_n}}. \tag{4.5}$$

$\| e(t) \|_1$을 위해서는 좀 더 복잡한 계산이 필요하다. 결과는

$$\|e(t)\|_1 = \begin{cases} \dfrac{2\zeta}{\omega_n} + \dfrac{2e^{\zeta \arccos\zeta/\sqrt{1-\zeta^2}}}{\omega_n(e^{\zeta\pi/\sqrt{1-\zeta^2}} - 1)} & \text{if } 0<\zeta<1 \\ \dfrac{2\zeta}{\omega_n} & \text{if } \zeta \geq 1. \end{cases} \tag{4.6}$$

고유주파수(w_n=1)가 정규화되었을 때 감쇄비에 따른 이런 모든 놈들의 그림이 그림 4.38에 주어져 있다. $\| e(t) \|_\infty$는 완전히 평평해서 이 경우에 적당한 성능지수가 아니라는 것이 또다시 보여지고 있다. 다른 두 놈들의 각각에 대해서, 가장 좋은 감쇄비가 있다. $\| e(t) \|_2$에 대해서 가장 좋은 감쇄비는 0.50이고 $\| e(t) \|_2$의 최소값은 1이다. $\| e(t) \|_1$에 대한 가장 좋은 감쇄비는 0.66이고 $\| e(t) \|_1$의 최소값은 1.60이다.

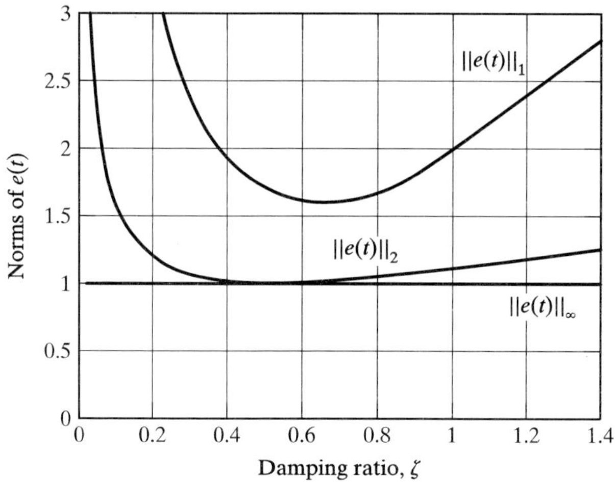

그림 4.38 표준 2차시스템에 대한 다양한 계단응답 오차의 놈들

최적제어 문제들은 신호 놈들에 의해서 주어지는 어떤 성능지수들이 최소화 되도록 하는 제어기나 그것의 파라메터를 찾는 것으로 구성된다.
예제가 다음에 주어져 있다.

예제 4.26

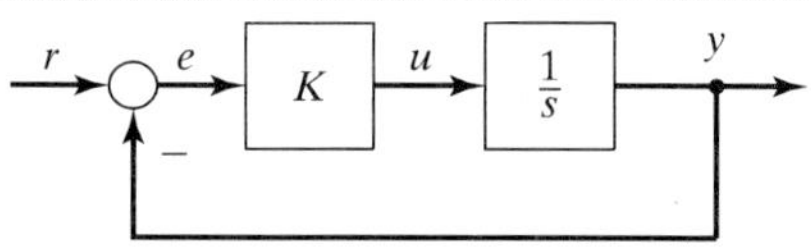

그림 4.39 일차 단위 피드백 시스템

그림 4.39에 보여지는 단위 피드백 시스템을 고려하자. $r(t)$는 단위스텝이라고 가정한다. 다음을 최소화하는 K를 설계하자.

$$J = \|e(t)\|_2^2 + \|u(t)\|_2^2.$$

예제 4.24의 결과를 사용함으로써, 다음을 얻을 수 있다.

$$\|e(t)\|_2 = \sqrt{\frac{1}{2K}}, \quad \|u(t)\|_2 = K\sqrt{\frac{1}{2K}}.$$

그러면 다음과 같다.

$$J = \frac{1}{2K} + \frac{K}{2}.$$

최적 K을 찾기 위해서 다음과 같이 놓는다.

$$0 = \frac{dJ}{dK} = -\frac{1}{2K^2} + \frac{1}{2}.$$

이것은 K=1 임을 의미한다. 그러므로 최적 K는 1이고 J의 최적값은 1이다.

이 예제에서, 최적 K는 선택되는 성능지수에 달려있다.

만약 다음과 같이 선택하면

$$J = \|e(t)\|_1 + \|u(t)\|_1,$$

다음과 같다.

$$J = \frac{1}{K} + 1.$$

명확하게, 이 경우 최적K는 존재하지 않는다. K가 클수록, J는 더 작다.

원칙적으로, 신호에 대해서 정의되는 어떤 놈에 대해서 시스템에 대한 상응하는 놈이 정의된다: 시스템 놈은 그것의 임펄스 응답이다. 그러나 시간영역에서는 단지 시스템의 2-놈과 1-놈을 사용할 것이다. 공식적인 정의는 다음과 같다.

정의 4.27. 시스템이 임펄스 응답 g(t)를 갖는다고 하자. 그러면

1. 시스템의 시간영역 2-놈은 $\| g(t) \|_2$이다;
2. 시스템의 시간영역 1-놈은 $\| g(t) \|_1$이다.

일반적으로, 신호나 시스템의 놈의 해석적인 계산은 어렵다. 그러므로 수치 시뮬레이션, 적분, 그리고 계산들이 필요하다. 본 절에서 정의된 모든 놈들중에서, 2-놈이 가장 통상적으로 사용되는데, 쉽게 계산되고 다룰 수 있기 때문이기도 있다. 다음 절에서, 2-놈에 대해서 자세히 살펴보고 신호나 시스템의 2-놈의 계산에 대한 알고리즘을 제공할 것이다.

4.9 시간영역 2-놈의 계산

시간영역 신호와 시스템의 놈들 이외에 또다른 중요한 개념은 신호와 시스템간의 시간영역 내적이다. 내적의 사용은 2-놈의 계산에 있어서 매우 중요하다.

정의 4.28. $x(t)$와 $y(t)$가 신호들이라고 하자. $x(t)$와 $y(t)$간의 내적은 다음으로 정의된다.

$$\langle x(t), y(t)\rangle = \int_{0^-}^{\infty} x(t)y(t)dt.$$

명확하게,

$$\|x(t)\|_2^2 = \langle x(t), x(t)\rangle.$$

$x(t)$의 Laplace변환이 유리함수라고 하자:

$$\mathcal{L}[x(t)] = X(s) = \frac{b(s)}{a(s)} = \frac{b_1 s^{n-1} + \cdots + b_n}{a_0 s^n + a_1 s^{n-1} + \cdots + a_n}, \quad a_0 > 0. \tag{4.7}$$

만약 어떤 신호가 분모의 차수가 분자의 차수보다 크거나 같은 Laplace 변환이거나 불안정한 Laplace 변환을 갖는다면, 그것의 2-놈은 무한하다. 그러므로 (4.7)에서 $X(s)$의 분모의 차수가 분모보다 크다고 함축적으로 가정하고 $a(s)$가 안정하다는 추가적인 가정을 만든다.

s^n	$r_{00} = a_0$	$r_{01} = a_2$	$r_{02} = a_4$	$r_{03} = a_6$	$\cdots$
s^{n-1}	$r_{10} = a_1$	$r_{11} = a_3$	$r_{12} = a_5$	$r_{13} = a_7$	$\cdots$
s^{n-2}	r_{20}	r_{21}	r_{22}	r_{23}	$\cdots$
s^{n-3}	r_{30}	r_{31}	r_{32}	r_{33}	$\cdots$
$\vdots$	$\vdots$	$\vdots$	$\vdots$	$\vdots$	
s^2	$r_{(n-2)0}$	$r_{(n-2)1}$			
s^1	$r_{(n-1)0}$				
s^0	r_{n0}				

표 4.3 Routh표

표 4.3에서와 같이 안정한 다항식 $a(s)$의 Routh표를 작성하자. $a(s)$는 안정하기 때문에 Routh표는 끝까지 작성할 수 있고 모든 $r_{i0,} i=0,1,...,n,$ 들은 양수이다. Routh표의 각 열(첫번째 열만 제외하고)에 대해, 각각 하나씩의 다항식을 정의한다.

$$\begin{aligned} r_1(s) &= r_{10}s^{n-1} + r_{11}s^{n-3} + \cdots \\ r_2(s) &= r_{20}s^{n-2} + r_{21}s^{n-4} + \cdots \\ &\vdots \\ r_{n-1}(s) &= r_{(n-1)0}s \\ r_n(s) &= r_{n0}. \end{aligned}$$

또한 다음을 정의한다.

$$\alpha_i = \frac{r_{(i-1)0}}{r_{i0}}, \quad i = 1, 2, \ldots, n,$$

그리고 다음 함수를 정의한다.

$$X_i(s) = \sqrt{2\alpha_i}\frac{r_i(s)}{a(s)}, \quad i = 1, 2, \ldots, n.$$

마지막으로, $x_i(t)$는 $X_i(s)$의 Laplace 역변환이라고 하자.

정리 4.29.

$$\langle x_i(t), x_j(t) \rangle = \begin{cases} 0 & i \neq j \\ 1 & i = j. \end{cases}$$

정리 4.29를 기술하는 또 다른 방법은 함수 $x_i(t), i=1,2,...,n,$ 들이 단위직교 함수라는 것이다. 이 정리의 증명은 8장으로 연기한다.

예제 4.30

$a(s)=s^2+2\zeta w_n s+w_n^2$.으로 시작하자. Routh표는 표 4.4에서 보여지는 바와 같다.

s^2	1	ω_n^2
s^1	$2\zeta\omega_n$	
s^0	ω_n^2	

표 4.4 예제 4.30에 대한 Routh표

이것으로부터 다음과 같다.

$$r_1(s)=2\zeta\omega_n s, \qquad \alpha_1=\frac{1}{2\zeta\omega_n}$$

$$r_2(s)=\omega_n^2, \qquad \alpha_2=\frac{2\zeta}{\omega_n}.$$

그러므로

$$X_1(s)=\frac{2\sqrt{\zeta\omega_n}s}{s^2+2\zeta\omega_n s+\omega_n^2}, \quad X_2(s)=\frac{2\omega_n\sqrt{\zeta\omega_n}}{s^2+2\zeta\omega_n s+\omega_n^2}.$$

위로부터 다음과 같다.

$$x_1(t)=\begin{cases} \dfrac{2\sqrt{\zeta\omega_n}}{\sqrt{1-\zeta^2}}e^{-\zeta\omega_n t}\cos\left(\sqrt{1-\zeta^2}\omega_n t+\arccos\zeta\right) & 0<\zeta<1 \\ 2\sqrt{\zeta\omega_n}e^{-\omega_n t}(1-\omega_n t) & \zeta=1 \\ \dfrac{\sqrt{\zeta\omega_n}}{\sqrt{\zeta^2-1}}\left[-\left(\zeta+\sqrt{\zeta^2-1}\right)e^{-\left(\zeta+\sqrt{\zeta^2-1}\right)\omega_n t}\right. & \\ \qquad\left.+\left(\zeta-\sqrt{\zeta^2-1}\right)e^{-\left(\zeta-\sqrt{\zeta^2-1}\right)\omega_n t}\right] & \zeta>1 \end{cases}$$

그리고

$$x_2(t)=\begin{cases} \dfrac{2\sqrt{\zeta\omega_n}}{\sqrt{1-\zeta^2}}e^{-\zeta\omega_n t}\sin\sqrt{1-\zeta^2}\omega_n t & 0<\zeta<1 \\ 2\omega_n\sqrt{\zeta\omega_n}te^{-\omega_n t} & \zeta=1 \\ \dfrac{\sqrt{\zeta\omega_n}}{\sqrt{\zeta^2-1}}\left[e^{-\left(\zeta+\sqrt{\zeta^2-1}\right)\omega_n t}-e^{-\left(\zeta-\sqrt{\zeta^2-1}\right)\omega_n t}\right] & \zeta>1. \end{cases}$$

마지막으로, 남은 것은 다음을 증명하는 (지루한) 계산문제이다.

$$\langle x_1(t),x_2(t)\rangle=0, \quad \|x_1(t)\|_2=1, \quad \|x_2(t)\|_2=1. \tag{4.8}$$

이것을 연습문제로 남겨둔다.

$b(s)$를 다음과 같이 전개한다.

$$b(s) = \beta_1 r_1(s) + \beta_2 r_2(s) + \cdots + \beta_n r_n(s), \tag{4.9}$$

그러면 다음과 같다,

$$X(s) = \frac{\beta_1}{\sqrt{2\alpha_1}} X_1(s) + \frac{\beta_2}{\sqrt{2\alpha_2}} X_2(s) + \cdots + \frac{\beta_n}{\sqrt{2\alpha_n}} X_n(s).$$

Laplace 역변환을 취하면 다음을 얻는다.

$$x(t) = \frac{\beta_1}{\sqrt{2\alpha_1}} x_1(t) + \frac{\beta_2}{\sqrt{2\alpha_2}} x_2(t) + \cdots + \frac{\beta_n}{\sqrt{2\alpha_n}} x_n(t).$$

결과적으로,

$$\begin{aligned}
\|x(t)\|_2^2 &= \left\langle \sum_{i=1}^{n} \frac{\beta_i}{\sqrt{2\alpha_i}} x_i(t), \sum_{i=1}^{n} \frac{\beta_i}{\sqrt{2\alpha_i}} x_i(t) \right\rangle \\
&= \sum_{i=1}^{n} \sum_{j=1}^{n} \frac{\beta_i}{\sqrt{2\alpha_i}} \frac{\beta_j}{\sqrt{2\alpha_j}} \langle x_i(t), x_j(t) \rangle \\
&= \sum_{i=1}^{n} \frac{\beta_i^2}{2\alpha_i} \langle x_i(t), x_i(t) \rangle \\
&= \frac{\beta_1^2}{2\alpha_1} + \frac{\beta_2^2}{2\alpha_2} + \cdots + \frac{\beta_n^2}{2\alpha_n}.
\end{aligned}$$

그러므로, 계수들 $\alpha_i, \beta_i, i = 1, 2, \ldots, n,$가 구해질 수 있다면 $\| x(t) \|_2$는 계산될 수 있다.

모든 β_i를 찾는 것은 (4.9)에서 계수를 비교함으로써 얻어지는 선형방정식들의 집합의 해를 구하는 것과 같다. 이 방정식들은 실제적으로 표를 작성함으로써 해를 구할 수 있는 특별한 구조를 가지고 있다. 표 4.5에서와 같이 증가된 Routh표를 작성하자.

r_{00}	r_{01}	$\cdots$	$q_{00}=b_1$	$q_{01}=b_3$	$\cdots$			
r_{10}	r_{11}	$\cdots$	r_{10}	r_{11}	$\cdots$	$q_{10}=b_2$	$q_{11}=b_4$	$\cdots$
r_{20}	r_{21}	$\cdots$	q_{20}	q_{21}	$\cdots$	r_{20}	r_{21}	$\cdots$
r_{30}	r_{31}	$\cdots$	r_{30}	r_{31}	$\cdots$	q_{30}	q_{31}	$\cdots$
$\vdots$	$\vdots$		$\vdots$	$\vdots$		$\vdots$	$\vdots$	
$r_{(n-1)0}$								
r_{n0}								

표 4.5 증가된 Routh표

증가된 Routh표는 보통 Routh표의 오른편에 두개의 블럭을 더함으로써 구성된다. 첫번째로 더해지는 블럭(증가된 Routh표의 중간블럭) 은 다음과 같은 방법으로 만들어 진다: 첫번째 행은 계수들 $b_1, b_3, b_{5,...,}$로부터 직접 구성된다: 두번째 , 네번째. 여섯번째,...,행들은 해당하는 Routh표의 해당 행들을 복사함으로써; 세 번째, 다섯번째, 일곱번째,..., 행들은 그것들의 위의 두번째 항들로부터 Routh테이블의 행들과 정확하게 똑같은 방법으로 얻어진다:

$$q_{ij} = -\frac{1}{r_{(i-1)0}} \begin{vmatrix} q_{(i-2)0} & q_{(i-2)(j+1)} \\ r_{(i-1)0} & r_{(i-1)(j+1)} \end{vmatrix}. \tag{4.10}$$

두번째 더해지는 블럭(증가된 Routh표의 오른쪽 블럭) 은 다음과 같은 방법으로 구성된다: 첫번째 열은 상관이 없고: 두번째 열은 계수들 $b_2, b_4, b_6 \cdots, b(s)$들로부터 직접 구성된다: 세번째, 다섯번째, 일곱번째,..., 열들은 Routh표의 해당열들로부터 복사된다: 네번째, 여섯번째, 여덟번째,...,행들은 위의 두행들로부터 공식 (4.10)을 사용한 Routh표의 행들과 정확히 똑같은 방법으로 얻어진다.

요약하면, 다음 알고리즘은 (4.7)에서 보여지는 안정하고 분모의 차수가 분자의 차수보다 큰 Laplace 변환 $X(s)$를 가지는 신호 $x(t)$의 시간영역 2-놈을 제공해 준다.

알고리즘 4.31

1 단계: $X(s) = \mathcal{L}[x(t)]$의 증가된 Routh표를 계산한다.

2 단계: $\alpha_i = \dfrac{r_{(i-1)0}}{r_{i0}}$와 $\beta = \dfrac{q_{(i-1)0}}{r_{i0}}$라고 놓자.

3 단계: $\|x(t)\|_2 = \sqrt{\dfrac{\beta_1^2}{2\alpha_1} + \dfrac{\beta_2^2}{2\alpha_2} + \cdots + \dfrac{\beta_n^2}{2\alpha_n}}.$

예제 4.32

다음과 같은 신호 $x(t)$를 고려하자.

$$\mathcal{L}[x(t)] = X(s) = \frac{b(s)}{a(s)} = \frac{s^3+2s^2+5s+6}{s^4+s^3+3s^2+2s+1}.$$

$X(s)$의 증가된 Routh표는 표 4.6과 같다.

s^4	$a_0 = 1$	$a_2 = 3$	$a_4 = 1$	$b_1 = 1$	$b_3 = 5$		
s^3	$a_1 = 1$	$a_3 = 2$		1	2	$b_2 = 2$	$b_4 = 6$
s^2	1	1		3		1	1
s^1	1			1		4	
s^0	1					1	

표 4.6 예제 4.32에 대한 증가된 Routh표.

그러므로,

$$\alpha_1 = \alpha_2 = \alpha_3 = \alpha_4 = 1$$

그리고

$$\beta_1 = 1, \quad \beta_2 = 2, \quad \beta_3 = 3, \quad \beta_4 = 4.$$

그러므로

$$\|x(t)\|_2^2 = \frac{1^2}{2} + \frac{2^2}{2} + \frac{3^2}{2} + \frac{4^2}{2} = 15.$$

저차의 Laplace변환들을 갖는 신호들에 대해서, 다음의 추가적인 공식들을 적용할 수 있고 알고리즘 4.31를 적용함으로써 유도될 수 있다.

$$\left\| \mathcal{L}^{-1}\left[\frac{b_1}{a_0 s + a_1}\right] \right\|_2^2 = \frac{b_1^2}{2a_0a_1} \tag{4.11}$$

$$\left\| \mathcal{L}^{-1}\left[\frac{b_1 s + b_2}{a_0 s^2 + a_1 s + a_2}\right] \right\|_2^2 = \frac{a_2 b_1^2 + a_0 b_2^2}{2a_0a_1a_2} \tag{4.12}$$

$$\left\| \mathcal{L}^{-1}\left[\frac{b_1 s^2 + b_2 s + b_3}{a_0 s^3 + a_1 s^2 + a_2 s + a_3}\right] \right\|_2^2 = \frac{a_2a_3b_1^2 + a_0a_3b_2^2 + a_0a_1b_3^2 - 2a_0a_3b_1b_3}{2a_0a_3(a_1a_2 - a_0a_3)}. \tag{4.13}$$

예제 4.33

예제 4.25를 다시 다루어 보자. 여기서 $\| e(t) \|_2$는 정의를 사용해서 계산된다.

본 절에서의 알고리즘을 사용해서 그것을 계산하도록 하자. 다음을 주목하자.

$$\|e(t)\|_2 = \|\mathcal{L}^{-1}[E(s)]\|_2 = \left\| \mathcal{L}^{-1}\left[\frac{s+2\zeta\omega_n}{s^2+2\zeta\omega_n s+\omega_n^2}\right]\right\|_2 .$$

(4.12)에 의해서

$$\|e(t)\|_2 = \sqrt{\frac{1}{\omega_n}\left(\frac{1}{4\zeta}+\zeta\right)}.$$

결과는 같지만 계산은 더 간단하다.

예제 4.34

(4.12)를 사용해서, 다음을 구할 수 있다.

$$\left\| \mathcal{L}^{-1}\left[\frac{\omega_n^2}{s^2+2\zeta\omega_n s+\omega_n^2}\right]\right\|_2 = \frac{1}{2}\sqrt{\frac{\omega_n}{\zeta}}.$$

연습문제

4.1 $G(s)$는 DC이득 $G(0)$을 갖는 안정한 전달함수라고 하자.
입력 $u(t) = (10+e^{-7t})\sigma(t)$에 대한 응답의 정상상태값은 무엇인가?

4.2 $G(s)$는 DC이득 $G(0)$을 갖는 안정한 전달함수라고 하자. g(t)는 $G(s)$의 단위 임펄스 응답이라고 하자. 다음을 계산하라.

$$\int_{0^-}^{\infty} g(t)dt.$$

4.3 그림 4.40에 보여지는 시스템의 폐루프 전달함수를 구하라. 폐루프 시스템이 두 개의 같은 극점들을 s=0.8에 가지는 임계감쇄가 되도록 이득들 K_1과 K_2를 선택하라.

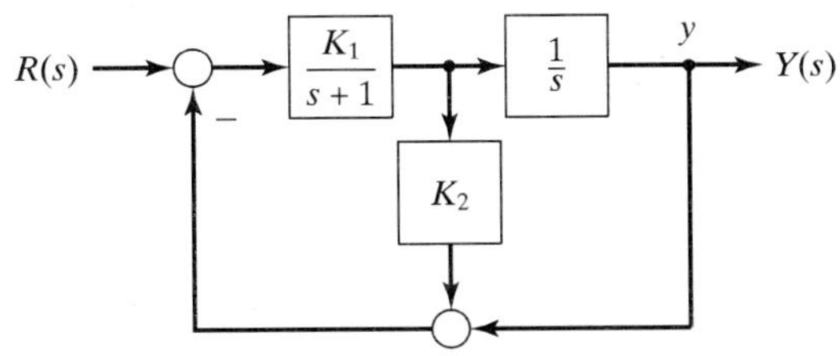

그림 4.40 문제 4.30에 대한 출력 더하기 입력 피드백시스템

4.4 다음과 같은 개루프 전달함수를 가지는 그림 4.41에서 보여지는 것과 같은 단위 피드백 시스템을 고려하자.

$$L(s) = \frac{2000}{s(s+5)(s+10)(s+15)}.$$

지배극점 방법을 사용하여 $r(t) = \sigma(t)$일 때 상승시간, 정착시간, $y(t)$의 PO를 추정하고 전-차수 시스템의 시뮬레이션에 의해 얻어진 결과와 비교하라.

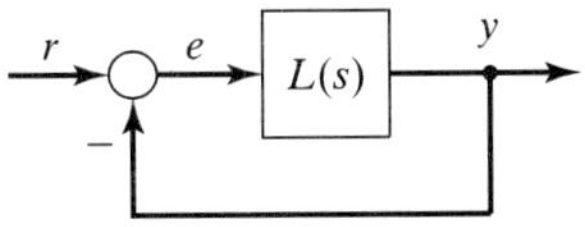

그림 4.41 문제 4.4,4.5, 4.6, 4.9, 그리고 4.15에 대한 간단한 단위 피드백 시스템

4.5 마지막 문제를 다음의 전달함수를 가지고 T=0.25와 T=0.025에 대해서 되풀이 하라.

$$L(s) = \frac{4000(Ts+1)}{s(s+5)(s+10)(s+15)}$$

4.6 다음의 개루프 전달함수를 갖는 그림 4.41에서 보여지는 단위 피드백 시스템을 고려하자.

$$L(s) = \frac{K(s+10)}{s(s+2)(s+3)}.$$

시스템이 안정하고 단위램프함수에 대한 정상상태 오차가 0.5보다 크지 않도록 K를 결정하라. 결정된 K를 가지고 정현파입력 $r(t) = (\sin 2t)\sigma(t)$에 대한 시스템의 정상상태 응답을 구하라.

4.7 다음 전달함수를 갖는 그림 4.42에서 보여지는 단위 피드백 시스템을 고려하자.

$$P(s) = \frac{2}{(s+1)(s+2)}$$

그리고 $d(t) = \sin 20t$ 이다. 이러한 외란에 대한 정상상태오차의 크기가 0.1보다 크지 않도록 PI제어기 $C(s) = K_p + K_I/s$ 를 설계하라.

4.8 그림 4.43에서 보여지는 피드백시스템을 고려하자.

1. $r(t) = t\sigma(t)$(단위 램프함수)와 $d(t) = 0$이라고 하자. 정상상태 오차 $d(t) = 0$의 크기의 범위를 구하라, 여기서 $e(t) = r(t) - y(t)$이고, 1보다 작지 않다, 즉 $|e_{ss}(t)| < 1$.
2. $r(t) = 0$이고 $d(t) = (\sin t)\sigma(t)$라고 하자. 정상상태 오차 $e_{ss}(t)$의 크기의 범위를 구하라, 여기서 $e(t) = r(t) - y(t)$이고, 1보다 작지 않다, 즉 $|e_{ss}(t)| < 1$..

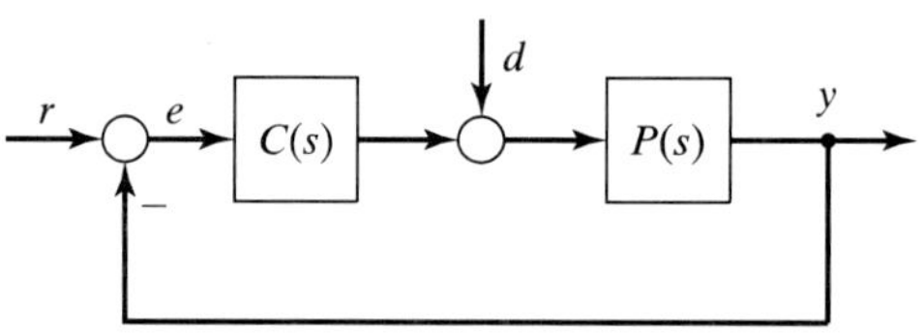

그림 4.42

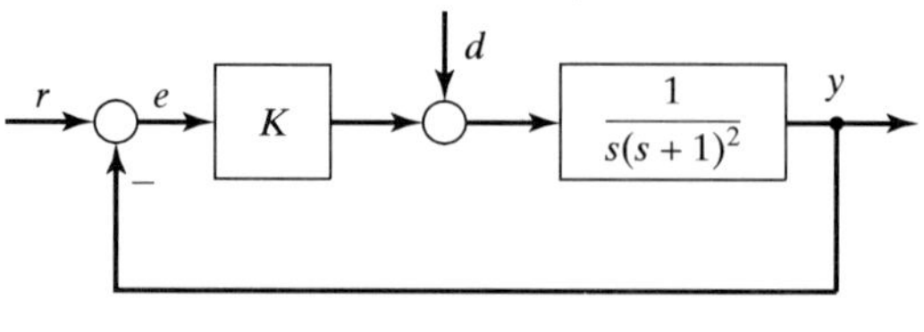

그림 4.43

4.9 다음과 같은 폐루프 전달함수를 가진 그림 4.41에서 보여지는 단위 피드백 시스템을 고려하자.

$$\frac{Y(s)}{R(s)} = \frac{Ks+b}{s^2+as+b}.$$

1. 루프 전달함수 $L(s)$는 무엇인가?
2. 루프전달함수 $L(s)$의 타입은 무엇인가?
3. 위치, 속도, 가속도 오차상수는 무엇인가?

4.10 내부적으로 안정한 그림 4.23에서 보여지는 단위 피드백시스템의 폐루프 전달함수가 다음과 같다.

$$\frac{Y(s)}{R(s)} = \frac{L(s)}{1+L(s)} = \frac{b_1 s^{n-1} + b_2 s^{n-2} + \cdots + b_n}{s^n + a_1 s^{n-1} + a_2 s^{n-2} + \cdots + a_n}.$$

개루프 시스템 $L(s)$의 타입이 $k(k \le n)$일 필요충분조건은 $b_{n-k} \neq a_{n-k}$이고 $b_n = a_{n,} b_{n-1} = a_{n-1}, \ldots, b_{n-k+1} = a_{n-k+1}$라는 것을 증명하라.

4.11. 다음 질문에 대해서 답하고 답에 대해서 간략하게 설명하라:

1. 폐루프 전달함수 $\dfrac{1}{s^2+s+1}$의 계단응답이 오버슈트를 갖는가?
2. 폐루프 전달함수 $\dfrac{s+1}{s^2+s+1}$의 계단응답이 오버슈트를 갖는가?
3. 개루프공정 $\dfrac{s+2}{s^2}$의 타입이 무엇인가? 그것의 위치, 속도, 가속도 오차상수는 무엇인가?
4. 다음 시스템의 계단응답의 정상상태 값은 무엇인가?

$$\frac{s^2+3s+8}{(s+1)(s+2)(s+3)(s+4)}?$$

4.12 그림 4.44에 보여지는 단위피드백 시스템을 고려하자.

여기서 $P(s) = \dfrac{1}{s(s+2)}$이고 K는 단순 이득이다

1. 속도오차상수가 2가 되도록 하는 K를 설계하라.
2. 시스템이 임계감쇄가 되도록 하는 K를 설계하라.
3. 오버슈트가 $e^{-\sqrt{3}\pi}$가 되도록 하는 K를 설계하라.

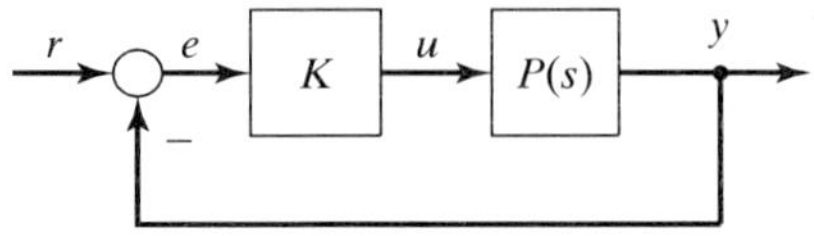

그림 4.44 단위 피드백 시스템

4. 폐루프 극점의 실수부와 허수부가 같은 크기를 갖도록 하는 K를 설계하라.

4.13 다음(폐루프)시스템의 계단응답을 시뮬레이션하라.

1. $\dfrac{s^2+2s+2}{s^3+3s^2+3s+1}$;
2. $\dfrac{s^2+2s+200}{s^3+3s^2+3s+1}$.

양의 실수부의 복소영점쌍을 가진 시스템이 오버슈트를 나타내는지 아닌지를 관찰하라.

4.14 전달함수 $G(s)$를 가진 안정한 시스템의 계단입력 $\alpha\sigma(t)$에 대한 응답이 $y(t)$라고 하자. $\lim_{t\to\infty} y(t) = G(0)\alpha$를 증명하라. (이것이 G(0)를 시스템의 DC이득이라고 하는 이유이다. 힌트 : 최종치정리를 사용하려면, 이 조건에 주목할 필요가 있다.)

4.15 그림 4.23에 보여지는 단위 피드백 시스템을 고려하자. 여기서 $L(s)$는 적어도 타입 1이고 r에서 y까지의 전달함수는 극점들 $p_1, p_2, \cdots p_n$과 영점들 $z_1, z_2, \ldots, z_m$을 가지고 있다. 다음과 같음을 보여라.

$$\frac{1}{K_v} = \sum_{i=1}^{m} \frac{1}{z_i} - \sum_{i=1}^{n} \frac{1}{p_i}.$$

4.16 전달함수 $G(s) = \dfrac{s^2 - 4s + 4}{s^3 + 3s^2 + 3s + 1}$ 를 고려하자.

이것의 계단응답이 A타입의 언더슈트를 나타내는가? 다른 형태의 언더슈트는 어떤가? 그것의 계단응답을 시뮬레이션 하라. 어떤형태의 언더슈트가 발생하는지 살펴보자.

4.17 **1.** $G(s)$의 상대차수가 적어도 2라고 하고 계단응답이 오버슈트를 갖는다고 가정하자. $F(s) = (1 - \alpha s)G(s)$의 계단응답, 여기서 $\alpha > 0$, 이 오버슈트와 언더슈트를 모두 갖는다는 것을 보여라. 게다가, F(s)의 계단응답의 PO는 $G(s)$의 그것보다 크거나 같다는 것을 보여라.

2. 모든 $\alpha > 0$, $w_n > 0$ 그리고 $\zeta \in (0,1)$, 에 대해서 다음 시스템의 계단응답이 오버슈트와 언더슈트 모두를 갖는다는 것을 보이기 위해서 1의 결과를 사용하라.

$$F(s) = \frac{\omega_n^2(1 - \alpha s)}{s^2 + 2\zeta\omega_n s + \omega_n^2}$$

3. 다음 전달함수의 계단응답을 시뮬레이션 해서 결과를 그려라.

$$F(s) = \frac{1 - s}{s^2 + s + 1}$$

다음 전달함수의 계단응답과 비교하라

$$G(s) = \frac{1}{s^2 + s + 1}.$$

4.18 **1.** 안정한 시스템의 계단응답이 단조적으로 증가하거나 단조적으로 감소하는 시간함수라면 그것은 단조 계단함수를 갖는다고 말한다. 어떤 시스템이 단조 계단응답을 갖는다면. 그것은 계단응답은 오버슈트나 언더슈트 아무 것도 갖지 않는다는 것을 보여라.

2. 시스템이 단조계단응답을 가질 필요충분조건은 부호변함이 없는 임펄스 응답, 즉, 임펄스 응답이 모든 시간에 대해서 음도 아니고, 모든 시간에 대해서 양도 아니라는 것이다.

3. $G_i(s)$가 단조 계단함수를 갖는다면 직렬연결함수 $\Pi_{i=1}^{m} G_i(s)$는 단조 계단함수를 갖는다는 것을 보여라.

4. 다음 시스템이 단조계단 응답을 갖는다는 것을 보여라.

$$G(s) = \prod_{i=1}^{m} \frac{\alpha_i}{s+\alpha_i}$$

여기서 $\alpha_i > 0$

4.19 문제 4.18은 영점을 갖지 않고 극점이 모든 실수인 안정한 시스템이 단조 계단함수를 갖는다는 것을 말하고 있다. 이 문제는 모두 실수인 극점과 음수인 실수 영점을 갖는 문제에 관한 것이다.

1. 다음 전달함수들의 계단응답을 시뮬레이션 하라.

$$G_1(s) = \frac{8(s+1)}{(s+2)(s+4)},\ G_2(s) = \frac{8(s+3)}{3(s+2)(s+4)},\ G_2(s) = \frac{8(s+5)}{5(s+2)(s+4)}$$

그리고 오버슈트의 발생을 살펴보자.

2. 다음 전달함수의 계단응답에서 오버슈트의 발생에 대해서 말할 수 있는 것이 무엇인가?

$$G(s) = \frac{a_1 a_2 (s+b)}{b(s+a_1)(s+a_2)}$$

여기서 $a_1, a_2, b > 0$

3. 다음의 전달함수의 계단응답에서 오버슈트의 발생에 대해서 말할 수 있는 것은 무엇인가?

$$G(s) = \frac{a_1 \cdots a_n (s+b_1) \cdots (s+b_m)}{b_1 \cdots b_n (s+a_1) \cdots (s+a_n)}$$

여기서 $m < n, a_{1,\ldots,} a_{n,} b_1, \cdots, b_m > 0?$.

4.20 $G_1(s)$와 $G_2(s)$가 두개의 안정한 시스템들의 전달함수라고 하자. 첫번째 시스템에 대해서, $G_1(0)>0$이고 그것의 임펄스 응답 $g_1(t)$ 가 음이 아닌, 즉 모든 $t \geq 0$에 대해서 $g_1(t) \geq 0$ 이라고 가정하자. 두 번째 시스템에 대해서, $G_2(0)>0$이고 그것의 계단응답 $y_2(t)$은 오버슈트를 갖지 않는다고, 즉 모든 시간 $t \geq 0$에 대해서 $y_2(t) \leq G_2(0)$ 이라고 가정하자.

1. 직렬연결된 시스템 $G_2(s)G_1(s)$의 계단응답은 오버슈트를 갖지 않는다는 것을 보여라.
2. 다음 전달함수의 계단응답이 오버슈트를 갖는지의 여부를 결정하라.

$$G(s) = \frac{\alpha_0(s-z)}{-z(s+\alpha_0)} \prod_{i=1}^{n} \frac{\alpha_i}{s+\alpha_i}$$

여기서 $\alpha_i > 0, i = 0, 1, 2, \ldots, n,$ 이다

3. 다음 전달함수의 계단응답이 오버슈트를 갖는지의 여부를 결정하라.

$$G(s) = \frac{s^2 - 2\zeta\omega_n s + \omega_n^2}{(s+\omega_n)^2} \prod_{i=1}^{n} \frac{\alpha_i}{s+\alpha_i},$$

여기서 $\zeta \geq 0,\ w_n > 0,$이고 $\alpha_i > 0,\ i = 1, 2, \ldots, n$이다.

4.21 공정 $P(s) = \dfrac{1}{s^2}$을 고려하자.

1. 폐루프시스템이 오버슈트를 갖지않도록 하는 단위 피드백제어기의 설계가 가능한가?
2. 폐루프 특성방정식이 $(s+4)^3$이고 r에서부터 y까지의 전달함수가 $\dfrac{16}{(s+4)^2}$가 되도록 하는 일차의 2DOF 제어기를 설계하라.
3. 이 설계에 대해서, 폐루프 계단응답은 오버슈트를 가지는가?

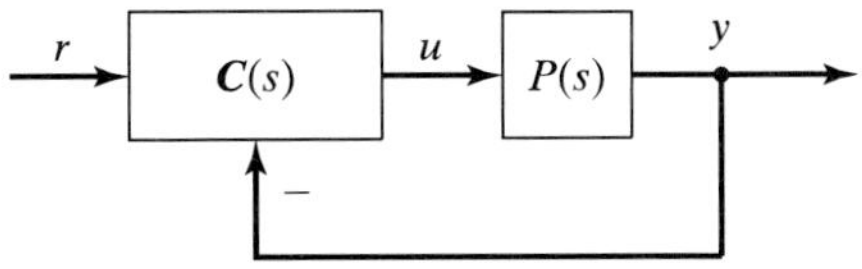

그림 4.45 2DOF 제어시스템

4.22 공정 $P(s) = \dfrac{s-1}{s(s-2)}$를 고려하자.

1. 폐루프 계단응답이 오버슈트로부터 자유롭도록 하는 단위 피드백제어기를 설계하는 것이 가능한가?
2. 폐루프 계단응답이 오버슈트로부터 자유롭도록 하는 그림 4.45에서의 2DOF제어기를 설계가 가능한가?
3. 폐루프 특성다항식이 $(s+1)(s+2)(s+3)$이고, 출력이 기준입력 $r(t)$에서의 계단응답을 추종하고, $r(t)$부터 $y(t)$까지의 전달함수가 극점을 −1과 −2에 갖도록 하는 일차의 2DOF 제어기를 설계하라.
4. 이 설계에 대해서, 폐루프 계단응답은 오버슈트를 가지는가?

4.23 공정 $P(s) = \dfrac{1}{1-s^2}$를 고려하자. 그림 4.46에서 보여지는 바와 같은, 루프 전달함수 $L(s) = P(s)S(s)$의 위치오차상수가 무한대이고 폐루프 극점들이 −2, −3, −4, −5가 되도록 하는 단위 피드백 제어기 $C(s)$를 설계하라.
루프전달함수의 속도오차 상수는 무엇인가?

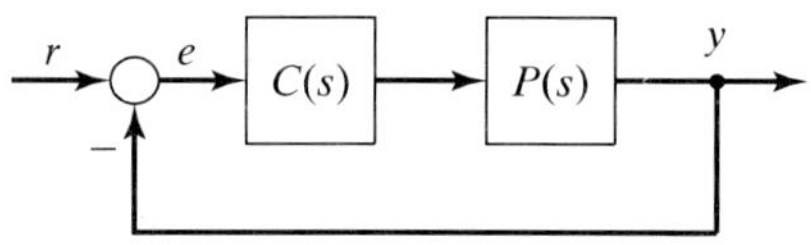

그림 4.46 단위피드백 시스템

4.24 그림 4.47에서 보여지는 피드백 시스템에 대해, $r(t)$는 단위 계단이라고 가정한다. 다음 성능기준이 최소화되도록 하는 최적 이득 K를 구하라.

$$J = \int_0^\infty [4e^2(t) + u^2(t)]dt$$

4.25 등식 (4.5)와 (4.6)를 입증하라.

4.26 (4.8)의 등식들을 입증하라.

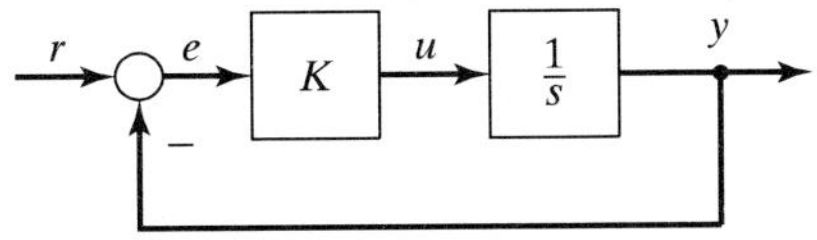

그림 4.47 연습문제 4.24에 대한

4.27 다음 시스템들의 시간영역 2-놈을 계산하라.

1. $G(s) = \dfrac{s^3 + 2s^2 + 3s + 4}{s^4 + s^3 + 10s^2 + 6s + 8}$;

2. $G(s) = \dfrac{s^4 + s^3 + 13s^2 + 9s + 21}{s^5 + 2s^4 + 16s^3 + 24s^2 + 48s + 32}$;

3. $G(s) = \dfrac{2s^3 + 4s^2 + 24s + 32}{s^4 + 2s^3 + 12s^2 + 16s + 16}$;

4. $G(s) = \dfrac{s^3 - s^2 + 18s - 9}{s^4 + 3s^3 + 27s^2 + 54s + 81}$.

4.28. 등식들 (4.11)-(4.13)를 입증하라.

4.29. 다음의 전달함수를 갖는 시스템의 시간영역 2-놈에 대한 명시적인 공식을 유도하라.

$$G(s) = \frac{b_1 s^3 + b_2 s^2 + b_3 s + b_4}{a_0 s^4 + a_1 s^3 + a_2 s^2 + a_3 s + a_4}.$$

4.30. 두 시스템 F(s)와 $G(s)$의 시간영역 내적을 계산하는 알고리즘을 개발하라.

MATLAB 연습문제

4.31 주어진 전달함수를 가진 시스템의 시간영역 2-놈을 계산하기 위한 MATLAB프로그램을 작성하라. 프로그램 이름을 "norm2"라고 하고 서브루틴으로 연습문제 3.24에서 개발된 "routh"를 부를 수 있다. 연습문제 4.27에서 주어진 시스템을 가지고 프로그램을 테스트하라.

4.32 이 연습문제를 풀기 위해 MATLAB을 사용하라. 연습문제 2.14에서의 시스템에 대해, 단위 피드백을 사용하는 시스템을 제어하기 위해 다음 제어기가 사용된다.

$$C(s) = \frac{0.8745s^3 + 4.0787s^2 + 2.4574s + 0.6105}{s^3 + 3.7897s^2 + 5.9143s}$$

1. 폐루프 전달함수를 구하라.
2. 폐루프 시스템이 안정한가?
3. 시간 구간 0에서 30초까지에 대해 단위 임펄스입력, 단위 계단입력, 그리고 정현파 신호에 대한 폐루프 시스템의 응답들을 그려라(impulse, step, 혹은 lsim을 사용하라.)
4. 계단응답에 대해, 상승시간, 최고시간, PO, 그리고 정착시간을 기록하라.
5. 단위 계단 기준입력에 대한 오차신호의 2-놈을 계산하기 위해 연습문제 4.31에서 개발된 MATLAB프로그램을 사용하라.

4.33 주어진 전달함수를 갖는 두 시스템의 시간영역 내적을 계산하는데 연습문제 4.30에서의 알고리즘을 구현하기 위한 MATLAB프로그램을 작성하라. 그것을 이름을 "prod"라고 하고 그것은 연습분제 3.24에서 개발된 "routh" 나/과 연습문제 4.31에서 개발된 "norm2"를 서브루틴으로 부룰 수 있다.

추가 연습문제

4.34. 다음 전달함수의 분모차수가 분자 차수보다 크고 안정하다고 하자.

$$G(s) = \frac{b_1 s^{n-1} + b_2 s^{n-2} + \cdots + b_n}{a_0 s^n + a_1 s^{n-1} + \cdots + a_n}$$

$\alpha_i, \beta_i, i = 1, 2, \ldots, n,$가 알고리즘 4.31의 단계 2에서 얻어진 숫자들이라고 하자.

다음은 $G(s)$의 실현이라는 것을 보여라. (이 실현은 Routh실현이라고 불린다).

$$A = \begin{bmatrix} -\frac{1}{\alpha_1} & \frac{1}{\sqrt{\alpha_1\alpha_2}} & & & \\ -\frac{1}{\sqrt{\alpha_1\alpha_2}} & 0 & \ddots & & \\ & \ddots & \ddots & \ddots & \\ & & \ddots & 0 & \frac{1}{\sqrt{\alpha_{n-1}\alpha_n}} \\ & & & -\frac{1}{\sqrt{\alpha_{n-1}\alpha_n}} & 0 \end{bmatrix}, \quad b = \begin{bmatrix} \beta_1 \\ \beta_2 \\ \vdots \\ \beta_n \end{bmatrix}$$

$$c = \begin{bmatrix} \frac{2}{\alpha_1} & 0 & \cdots & 0 \end{bmatrix}, \qquad d = 0.$$

이 실현에 대한 연산증폭기 구조를 그려라.

4.35. 다음의 부등식들을 보여라.

$$\|g(t) * u(t)\|_\infty \le \|g(t)\|_1 \|u(t)\|_\infty$$
$$\|g(t) * u(t)\|_1 \le \|g(t)\|_1 \|u(t)\|_1$$
$$\|g(t) * u(t)\|_2 \le \|g(t)\|_1 \|u(t)\|_2.$$

이 세개의 부등식들의 증명은 점점 더 어렵다.

참고문헌

내부모델법칙에 대한 용어는 다음 참고문헌에서 만들어졌다.

B. F. Francis and W. M. Wonham, "The internal model principle of control theory," *Automatica*, vol. 12, pp. 457.465, 1976.

예를 들면, 관련되는 사항들을 다음에서 찾아볼 수 있다.

E. J. Davison, "The robust control of a servomechanism problem for linear time-invariant multivariable systems," *IEEE Transactions on Automatic Control,* vol. AC-21, pp. 25.34, 1976.

언더슈트에 대한 정리 4.14와 4.16 그리고 오버슈트에 대한 정리 4.18 등은 다음에서 처음 나타난 것으로 보인다.

M. M. Seron, J. H. Braslavsky, and G. C. Goodwin, *Fundamental Limitations in Filtering and Control*, Springer, London, 1997.

A형의 언더슈트에 대한 정리 4.17은 다음에서 처음 나타났다.

T. Norimatsu and M. Ito, "On the zero non-regular control system," *Journal of Institute of Electrical Engineering of Japan,* vol. 81, pp. 566.575, 1961.

그리고 또한 다음 참고문헌들에서 보여지고 있다.

T. Mita and H. Yoshida, "Undershooting phenomenon and its control in linear multivariable servomechanisms," *IEEE Transactions on Automatic Control,* vol. AC-26, pp. 402.407, 1981.

M. Vidyasagar, "On undershoot and nonminimum phase zeros," *IEEE Transactions on Automatic Control,* vol. AC-31, p. 440, 1985.

정리 4.22는 다음 참고문헌에서부터 기인한다.

S. Darbha and S. P. Bhattacharyya, "On the synthesis of controllers for a nonovershooting step response," *IEEE Transactions on Automatic Control,* vol. 48, pp. 797.799, 2003.

4.7 절에 주어진 정리 4.22의 증명은 위의 논문에 있는 것의 수정된 버전이다.

신호나 시스템의 2-놈을 계산하는 간단한 방법을 찾는 노력은 Massachusetts Institute of Technology (MIT)의 한 그룹에 의해서 1940년대 말에 시작되었다. 초기의 노력은 다음 참고문헌에 보고된 라플라스변환이나 7차에 이르는 전달함수에 대한 공식으로 끝을 맺는다.

H. M. James, N. B. Nichols, and R. S. Philips, *Theory of Servomechanisms,* McGraw-Hill, New York, 1947.

또 다른 팀의 노력은 1950년대에 MIT의 다른 그룹에 의해서 시도되었다. 이 노력은 다음 참고문헌에 문서화 되어 있으며

G. C. Newton, L. A. Gould, and J. F. Kaiser, *Analytical Design of Linear Feedback Control,* John Wiley & Sons, Inc., New York, 1957,

임의의 고차 시스템에 대해서 행렬방정식과 최초의 MIT노력에 의해서 얻어진 두 공식의 수정에 기초를 둔 알고리즘에 이르게 되었다. 알고리즘 4.31은 다음 참고문헌에 처음 나타났으며 다른 방법으로 유도되었다.

K. J. Åström, *Introduction to Stochastic Control Theory,* Academic Press, New York, 1970,

이 알고리즘에 기초를 두면, 다음 참고문헌에서 보이는 바와 같이 정리 4.29를 쉽게 증명할 수 있다.

C. P. Therapos, "Balanced minimal realization of SISO systems," *Electronics Letters,* vol. 19, pp. 424.426, 1983.

좀 더 많은 배경지식은 쌓은 다음, 반대의 루트를 채택해서, 8장에서는 간단한 방법으로 정리 4.29 으로부터 알고리즘 4.31이 유도되고 정리 4.29가 증명될 것이다.

Introduction to Feedback Control

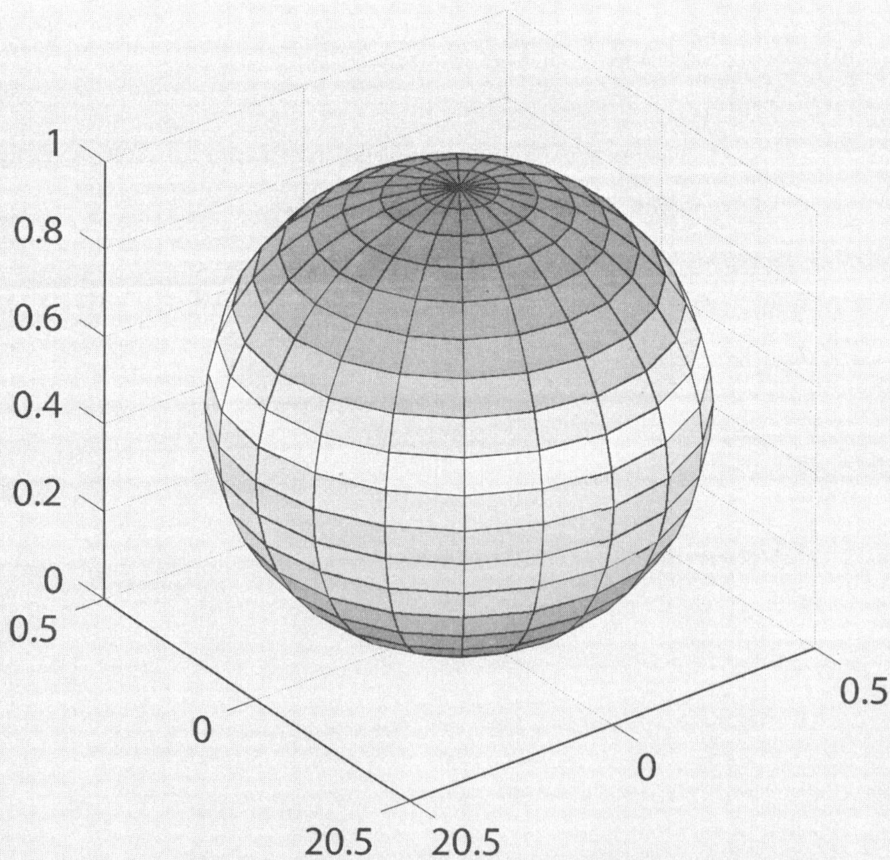

Chapter 05

Root-Locus Method

근 궤적 선도

이 장에서 공부해야 될 내용

5.1 근 궤적 소개
5.2 근 궤적 규칙 유도
5.3 극점 영점 추가 효과
5.5 지상 보상 제어기
5.5 PI 제어기
5.6 진상 보상 제어기
5.7 PD 제어기
5.8 지상-진상 보상기 또는 PID 제어기
5.9 2DOF 제어기
5.10 근 궤적 설계 방식
5.11 상보적인 근 궤적
5.12 시스템 안정화
5.13 사례 연구 - Ball and Beam 시스템

지난 장들의 분석에 따르면, 시스템의 극점 위치가 시스템 성능에 크게 영향을 주고 있다. 모든 시스템 인자가 알려지면, 컴퓨터 프로그램을 통해 극점의 위치를 쉽게 찾을 수 있다. 어떤 인자가 변할 때, 폐루프 극점이 어떻게 변하는지 아는 것이 중요하다. 이러한 문제를 다루는 두 가지 이유가 있는데, 우선은 주어진 환경 내에서 여러 가지 인자가 변할 수 있고, 또는 그 인자를 정확히 결정할 수 없을 수 있다. 시스템을 자신이 원하는 상태로 동작하도록 인자들을 정하는 것이 제어의 중요한 요소이다. 물론 이것은 컴퓨터 시뮬레이션을 통하여 얻을 수 있으나, 흔히 극점의 변화를 개략적으로 그리는 것이 더욱 도움을 줄 수 있다. 둘째로, 제어 공학자는 설계 목적에 부합하게 제어 인자를 선택할 수 있도록, 어떤 제어 인자가 시스템 성능에 어떻게 영향을 주는지 알 필요가 있다.

시스템 인자에 따른 극점의 변화를 결정하는 고전적인 방식으로 W.R. Evans가 창안한 **근 궤적 설계 방식(root-locus method)**을 들 수 있다. 이 장에서는 이 방식이 소개될 것이다. 주목할 점은 대부분의 경우, *컴퓨터 프로그램을 통한 근 궤적의 정확한 도*

*식보다는 근 궤적의 전체적인 흐름을 알기 위해 근 궤적을 개략적으로 그리는 방법을 아는 것이 중요하다는 사실*이다. 그래서 이 장에서는 근 궤적을 정확히 상세히 그리는 것에 촛점을 두지 않고, 시스템 분석과 제어기 설계를 위한 도구로 근 궤적을 어떻게 사용할 수 있는지 보일 것이다.

Walter R. Evans (1920–1999)는 Washington University 에서 1941년 전기공학 분야로 학사 학위를 받았고 University of California, Los Angeles 에서 1951년에 석사 학위를 수여했다. 1946년에서 1948년까지 전기공학과에서 강의를 했고, 1948년 Rockwell International의 전신인 North American Aviation의 한 부서인 Autonetics로 자리를 옮겼고, 1948년 8월 서보 메카니즘의 분석에 대하여 그의 동료들에게 강의를 하던 중, 근 궤적 선도 방법을 발견했다. 같은 해에 근 궤적 선도의 응용 툴로 Spirule 을 개발하였고, 그가 만든 Spirule Company는 전 세계 75개국에 Spirule 제품을 100,000개 이상을 판매하였다. 그의 근 궤적 선도는 "Graphical analysis of control systems", 라는 논문으로 Transactions of the *American Institute of Electrical Engineers*, vol. 67, pp. 547–551, 1948에, "Control system synthesis by root-locus method" 라는 논문은 *Transactions of the American Institute of Electrical Engineers*, vol. 69, pp. 66–69, 1950에 각각 출간되었다. Evans는 1959년에서 1971년까지 Ford Aeronautic Company의 Re-Rentry Systems Operation의 Guidance and Control 부서의 기술 스태프로 일했다. 1980년 은퇴하기까지 Strategic Systems Devision에서 기술 스태프로 일하면서 Autonetics 분야를 연구했다. 그 후 Evans는 1987년에 American Society of Mechanical Engineers 단체가 수여한 Rufus Oldenburgh Medal을, 1988년에 American Automatic Control Council 의 Richard E. Bellman Control Heritage Award를 각각 수여받았다.

5.1 근 궤적 선도

그림 5.1은 안정화된 표준 피드백 시스템을, 그림 5.2는 단위 피드백 시스템을 보여 준다.

폐루프 극점은 다음 방정식의 근으로 주어진다.

$$1 + P(s)C(s) = 0.$$

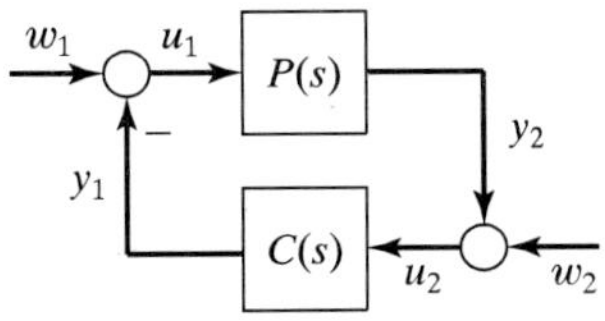

그림 5.1 피드백 시스템

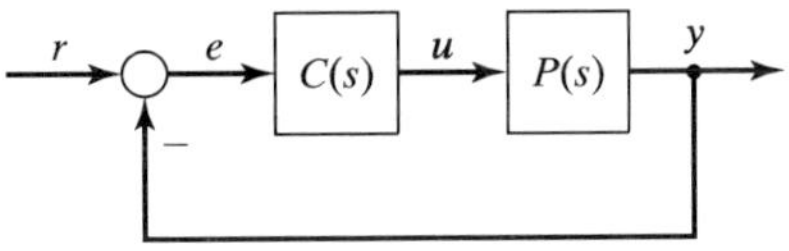

그림 5.2 단위 피드백 시스템

간단하게

$$L(s) := P(s)C(s)$$

으로 정의될 수 있고, $L(s)$는 다음 형태를 갖는다고 가정한다.

$$L(s) = \frac{K(s-z_1)(s-z_2)\cdots(s-z_m)}{(s-p_1)(s-p_2)\cdots(s-p_n)}$$

$z_1,\ z_2,\ldots,z_m$은 개루프 영점이고, $p_1,p_2,\ldots,p_n$ 은 개루프 극점이다. 그리고 K는 이득 변수이다. 여기서 K가 0에서 ∞로 증가할 때 폐루프 극점이 어떻게 변하는지를 알아내고자 한다. 다른 시스템 변수가 관련한 문제는 이와 같은 형태로 바꿀 수 있음을 나중에 보일 것이다.

여기서 다음 식을 만족하는 모든 점을 찾고자 한다.

$$L(s) = -1.$$

이 방정식은 다음 두 개의 식으로 다시 쓸 수 있다.

크기 조건(Magnitude condition): $|L(s)| = 1$ (5.1)

위상 조건(Phase condition): $\angle L(s) = (2k+1)180^\circ,\ k = 0, \pm 1, \ldots$ (5.2)

크기 조건은 $K \geqq 0$에 의해 만족될 수 있음을 쉽게 알 수 있다. 또 다른 조건인 위상 조건은 K의 값에 의존하지 않는다 (K의 부호에 의존한다):

$$\angle L(s) = \sum_{i=1}^{m} \angle(s - z_i) - \sum_{j=1}^{n} \angle(s - p_j) = (2k+1)180°.$$

그리하여, 문제의 핵심은 위의 위상 조건을 만족하는 모든 점을 찾는 것이다. 예를 들면, 다음과 같은 개루프 전달함수가 있을 때,

$$L(s) = \frac{K(s - z_1)(s - z_2)}{(s - p_1)(s - p_2)(s - p_3)}, \qquad p_2 = \bar{p}_1.$$

시스템의 개루프 극점과 영점은 그림 5.3과 같이 나타낼 수 있다. 극점은 "×"로, 영점은 "o"로 각각 표시된다. 복소 평면에서 한 점 s의 위상 $L(s)$는 다음과 같이 계산된다.

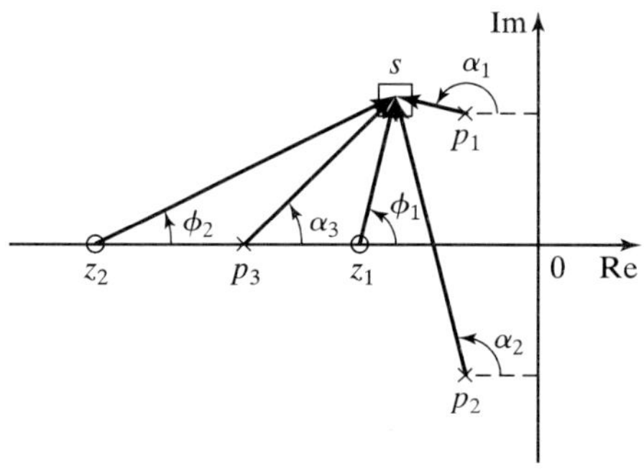

그림 5.3 한 점 s에서의 $L(s)$의 위상

$$\begin{aligned}\angle L(s) &= \angle(s - z_1) + \angle(s - z_2) - \angle(s - p_1) - \angle(s - p_2) - \angle(s - p_3) \\ &= \phi_1 + \phi_2 - \alpha_1 - \alpha_2 - \alpha_3.\end{aligned}$$

여러가지 기본 규칙이 위상 조건에서 도출되고, 그로부터 대략적인 근 궤적을 추정할 수 있다. 그리고, 해당 규칙은 표 5.1에 요약되어 있다. "점근선", "이탈점", "출발각", "도착각"과 같은 용어를 다음 두 예제에서 소개한다.

예제 5.1

이 예제에서는 점근선과 이탈점을 다룬다. 개루프 전달함수가 다음과 같이 주어져 있다.

$$L(s) = \frac{K}{s(s+4)(s+5)}.$$

시스템은 3개의 극점이 있고 영점은 없다. 따라서, 3개의 점근선의 각도는

$$\theta = \frac{(2k+1)180^\circ}{3} = 60^\circ, -60^\circ, 180^\circ$$

k=0,−1,1로 계산된다. 실수축과 이탈점이 만나는 점은

$$\kappa = \frac{0-4-5}{3} = -3.$$

로 주어진다. k=0,1,2를 사용하면, θ=60,180,300 을 얻을 수 있고, 위 각도와 같다. 3개의 점근선은 그림 5.4에 주어져 있다.

점근선을 보면, 이득이 충분히 커질때 시스템은 불안정하게 됨을 알 수 있다. 이것은 규칙 4에 의해서 쉽게 알 수 있는데, $L(s)$의 점근선 축이 적어도 3개이고, 90° 보다 작은 각도의 점근선이 적어도 하나 있기 때문이다.

규칙 1. 근 궤적은 실수축에 대하여 대칭이다.

규칙 2. n 개의 극점 p_i ($K=0$일 때)에서 출발하여 n개의 영점 ($K\to\infty$ 일때, m개의 유한 영점 z_i과 $n-m$개의 무한 영점)으로 접근한다.

규칙 3. 근 궤적은 실수축 상에서 양에서 음의 방향으로 홀수번째에 있는 개루프 극점 또는 영점의 왼쪽에 있는 부분 영역을 포함한다.

규칙 4. $K\to\infty$ 일때, 근 궤적의 $n-m$개의 가지는 $n-m$개의 선(점근선이라고 함)으로 근접하고, 각도는

$$\theta = \frac{(2k+1)180^\circ}{n-m}, \quad k = 0, \pm1, \pm2, \ldots$$

이고, 모든 점근선은 실수축의 한점에서 시작된다.

$$\kappa = \frac{\sum_{i=1}^{n} p_i - \sum_{j=1}^{m} z_j}{n-m} = \frac{\sum \text{poles} - \sum \text{zeros}}{n-m}.$$

규칙 5. 이탈점 (근 궤적이 만나서 갈라지는 점, 보통 실수축에서 발생함)과 이입점 (근 궤적이 실수축과 만나서 들어가는 점)은 방정식 $\dfrac{dL(s)}{ds}=0$의 근이다 (실수축에서 규칙 3을 만족하는 근이 이탈점 또는 이입점이 될 수 있다).

규칙 6. 출발각 ϕ_k(극점 p_k)은 다음 식으로 주어진다.

$$\phi_k = \sum_{i=1}^{m} \angle(p_k - z_i) - \sum_{j=1, j\neq k}^{n} \angle(p_k - p_j) \pm 180°.$$

(p_k가 l번 반복되는 극점일 때, 출발각은 p_k/l이 된다)

도착각 ψ_k(영점 z_k)는 다음 식으로 주어진다.

$$\psi_k = -\sum_{i=1, i\neq k}^{m} \angle(z_k - z_i) + \sum_{j=1}^{n} \angle(z_k - p_j) \pm 180°.$$

(z_k가 l번 반복되는 극점일때, 도착각은 ψ_k/l이 된다)

표 5.1 근 궤적 규칙 : $0 \le K \le \infty$

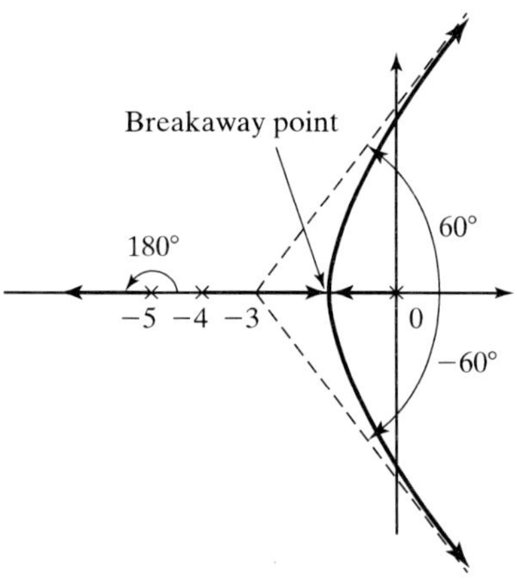

그림 5.4 이탈점과 점근선

예제 5.2

이 예제에서는 출발각과 도착각을 다룬다. 개루프 전달함수가 다음과 같이 주어져 있다.

$$L(s) = \frac{K(s^2+4s+8)}{(s+3)(s^2+2s+2)} = \frac{K(s-z_1)(s-z_2)}{(s-p_1)(s-p_2)(s-p_3)}$$

영점은 $z_1 = -2 + j2$, $z_2 = -2 - j2$이고, 극점은 $p_1 = -3$, $p_2 = -1 + j$, $p_3 = -1 - j$이다. $p_2 = -1 + j$에서의 출발각 ϕ는 다음 방정식을 만족한다.

$$\angle(p_2 - z_1) + \angle(p_2 - z_2) - \angle(p_2 - p_1) - \phi - \angle(p_2 - p_3) = -180°,$$

즉,

$$-45° + \tan^{-1} 3 - 90° - \phi - \tan^{-1} \frac{1}{2} = -180°$$

이것을 풀면 ϕ=90° 이다. 영점 $z_1 = -2 + j2$에서의 도착각은 다음 식으로 계산된다.

$$\psi + \angle(z_1 - z_2) - \angle(z_1 - p_1) - \angle(z_1 - p_2) - \angle(z_1 - p_3) = -180°,$$

즉,

$$\psi + 90° - \tan^{-1} 2 - 135° - (180° - \tan^{-1} 3) = -180°$$

풀면 ψ= 36.87° 이다.

$p_3 = -1 - j$에서 출발각과 $z_2 = -2 - j2$에서 도착각은 각각 $-\phi$, $-\psi$이다. 출발각과 도착각은 그림 5.5에서 볼 수 있다.

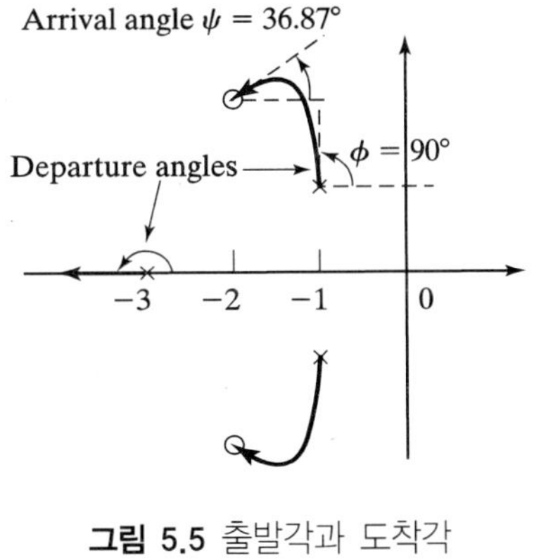

그림 5.5 출발각과 도착각

표 5.1에 있는 규칙의 상세한 유도 과정은 다음 절에 보여질 것이다. 여기서는 우선 규칙 3을 살펴보면, 그림 5.6에 보이는 것처럼, 실수축의 임의의 한 점 s를 선택한다. 공액복소수 극점 또는 영점은 실수축의 점에 대하여 위상각은 0도이다. 따라서, 실수축 위의 영점과 극점만 고려할 필요가 있다. 실수축 위의 점 s의 왼쪽편에 있는 어떤 실수 극점 또는 영점은 위상각 0도가 되고, 오른쪽 편에 있는 실수 극점 또는 영점은 180도의 위상각을 갖는다. 이렇게 해서 규칙 3이 증명된다.

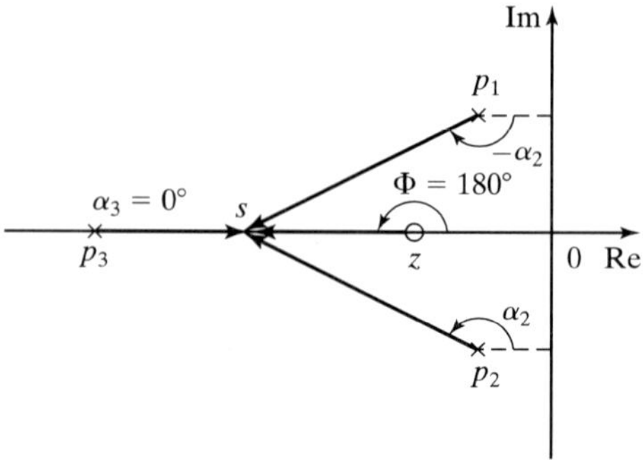

그림 5.6 실수축의 한 점 s에서의 $L(s)$의 위상각

보통 규칙 1-4만을 사용하여 대략적인 근 궤적을 그릴 수 있다. 컴퓨터 프로그램을 사용하여 정확한 근 궤적을 쉽게 구할 수 있기 때문에, 규칙 5와 6은 요즈음 좀처럼 사용되지 않는다.

예제 5.3

그림 5.2에 보이는 피드백 시스템이 다음 식으로 주어져 있다.

$$L(s) = P(s)C(s) = \frac{8K(s+2)}{(s+1)(s+5)(s+10)}.$$

K가 0에서 ∞로 증가할 때, 폐회로 극점이 어떻게 변하는지 알려면, 이득 K에 대한 시스템의 근 궤적을 그리면 된다. 규칙 3에서 실수축의 근 궤적 구간 2곳 [−2, −1], [−10, −5]을 구할 수 있다. 규칙 2에서 근 궤적 하나는 극점 −1에서 출발하고, 영점 −2에서 끝난다. 다른 근 궤적은 −10과 −5에서 각각 출발하여 두개의 점근선에 해당하는 무한 영점으로 접근한다. 두개의 점근선은 실수축 위의 점

$$\kappa = \frac{(-1-5-10)-(-2)}{3-1} = -7$$

```
z=-2; 영점
p=[-1,-5,-10]; 극점
k=8; 이득 (변하는 이득 K가 아님)
L=zpk(z,p,k) 시스템의 전달함수 표현
rlocus(L) 이득 K 의 변화에 따라 근 궤적을 생성
```

에서 90도, −90도의 각도로 각각 시작된다. 위의 정보를 종합하여 근 궤적을 대략적으로 그

려볼 수 있다.

정확한 근 궤적 선도는 박스에 있는 MATLAB 프로그램 명령어를 사용하여 얻을 수 있고, 해당 근 궤적 선도는 그림 5.7처럼 그려진다.

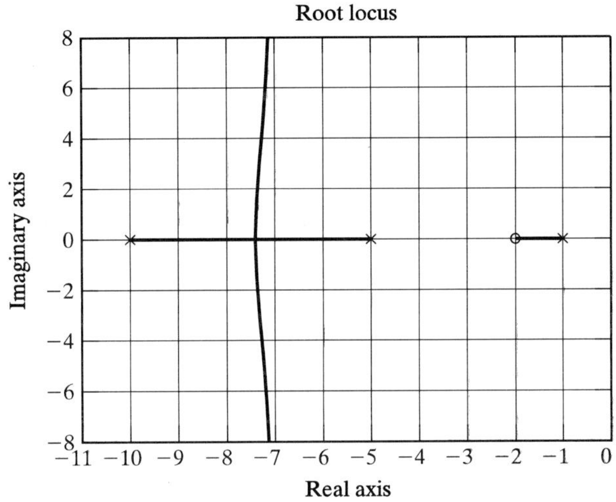

그림 5.7 예제 5.3의 근 궤적

표 5.2는 개루프 극점, 영점에 따른 근궤적 선도의 예를 보여준다.

시스템 제어 인자가 반드시 이득으로 나타나지는 않고, 전달함수 상에서 다른 인자로 나타날 수도 있다. 다음 예제는 비표준 방식의 근 궤적 문제가 표준 근 궤적으로 어떻게 변환할 수 있는지 보여준다.

예제 5.4

한 피드백 시스템이 다음식으로 주어져 있다.

$$P(s)C(s) = \frac{4(s+3)}{s(s+1)(s+K)}$$

K는 이동할 수 있는 극점의 위치이다. K가 시스템 안정도와 성능에 어떤 영향을 주는지 분석하고자 한다. 이 문제는 표준 근 궤적 문제라고 할 수는 없다. 그러나, 폐구간 극점은 방정식

$$1 + P(s)C(s) = 0$$

의 근으로 주어진다.

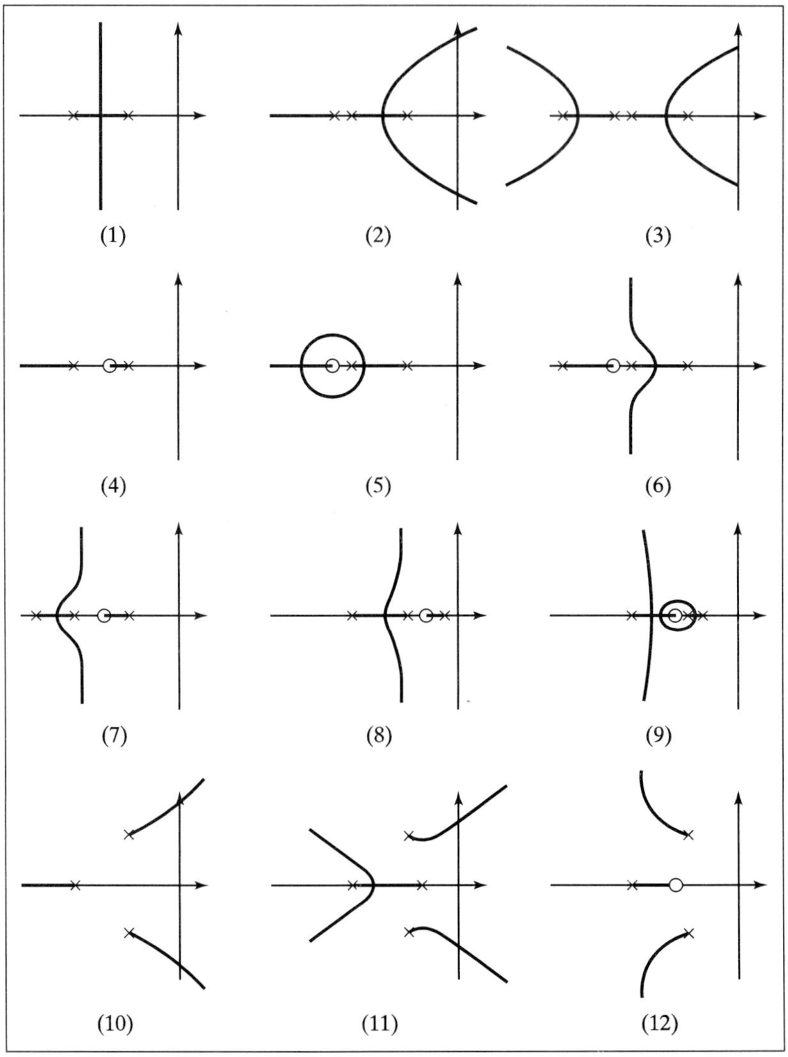

표 5.2 근 궤적 선도 예제

그 식은

$$s(s+1)(s+K)+4(s+3)=0$$

이다. 이 식을 다시 쓰면,

$$(s+2)(s^2-s+6)+Ks(s+1)=0$$

즉,

$$1+\frac{Ks(s+1)}{(s+2)(s^2-s+6)}=0.$$

```
num=[1,1,0]; L(s)의 분자항 계수, K는 제외
den=conv([1,2], [1,-1,6]); L(s)의 분모항 계수
L=tf(num,den) 전달함수 생성
rlocus(L) 근 궤적 생성
```

$$L(s) = \frac{Ks(s+1)}{(s+2)(s^2-s+6)}.$$

이라고 하자. 이 시스템에 대하여 근 궤적을 그릴 수 있는데, MATLAB 명령어로 문제를 풀면, 해당 시스템의 근 궤적은 그림 5.8처럼 나타난다.

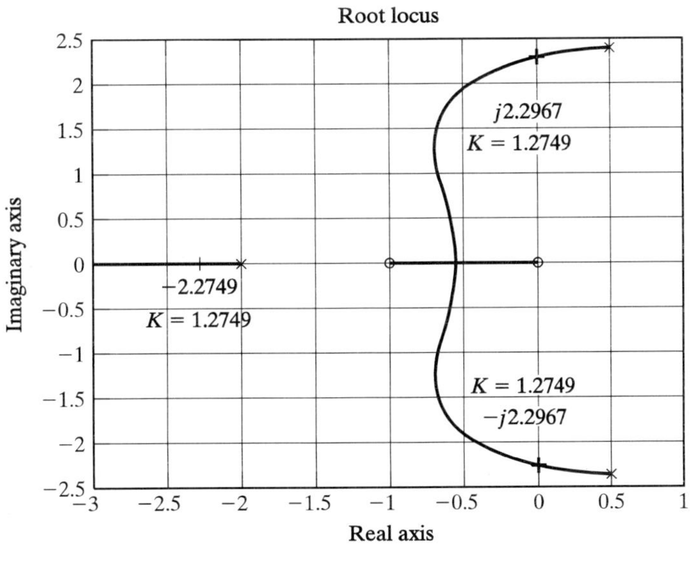

그림 5.8 근 궤적 예제

근 궤적 위의 한 점과 관련한 수치값을 얻을 수 있는데, 해당 이득값은 다음 함수 rlocfind를 이용하여 구할 수 있다.

>> [K, poles] = rlocfind(L) (이 명령어를 입력한 다음, 근 궤적 선도의 한 점을 클릭한다)

예를 들면, 근 궤적이 좌반 평면으로 들어가는 경계값 K를 찾기 위해서는, 위의 명령어를 입력하고, 근 궤적과 허수축이 만나는 점을 클릭한다. 그러면, 다음 값을 얻을 수 있다.

$$K = 1.2749, \quad \text{poles} = -2.2749, \pm j2.2967.$$

(해당 점이 얼마나 정확히 클릭이 되었는가에 따라 위의 수치와 다소 차이가 날 수 있다.) 이에 따라, 폐구간 시스템은 $K > 1.2749$일 때만 안정하다.

3장에 있는 Routh-Horwitz 안정도 테스트를 다음의 특성다항식에 적용하여, K의 경계값을 찾을 수도 있다.

$$s(s+1)(s+K)+4(s+3)=s^3+(1+K)s^2+(K+4)s+12.$$

안정도 조건에 따르면, 시스템의 안정도는 다음 조건으로 결정된다.

$$(K+1)(K+4)-12>0,$$

즉,

$$K>\frac{\sqrt{57}-5}{2}=1.2749.$$

5.2 근 궤적 규칙의 유도

여기서 근 궤적 규칙을 다시 살펴본다. 페루프 특성 방정식은 다음과 같이 주어진다.

$$c(s):=(s-p_1)(s-p_2)\cdots(s-p_n)+K(s-z_1)(s-z_2)\cdots(s-z_m)=0. \quad (5.3)$$

규칙 1. 이것은 자명하다. 식 (5.3)이 실계수로 구성되어 있기 때문에, 그 방정식의 모든 근은 공액복소수 쌍으로 나타난다.

규칙 2. K=0일때, 식 (5.3)은 다음 식으로 축약되고,

$$(s-p_1)(s-p_2)\cdots(s-p_n)=0$$

근은 $s=p_i$, $i=1,2,\ldots,n$으로 주어진다. K가 증가할때, 근은 p_i로부터 연속적으로 멀리 이동한다.

$K\to\infty$ 일때, 식 (5.3)을 다시 쓰면,

$$\frac{1}{K}(s-p_1)(s-p_2)\cdots(s-p_n)+(s-z_1)(s-z_2)\cdots(s-z_m)=0.$$

$|s|$가 유한하면, 위 방정식은 다음 식으로 근사화된다.

$$(s-z_1)(s-z_2)\cdots(s-z_m)=0,$$

즉, m개의 근은 z_i, $i=1,2,\ldots,m$로 접근한다. 그러나, $K\to\infty$ 일 때, $|s|$가 무한히 발산할 수도 있다. 이 경우에 식 (5.3)은 다음과 같이 근사화된다.

$$1+\frac{K}{(s-\kappa)^{n-m}}=0$$

K값을 얻기 위해서 정리하면,

$$\begin{aligned}0&=1+\frac{K(s-z_1)(s-z_2)\cdots(s-z_m)}{(s-p_1)(s-p_2)\cdots(s-p_n)}\\&=1+\frac{K}{s^{n-m}-\left(\sum_{i=1}^{n}p_i-\sum_{i=1}^{m}z_i\right)s^{n-m-1}+\cdots}\end{aligned}$$

파워 시리즈에 의해서

$$0=1+\frac{K}{(s-\kappa)^{n-m}}=1+\frac{K}{s^{n-m}-(n-m)\kappa s^{n-m-1}+\cdots}.$$

계수를 비교하여 다음 식을 얻을 수 있다.

$$(n-m)\kappa=\sum_{i=1}^{n}p_i-\sum_{i=1}^{m}z_i,$$

즉

$$\kappa=\frac{\sum_{i=1}^{n}p_i-\sum_{i=1}^{m}z_i}{n-m}=\frac{\sum_{i=1}^{n}\text{poles}-\sum_{i=1}^{m}\text{zeros}}{n-m}.$$

최종적으로,

$$1+\frac{K}{(s-\kappa)^{n-m}}=0$$

위 방정식의 $n-m$개의 근은 다음과 같다.

$$s=\kappa+K^{\frac{1}{n-m}}e^{j\frac{(2k+1)\pi}{n-m}},\quad k=0,\pm1,\pm2,\ldots.$$

이것은 규칙 4에 기술한 $n-m$개의 점근선과 같다.

규칙 5. 이탈점과 이입점은 특성방정식이 중근을 갖는 경우의 점이다. z가 이탈점 또는 이입점이라고 가정하자.

$$c(s) = (s - z)^r f(s)$$

이때, $f(s)$는 s의 다항식이다. 이때,

$$c(z) = 0, \quad \left.\frac{dc(s)}{ds}\right|_{s=z} = 0,$$

즉,

$$\prod_{i=1}^{n}(z - p_i) + K\prod_{i=1}^{m}(z - z_i) = 0$$

$$\left.\frac{d}{ds}\prod_{i=1}^{n}(s - p_i)\right|_{s=z} + K\left.\frac{d}{ds}\prod_{i=1}^{m}(s - z_i)\right|_{s=z} = 0.$$

이 된다. K를 제거하면, 다음 방정식을 얻을 수 있다.

$$\prod_{i=1}^{m}(z - z_i)\left.\frac{d}{ds}\prod_{i=1}^{n}(s - p_i)\right|_{s=z} - \prod_{i=1}^{n}(z - p_i)\left.\frac{d}{ds}\prod_{i=1}^{m}(s - z_i)\right|_{s=z} = 0$$

간단하게

$$\left.\frac{dL(s)}{ds}\right|_{s=z} = 0.$$

로 표현된다. 여기서, 이 조건은 이탈점 또는 이입점의 필요조건이다. 다시 말하면, 이 조건을 만족하는 점이 반드시 이탈점 또는 이입점은 아니다. 그 점이 근 궤적 위에 있음을 확인해야 한다. 이 조건이 K의 양과 음의 값에서 모두 만족할 수 있기 때문인데, 방정식의 근에 K의 양과 음의 값에 따른 중근이 포함될 수 있다. 따라서, 위 방정식을 만족하고, $K>0$에 대하여 근 궤적 위에 있지 않은 점은, $K<0$에 대하여 근 궤적의 이탈점, 이입점이 될 수 있다. 이 장의 끝 부분에, $K<0$에 대한 근 궤적, 즉 상보적인 근 궤적이 소개될 것이다.

규칙 6. 하나의 극점의 출발각은 해당 극점 가까운 점을 테스트함으로써 얻을 수 있다. s는 근 궤적 위의 점이면서 p_k에 매우 가까운 점이라고 가정하자. 이때, 출발각은 $s \to p_k$일 때, $\angle(s - p_k)$로 주어진다. 위상 조건에 따르면,

$$\sum_{i=1}^{m} \angle(s-z_i) - \sum_{j=1, j\neq k}^{n} \angle(s-p_j) - \angle(s-p_k) = \pm 180^\circ.$$

그러므로,

$$\phi_k = \lim_{s\to p_k} \angle(s-p_k) = \sum_{i=1}^{m} \angle(p_k-z_i) - \sum_{j=1, j\neq k}^{n} \angle(p_k-p_j) \pm 180^\circ.$$

p_k가 l번 반복되는 극점이라면,

$$\sum_{i=1}^{m} \angle(s-z_i) - \sum_{j\neq k} \angle(s-p_j) - l\,\angle(s-p_k) = \pm 180^\circ$$

을 얻는다. 여기서 출발각은 ϕ_k/l이 된다.

도착각에 대한 식은 마찬가지로 유도할 수 있다.

5.3 극점과 영점을 추가 효과

근 궤적 방법의 좋은 점은 시스템 매개변수 또는 구조의 변화가 시스템 성능에 어떤 영향을 주는지 예측할 수 있다는 것이다. 이 절에서는 특히 개루프 극점 또는 영점을 추가하는 것이 폐루프 극점에 어떤 영향을 주는지 살펴볼 것이다. 표 5.2로부터 분석을 해볼 수 있다.

- **개루프 극점 추가(Adding open-loop poles):** 표 5.2에서 (2)는 (1)에서 하나의 개루프 극점을 추가하여 얻어진다. (2)에서 근 궤적은 60도, −60도의 2개의 점근선을 따라 우반 평면으로 이동하는 것을 볼 수 있다. 유사하게, (3)은 (1)에 두개의 극점을 추가하여 또는 (2)에 하나의 극점을 추가하여 얻어진다. 이 경우, (3)에서의 근 궤적은 45도 −45도의 2개의 점근선을 따라 우반 평면으로 이동한다. 즉, 이득이 증가할 때, (2)에서의 근 궤적보다 더 빠르게 우반 평면으로 접근한다. (10)과 (11)을 비교하여 비슷한 결과를 유추할 수 있다.

  결론: 개루프 극점을 추가할 때 근 궤적이 우반 평면으로 이동하는 경향이 있다.

개루프 영점 추가(Adding open-loop zeros) (PD 제어기-PD controller): 표 5.2에서 (1)과 (4), (5)를 비교한다. 실제 (4), (5)는 (1)에서 개루프 영점을 추가함으로써 얻어지는 근 궤적 선도이다. 여기서, 영점을 추가하는 것은 근 궤적의 수렴성을 유도하는 경향이 있음을 쉽게 볼 수 있다. 영점을 적절한 위치에 더하여, 근 궤적을 원하는 영역으로 이동시킬 수 있다. 이것이 PD 제어기가 작동하는 방식이다. (10)과 (12)를 비교하여 해당 결과를 유추할 수 있다.

결론: 영점은 근 궤적을 한쪽으로 모으고, 또한 영점을 적절히 위치시킴으로써, 근 궤적을 원하는 영역으로 이동시킬 수 있다.

극점의 오른쪽에 영점 추가하는 방식으로 극점과 영점 한 쌍 추가(Adding a pair of pole and zero with zero on the right of the pole) (진상 제어기-Lead contoller): 표 5.2에서 (1)과 (6), (7)을 비교한다. (6), (7)은 (1)에 한쌍의 극점, 영점을 추가하고 있다. 그곳에서 영점은 극점의 오른편에 위치한다. 두 곳에서 모두, 하나의 근 궤적 선이 개루프 영점으로 접근할 때, 다른 근 궤적은 안정한 영역으로 이동한다. 폐루프 극점이 영점에 가까울 때, 이 폐루프 극점은 거의 영점에 소거되어서, 폐루프 성능에 대한 효과는 미미하다. 그리하여, 다른 두개의 근이 지배적인 역할을 한다. 이러한 두개의 근 궤적은 더욱 안정한 영역에 있기 때문에, 제어 인자를 적절히 선택함으로써, 진상 또는 PD 제어기를 사용하는 폐루프 성능이 개선될 수 있다.

결론: 진상 또는 PD 제어기가 적절히 설계되면, 과도 응답을 개선할 수 있다.

영점의 오른쪽에 극점 추가하는 방식으로 극점과 영점 한 쌍 추가(Adding a pair of a pole and a zero with a pole on the right of the zero) (지상 제어기-Lag controller): 표 5.2에서 (1)과 (8), (9)를 비교한다. (8), (9)는 한 쌍의 극점, 영점을 추가하고 있으나, 위의 진상 제어기와 달리, 극점을 영점의 오른편에 위치시킨다. 전체적인 효과는 극점을 추가하는 것과 비슷하게 나타난다. 근 궤적의 일부분이 오른쪽으로 밀려서 나타나고, 추가된 한 쌍의 극점과 영점이 다른 극점, 영점에 비해 가까이 있으면, (추가된 극점과 영점 가까운 부분을 제외하고는) 근 궤적이 크게 변하지는 않는다. 이 방식이 지상 또는 PI 제어기가 작동하는 방식이다. 추가되는 극점, 영점을 서로 가깝게 선택을 하면 (보통 원점에 가까이), 이 제어기는 지배 극점 위치를 변경하지 않는다. 그리하여, 해당 극점, 영점의 위치를 적절히 선택하면, 추가 극점, 영점이 과도 응답을 바꾸지 않고, 극점에 대한 영점의 비율을 이용하여 시스템 이득을 증가시킬 수 있고, 결과적으로 정상 상태 성능을 개선할 수 있다. (이것이 극점과 영점의 해당 비율을 크게 하면서 그 두 점을 원점에 가까이 위치시키는 이유이다.)

PI 제어기는 지상 제어기의 특수한 경우로 볼 수 있고, 추가된 극점이 원점에 있는 경우이다. 지상 제어기에 대한 설명은 PI에도 마찬가지로 적용된다.

결론: 지상 (또는 PI) 제어기는 정상 상태 성능을 개선하는데 사용될 수 있다.

다음 절에서는 위의 해석에 따라 제어기를 설계하는 문제를 다룬다.

5.4 지상 제어기

다음의 일차 지상 제어기를 고려하자.

$$C(s) = \frac{K(s+b)}{s+a}, \quad b > a > 0.$$

이때 $C(0) = Kb/a$이다. 지상 제어기는 순수 이득 제어기에 비해 b/a배 만큼 정상 상태 이득 상수를 증가시킬 수 있다.

제어기의 극점-영점 배치는 그림 5.9에 보여진다. 복소 평면에서 상반면에 있는 임의의 점 s에 대하여 $\angle C(s) < 0$이다. 즉, 근 궤적 방정식에서 음의 위상 (위상 지연 또는 지상)을 만들고 있다. 이것이 지상 제어기라고 부르는 이유 중 하나이다. 또 다른 이유로는, 이 제어기의 주파수 응답을 볼 때 (다음 장에서 소개됨), 이 제어기는 항상 음의 위상 주파수 응답을 만든다.

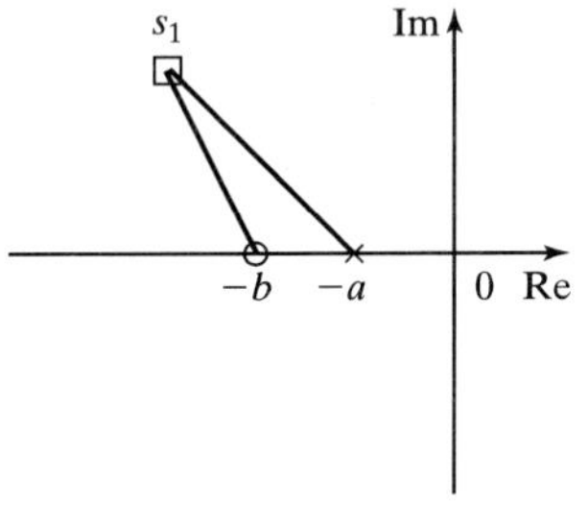

그림 5.9 지상 제어기의 극점/영점 배치

지상 제어기는 $C(s)$가 원하는 폐루프 극점의 위치에서 위상의 변화가 거의 없도록, 그리고, 정상 상태 오차를 줄이기 위해 실질적 이득을 (b/a배만큼) 증가시키도록 설계한다. 그리하여, 지상 제어기는 이득 보상 제어기라고 할 수 있다. 한 예로, s_1이 원하는 폐루프 (지배) 극점 위치라고 가정하면, b, a는 다음의 조건이 만족하도록 선택할 수 있다.

$$\frac{s_1 + b}{s_1 + a} \approx 1,$$

즉,

$$C(s_1) \approx K$$

$$P(s_1)C(s_1) \approx KP(s_1) = -1.$$

s_1으로부터 멀리 떨어진 영점 $-b$, 극점 $-a$를 선택하되, 원점에는 상대적으로 가까이 배치함으로써 위의 조건을 얻을 수 있다.

a, b는 절대적인 수치에서 작을 필요는 없다. 예를 들면, s_1=−1000+j1000, b=20, a=5라면,

$$C(s_1) = \frac{K(s_1 + b)}{s_1 + a} = \frac{K(-980 + j1000)}{-995 + j1000} \approx K$$

$C(0) = Kb/a = 4K$이다.

알고리즘 5.5 (지상 제어기 설계) (Phase-lag controller design)

1 단계: $KP(s)$의 근 궤적을 그린다.

2 단계: 근 궤적에서 원하는 과도응답을 보이는 폐루프 (지배) 극점 s_1, and $\overline{s_1}$을 선택하고, 해당 이득 K_0를 찾는다.

3 단계: 원하는 정상 상태 응답을 만들기 위해 필요한 K값을 계산하고, 이 값을 K_s라고 정한다.

4 단계: $|s_1|$보다 아주 작은 수 $b(> a)$를 선택하고 ($\frac{s_1 + b}{s_1 + a} \approx 1$이 되도록), $a = K_0 b / K_s$ 로 정한다.

5 단계: 시뮬레이션을 통해, 선택한 값에 대한 제어기 설계를 확인한다.

$$C(s) = \frac{K_0(s+b)}{s+a}.$$

여기서 $C(0) = K_s$이다.

위의 설계 과정에서 $K_s = \infty$ 라고 가정하면, PI 제어기를 설계할 수 있다. 다음의 한 예제를 통해 위의 설계 과정을 보일 것이다.

예제 5.6

다음의 공정 모델에 대한 단위 피드백 시스템이 주어져 있다.

$$P(s) = \frac{10}{s(s+5)(s+10)}.$$

다음의 조건을 만족하는 제어기를 설계하려 한다.

- 계단 입력에 대하여 폐루프 시스템의 응답이 20% 오버슈트를 넘지 않고, 정착시간이 4초 이하가 되도록 한다.
- 램프 입력에 대한 정상 상태 오차는 0.05 이하이다.

우선, 원하는 지배 극점의 위치를 찾는다. 지배 극점은 한쌍의 복소수 s_1, $\overline{a_1}$로, 표준 이차 시스템의 극점으로 가정한다.

$$\frac{\omega_n^2}{s^2 + 2\zeta\omega_n s + \omega_n^2},$$

즉,

$$s_1 = -\zeta\omega_n + j\omega_n\sqrt{1-\zeta^2}.$$

오버슈트가 20%가 넘지 않도록 하기 위해서는, 다음 조건의 감쇠비가 필요하다.

$$\zeta \geq \frac{-\ln(20/100)}{\sqrt{\pi^2 + (\ln 20/100)^2}} = 0.456.$$

정착시간을 2%의 오차 범위내에서 4초 이하로 만들려면, $\zeta\omega_n \geq 4/t_s = 1$이어야 한다. 다음 설계 과정에서 위의 조건을 만족하는 s_1을 선택할 것이다.

지상 제어기가 위의 사항을 만족시킬 수 있는지 보기 위해, 지상 제어기 설계 과정을 따른다.

```
P=zpk([],[0,-5,-10],10);
rlocus(P);
sgrid 감쇄비를 그린다.
      그런 후, K1 와 s1를 찾기 위해서 지정된 점을 클릭한다.
[K0,s1]=rlocfind(P)
```

다음 수식에 대한 근 궤적을 그린다.

$$KP(s) = \frac{10K}{s(s+5)(s+10)}.$$

근 궤적은 프로그램을 통해 그림 5.10에 그려 있다. 근 궤적 선도에서 실수값이 1보다 크고, 감쇠비가 0.5정도 되는 지배 극점을 선택한다. 이것은 다음의 MATLAB 명령어를 사용하여 얻을 수 있다.

```
>> [K0, s1] = rlocfind(P)
```

그러면,

$$K_0 = 13,\ s_1 = -1.665 + j2.8927,$$

$$\bar{s}_1 = -1.665 - j2.8927,\ s_2 = -11.67.$$

원하는 정상 상태 오차를 만족시키는 이득을 찾는다. $K_s = C(0)$이고,

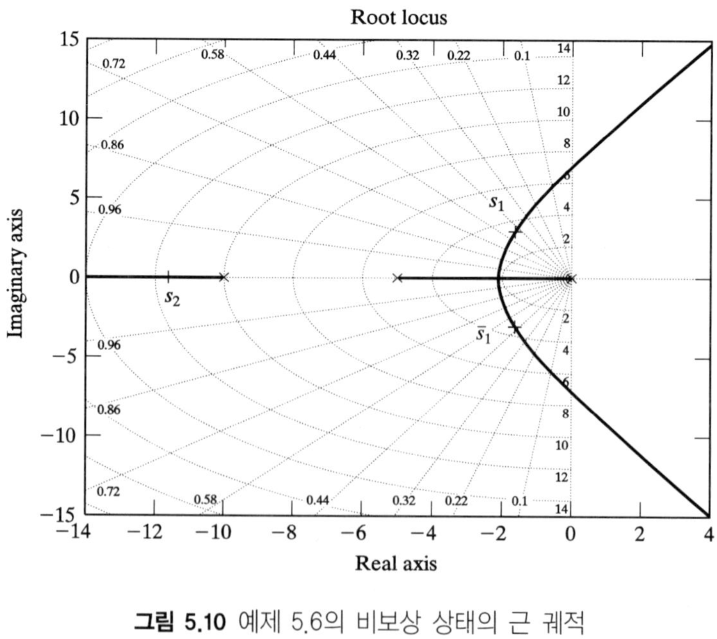

그림 5.10 예제 5.6의 비보상 상태의 근 궤적

$$K_v = \lim_{s\to 0} sP(s)C(s) = \frac{C(0)}{5}.$$

따라서,

$$e_{ss} = \frac{1}{K_v} = \frac{5}{C(0)} \le 0.05$$

$K_s = C(0) \ge 100$이고, $K_s = 100$을 선택한다.

- $|s_1|$보다는 아주 작은 $b = 0.05$을 사용하면, $a = K_0 b / K_s = 0.0065$이고, 해당 제어기는 다음과 같다.

$$C(s) = \frac{13(s + 0.05)}{s + 0.0065}$$

이 식은 폐루프 극점

$$-11.6656,\ -0.0509,$$
$$-1.6450 \pm j2.8724$$

을 갖는다. 폐루프 영점 -0.05이고, 이것은 폐루프 극점 -0.0509를 근사 소거할 수 있다.

따라서, 폐루프 시스템은 예상대로 s_1과 $\overline{s_1}$에 근접한 두개의 지배 극점 $-1.6450 \pm j2.8724$를 갖고 있음을 볼 수 있다. 계단 응답과 램프 응답은 그림 5.11, 그림 5.12에 각각 나타나 있다. 정착시간 1.89초, 17.7% 오버슈트의 결과를 보여주고 있고, 설계 조건과 잘 부합한다.

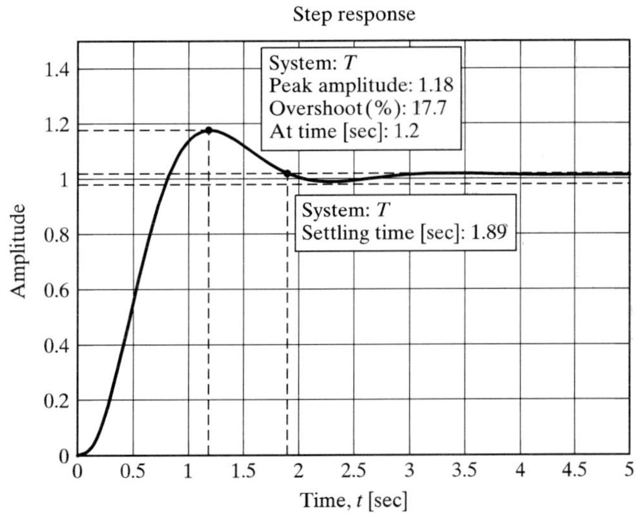

그림 5.11 예제 5.6의 계단 응답

```
b=0.05; K0=13; Ks=100;
a=K0 *b/Ks;
C=zpk(-b,-a,K0); 제어기
T=feedback(P*C,1); 폐루프
pole(T) 폐루프 극점
step(T) 계단 응답
```

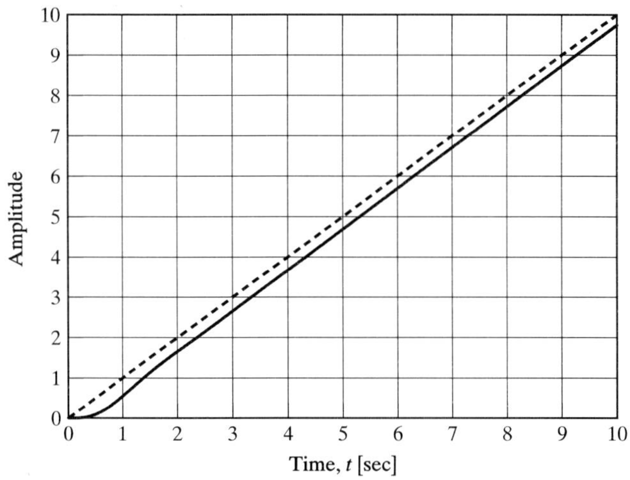

그림 5.12 예제 5.6의 램프 응답

전체 설계 과정은 GUI 툴 sisotool 을 사용하면 편리하다. 예를 들어, 다음의 명령어를 입력한다.

```
>> sisotool(P)
```

그리고 나서, 그림 5.13에 보이는 것처럼, 제어기 극점과 영점의 위치를 변경하면서 성능을 확인할 수 있다.

5.5 PI 제어기

PI 제어기는 다음과 같은 전달함수를 갖는다.

$$C(s) = \frac{K(s+b)}{s}, \quad b > 0.$$

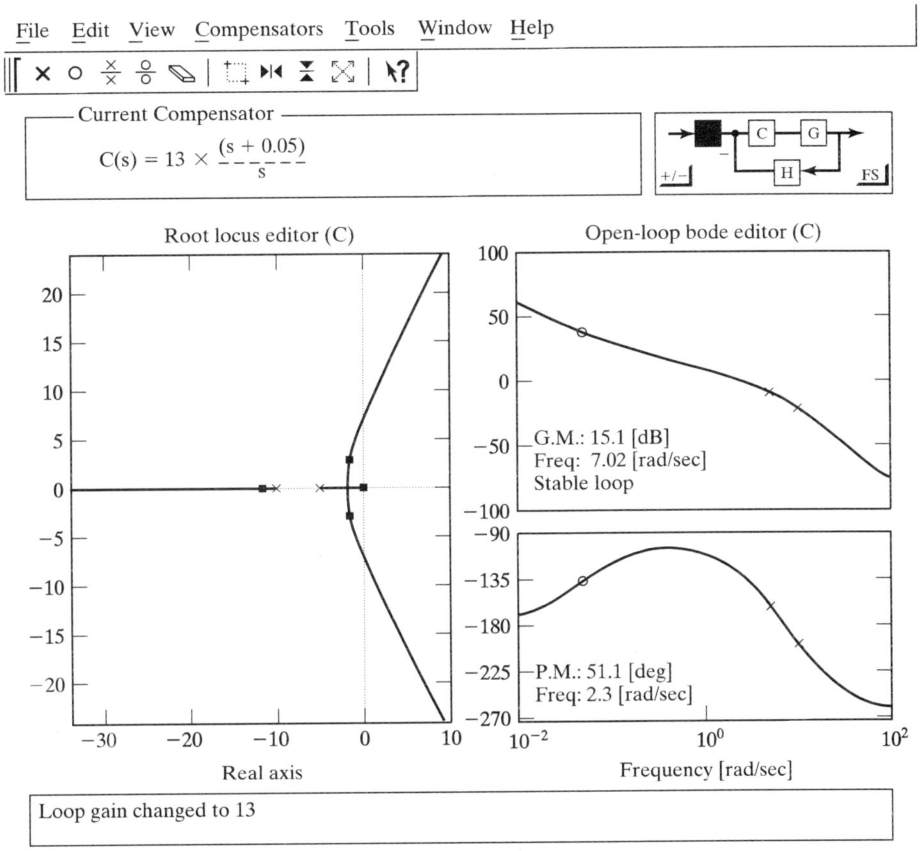

그림 5.13 예제 5.6에 대한 GUI 툴 sisotool의 사용 :
왼쪽 그림은 근 궤적, 오른쪽 그림은 Bode 선도(다음 장에 나옴)

그리고 $C(0)=\infty$ 이다. PI 제어기는 시스템 타입을 하나 증가시킨다. PI 제어기는 지상 제어기의 극단적인 경우로 볼 수 있고, 지상 제어기의 경우와 유사한 설계 절차를 따른다.

알고리즘 5.7 (PI 제어기 설계) (PI controller design)

1 단계: $KP(s)$의 근 궤적을 그린다.

2 단계: 근 궤적에서, 원하는 과도응답을 보이는 폐루프 (지배) 극점 s_1, and $\overline{s_1}$을 선택하고, 해당 이득 K, K_0를 찾는다.

3 단계: $|s_1|$보다 아주 작은 수 $b(>a)$를 선택한다 ($\dfrac{s_1+b}{s_1}\approx 1$이 되도록).

4 단계: 시뮬레이션을 통해 다음의 제어기 설계를 확인한다.

$$C(s) = \frac{K_0(s+b)}{s}.$$

예제 5.8

예제 5.6에 있는 설계 문제를 풀때, 우선 같은 s_1, b를 선택할 수 있다. 그러면,

$$C(s) = \frac{13(s+0.05)}{s}$$

가 된다. 이는 폐구간 극점 -11.6649, $-1.6420 \pm j2.8693$, -0.0510 을 얻을 수 있다.

계단, 램프에 대한 시간 응답은 그림 5.11과 그림 5.12에 보이는 지상 제어기의 결과와 거의 같다.

5.6 진상 제어기

예제 5.6에서 정착시간이 1[초]보다 적은 시간이 요구된다고 가정하자. 이때 지배 극점에서 Re $s_1 \le -4$ 이어야 하기 때문에, 지상 (또는 PI) 제어기는 이러한 요구조건을 만족시킬 수 없음을 쉽게 알 수 있다. 이 경우, 진상 (또는 PD) 제어기를 이용하여 지배 극점을 허수축으로부터 먼 방향으로 이동시켜야 한다.

일차 진상 제어기는 다음 식의 형태를 갖는다.

$$C(s) = \frac{K(s+b)}{s+a}, \quad a > b > 0.$$

복소 평면의 상반부에서 어떤 s에 대하여 $\angle C(s) < 0$ 이기 때문에, 양의 위상 각도 (또는 진상)를 갖는다. 지상 제어기와 달리, 진상 제어기는 위상 보상기이다. 다시 말하면, 이 제어기는 원하는 극점의 위치를 좌반 평면으로 또는 다른 영역으로 이동하도록 근 궤적 위상 방정식에서 양의 위상각도를 갖는다. 이에 대한 예제가 다음에 주어진다. 그림 5.14에 있는 세개의 극점 p_1, p_2, p_3을 갖는 시스템이 있고, s_0는 근 궤적 위의 한 점이라고 가정하자. 즉,

$$-\phi_1 - \phi_2 - \phi_3 = -180^\circ.$$

폐루프 극점 s_0을 s_1로 이동할 필요가 있다고 하자. 이때, 점 s_1이 위상 조건을 만족하도록 다음의 진상 보상이 필요하다.

$$\theta := \alpha_1 + \alpha_2 + \alpha_3 - \phi_1 - \phi_2 - \phi_3 > 0.$$

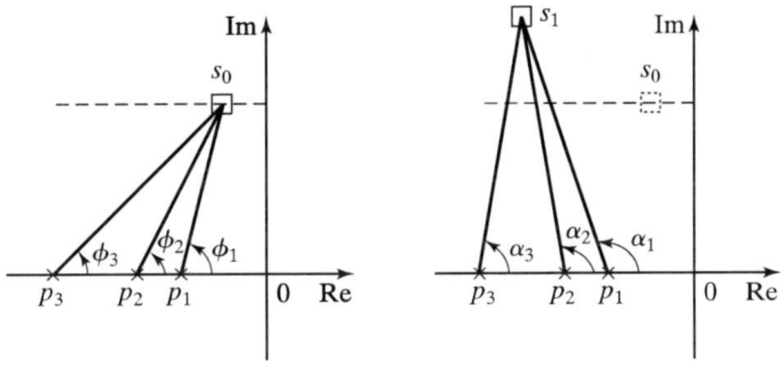

그림 5.14 s_0를 s_1으로 이동하는데 필요한 각도

알고리즘 5.9 (위상 진상 제어기 설계) (Phase-lead contoller design-one possible method)

1 단계: $KP(s)$의 근 궤적을 그린다.

2 단계: 원하는 과도응답을 갖도록 폐루프 (지배) 극점 s_1, and $\overline{a_1}$을 찾는다.

3 단계: s_1이 근 궤적 위에 있도록 다음 식으로 각도를 계산한다.

$$\angle C(s_1) + \angle P(s_1) = (2k+1)\ 180°,$$

$$\theta = \angle C(s_1) = (2k+1)\ 180° - \angle P(s_1) > 0$$

여기서 k는 정수이다.

4 단계: 다음 조건을 만족하는 b, a를 찾는다.

$$\angle(s_1 + b) - \angle(s_1 + a) = \theta$$

여기서 s_1은 지배 극점이다 (그림 5.15에 보이는 두 벡터 사이의 각도가 θ가 되는 경우는 무한히 많다.)

5 단계: 다음의 조건을 만족하도록 K_0를 찾는다.

$$\frac{K_0 |s_1 + b|}{|s_1 + a|} |P(s_1)| = 1.$$

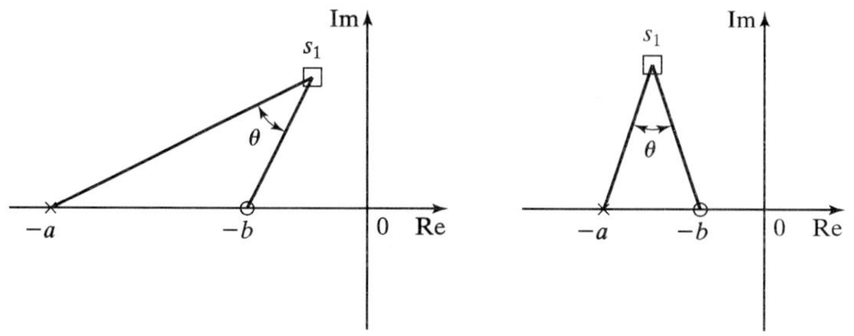

그림 5.15 같은 위상 각도를 갖는 진상 보상의 예제

6 단계: 시뮬레이션을 통해 다음의 제어기 설계를 확인한다.

$$C(s) = \frac{K_0(s+b)}{s+a}.$$

예제 5.10

예제 5.6에 보인 단위 피드백 시스템이 있다.

$$P(s) = \frac{10}{s(s+5)(s+10)}.$$

계단 입력에 대하여 폐루프 시스템의 응답이 20%의 오버슈트를 넘지 않고, 정착시간이 1 [초] 이하가 되도록 제어기를 설계하려고 한다.

예제 5.6에서처럼, 원하는 지배 극점 위치는 다음의 조건을 만족한다.

$$\zeta \geq 0.456, \quad \zeta\omega_n \geq 4.$$

그림 5.10의 근 궤적처럼, 지상 또는 PI 제어기로는 이 조건을 만족시킬 수 없다. 따라서, 진상 제어기를 사용한다. 다른 극점, 영점의 효과를 고려하여, 여유를 두고, 다음의 지배 극점을 선택한다.

$$s_1 = -5 + j5, \quad \bar{s}_1 = -5 - j5.$$

여기서 $P(s_1) = j0.04$이다. 이것은 **evalfr(P,s1)**으로 계산할 수 있고, $\angle P(s_1) = 90^\circ$이다.

따라서,

$$\theta = \angle C(s_1) = 180^\circ - 90^\circ = 90^\circ.$$

이다. 이제 b, a를 선택할 것이다. $b \geq 5$이면, θ=90° 이어서, 그림 5.15로부터 a는 ∞가 된다. 먼저 b=2로 정하면, a는 다음의 식을 이용하여 구할 수 있다.

```
P=zpk([],[0,-5,-10],10);
s1=-5+j*5;
Ps1=evalfr(P,s1);
theta=angle(Ps1);
b=4;
a=-real(s1)+imag(s1) /tan(angle(s1+b)-theta);
K0=abs(s1+a)/abs(Ps1) /abs(s1+b);
C=zpk(-b,-a,K0);
T=feedback(P*C,1);
step(T)
```

$$\angle(s_1+b)-\angle(s_1+a)=\theta$$

여기서는 $a=13.3333$이 된다. 이로부터 $K_0=41.667$이 얻어진다. 따라서, 진상 제어기는

$$C_0(s)=\frac{41.667(s+2)}{s+13.333}.$$

가 된다. $1+KP(s)C_0(s)$의 근 궤적은 그림 5.16에 나타나 있다.

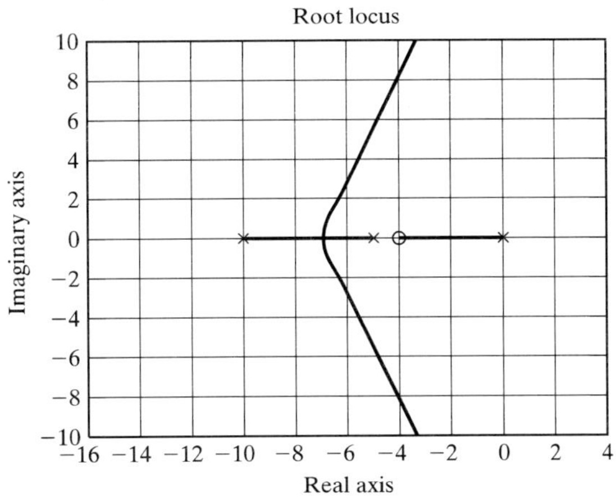

그림 5.16 예제 5.10의 $C_0(s)$에 대한 근 궤적

그림 5.17에 있는 시뮬레이션 결과(파선)는 폐루프 극점이 −17.3739, −5±j5, −0.9593이고, −5±j5이 세 극점이 아니기 때문에, 설계 조건이 만족되지 않는다. 그 중 극점 −0.95934는 어떤 영점과도 근접하지 않은 지배 극점으로 볼 수 있다.

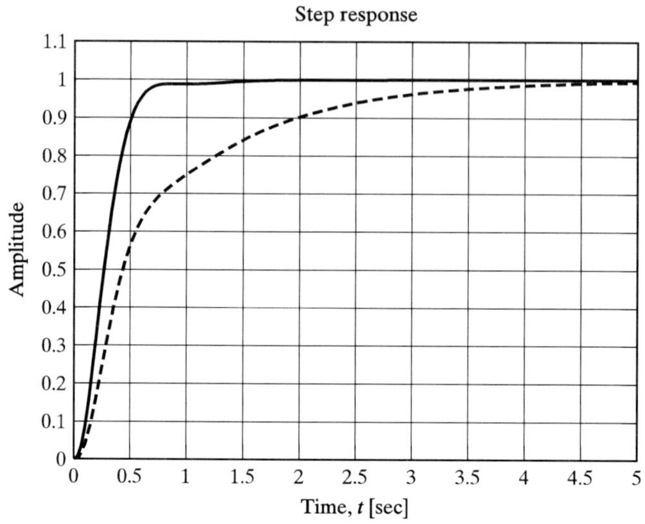

그림 5.17 예제 5.10의 계산 응답, $C_0(s)$ 파선, $C(s)$ 실선

b=4인 경우, a=30, $K_0 = 125$가 된다. 따라서,

$$C(s) = \frac{125(s+4)}{s+30}$$

을 얻을 수 있고, 폐루프 극점은 −31.8614, −5±j5, −3.1386이 된다.

$C(s)$의 폐루프 시스템의 근 궤적은 그림 5.18에서 볼 수 있다.

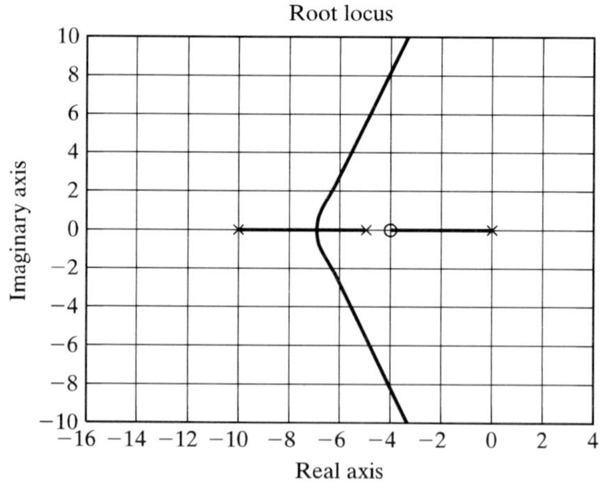

그림 5.18 예제 5.10의 $C(s)$에 대한 근 궤적 일부분 (극점 −30 대한 근 궤적은 생략됨)

−5±j5 가 유일한 지배 극점이 아니지만 (폐루프 극점 −3.1386이 폐루프 영점 −4와 가깝지 않아서), 그림 5.17에서 계단 응답 (실선)을 보면, 주어진 설계 조건은 만족하고 있다. $C(s)$

에 대한 정상 상태 속도 상수 $K_v = 10/3$으로 계산된다. 램프 입력에 대한 정상 상태 오차는 $e_{ss} = 1/K_v = 3/10 = 0.3$이다.

원하는 폐루프 극점을 먼저 선택하는 것 대신에, 가끔은 제어 인자를 먼저 선택하는 것이 편리할 수 있다. 예를 들면, 많은 경우, 먼저 원하는 제어기 영점과 극점을 선택하고, 다음에 적절한 이득을 결정한다.

예제 5.11

예제 5.10과 같은 설계 문제를 고려하자. 전달함수 $P(s)$에서 개루프 극점 −5가 폐루프 극점을 우반 평면으로 이동시키는 것을 볼 수 있다. 그러므로, 진상 제어기에서 바라지 않는 극점을 소거하기 위하여 극점과 같은 위치 b=5에 영점을 놓는 것이 적합하다. 그러면, 원하는 성능을 얻을 수 있도록, 극점의 위치 a와 이득 K를 조정할 수 있다. 예를 들면,

$$C(s) = \frac{K(s+5)}{s+20}.$$

을 고려하자. 그러면,

$$L(s) = C(s)P(s) = \frac{10K}{s(s+10)(s+20)}$$

의 근 궤적은 그림 5.19에 보여진 것과 같다.

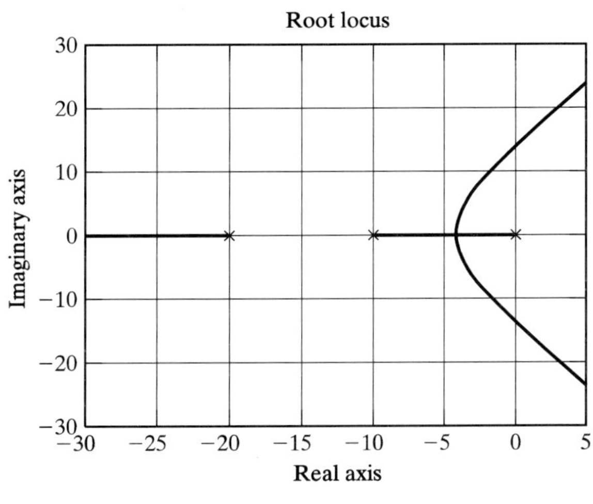

그림 5.19 예제 5.11의 $C_1(s)$에 대한 근 궤적

이제, 근 궤적에서 원하는 폐루프 극점의 위치를 선택하면, 즉, 적절한 이득 K를 선택하면, 다음의 진상 제어기를 얻을 수 있다.

$$C(s) = \frac{90(s+5)}{s+20}.$$

이 제어기의 폐루프 극점은 −23.0074, −3.4963 ±j5.1859 이다.

그림 5.20에 보이는 것처럼 이 제어기의 계단 응답은 설계 조건을 만족하고 있다.

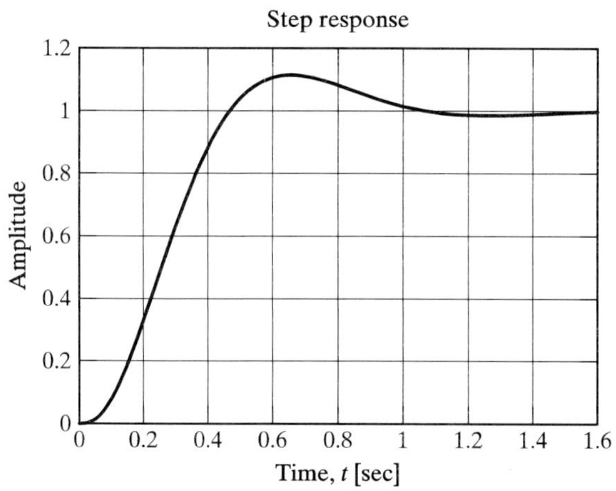

그림 5.20 예제 5.11의 $C(s)$에 대한 계산 응답

위의 설계 과정은 sisotool을 사용하여 해결할 수 있다. 제어기의 영점과 극점의 초기 선택이 만족스러운 결과를 얻지 못할 수 있는데, 이때 만족할만한 성능을 얻기 위해, GUI 환경에서 영점과 극점을 새로운 위치로 변경하든가 또는 새로운 영점과 극점의 위치 값을 키보드로 입력할 수 있다. 또한, 계단 응답과 같은 다양한 형태의 폐루프 시간 응답/ 주파수 응답을 메뉴에서 선택할 수 있다. 간단한 예제로 이 툴을 사용해보면, 설계 과정을 학습하는데 도움이 될 것이다.

5.7 PD 제어기

PD 제어기는 다음과 같은 형태를 갖고 있다.

$$C(s) = K(s+b), \quad b > 0.$$

이 제어기는 물리적으로 실현하기는 어렵고, 보통 다음과 같은 근사 형태로 가능하다.

$$C(s) = K\left(\frac{s}{Ts+1} + b\right)$$

여기서 $T > 0$는 작은 수이다. 그럼에도, 이 제어기는 오랫동안 모델로 사용되어 왔다.

이 제어기는 진상 제어기에서 $a \to \infty$ 이고, K/a가 상수일 때 얻을 수 있는 특수 경우로 볼 수 있다. 따라서, 진상 제어기의 설계 과정이 이 제어기에도 적용된다.

알고리즘 5.12 (PD 제어기 설계) (PD controller design)

1 단계: $KP(s)$의 근 궤적을 그린다.

2 단계: 원하는 과도응답을 갖도록 폐루프(지배) 극점 s_1, and $\overline{s_1}$을 찾는다.

3 단계: s_1이 근 궤적 위에 있도록 다음 식으로 각도를 계산한다 (그림 5.21 참조).

$$\angle C(s_1) + \angle P(s_1) = (2k+1)\ 180°,$$

$$\theta = \angle C(s_1) = (2k+1)\ 180° - \angle P(s_1) > 0$$

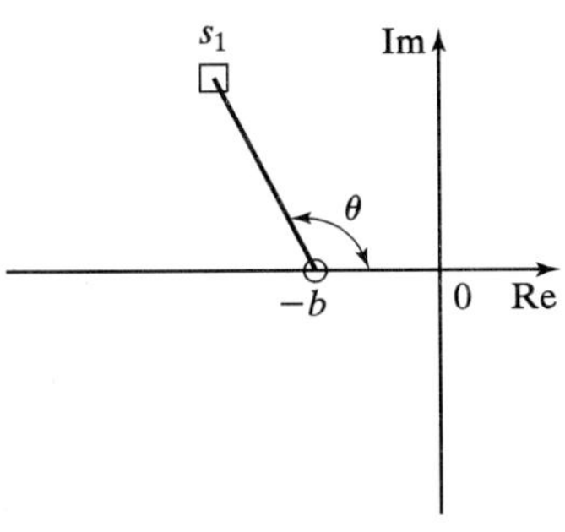

그림 5.21 PD 제어기의 영점

4 단계: s_1이 지배 극점이 되도록 그리고, $\angle(s_1+b) = \theta$가 되는 b를 찾는다.

5 단계: 다음의 조건을 만족하도록 K_0를 찾는다.

$$K_0 |s_1 + b|\, |P(s_1)| = 1;$$

6 단계: 시뮬레이션을 통해 다음의 제어기 설계를 확인한다.

$$C(s) = K_0(s + b).$$

예제 5.13

예제 5.10에서의 설계 조건을 만족하는 PD 제어기를 설계한다. $s_1 = -5 \pm j5$, b=5를 다시 선택하면, $K_0 = 5$가 되고, 다음과 같은 PD 제어기를 얻을 수 있다.

$$C(s) = 5(s + 5).$$

이 PD 제어기는 폐루프 극점이 −5, −5±j5가 되고, 그림 5.22에 보이는 계단 응답은 설계조건을 만족하고 있다.

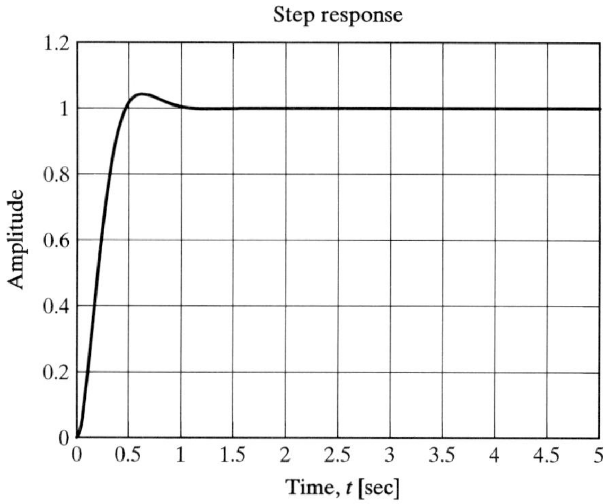

그림 5.22 예제 5.13의 계단 응답

물론, 영점 위치 $-b$를 선택하고, 근 궤적을 사용하여 이득값을 찾을 수 있다.

예제 5.14

이중 적분기 시스템을 고려한다.

$$P(s) = \frac{1}{s^2}.$$

이 이중 적분 시스템을 안정화하기 위해 PD 또는 진상 제어기가 필요한데, 이는 쉽게 확인할 수 있다. 그러나, 실제 문제에서 노이즈 효과를 줄이고 구동기의 제어 포화 상태를 막기 위해서 미분이나 진상값을 너무 크지 않게 하는 것이 중요하다. 다른 한편으로는 빠른 응답을 얻기 위해 미분값이나 진상값이 충분히 큰 것이 요구될 수도 있다. 폐루프에서 제어 인자의 영향을 분석하기 위해 다음 식을 살펴본다.

$$C(s) = \frac{K(s+b)}{s+10} = \frac{K_P(1+T_D s)}{0.1s+1}$$

여기서

$$K_P = 0.1Kb, \quad T_D = 1/b.$$

$b=0.5$(강한 미분 제어)를 사용한 시스템 $L(s)=P(s)C(s)$의 근 궤적을 그림 5.23에서 볼 수 있다. 다른 제어 이득을 사용한 폐루프 계단 응답은 그림 5.24에 나타나 있다.

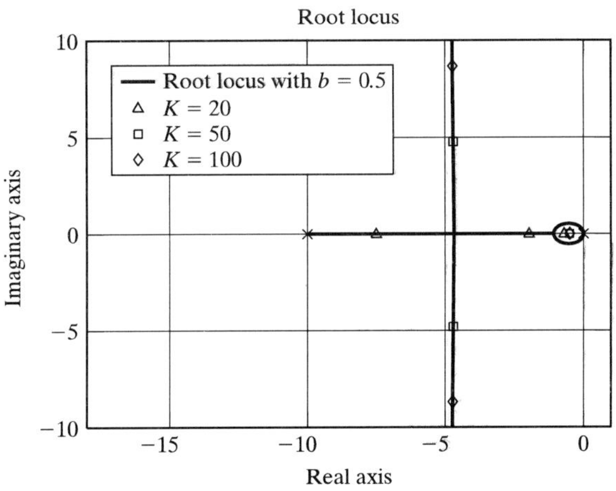

그림 5.23 예제 5.14에서 b=0.5에 대한 근 궤적

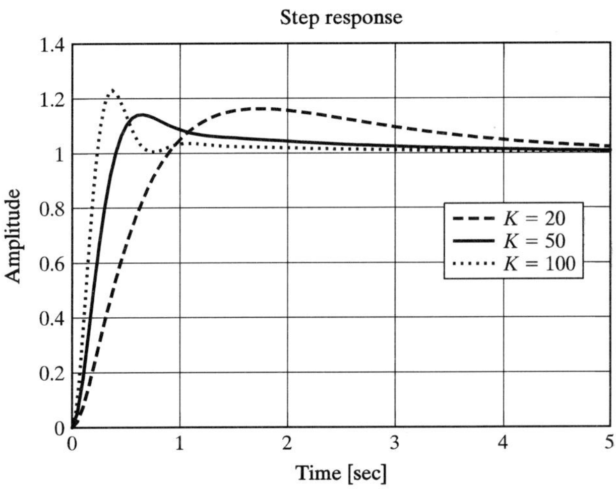

그림 5.24 예제 5.14에서 $b=0.5$에 대한 계단 응답

근 궤적을 볼 때, 폐루프 극점이 폐루프 영점에 의해 근사적으로 소거되기 때문에 폐루프 시스템은 충분히 큰 제어 이득 K에 대하여 이차 시스템의 응답과 비슷하다. 이처럼 좋은 과도 응답 성능은 적절한 제어 이득을 통해 얻을 수 있다. 그러나, 너무 큰 제어 이득은 가령, $K \gg 100$을 사용하면, 아주 큰 오버슈트를 만들 수 있다. 다른 한편으로, 아주 작은 제어 이득을 사용하면, 예로 $K \ll 20$이면, 허수축에 가까운 폐루프 극점이 우세한 특성으로 나타나 과도 응답이 느려질 수 있다.

이득 K의 다양한 값에 대한 폐루프 시스템의 특성은 표 5.3에 보이는 것처럼 요약될 수 있다.

K	20(small)	50(medium)	100(large)
폐루프 극점들	△ -7.5160 -1.7024 -0.7815	□ -4.7205+j4.7370 -4.7205-j4.7370 -0.5590	◇ -4.7369+j8.5192 -4.7369-j8.5192 -0.5262
폐루프 영점들	-0.5	-0.5	-0.5
시간 응답	늦다	적절하다	오버슈트가 크다

표 5.3 $b=0.5$ 일 때 근궤적 상의 폐루프 극점

$b=6$(상대적으로 약한 미분 제어)에 대한 시스템 $L(s)=P(s)C(s)$의 근 궤적은 그림 5.25에서 볼 수 있다. 이 경우, 허수축에 가까운 한 쌍의 복소 극점 (지배 극점)이 폐루프 시스템의 특성에 크게 영향을 준다. 그림 5.26에 보이는 것처럼, b가 작을 때보다 오버슈트가 크게 나타나고, 폐루프 시스템 응답도 느리다. 그러나, 이 제어기에서는 미분 항이 아주 작아지기 때문에 해당 폐루프 시스템은 센서 노이즈에 덜 민감하다.

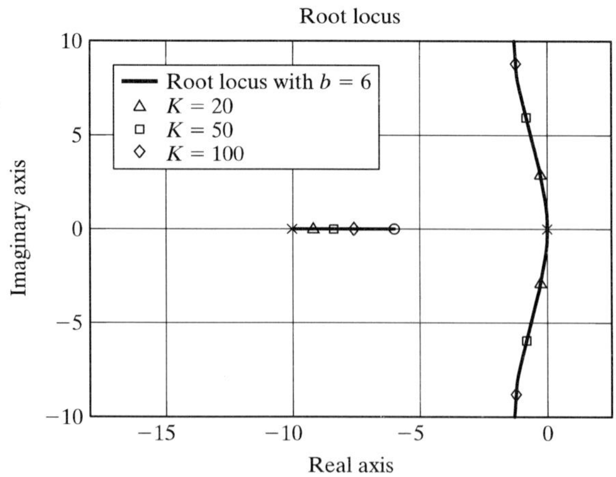

그림 5.25 예제 5.14에서 $b=6$에 대한 근 궤적

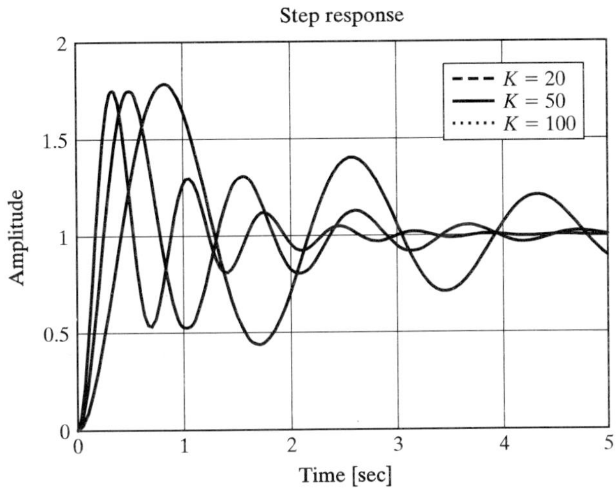

그림 5.26 예제 5.14에서 $b=6$에 대한 계단 응답

5.8 진상-지상 또는 PID 제어기

때로는 순수한 지상 제어기 또는 진상 제어기가 설계 조건을 충분히 만족하지 못하는 경우도 있다. 이 경우, 지상과 진상 제어기의 결합 또는 PID 제어기가 필요하다. 기본 개념은 과도 응답을 만족시키기 위해서는 진상 제어기를, 정상 상태 조건을 해결하기 위해서는 지상 제어기를 사용하는 것이다. 이 설계 과정은 다음 예제에 예시되어 있다.

예제 5.15

다음 식의 단위 피드백 시스템을 고려하자.

$$P(s) = \frac{10}{s(s+5)(s+10)}.$$

다음 조건을 만족하는 제어기를 설계하려 한다.

- 계단 입력에 대하여 폐루프 시스템의 응답은 20% 오버슈트를 넘지 않고, 정착시간은 1[초]이하이다.
- 램프 입력에 대한 정상 상태 오차는 0.05이하이다.

예제 5.10과 예제 5.13에서 진상 제어기

$$C_{\text{lead}}(s) = \frac{125(s+4)}{s+30}$$

또는 PD 제어기

$$C_{\text{pd}}(s) = 5(s+5)$$

는 위의 과도 응답 조건을 만족한다. 즉, $PO \leq \%$, $t_s \leq 1$[sec]. 이제 새로운 공정 모델을 정의한다.

$$P_{\text{lead}}(s) = P(s)C_{\text{lead}}(s) = \frac{1250(s+4)}{s(s+5)(s+10)(s+30)}$$

또는

$$P_{\text{pd}}(s) = P(s)C_{\text{pd}}(s) = \frac{50}{s(s+10)}.$$

진상 제어기 $C_{lead}(s)$를 이용한 $1+KP_{lead}(s)=0$의 근 궤적은 그림 5.18에 보이는 것과 같다.

정상 상태 오차 조건을 만족하도록, $P_{lead}(s)$에 대한 지상 제어기를 설계한다. 정상 상태 오차 조건에 의해 $K_v \geq 20$이어야 하는데, 여기서는 $K_v = 20$을 선택한다.

지상 제어기 설계 과정에 따라, 원하는 폐루프 극점

$$-31.8614, \quad -5 \pm j5, \quad -3.1386$$

을 선택한다. 이것은 진상 제어기 $C_{lead}(s)$만을 갖고 얻은 폐루프 극점이다. 예제 5.10에 본 것처럼, 진상 제어기가 사용되면 $K_v = 10/3$이 된다. 따라서, 시스템 이득을 다음과 같이 증가시킬 필요가 있다.

$$K_s = \frac{20}{10/3} = 6.$$

여기서 b=0.08 (지배 극점보다 적어도 10배는 작은 값)을 선택하자.

그러면, $a = b/K_s = 0.08/6 = 0.0133(K_0 = 0)$. 결과적으로,

$$C_{\text{lag}}(s) = \frac{s+b}{s+a} = \frac{s+0.08}{s+0.01333}$$

최종적으로 진상–지상 보상기는 다음과 같다.

$$C(s) = C_{\text{lead}}(s)C_{\text{lag}}(s) = \frac{125(s+4)}{s+30}\,\frac{s+0.08}{s+0.01333}.$$

이 진상-지상 보상기의 폐루프 극점은

$$-31.858, \quad -4.9821 \pm j4.9624, \quad -3.1094, \quad -0.0817.$$

에 있다. 폐루프 극점 -0.0817은 폐루프 영점 -0.08에 의해 근사적으로 소거되어서, 시스템 응답에 거의 영향을 주지 않는다. 그림 5.27에 보이는 것처럼, 계단 응답은 설계 조건을 만족하고 있다.

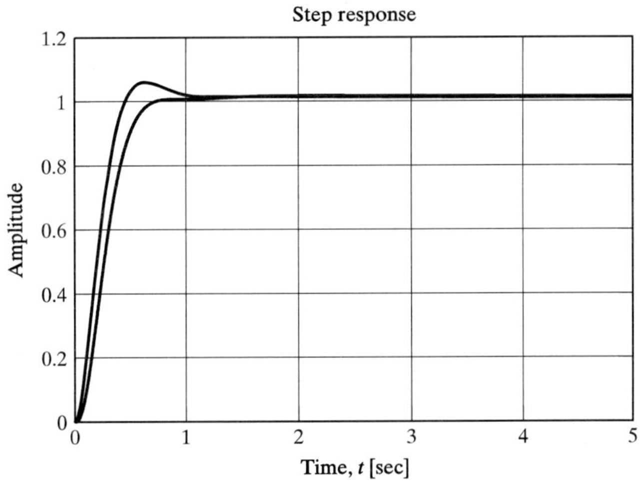

그림 5.27 예제 5.15의 계단 응답, 진상-지상 제어기(실선)와 PID 제어기(파선)

위와 비슷한 방법으로, 정상 상태 오차 조건을 만족하도록, $P_{pd}(s)$에 대하여 PI 제어기를 설계할 수 있다. PI 제어기는 시스템 타입을 1 증가시키기 때문에 정상 상태 오차는 자동적으로 만족시킬 수 있다. 하나의 PI 제어기를 선택하면,

$$C_{\text{pi}}(s) = \frac{s + 0.08}{s}.$$

다음과 같은 PID 제어기를 얻게 된다.

$$C_{\text{pid}}(s) = C_{\text{pd}}(s)C_{\text{pi}}(s) = \frac{5(s+5)(s+0.08)}{s}.$$

이 PID 제어기의 폐루프 극점은

$$-4.9593 \pm j4.9597, \quad -0.0813.$$

이고, 해당 계단 응답은 설계 조건을 모두 만족시킨다.

5.9 2DOF 제어기

지금까지 이 장에서 보인 모든 설계 과정은 하나의 자유도 (1DOF)를 갖는 제어기에 해당된다. 자유도가 2인 2DOF 제어기의 설계는 두 단계로 나누어 실행될 수 있다. 먼저 앞에서 보인 방법들을 이용하여 1DOF 제어기 $C_2(s)$를 설계한다. 그 다음, 해당 성능 조건을 만족하도록, 2DOF 제어기 $C(s) = [C_1(s)\ C_2(s)]$의 $C_1(s)$부분을 적절히 선택한다. 다음의 예제를 통해 설계 방식을 예시한다.

예제 5.16

예제 5.10에 있는 시스템과 1DOF 제어기를 고려하자.

$$P(s) = \frac{10}{s(s+5)(s+10)},\quad C_2(s) = \frac{125(s+4)}{s+30}.$$

그림 5.28에 보이는 것과 같은 2DOF 제어기를 설계하기 위해, 폐루프 특성 다항식을 변경하지 않고 다음의 형태로 2DOF 제어기를 선택한다.

$$\boldsymbol{C}(s) = [\ C_1(s) \quad C_2(s)\ ] = \frac{1}{s+30}[\ as+b \quad 125(s+4)\ ]$$

여기서 해당 성능 조건을 만족시키도록 변수 a, b의 값을 찾으면 된다.

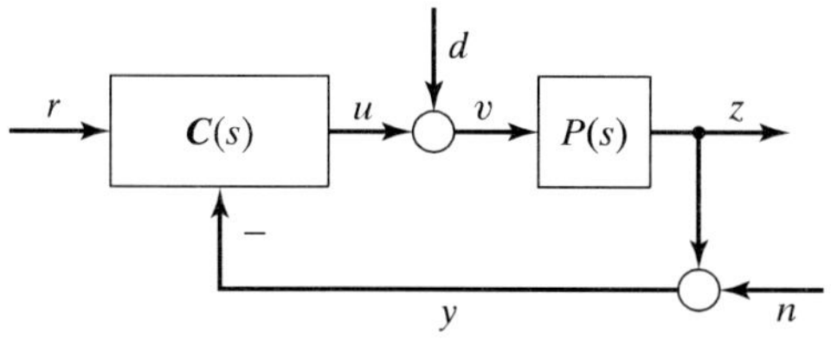

그림 5.28 2DOF 피드백 제어 시스템

시스템이 계단 입력에 반응하기 위해, 정리 4.12를 이용하여,

$$b = 125 \times 4 = 500$$

을 얻을 수 있다.

이 b값을 갖고, 입력 r, 출력 z에 대한 전달 함수는

$$T_{zr}(s) = \frac{10(as+500)}{(s+31.8614)(s^2+10s+50)(s+3.1386)}.$$

이다. 빠른 계단 응답이 필요하다면, 느린 극점 -3.1386을 소거하기 위해 a값을 선택한다.

$$a = 500/3.1386 = 159.3067.$$

결과적으로, 2DOF 제어기는

$$\boldsymbol{C}(s) = \frac{1}{s+30}\left[\ 159.3067(s+3.1386) \quad 125(s+4)\ \right]$$

가 된다. 그리고, 폐루프 전달함수는

$$T_{zr}(s) = \frac{1593.067}{(s+31.8614)(s^2+10s+50)}.$$

가 된다.

성능 조건을 만족하도록 제어기 $C_1(s)$에서 다양한 매개변수를 선택할 수 있고, 일반적으로 $C_1(s)$는 더 복잡한 형태가 된다.

5.10 근 궤적 설계 방식

주어진 제어 설계 문제에서 어떤 종류의 제어기를 어떻게 결정하는지에 대한 의문이 있을 수 있다. 이에 대한 다음의 지침과 절차를 소개한다.

- 과도 응답 조건에서 원하는 지배 극점 영역을 찾는다.
- 정상 상태 조건에서 원하는 정상 상태 오차 상수를 찾는다.
- 설계 조건을 만족하기 위해, 시스템 타입을 증가할 필요가 있을지 결정한다: 정상 상태의 정확도 수준이 시스템 타입을 증가해야 할 정도라면, PI 또는 PID 제어기를 사용해야 한다.
- $KP(s)$의 근 궤적을 그린다.
- 근 궤적 선도에서 원하는 지배 극점이 선택될 수 있는지 확인한다: 선택 가능하다면, 지상 제어기 또는 PI 제어기를 사용할 수 있다. 그렇지 않은 경우, 진상 제어기, PD 제어기, PID 제어기 또는 진상-지상 제어기를 사용해야 한다.

5.11 상보적 근 궤적

지금까지 근 궤적 선도는 매개변수의 값이 양수라는 가정을 갖고 그려왔다. 매개변수가 음수가 될 수가 있고, 이때, 위상 조건은

$$\angle L(s) = \angle K + \sum_{i=1}^{m} \angle(s - z_i) - \sum_{j=1}^{n} \angle(s - p_j) = (2k+1)180°, \quad k = 0, \pm1, \pm2, \ldots,$$

즉,

$$\sum_{i=1}^{m} \angle(s - z_i) - \sum_{j=1}^{n} \angle(s - p_j) = k360°, \quad k = 0, \pm1, \pm2, \ldots$$

이 된다. 여기서 $K<0$에 대하여 $\angle K = 180°$ 이 된다.

따라서, 근 궤적 규칙은 적절히 변경되어야 하고, 해당 규칙은 표 5.4에 있다. 음의 이득값에 대한 근 궤적은 **상보적 근 궤적(complementary root locus)**이라고 한다.

규칙 1. 상보적 근 궤적은 실수축에 대하여 대칭이다.

규칙 2. n개의 극점 p_i($K=0$일 때)에서 출발하여 n개의 영점 ($K \to -\infty$ 일 때, m개의 유한 영점 z_i과 $n-m$개의 무한 영점)으로 접근한다.

규칙 3. 상보적 근 궤적은 실수축 상에서 양에서 음의 방향으로 짝수번째에 있는 개루프 극점 또는 영점의 왼쪽에 있는 부분 영역을 포함한다.

규칙 4. $K \to -\infty$ 일때, 상보적 근 궤적의 $n-m$개의 가지는 $n-m$개의 선(점근선이라고 함)으로 근접하고, 각도는

$$\theta = \frac{k360°}{n-m}, \quad k = 0, \pm1, \pm2, \ldots$$

이고, 모든 점근선은 실수축의 한점에서 시작된다.

$$\kappa = \frac{\sum_{i=1}^{n} p_i - \sum_{j=1}^{m} z_j}{n-m} = \frac{\sum \text{poles} - \sum \text{zeros}}{n-m}.$$

규칙 5. 이탈점 (근 궤적이 만나서 갈라지는 점, 보통 실수축에서 발생함)과 이입점(근 궤적이 실수축과 만나서 들어가는 점)은 방정식 $\frac{dL(s)}{ds}$ 의 근이다 (실수축에서 규칙 3을 만

족하는 근이 이탈점 또는 이입점이 될 수 있다).

규칙 6. 출발각 ϕ_k(극점 p_k)은 다음 식으로 주어진다.

$$\phi_k = \sum_{i=1}^{m} \angle(p_k - z_i) - \sum_{j=1, j\neq k}^{n} \angle(p_k - p_j).$$

(p_k가 l번 반복되는 극점일 때, 출발각은 ϕ_k/l이 된다)

도착각 ψ_k(영점 z_k)는 다음 식으로 주어진다.

$$\psi_k = -\sum_{i=1, i\neq k}^{m} \angle(z_k - z_i) + \sum_{j=1}^{n} \angle(z_k - p_j).$$

(z_k가 l번 반복되는 극점일때, 도착각은 ψ_k/l이 된다)

표 5.4. 상보적 근 궤적 규칙 : $-\infty \leq K \leq 0$

예제 5.17

다음 시스템에 대한 단위 피드백 시스템을 고려하자.

$$L(s) = P(s)C(s) = \frac{2K(s+3)}{s(s+1)(s+2)}$$

```
z=-3; 영점
p=[0,-1,-2]; 극점
k=2; 이득 (고정된 이득 K)
L=zpk(z,p,k) 시스템의 전달함수 표현
rlocus(-L) K<0 의 범위내에서 상보적 근궤적을 생성
```

여기서 K 〈 0이다. K가 0에서 $-\infty$로 변할 때, 폐루프 극점은 어떻게 변하는지 보고자 한다. 상보적 근 궤적 규칙 3에 따라 세 개의 실수축 구간이 있다: ($-\infty$, −3], [−2, −1], [0, $+\infty$)이다. 규칙 2에 따르면, 하나의 근 궤적은 영점 −3으로 이동하고, 다른 두 개의 궤적은 점근선의 무한 영점으로 접근한다. 두 개의 점근선은

$$\theta = \frac{k360°}{3-1} = 0°, 180°,$$

의 각도를 갖는다. 위 정보를 이용, 근 궤적을 대략적으로 그릴 수 있다. 정확한 근 궤적 선도는 MATLAB 명령어를 사용하여 그릴 수 있고, 그림 5.29에서 해당 근 궤적 선도를 볼 수 있다.

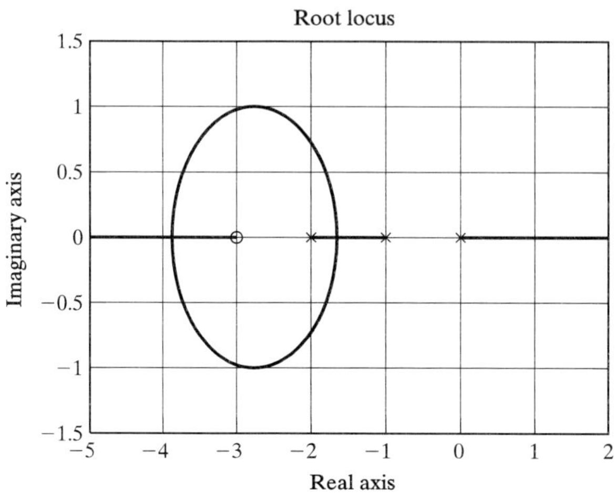

그림 5.29 예제 5.17의 상보적 근 궤적

위에서 설명한 모든 제어기 설계 과정이 이 상보적 근 궤적에도 마찬가지로 적용될 수 있다.

5.12 시스템 안정화

지금까지 설명한 제어기, 진상, 지상, 진상-지상 제어기는 안정하거나 원점에 극점을 가질 수 있다.

안정한 제어기(또는 원점에 극점을 갖는 거의 안정한 제어기)에 의해 항상 시스템이 안정화되는가 라는 의문이 있을 수 있다. 불안정한 제어기는 일반적으로 대부분의 응용 시스템에서 바람직하지 않기 때문에, 제어기는 안정한 제어기로 국한하는 것이 중요하다. 그러나, 불안정한 시스템을 안정한 제어기로 안정화하는 것이 항상 가능하지는 않다. 주어진 공정 시스템에 대하여 안정화된 시스템이 실제 안정한가를 확인할 수는 있다. 근 궤적을 통해서 그러한 제어기를 만들 수 있는지 없는지 알 수 있다.

한 공정 시스템 $P(s)$가 우반 평면의 실수축에 영점을 갖는다고 하자.

$$0 \leq z_1 < \cdots < z_m$$

$P(s)$는 엄밀 진분수적한다면, $z_m = \infty$는 하나의 영점으로 간주된다. 여기서 불안정한 복소 영점은 고려되지 않는다.

패러티 인터레이싱 특성 (Parity Interlacing Property, p.i.p.): $P(s)$의 우반 평면의 실수축 위의 영점 사이에 불안정한 극점의 수가 짝수개이면, 공정 시스템 $P(s)$가 p.i.p.를 만족한다고 한다.

예제 5.18

다음의 공정 시스템이 있다.

$$P_1(s) = \frac{K(s-1)(s-4)}{(s-2)(s+5)}$$

$$P_2(s) = \frac{K(s-2)(s+5)}{(s-1)(s-4)}$$

$$P_3(s) = \frac{K(s-2)(s+5)}{(s-1)(s-4)(s+3)}$$

$$P_4(s) = \frac{K(s-1)(s+5)}{(s-2)(s-3)(s+4)}$$

$$P_5(s) = \frac{K(s-1)(s-4)(s+5)}{(s-2)(s-3)(s+4)(s+6)}.$$

극점, 영점의 위치가 그림 5.30에 보인 것과 같다.

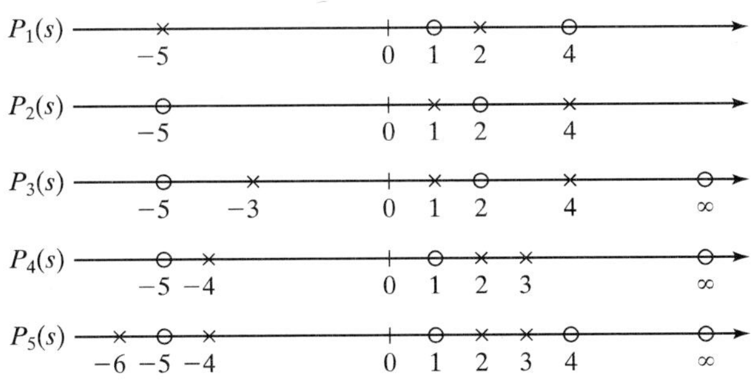

그림 5.30 극점 영점 위치

- $P_1(s)$는 p.i.p.를 만족하지 않는다: $P_1(s)$는 우반평면에서 두 개의 영점 1, 4가 있는데, 이 두 영점 사이에 극점 2 하나만 있다.
- $P_2(s)$는 p.i.p.를 만족한다: $P_2(s)$는 우반평면에서 영점 2, 하나만 있고, $P_2(s)$는 엄밀 진분수적(strictly proper)이 아니어서 $+\infty$에는 영점이 없다. 따라서, 우반 평면에 한 쌍의 실수축 영점이 없으므로, p.i.p.는 만족하지 않는다.
- $P_3(s)$는 p.i.p.를 만족하지 않는다: $P_3(s)$는 우반평면에 하나의 유한 영점 2를 갖고, $P_2(s)$는 엄밀 진분수적(strictly proper)이어서 $+\infty$에 영점이 있다. 2와 $+\infty$ 사이에 극

점 4, 하나만 있어서, p.i.p.를 만족하지 않는다.

- $P_4(s)$는 p.i.p.를 만족한다: $P_4(s)$는 엄밀 진분수적(strictly proper)이고, 우반평면 상에서 1에 유한 영점, $+\infty$ 에 영점을 갖는다. 극점 2, 3은 그 둘 1, $+\infty$ 사이에 있으므로, p.i.p.를 만족한다.
- $P_5(s)$는 p.i.p.를 만족한다: $P_5(s)$는 엄밀 진분수적(strictly proper)이고, 우반평면 상에서 1, 4에 유한 영점, $+\infty$ 에 영점을 갖는다. 극점 2, 3은 영점 1, 4 사이에 있으므로, p.i.p.를 만족한다.

예제 5.19

불안정한 공정 시스템이 있다.

$$P_1(s) = \frac{(s-1)(s-4)}{(s-2)(s+5)}$$

어떠한 안정한 제어기를 사용하여도 이 시스템은 안정화할 수 없다. 이 시스템을 안정화하려면, 불안정한 제어기를 이용해야 한다. 그 이유는 제어기가 안정하면, 근 궤적 (상보적 근 궤적) 상에서 음의 피드백 또는 양의 피드백을 사용할 때, 폐루프 극점이 구간 [1, 2] 또는 구간 [2, 4]에서 존재해야 한다. 이것은 제어기 극점이 좌반 평면에 있을 때는 제어기 영점이 어디에 있든 관계 없이 성립한다. 제어기 극점이 안정상태이거나 임계적으로 안정 상태이면, 어떠한 극점/영점 위치에도 이 시스템에 대한 근 궤적 또는 상보적 근 궤적은 구간 [1, 2] 또는 구간 [2, 4]에서 근 궤적 선도가 존재한다. 그러므로, 안정하거나 임계적으로 안정한 제어기는 이 시스템을 안정화할 수 없다.

이 시스템에 대한 안정화된 시스템을 찾기 위해서 다음 형태의 안정화 제어기를 가정하자.

$$C_1(s) = \frac{q_0 s + q_1}{p_0 s + p_1}.$$

이 제어기로 시스템을 안정화하려면, 근 궤적을 그려볼 수 있는 데, 구간 (1,4)에서 제어기 극점을 선택할 필요가 있다. 구간 (1,4)에서 추가적인 개루프 극점이 있다면, 상보적 근 궤적이 적용될 때, 폐루프 근이 모두 양의 실수 축에 없을 수가 있다. 이 제어기 인자의 정확한 범위를 결정하는 일만 남아 있다. 이것은 3장에 있는 극점 배치 설계 과정을 적용하여 얻을 수 있다.

이 제어기를 사용한 폐루프 특성 방정식은 다음과 같이 주어진다.

$$
\begin{aligned}
c(s) &= (s-2)(s+5)(p_0 s + p_1) + (s-1)(s-4)(q_0 s + q_1) \\
&= (p_0 + q_0)s^3 + (3p_0 + p_1 - 5q_0 + q_1)s^2 \\
&\quad + (-10p_0 + 3p_1 + 4q_0 - 5q_1)s + (-10p_1 + 4q_1).
\end{aligned}
$$

폐루프 극점을 −1, −1, −1에 배치한다고 가정하자. 그러면,

$$c(s) = (s+1)^3 = s^3 + 3s^2 + 3s + 1.$$

을 만족해야 한다. 계수를 서로 비교하면,

$$
\begin{bmatrix} 1 & 0 & 1 & 0 \\ 3 & 1 & -5 & 1 \\ -10 & 3 & 4 & -5 \\ 0 & -10 & 0 & 4 \end{bmatrix}
\begin{bmatrix} p_0 \\ p_1 \\ q_0 \\ q_1 \end{bmatrix}
=
\begin{bmatrix} 1 \\ 3 \\ 3 \\ 1 \end{bmatrix}
$$

이고, 결과는

$$
\begin{bmatrix} p_0 \\ p_1 \\ q_0 \\ q_1 \end{bmatrix}
=
\begin{bmatrix} 2.7593 \\ -4.0926 \\ -1.7593 \\ -9.9815 \end{bmatrix}
$$

이다. 따라서,

$$C_1(s) = \frac{q_0 s + q_1}{p_0 s + p_1} = \frac{-1.7593s - 9.9815}{2.7593s - 4.0926} = \frac{-0.6376(s + 5.673)}{s - 1.4832}.$$

이 제어기는 불안정하다는 것을 볼 수 있다.

위의 논의 과정은 일반적인 경우로 확대될 수 있다.

정리 5.20. 한 공정 시스템은 p.i.p. 조건을 만족하면, 안정한 제어기로 안정화할 수 있다. 역으로 안정한 제어기로 안정화할 수 있다면, 그 시스템은 p.i.p. 조건을 만족한다.

시스템이 불안정한 극점−영점 위치에서는 안정한 제어기로 공정 시스템을 안정화할 수 있는지 없는지 판단하기 위해 근 궤적 방법을 사용할 수 있다. 반면에 p.i.p. 조건이 만족될 때 한 공정 시스템이 안정한 제어기로 안정화할 수 있다는 것을 보이는 것은 더욱 어렵다. 그것은 안정화시키는 안정한 제어기를 찾아야 한다.

예제 5.21

하나의 공정 시스템이 주어져 있다.

$$P_2(s) = \frac{(s-2)(s+5)}{(s-1)(s-4)}.$$

예제 5.18에서 이 시스템은 p.i.p. 조건을 만족하고 있다. 그러므로, 안정한 제어기로 안정화하는 것이 가능하다. 근 궤적을 이용하면, 시스템을 안정화하기위해 구간 [1,4]에서 제어기 영점을 배치할 필요가 있음을 알 수 있다. 그리하여, 제어기 구성을 다음 형태로 가정한다.

$$C_2(s) = \frac{-K(s-z)}{s+5}$$

여기서 $1 < z < 4$이다. z=2.5인 시스템의 근 궤적은 그림 5.31에 있다. $K > 1.1116$일때 폐루프 시스템은 안정함을 알 수 있다. 그림 5.32는 z=3.5인 경우의 근 궤적을 보여주는데, 어떠한 제어 이득값을 사용해도 폐루프 시스템은 안정하지 않다. 실제로, $1 < z < 3$에 대하여 충분히 큰 K를 사용하면, 시스템은 항상 안정화되고, $z \geq 3$이면, 이 시스템은 안정화할 수 없다.

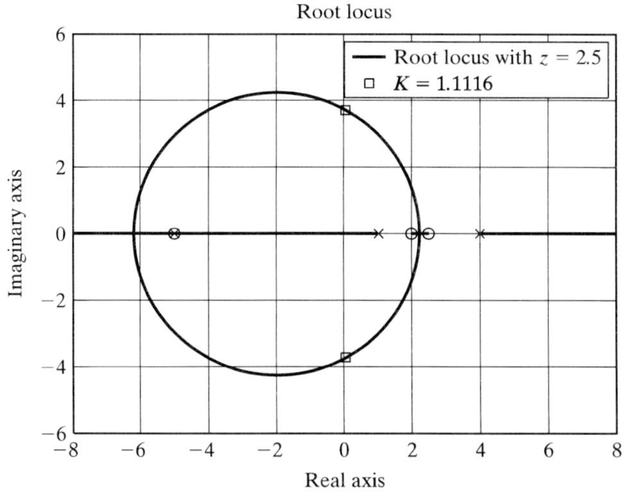

그림 5.31 $L_2(s)C_2(s)$ $(z = 2.5)$에 대한 근 궤적

마지막 예제에서처럼, 3장에 소개된 극점 배치 설계 과정을 사용하여, 안정화시키는 안정한 제어기를 설계할 수도 있다. 예제 5.19와 비교하여, $P_2(s) = 1/P_1(s)$를 이용하면, 다음의 제어기는

$$C_{21}(s) = 1/C_1(s) = \frac{2.7593s - 4.0926}{-1.7593s - 9.9815} = \frac{-1.5684(s-1.4832)}{s+5.673}$$

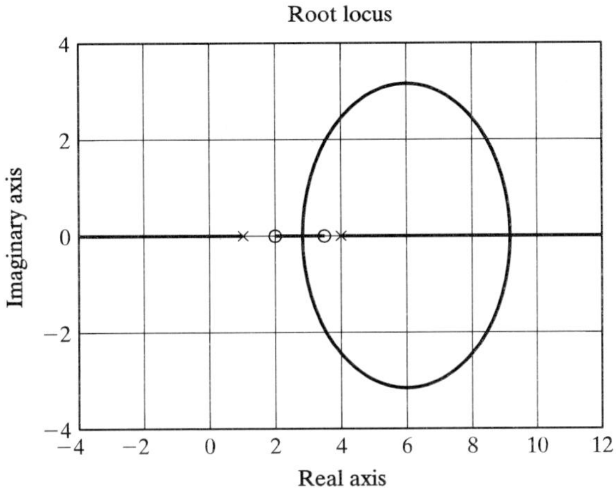

그림 5.32 $L_2(s) = P_2(s)C_2(s)$ $(z = 3.5)$에 대한 근 궤적

폐루프 극점 −1, −1, −1을 사용하여 주어진 공정 시스템을 안정화할 수 있다.

일반적으로, 공정 시스템의 차수가 n일때, 안정화하는 제어기의 차수는 그 자체가 안정하든 하지 않든, 적어도 $n-1$만큼 커야 한다. 따라서, p.i.p. 조건을 만족하는 불안정하고 차수가 높은 시스템에 대하여 안정화하는 안정한 제어기를 찾는 것은 복잡한 과정이 필요할 수 있다.

5.13 사례 연구 - Ball and Beam 시스템

근 궤적 설계 방법이 3장에 보인 극점 배치 방법보다 더 좋은 점은 더 낮은 차수의 제어기를 설계할 수 있다는 점이다. 2.10.1 절, 3.9.1에서 다룬 볼과 빔 시스템 문제를 다시 고려한다. 먼저 안정화하는 문제를, 그 다음 계단 트래킹 문제를 다룬다.

안정화하는 문제를 해결하기 위해, 그림 5.33에 보이는 것처럼, DISO 제어기를 설계하려 한다. 볼과 빔 시스템은 빔 위에서 볼이 원점에서 멀어졌을 때, 자동적으로 원점으로 다시 돌아오도록 하는 문제를 다룬다. 이 시스템의 수학적 모델은 다음과 같다.

$$\begin{bmatrix} \Theta(s) \\ X(s) \end{bmatrix} = \begin{bmatrix} P_\theta(s) \\ P_x(s) \end{bmatrix} U(s) = \frac{1}{s^3(s+50)} \begin{bmatrix} s^2/75 \\ g/750 \end{bmatrix} U(s).$$

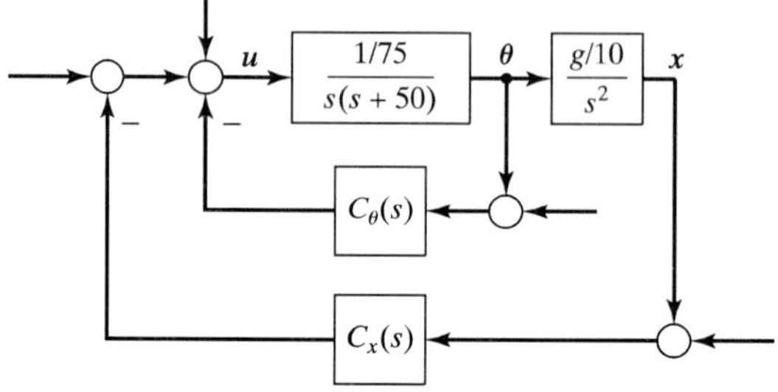

그림 5.33 볼과 빔 시스템의 안정화 제어 시스템

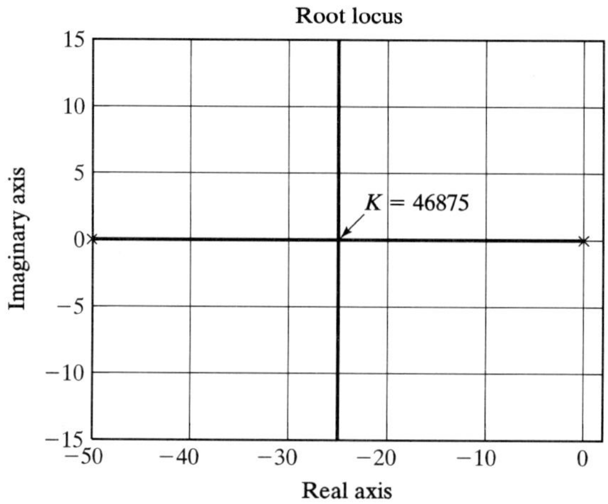

그림 5.34 $P_\theta(s)$의 근 궤적

3.9.1 절에 보인 것처럼, $P_\theta(s)$를 안정화하기 위해 $C_\theta(s)$를 먼저 설계하고 해당 시스템과 $C_\theta(s)$에 대한 부분 제어 시스템을 안정화하기 위해, $C_x(s)$를 설계한다. $P_\theta(s)$의 근 궤적은 그림 5.34에서 볼 수 있다. 분명히, $K > 0$에 대하여 $C_\theta(s)=K$ 인 비례 제어기는 이 시스템을 안정화한다. 가능한 한 허수축으로부터 폐루프 극점을 멀리 놓기 위해서, 다시 말하면, 응답 속도를 극대화하기 위해서, K=46875를 선택한다. 3.9.1 절에서는 극점 배치 방법을 사용하여 같은 비례 피드백을 찾을 수 있었다.

제어기 $C_\theta(s)$가 사용될 때, $\mathrm{P_{tmp}(s)}$라고 하는 부분 제어 시스템은

$$P_{\text{tmp}}(s) = \frac{g/750}{s^2(s+25)^2}.$$

해당 근 궤적은 그림 5.35에 나타나 있다. 비례 제어기는 이 시스템을 안정화할 수 없다. 가장 단순한 형태의 제어기를 고려해서, 일차 시스템 제어기가 주어진 시스템을 안정화할 수 있는지 살펴본다. 이 시스템은 원점에서 두개의 지배 극점을 갖고 있음을 알 수 있다. 따라서, 충분히 작은 s에 대하여 $\frac{25^2}{(s+25)^2}$은 1에 가까와서, 다음의 이중 적분기 시스템으로 근사화할 수 있다.

$$\tilde{P}_{\text{tmp}}(s) = \frac{1/(75 \times 25^2)}{s^2}$$

여기서 g를 10으로 대체하여 시스템을 단순화하였다. 이중 적분기와 같은 이차 시스템은 일차 시스템 제어기로 안정화할 수 있다. 따라서, 같은 일차 시스템 제어기로 근사화된 시스템을 안정화할 수 있다고 기대할 수 있다.

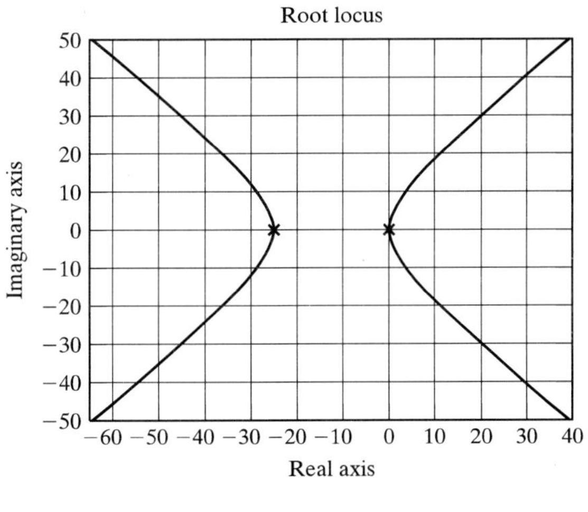

그림 5.35 $P_{\text{tmp}}(s)$의 근 궤적

이중 적분기의 제어를 앞에서 다루어왔고, 극점 배치 방법을 사용하여 폐루프 극점을 원하는 위치에 배치하는 일차 제어기를 설계할 수 있다. 또한 제어기의 극점과 영점을 예상하고, 이득값을 결정하기 위해 근 궤적을 사용할 수 있다. 극점 배치 방법은 분석적인 방법이고, 근 궤적 방법은 trial-and-error 방식이라고 할 수 있다. 두 방법의 사용이 가능하면, 분석적 방법이 선호된다.

극점 배치 방법을 사용하기 위해, 폐루프 극점은 $-1\pm j$, -1이고, 제어기는 다음의 형태를 갖는다.

$$C_x(s) = \frac{q_0 s + q_1}{p_0 s + p_1}.$$

$\widetilde{\mathrm{P}}_{\mathrm{tmp}}(\mathrm{s})$과 $C_x(s)$에 대한 Diophantine 방정식

$$s^2(p_0 s + p_1) + \frac{1}{75 \times 25^2}(q_0 s + q_1) = (s+1)(s^2+2s+2),$$

을 풀면, 다음 결과를 얻는다.

$$p_0 = 1, \quad p_1 = 3, \quad q_0 = 187500, \quad q_1 = 93750.$$

설계된 제어기 $C_x(s)$는 실제 시스템 $\mathrm{P}_{\mathrm{tmp}}(\mathrm{s})$을 안정화할 수 있는지 확인하는 것이 중요하다. 실제 폐루프 극점 $-25.1779 \pm j2.0583$, $-0.8671 \pm j1.1653$, -0.9099에 대하여 안정화할 수 있다. 안정화하는 제어기는 다음과 같이 설계된다.

$$\left[\ C_\theta(s) \quad C_x(s)\ \right] = \left[\ 46875 \quad \frac{187500s + 93750}{s+3}\ \right] = 46875\left[\ 1 \quad \frac{4s+2}{s+3}\ \right].$$

이제 계단 트래킹 문제를 풀도록 한다. 초기 조건에 관계없이 계단 기준 입력 $r_x(t)$로 주어진 위치로 오버슈트없이 볼이 굴러가도록 제어기를 설계하고자 한다. 변수 $\theta(t)$의 변화에는 관심을 두지 않기 때문에, 모터 제어기 $C_\theta(s)$를 변경할 필요는 없다. 내부루프와 연결된 $\mathrm{P}_{\mathrm{tmp}}(\mathrm{s})$는 부분 제어 시스템은 타입 2이기 때문에, $x(t)$ 변수에 대한 2DOF 제어기는 오버슈트를 피하기 위해 사용되어야 한다. 해당 폐루프 시스템은 그림 5.36에서 볼 수 있다. 여기서 가장 차수가 낮은 제어기를 찾고자 한다. 안정화 제어기 $C_x(s)$와 같은 차수를 갖는 2DOF 제어기 $C_x(s)$를 고려한다.

$$\boldsymbol{C}_x(s) = \left[\ C_{x1}(s) \quad C_{x2}(s)\ \right] = 46875\frac{\left[\ qs+2 \quad 4s+2\ \right]}{s+3}.$$

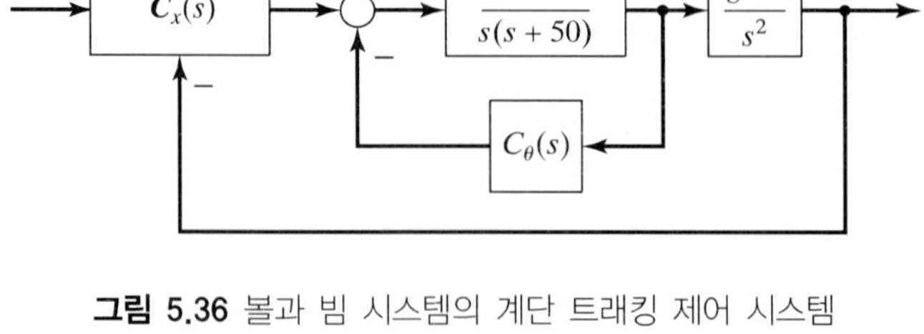

그림 5.36 볼과 빔 시스템의 계단 트래킹 제어 시스템

여기서, $C_{x2}(s)$는 안정화하는 제어기 $C_x(s)$와 같다. 정리 4.12에 따라 계단 트래킹 조건때문에, $C_{x1}(s)$의 분자 다항식의 상수항을 $C_{x2}(s)$에서의 분자 다항식 상수항과 일치시킨다. 그림 5.37은 q의 값에 따른 폐루프 계단 응답을 보여준다. q=0이 적절한 결과를 보여준다. 따라서, 계단 트래킹의 최종 제어기 설계는 다음과 같다.

$$\begin{bmatrix} C_\theta(s) & \boldsymbol{C}_x(s) \end{bmatrix} = 46875\begin{bmatrix} 1 & \dfrac{2}{s+3} & \dfrac{4s+2}{s+3} \end{bmatrix}.$$

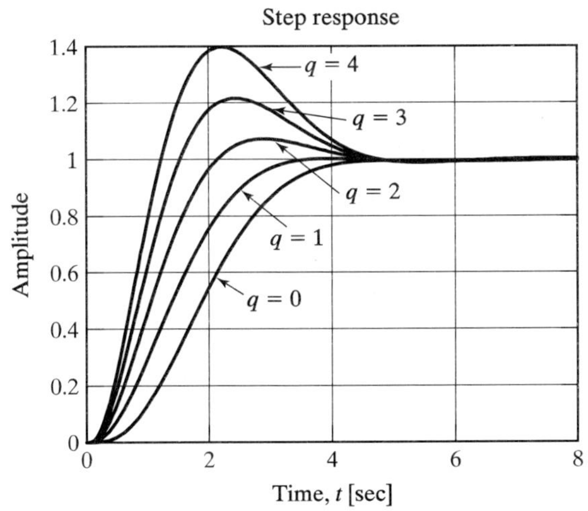

그림 5.37 다양한 q값에 따른 폐루프 계단 응답

연습문제

5.1 개루프 전달함수가 다음과 같이 주어질 때, 단위 피드백 시스템을 가정하여 근궤적을 그려라.

1. $L(s) = \dfrac{K(s+1)}{s(s+5)(s+10)}$
2. $L(s) = \dfrac{10(Ts+1)}{s^2(s+2)}$
3. $L(s) = \dfrac{5(s-1)(s+1)}{(s+a)(s+10)(s+20)}$

5.2 **1.** $L(s) = \dfrac{K}{s(s^2+6s+12)}$의 근 궤적을 개략적으로 그려라. 해당 근 궤적이 직선으로 구성됨을 관찰하라.

2. 각각의 고정된 값 $a > 0$ 에 대하여 $L(s) = \dfrac{K}{s(s^2+6as+12a^2)}$의 근 궤적은 직선으로 나타남을 보여라.

5.3 다음 시스템의 근 궤적을 그려라.

$$P(s) = \frac{1}{s(s+2)(s^2+2s+2)}$$

단위 피드백 시스템에서 $C(s) = K$로 가정한다. 폐루프 시스템이 안정하도록 K의 범위를 찾아라. 임펄스 응답에 대하여 진동이 나타나는 K의 값을 구하여라. 이때 진동 주파수는 얼마인가?

5.4 $P(s) = \dfrac{s+2}{s(s+1)}$의 근 궤적을 그려라. $C(s) = K$이고, 그림 5.38에 보이는 피드백 시스템을 고려하자. 폐루프 극점이 실수부에 대한 허수부의 비율(실수부 / 허수부)이 가장 크도록 K를 구하여라. 이때 폐루프 극점은 무엇인가?

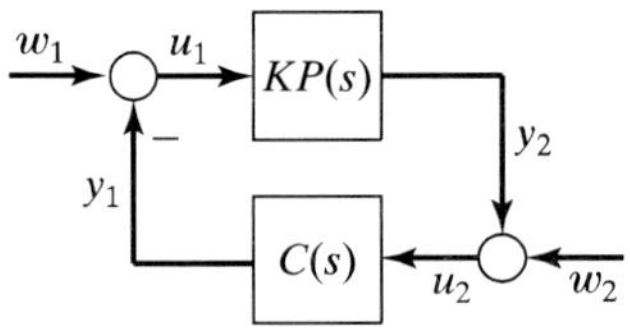

그림 5.38 안정화를 위한 피드백 시스템

5.5 다음 식의 근 궤적이 z를 중심으로 원을 그리고, 그 반경은 $\sqrt{|p_1 - z||p_2 - z|}$ 임을 보여라. 여기서, z, p_1, p_2는 실수이고, $z < p_1$, $z < p_2$이다.

$$L(s) = \frac{s-z}{(s-p_1)(s-p_2)}$$

5.6 그림 5.39에 보이는 피드백 제어 시스템에서 시스템이 모든 K ∈ [1, ∞)에 대하여 안정하다면, 무한 이득 여유 (gain margin)를 갖는다고 말한다.

1. 폐루프 시스템이 무한 이득 여유를 갖도록

$$P(s) = \frac{1}{s(s-1)}$$

에 대한 간단한 제어기를 설계하여라.

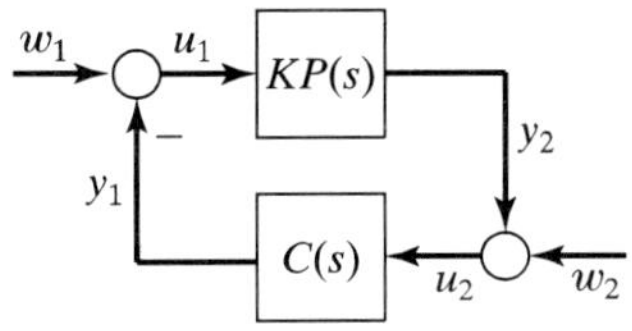

그림 5.39 이득 불확실성이 있는 피드백 시스템

2. $P(s)$가 복소 평면의 우반 평면에 영점을 갖는다면, 폐루프 시스템이 무한 이득 여유를 갖도록 하기 위해서는, 영이 아닌 제어기 $C(s)$는 없다는 것을 근 궤적을 사용하여 보여라.

5.7 그림 5.38에서 다음의 식이 주어진다.

$$P(s) = \frac{1}{(s+2)(s+3)}, \quad C(s) = K\frac{s+a}{s+b}$$

폐루프 극점이 $s=-1\pm 1j$ 가 되도록, 근 궤적 방식을 사용하여 a, b를 구하여라.

5.8 이중 적분기 시스템 $P(s) = \dfrac{1}{s^2}$이 있을 때, 폐루프 시스템이 지배 극점 $-1\pm j$을 갖도록 진상 보상기를 설계하라.

5.9 단위 피드백이 있는 시스템에서 공정 시스템은

$$P(s) = \frac{10(s-5)}{s(s^2+s+4)}$$

으로 주어져 있고, 제어기는

$$C(s) = \frac{K(s+b)}{s+a}$$

이다. 여기서 $K > 0$이고, a, b는 실수이다.

- 모든 $K \in (0, K_u)$ 에 대하여 페루프 시스템이 안정하도록 하려고 한다 ($K_u > 0$). 근 궤적을 사용하여 a, b의 부호를 결정하라.
- $C(s)$의 극점과 영점의 관점에서 근 궤적의 가능한 형태를 대략적으로 그려라.

5.10 $P(s) = \dfrac{1}{s-1}$ 인 시스템에 대하여 폐루프 시스템이 두 개의 중근 극점이 있고, 정상상태 속도 오차 상수가 5가 되도록 PI 제어기를 설계하라. 폐루프 극점의 위치도 구하여라. 이 폐루프 시스템은 안정한가?

5.11 $P(s) = \dfrac{1}{s^2}$ 인 시스템에 대하여 폐루프 시스템의 극점이 $-2 \pm j$, -1에 배치되도록 PID 제어기를 설계하여라.

5.12 다음의 공정 시스템에 대한 피드백 시스템을 고려할 때, 근 궤적 기법을 사용하여, 안정한 제어기로 이 시스템을 안정화시킬 수 없음을 보여라.

$$P(s) = \frac{(s-1)(s-3)}{(s-2)(s+1)^2}.$$

5.13 다음의 공정 시스템을 안정화시키는 안정한 제어기를 설계하여라.

$$P_4(s) = \frac{K(s-1)(s+5)}{(s-2)(s-3)(s+4)}$$

5.14 제어기를 설계하는 방법 중 하나는 안정하고 원하지 않은 위치의 극점과 영점을 서로 소거하는 것이다. 그러나, 일반적으로 정확히 소거하기는 어렵다. 감쇠가 느린 극점의 경우는 이것이 중요한 문제가 될 수도 있다. 다음과 같은 공정 모델이 있다.

$$P(s) = \frac{K(s+1)(s+2)}{s[(s+0.1)^2 + a^2]}, \quad a \in [3, 5].$$

$C_1(s)$와 $C_2(s)$는 다음의 제어기로 각각 주어져 있다.

$$C_1(s) = \frac{(s+0.1)^2 + 5^2}{(s+1)(s+2)}$$

$$C_2(s) = \frac{(s+0.1)^2 + 3^2}{(s+1)(s+2)}.$$

근 궤적 방법을 사용하여 $C_1(s)$가 모든 $a \in [3, 5]$에 대하여 시스템을 안정화하지 못할 수도 있음을 보여라. 반면에 $C_2(s)$는 모든 $a \in [3, 5]$에 대하여 시스템을 안정화할 수 있음을 보여라.

MATLAB 연습문제

5.15 다음 문제를 풀기 위해 MATLAB을 사용하라.

1. a=0, 1/2, 1, 2 각각에 대하여, 다음 시스템의 근 궤적을 그려라.

$$\frac{K}{s(s+1)(s+a)}$$

위의 결과와 다음 시스템의 근 궤적과 비교하라.

$$\frac{K}{s(s+1)}.$$

모든 그림에 대하여 같은 좌표 영역을 사용한다. 추가적인 극점이 근 궤적을 오른쪽으로 이동시키는 경향이 있는지, 그리고, 그 극점의 값이 크면 클수록 그 효과가 커지는지 관찰하라.

2. b=10,5,1, 0.5 각각에 대하여, 다음 시스템의 근 궤적을 그려라.

$$\frac{K(s+b)}{s(s+1)^2}$$

위의 결과와 다음 시스템의 근 궤적과 비교하라.

$$\frac{K}{s(s+1)^2}.$$

모든 그림에 대하여 같은 좌표 영역을 사용한다. 추가적인 영점이 근 궤적을 왼쪽으로 이동시키는 경향이 있는지, 그리고, 그 영점의 값이 크면 클수록 그 효과가 커지는지 관찰하라.

3. a=0.5, b=2 그리고, a=2, b=0.5에 대하여, 다음 시스템의 근 궤적을 그려라.

$$\frac{K(s+b)}{s(s+1)(s+a)}$$

위의 결과와 다음 시스템의 근 궤적과 비교하라.

$$\frac{K}{s(s+1)}.$$

- $a < b$이면, 극점 $-a$의 효과가 영점 $-b$의 효과보다 커서 근 궤적을 오른쪽으로 이동시키는지 확인하라.
- $a > b$이면, 영점 $-b$의 효과가 극점 $-a$의 효과보다 커서 근 궤적을 왼쪽으로 이동시키는지 확인하라.

5.16 a=1, 10/3, 8, 10 각각에 대하여 각각 다음 시스템의 근 궤적을 그려라.

$$L(s) = \frac{K(s^2+a^2)}{s(s^2+10^2)}$$

각각에 대하여 복소 극점에서 출발각, 복소 영점에서 도착각을 구하여라. 찾을 수 있으면 이탈점, 이입점을 구하여라. MATLAB을 이용하여 해당 결과를 확인하라.

참고문헌

근 궤적 방법은 Walter R. Evans가 1948년 서보 메카니즘의 분석에 대하여 강의를 하던 시절에 만들어졌다.

W. R. Evans, "Graphical analysis of control systems," *Transactions of the American Institute of Electrical Engineers*, vol. 67, pp. 547–551, 1948.

W. R. Evans, "Control system synthesis by root locus method," *Transactions of the American Institute of Electrical Engineers*, vol. 69, pp. 66–69, 1950.

W. R. Evans, *Control–System Dynamics*, McGraw–Hill, New York, 1954.

근 궤적 방법은 이후 모든 제어 교재에 포함되었고, Bode와 Nyquist의 주파수 영역 방법과 더불어 고전적인 제어 방법의 핵심 기술로 소개되고 있다.

안정화를 위한 패러티 인터레이싱 특성은 다음 논문에서 찾을 수 있다.

D. C. Youla, J. J. Bongiorno Jr., and C. N. Lu, "Single–loop feedback stabilization of linear multivariable plants," *Automatica*, vol. 10, pp. 159–173, 1974.

Introduction to Feedback Control

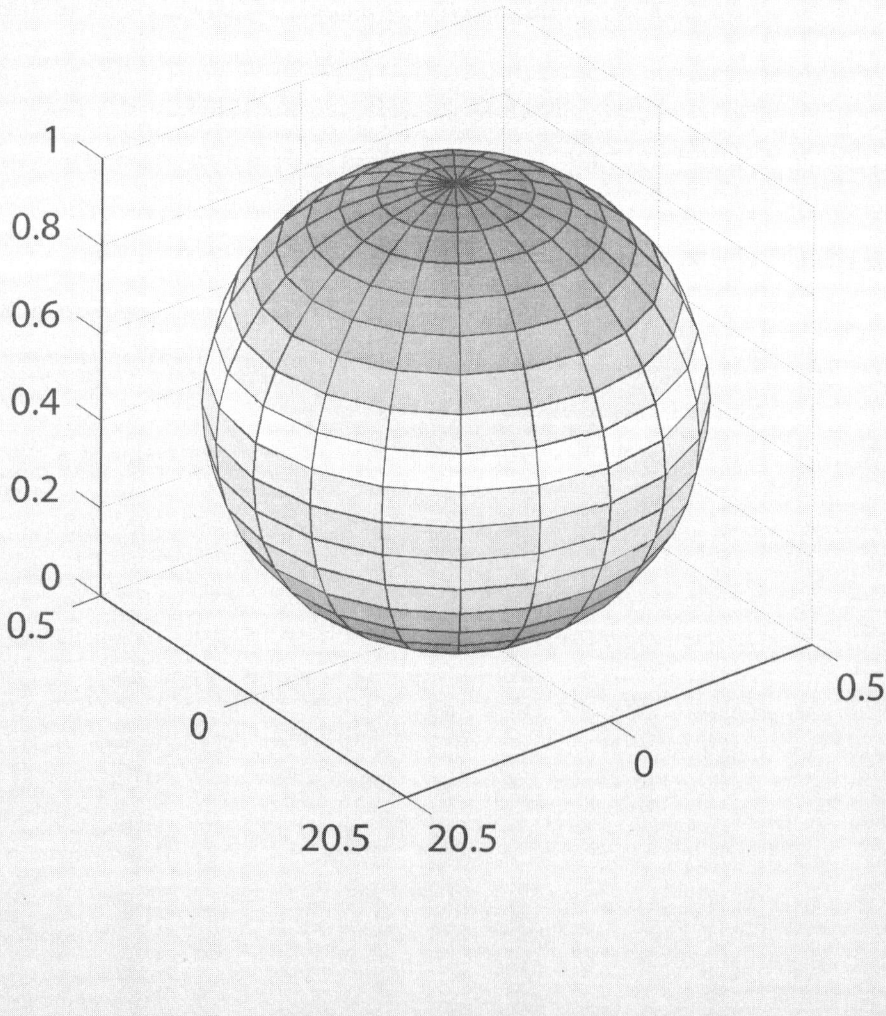

Chapter 06

주파수 영역 해석

이 장에서 공부해야 될 내용

6.1 주파수 응답
6.2 Bode 선도
6.3 Nyquist 안정도 판별법
6.4 이득 여유와 위상 여유
6.5 폐루프 주파수 응답
6.6 Nichols 도표
6.7 Riemann 선도

정현파 입력에 대한 안정한 시스템의 정상상태 응답은 특정 비율로 증폭된 크기와 변화된 위상을 갖는 정현파가 된다는 것을 Chapter 4에서 알았다. 증폭 비율과 위상 변화는 정현파 입력의 주파수에 따라 변하는데, 이를 각각 시스템의 **크기 주파수 응답(the magnitude frequency response)**과 **위상 주파수 응답(the phase frequency response)**이라 부른다. 시스템의 주파수 응답은 시스템에 대한 모든 정보를 담고 있으며, 주파수 응답을 통해서도 제어기 설계가 가능하다. 다른 방법 대신 주파수 응답 방법을 사용하는 것이 무슨 장점이 있는지 의아해할 수 있는데, 우선 첫째로 안정한 시스템에 대해서는 해석적인 모델을 구할 수 없음에도 불구하고 시스템의 주파수 응답 모델을 실험적으로 구할 수 있는 경우가 많다. 둘째, 시스템을 표현하는 전달함수를 사용하지 않고 전적으로 주파수 응답만을 기반으로 하여 제어기를 설계할 수 있다. 셋째, 시간–영역 사양들과 주파수–영역 사양들 간에는 밀접한 관계가 있다. 마지막으로 어떤 설계 사양들은 대역폭 그리고 위상 지연 허용치와 같이 명시적으로 주파수 응답과 관련된 용어들로 표현된다.

6.1 주파수 응답

4 장의 결과에 따르면 정현파 입력 $r(t) = (\sin\omega t)\sigma(t)$에 대한 안정한 동적시스템 $P(s)$의 정상상태 응답은 다음과 같다.

$$y_{ss}(t) = |P(j\omega)|\sin(\omega t + \angle P(j\omega))\sigma(t)$$

여기서 $\angle P(j\omega) = \tan^{-1}\dfrac{\mathrm{Im}P(j\omega)}{\mathrm{Re}P(j\omega)}$.

좀 더 구체적인 예제를 생각해보자.

예제 6.1

다음과 같은 공정 모델을 생각하자.

$$P(s) = \frac{10}{(s+1)(s+2)}$$

이 공정에 대한 입력이 어떤 주어진 주파수 ω를 갖는 정현파 신호 $r(t) = (\sin\omega t)\sigma(t)$이다. 그렇다면 다음이 성립하며

$$Y(s) = \frac{10\omega/(1+\omega^2)}{s+1} - \frac{10\omega/(4+\omega^2)}{s+2} + \frac{s\mathrm{Im}P(j\omega) + \omega\mathrm{Re}P(j\omega)}{s^2+\omega^2}$$

과도 응답과 정상 상태 응답은 각각 아래와 같다.

$$y_t(t) = \left(\frac{10\omega}{1+\omega^2}e^{-t} - \frac{10\omega}{4+\omega^2}e^{-2t}\right)\sigma(t)$$

$$\begin{aligned} y_{ss}(t) &= [\mathrm{Im}\,P(j\omega)\cos\omega t + \mathrm{Re}\,P(j\omega)\sin\omega t]\,\sigma(t) \\ &= |P(j\omega)|\sin(\omega t + \angle P(j\omega))\sigma(t). \end{aligned}$$

그림 6.1은 ω =1,2,5,10에 대한 전형적인 시간 응답들을 보여준다. 과도 응답 부분이 매우 빠르게 사라진다는 것이 명백하며 정현파 정상 상태 응답들이 지속된다는 것을 확인할 수 있다. 표 6.1에는 주파수에 따른 정상 상태 응답의 크기와 위상 변화가 나타나 있다.

그러나, 예를 들어 아래와 같이, 만일 시스템이 불안정하다면

$$P(s) = \frac{1}{s-1},$$

다음을 얻을 수 있다.

$$y(t) = \left[\frac{10\omega}{1+\omega^2}e^t + |P(j\omega)|\sin(\omega t + \angle P(j\omega))\right]\sigma(t).$$

이때는 시간 응답 $y(t)$에서 정현파 응답 $|P(j\omega)|\sin(\omega t + \angle P(j\omega))$을 실험적으로 관찰할 수 없는데 이는 e^t항이 시간이 지나도 0으로 수렴하지 않기 때문이다.

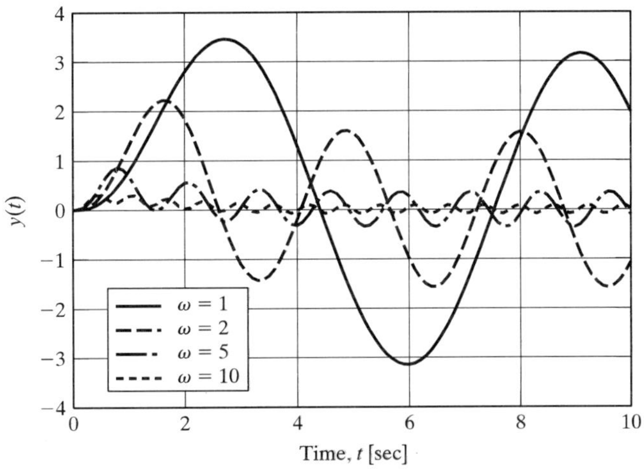

그림 6.1 예제 6.1의 정현파 신호에 대한 시간 응답.

ω	1	2	5	10
|P(jω)|	3.1623	1.5811	0.3642	0.0976
∠P(jω)	−71.5651	−108.4349	−146.8887	−162.9795

표 6.1 주파수 응답.

위에서 관찰한 내용은 안정한 시스템들 식별하는 데 있어 매우 실제적이고 중요한 의미가 있다. 안정한 동적시스템이 해석적인 방법으로는 얻을 수 없는 전달함수 $P(s)$를 갖는다고 가정하자.

이 시스템에 특정 범위의 주파수(ω)들을 갖는 정현파 신호들 $r(t) = A(\omega)\sin\omega t$을 차례로 인가하자. 그리고, 출력의 정상 상태 응답 $y(t) = B(\omega)\sin(\omega t + \phi(\omega))$을 측정하여 $B(\omega)$와 $\phi(\omega)$를 얻자. 이 과정을 거치면 다음과 같은 사실을 얻을 수 있다.

$$|P(j\omega)| = \frac{B(\omega)}{A(\omega)}, \quad \angle P(j\omega) = \phi(\omega).$$

$|P(j\omega)|$를 **크기 주파수 응답(magnitude frequency response)**이라 하고 $\angle P(j\omega)$를 **위상 주파수 응답(phase frequency response)**이라 부른다. 대부분의 제어 시스템은 해석적인 모델 없이도 주파수 응답만을 기반으로 하여 그에 대한 해석과 설계를 완수할 수 있다는 것을 이후에 다루는 내용들로부터 알게 될 것이다. 이 방법은 비록 주어진 시스템이 선형이 아니라도 특정 주파수 범위에서 근사 주파수 응답 모델을 생성하는 데 사용할 수 있다.

이론적으로는 모든 주파수에 대해 $A(\omega)$를 상수로 정하더라도 위의 결과에 영향을 주지 않는다. 그러나, 몇가지 실제적인 문제들로 인해 모든 주파수에 대해 입력 신호의 크기 $A(\omega)$를 상수로 고정하지는 않는다. 한가지 고려할 요인으로 측정 오차를 들 수 있는데, 이는 보통 고주파 범위에서 매우 크다. 대부분의 동적시스템들은 고주파 범위에서 이득이 매우 작고 고주파 신호에 대한 출력 측정값에 잡음이 매우 많이 섞여 있을 수 있기 때문에, $A(\omega)$가 작은 경우에 출력 측정값 $B(\omega)$는 매우 작고 부정확해질 것이다. 따라서, 주파수 응답 $B(\omega)/A(\omega)$와 $\phi(\omega)$의 정확도는 더욱 감소하게 된다. 그러므로, 모델링 오차를 줄이기 위해서는 고주파 범위에서 입력 신호의 크기(즉, 신호대 잡음비)를 키우는 것이 바람직하다.

다음으로 정현파는 아니지만 주기를 갖는 신호에 대한 시스템의 응답을 고려하자. 신호 $f(t)$가 주기가 $2T$이고 유계인 주기 함수라고 하자. 또한 이 신호가 일부구간 미분 가능이며 불연속적인 점에서 $f(t) = [f(t^+) + f(t^-)]/2$를 만족한다고 가정하자. 그렇다면 이 신호를 Fourier 급수로 전개할 수 있으며 Fourier 급수의 각 성분마다 앞의 예제에서 다루었던 주파수 응답을 적용할 수 있다.

예제 6.2

다음과 같은 구형파 $f(t)$를 생각하자.

$$f(t) = \begin{cases} 1, & 2kT < t < (2k+1)T, \\ -1, & (2k+1)T < t < 2(k+1)T, \\ 0, & t = kT \end{cases}$$

여기서 $k = 0, 1, 2, \dots$ 이다. 이 함수가 불연속적인 점에서 0이 되도록 정의하여 완전 Fourier 급수로 표현되도록 하였다는 것에 주목하자. 따라서, 이 함수는 다음과 같이 Fourier 급수로 표현될 수 있다:

$$f(t) = \sum_{n=0}^{\infty} \frac{4}{(2n+1)\pi} \sin \frac{(2n+1)\pi}{T} t.$$

이제 입력 신호 $r(t) = f(t)$에 대한 안정한 시스템 $P(s)$의 응답을 고려하자. 정상 상태 응답은 다음과 같이 쓸 수 있다.

$$y_{ss}(t) = \sum_{n=0}^{\infty} \frac{4}{(2n+1)\pi} \left| P(j\frac{(2n+1)\pi}{T}) \right| \sin \left(\frac{(2n+1)\pi}{T} t + \angle P(j\frac{(2n+1)\pi}{T}) \right).$$

한편으로는, Fourier 급수의 처음 몇 개 항으로 $f(t)$의 근사식을 구할 수 있다. 예를 들어 다음과 같이 구한다.

$$f_a(t) = \sum_{n=0}^{N} \frac{4}{(2n+1)\pi} \sin \frac{(2n+1)\pi}{T} t.$$

따라서 $f_a(t)$에 대한 시스템 $P(s)$의 정상 상태 응답은 다음과 같다.

$$y_{ass}(t) = \sum_{n=0}^{N} \frac{4}{(2n+1)\pi} \left| P(j\frac{(2n+1)\pi}{T}) \right| \sin \left(\frac{(2n+1)\pi}{T} t + \angle P(j\frac{(2n+1)\pi}{T}) \right).$$

그림 6.2는 함수 $f(t)$와 $T=5$ 그리고 $N=4$로 얻은 근사함수 $f_a(t)$를 보여준다.

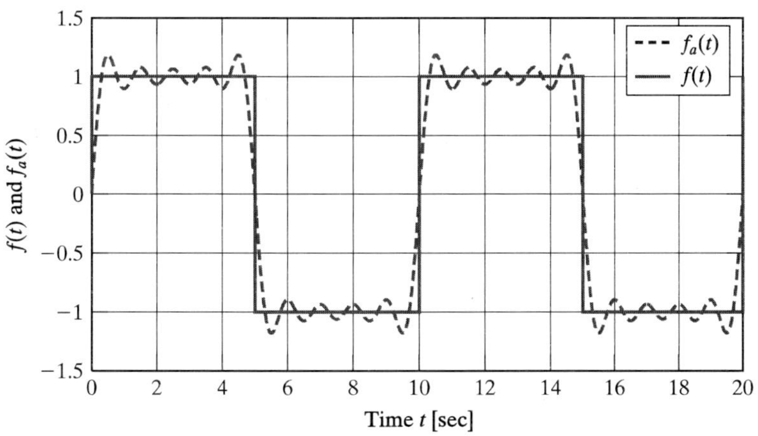

그림 6.2 예제 6.2의 함수 $f(t)$와 $T=5$ 그리고 $N=4$로 얻은 근사함수 $f_a(t)$.

이제 다시 $P(s)$가 다음과 같이 주어졌다 하자.

$$P(s) = \frac{10}{(s+1)(s+2)}.$$

그림 6.3은 함수 $f(t)$와 $N=0$ 그리고 $N=1$로 구한 $f_a(t)$들에 대한 시스템 $P(s)$의 정상상태 응답을 보여준다.

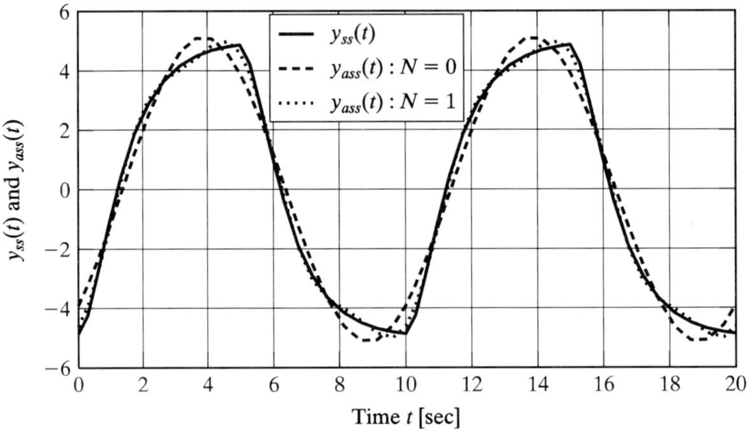

그림 6.3 예제 6.2의 $y_{ss}(t)$와 $N=0$과 $N=1$에 대한 $y_{ass}(t)$.

처음 몇 주파수 성분들이 정상 상태 응답에서 가장 중요한 역할을 한다는 것을 알 수 있는데, 이들 주파수에서 신호가 가장 강하며 더 높은 주파수에서보다 공정의 응답이 훨씬 더 크다. 따라서, 비록 입력 신호 $r(t) = f(t)$의 처음 몇 주파수 성분들을 사용하여 구한 근사함수가 원래 신호와의 차이가 작지 않다 하더라도 만일 전달함수가 높은 주파수 범위에서 훨씬 작은 크기 주파수 응답을 갖는다면 처음 몇 주파수 성분만을 사용하여 얻은 근사 정상 상태 응답은 정확한 정상 상태 응답과 상당히 가깝다.

관찰:

(1) 특정 신호에 대한 시스템의 정상 상태 응답은 두 요소에 의해 결정된다.: (i) 신호를 구성하는 주파수 성분들의 강도, 그리고 (ii) 이러한 주파수 성분들에 대한 시스템의 크기 주파수 응답.

(2) 계단 응답은 $T \to \infty$인 극한의 경우로 생각할 수 있다. 따라서 어떤 고정된 n에 대해서도 $T \to \infty$일 때 $\frac{(2n+1)\pi}{T} \to 0$이므로 이 응답에서는 0 근처의 주파수에 대한 주파수 응답이 가장 중요한 역할을 한다는 것이 명백하다.

신호 $f(t)$가 주기적이지 않을 경우 이 신호를 분리된 주파수 성분들로 전개하는 것이 일반적으로는 가능하지 않다. 그러나 약한 조건들 하에서 Fourier 변환 (혹은 Laplace 변환)을 적용할 수 있어 이 신호가 연속적인 주파수 성분들을 갖는다고 여길 수 있다. 따라서, 앞에서 논의된 주파수 응답과 관련된 개념들 모두가 적용된다.

예제 6.3

그림 6.4에 나타난 단위 피드백 시스템을 생각하자. 여기서 $P(s)$는 공정 전달 함수, $C(s)$는 제어기 전달 함수, $r(t)$는 기준입력, $z(t)$는 시스템의 출력, $y(t)$는 측정치, $d(t)$는 외란, 그리고 $n(t)$는 센서 잡음이다.

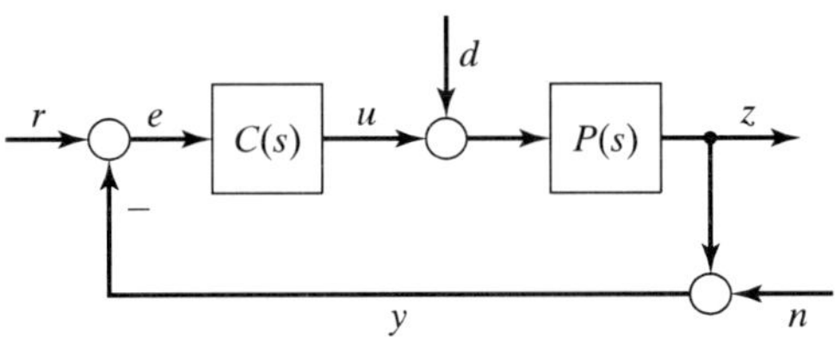

그림 6.4 표준 단위 피드백 시스템

이제, d에서 z로의 전달함수를 $T_{zd}(s)$로 나타내자. 그러면,

$$T_{zd}(s) = \frac{P(s)}{1 + P(s)C(s)}.$$

$P(s)$와 $C(s)$가 다음과 같이 주어졌다 하자.

$$P(s) = \frac{10}{s(s+5)(s+10)}, \quad C(s) = \frac{90(s+5)}{s+20}.$$

그러면 다음을 얻을 수 있다.

$$T_{zd}(s) = \frac{P(s)}{1 + P(s)C(s)} = \frac{10(s+20)}{s(s+10)(s+20)+900}.$$

만일 외란 $d(t) = f(t)$이 예제 6.2에 주어진 구형파라면, $d(t)$에 대한 시스템의 정상 상태 응답은 다음과 같다.

$$z_{ss}(t) = \sum_{n=0}^{\infty} \frac{4}{(2n+1)\pi} \left| T_{zd}(j\frac{(2n+1)\pi}{T}) \right| \sin\left(\frac{(2n+1)\pi}{T} t + \angle T_{zd}(j\frac{(2n+1)\pi}{T}) \right).$$

그림 6.5는 $T=5$인 상대적으로 주기가 긴 구형파에 대한 정상 상태 응답을 보여준다. 이 경우 신호 성분들의 주파수는 다음과 같다.

$$\frac{(2n+1)\pi}{T}=\frac{\pi}{5},\frac{3\pi}{5},\frac{5\pi}{5},\ldots,\quad n=0,1,2\ldots.$$

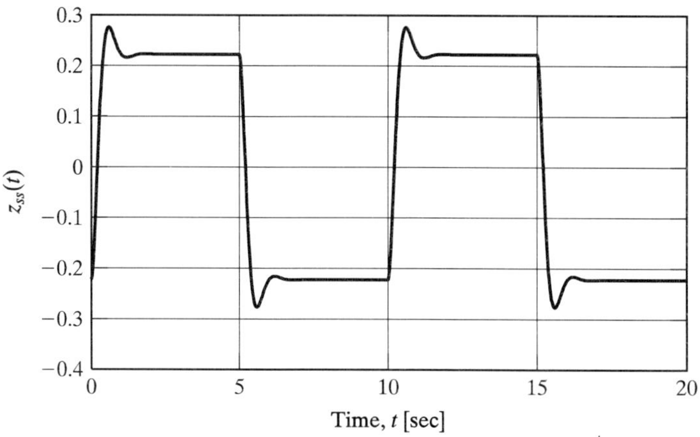

그림 6.5 예제 6.3에서 $T=5$인 $r(t)=f(t)$에 대한 $z_{ss}(t)$.

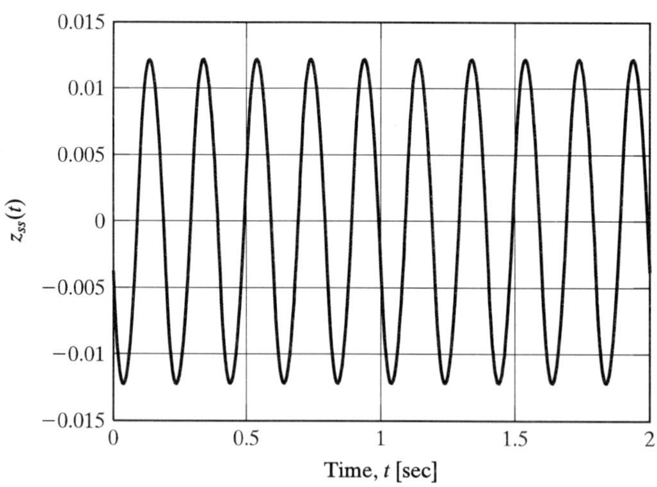

그림 6.6 예제 6.3에서 $T=0.1$인 $r(t)=f(t)$에 대한 $z_{ss}(t)$.

그림 6.6은 $T=0.1$인 상대적으로 주기가 짧은 구형파에 대한 정상 상태 응답을 보여준다. 이 경우 신호 성분들의 주파수는 아래와 같다.

$$\frac{(2n+1)\pi}{T} = 10\pi, 30\pi, 50\pi, \ldots, \quad n = 0, 1, 2 \ldots.$$

이 정상 상태 응답의 크기는 이전 경우에 비해 훨씬 작은 것이 명확한데 이는 높은 주파수에서 $|T_{zd}(j\omega)|$가 훨씬 작기 때문이다.

위로부터 다음과 같이 결론지을 수 있다. 만일 $d(t)$의 강도가 센 주파수 ω에서 $T_{zd}(j\omega)$의 크기가 작다면 이 폐루프 시스템은 외란 $d(t)$를 상당히 많이 제거할 수 있다.

비슷하게 $n(t)$에서 $z(t)$로의 전달함수를 $T_{zn}(s)$라 하면 다음을 얻을 수 있다.

$$T_{zn}(s) = \frac{-P(s)C(s)}{1+P(s)C(s)}.$$

따라서, 만일 $n(t)$의 강도가 센 주파수 범위에서 주파수 응답의 크기 $|T_{zn}(j\omega)|$가 작다면 시스템 출력에 대한 센서 잡음 $n(t)$의 영향을 효과적으로 줄일 수 있다.

한편, $r(t)$에서 $z(t)$로의 전달함수는 다음과 같으며

$$T(s) = \frac{P(s)C(s)}{1+P(s)C(s)}$$

따라서 $r(t)$의 중요 성분이 있는 주파수 범위에서 $T(j\omega) \approx 1$이 되도록 하는 것이 바람직하다. 그런데 이 요구 사항이 센서 잡음을 저감시키기 위해서는 $|T(j\omega)|$가 가능한 작아야 한다는 요구 사항과 충돌하는 것처럼 보인다. 다행히도 반드시 그런 것은 아니며, 이는 일반적으로 $r(t)$가 낮은 주파수 신호(즉, $r(t)$의 중요한 성분들 대부분이 낮은 주파수 범위에 있다)이며, 일반적으로 $n(t)$는 높은 주파수 신호(즉, 이 신호의 중요한 성분들 대부분이 높은 주파수 범위에 있다)이기 때문이다.

예제 6.3에서 얻은 결론은 훨씬 일반적인 상황에서도 적용이 가능하다. 이를 위해서, 그림 6.4에 나타난 시스템을 다시 생각하자. 개루프 시스템 전달함수는 아래와 같이 주어지고

$$L(s) = C(s)P(s),$$

$n(t)$에서 $y(t)$로의 혹은 $r(t)$에서 $e(t)$로의 전달함수인 **민감도 함수(sensitivity function)**는 아래와 같으며

$$S(s) = \frac{1}{1+L(s)}$$

$r(t)$에서 $z(t)$로의 전달함수인 **보 민감도 함수(complementary sensitivity function)**는 다음과 같이 정의된다.

$$T(s) = 1 - S(s) = \frac{L(s)}{1 + L(s)}$$

('보(complementary)'는 T(s)가 S(s)가 상호 보완적이라는 의미, 즉 $S(s) + T(s) = 1$임을 강조하기 위해 사용되었다.)

폐루프 시스템은 다음 식들을 만족한다:

$$Z(s) = T(s)(R(s) - N(s)) + S(s)P(s)D(s) \tag{6.1}$$

$$R(s) - Z(s) = S(s)R(s) + T(s)N(s) - S(s)P(s)D(s) \tag{6.2}$$

$$U(s) = C(s)S(s)(R(s) - N(s)) - T(s)D(s). \tag{6.3}$$

이 세 개의 식들은 피드백 루프에 내재된 근본적인 이점과 설계 목표들을 보여주며, 이후에 자세히 설명될 것이다. 예를 들어 예제 6.3에서 본 바와 같이 외란에 대응하는 주파수 범위에서 $S(s)P(s)$의 주파수 응답을 작게 하여 공정의 출력에 가해지는 외란 $d(t)$의 영향을 작게 하는 것이 가능하다는 것을 (6.1)을 통해 알 수 있다.

이후에는 "훨씬 더 큼"과 "훨씬 더 작음"을 나타내기 위하여 "$\gg$"와 "$\ll$"를 사용한다. 다음 사실들은 이후의 논의에서 유용할 것이다.

명제 6.4. ω를 임의의 주파수라 하자.

- $|L(j\omega)| \gg 1$이라면 다음이 성립한다.

$$|S(j\omega)| \ll 1, \quad |S(j\omega)P(j\omega)| \approx \frac{1}{|C(j\omega)|},$$
$$|T(j\omega)| \approx 1, \quad |C(j\omega)S(j\omega)| \approx \frac{1}{|P(j\omega)|}.$$

- $|L(j\omega)| \ll 1$이라면 다음이 성립한다.

$$|S(j\omega)| \approx 1, \quad |S(j\omega)P(j\omega)| \approx |P(j\omega)|,$$
$$|T(j\omega)| \approx |L(j\omega)|, \quad |C(j\omega)S(j\omega)| \approx |C(j\omega)|.$$

증명: 다음에 주목하자.

$$|L(j\omega)| - 1 \le |1 + L(j\omega)| \le 1 + |L(j\omega)|.$$

그러면, $|L(j\omega)| > 1$을 만족하는 임의의 주파수 ω에 대하여 다음이 성립한다.

$$\begin{aligned}\frac{1}{|L(j\omega)|+1} \le |S(j\omega)| \le \frac{1}{|L(j\omega)|-1}\\ \frac{|L(j\omega)|}{|L(j\omega)|+1} \le |T(j\omega)| \le \frac{|L(j\omega)|}{|L(j\omega)|-1}\\ \frac{1}{|C(j\omega)|}\frac{|L(j\omega)|}{|L(j\omega)|+1} \le |S(j\omega)P(j\omega)| \le \frac{1}{|C(j\omega)|}\frac{|L(j\omega)|}{|L(j\omega)|-1}\\ \frac{1}{|P(j\omega)|}\frac{|L(j\omega)|}{|L(j\omega)|+1} \le |C(j\omega)S(j\omega)| \le \frac{1}{|P(j\omega)|}\frac{|L(j\omega)|}{|L(j\omega)|-1}.\end{aligned}$$

따라서 만일 $|L(j\omega)| \gg 1$이면, 다음을 얻는다.

$$|S(j\omega)| \ll 1,\ |T(j\omega)| \approx 1,\ |S(j\omega)P(j\omega)| \approx \frac{1}{|C(j\omega)|},\ |C(j\omega)S(j\omega)| \approx \frac{1}{|P(j\omega)|}.$$

비슷한 방식으로 나머지도 보일 수 있다. **[증명 끝]**

일반적으로, 기준 입력 신호 $r(t)$는 예를 들어 계단 신호, 상대적으로 느린 정현파 신호 등과 같은 저주파 신호이다. 대표적인 외란 신호로는 동력원으로부터 발생하는 일정한 60[Hz] 전기 신호 또는 모터 축에 가해지는 느리게 변하는 신호가 있다. 외란은 시스템의 구성에 따라 다른 주파수 신호로 나타날 수 있다.

$r(t)$에서 추종 오차 $r(t)-z(t)$로의 전달함수가 $S(s)$이므로, 우수한 추종 성능을 위해서는 $r(t)$의 중요한 성분이 있는 주파수 범위, 즉 일반적으로 낮은 주파수 범위에서 $|S(j\omega)|$를 작게 하여야 한다. 비슷하게, 공정의 출력 $z(t)$에서 외란의 영향을 충분히 제거하기 위해서는 $d(t)$의 중요 성분이 분포된 저주파 범위에서 $|S(j\omega)|$와 $|S(j\omega)P(j\omega)|$를 작게 하여야 한다.

명제 6.4로부터 다음과 같은 결론을 얻는다. 일반적으로 공정 출력 $z(t)$에서 만족스러운 추종 성능과 외란 제거를 위해서는 $r(t)$의 중요 성분이 분포된 주파수 범위에서 루프 이득 $|L(j\omega)|$가 커야 하며 $d(t)$에 대한 민감도를 줄이기 위해서는 $d(t)$의 중요 성분이 분포된 주파수 범위에서 제어기 이득이 충분히 크도록, 즉 $|C(j\omega)| \gg 1$이 되도록 해야 한다.

예제 6.5

내부 모델 원리에 의하면 공정 출력에서 계단 외란을 제거하기 위해서는 루프 전달 함수 $L(s)=C(s)P(s)$가 원점에 극점을 가져 $|L(0)|=\infty$이 되어야 한다.

유사하게, 공정 입력에서 계단 외란을 제거하기 위해서는 제어기 $C(s)$가 원점에 극점을 가져 $|C(0)|=\infty$이 되어야 한다.

(6.3)에서 볼 수 있듯이, 제어 신호 $u(t)$가 너무 커져 구동기가 포화되는 것을 방지하려면 $|C(j\omega)S(j\omega)|$가 적당한 범위 안에 유지되어야 한다. 낮은 주파수 범위에서 $|C(j\omega)S(j\omega)|$의 크기는 본질적으로 구동기의 제어 입력 허용치와 포화 한계에 의해 제한된다. 따라서, 일반적으로 $C(s)S(s)$의 최대 이득은 매우 클 수 있는 반면, 본질적으로 고주파 이득은 제어기 대역폭과 (센서) 잡음 주파수에 의해 제한된다. 이상적으로, $|C(j\omega)S(j\omega)|$를 바람직한 제어 대역폭 범위 밖에서는 가능한 빠르게 감소시켜 고주파 잡음이 가능한 많이 약해지도록 한다.

또 하나의 성능 상반관계로 센서 잡음 오차 감소에 대한 것을 들 수 있다. 외란 제거와 센서 잡음 감소가 서로 충돌하는 것은 (6.1)에 의해 자명하다. $|C(j\omega)|$와 $|L(j\omega)|$의 값이 넓은 주파수 범위에서 클 경우 $d(t)$에 의해 발생하는 오차가 작게 된다. 그러나, 이 경우 이 잡음도 같은 주파수 범위에서 "통과"하기 때문에, 즉 아래와 같기 때문에, $n(t)$에 의한 오차도 역시 커지게 된다.

$$Z(s)=T(s)[R(s)-N(s)]+S(s)P(s)D(s)\approx R(s)-N(s).$$

일반적으로 $n(t)$가 주로 고주파 성분을 갖는다는 것에 주목하자.

설상가상으로, $P(s)$의 대역폭 밖에서 루프 이득이 큰 경우, 즉 $|P(j\omega)|\ll 1$인데 $|L(j\omega)|\gg 1$일 경우, 제어 입력 $u(t)$가 용인할 수 있는 범위를 크게 벗어날 수 있는데, 이런 경우 구동기가 포화될 수도 있다. 이는 아래 수식의 결과로부터 알 수 있다.

$$U(s)=C(s)S(s)[R(s)-N(s)]-T(s)D(s)\approx\frac{1}{P(s)}[R(s)-N(s)]-D(s)$$

즉, $P(s)$의 대역폭을 크게 초과하는 주파수 범위에서는 센서 잡음이 증폭되어 $u(t)$에 나타나기 때문이다.

유사하게, 구동기 포화를 일으키지 않도록 하기 위해서는 제이기 이득 $|C(j\omega)|$도 루프 이득이 작은 주파수 범위에서 아주 크지는 않게 해야 한다. 이는 루프 이득이 작을

때 즉, $|L(j\omega)| \ll 1$인 경우에 대하여 다음이 성립하기 때문이다.

$$U(s) = C(s)S(s)[R(s) - N(s)] - T(s)D(s) \approx C(s)[R(s) - N(s)].$$

따라서, 루프 이득이 작은 경우 $|C(j\omega)|$를 너무 크지 않도록 하는 것이 바람직하다. (순수한 PD 제어기가 바람직하지 않는 것은 바로 이 때문인데, 이는 순수한 PD 제어기는 주파수가 커질수록 이득이 커지기 때문이다.)

이 장의 나머지 부분에서는 동적시스템을 해석하기 위한 주파수 영역 기법들을 다룰 것이다.

6.2 Bode 선도

전 절에서도 지적하였듯이 시스템의 주파수 응답은 시스템에 대한 모든 정보를 담고 있으며 이 정보를 바탕으로 제어 시스템 해석 및 설계를 완벽하게 수행할 수 있다. 따라서, 주파수 응답에 기초한 시스템 해석 및 설계 기법과 기술을 소개하는 것이 중요하다.

주파수 응답 기법은 안정한 시스템에 대해 적용하는 것이 가장 자연스럽다. 그러나 이 기법은 불안정한 시스템의 경우 실험 데이터로부터 주파수 응답을 직접적으로 얻을 수 없음에도 불구하고 불안정한 시스템에까지도 일반화될 수 있다. 일반적으로 임의의 전달함수 $P(s)$에 대하여 심지어 $P(s)$가 안정하지 않은 경우에도 $|P(j\omega)|$를 크기 주파수 응답 그리고 $\angle P(j\omega)$를 위상 주파수 응답이라 한다.

따라서, 시스템의 주파수 응답은 전달 함수로부터 직접 구할 수 있다. 시스템의 주파수 응답은 일반적으로 크기 선도와 위상 선도를 사용하여 나타내는데, 크기 선도는 주파수와 크기 모두 로그 스케일을 사용하고, 위상 선도는 주파수는 로그 스케일로 위상은 선형 스케일로 작성한다. 이들 크기 선도와 위상 선도를 시스템에 대한 **Bode 선도 (Bode diagrams)**라고 한다.

크기 Bode 선도는 때때로 데시벨(dB) 단위로 그린다. $P(s)$가 전달함수라 하면 $20\log_{10}|P(j\omega)|$의 단위는 [dB]이다. 따라서, 만일 $|P(j\omega)| = 0.1, 1, 10$이면, 각각 $20\log_{10}|P(j\omega)| = -20, 0, 20$[dB]이 된다. 보통 $\log_{10}$은 간단히 $\log$로 표기한다.

헨드릭 웨이드 보드(Hendrik Wade Bode, 1905~1982)는 위스콘신(Wisconsin) 주 매디슨(Madison)에서 태어났다. 그는 오하이오(Ohio) 주립대학에서 1924년 B.A. 학위를, 1926년 M.A. 학위를 모두 받았다. 벨(Bell) 연구소에서 일하는 동안, 콜롬비아(Columbia) 대학교 대학원을 다녔고 1935년 Ph.D 학위를 받았다. 그는 가변 이퀄라이저(variable equalizer) 설계를 할 때, 안정된 최소 위상 전달함수의 이득과 위상사이의 관계를 발견하였다. 그리고 소위 Bode 선도를 그리기 위한 기법들도 개발하였다. 그의 주된 성과들은 논문 "Relations between attenuation and phase in feedback amplifier design", Bell System Technical Journal, pp. 421~454, July 1940, 그리고 책 Network Analysis and Feedback Amplifier Design, Van Nostrand, 1945에 요약되어 있다. 그는 41년간 뛰어난 성과를 남기고 1967년 10월, 61세의 나이로 벨 전화 연구소에서 은퇴하였다. 은퇴 직후, 하버드(Havard) 대학교 시스템 엔지니어링(Systems Engineering)의 고든 맥케이(Gordon Mckay) 교수로 선출되었다. 보드(Bode)는 IEEE와 미국 물리학회(American Physical Society), 그리고 미국 기술 및 과학 아카데미(American Academy of Arts and Sciences) 등 많은 과학 그리고 공학 학회의 특별 회원이다. 그는 또한 미국 과학 학술원(National Academy of Sciences)와 미국 공학 학술원(National Academy of Engineering)에 선출되어 더 큰 영예를 얻었다. 그는 "통신, 계산, 그리고 제어 기술에 대한 중요한 업적; 수리과학적으로 공학 문제를 해결하는 지도력; 시스템 기술에서의 지도와 창의적인" ("For fundamental contributions to the arts of communication, computation, and control; for leadership in bringing mathematical science to bear on engineering problems; and for guidance and creative counsel in systems engineering")의 업적으로 1969년 IEEE 에디슨(Edison) 메달을 받았다.

예제 6.6

다음과 같은 1차 시스템을 생각하자.

$$P(s) = \frac{1}{Ts+1}.$$

이 시스템의 크기 주파수 응답과 위상 주파수 응답은 다음과 같이 주어진다.

$$|P(j\omega)| = \frac{1}{\sqrt{T^2\omega^2+1}}$$
$$\angle P(j\omega) = -\tan^{-1} T\omega.$$

절점 주파수 $\omega = 1/T$ 에서, 다음이 성립한다.

$$|P(j1/T)| = \frac{1}{\sqrt{2}} = 3[\mathrm{dB}], \quad \angle P(j1/T) = -\tan^{-1} 1 = -45°.$$

로그 스케일로 표시하면 다음과 같다.

$$\log |P(j\omega)| = -\frac{1}{2}\log(T^2\omega^2 + 1).$$

만일 $T\omega \ll 1$ 이면, 아래 결과를 얻는다.

$$\log |P(j\omega)| \approx 0.$$

한편, 만일 $T\omega \gg 1$ 이면, 다음이 성립한다.

$$\log |P(j\omega)| \approx -\log(T\omega).$$

따라서, $\log|P(j\omega)|$는 그림 6.7에 나타난 바와 같이 두 개의 직선을 사용하여 근사한 모양을 구할 수 있다. $\omega = 1/T$은 이 두 직선의 교차점(혹은 모서리)이다.

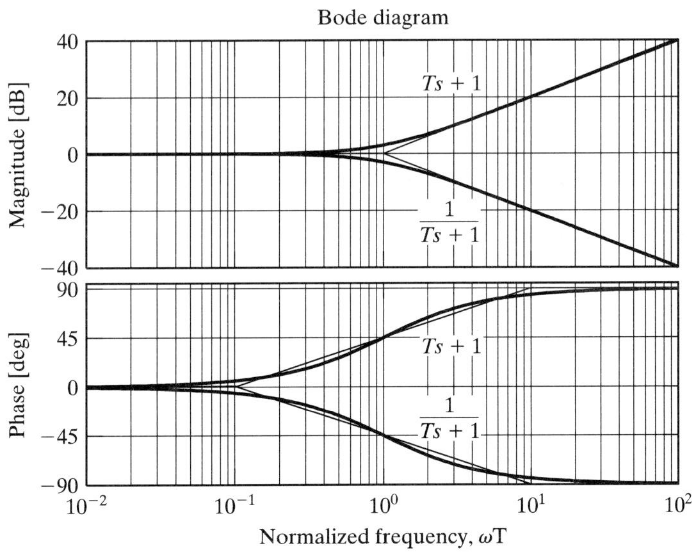

그림 6.7 예제 6.6에 대한 Bode 선도.

비슷하게, 만일 $T\omega \le 0.1$ 이면

$$\angle P(j\omega) \approx 0$$

이고 만일 $T\omega \ge 10$이면 다음이 성립한다.

$$\angle P(j\omega) \approx -90°.$$

따라서 $\angle P(j\omega)$는 그림 6.7에 나타난 바와 같이 세 개의 직선을 사용하여 가까운 그래프를 구할 수 있다.

$\log|1/P(j\omega)| = -\log|P(j\omega)|$이고 $\angle(1/P(j\omega)) = -\angle P(j\omega)$이므로, 그림 6.7과 같이 $Ts+1$에 대한 주파수 응답을 그릴 수 있다. 또한 그림 6.7에는 $P(s)$와 $1/P(s)$의 정확한 주파수 응답들이 매끄러운 곡선들로 나타나 있다.

예제 6.7

정수 m에 대해 다음 시스템을 생각하자.

$$P(s) = \frac{K}{s^m}.$$

다음과 같은 관계가 성립한다.

$$|P(j\omega)| = \frac{K}{\omega^m}, \quad \angle P(j\omega) = -m \times 90°.$$

이 시스템에 대한 Bode 선도가 그림 6.8에 나타나 있다. 만일 m이 음의 정수라면, 예를 들어 $m=-1$ 이라면, 크기 선도의 기울기가 $+20$[dB/decade]이 되고, 위상이 $+90°$ 가 된다.

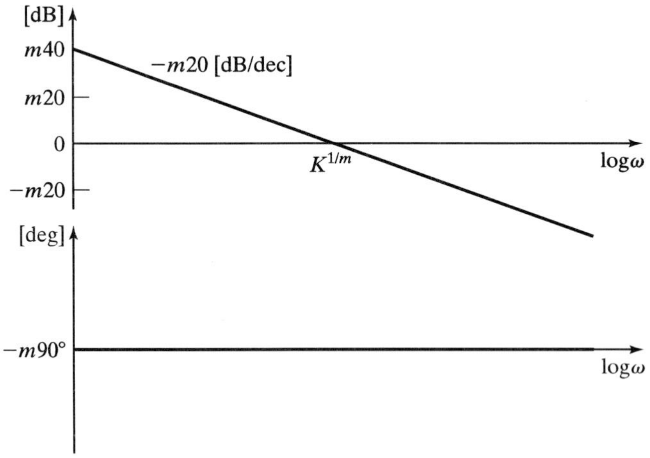

그림 6.8 예제 6.7에 대한 Bode 선도.

예제 6.8

복소 극점을 갖는 전달함수들에 대한 Bode 선도를 그리는 것은 훨씬 더 복잡하다. 왜냐하면 이들이 감쇠비에 크게 의존하기 때문이다. 그림 6.9는 아래와 같이 표현되는 표준 2차 시스템의 Bode 선도를 시스템의 감쇠비를 다양하게 변화시켜 가며 그린 것이다.

$$P(s) = \frac{\omega_n^2}{s^2 + 2\zeta\omega_n s + \omega_n^2}, \quad 0 < \zeta \le 1$$

일반적으로, 시스템이 미약한 감쇠비의 극점을 가지는 경우 상당히 정확한 Bode 선도를 얻기 위해서는 자세한 계산이 필요하다. 그럼에도 불구하고, 몇몇 중요한 주파수들에서 시스템의 주파수 응답을 아는 것은 개략적인 Bode 선도를 스케치할 때 매우 큰 도움이 된다.

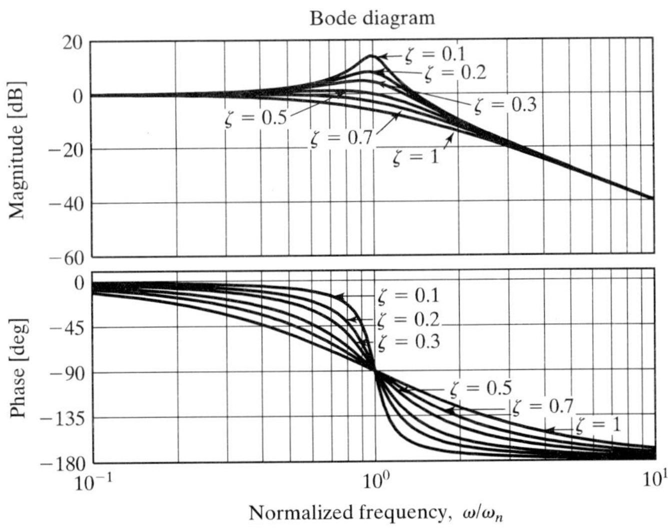

그림 6.9 2차 시스템에 대한 주파수 응답

표 6.2에 다양한 주파수에서 주파수 응답의 중요 값이나 근사치들이 나타나 있다.

ω	$\lvert P(j\omega)\rvert$	$\angle P(j\omega)$
0	1	$0°$
$0.1\omega_n$	≈ 1	$(0, -12°)$
ω_n	$\frac{1}{2\zeta}$	$-90°$
ω_p (for $0 < \zeta < \frac{1}{\sqrt{2}}$)	$\frac{1}{2\zeta\sqrt{1-\zeta^2}}$	$-\tan^{-1}\frac{\sqrt{1-2\zeta^2}}{\zeta}$
$10\omega_n$	≈ 0.01	$(-168°, -180°)$
∞	0	$-180°$

표 6.2 몇몇 중요 주파수에서의 2차 시스템의 주파수 응답

만일 $0 < \zeta < \frac{1}{\sqrt{2}}$ 이면 크기 주파수 응답은 최고값을 갖고, 최고값에 해당하는 주파수 (6.5절에서 유도될 것임)는 다음과 같다.

$$\omega_p = \omega_n \sqrt{1-2\zeta^2}.$$

한편, $\zeta \geq \frac{1}{\sqrt{2}}$ 일 경우 크기 주파수 응답은 단조 감소한다.

예제 6.9

다음과 같은 두 전달함수를 고려하자.

$$P_1(s) = \frac{1}{Ts-1}, \quad P_2(s) = \frac{1}{Ts+1}.$$

명확하게 $|P_1(j\omega)| = |P_2(j\omega)|$이며 따라서 $P_1(s)$와 $P_2(s)$의 크기 Bode 선도들은 동일하다. 그러나, 그림 6.10에 나타난 바와 같이 다음이 성립함을 알 수 있다.

$$\begin{aligned} \angle P_1(j\omega) &= -\angle(jT\omega-1) = -(\pi - \angle(jT\omega+1)) = -\pi + \angle(jT\omega+1) \\ &= -\pi - \angle P_2(j\omega) \end{aligned}$$

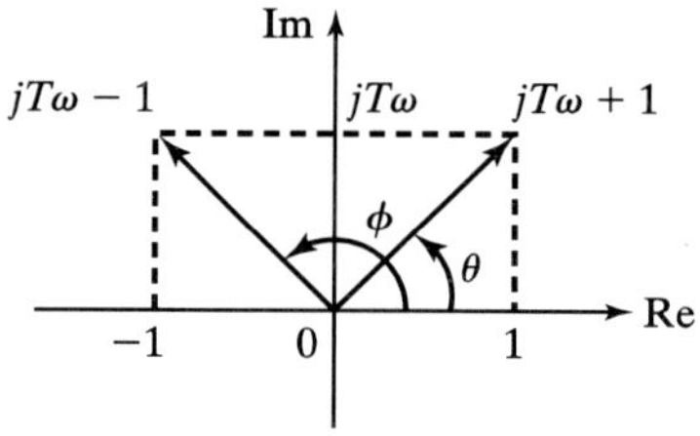

그림 6.10 예제 6.9 : $\phi = \pi - \theta$.

그림 6.11에 $P_1(s)$과 $P_2(s)$의 주파수 응답이 나타나 있다. 이로부터 불안정한 극점은 같은 크기의 안정한 극점에 비해 훨씬 큰 음의 위상을 갖도록 한다는 것을 알 수 있다.

$\angle(jT\omega-1) = \pi - \angle(jT\omega+1)$이므로 $Ts-1$에 대한 Bode 선도를 그리는 것은 어렵지 않다. 역시, 불안정한 영점은 안정한 영점에 비해 위상을 훨씬 크게 만든다는 것이 명확하다. 이런 이유로 불안정한 영점을 **비최소위상(nonminimum phase)** 영점이라 부른다.

일반적으로 $P(s) = P_1(s)P_2(s)P_3(s)$라 하자. 이 때 다음이 성립한다.

$$\begin{aligned}\log|P(j\omega)| &= \log|P_1(j\omega)| + \log|P_2(j\omega)| + \log|P_3(j\omega)|,\\ \angle P(j\omega) &= \angle P_1(j\omega) + \angle P_2(j\omega) + \angle P_3(j\omega).\end{aligned}$$

따라서, $P(s)$의 Bode 선도들은 $P_1(s), P_2(s)$, 그리고 $P_3(s)$에 대한 Bode 선도들을 그래프 상에서 직접 더하여 얻을 수 있다.

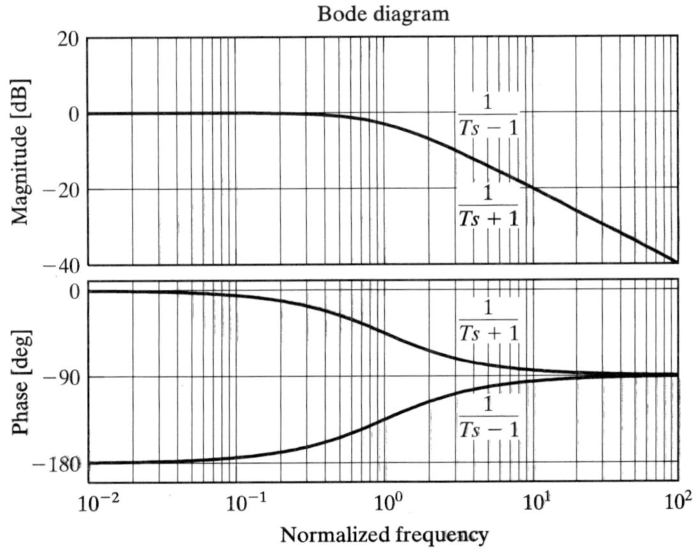

그림 6.11 예제 6.9에 대한 Bode 선도.

예제 6.10

다음과 같이 주어진 두 전달함수를 생각하자.

$$P_1(s) = \frac{10(s+1)}{s+4},$$
$$P_2(s) = \frac{0.2(s+0.5)}{s+0.1}.$$

그림 6.12에 나타난 것처럼 크기 주파수 응답에 대한 근사 Bode 선도는 단순한 실수 극점과 영점에 대한 직선들을 그래프 상에서 더하여 얻을 수 있다.

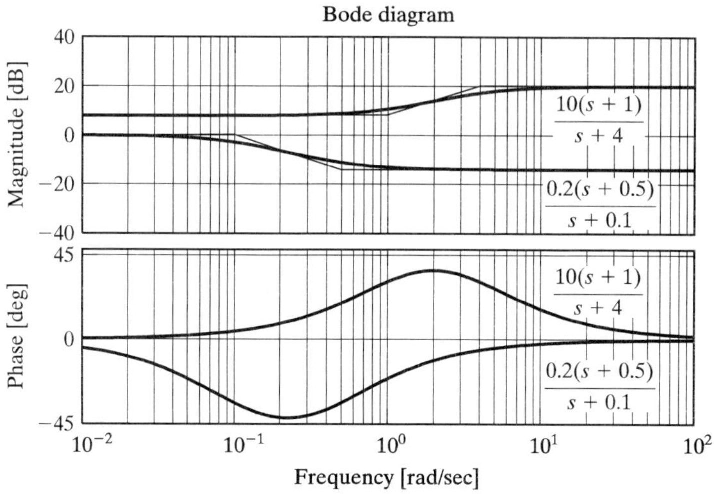

그림 6.12 예제 6.10에 대한 Bode 선도.

예를 들어 $P_1(s)$에 대한 근사 크기 선도는 다음과 같이 얻을 수 있다. 즉, $P_1(0)=2.5$의 크기에서 기울기 0인 직선으로 시작한 후, 절점주파수 1(즉, −1에 있는 영점)에서 양으로 20[dB/decade]만큼 기울기를 변화시키고, 절점주파수 4(즉, −4에 있는 극점)에서 음의 방향으로 20[dB/decade]만큼 직선의 기울기를 변화시켜 얻는다. 따라서, 근사 크기 선도는 각각 기울기 0, 20[dB/decade], 0을 갖는 세 개의 선분으로 이루어진다.

위상 주파수 응답의 경우 직선으로 그린 근사 선도는 덜 정확하며 잘 사용되지 않는다. 정확한 Bode 선도는 아래에 표시된 MATLAB 명령을 사용하여 얻을 수 있다.

P1=tf(10 * [1,1],[1,4]);

bode(P1)은 자동으로 주파수 영역을 선정하여 P_1의 Bode 크기 선도와 위상 선도를 생성한다.

P2=zpk(-0.5,-0.1,0.2);

w=logspace(-2,2,200); 주파수 범위가 10^{-2}에서 10^2까지 200개의 샘플 점을 갖도록 설정한다.

bode(P2, w) 혹은 아래와 같이 **ltiview**를 사용한다.

ltiview('bode',P2)

예제 6.11

운송 지연은 공정 제어에서 매우 흔하게 나타난다. 다음의 전달 함수는 입력이나 출력이 시간 지연을 갖는 경우를 표현하는 모델이다.

$$P(s) = \frac{e^{-Ts}}{s(s+1)}.$$

아래 두 관계식이 성립함에 주목하자.

$$|P(j\omega)| = \left|\frac{e^{-jT\omega}}{j\omega(j\omega+1)}\right| = \left|\frac{1}{j\omega(j\omega+1)}\right|$$

$$\angle P(j\omega) = -T\omega + \angle\frac{1}{j\omega(j\omega+1)}.$$

따라서, 시스템의 크기 Bode 선도는 시간 지연에 영향을 받지 않는다. 반면에 위상 Bode 선도는 지속적으로 음의 방향으로 증가하는 위상 성분의 영향을 받아 그 모양이 변한다. 지연 시스템의 Bode 선도 역시 MATLAB 명령들로 생성할 수 있다.

```
>> sys=tf([1],[1,1,0],'input delay', 2);
```
$T=2$로 설정한다.

```
>> bode(sys)
```

$T=0$과 $T=2$인 경우에 대한 Bode 선도들이 그림 6.13에 나타나 있다.

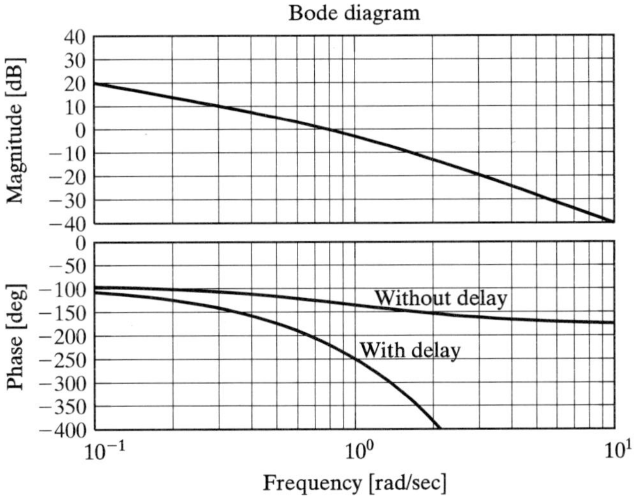

그림 6.13 $T=0$과 $T=2$에 대한 예제 6.11의 Bode 선도들.

시스템에 대한 Bode 선도는 전달 함수와 마찬가지로 시스템에 대한 모든 정보를 담고 있어 시스템 해석과 설계를 전적으로 Bode 선도만을 기반으로 하여 수행할 수 있다는 점은 매우 중요하다. Bode 선도를 기반으로 하는 제어기 설계는 다음 장에서 다룬다. 여기서는 정상 상태 오차 상수들을 Bode 선도로부터 어떻게 얻을 수 있는지 알아본다.

개루프 전달함수 $L(s) = C(s)P(s)$의 Bode 선도가 주어졌다고 가정하자. 그러면, 그림 6.14에 나타난 바와 같이 정상상태 오차 상수들 K_p, K_v, 그리고 K_a 모두를 개루프 Bode 크기 선도로부터 얻을 수 있다. 아이디어는 매우 단순한데 이는 매우 낮은 주파수에서 전달함수 $L(s)$의 근사 함수를 다음과 같이 구할 수 있기 때문이다. 즉, 만일 $L(s)$가 원점에 극점을 갖지 않는 경우는 K_p, 만일 $L(s)$가 원점에 한 개의 극점을 갖는 경우는 K_v/s, 그리고 만일 원점에 두 개의 극점을 갖는 경우는 K_a/s^2이다.

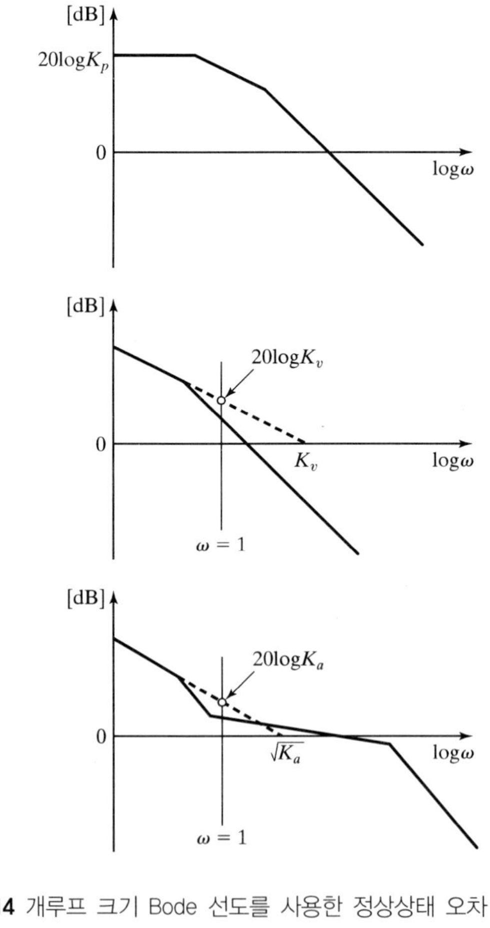

그림 6.14 개루프 크기 Bode 선도를 사용한 정상상태 오차 상수 결정.

해리 나이키스트(Harry Nyquist, 1889~1976)는 스웨덴 닐스비(Nilsby)에서 태어났다. 그는 1914년과 1915년에 그랜드 포크스(Grand Forks)에 있는 노스다코타(North Dakota) 대학에서 전기공학 B.S.(이학사) 학위와 M.S.(이학석사) 학위를 각각 받았다. 그는 1917년에는 예일(Yale) 대학에서 물리학 박사학위를 받았다. 그는 1917년부터 1934년까지 AT&T의 개발/연구 부서에서 일했고, 그것이 벨(Bell) 전화 연구소로 바뀐 그 해 이후에도 1954년 은퇴할 때까지 그곳에서 일했다. 벨 시스템(Bell System)에서 일한 37년 동안, 138개의 미국특허를 얻었고 12개의 기술논문을 발표하였다. 그는 열잡음("Johnson-Nyquist noise"), 피드백 증폭기의 안정화, 전신, 팩스, 텔레비전, 그리고 다른 중요한 통신 문제들 등의 연구에서 크게 공헌하였다. 그는 허버트 이브스(Herbert E. Ives)와 함께 1924년에 만들어진 AT&T의 첫 팩스를 개발하는 데 일조했다. 그는 1924년 게재된 "Certain factors affecting telegraph speed", Bell System Technical Journal, vol.3, pp. 324~326에서 정보 전송을 위한 대역폭 조건을 찾아내었는데, 이것은 이후 클로드 섀넌(Claude Shannon)이 정보이론을 발전시키는 데 기초가 되었다. 1927년에 나이키스트(Nyquist)는 단위 시간 당 전신 채널을 통해 전달될 수 있는 독립 펄스의 수가 채널 대역폭의 두 배로 한정된다는 것을 알아내었다. 이 법칙은 본질적으로 Nyquist-Shannon 샘플링 정리라고 알려진 것의 다른 형태이다. 그는 1932년에 피드백 증폭기의 안정화에 관한 고전적인 논문 "Regeneration theory", Bell System Technical Journal, vol. 11, pp. 126~147을 발표하였다.

6.3 Nyquist 안정도 판별법

닫힌 경로 Γ와 다음의 전달함수 $F(s)$를 생각하자.

$$F(s) = K\frac{\prod_{i=1}^{m}(s-z_i)}{\prod_{j=1}^{n}(s-p_i)}$$

여기서 p_i와 z_j는 각각 $F(s)$의 극점과 영점이며 실수나 복소수이다.

이제, 경로 Γ를 따라 $F(s)$의 값을 구하자. 그러면 $F(s)$의 궤적은 닫힌 곡선이 된다. 그림 6.15에 볼 수 있듯이, 만일 어떤 p (극점이나 영점)가 경로 밖에 있으면, Γ를 따라 구한 $s-p$의 궤적은 원점을 감싸지 않는다. 반면에, 만일 p가 경로 안에 있으면, Γ를 따라 구한 $s-p$의 궤적은 Γ와 같은 방향으로 원점을 한 번 감싼다.

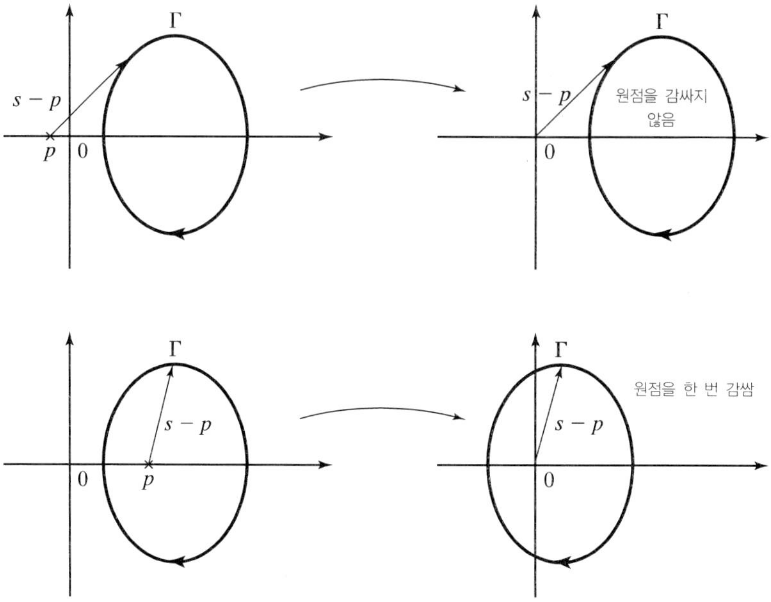

그림 6.15 극점의 위치와 원점을 감싸는 회수.

다음과 같이 정의하자.

$N_Z = \Gamma$ 안에 있는 $F(s)$의 영점의 수

$N_P = \Gamma$ 안에 있는 $F(s)$의 극점의 수

$N = F(s)$가 원점을 감싸는 회수. (경로 Γ와 같은 방향으로 회전할 경우 양수로, 그렇지 않은 경우 음수로 회전수를 계산.)

위의 정의에 의해 다음을 얻는다.

$$N = N_Z - N_P.$$

우리의 경우, 다음과 같이 $F(s)$를 정의하고

$$F(s) = 1 + C(s)P(s)$$

경로 Γ를 우반 평면 전체를 포함하도록 선정한다. 그림 6.16에 이런 경로가 나타나 있으며 이를 **Nyquist 경로(Nyquist contour)**라 부른다. Nyquist 경로는 허수축 위에 있는 $F(s)$의 모든 가능한 극점들을 우회하도록 선택한다.

명백히, $F(s)$가 원점을 감싸는 회수는 $L(s) = C(s)P(s)$가 점 $(-1,0)$을 감싸는 회수와 같다. 우반 평면에 있는 Nyquist 경로의 반원 부분을 따라 $L(s)$를 복소평면에 그리면 원점에서 거의 움직이지 않는다는 점에 주목하자. 결국, Nyquist 경로 중 허수축 부분을 따라서만 $L(s)$를 구하면 된다.

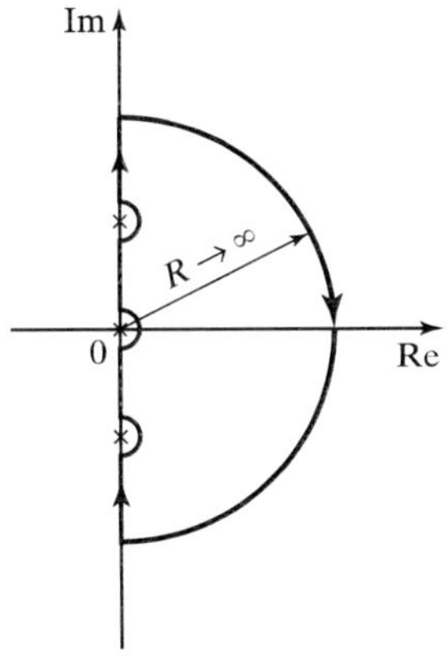

그림 6.16 Nyquist 경로.

Nyquist 경로가 실수축에 대칭이므로, $F(s)$의 Nyquist 선도 또한 실수축에 대칭이다. 따라서, Nyquist 경로의 위쪽 반절 부분만을 따라 Nyquist 선도를 그리면 된다. 특히, 만일 $F(s)$가, 혹은 동등하게 $L(s)$가, 허수축 위에 극점을 갖지 않으면, $L(s)$의 Nyquist 선도는 $0 \le \omega \le \infty$에 대하여 $L(j\omega)$를 그린 후, 이 부분을 실수축에 대하여 대칭이 되도록 그려 완성할 수 있다.

$F(s)$의 극점 중 Nyquist 경로에 둘러싸인 우반 평면 극점의 수는 $L(s) = C(s)P(s)$의 극점 중 Nyquist 경로에 둘러싸인 우반 평면 극점의 수와 같다. 더욱이, $F(s)$의 영점 중 Nyquist 경로에 둘러싸인 우반 평면 영점의 수는 폐루프의 우반 평면 극점의 수와 같다. 따라서 폐루프 시스템이 안정하기 위한 필요충분조건은 $N_Z = 0$, 즉 $N = -N_P$이다. 즉, $L(s) = C(s)P(s)$의 Nyquist 선도가 점 $(-1,0)$을 반시계 방향으로 N_P번 감싸야 한다.

이런 이유로 다음과 같은 다음과 같은 안정도 판별법을 얻는다.

정리 6.12. (Nyquist 안정도 판별법–Nyquist Stability Criterion).
$L(s)=C(s)P(s)$의 극점 중 Nyquist 경로에 둘러싸인 우반 평면 극점의 수를 N_P라 하자. 그러면, 폐루프 시스템이 안정하기 위한 필요충분조건은 $L(s)=C(s)P(s)$의 Nyquist 선도가 점 $(-1,0)$을 반시계 방향으로 N_P번 감싼다는 것이다.

특히, 만일 $L(s)$가 우반 평명 극점을 갖지 않으면 (즉, $N_P=0$이면), 폐루프 시스템이 안정하기 위한 필요충분조건은 $L(s)$의 Nyquist 선도가 점 $(-1,0)$을 감싸지 않는다는 것이다.

예제 6.13

$L(s)=\dfrac{K}{s+1}, K>0$이라 하자. 그러면, $L(s)$는 허수축 위에서 극점을 갖지 않는다. 따라서, Nyquist 선도는 주파수 영역 $-\infty\le\omega\le\infty$에 대하여 다음과 같은 $L(j\omega)$를 그려 얻을 수 있다.

$$L(j\omega)=\frac{K}{j\omega+1}=\frac{K(1-j\omega)}{\omega^2+1}.$$

이 시스템에 대한 Nyquist 선도가 그림 6.17에 나타나 있다. Nyquist 선도가 점 $(-1,0)$을 감싸지 않으므로, 폐루프 시스템은 안정하다.

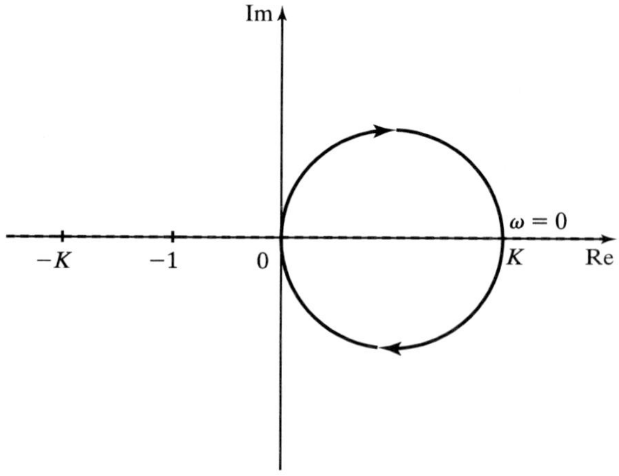

그림 6.17 예제 6.13에 대한 Nyquist 선도.

예제 6.14

다음을 생각하자.

$$L(s) = \frac{K}{(s+1)(s+2)(s+3)}.$$

$L(s)$가 불안정한 극점을 갖지 않으므로 $N_P = 0$이다. Nyquist 선도는 아래와 같은 MATLAB 명령으로 얻을 수 있다.

```
>> Nyquist(L) or ltiview('Nyquist', L)
```

그림 6.18과 6.19에 각각 $K=10$과 $K=100$에 대한 Nyquist 선도가 나타나 있다. Nyquist 선도를 보면 $K=10$인 경우에는 폐루프 시스템이 안정하고, $K=100$인 경우에는 불안정하다는 것을 명확하게 알 수 있는데 이는 그림 6.18의 Nyquist 선도는 점 $(-1,0)$을 감싸지 않으나 그림 6.19의 Nyquist 선도는 점 $(-1,0)$을 두 번 감싸기 때문이다. 따라서 $K=100$인 경우 폐루프 시스템은 두 개의 불안정한 극점을 갖는다. $K=60$일 경우 Nyquist 선도가 점 $(-1,0)$을 통과하는 것도 쉽게 알 수 있는데, 이는 $K=60$인 경우 폐루프 시스템이 허수축에 두 개의 극점을 갖는다는 것을 의미한다.

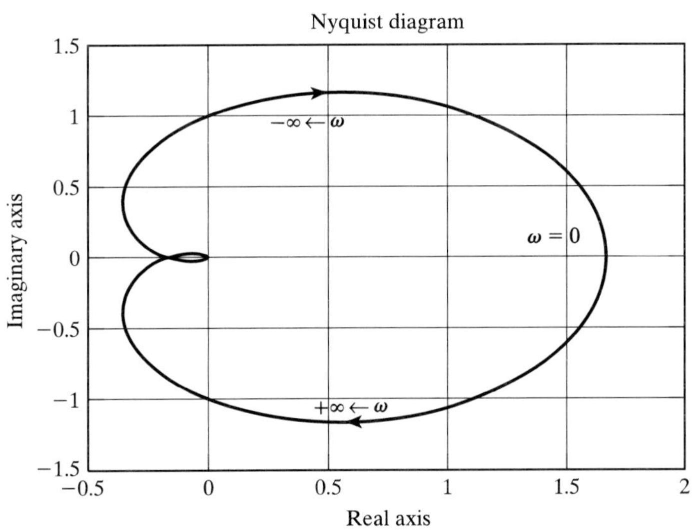

그림 6.18 $K=10$일 때 예제 6.14에 대한 Nyquist 선도.

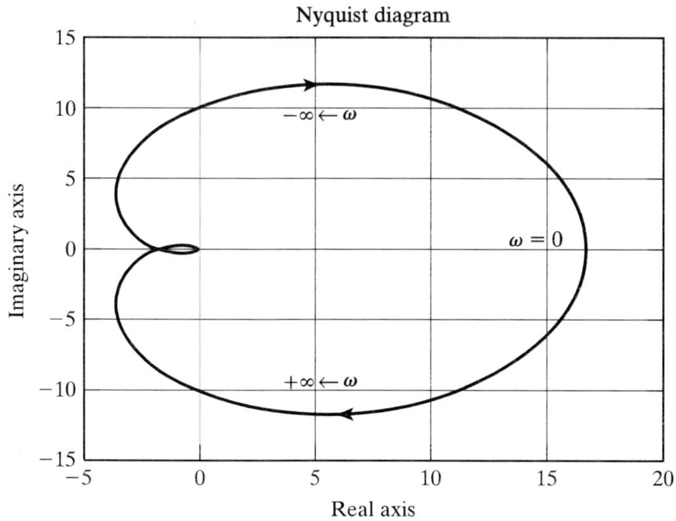

그림 6.19 $K=100$일 때 예제 6.14에 대한 Nyquist 선도.

예제 6.15

$$L(s) = \frac{K}{s(s+1)}$$

이라 하자.

$L(s)$가 원점에 극점 하나를 가지므로, Nyquist 경로는 원점 주위를 반원을 따라 우회하도록 선정한다. 이 반원의 반지름을 $\epsilon > 0$이라 하자. 그러면 $-\pi/2 \le \theta \le \pi/2$에 대하여 $s = \epsilon e^{j\theta}$이고, 다음이 성립한다.

$$L(s) = \frac{K}{\epsilon e^{j\theta}(\epsilon e^{j\theta}+1)} \approx \frac{K}{\epsilon} e^{-j\theta}.$$

허수축에서는, 다음을 얻는다.

$$L(j\omega) = \frac{K}{j\omega(j\omega+1)} = -\frac{K}{1+\omega^2} - j\frac{K}{\omega(1+\omega^2)}.$$

그림 6.20에 $K=10$인 경우에 대한 $L(s)$의 Nyquist 선도가 나타나 있고, 그림 6.21은 MATLAB을 통해 얻은 Nyquist 선도를 보여준다.

여기서, MATLAB이 생성한 그래프만으로는 주파수 응답의 크기가 큰 경우 위상이 어떻게 변하는지를 쉽게 알 수 없으므로 $\omega = 0$ 주위에서 Nyquist 선도를 해석할 때 매우 주의하여야 한다. Nyquist 선도가 점 $(-1,0)$을 감싸지 않으므로, 폐루프 시스템은 안정하다.

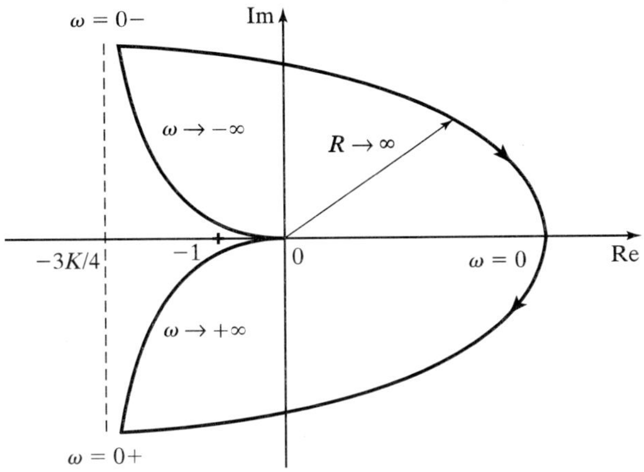

그림 6.20 예제 6.15의 $L(s)$에 대한 Nyquist 선도 ($K=10$).

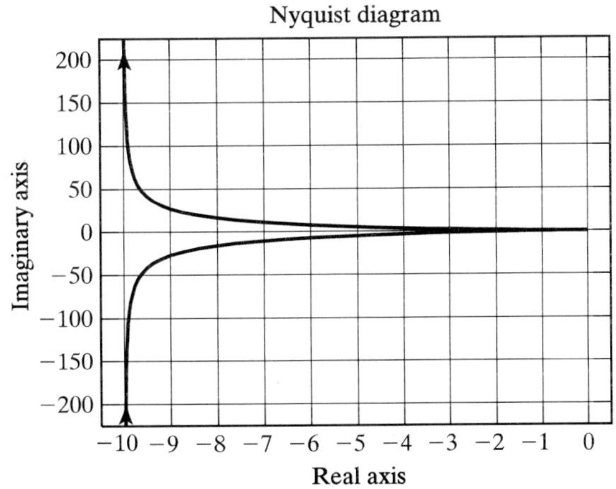

그림 6.21 MATLAB이 생성한 예제 6.15의 $L(s)$에 대한 Nyquist 선도 ($K=10$).

허수축 위에 있는 극점을 약간 변화시켜 Nyquist 선도를 대략적으로 그릴 수도 있다. 예를 들어, 아래 전달함수에서 $\epsilon > 0$이 작은 경우 Nyquist 선도를 그려 같은 결론에 도달할 수 있다.

$$\frac{K}{(s+\epsilon)(s+1)}$$

이와 같은 근사 방법은 허수축에 다중 극점이 있는 공정에 대해서 특히 유용하다. 예를 들어, MATLAB으로 생성한 아래 시스템에 대한 Nyquist 선도가 그림 6.22에 실선으로 나타나 있다.

$$L_1(s) = \frac{K}{s^2(s+1)}$$

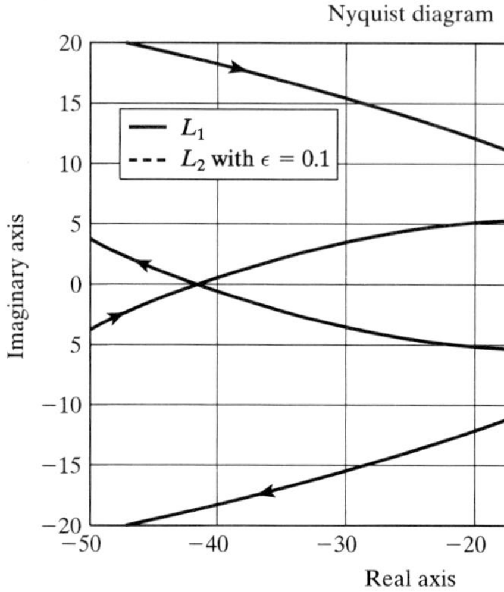

그림 6.22 예제 6.15의 $L_1(s)$와 $L_2(s)$에 대한 Nyquist 선도. (부분, $K=10, \epsilon=0.1$).

Nyquist 선도가 $\omega=0^-$에서 $\omega=0^+$까지의 주파수 범위에서 어떻게 변하는지 알지 못하면 $L_1(s)$의 Nyquist 선도가 점 $(-1,0)$을 실제로 몇 번이나 감싸는지를 명확하게 파악하기가 쉽지 않다. 이제 근사 전달함수를 아래와 같이 정의하자.

$$L_2(s) = \frac{K}{(s+\epsilon)^2(s+1)}, \quad \epsilon > 0.$$

그림 6.23은 $K=10$이고 $\epsilon=0.1$인 경우 $L_2(s)$에 대한 (완전한) Nyquist 선도이다. 근사 Nyquist 선도가 점 $(-1,0)$을 두 번 감싸므로 (그림 6.22 참조), 폐루프 시스템은 두 개의 불안정한 극점을 갖는다.

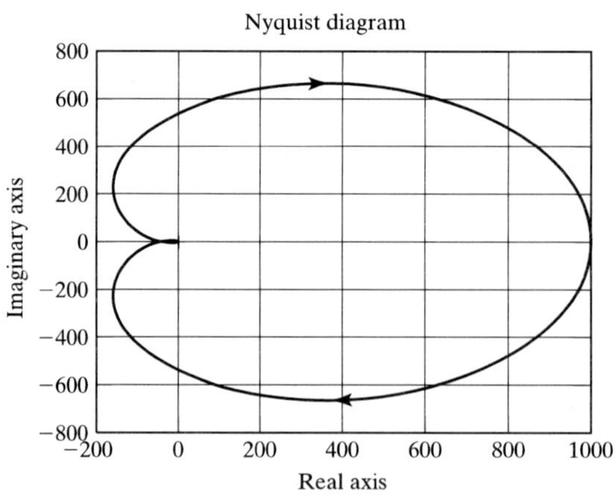

그림 6.23 $K=10$이고 $\epsilon=0.1$인 경우 $L_2(s)$에 대한 완전한 Nyquist 선도.

예제 6.16

다음과 같은 전달함수를 생각하자.

$$L(s) = \frac{K(s+1)}{s(s-4)}.$$

아래 사실에 주목하자.

$$L(j\omega) = -\frac{5K}{\omega^2+16} + j\frac{K(4-\omega^2)}{\omega(\omega^2+16)}$$

그리고

$$L(j2) = -K/4.$$

0에 가까운 주파수들에서 다음이 성립하고

$$L(s) \approx \frac{-K/4}{s}$$

∞ 에 가까운 주파수들에서 아래 성질을 만족하므로

$$L(s) \approx \frac{K}{s}$$

그림 6.24와 같이 Nyquist 선도를 그릴 수 있다.

$N_P = 1$이고, $K > 4$인 경우에 $N = -1$이며, $K < 4$이면 $N = 1$이 된다는 것에 주목하자. 이로부터 만일 $K > 4$이면 폐루프 시스템이 안정하고 만일 $K < 4$이면 두 개의 불안정한 폐루프 극점을 가져 불안정하다는 결론을 도출할 수 있다. 더욱이, $K = 4$인 경우에는 폐루프 시스템이 두 개의 허수 극점을 갖는다는 것이 명확하다.

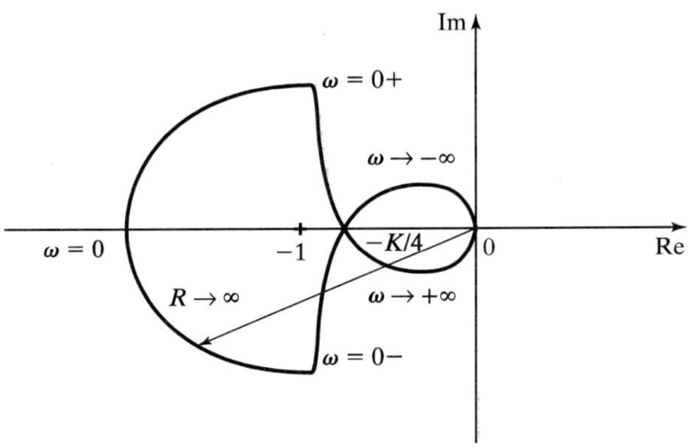

그림 6.24 예제 6.16의 $L(s)$에 대한 Nyquist 선도.

예제 6.17

시스템의 전달함수가 다음과 같다.

$$L(s) = \frac{K(s-1)}{s(s+1)(s-2)}.$$

이 시스템의 Nyquist 선도는 다음 시스템에 대한 것과 약간 유사하다.

$$\frac{K}{s(s+1)}.$$

다음 사실에 주목하자.

$$L(j\omega) = -\frac{K(\omega^2+3)}{(\omega^2+1)(\omega^2+4)} - j\frac{2K}{\omega(\omega^2+1)(\omega^2+4)}$$

그리고

$$\mathrm{Re}\, L(j0) = -3K/4.$$

그림 6.25는 이 시스템에 대한 Nyquist 선도이다. $N_P = 1$이고 $N = 0$이므로 폐루프 시스템은 모든 $K > 0$에 대하여 불안정하다는 사실에 주목하자.

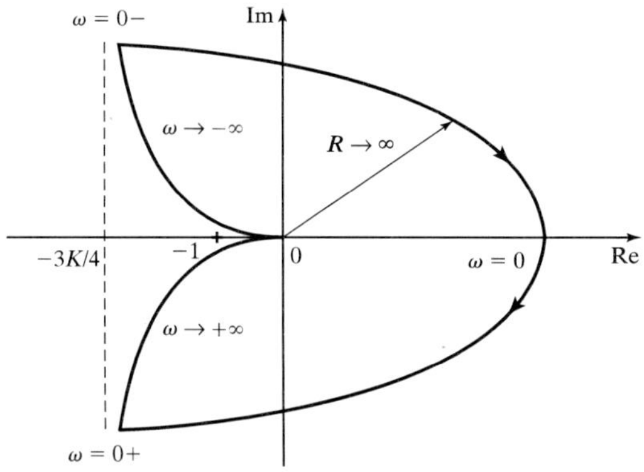

그림 6.25 예제 6.17의 $L(s)$에 대한 Nyquist 선도.

6.4 이득 여유와 위상 여유

Nyquist 안정도 판별법의 장점 중 하나는 이를 사용하여 시스템의 안정도를 판단할 수 있다는 점뿐만 아니라, 아마 더 중요하게도, 상대 안정도, 즉 안정도 여유에 대한 정량적 척도를 얻을 수 있다는 점이다. 주파수 영역에서 안정도 여유는 관습적으로 두 개의 양, 즉 이득 여유(GM)와 위상 여유(PM)로 주어진다.

이득 여유(Gain margin): 폐루프 시스템의 안정도를 깨트리지 않으면서 증가시킬 수 있는 시스템 이득의 양.

개루프 전달함수가 $L(s)$인 폐루프 시스템이 안정하다고 가정하자. ω_g가 유일한 **위상 교차 주파수(phase crossober frequency)**, 즉, 다음을 만족하는 유일한 주파수이며

$$\angle L(j\omega_g) = -180^\circ$$

또한 $|L(j\omega_g)| < 1$라 하자. 그러면 $L(j\omega_g) = -|L(j\omega_g)|$이며, 개루프 전달함수가 $KL(s)$인 폐루프 시스템은 $K < 1/|L(j\omega_g)|$인 경우 안정한데 이는 $KL(j\omega_g) > -1$이므로 $KL(j\omega)$의 Nyquist 선도가 점 $(-1,0)$을 감싸는 회수가 $L(j\omega)$의 그것과 같기 때문이다. 반면에, 개루프 전달함수가 $KL(s)$인 폐루프 시스템은 $K \geq 1/|L(j\omega_g)|$인 경우에 불안정하다. 왜냐하면 $KL(j\omega_g) \leq -1$이므로 $L(j\omega)$의 Nyquist 선도와 비교했을 때 $KL(j\omega)$의 Nyquist 선도가 점 $(-1,0)$을 감싸는 회수가 다르기 때문이다.
따라서, GM을 다음과 같이 정의한다.

$$\text{이득 여유 (GM)} = \frac{1}{|L(jw_g)|}.$$

루프 전달함수 $L(s)$가 한 개 이상의 위상 교차 주파수를 갖는 경우에는 $|L(j\omega_g)|$가 1보다 작으면서 1에 가장 가까운 값을 갖도록 하는 ω_g를 선택하면 앞의 성질이 그대로 성립한다.

위상 여유(Phase margin): 폐루프 시스템의 안정도를 깨트리지 않으면서 허용할 수 있는 위상 지연의 양.

다시 개루프 전달 함수 $L(s)$를 갖는 폐루프 시스템이 안정하다고 가정하자. ω_c가 유일한 **이득 교차 주파수(gain crossover frequency)**, 즉 다음을 만족하는 유일한 주파수라 하자.

$$|L(j\omega_c)| = 1.$$

그러면 $L(j\omega_c) = e^{j(\angle L(j\omega_c))}$이며, 만일 $\angle L(j\omega_c) - \phi > -180°$ 이면 개루프 전달함수 $e^{-j\phi}L(s)$를 갖는 폐루프 시스템은 안정한데, 이는 $e^{-j\phi}L(j\omega_c) = e^{j(\angle L(j\omega_c) - \phi)}$이므로 $e^{-j\phi}L(j\omega)$의 Nyquist 선도가 점 $(-1,0)$을 감싸는 회수가 $L(j\omega)$의 그것과 같기 때문이다. 반면에, $\angle L(j\omega_c) - \phi \leq -180°$ 이면 개루프 전달함수가 $e^{-j\phi}L(s)$인 폐루프 시스템은 불안정하다. 왜냐하면 $e^{-j\phi}L(j\omega_c) = e^{j(\angle L(j\omega_c) - \phi)}$이므로 $L(j\omega)$의 Nyquist 선도와 비교했을 때 $e^{-j\phi}L(j\omega)$의 Nyquist 선도가 점$(-1,0)$을 감싸는 회수가 다르기 때문이다. 따라서, PM은 다음과 같이 정의한다.

위상 여유 (PM) = $180° + \angle L(jw_c)$.

그림 6.26에 일반적인 Nyquist 선도에 대한 GM과 PM이 나타나 있다.

시스템의 안정도 여유를 그림 6.27처럼 시스템의 Bode선도로부터 더 편하게 계산할 수 있는 경우가 자주 있다.

그림 6.28(a)와 (b)에 나타나 있듯이, 일반적으로 GM이 크다고 해서 반드시 PM이 크다는 것은 아니고, 또한 PM이 크다고 해서 반드시 GM이 크다는 것은 아니라는 점에 주목하자.

그림 6.28(c)에 표현된 바와 같이 GM과 PM이 매우 크지만 Nyquist 선도가 점 $(-1,0)$에 매우 가까운 경우도 있다. 이득과 위상이 동시에 변하는 경우 폐루프 시스템이 불안정해질 수 있다. 따라서, 보다 정확한 안정도 여유 측정 수단은 그림 6.28(c)에 나타난 것처럼 점 $(-1,0)$로부터 Nyquist 선도까지의 거리 r을 사용하는 것이다.

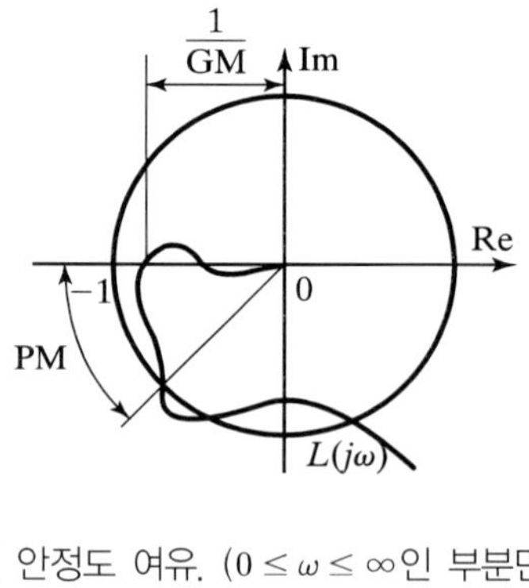

그림 6.26 Nyquist 선도위에서의 안정도 여유. ($0 \leq \omega \leq \infty$인 부분만 그려져 있다. 다른 부분은 실수축에 대칭이다.)

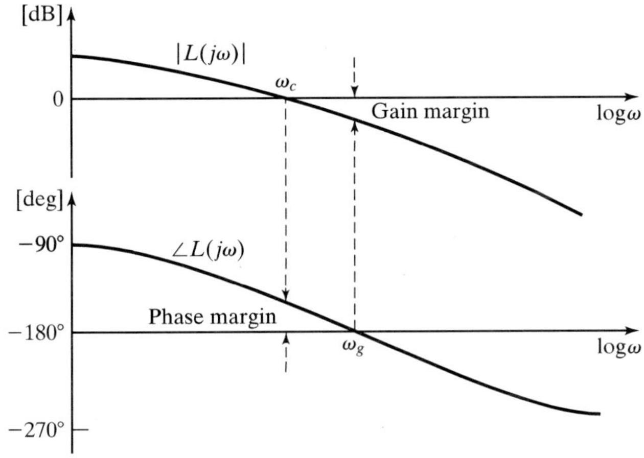

그림 6.27 Bode 선도에서의 안정도 여유.

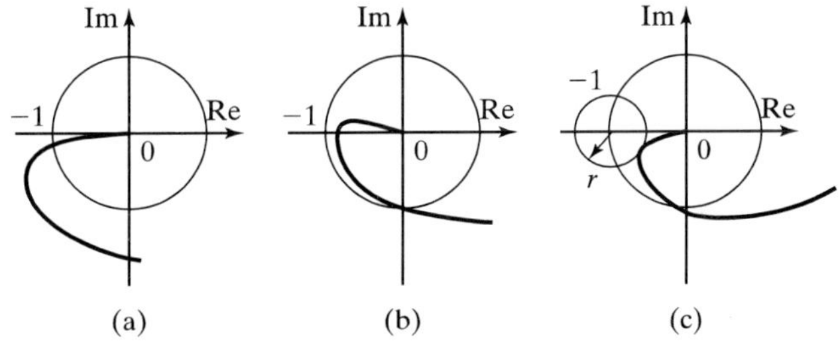

그림 6.28 안정도 여유 비교.

예제 6.18

일차의 개루프 전달함수가 다음과 같이 주어졌다고 하자.

$$L(s) = C(s)P(s) = \frac{K}{s+a}$$

여기서 $K > a > 0$이다. $L(s)$의 Nyquist 선도가 음의 실수축을 지나지 않으므로 GM이 ∞이라는 것이 명확하다. 이득 교차 주파수 ω_c는 $|L(j\omega_c)| = 1$로 두고 구할 수 있으며 그 결과는 $\omega_c = \sqrt{K^2 - a^2}$ 이다. 따라서, PM은 다음과 같다.

$$\mathrm{PM} = 180° + \angle L(j\omega_c) = 180° - \tan^{-1}\frac{\sqrt{K^2 - a^2}}{a} > 90°.$$

예제 6.19

다음과 같은 2차 시스템을 고려하자.

$$L(s) = C(s)P(s) = \frac{\omega_n^2}{s(s+2\zeta\omega_n)}.$$

GM이 ∞ 라는 것은 쉽게 알 수 있다. 이제 $|L(j\omega_c)| = 1$이라 두면 다음을 얻을 수 있다.

$$\omega_c = \omega_n \sqrt{\sqrt{1+4\zeta^4} - 2\zeta^2}.$$

따라서, PM은 아래와 같이 주어진다.

$$\text{PM} = 180° + \angle L(j\omega_c) = \tan^{-1} \frac{2\zeta}{\sqrt{\sqrt{1+4\zeta^4} - 2\zeta^2}} \ [\text{rad}].$$

그림 6.29에 PM과 ζ의 관계가 나타나 있다. $0 \le \zeta \le 0.6$인 경우, 감쇠비 ζ와 PM 사이에는 다음과 같은 대략적인 관계가 성립한다.

$$\zeta \approx \frac{\text{PM[deg]}}{100}.$$

이 식은 주파수 영역에서 제어기를 설계할 때 시스템의 감쇠와 오버슈트를 추정하기 위하여 자주 사용한다.

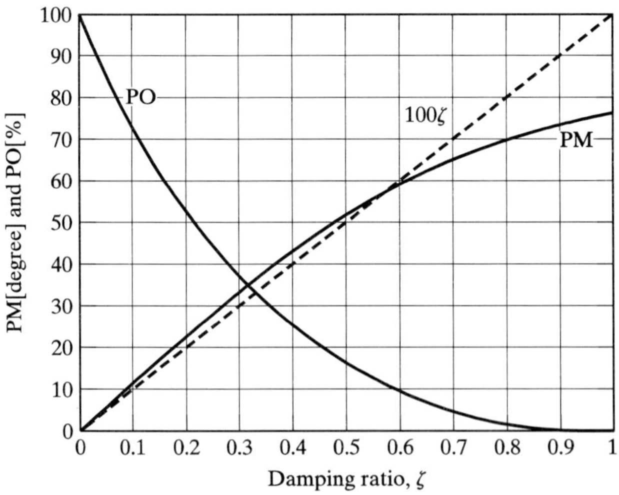

그림 6.29 이차 시스템에서 위상 여유, 감쇠비, 그리고 백분율 오버슈트 사이의 관계.

예제 6.20

$L(s)$가 다음과 같이 주어진다.

$$L(s) = \frac{K(s+10)}{s(s^2+2s+4)}.$$

이 시스템에 대하여 안정도 여유를 구해보자. 시스템이 안정하기 위한 $K>0$의 범위를 해석적으로 구하기 위해 다음을 주목하자.

$$L(j\omega) = \frac{-K(16+\omega^2)}{(4-\omega^2)^2+4\omega^2} - j\frac{K(40-8\omega^2)}{\omega((4-\omega^2)^2+4\omega^2)}.$$

이로부터, 만일 $\omega=\sqrt{5}$인 경우 $\mathrm{Im}\,L(j\omega)=0$임을 알 수 있다. 따라서 $L(jw_g)=-K$이고 $\omega=\sqrt{5}$을 얻을 수 있다. 따라서, GM은 $1/K$ 혹은 $20\log(1/K)$[dB]이 된다.

PM을 해석적으로 구하기 위해서는 $|L(j\omega_c)|=1$을 만족하는 ω_c를 구해야 한다. 이는 $L(s)$의 차수가 2 이상일 경우 훨씬 어려워지는 것이 보통이다. 그러나, Bode 선도로부터 근사해를 매우 쉽게 구할 수 있다. 그림 6.30에 $K=10$ 그리고 $K=0.1$인 경우에 대한 이 시스템의 Bode 선도가 나타나 있다.

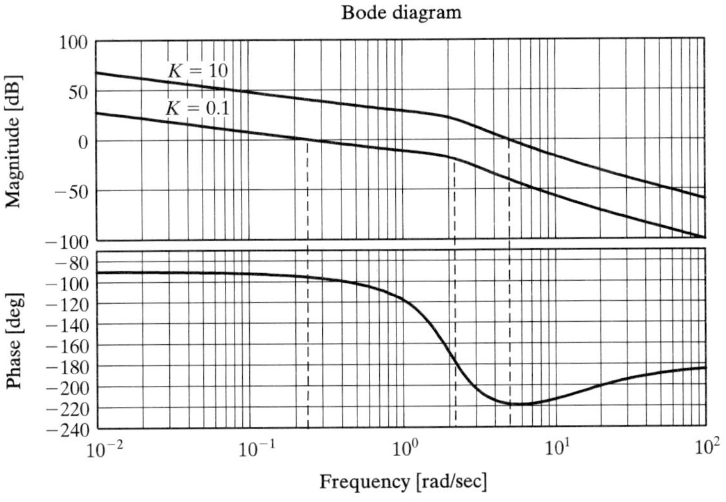

그림 6.30 예제 6.20에 대한 Bode 선도 ($K=10$과 $K=0.1$).

Bode 선도로부터 $K=10$일 경우에는 안정도 여유가 음수이므로 폐루프 시스템이 불안정하다는 것을 명확하게 알 수 있다. 반면에, Bode 선도로부터 $K=0.1$에 대한 안정도 여유가 다음과 같음을 얻을 수 있다.

$$\mathrm{PM} = 84^\circ, \quad \mathrm{GM} = 20\,[\mathrm{dB}].$$

예제 6.21

이전 예제의 연속으로, $L(s)$가 다음과 같이 주어진다.

$$L(s) = L_0(s)e^{-Ts}, \qquad L_0(s) = \frac{0.1(s+10)}{s(s^2+2s+4)}.$$

폐루프 시스템이 안정하게 하는 가장 큰 시간 지연 T를 찾자. 그림 6.30의 Bode 선도로부터 시스템이 PM 84°, 교차 주파수 $\omega_c = 0.25$를 가짐을 알 수 있으므로, 가능한 가장 큰 지연은 다음 식의 해로 주어진다.

$$\angle L(j\omega_c) = \angle L_0(j\omega_c) - T_{\max}\omega_c = -180^\circ,$$

다시 말하면,

$$T_{\max}\omega_c = 84^\circ \times \frac{\pi}{180}$$

즉 $T_{\max} = 5.86$이다. 따라서 시스템은 $T < T_{\max}$일 때 안정하다.

6.5 폐루프 주파수 응답

그림 6.4의 r로부터 y로의 폐루프 시스템 전달 함수가 다음과 같이 얻어짐을 주목하자.

$$T(s) = \frac{C(s)P(s)}{1+C(s)P(s)}.$$

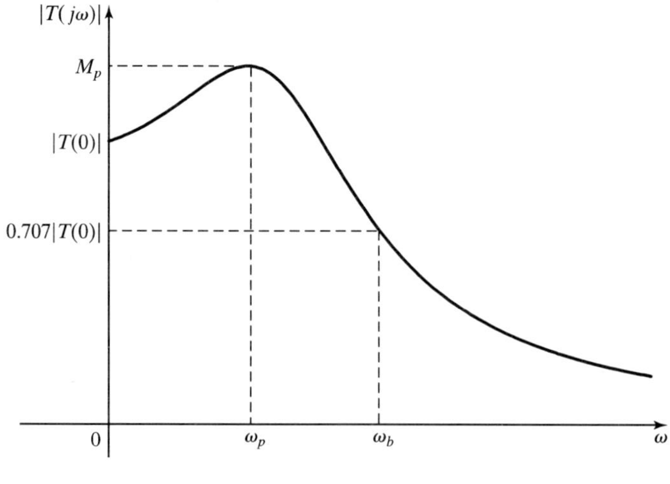

그림 6.31 폐루프 주파수 응답.

그림 6.31은 일반적인 폐루프 주파수 응답 $T(j\omega)$를 보여주며 M_p, ω_p, 그리고 ω_b는 다음과 같이 정의한다.

최고 공진값(Peak resonance) M_p: $|T(j\omega)|$의 최대값. 이것은 시스템의 상대 안정도 (혹은 감쇠)를 나타내는 하나의 지표이다. 상대적으로 큰 M_p는 약하게 감쇠된 시스템임을 암시한다.

최고값 주파수(Peak frequency) ω_p: $M_p = |T(jw_p)|$.

대역폭(Bandwidth) ω_b: $|T(j\omega_b)| = \frac{1}{\sqrt{2}}|T(j0)|$을 만족하는 가장 작은 주파수. 이 주파수는 시스템이 본질적으로 주파수 대역 $[0, \omega_b]$안의 모든 신호를 크게 감쇠시키지 않고 통과시킨다는 것을 의미한다. 이것은 보통 상승 시간 (역시 M_p에 크게 의존하는 정착시간과 마찬가지로)에 대한 지표로 사용된다. 이것은 또한 고주파 잡음 제거와 관련된 시스템의 능력을 나타내는 하나의 지표이다.

차단율(Cutoff rate): 대역폭을 넘어선 영역에서 $|T(j\omega)|$의 기울기. 큰 (음수의) 기울기는 잡음 제거 능력이 좋다는 것을 의미한다. 이상적으로는 무한대의 기울기가 바람직한데 이는 고주파 범위의 신호를 모두 제거한다는 것을 의미한다.

이제 일반적인 폐루프 주파수 응답을 살펴보자. 예로써, 일차 전달 함수가 다음과 같다고 하자.

$$T(s) = \frac{1}{\tau s + 1}.$$

이러면 $\omega_b = 1/\tau$이다. 최고점이 없고, 차단율이 -20[dB/decade] 이다. (혹은 동등하게 기울기가 -1이다.) 이제, 아래와 같은 표준 이차 시스템을 고려하자.

$$T(s) = \frac{\omega_n^2}{s^2 + 2\zeta\omega_n s + \omega_n^2}.$$

그러면,

$$|T(j\omega)| = \frac{1}{\sqrt{\left(1 - \left(\frac{\omega}{\omega_n}\right)^2\right)^2 + 4\zeta^2\left(\frac{\omega}{\omega_n}\right)^2}}.$$

M_p와 ω_p를 찾기 위해, 다음과 같이 두자.

$$\frac{d|T(j\omega)|}{d\omega} = 0$$

이를 통하여 아래 관계식,

$$\omega_p = \omega_n\sqrt{1-2\zeta^2}, \quad 0 < \zeta \leq \frac{1}{\sqrt{2}}$$

그리고 다음을 얻을 수 있다.

$$M_p = \frac{1}{2\zeta\sqrt{1-\zeta^2}}.$$

백분율 오버슈트가 ζ의 함수이므로, M_p를 통하여도 오버슈트에 관한 정보를 얻을 수 있다. 이 관계는 그림 6.32에 나타나 있다.

따라서 $|T(j\omega)|$는 $0 < \zeta \leq 1/\sqrt{2}$ 인 경우 $\omega_p = \omega_n\sqrt{1-2\zeta^2}$ 에서 최고값을 가지며 $\zeta > 1/\sqrt{2}$ 인 경우 최고값을 갖지 않는다.

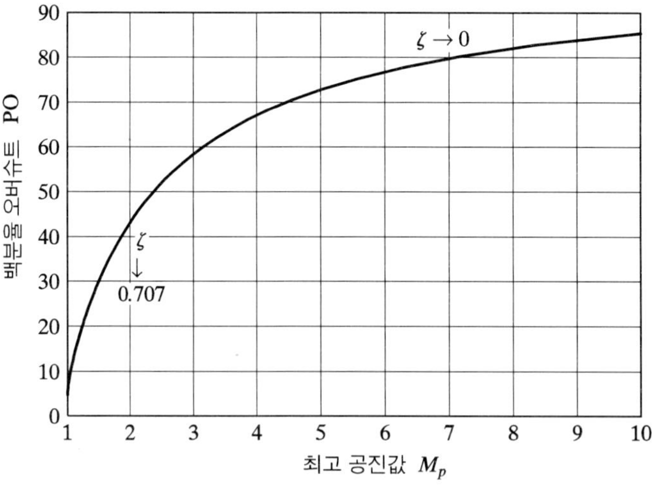

그림 6.32 $0 < \zeta \leq 0.707$인 표준 이차 시스템에 대한 M_p와 PO 사이의 관계.

대역폭 ω_b를 얻기 위하여, 다음과 같이 두자.

$$|T(j\omega_b)| = \frac{1}{\sqrt{2}}.$$

그러면, 다음과 같이 ω_b를 구할 수 있다.

$$\omega_b = \omega_n \sqrt{1 - 2\zeta^2 + \sqrt{4\zeta^4 - 4\zeta^2 + 2}}, \quad 0 \le \zeta < \infty.$$

그림 6.33에 ω_b와 ζ 사이의 관계가 나타나 있다.

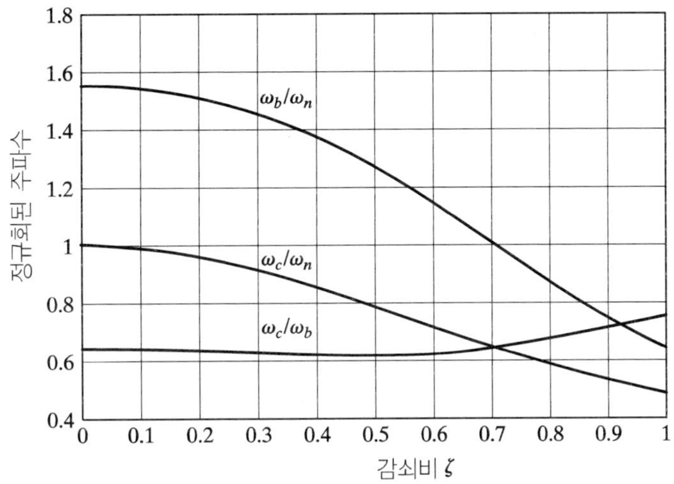

그림 6.33 표준 이차 시스템에 대한 $\omega_b/\omega_n, \omega_c/\omega_n, \omega_c/\omega_b$, 그리고 ζ 사이의 관계

$T(s)$가 아래와 같은 개루프 시스템을 갖는 폐루프 시스템의 전달함수라 가정하자.

$$C(s)P(s) = \frac{\omega_n^2}{s(s + 2\zeta\omega_n)}.$$

그러면, $|C(j\omega_c)P(j\omega_c)| = 1$을 만족하는 주파수인 차단 주파수 ω_c는 다음과 같이 주어진다.

$$\omega_c = \omega_n \sqrt{\sqrt{1 + 4\zeta^4} - 2\zeta^2}.$$

이것과 ζ의 관계가 그림 6.33에 나타나 있다. ω_c/ω_b는 상당히 넓은 범위의 ζ에 대해 아래 식에 주어진 바와 같이 거의 상수라는 점에 주목하자.

$$\frac{\omega_c}{\omega_b} \approx 0.64.$$

이 사실은 제어 시스템 설계에 있어 개루프 Bode 선도로부터 폐루프 시스템의 대역폭을 추정하는 데 유용하다.

6.6 Nichols 도표

시스템의 주파수 응답을 표현하는 유용한 다른 방법은 이득–위상 선도이다. 이 선도는 그림 6.34처럼 개루프 시스템의 주파수 응답의 크기 [dB]를 위상 [deg]에 대하여 그려서 얻는다.

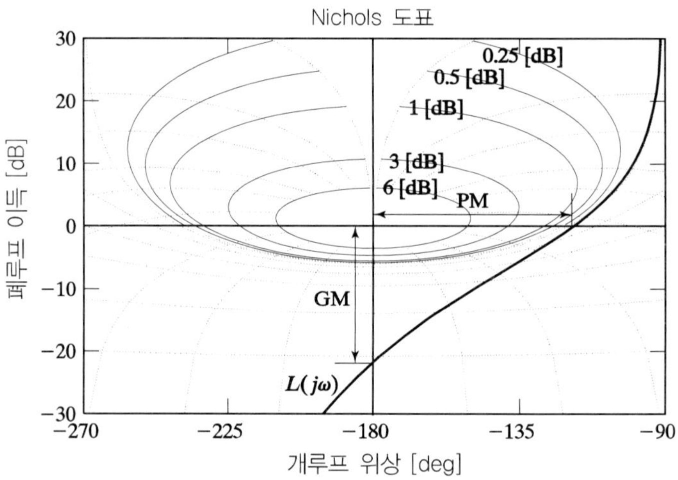

그림 6.34 Nichols 도표에서의 이득 여유와 위상 여유.

이 선도로부터 시스템의 안정도 여유를 쉽게 얻을 수 있다는 것을 알 수 있다. Bode 선도와 마찬가지로, 이득–위상 선도의 또 하나의 장점은 시스템의 이득을 바꾸더라도 선도의 모양은 바뀌지 않고 단지 선도가 수직 방향으로 이동할 뿐이다. 반면에, 위상을 더하면 선도는 수평 방향으로 이동한다. 이런 점은 제어 시스템 설계에 있어 매우 유용하다. 이 선도의 한 가지 단점은 Nyquist 선도와 마찬가지로 주파수에 대해서 크기와 위상이 어떻게 달라지는지 명확하게 알 수 없다는 것이다.

이 시스템이 단위 피드백을 갖는다 하자. 그러면, 폐루프 전달함수 $T(s)$는 다음과 같다.

$$T(s) = \frac{L(s)}{1 + L(s)}, \quad L(s) = C(s)P(s).$$

폐루프 주파수 응답 $T(j\omega)$의 크기와 위상과 개루프 주파수 응답 $L(j\omega)$의 그것들 사이의 관계식은 쉽게 유도할 수 있다. 보통 상수 $|T(j\omega)|$ 그리고 상수 $\angle T(j\omega)$에 대한 $L(j\omega)$의 궤적이 이득-위상 선도에 그려진다. 이 선도를 일반적으로 **Nichols 도표 (Nichols chart)**라 하고 그림 6.34에 나타나 있다.

나다니엘 니콜스(Nathaniel B. Nichols, 1914~1997)는 미시건(Michigan)에서 태어났다. 그는 센트럴 미시건(Central Michigan) 대학에서 1936년에 B.S.(이학사) 학위를 받았고, 1937년에는 Michigan 대학에서 M.S.(이학석사) 학위를, 1964년에는 센트럴 미시건 대학에서 명예박사 학위를, 1968년에는 케이스 웨스턴 앤드 리저브(Case Western and Reserve) 대학에서 명예박사학위를 받았다. 그는 에어로스페이스 코포레이션(Aerospace Corporation), 다우 케미컬 컴퍼니(Dow Chemical Company), MIT, 테일러 인스트루먼트 컴퍼니스(Taylor Instrument Companies), 미네소타 대학교(University of Minnesota), 그리고 레이시온 매뉴펙처링 컴퍼니(Raytheon Manufacturing Company)에서 일했다. 그는 자동제어, 자동 레이더추적과 사격제어 컴퓨터, 동력구동 서보기구, 산업 공정 제어기, 기록 및 제어 기구, 인공위성 자세제어 그리고 우주실험 조종 및 기계 등 다양한 분야에서 일한 경험이 있다. 그는 존 지글러(John G. Ziegler)와 함께 쓴 두 개의 논문, "Optimum setting for automatic controllers", *Transactions of the ASME*, vol. 64, pp. 759~768, 1942, 그리고 "Process lags in automatic control circuits", Transactions of the ASME, vol. 65, pp. 433~444, 1943에 발표된 Ziegler and Nichols PID 조정 공식으로 유명하다. 에어로스페이스 코포레이션에서 일하는 동안, 니콜스(Nichols)와 그의 동료들은 폐루프 주파수 응답을 쉽게 계산할 수 있도록 해주는 이득-위상 선도(지금은 Nichols 도표로 알려진)를 고안하였다. Nichols 도표는 설계자가 주파수를 매개 계수로 하는 개루프 로그 이득과 위상 선도로부터 폐루프 이득과 위상을 바로 읽어낼 수 있도록 한 도구이다.

이 도표는 1947년에 제임스(James), 니콜스(Nichols), 그리고 필립스(Phillips)가 쓴 *Theory of Servomechanisms*이라는 책에 실려 제어 공학 연구자들에게 소개되었다. 니콜스는 여러 업적을 남겼지만 그 중에서도 Nichols 도표 덕분에 국제 자동제어 협회(International Federation of Automatic Control)가 니콜스 메달(Nichols Medal)을 제정하는 영광을 얻었다.

예제 6.22

단위 피드백 시스템의 개루프 전달함수 $L(s)$가 다음과 같다.

$$L(s) = \frac{s+1}{s(s+5)(s^2+0.8s+4)}.$$

다음과 같은 MATLAB 명령을 사용하여 Nichols 도표를 그릴 수 있다.

```
>> L=tf([1,1],conv([1,5, 0],[1,0.8,4]))
>> nichols(L)
>> ngrid
>> axis([-360, 0, -40,40])
```
표시되는 축을 변화시킨다.

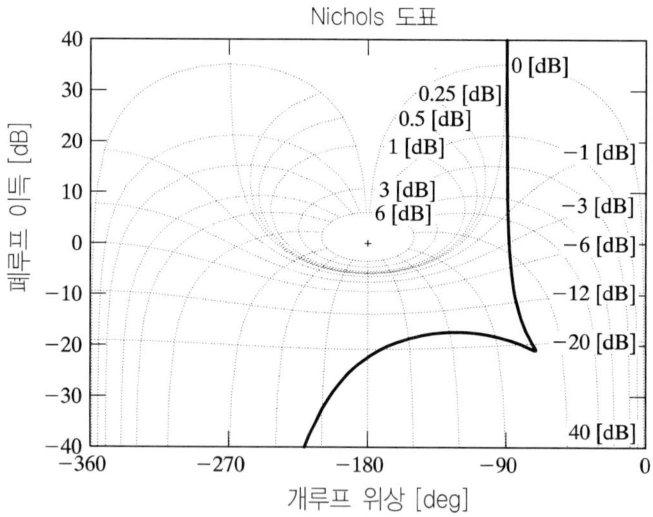

그림 6.35 예제 6.22에 대한 Nichols 도표.

그림 6.35에 이 시스템에 대한 Nichols 도표가 나타나 있다. 이 시스템의 폐루프 주파수 응답은 $L(j\omega)$ 곡선 그리고 폐루프 주파수 응답의 상수 윤곽선들을 조사하여 얻을 수 있다. 예를 들어, 그림 6.35로부터 폐루프 전달함수는 0 dB에서 시작하여 −1, −3, −6, −12, −20 [dB] 등으로 변한다. 물론 정확한 폐루프 주파수 응답은 그림 6.36에 나타난 바와 같이 $T(j\omega)$를 그려 얻을 수 있다. 이에 대응하는 MATLAB 명령은 다음과 같다.

```
>> T=feedback(L,1)        % 폐루프 전달함수를 구한다.

>> bode(T, 0.01, 10)
```

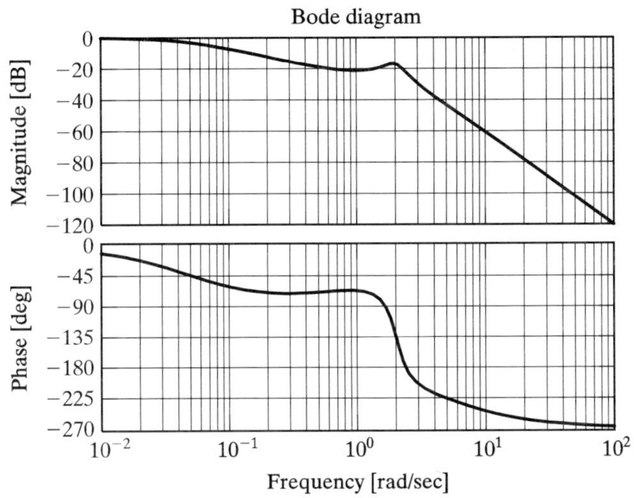

그림 6.36 예제 6.22에 대한 폐루프 주파수 응답.

6.7 Riemann 선도

Nyquist 선도의 단점 하나는 무한대를 쉽게 다루기 어렵다는 것이다. 예를 들어 만일 $L(s)$가 허수축 위에 하나 혹은 그 이상의 극점을 가지면, 이 시스템에 대한 Nyquist 선도의 일부는 무한대에 있으며 Nyquist 선도의 이 부분이 어떤 모양인지를 파악하는 것은 다루기 힘든 일이다. 특히 수치적 계산에 의존하는 경우에는 더 힘들다. 무한대에서의 Nyquist 선도에 대한 정보가 폐루프 시스템의 안정도를 결정하는 데 매우 중요하다는 것은 Nyquist 안정도 판별법으로부터 이미 알았다. Nyquist 선도의 대안으로 무한대에서의 어려움을 극복하게 해주는 한 방법이 Riemann 선도이다. Riemann 선도는 무한대를 쉽게 다룰 수 있다는 면에서 Nyquist 선도의 대안이 될 뿐만 아니라 이 책에서 다룰 넓은 범위의 강인 제어 이론의 기초가 된다.

게오르그 프리드리히 베른하르트 리만(Georg Friedrich Bernhard Riemann, 1826–1866) 은 현재 독일이 된 하노버(Harnover) 왕국 다넨베르크(Dannenberg) 부근의 브레젤렌츠(Breselenz)에서 태어났다. 그의 이름은 Riemann 적분, Riemannian 기하, Riemann 가설 등과 같은 다양한 개념, 주제, 그리고 결과를 지칭하기 위해 수학에서 가장 많이 사용되었다. 1847년에 그는 괴팅엔(Gottingen) 대학에 입학하였고 그곳에서 칼 프리드리히 가우스(Carl Friedrich Gauss)를 처음 만났으며 최소 자승법에 관한 그의 강의를 수강하였고 가우스의 제자가 되었다. 1853년, 가우스는 리만(Riemann)에게 기하학을 기초로 하여 Habilitationsschrift(교수자격논문)를 준비하라고 요청했다. 수개월 이상, 리만은 그의 고차원 이론을 개발하였다. 1854년, 리만은 Riemannian 기하학 분야를 창시하였을 뿐만 아니라 아인슈타인의 일반상대성이론의 발판을 만들어 준 그의 첫 강의를 열었다. 리만은 아마도 19세기 중반에 가장 영향력 있는 수학자였을 것임에 틀림없다. 그가 발표한 결과는 단지 작은 책 한 권 분량이지만, 기하학과 해석학을 결합하는 연구 분야들을 창시하였다. 근대의 해석적 정수론에 관한 가장 유명한 업적들 중 일부는 그가 이뤄낸 것이다. 짧은 한 편의 논문(정수론에 관하여 그가 발표한 단지 한 편)에서 그는 Riemann 제타 함수를 소개하고, 이 함수가 소수들의 분포를 이해하는 데 있어 중요하다는 사실을 입증하였다. 그는 제타 함수의 속성에 관한 일련의 추론들을 만들었는데, 이들 중 하나가 바로 유명한 Riemann 가설이다. Riemann 가설은 오늘날 수학에서 아직 풀리지 않은 가장 중요한 문제 중 하나이다. 이 문제를 처음으로 해결한 사람은 클레이 수학 연구소(Clay Institute of Mathematics)로부터 백만 달러의 상금을 받게 된다.

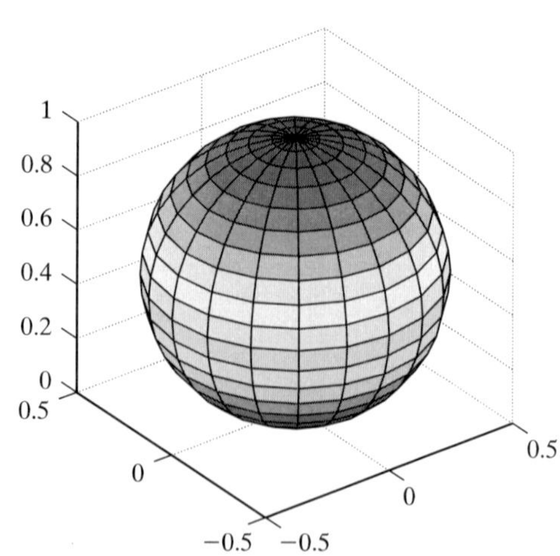

그림 6.37 Riemann 구

그림 6.37과 같이 복소평면의 원점에 지름 1인 구를 두자. 이 구를 **Riemann 구 (Riemann shere)**라 부르며 $\mathbb{S}$로 표시한다. 복소평면의 원점은 구의 남극 S이고 꼭대기의 극점은 북극 N이다. Riemann 구의 적도는 명백하게 구의 중심과 같은 높이의 수평 원이다. 복소평면의 한 점 c에 대해서, 그 점과 북극을 직선으로 연결한다. 이 직선은 Riemann 구와 오직 한 점에서 만난다. 이 점을 점 c의 Riemann 구 위로의 입체 투영이라 하며 $\phi(c)$로 표시한다. 물론 ∞의 입체 투영을 북극 N이라고 정의하는 것은 타당하다. 그림 6.38은 입체 투영 과정을 그림으로 보여준다.

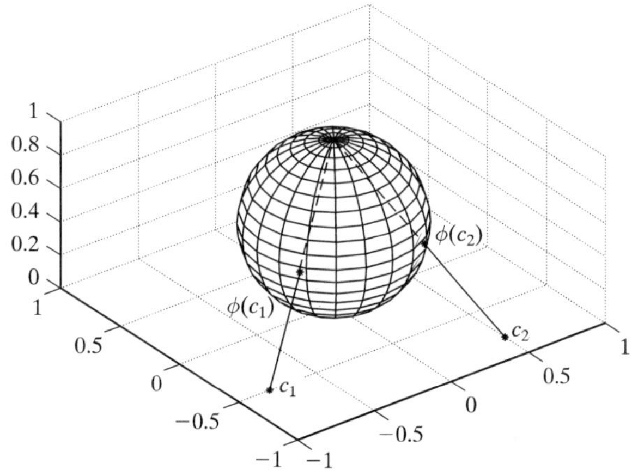

그림 6.38 입체 투영.

복소평면을 $\mathbb{R}^2$와 동일한 것으로 간주하고 실수축과 허수축을 각각 x축, y축과 동일시하자. 또한 수직 축을 z축이라 부르자. 그러면, Riemann 구는 $x-y-z$축을 갖는 $\mathbb{R}^3$에 놓여 있게 된다. 만일 복소수 $c = \mathbb{C} \cup \infty$가 주어지면, $\phi(c)$의 $x-y-z$ 좌표들은 무엇인가? 먼저 꼭대기에서 내려다보자. 이러면, z축 전체가 한 점이 되고 복소평면, 즉 $x-y$ 평면만 보인다. c와 N을 연결하는 선분은 마치 c와 원점을 연결하는 선분인 것처럼 보인다. $\phi(c)$가 선분 위의 어딘가에 있으므로, $\alpha \in [0,1]$인 어떤 수에 대해 다음과 같은 관계식이 성립한다.

$$x = \alpha \operatorname{Re} c, \qquad y = \alpha \operatorname{Im} c$$

이제 Riemann 구를 z축과 점 c를 지나는 수직면으로 자르자. 이 평면과 Riemann 구가 교차하는 부분은 그림 6.39에 나타나 있다. 이 그림으로부터 다음 관계들을 증명할 수 있다.

$$z = \frac{|c|^2}{1+|c|^2}$$

그리고

$$x^2 + y^2 = \alpha^2|c|^2 = \frac{|c|^2}{1+|c|^2} - z^2 = \frac{|c|^2}{(1+|c|^2)^2}.$$

따라서 다음과 같다.

$$\alpha = \frac{1}{1+|c|^2}.$$

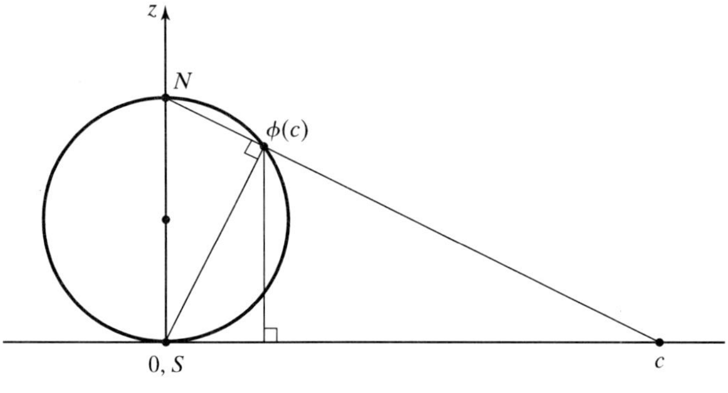

그림 6.39 c와 $\phi(c)$ 사이의 관계

요약하면, 우리는 다음을 얻는다.

$$\phi(c) = \left(\frac{\text{Re } c}{1+|c|^2}, \frac{\text{Im } c}{1+|c|^2}, \frac{|c|^2}{1+|c|^2}\right).$$

예를 들어,

$$\phi(0) = (0,0,0), \quad \phi(1) = \left(\frac{1}{2}, 0, \frac{1}{2}\right), \quad \phi(\infty) = (0,0,1), \quad \phi(1+j1) = \left(\frac{1}{3}, \frac{1}{3}, \frac{2}{3}\right).$$

복소평면에 있는 단위원을 투영한 것은 Riemann 구의 적도가 됨을 쉽게 알 수 있다.

다른 복소수들은 확실하게 점들로 투영된다는 것에 주목하자. 이를 통해 입체 투영은 $\mathbb{C} \cup \infty$와 Riemann 구 $\mathbb{S}$ 사이에서 일대일 관계가 된다는 것을 알 수 있다.

다음의 연속된 MATLAB 명령어들은 Riemann 구를 생성한다:

```
>> [X,Y,Z]=sphere;
>> X=X/2; Y=Y/2; Z=Z/2+ones(size(Z))/2;
>> surf(X,Y,Z)
>> axis equal
```

첫 번째 명령 줄은 단위 구를 (즉, 중심이 원점에 있고 반지름 1인 구) 그리기 위한 $x-y-z$축 데이터를 생성한다. 그러면, Riemann 구를 그리기 위한 데이터는 단위 구에 대한 데이터를 변경하여 얻을 수 있다. 두 번째 줄의 명령들은 단지 이를 위한 것들이다. 세 번째 명령 줄은 그림 을 그리기 위한 것이다. 마지막 명령은 구가 불룩하지 않고 둥글게 만들기 위한 것이다. 만약에 다섯째 명령을 다음과 같이 바꾸면

```
>> mesh(X,Y,Z),
```

그림 6.40에 표시된 대로, 다른 모양의 Riemann 구를 얻는다.

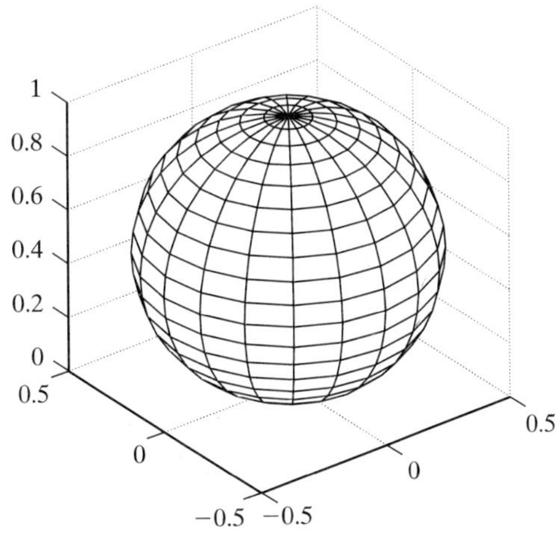

그림 6.40 Riemann 구의 다른 모양.

$\mathbb{C} \cup \infty$ 안에 있는 하나의 수를 동시에 0이 아닌 어떤 $a, b \in \mathbb{C}$ 에 대해 b/a 로 표현하는 것은 보다 편하고 가끔은 보다 자연스럽다. 이 경우에 다음이 성립한다.

$$\phi\left(\frac{b}{a}\right) = \left(\frac{\text{Re } a^*b}{|a|^2+|b|^2}, \frac{\text{Im } a^*b}{|a|^2+|b|^2}, \frac{|b|^2}{|a|^2+|b|^2}\right).$$

이제, 다음과 같은 주파수 응답이 주어졌다 가정하자.

$$L(j\omega) = \frac{b(j\omega)}{a(j\omega)}.$$

이러면 Riemann 선도는 단순히 이 시스템의 Nyquist 선도를 Riemann 구에 입체 투영한 것이다. 분명히, 이것은 ω가 $-\infty$로부터 ∞로 변할 때 다음과 같은 곡선으로 주어진다.

$$\left(\frac{\text{Re } a(-j\omega)b(j\omega)}{|a(j\omega)|^2 + |b(j\omega)|^2}, \frac{\text{Im } a(-j\omega)b(j\omega)}{|a(j\omega)|^2 + |b(j\omega)|^2}, \frac{|b(j\omega)|^2}{|a(j\omega)|^2 + |b(j\omega)|^2} \right)$$

예제 6.23

그림 6.41은 다음 전달함수의 Riemann 선도이다.

$$G(s) = \frac{s + 1.5}{s^2 + 1.5s + 2}.$$

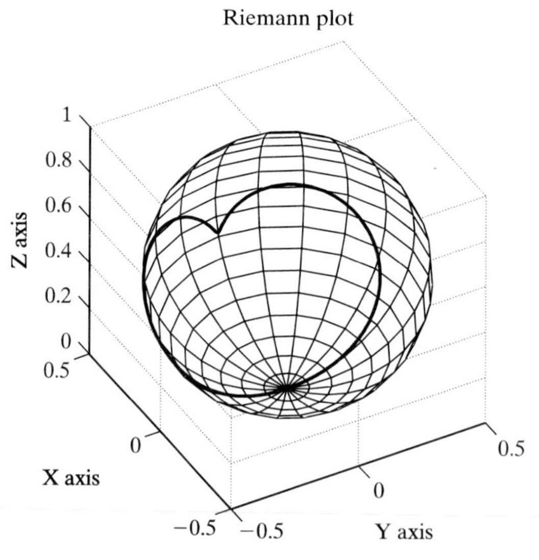

그림 6.41 예제 6.23의 시스템에 대한 Riemann 선도.

연습문제

6.1. $0.01 \leq w \leq 10$의 주파수 범위에 대한 안정한 시스템 $P(s)$의 Bode 선도가 그림 6.42에 나타나 있다. Bode 선도가 저주파수에 대한 정보를 모두 가지고 있다고 가정할 때, 다음의 입력에 대한 $P(s)$의 정상상태 응답을 구하시오.

$$u(t) = 10 - \sin t, \qquad t \geq 0.$$

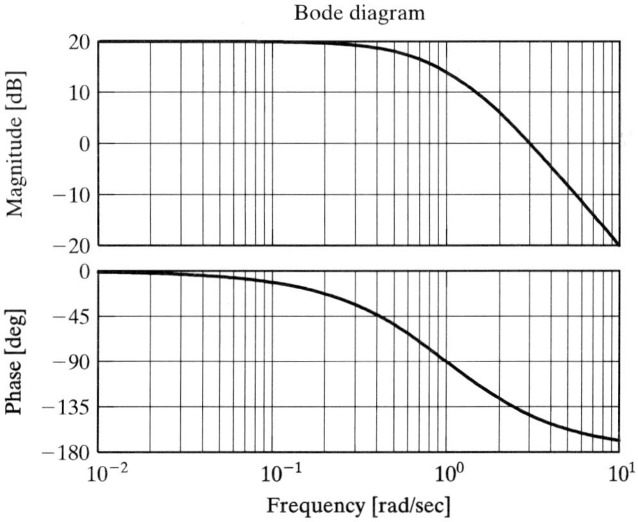

그림 6.42 안정한 시스템 $P(s)$에 대한 Bode 선도.

6.2. 다음 시스템의 Nyquist 선도가 원임을 보이시오.

$$K\frac{s-z}{s-p}, \qquad p \neq 0,$$

원과 실수축의 교차점을 찾으시오. K=1이라고 가정하고, Nyquist 안정도 판별법을 사용하여 단위 음 피드백일 경우 폐루프 시스템에 대한 안정도 조건을 구하시오.

6.3. 다음 루프 전달함수를 갖는 단위 피드백 시스템을 생각하자.

$$L(s) = P(s)C(s) = \frac{K(s+2)}{s(s-1)}.$$

Nyquist 안정도 판별법을 사용하여 폐루프 시스템이 안정하기 위한 K ($K >$ 0)의 범위를 구하시오. 그리고 Routh 또는 Hurwitz 판별법을 사용하여 결과를 대조하시오.

6.4. 다음과 같이 주어진 개루프 전달함수

$$L_1(s) = \frac{K}{s^2(\tau s+1)}, L_2(s) = \frac{K(Ts+1)}{s^2(\tau s+1)}, L_3(s) = \frac{K(Ts+1)}{s(\tau s+1)^2}$$

에 대해 가능한 모든 폐루프 안정도(예를 들면, 점근적 안정, 임계 안정, 그리고 불안정)에 관한 Nyquist 선도를 그리고 안정도에 대한 K의 범위를 결정하시오.

6.5. 단위 피드백 시스템에 대한 루프 전달함수가 다음과 같다.

$$L(s) = \frac{K(\tau s+1)}{s(s+1)(Ts+1)}$$

여기서 $\tau \geq 0$, $T \geq 0$이다. Nyquist 안정도 판별법을 사용하여 폐루프 시스템의 안정도에 대해 논의하시오.

6.6. 다음과 같은 루프 전달 함수를 갖는 단위 피드백 시스템을 고려하자.

$$L(s) = D + K\frac{\prod_{i=1}^{n}(s-a_i)}{\prod_{i=1}^{n}(s+a_i)}$$

여기서 D는 실수이고, K와 a_i, i=1,2,...,n,가 영이 아닌 실수이다.

1. $L(s)$의 Nyquist 선도가 원이 되는 것을 보이시오.

2. a_i, i=1,2,...,n,이 모두 양수일 때, 폐루프 안정화를 위한 조건을 구하시오.

3. a_i, i=1,2,...,n, 중 m개가 음수일 때, 폐루프 안정화를 위한 조건을 구하시오.

6.7. 다음 시스템

$$\frac{1}{s(s^2+6s+10)}$$

은 이득 K를 갖는 비례 피드백 제어기에 의해 제어된다. 단위 피드백 시스템에 계단 입력이 주어질 때, 지속적인 진동을 야기하는 K의 값을 찾고자 한다. 근궤적을 그리고, 근궤적을 통해 얻은 정보를 사용하여 위 경우에 대한 K를 찾으시오. Nyquist 선도를 그리고 Nyquist 선도에서 얻은 정보를 사용하여 위 경우에 대한 K를 찾으시오.

MATLAB 연습문제

6.8. 다음의 시스템들에 대해서 MATLAB을 사용하여 Bode 선도를 그리시오.

$$P_1(s) = \frac{100}{(s+1)(s+10)}, \qquad P_2(s) = \frac{1000(s+1)}{s(s+20)(s+30)},$$

$$P_3(s) = \frac{10^4(s+1)}{(s+10)(s^2+2s+100)}, \qquad P_4(s) = \frac{2000e^{-5s}}{s(s+1)(s+50)},$$

$$P_5(s) = \frac{10}{(s-1)(s+5)}, \qquad P_6(s) = \frac{10(s-1)}{s(s-2)}.$$

6.9. 연습문제 6.8의 시스템들에 대한 Nyquist 선도를 그리고 가능하면 각각의 i에 대해 개루프 전달함수 $KP_i(s)$를 갖는 폐루프 시스템이 안정하기 위한 K의 범위를 찾으시오.

6.10. 연습문제 6.8에서 주어진 개루프 전달함수를 갖는 단위 피드백 시스템의 폐루프 GM과 PM을 구하시오.

6.11. **nyquist** 명령어를 사용하여 다음 시스템들의 Nyquist 선도를 구하시오. 단위음 피드백인 경우 이들 개루프 시스템으로 형성된 폐루프 시스템들이 안정한지 아닌지를 결정하시오. 안정한 폐루프 시스템들이 되는 경우 이들의 GM과 PM을 구하시오.

1. $P_1(s) = \dfrac{1}{s(s^2+s+0.5)}$.
2. $P_2(s) = \dfrac{20(s+1)}{s(s+5)(s^2+2s+10)}$.
3. $P_3(s) = \dfrac{s+0.5}{s^3+s^2+1}$.
4. $P_4(s) = \dfrac{100(s+0.5)}{s^2(s+2)(s+10)}$.

6.12. 아래 시스템들의 Bode 선도를 구하시오. 단위 피드백을 갖는 폐루프 시스템이 안정한 경우, 이들의 **GM**과 **PM**을 구하시오.(다음 명령어들이 유용하다: **bode, logspace, loglog, semilogx.**)

1. $P_1(s) = \dfrac{10(s+1)}{(s+2)(s+5)}$.
2. $P_2(s) = \dfrac{1}{s^2+1}$.
3. $P_3(s) = \dfrac{20(s^2+s+0.5)}{s(s+1)(s+10)}$.
4. $P_4(s) = \dfrac{s+0.5}{s^3+s^2+1}$.

6.13. 개루프 전달함수

$$L(s) = P(s)C(s) = \frac{100e^{-\tau s}(s+1)}{s(s+10)(s^2+2s+10)}.$$

를 갖는 단위 피드백 시스템을 생각하자. 폐루프 시스템이 안정하도록 하는 가능한 가장 긴 시간 지연 τ을 구하시오.

6.14. 전달함수의 Riemann 선도를 그리기 위한 MATLAB 프로그램을 작성하시오. 이 프로그램을 사용하여 다음 전달함수들의 Reimann 선도를 그리시오.

1. $G(s) = \dfrac{1}{s(s+1)}$.
2. $G(s) = \dfrac{s+1}{s^2(s-1)}$.

추가 연습문제

6.15. 복소평면의 직선을 Riemann 구에 입체 투영한 것이 원이 됨을 보이시오.

6.16. 복소평면의 원을 Riemann 구에 입체 투영한 것이 직선이 됨을 보이시오.

참고문헌

피드백 제어에서 Bode 선도 Nyquist 선도, 그리고 Nichols 도표는 오랫동안 사용되었다. 이 기법들은 근궤적과 함께 소위 고전 제어 이론의 중요한 도구들이다.

H. W. Bode, *Network Analysis and Feedback Amplifier Design*, Van Nostrand, New York, 1945.

H. Nyquist, "Regeneration theory," *Bell System Technical Journal*, vol. 11, pp. 126-147, 1932.

H. M. James, N. B. Nichols, and R. S. Phillips, *Theory of Servomechanisms*, McGraw-Hill, New York, 1947.

그러나 Riemann 선도는 다른 기법들에 비해 상당히 최근에 사용되었다. Riemann 선도가 처음으로 사용된 것은 아마 다음에서일 것이다.

A. K. El-Sakkary, "Estimating robustness on the Riemann sphere," *International Journal of Control*, vol. 42, pp. 561-567, 1989.

Riemann 선도의 사용법과 이에 기초한 완전한 피드백 시스템 해석 및 설계 이론을 보다 체계적으로 다룬 책은 다음과 같다.

G. Vinnicombe, *Uncertainty and Feedback: H_∞ Loop-Shaping and the v-Gap Metric*, Imperial College Press, London, 2001.

Introduction to Feedback Control

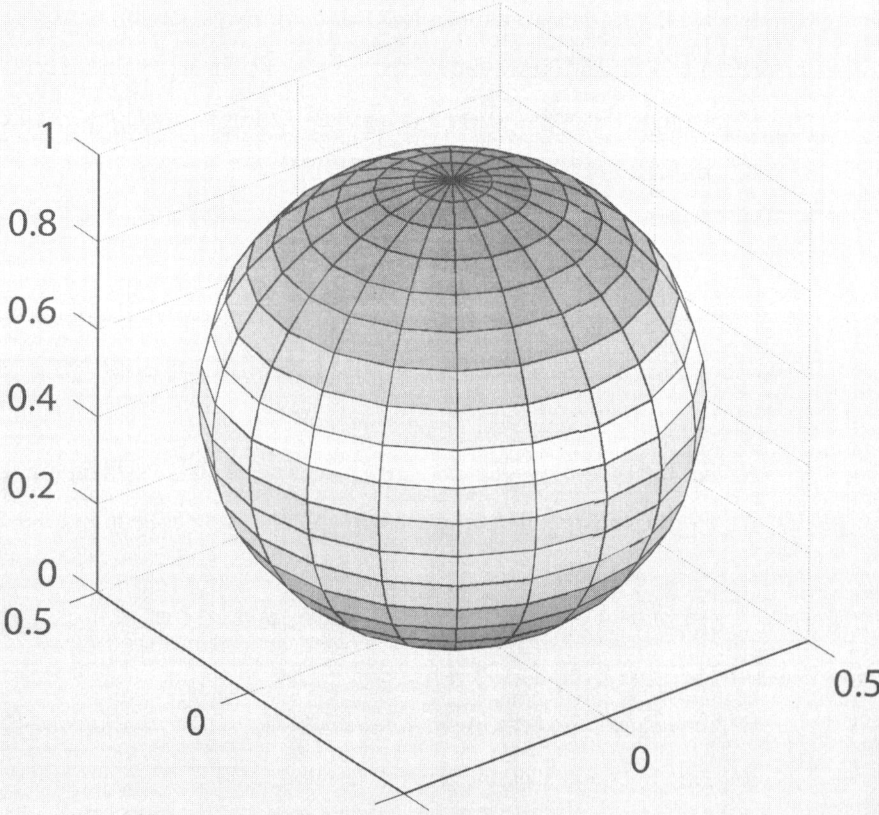

Chapter 07 | Classical Design in Frequency Domain

주파수 영역에서의 고전적인 설계기법

이 장에서 공부해야 될 내용

- 7.1 위상 지상 제어기
- 7.2 PI 제어기
- 7.3 위상 진상 제어기
- 7.4 PD 제어기
- 7.5 진상-지상 혹은 PID 제어기
- 7.6 Ziegler와 Nichols 조정법
- 7.7 미분 제어
- 7.8 다른 PID 구현 방법
- 7.9 적분 제어 및 누적 방지
- 7.10 루프 성형에 의한 설계
- 7.11 Bode의 이득-위상 관계
- 7.12 Bode의 민감도 적분

주파수 영역에서 제어기를 설계하는 것은 다양한 응용분야에서 매우 편리할 수 있다. 이 장에서는, Bode 선도를 사용한 간단한 설계 기법들을 다룬다. 주로 간단한 진상-지상이나 PID 형태의 제어기를 주로 다룰 텐데, 이들이 산업 현장에서, 특히 공정 산업에서, 널리 사용되기 때문이다. 이들이 이렇게 널리 사용되는 이유는 아마도 설계와 조정이 간단하기 때문일 것이다. 지난 세월 동안, 많은 PID 제어기 설계와 조정 기법들이 제안되었다. 5장에서 다룬 근궤적 방법과 이 장에서 다룰 주파수 응답 방법은 모두 모델 기반이다. 즉 공정의 수학적 모델이나 주파수 응답이 있을 경우에 적용 가능한 설계 방법들이다. 그러나, 많은 제어 시스템에 대한 공정 모델을 입수하는 것이 일반적으로 가능하지 않다. 그래서 원하는 성능을 얻을 수 있도록 제어기를 설계하거나 조정하는 기법 혹은 법칙을 개발하는 것이 중요하다. Ziegler와 Nichols에 의해 개발되어 많이 쓰이는 고전적인 조정 기법들이 두 가지 있는데 이들은 일반적으로 Ziegler와 Nichols 조정법이라 알려져 있다. 이 장의 뒷부분에서 이들을 조정하는 방법들을 다룰 것이며 주파수 영역에서의 해석을 통해 이런 방법들의 타당성을 설명할 것이다. 또한 예제들을 통하여 이런 방법들의 한계들을 지적할 것이다. 이 장에서는 포화 및 센서 잡음 제거 같은 실제적인 고려사항들도 다룰 것이다. 그 다음에 제어기에 아무런 구조적 제한을 가하지 않은 상황에서 루프 성형 제어기 설계 방법을 다룰 것이다. 마지막으로, 고전적인 Bode 적분 관계식을 이용하여 우반 평면에 있는 극점들, 영점들, 그리고 대역폭 구속 등에 기인한 폐루프 시스템의 성능 한계를 살펴볼 것이다.

7.1 지상 제어기

다음과 같은 형태의 일차 지상 제어기를 생각하자.

$$C(s) = \frac{K_c(s/b+1)}{s/a+1}, \quad b > a.$$

$C(0) = L_c$와 $C(\infty) = K_c a/b$임에 주목하자. 그림 7.1에 $K_c = 1$인 경우에 대한 이 제어기의 Bode 선도가 나타나 있다.

이 장에서는 Bode 선도로부터 제어기 계수를 어떻게 선택하는지를 보다 잘 보여주기 위하여 제어기의 크기 Bode 선도를 직선을 사용하여 개략적으로 그렸다.

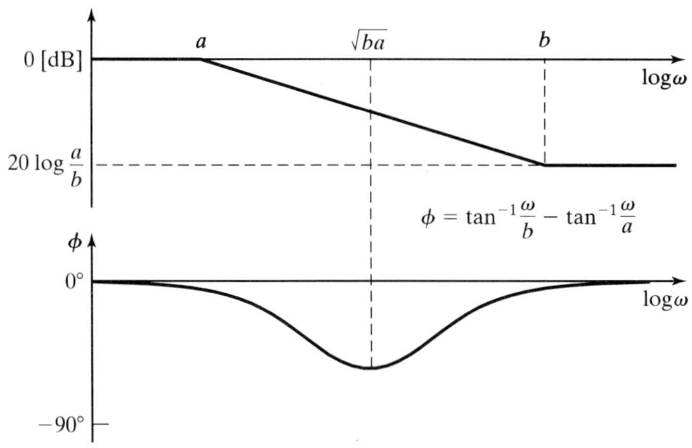

그림 7.1 지상 제어기 $C(s) = \frac{s/b+1}{s/a+1}$의 Bode 선도.

근궤적 설계법을 설명할 때 지적했듯이, 지상 제어기는 이득 보상기이다. 이것은 주로 교차 영역 근처의 주파수 응답에는 영향을 끼치지 않으면서 저주파 이득을 증가시키기 위해 사용한다.

다음과 같은 과정을 통하여 지상 제어기를 설계할 수 있다.

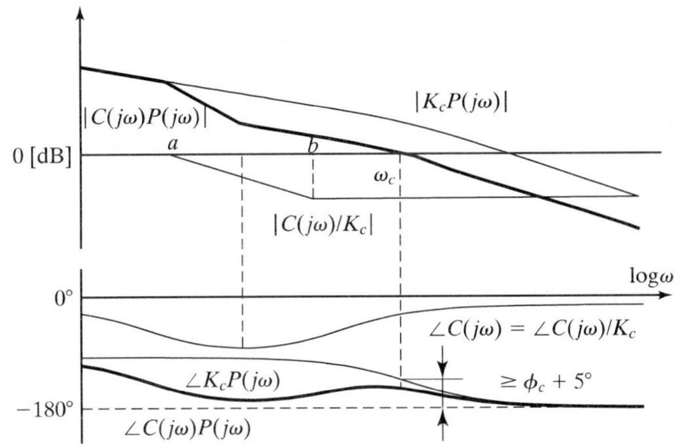

그림 7.2 지상 제어기 설계.

알고리즘 7.1 (지상 제어기 설계 Phase-lag contoller design). (그림 7.2 참조)

1 단계: 개루프 시스템 $L(s) = C(s)P(s)$에 대한 DC 이득 조건을 만족하는 K_c를 구한다. 예를 들어, K_c는 추종 및 외란 제거 등에 대하여 요구되는 정상 상태 오차를 만족하도록 선정되어야 한다.

2 단계: 원하는 교차 주파수 ω_c와 PM ϕ_c를 정한다. (교차 주파수는 상승시간 및 정착 시간과 관계있고, PM은 시스템 응답의 오버슈트와 관계가 있다.)

3 단계: $K_cP(s)$의 Bode 선도를 그린다.

4 단계: 원하는 교차 주파수 ω_c에서 $K_cP(s)$의 위상 선도를 검토한다. 만일 $180° + \angle K_cP(j\omega_c) \geq \phi_c + 5°$ 이면, 설계 사양을 만족하는 지상 제어기를 설계할 수 있다. (5° 를 더하는 이유는 제어기 계수들이 이후와 같이 적절하게 선정되었을 때 제어기 $C(s)$가 ω_c에서 $-5°$ 만큼 기여하기를 바라기 때문이다.)

5 단계: 다음과 같이 선정한다.

$$b \approx 0.1\omega_c, \quad a = \frac{b}{K_c|P(j\omega_c)|}.$$

6 단계: 마지막으로, 다음과 같은 지상 제어기를 얻는다.

$$C(s) = \frac{K_c(s/b+1)}{s/a+1}.$$

이제 예제를 통하여 위의 설계 과정을 설명한다.

예제 7.2

다음과 같은 조건을 만족하도록 피드백 제어기를 설계하여야 한다.

$$P(s) = \frac{8(s+10)}{s(s+3)(s+20)}.$$

- 시스템 계단 응답의 오버슈트가 20%이하, 그리고 정착 시간이 2% 오차 기준으로 8 [sec] 이하가 되어야 한다.
- 램프 입력에 대한 정상 상태 오차가 0.05 이하가 되어야 한다.

위의 설계 사양을 만족하는 제어기를 설계하기 위해서, 먼저 위의 시간-영역 사양들을 주파수-영역 사양들로 변환하여야 한다. 등가의 주파수-영역 사양을 얻기 찾기 위하여 표준 이차 시스템에 대한 공식을 사용한다. 그림 6.29로부터, 백분율 오버슈트에 대한 다음 조건 PO$\leq$ 20%는 감쇠에 대한 조건 $\zeta \geq 0.45$나 위상 여유 조건 $PM \geq 47^\circ$과 동등하다는 것을 알 수 있다. 이제 다음의 정착시간 조건을 통하여

$$t_s = \frac{4}{\zeta\omega_n} \leq 8$$

조건 $\omega_n \geq 0.5/\zeta = 1.11$을 얻는다. 그림 6.33으로부터 $\zeta \approx 0.45$일 때 다음 조건 $\omega_c \geq 0.8\omega_n = 0.89$가 만족되어야 한다는 것을 알 수 있다. 마지막으로, 조건

$$\frac{1}{K_v} \leq 0.05$$

으로부터 다음을 얻는다. $K_v \geq 20$. 요약하자면, 루프 전달함수 $L(s) = C(s)P(s)$가 다음을 만족하도록 제어기를 설계해야 한다.

- $PM \geq 47^\circ$ 그리고 $\omega_c \geq 0.89$;
- $K_v \geq 20$.

다음 성질로부터

$$K_v = \lim_{s \to 0} sC(s)P(s) = 4C(0)/3,$$

$C(0) \geq 15$가 되어야 한다. 이제 $K_v = 15$로 선택하고 그림 7.3에 파선으로 나타난 것과 같이 $K_c P(s)$에 대한 Bode 선도를 그린다. Bode 선도로부터 $\omega_c = 2$로 선택할 수 있고 다음과 같은 관계가 성립하므로

$$180° + \angle P(j2) = 62° > 47° + 5°.$$

PM과 K_v에 대한 조건을 만족하는 지상 제어기를 설계할 수 있다는 것을 알 수 있다.

이제 $b = 0.1\omega_c = 0.2$로 선택하자.

그러면

$$a = \frac{b}{K_c|P(j2)|} = \frac{0.2}{8.4432} = 0.0237$$

이고 다음과 같은 지상 제어기를 얻는다.

$$C(s) = \frac{K_c(s/b+1)}{s/a+1} = \frac{15(s/0.2+1)}{s/0.0237+1} = \frac{15(5s+1)}{42s+1}.$$

보상된 루프 전달함수는 그림 7.3에 실선으로 표시되어 있으며 PM이 $56.75°$이다. 그림 7.4에 폐루프 시스템의 계단 응답이 나타나 있으며 설계 사양을 만족한다는 것이 명백하다. 실제로, 오버슈트가 16%이고 정착 시간이 약 6.94 [sec]이다.

```
P=zpk(-10,[0, -3, -20],8)
Pat2=bode(P,2)  |P(j2)|를 계산한다.
C=tf(15*[5,1],[42,1]);
L=P*C;
bode(L)
[Gm,Pm,wg,wp]=margin(L) 이득/위상 여유를 계산한다.
```

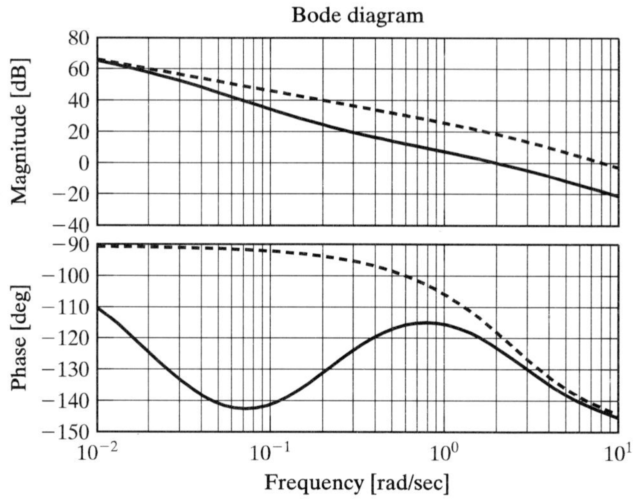

그림 7.3 예제 7.2– $K_cP(s)$(파선)과 $C(s)P(s)$(실선).

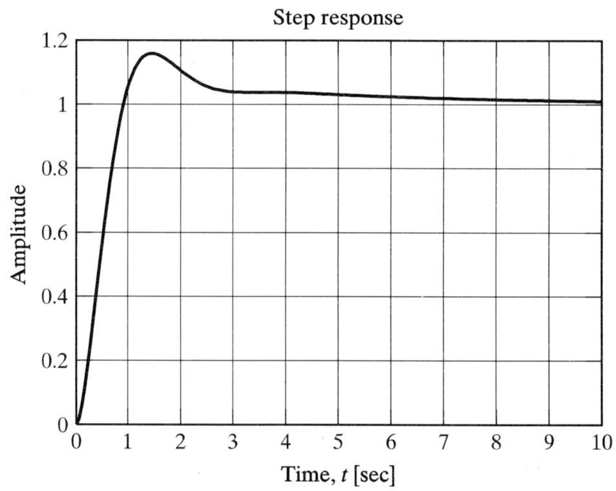

그림 7.4 예제 7.2– 계단 응답.

제어기 설계 과정은 반복하는 과정이며 보통 몇 번의 (혹은 많은 수의) 시행착오를 수반한다. 예를 들어, 만일 $\omega_c = 3$이라고 선택하면, 위의 설계 과정을 통하여 다음의 제어기

$$C_1(s) = \frac{50s + 15}{16.23s + 1}$$

를 얻으며 PM은 48.58° 이다. 그러나, 이 제어기는 계단 응답에서 23%의 오버슈트를 발생시키며 따라서 설계 사양을 만족하지 못한다. 반면에, 제어기 $C(s)$를 미세 조정하여 훨씬

향상된 과동 응답을 얻을 수도 있다. 예를 들어, b와 a를 몇 배 작게 선택하면, 예를 들어 $b = 0.2/5 = 0.04$ 그리고 $a = 0.0237/5 = 0.00474$로 선택하면 다음을 얻는다.

$$C_2(s) = \frac{15(25s+1)}{210s+1}$$

이 제어기를 사용하면 오버슈트 10%, 정착시간 2.4 [sec]의 폐루프 응답을 얻을 수 있다.

위의 설계 과정을 통하여 더 작은 b, 예를 들어, $b = 0.01\omega_c$ 또는 $b = 0.001\omega_c$를 선정하여도 설계 사양을 만족하는 제어기를 얻을 수 있다는 것을 어렵지 않게 알 수 있다. 그러나, 일반적으로 이것은 바람직하지 않은데 왜냐하면 이렇게 선택된 계수들로 설계된 제어기는 저주파 범위에서의 시스템의 크기 주파수 응답을 (루프 이득을) 필요 이상으로 넓은 주파수 범위에서 크게 감소시키기 때문이다. 6.1절에서 논의하였듯이, 저주파 범위에서의 루프 이득은 제어 시스템의 외란 제거 능력 및 정상 상태 추종 정확도와 매우 밀접한 관계가 있다. 따라서 너무 작은 b를 선택하지 않는 것이 필요하다.

7.2 PI 제어기

다음과 같은 형태의 PI 제어기를 고려하자.

$$C(s) = \frac{K_c(s/b+1)}{s}.$$

PI 제어기는 $C(0) = \infty$ 그리고 $C(\infty) = \frac{K_c}{b}$인 성질을 가지며 시스템 형을 1만큼 증가시킨다. 그림 7.5는 $K_c = 1$일 경우에 대한 이 제어기의 Bode 선도를 보여준다.

알고리즘 7.3 (PI 제어기 설계-PI controller design)

1 단계: 원하는 교차 주파수 ω_c와 PM ϕ_c를 결정한다. (교차주파수는 상승시간 및 정착 시간과 관계가 있고, PM은 시스템 응답의 오버슈트와 관계가 있다는 것을 상기하자.)

2 단계: 임의의 주어진 K에 대하여 (예를 들어, $K = 1$에 대하여) $KP(s)$의 Bode 선도를 그린다.

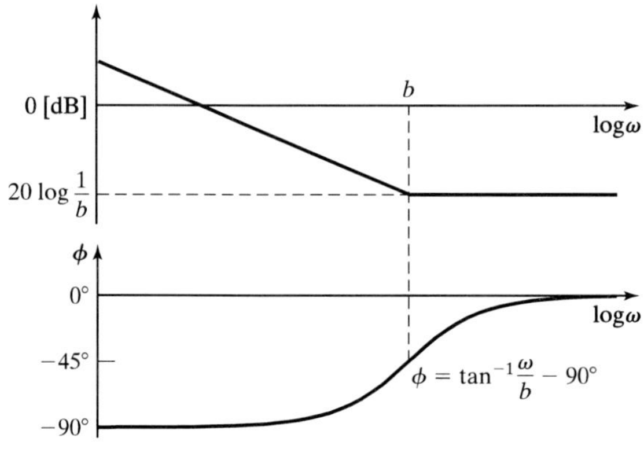

그림 7.5 PI 제어기 $C(s)=\frac{s/b+1}{s}$ 의 Bode 선도.

3 단계: 원하는 교차 주파수 ω_c에서 $KP(s)$의 위상 선도를 검토한다.

만일 $180^\circ + \angle KP(jw_c) \geq \phi_c + 5^\circ$ 이면, 설계 사양을 만족하는 PI 제어기를 설계할 수 있다. (5° 를 더하는 이유는 제어기 계수들이 이후와 같이 적절하게 선정되었을 때 제어기 $C(s)$가 ω_c에서 -5° 만큼 기여하기를 바라기 때문이다.)

4 단계: 다음과 같이 선정한다.

$$b \approx 0.1\omega_c, \quad K_c = \frac{b}{|P(j\omega_c)|}.$$

5 단계: 끝으로, PI 제어기는 다음과 같이 주어진다.

$$C(s) = \frac{K_c(s/b+1)}{s}.$$

이제 예제를 통하여 위의 설계 과정을 설명한다.

예제 7.4

공정 전달함수가 다음과 같다고 가정하고,

$$P(s) = \frac{30}{(s+5)(s^2+4s+8)}$$

다음과 같은 사양이 만족되도록 피드백 제어기를 설계하려고 한다.

- 시스템의 PM이 적어도 40° 가 되며 교차주파수가 적어도 2이다.
- 계단 입력에 대한 정상 상태 오차가 0.01 이하가 된다.

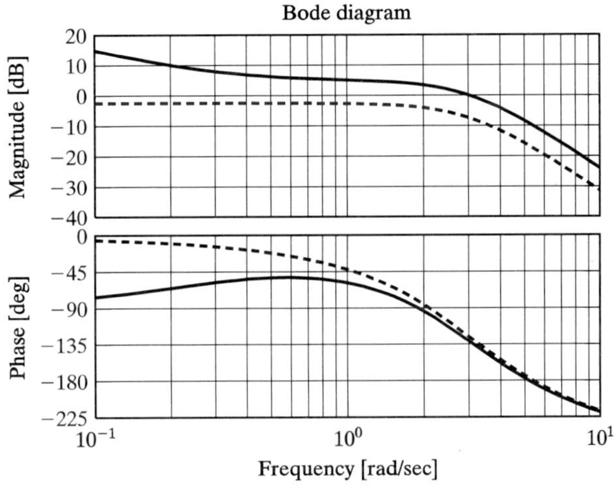

그림 7.6 예제 7.4−$P(s)$ (파선) 와 $C(s)P(s)$ (실선).

먼저 그림 7.6에 나타난 바와 같이 $P(s)$의 Bode 선도를 그린다. Bode 선도로부터 $\omega=2$일 때 $P(s)$의 위상은 약 -85°가 됨을 알 수 있다. 따라서 설계 사양을 만족시키기 위하여 지상 혹은 PI 제어기를 설계할 수 있다. 빠른 응답을 위하여 $\omega_c=3$을 선택한다. 그러면 $\angle P(j3)\approx-126^\circ$ 이고 $|P(j3)|=0.4273$이 된다. 다음과 같이 선정한다. $b=0.1\omega_c=0.3$, 그리고

$$K_c=\frac{b}{|P(j\omega_c)|}=\frac{0.3}{0.4273}=0.7021.$$

그러면 다음과 같은 PI 제어기를 얻는다.

$$C(s)=\frac{K_c(s/b+1)}{s}=\frac{0.7021(s/0.3+1)}{s}.$$

보상된 루프 전달 함수는 그림 7.6에 실선으로 나타나있다. 보상된 시스템은 1형이며, $\omega_c=3$에 대한 PM이 48°가 된다. 따라서 모든 설계 사양이 만족된다.

설계 사양을 만족하도록 하는 지상 제어기 또한 구할 수 있다. 예를 들어 지상 제어기

$$C(s)=\frac{133.3(s/0.3+1)}{s/0.0053+1}$$

설계 사양을 만족한다.

7.3 진상 제어기

다음과 같은 형태의 일차 진상 제어기를 고려하자:

$$C(s) = \frac{K_c(s/b+1)}{s/a+1}, \quad b < a.$$

$K_c = 1$일 때 이 제어기의 Bode 선도가 그림 7.7에 나타나있다.

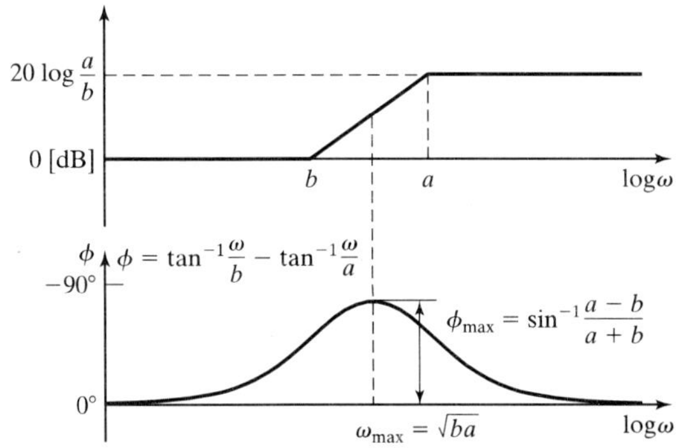

그림 7.7 진상 제어기 $C(s) = \frac{s/b+1}{s/a+1} \, (b < a)$

이 보상기의 최대 위상은 다음과 같이 주어지고 (그림 7.8 참조)

$$\phi_{\max} = \sin^{-1}\frac{a-b}{a+b} = \sin^{-1}\frac{a/b-1}{a/b+1}$$

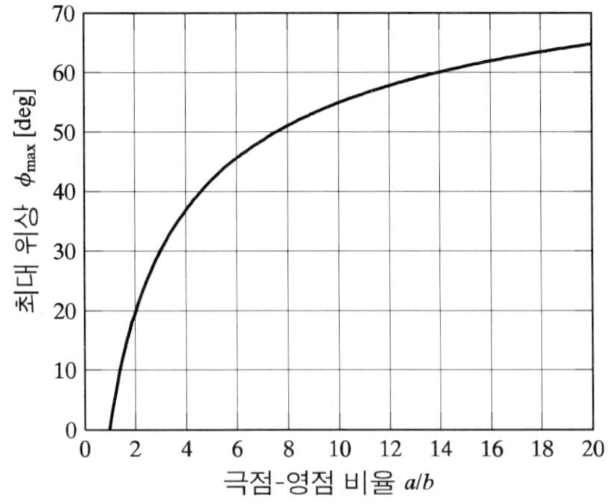

그림 7.8 $C(s) = \frac{s/b+1}{s/a+1}$의 최대 위상 : $\phi_{\max} = \sin^{-1}\frac{a-b}{a+b}$

즉

$$\frac{a}{b} = \frac{1 + \sin\phi_{\max}}{1 - \sin\phi_{\max}},$$

다음과 같은 주파수에서 최대값을 갖는다.

$$\omega_{\max} = \sqrt{ba}.$$

근궤적 설계법에서 지적하였듯이, 진상 제어기는 위상 보상기이다. 이것은 교차주파수를 줄이지 않으면서 PM을 증가시키기 위해 주로 사용한다. 다음과 같은 과정을 거쳐 진상 제어기를 설계할 수 있다.

알고리즘 7.5 (진상 제어기 설계). (그림 7.9 참조)

1 단계: 개루프 시스템 $L(s) = K_1 P(s)$의 DC 이득 요구조건이 만족되도록 K_1을 찾는다. 예를 들어, K_1은 추종, 외란 제거 등에 대한 정상상태 오차 요구조건을 만족하도록 선택하여야 한다.

2 단계: 원하는 교차 주파수 ω_{desired}, PM ϕ_{desired} 등을 결정한다. (교차 주파수는 상승 시간과 정착 시간과 관계가 있고, PM은 시스템 응답의 오버슈트와 관계가 있음을 상기하자.)

3 단계: $K_1 P(s)$의 Bode 선도를 그리고 교차 주파수 ω_1을 계산한다.

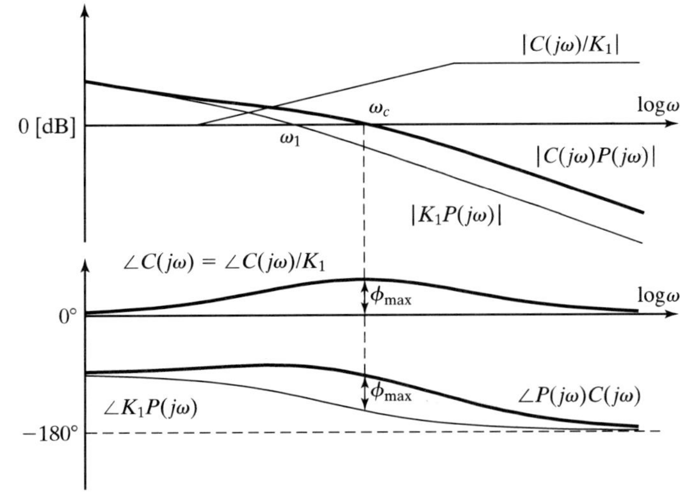

그림 7.9 진상 제어기 설계

4 단계: 만일 $\omega_1 \ll \omega_{\mathrm{desired}}$이면, 다음과 같이 정한다. $\omega_c = \omega_{\mathrm{desired}}$ 그리고

$$\phi_{\max} = \phi_{\mathrm{desired}} - \angle K_1 P(j\omega_c) - 180°.$$

다음 식을 만족하는 a와 b를 찾는다.

$$\frac{a}{b} = \frac{1 + \sin\phi_{\max}}{1 - \sin\phi_{\max}}, \quad \omega_c = \sqrt{ba}.$$

다음을 만족하는 K_c를 찾는다.

$$\left|\frac{K_c(j\omega_c/b + 1)}{j\omega_c/a + 1}\right| |P(j\omega_c)| = 1.$$

만일 $K_c \geq K_1$이면 6 단계로 건너뛴다. 그렇지 않은 경우 5단계로 진행한다.

5 단계: 만일 $\omega_1 \approx \omega_{desired}$이거나 $\omega_1 \geq \omega_{desired}$이면 $K_c = K_1$이라 둔다. ω_1이상의 주파수 범위에서 Bode 선도를 검토하여 필요한 위상 $\phi_{\max}$를 산정한다. (진상 보상기가 교차주파수를 약간 증가시킬 것이다.) 다음과 같이 두고

$$\frac{a}{b} = \frac{1 + \sin\phi_{\max}}{1 - \sin\phi_{\max}}$$

ω_c가 다음을 만족한다 하자.

$$|K_1 P(j\omega_c)| = \sqrt{\frac{b}{a}}.$$

다음과 같이 두어 b와 a를 선정한다.

$$\omega_c = \sqrt{ab}.$$

6 단계: 진상 제어기가 다음과 같이 주어졌다 하자.

$$C(s) = \frac{K_c(s/b + 1)}{s/a + 1}.$$

7 단계: $C(s)P(s)$의 Bode 선도를 그리고 설계 사양을 점검한다. 필요하면 K_c, a, 그리고 b를 조정한다. 만일 설계 사양을 만족시킬 수 없다면, 진상-지상 제어기가 필요할 수 있다.

두 예제를 통하여 위 설계 과정을 설명하겠다.

예제 7.6

공정 전달함수가 다음과 같다.

$$P(s) = \frac{100}{s(s+20)}.$$

다음 사양이 만족되도록 피드백 제어기를 설계하고자 한다.

- 시스템의 PM이 적어도 $50°$ 가 되며 교차주파수가 적어도 40이다.
- 램프 입력에 대한 정상 상태 오차가 0.1 이하이다.

  정상상태 오차 요구조건은 $K_c \geq K_1 := 2$인 임의의 K_c에 대해서 쉽게 만족된다. 그림 7.10은 $K_1 P(s)$에 대한 Bode 선도이다. 교차주파수는 $\omega_1 = 10$이며 이는 원하는 교차 주파수 $\omega_{\text{desired}} = 40$보다 매우 작다. $\angle K_1 P(j\omega_{\text{desired}}) \approx -154°$ 이므로, PM을 보장하기 위하여 $\omega_{\text{desired}} = 40$에서 필요한 양의 위상 기여각은 다음과 같다.

$$\phi_{\max} = 50 + 154 - 180 = 24°.$$

다음과 같이 두자.

$$\frac{a}{b} = \frac{1+\sin\phi_{\max}}{1-\sin\phi_{\max}} = 2.3712,$$

$$\sqrt{ba} = \omega_{\text{desired}} = 40,$$

즉,

$$a \approx 61.6, \quad b \approx 26.$$

이제 교차주파수가 $\omega_c = \omega_{\text{desired}} = 40$이 되도록 K_c를 선정한다. 즉, 다음과 같이 선정한다.

$$|C(j40)P(j40)| = \left|\frac{K_c(j40/26+1)}{j40/61.6+1}P(j40)\right| = 0.086\ K_c = 1.$$

따라서 $K_c = 11.6$이 되어야 하며, 이는 K_1보다 크다. 그러므로 최종 제어기는 다음과 같고

$$C(s) = \frac{11.6(s/26+1)}{s/61.6+1}$$

모든 설계 사양이 만족된다. 보상된 루프 전달 함수의 Bode 선도가 그림 7.10에 나타나 있으며, 시스템의 PM이 $50°$ 임이 됨을 알 수 있다.

```
P=tf(100,[1,20,0]);
K1P=2*P; bode(K1P)
[Mg40,Ph40]=bode(K1P,40)                j40에서 위상 계산.
C1=tf([1/26,1],[1/61.6,1])
C1P40=bode(C1*P,40) computing
|C1(j40)P(j40)|
L=11.6*C1*P
hold, grid, bode(L)
[Gm,Pm,wg,wp]=margin(L)                 여유값 계산
```

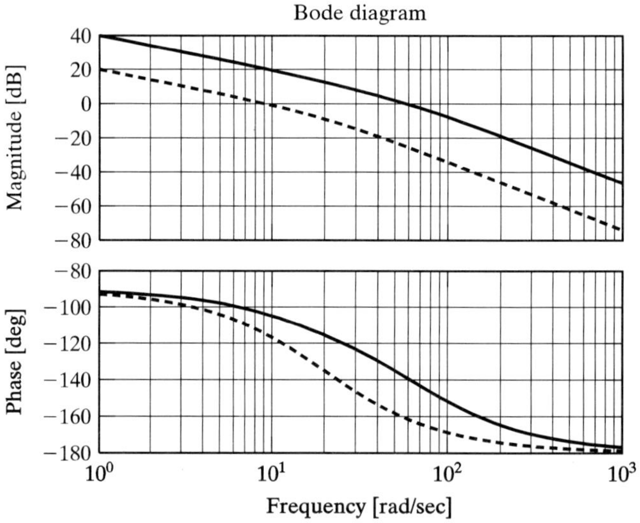

그림 7.10 예제 7.6– $K_1P(s)$ (파선)와 $C(s)P(s)$ (실선).

예제 7.7

아래에 주어진 것처럼 예제 7.6과 같은 전달 함수를 갖는 시스템을 고려하고

$$P(s) = \frac{100}{s(s+20)}$$

다음과 같은 사양들이 만족되도록 피드백 제어기를 설계하고자 한다.

- 시스템의 PM이 적어도 50°가 되며 교차주파수가 적어도 40이다.
- 램프 입력에 대한 정상 상태 오차가 0.01 이하이다.

정상 상태 오차 요구조건은 $K_c \geq K_1 := 20$인 임의의 K_c에 대해서 만족된다. 그림 7.11에 나타난 것과 같이 $K_1P(s)$의 Bode 선도를 그린다. 교차 주파수는 $\omega_1 = 42.5$이며, 이는 원하는 교차주파수 $\omega_{\text{desired}} = 40$보다 크다. 따라서 이득을 더 이상 증가시킬 필요가 없으며 $K_c = K_1 = 20$과 같이 선정할 수 있다. 진상 보상으로 인해 이득 교차주파수가 ω_1보다 커질 것이다. 이제, $K_1P(s)$의 위상 선도를 보면 진상 제어기가 아마도 약 30°의 위상을 양의 방향으로 기여하여야한다는 것을 알 수 있다.

$$\phi_{\max} = 40^\circ$$

그리고

$$\frac{a}{b} = \frac{1+\sin\phi_{\max}}{1-\sin\phi_{\max}} = 5.6254.$$

이라 하자.
ω_c가 다음을 만족한다 하자.

$$|K_1P(j\omega_c)| = \sqrt{\frac{1}{5.6254}} = 0.42.$$

Bode 선도로부터 $\omega_c \approx 67$을 찾을 수 있다. 다음과 같이 두자.

$$\sqrt{ba} = \omega_c = 67,$$

즉,

$$a \approx 158.9, \quad b \approx 28.25.$$

그러면 다음을 얻는다.

$$C(s) = \frac{20(s/28.25+1)}{s/156.9+1}.$$

실제 달성된 PM 값은 67° 이다. 보상된 시스템의 Bode 선도도 그림 7.11에 나타나 있다.

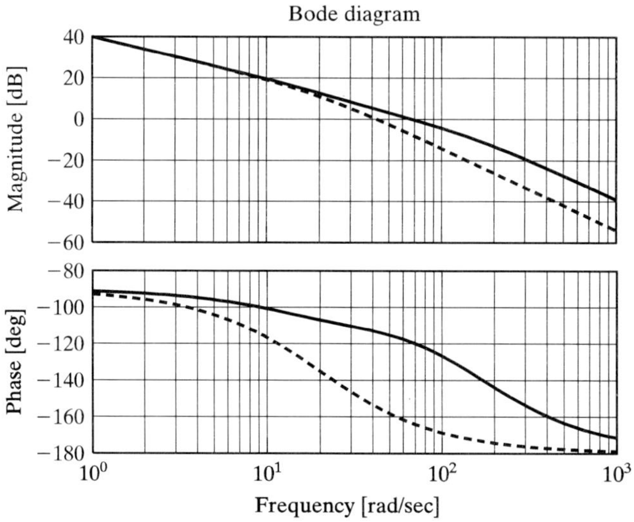

그림 7.11 예제 7.7– $K_1P(s)$ (파선)와 $C(s)P(s)$ (실선).

예제 7.6과 7.7에서 다음과 같은 형태의 제어기를 선정하여

$$C(s) = \frac{K_c(s/20+1)}{s/a+1}$$

-20에 위치한 바람직하지 않은 극을 소거할 수 있다는 것을 어렵지 않게 알 수 있다. 이를 통하여 설계 과정이 상당히 단순해질 수 있다. 즉, 다음의 제어기가

$$C(s) = \frac{8(s/20+1)}{s/47.67+1}$$

예제 7.6의 설계 사양을 만족한다는 것과 아래의 제어기가

$$C(s) = \frac{20(s/20+1)}{s/119.17+1}$$

예제 7.7의 설계 사양을 만족한다는 것을 상당히 쉽게 보일 수 있다.

7.4 PD 제어기

다시 다음과 같은 형태의 PD 제어기를 고려하자.

$$C(s) = K_c(s/b + 1).$$

그림 7.12는 이 제어기의 Bode 선도를 $K_c = 1$인 경우에 그린 것이다. 이 보상기의 위상이 다음과 같이 주어진다는 것에 주목하자.

$$\phi = \tan^{-1}\frac{\omega}{b}.$$

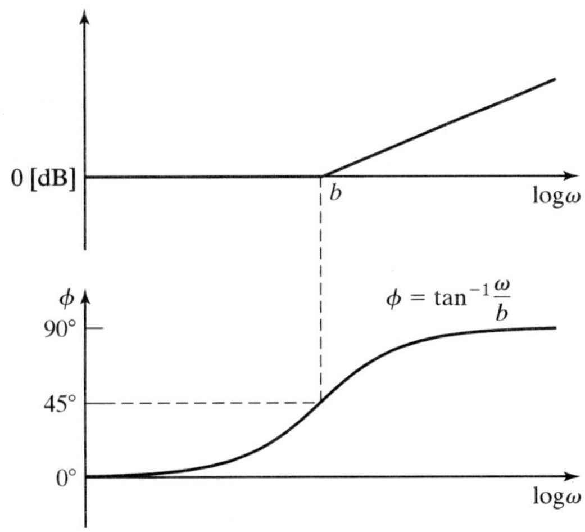

그림 7.12 PD 제어기 $C(s) = s/b + 1$의 Bode 선도.

알고리즘 7.8 (PD 제어기 설계–PD controller design).

1 단계: 개루프 시스템 $L(s) = K_1P(s)$의 DC 이득 요구조건이 만족되도록 K_1을 찾는다. 예를 들어, K_1은 추종, 외란 제거 등에 대한 정상상태 오차 요구조건을 만족하도록 선택하여야 한다.

2 단계: 원하는 교차 주파수 ω_{desired}, PM ϕ_{desired} 등을 결정한다. (교차 주파수는 상승 시간과 정착 시간과 관계가 있고, PM은 시스템 응답의 오버슈트와 관계가 있음을 상기하자.)

3 단계: $K_1P(s)$의 Bode 선도를 그리고 교차 주파수 ω_1을 계산한다.

4 단계: 만일 $\omega_1 \ll \omega_{\text{desired}}$이면, 다음과 같이 정한다. $\omega_c = \omega_{\text{desired}}$ 그리고

$$\phi_{\text{max}} = \phi_{\text{desired}} - \angle K_1 P(j\omega_c) - 180^\circ.$$

다음 식에서 b를 찾는다.

$$b = \frac{\omega_c}{\tan \phi_{\text{max}}}.$$

다음을 만족하는 K_c를 찾는다.

$$|K_c(j\omega_c/b + 1)P(j\omega_c)| \approx 1.$$

만일 $K_c \geq K_1$이면 6 단계로 건너뛴다. 그렇지 않은 경우 5단계로 진행한다.

5 단계: 만일 $\omega_1 \approx \omega_{\text{desired}}$이거나 $\omega_1 \geq \omega_{\text{desired}}$이면 $K_c = K_1$이라 둔다. ω_1이상의 주파수 범위에서 Bode 선도를 검토하여 필요한 위상 ϕ_{max}를 산정한다. (PD 보상기가 교차주파수를 약간 증가시킬 것이다.) ω_c와 b를 다음 두 관계식이 만족하도록 선정한다.

$$b = \frac{\omega_c}{\tan\phi_{\text{max}}}$$

그리고

$$|K_c(jw_c/b + 1)P(jw_c)| \approx 1.$$

(이들은 Bode 선도로부터 그림 상에서 직접 얻을 수 있다.)

6 단계: PD 제어기가 다음과 같이 주어졌다 하자.

$$C(s) = K_c(s/b + 1).$$

7 단계: $C(s)P(s)$의 Bode 선도를 그리고 설계 사양을 점검한다. 필요하면 b와 K_c를 조정한다. 만일 설계 사양을 만족시킬 수 없다면, PID 혹은 진상-지상 제어기가 필요할 수 있다.

예제를 통하여 위 설계 과정을 설명하겠다.

예제 7.9

공정 전달함수가 다음과 같은 피드백 시스템을 고려하자.

$$P(s) = \frac{50}{s^2(s+10)}.$$

시스템이 적어도 $40°$ 의 PM과 최소 1 이상의 교차 주파수를 갖도록 PD 피드백 제어기를 설계한다고 하자. 공정이 이중 적분을 포함하므로 정상 상태 요구 조건에 대하여 어떠한 추가적인 조건도 제기하지 않는다. 이 시스템에 대한 PD제어기를 설계하기 위하여 그림 7.13에 나타난 바와 같이 $P(s)$에 대한 Bode 선도를 그린다. $\angle P(j10) = -225°$ 이고 PD 제어기의 최대 위상이 $90°$ 이므로, PD 보상을 통하여 원하는 PM을 얻기 위해서는 교차 주파수가 10 보다 작아야 한다는 것이 분명하다. 저주파 이득에 대한 특정한 요구 사항이 없으므로, $K_c < 1$과 같이 선정할 수 있다. $\omega_c = 1$이라 두고, $\angle P(j1) = -185.7°$ 임에 주목하자. 따라서, $\omega_c = 1$에서 적어도 $40°$ 의 PM을 달성하기 위하여, $\phi_{\max} = 50°$ 과 같이 선정한다. 그러면 다음을 얻는다.

$$b = \frac{\omega_c}{\tan\phi_{\max}} = 0.8391.$$

K_c가 다음을 만족한다 하자.

$$K_c|j\omega_c/b+1|\,|P(j\omega_c)| = 1.$$

그러면 $K_c = 0.1292$.이다. 따라서 PD제어기는 다음과 같이 주어진다.

$$C(s) = K_c(s/b+1) = 0.1292(s/0.8391+1).$$

보상된 Bode 선도가 그림 7.13에 실선으로 나타나 있다.

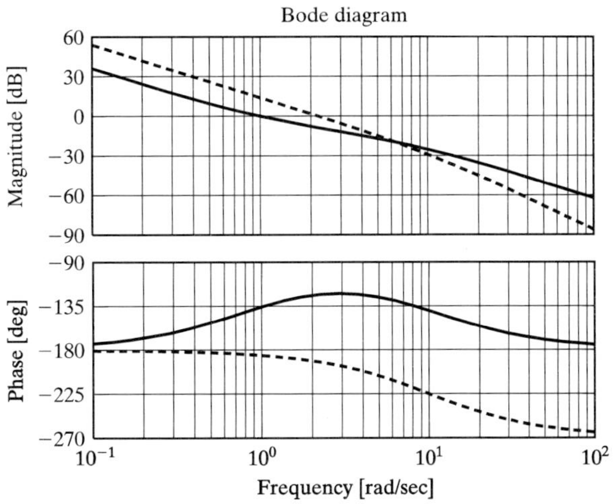

그림 7.13 예제 7.9−$P(s)$ (파선)와 $C(s)P(s)$ (실선).

이제 $\omega \le 1$인 모든 주파수에 대하여 루프 이득이 20[dB]보다 크고 같은 PM을 갖기를 원한다고 가정하자. 이는 $K_1 P(s)$에서 $K_1 = 2.01$인 경우 만족될 것이다. 그림 7.14의 Bode 선도에서 알 수 있듯이 $K_1 P(s)$의 교차 주파수가 3보타 크므로 $\omega_c \ge 3$과 같이 선택하여야 한다. 이제 그림 7.14와 같이 $K_1 P(s)$의 Bode 선도를 그린다. $\omega_c = 7$이라 두자. 그러면 $\phi_{\max} = 75°$ 그리고 다음과 같이 선정해야 한다.

$$b = \frac{\omega_c}{\tan \phi_{\max}} = \frac{7}{3.7321} = 1.8756.$$

K_c가 다음을 만족한다 하자.

$$K_c |j\omega_c / b + 1| \, |P(j\omega_c)| = 1,$$

즉, $K_c = 3.096 > K_1$이다. 그러면 다음과 같은 PD 제어기를 얻는다.

$$C_1(s) = 3.096(s/1.8756 + 1),$$

보상된 Bode 선도가 그림 7.14에 나타나 있다.

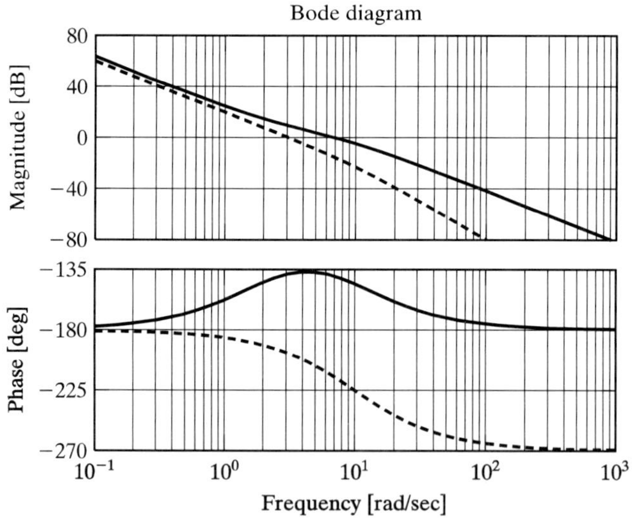

그림 7.14 예제 7.9−$K_1 P(s)$ (파선)와 $C_1(s)P(s)$ (실선)

위에 기술된 설계 과정은 실제적인 설계에 있어 단지 하나의 시작점이라 할 수 있다. 보통 만족스러운 제어기 설계를 하기 위해서는 설계 파라미터를 지속적으로 조정하여야 한다.

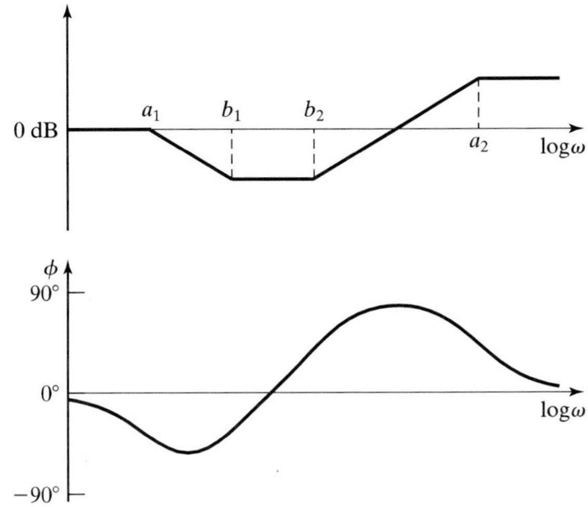

그림 7.15 진상–지상 제어기 $C(s) = \frac{s/b_1+1}{s/a_1+1}\frac{s/b_2+1}{s/a_2+1}$

7.5 진상–지상 혹은 PID 제어기

진상 지상 제어기는 다음과 같은 일반적인 형태일 수 있다.

$$C(s) = \frac{K_c(s/b_1+1)}{s/a_1+1}\frac{s/b_2+1}{s/a_2+1}, \quad a_1 < b_1 < b_2 < a_2.$$

$K_c = 1$인 경우에 대한 이 제어기의 Bode 선도가 그림 7.15에 나타나 있다.

이 제어기는 훨씬 더 자유롭게 설계할 수 있으나 본질적으로 진상 제어기 설계와 지상 제어기 설계를 조합하여 설계한다.

다음과 같은 과정으로 진상–지상 제어기를 설계할 수 있다.

알고리즘 7.10 (진상–지상 제어기 제어기 설계 Lead-lag contoller design).

1 단계: 개루프 시스템 $L(s) = K_cP(s)$의 DC 이득 요구조건이 만족되도록 K_c을 찾는다. 예를 들어, K_c는 추종, 외란 제거 등에 대한 정상상태 오차 요구조건을 만족하도록 선택하여야 한다.

2 단계: 원하는 교차 주파수 ω_c와 PM $\phi_{desired}$를 결정한다.

3 단계: $K_cP(s)$의 Bode 선도를 그리고 원하는 PM을 달성하기 위하여 ω_c에서 필요한 위상 $\phi_{\max}$를 계산한다.

$$\phi_{\max} = \phi_{\text{desired}} - \angle K_c P(j\omega_c) - 180° + 5°.$$

4 단계: 다음을 만족하는 a_2와 b_2를 선정한다.

$$\frac{a_2}{b_2} = \frac{1+\sin\phi_{\max}}{1-\sin\phi_{\max}}, \quad \omega_c = \sqrt{b_2 a_2}.$$

다음과 같이 둔다.

$$C_{\text{lead}}(s) = \frac{K_c(s/b_2+1)}{s/a_2+1}.$$

5 단계: 다음과 같이 선정한다.

$$b_1 \approx 0.1\omega_c, \quad a_1 = \frac{b_1}{|C_{\text{lead}}(j\omega_c)P(j\omega_c)|}.$$

6 단계: $C(s)P(s)$의 Bode 선도를 그리고 설계 사양을 점검한다.

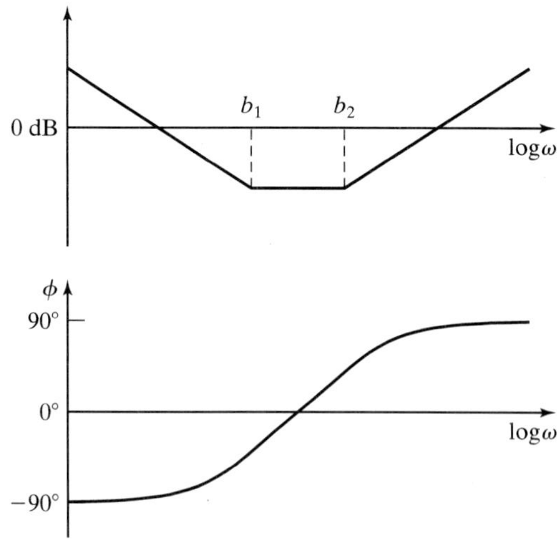

그림 7.16 PID제어기의 Bode 선도 $C(s) = \dfrac{(s/b_1+1)(s/b_2+1)}{s}$

유사하게, PID 제어기는 본질적으로 PD와 PI 제어기들을 위한 설계 과정을 조합하여 설계할 수 있다. $K_c = 1$인 경우에 대한 아래 PID 제어기의 Bode 선도가 그림 7.16에 나타나 있다.

$$C(s) = \frac{K_c(s/b_1 + 1)(s/b_2 + 1)}{s}$$

알고리즘 7.11 (PID 제어기 설계–PID conteller design).

1 단계: 원하는 교차 주파수 ω_c와 PM ϕ_{desired}를 결정한다.

2 단계: $P(s)$의 Bode 선도를 그리고 원하는 PM을 달성하기 위하여 ω_c에서 필요한 위상 $\phi_{\max}$를 계산한다.

$$\phi_{\max} = \phi_{\text{desired}} - \angle P(j\omega_c) - 180° + 5°.$$

3 단계: 다음과 같이 b_2를 선정한다.

$$b_2 = \frac{\omega_c}{\tan \phi_{\max}}.$$

다음과 같이 둔다.

$$C_{\text{pd}}(s) = s/b_2 + 1.$$

4 단계: 다음과 같이 선정한다.

$$b_1 \approx 0.1\omega_c, \quad K_c = \frac{b_1}{|C_{\text{pd}}(j\omega_c)P(j\omega_c)|}.$$

5 단계: PID 제어기는 다음과 같이 주어진다.

$$C(s) = \frac{K_c(s/b_1 + 1)(s/b_2 + 1)}{s}.$$

6 단계: $C(s)P(s)$의 Bode 선도를 그리고 설계 사양을 점검한다.

7.6 Ziegler와 Nichols 조정법

그림 7.17에 나타난 단위 피드백 시스템을 고려하자. 제어기 $C(s)$는 다음과 같은 일반 형태의 PID라 가정한다.

$$C(s) = K_P \left(1 + \frac{1}{T_I s} + T_D s\right)$$

여기서 K_p는 비례 이득, T_I는 적분 상수, 그리고 T_D는 미분 상수이다.

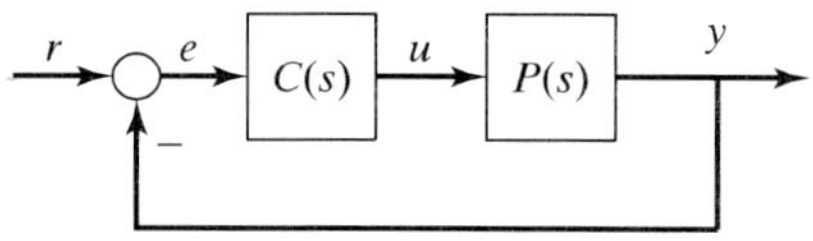

그림 7.17 PID 제어 시스템

7.6.1 Ziegler와 Nichols 제 1방법

Ziegler와 Nichols 제 1방법은 시스템의 계단 응답을 사용한다. 우선, 시스템의 계단 응답을 실험적으로 (혹은 시뮬레이션으로) 구한다. 만일 계단 응답이 그림 7.18과 같이 S 모양이면, 즉 시스템이 실제로는 고차의 시스템이라면, 개루프 시스템을 다음과 같은 운송지연을 갖는 일차 시스템의 근사 전달함수로 표현할 수 있다.

$$P(s) = \frac{Ke^{-Ls}}{\tau s + 1}$$

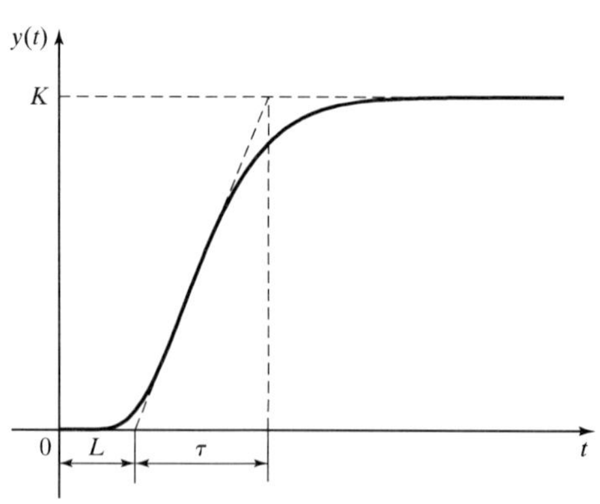

그림 7.18 계단 응답

여기서 L과 τ는 계단 응답에서 가장 큰 기울기를 갖는 접선을 그려 얻는다.

Ziegler와 Nichols는 PID 제어기 파라미터들을 선정하는 데 있어 추후 미세 조정을 위한 초기값으로 표 7.1에 나타난 값들을 제안하였다. 이후에, 왜 이와 같은 값들이 적절한지를 Bode 선도를 사용하여 자세히 설명한다.

제어기 종류	K_P	T_I	T_D
P	$\frac{\tau}{KL}$		
PI	$\frac{0.9\tau}{KL}$	$\frac{L}{0.3}$	
PID	$\frac{1.2\tau}{KL}$	$2L$	$0.5L$

표 7.1 Ziegler와 Nichols 제 1 방법.

K의 값은 제어기 이득에 의해 소거되기 때문에 성능 면에서는 아무런 역할을 하지 않는다는 것을 주목하자. 시스템 성능을 결정하는 것은 L과 비율 τ/L이다.

7.6.2 Ziegler와 Nichols 조정법의 주파수 응답 해석

Ziegler와 Nichols 제 1 조정 방법은 기본적으로 공정이 아래와 같은 근사 모델로 표현된다고 가정한다는 것을 주목하자.

$$P(s) = \frac{Ke^{-Ls}}{\tau s + 1}.$$

$P(s)$의 Bode 선도는 그림 7.19와 같이 대략적으로 그릴 수 있다. $P(s)$의 위상은 다음과 같이 주어진다는 점에 주의하자.

$$\angle P(j\omega) = -L\omega - \tan^{-1}\tau\omega.$$

또한 적절한 과도 성능을 달성하기 위해서는 개루프가 충분한 PM을 가져야 한다는 점을 주목하자. 예를 들어, 최대 오버슈트가 50%를 초과하지 않기 위해서는 PM이 적어도 25°가 되어야 한다.

비례 제어기(Proportional contoller) $C(s)$가 비례 제어기라 하자. 그러면 다음이 성립한다.

$$\angle P(j\omega)C(j\omega) = -L\omega - \tan^{-1}\tau\omega.$$

만일 $P(s)C(s)$의 교차주파수를 $1/L$에 가깝게 선정하면, 즉, 다음과 같으면,

$$\omega_c \approx \frac{1}{L},$$

PM은 다음과 같이 주어진다.

$$\begin{aligned} \mathrm{PM} &= \pi + \angle P(j\omega_c)C(j\omega_c) \approx \pi - 1 - \tan^{-1}\frac{\tau}{L} \text{ [rad]} \\ &= 123^\circ - \frac{180^\circ}{\pi}\tan^{-1}\frac{\tau}{L} > 33^\circ. \end{aligned}$$

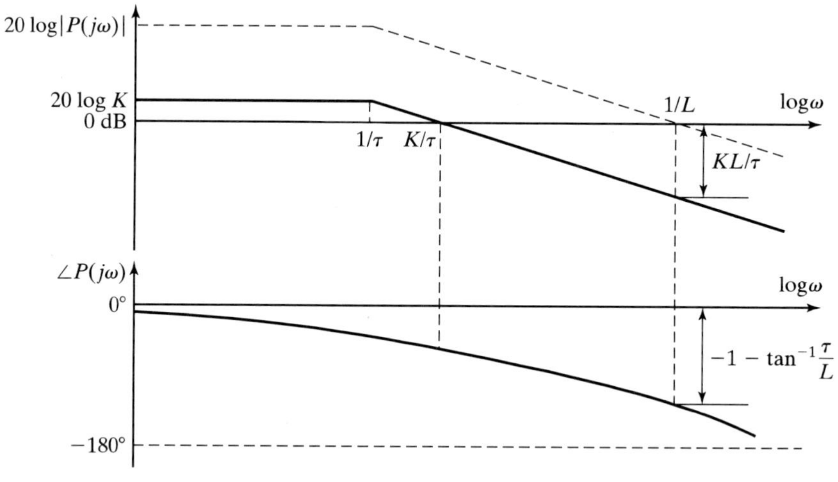

그림 7.19 공정 $P(s) = \dfrac{Ke^{-Ls}}{\tau s + 1}$의 주파수 응답

따라서, 만일 교차주파수를 $\omega_c \approx 1/L$과 같이 선정하면, 최대 오버슈트가 50%보다 커지지 않음을 보장하는 충분한 PM을 얻는다. 마지막으로, 다음을 주목하자.

$$|P(j\omega_c)| \approx |P(j/L)| = \frac{K}{\sqrt{1 + (\tau/L)^2}} < \frac{KL}{\tau}.$$

그래서, 만일 다음과 같이 선정하면

$$C(s) = \frac{\tau}{KL},$$

$\omega_c \leq 1/L$과 PM$> 33^\circ$ 이 보장된다.

PI 제어기(PI controller) $C(s)$가 다음과 같은 PI 제어기라 하자.

$$C(s) = \frac{K_P(s + 1/T_I)}{s}.$$

교차주파수에서 $C(s)$의 위상 기여가 음의 값이 될 것이기 때문에, PI 제어기를 갖는 시스템의 교차주파수는 비례 제어기만을 갖는 시스템의 교차주파수보다 약간 작을 것이다. 다음과 같이 선택한다.

$$\omega_c \approx \frac{0.9}{L}.$$

그러면, $T_I = L/0.3$인 경우, 다음을 얻는다.

$$\begin{aligned}\angle C(j\omega_c)P(j\omega_c) &= \angle(j0.9/L + 0.3/L) - 90^\circ - \frac{180^\circ}{\pi}(0.9 + \tan^{-1}\frac{0.9\tau}{L}) \\ &= \frac{180^\circ}{\pi}\tan^{-1}3 - 90^\circ - \frac{180^\circ}{\pi}(0.9 + \tan^{-1}\frac{0.9\tau}{L}) \\ &= -70^\circ - \frac{180^\circ}{\pi}\tan^{-1}\frac{0.9\tau}{L}.\end{aligned}$$

따라서, 만일 $\tau/L \leq 10/3$인 경우에는 다음을 얻을 수 있고,

$$\mathrm{PM} = 180^\circ + \angle C(j\omega_c)P(j\omega_c) = 110^\circ - \frac{180^\circ}{\pi}\tan^{-1}\frac{0.9\tau}{L} > 38^\circ$$

임의의 τ/L에 대하여 PM$\geq 20^\circ$ 이다. 또한 만일 $\tau/L \leq 10/3$인 경우에는 다음이 됨을 주목하자.

$$|C(j\omega_c)P(j\omega_c)| = \frac{\sqrt{0.9}\,\tau/L}{\sqrt{1 + 0.9^2(\tau/L)^2}} \leq 1$$

즉, 만일 $\tau/L \leq 10/3$이면 $\omega_c \leq 0.9/L$과 PM$\geq 38^\circ$ 임을 보장할 수 있다.

PID 제어기(PID controller) Ziegler와 Nochols 조정법에 의해 다음이 성립한다는 점을 주목하자.

$$C(s)=\frac{1.2\tau}{KL}\left(1+\frac{1}{2Ls}+0.5Ls\right)=\frac{1.2\tau}{KL}\,\frac{(1+Ls)^2}{2Ls}.$$

다음이 성립하므로

$$C(j1.2/L)P(j1.2/L)=\frac{\tau/L(0.6399-1.0387j)}{1+j1.2\tau/L}$$

만일 $\tau/L\le 4.5455$이면 다음을 얻는다.

$$|C(j1.2/L)P(j1.2/L)|\le 1$$

더구나, 다음 두 식이 성립한다.

$$\angle C(j1.2/L)P(j1.2/L)=-58.75^\circ-\frac{180^\circ}{\pi}\,\tan^{-1}\frac{1.2\tau}{L}$$

그리고

$$\mathrm{PM}=180^\circ+\angle C(j\omega_c)P(j\omega_c)=121.25^\circ-\frac{180^\circ}{\pi}\,\tan^{-1}\frac{1.2\tau}{L}>31.25^\circ.$$

따라서 만일 $\tau/L\le 4.5455$이면 $\omega_c\le 1.2/L$이며 $\mathrm{PM}\ge 31.25^\circ$ 임을 보장할 수 있다.

예제 7.12

다음 시간 지연 시스템을 고려하자.

$$P(s)=\frac{Ke^{-Ls}}{\tau s+1}$$

여기서 $K=10$이며 $L=2$이다. Ziegler와 Nichols 제 1 방법을 사용하여 얻어진 제어기가 여러 τ에 대하여 어떤 성능을 보이는지 알아보자.

Ziegler와 Nichols 제 1 방법을 사용하여 얻어진 비례 제어기, PI 제어기, 그리고 PID 제어기를 사용한 시스템의 계단 응답이 그림 7.20~7.22에 나타나있다. 시뮬레이션을 통하여 이들 제어기의 성능이 τ값(사실 비율 τ/L)에 크게 의존한다는 것을 분명히 알 수 있다. 특히, 매우 큰 τ/L을 갖는 PI 혹은 PID 제어기를 사용할 경우 백분율 오버슈트가 매우 커질 수 있다.

따라서, 최종 설계 파라미터 값을 계산하기 위해서는 이들 조정 공식을 사용하지 말아야 하며, 대신 제어기 조정을 시작하는 용도로 사용하여야 한다. 또한, 이들 제어기의 성능은 주파수 영역 해석과 일치한다는 것이 명확하다.

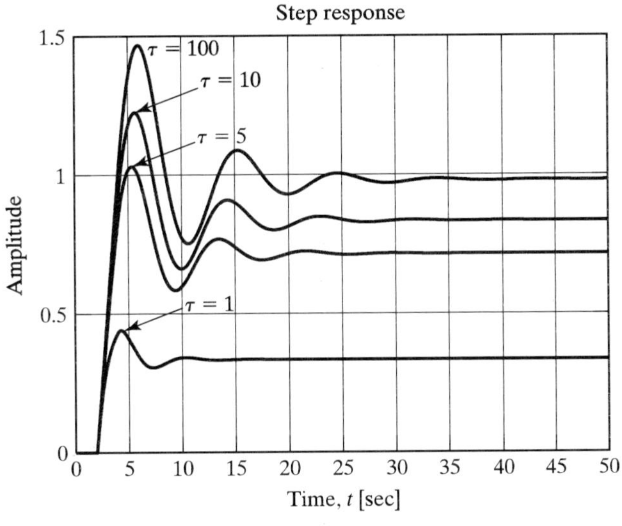

그림 7.20 예제 7.12–$K=10, L=2$, 그리고 여러 τ에 대한 비례 제어기 : 계단 응답

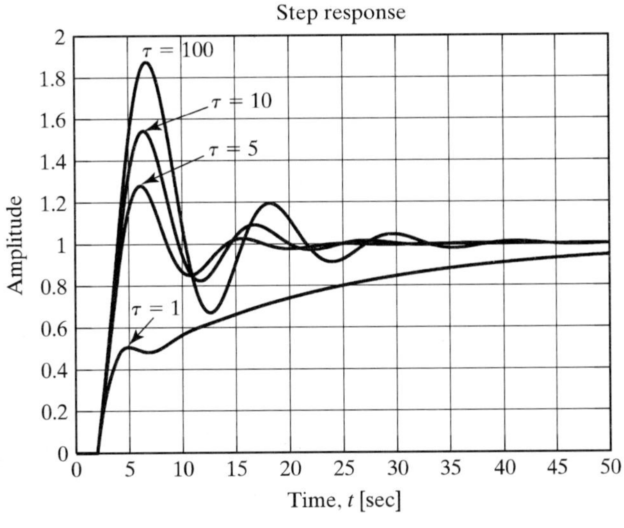

그림 7.21 예제 7.12–$K=10, L=2$, 그리고 여러 τ에 대한 PI 제어기 : 계단 응답

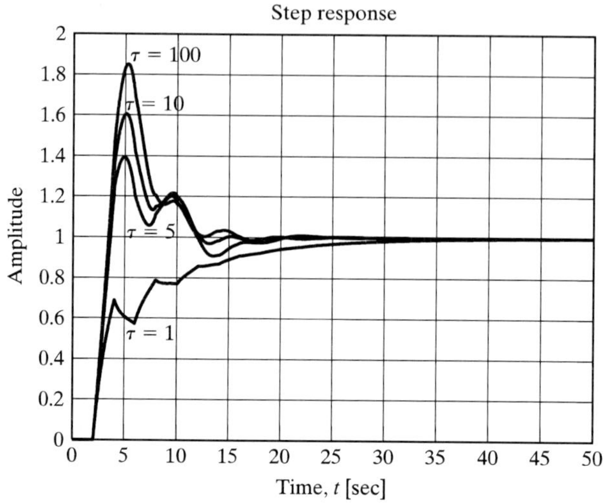

그림 7.22 예제 7.12-$K=10, L=2$, 그리고 여러 τ에 대한 PID 제어기 : 계단 응답

7.6.3 Ziegler와 Nichols 제2방법

Ziegler와 Nichols 제2방법은 소위 임계 이득과 임계 주기(혹은 주파수)를 사용한다. 먼저, 그림 7.23고 같이 비례 제어기만을 사용하여 실험(혹은 시뮬레이션)을 수행한다. 지속적인 진동이 나타날 때까지 비례 제어기 이득 K를 계속 증가시킨다. 그림 7.24에 나타난 바와 같이 이 임계 이득을 K_{cr}이라 하고 해당하는 진동 주기를 P_{cr}이라 하자. 그러면 Ziegler와 Nichols가 제안한 PID 제어기 파라미터는 표 7.2과 같다.

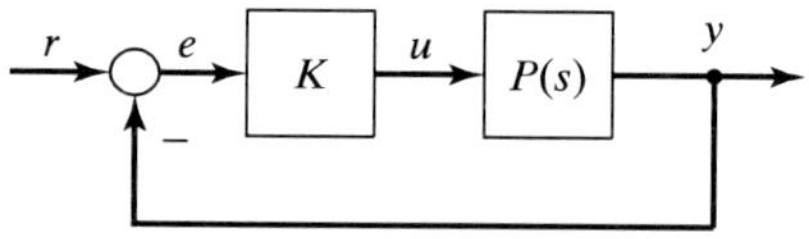

그림 7.23 비례 제어기를 사용한 조정

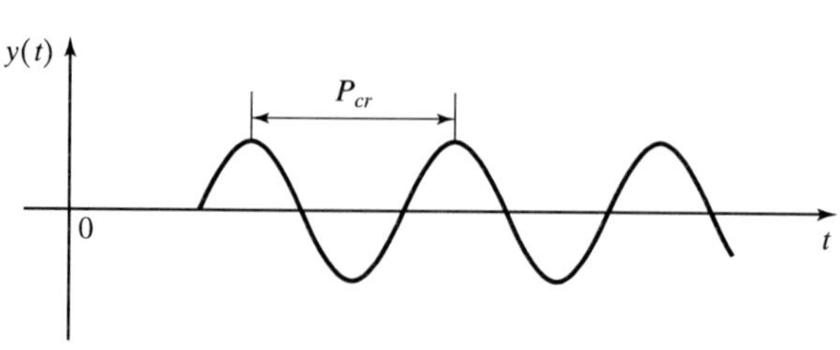

그림 7.24 지속되는 진동의 주기 P_{cr}

제어기 종류	K_P	T_I	T_D
P	$0.5K_{cr}$		
PI	$0.45K_{cr}$	$\frac{1}{1.2}P_{cr}$	
PID	$0.6K_{cr}$	$0.5P_{cr}$	$0.125P_{cr}$

표 7.2 Ziegler와 Nichols 제 2 방법.

역시 이 표의 파라미터들은 단지 추후 조정을 위한 시작점으로 삼아야 한다. K_{cr} 이 근 궤적이 허수축을 지나는 이득이고 허수축을 지나는 지점이 $j\omega = j2\pi/P_{cr}$ 로 주어진다는 사실을 주목하면 조정 파라미터들을 선정하는 방법은 근궤적 개념을 통하여 이해할 수 있다. 자세한 해석은 독자들에게 남긴다.

7.7 미분 제어

미분 제어는 원하는 성능을 달성하기 위하여 이따금 필요하다는 것을 알았다. 그러나, 미분 제어를 구현할 때는 특별히 유의해야 한다. 실제 상황에서, 미분 제어는 그대로 구현할 수 없다. 이는 적절한 저주파 통과 필터와 함께 구현된다. 이 점에 대해 좀 더 자세히 이해하기 그림 7.25에 나타난 바와 같이 아래와 같은 PD 제어기를 포함하는 간단한 피드백 제어 시스템을 고려하자.

$$C(s) = K_P(1 + T_D s).$$

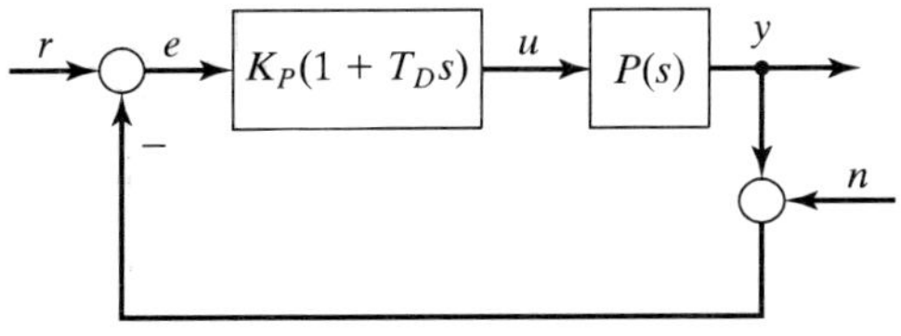

그림 7.25 PD 제어기의 일반적인 구현

순수한 미분은 물리적으로 실현할 수 없으므로 보통 적절한 필터를 사용하여 구현한다. 예를 들면, 다음과 같은 형태로 미분 제어를 근사하게 실현한다.

$$C(s) = K_P\left(1 + \frac{T_D s}{Ts+1}\right)$$

여기서 $T > 0$는 작은 수이다. 센서 잡음을 걸러내기 위하여 T를 적절히 선정하는 것 또한 필요하다.

모든 구동기의 출력이 한정되어 있으므로 그림 7.25에 나타난 일반적인 구현이 실제로 항상 바람직한 것은 아니다. 따라서, 명령 신호 r이 불연속적으로 변할 때, 미분 제어기의 출력은 극도로 클 것이며, (사실, 이론적으로는 무한대) 이는 확실히 구동기의 포화를 야기할 것이다. 따라서 제어기는 바라는 대로 동작하지 않을 것이다. 이 점을 예를 들어 설명한다.

예제 7.13

예제 5.13에서 설계된 다음과 같은 피드백 시스템을 고려하자.

$$C(s) = 5(s+5) = 25(0.2s+1),\quad P(s) = \frac{10}{s(s+5)(s+10)}.$$

그림 7.26은 이 시스템에 대한 SIMULINK 모델이며 PD 제어기는 $C(s) = 25(1 + \frac{0.2s}{Ts+1})$, $T = 0.01$과 같이 구현한다.

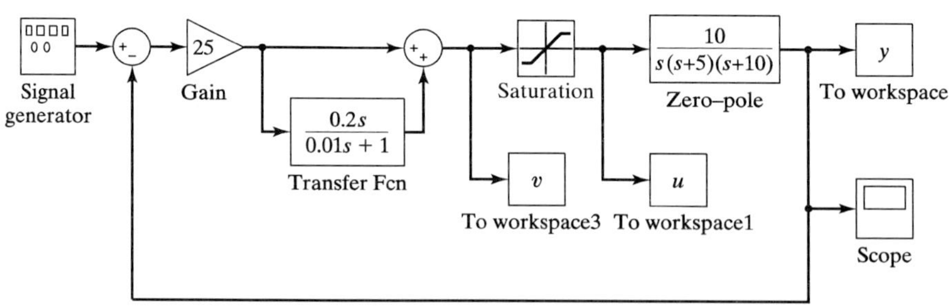

그림 7.26 예제 7.13: 구동기 포화가 있는 PD 제어 시스템

구동기 포화가 없는 경우와 $u_{\max}$ =5, 20, 그리고 20인 구동기 포화를 갖는 경우에 대하여 피드백 시스템의 응답이 그림 7.27에 나타나 있다. 명령 신호가 불연속적으로 변할 때 미분

제어기로 인해 제어 신호가 매우 커진다는 것을 주목하자. (사실 명령 신호가 갑자기 변하는 순간에 $v(t)\to\infty$이 된다.) 따라서, 구동기는 쉽게 포화된다.

대안으로 속도 센서를 사용하여 출력의 미분을 직접 측정하거나 그림 7.28과 같이 미분 제어를 피드백에 구현하는 방법이 있다. 이러한 내부 루프 피브백은 표준적인 직렬 구현 방식에 비해 몇 가지 장점이 있다.

예를 들어, 입력 신호가 갑자기 변하여 구동기가 포화되는 가능성을 줄일 수 있다. 그림 7.29에 이 방식을 사용한 시스템의 응답이 나타나 있으며, 응답이 훨씬 매끄럽다는 것이 명확하다.

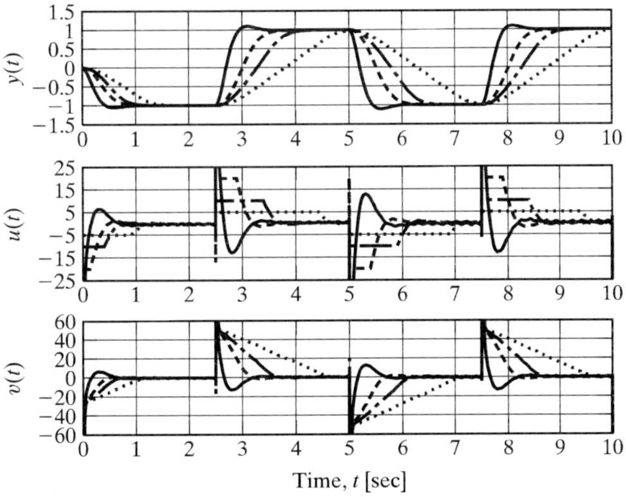

그림 7.27 예제 7.13: 구동기 포화가 있는 시스템의 0.2[Hz] 구형파에 대한 응답. $u_{max}=5$ (점선), $u_{max}=10$ (일점 쇄선), $u_{max}=20$ (파선), $u_{max}=\infty$ (실선).

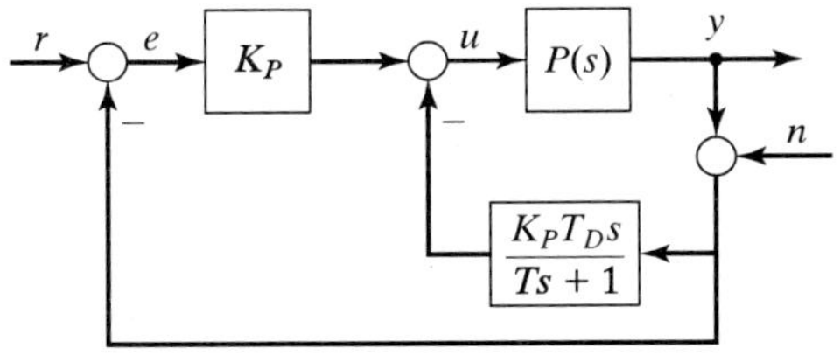

그림 7.28 변화율 센서 혹은 미분기를 사용하여 구성한 내부 루프 피드백 방식의 PD 제어.

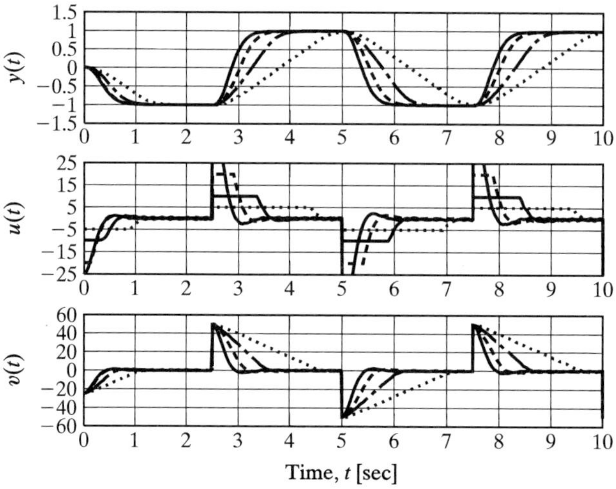

그림 7.29 예제 7.13: 내부 루프 피드백 사용-구동기 포화가 있는 시스템의 0.2[Hz] 구형파에 대한 응답. $u_{max}=5$ (점선), $u_{max}=10$ (일점 쇄선), $u_{max}=20$ (파선), $u_{max}=\infty$ (실선).

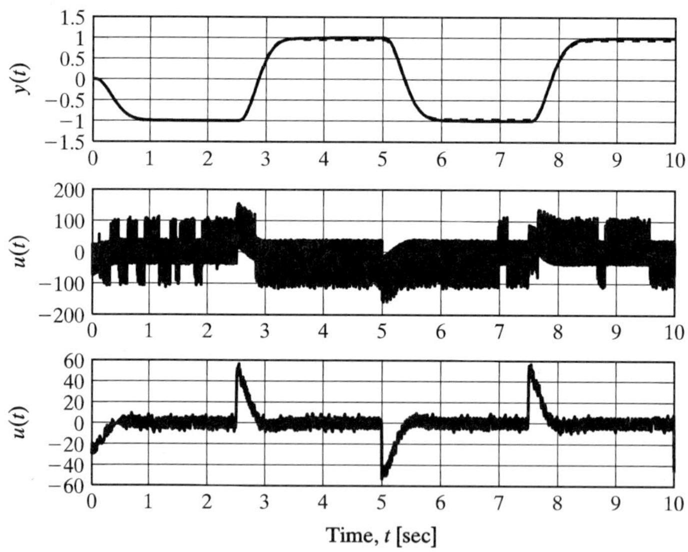

그림 7.30 예제 7.13: 내부 루프 미분 피드백 구조의 PD 제어.

센서 잡음 $n(t)=0.01\sin 1000t$, 구동기 포화 없음.

위: $T=0.01$(실선) 및 $T=0$(파선)에 대한 출력 $y(t)$, 중앙: $T=0$에 대한 구동기 출력 $u(t)$.

아래: $T=0.01$에 대한 구동기 출력 $u(t)$.

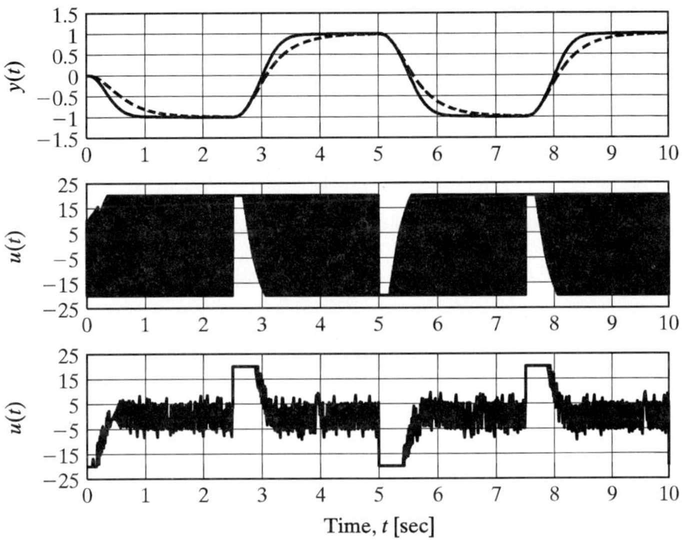

그림 7.31 예제 7.13: 내부 루프 미분 피드백 구조의 PD 제어.
센서 잡음 $n(t)=0.01\sin 1000t$, 구동기 포화 $u_{max}=20$.
위 : $T=0.01$(실선) 및 $T=0$(파선)에 대한 출력 $y(t)$, 중앙 : $T=0$에 대한 구동기 출력 $u(t)$.
아래 : $T=0.01$에 대한 구동기 출력 $u(t)$.

피할 수 없는 측정 잡음 $n(t)$가 있기 때문에 미분 피드백 루프의 T 혹은 저주파 통과 필터를 잘 선정하는 것은 매우 중요하다는 점에 주목하자. 적절한 필터링이 없으면, $n(t)$가 매우 작더라도 센서 잡음 $n(t)$는 미분 피드백에 의해 대폭 증폭될 수 있다. 그림 7.30은 구동기 포화가 없을 때, $n(t)=0.01\sin 1000t$로 주어지는 경우 $T=0$ 그리고 $T=0.01$에 대하여 시스템의 계단 응답을 나타낸 것이다. 두 경우에 대한 출력이 거의 같다. 그러나, 제어 신호들은 매우 다르다. 그림 7.30의 중앙에 나타난 필터가 없는 경우 ($T=0$)에 대한 제어 신호는 그림 7.30의 아래에 나타난 적절한 필터가 있는 경우 ($T=0.01$)에 비해 훨씬 잡음이 심하다. 이것은 그다지 놀랍지 않은 결과인데 왜냐하면 아래의 저주파 통과 필터의

$$\frac{1}{Ts+1}=\frac{1}{0.01s+1}$$

대역폭이 $\omega_b=100$이며 이것이 고주파 잡음 $n(t)=0.01\sin 1000t$이 미분되기 전에 제거하기 때문이다. 포화가 없다고 가정했으므로, 고주파 제어 신호는 그 자체가 저주파 통과 필터인 공정을 통과할 때 실제로 제거된다. 이것이 출력에 영향이 없어 보이는 이유이다.

반면, 구동기에 포화 한계 $u_{max}=20$가 있다고 가정하면 시스템의 응답은 상당히 달라진다. 그림 7.31에 $T=0$ 그리고 $T=0.01$인 경우에 대한 출력과 구동기 신호가 나타나 있다.

7.8 다른 PID 구현 방법

PD 제어기에 관한 이전의 분석 중 일부는 PI(그리고 PID) 제어기에도 적용할 수 있다는 것에 주목하자. 일반적으로, 명령신호가 불연속적인 거동을 보일 때, 비례 제어기의 출력도 마찬가지로 액추에이터를 포화시킬 수 있는 큰 제어 신호를 발생시킬 수 있다. 그렇기 때문에 그림 7.32–7.34와 같이 미분 제어기뿐만 아니라 비례 제어기까지 내부 피드백 루프로 옮기는 것이 바람직하다.

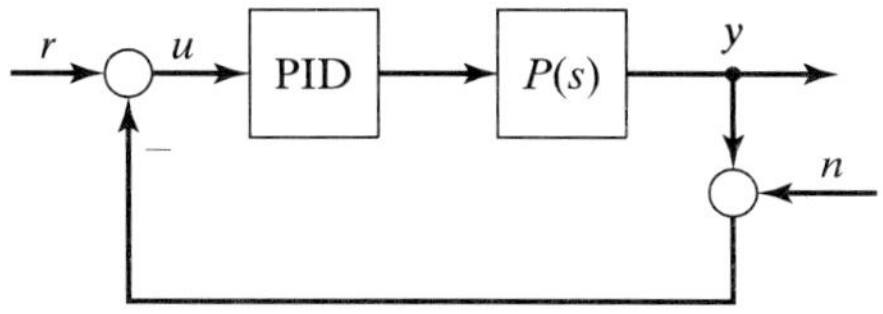

그림 7.32 PID 제어기의 기본적인 구현.

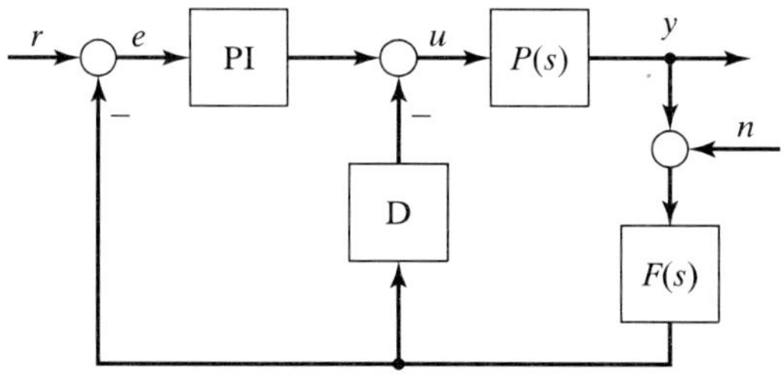

그림 7.33 변화율 센서/출력 미분기를 사용하여 구성한 내부 루프 피드백 방식의 PID제어.

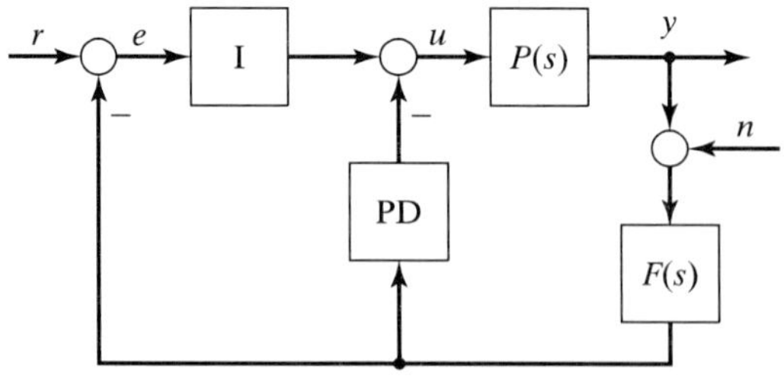

그림 7.34 출력 측정과 변화율 센서/출력 미분기를 사용하여 구현한 내부 루프 피드백 방식의 PID제어

측정 잡음은 필연적으로 발생하므로 측정 신호가 피드백 되기 전에 사전에 필터를 거치도록 하는 것이 필요하다. 따라서 항상 적절히 설계된 사전 필터 F(s)가 필요하다.

대안적인 구현 방식들은 기본 구현 방식과 등가가 아니라는 것을 명확히 해야 한다. 이들이 모두 같은 폐루프 극들을 가지고 있다 하더라도, 영점과 정상상태 오차상수는 다를 수 있다. 좀 더 명확히 하기 위해 간단하게 PID제어기가 PD제어기라 가정하자.

$$\mathrm{PID} = K_P(1 + T_D s).$$

또한, $F(s) = 1$이고 공정이 다음과 같은 전달함수를 갖는다고 가정하자.

$$P(s) = \frac{b(s)}{a(s)}.$$

그림 7.33에 나타난 기본 구현 방식과 대안적인 구현 방식들의 개루프 전달함수는 각각 다음과 같다.

$$L_s(s) = \frac{K_P(1 + T_D s)b(s)}{a(s)}, \quad L_a(s) = \frac{K_P P(s)}{1 + K_P T_D s P(s)} = \frac{K_P b(s)}{a(s) + K_P T_D s b(s)}.$$

두 가지 구현 방식 모두 특성다항식 $a(s) + K_p(1 + T_D s)b(s)$의 근들로 주어진 같은 폐루프 극점들을 가지고 있는 것은 분명하나 기본 구현 방식은 추가적인 영점을 가지고 있다. 이는 기본 구현 방식이 대안적인 구현 방식에 비해 상승시간은 더 짧으나 오버슈트가 더 크다는 것을 의미한다. 더욱이 만일 $P(s)$가 원점에 극점들을 가지고 있지 않다면, $L_s(0) = K_p P(0) = L_a(0)$ 이기 때문에 정상상태 위치 오차 상수들은 모두 같다. 하지만 $P(s)$가 원점에서 극점을 가지고 있다면, 즉 $a(s) = s a_1(s)$이라면, 속도오차 상수는 다르다:

$$K_v = \frac{K_P b(0)}{a_1(0)}, \text{ 기본 구현 방식}$$

$$K_v = \frac{K_P b(0)}{a_1(0) + K_P T_D b(0)}, \text{ 대안적인 구현 방식}$$

그러므로, 일반적으로, 대안적인 구현 방식은 기본 구현 방식에 비해 더 큰 정상상태 오차를 가질 수 있다.

7.9 적분 제어 및 누적 방지

어떠한 구동기도 출력에 한계가 있다는 것은 당연하다. 구동기 포화 및 적분 제어와 관련된 공통된 문제로 소위 적분기 누적이라 불리는 것이 있다. 그림 7.35에서 나타난 PID 제어 방식의 시스템을 생각하자.

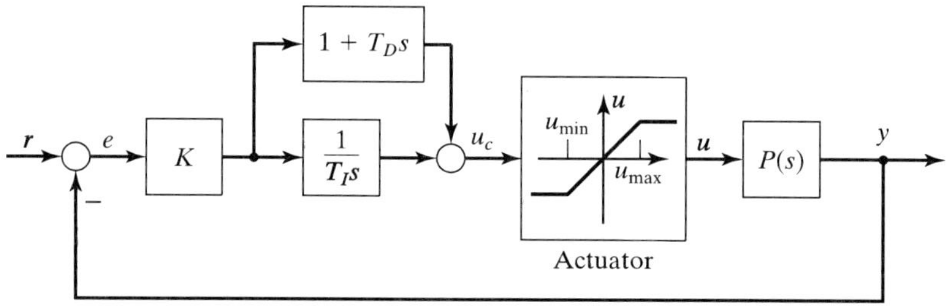

그림 7.35 구동기 포화를 갖는 PID제어 방식의 시스템

간단하게 말해, 적분기 누적이라는 것은 구동기가 포화 한계에 도달한 상태에서도 (즉, $u_c > u_{max}$ 혹은 $u_c < u_{min}$ 이어도) 적분 제어기의 출력(u_c)이 계속 증가하는 현상을 말한다. 이 경우 u_c 값이 커져도 시스템의 추종 오차가 줄어들지 않고 또한 적분기 값이 적절한 값으로 돌아가기 위해서는 상당한 오차 e가 필요하기 때문에 성능이 크게 저하된다. 이런 적분기 누적을 피하는 방법은 u_c가 구동기 한계에 도달하자마자 적분을 멈추는 것이다. 이는 이런 목적에 맞도록 적절한 프로그램을 설정할 수 있는 디지털 제어기에서 쉽게 구현될 수 있다. 그림 7.36과 7.37에 두 가지 누적 방지 기법이 나타나 있으며 여기서 K_a는 적절한 매개변수이다. 실제로 구동기의 출력을 측정하기 어려울 수도 있기 때문에, 그림 7.37에 나타난 방법이 더 적절하다.

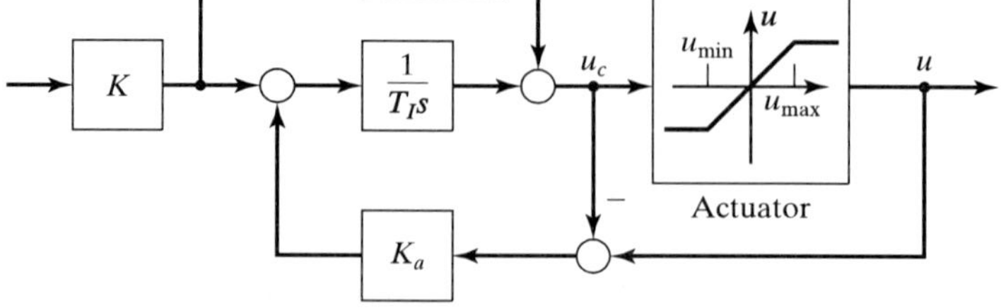

그림 7.36 누적 방지 기능을 갖는 PID 제어기

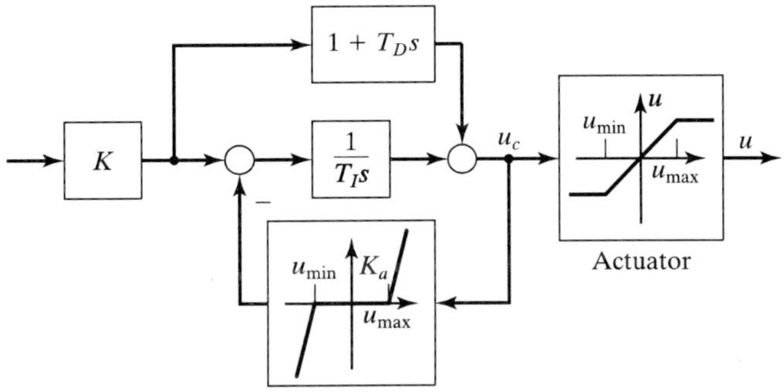

그림 7.37 실제적인 누적 방지 구조를 갖는 PID 제어기

예제 7.14

그림 7.38에 나타난 적분 제어기를 갖는 시스템을 고려하자.

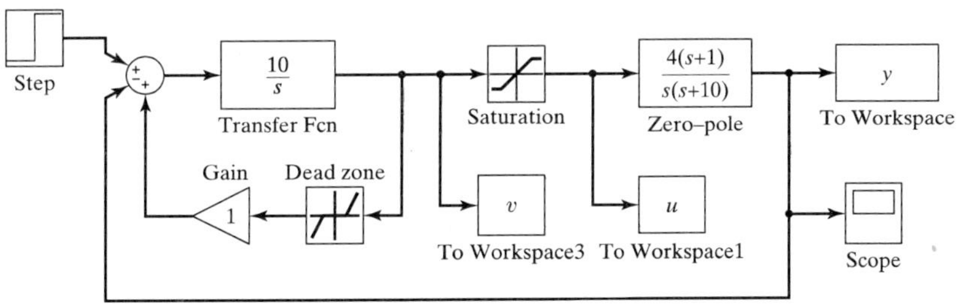

그림 7.38 예제 7.14 – 누적 방지 기능을 갖춘 적분제어

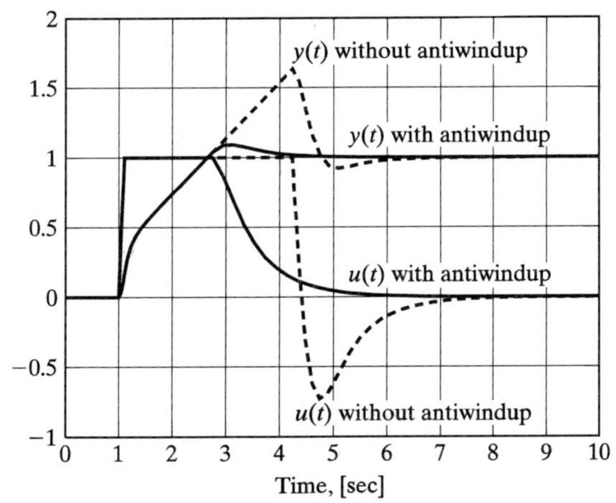

그림 7.39 예제 7.14 – 누적 방지 기능을 갖춘(실선) 적분제어와 그렇지 않은(파선) 적분제어

포화한계는 $|u_{\max}|=|u_{\min}|=1$이다. $K_a=1$일 때, 누적 방지 보상을 하는 경우와 그렇지 않은 경우에 대한 시스템의 계단응답이 그림 7.39와 7.40에 나타나있다. 누적 방지 보상을 하는 시스템에서의 제어신호 u는 $y(t)$가 계단 기준 신호 1을 넘자마자 즉시 감소하기 시작한다는 것에 주목하자. 반면, 누적 방지 보상을 하지 않는 시스템에서의 제어신호는 훨씬 더 오래 포화 상태에 머문다. 따라서 누적 방지 보상을 하는 시스템은 오버슈트와 정착시간이 훨씬 작다.

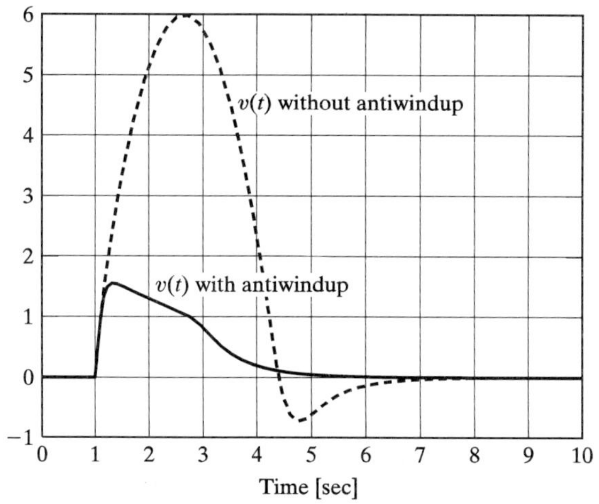

그림 7.40 예제 7.14–누적 방지 기능에 의한(실선) $v(t)$와 누적 방지 기능이 없는 경우에 대한(파선) $v(t)$

7.10 루프 성형에 의한 설계

지금까지 제어기의 구조를 몇 개의 간단한 형태로 제한하였다: 진상, 지상, 진상–지상, 또는 PID 형태. 이런 단순한 제어기 구조들의 가장 큰 장점은 각 제어기 매개변수들의 영향이 상대적으로 확실하고, 응용 엔지니어들이 쉽게 조정할 수 있다는 것이다. 이러한 장점에도 불구하고, 이러한 간단한 제어기 구조는 피드백 시스템이 실현 가능한 성능을 불필요하게 제한할 수 있다. 현대 디지털 기술의 발전으로 인해 이제는 매우 복잡한 제어기 구조들을 매우 간단하고 값싸게 구현할 수 있다.

따라서 제어기 설계 시 간단한 진상–지상 또는 PID제어기들로 그 형태를 제한할 이유가 없다. 이 절에서는 개루프 전달함수들의 루프성형에 기반한 일반적인 제어기 설계 방법을 살펴볼 것이다. 이를 위하여, 특정 성능 기준을 만족하기 위해 개루프 전달함수가 어떻게 동작해야 하는지를 알아본다.

우수한 성능을 위해서는 일부 주파수 범위, 보통 저주파수 범위$[w_0, w_l]$,에서

$$|S(jw)|, |P(jw)S(jw)|, |C(jw)S(jw)|$$

를 작게 하는 것이 필요하고, 우수한 강인성을 위해서는 일반적으로 일부 고주파수 $[w_h, \infty)$ 범위에서

$$|T(jw)|$$

를 작게 하는 것이 필요하다.

위의 조건들은 개루프 전달함수 $L(s)$을 사용하여 다음과 같이 표현할 수 있다.
$|P(jw)|$가 매우 작지 않은 주파수 영역 $\forall w \in [w_0, w_l]$에서 $|L(jw)| \gg 1$ 및 $|C(jw)| \gg 1$,
$\forall w \in [w_h, \infty)$에 대하여 $|L(jw)| \ll 1$ 을 만족하고 $|C(j\omega)|$이 너무 크지 않도록 한다. 이 설계 조건들은 그림 7.41에 나타나 있다.

주파수들 w_0, w_l, 그리고 w_h의 값은 응용분야에 따라 다르며 외란 특성, 모델링 불확실성, 그리고 센서 잡음 수준 등에 관하여 우리가 알고 있는 지식에 따라 달라진다. 대부분의 경우 $w_0 = 0$이다. (그러나, 매우 낮은 주파수에서 높은 루프 이득을 얻는 것이 불가능한 경우들이 있다. 가속도계로부터 출력이 측정되는 시스템을 예로 들 수 있다. 이 경우에 시스템 전달함수는 주파수 0에서 이득 0을 갖는다. 즉, $P(j0) = 0$.)

이제부터 제어기의 차수에 제한이 없을 때, 시작점으로 사용될 수 있는 일반적인 루프성형 설계 방법을 설명한다. 우선, $P(s)$를 다음과 같이 분리한다.

$$P(s) = P_u(s)P_m(s)$$

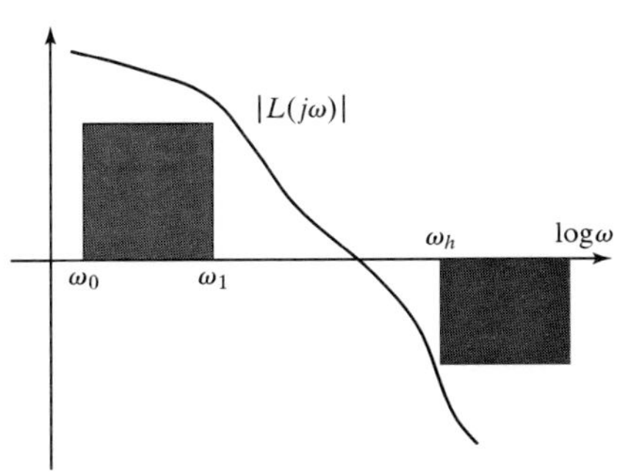

그림 7.41 Desired loop gain

여기서 $P_u(s)$는 모든 불안정한(허수축을 포함하여) 극점들과 영점들을 포함하고, $P_m(s)$는 안정하고 최소 위상이다.) 이후의 단계를 간단히 하기 위해, $P_m(s)$의 분자 분모 차수가 같도록 $P(s)$를 분리한다.

제어기 $C(s)$가 다음과 같은 형태를 갖는다고 하자.

$$C(s) = C_1(s)/P_m(s)$$

여기서 $C_1(s)$는 다음과 같은 루프 전달함수

$$L(s) = P_u(s)C_1(s)$$

를 갖는 폐루프 시스템과 제어기 $C(s)$가 모든 설계 조건을 만족하도록 설계할 적절한 형태의(분자의 차수가 분모의 차수보다 크거나 같은) 제어기이다.

위의 설계 방법을 통해 얻어지는 제어기는 보통 높은 차수를 갖는다.

예제 7.15

$P(s) = \dfrac{10(s+2)}{s(s+10)}$이라 하자.

그러면 $P(s)$를 다음과 같이 분리할 수 있다.

$$P_u(s) = \frac{10}{s}, \quad P_m(s) = \frac{s+2}{s+10}$$

다음 제어기

$$C_1(s) = 1$$

이 공정 $P_u(s)$에 대한 모든 설계 사양을 만족하는 제어기라고 하자. 그러면

$$C(s) = C_1(s)/P_m(s) = \frac{s+2}{s+10}$$

이 구하는 제어기이다.

예제 7.16

$P(s) = \dfrac{50(s+1)}{s(s^2+2s+10)}$이라 하자.

그러면 임의의 $a>0$에 대해

$$P_u(s)=\frac{5}{s(s+a)},\quad P_m(s)=\frac{10(s+1)(s+a)}{s^2+2s+10}$$

는 $P(s)=P_u(s)P_m(s)$로 분리한 결과가 된다. P_m의 분자와 분모의 차수가 같도록 하기 위해 $P_u(s)$이 안정한 극점을 포함한다는 것에 주의한다.

다음 제어기

$$C_1(s)=\frac{20(s+a)}{s+10}$$

가 공정 $P_u(s)$에 대한 모든 설계 사양을 만족하는 제어기라고 가정하자. 그러면

$$C(s)=C_1(s)/P_m(s)=\frac{20(s+a)}{s+10}\frac{s^2+2a+10}{10(s+1)(s+a)}=\frac{s(s^2+2a+10)}{(s+1)(s+10)}$$

이며 보상된 루프 전달함수는 다음과 같이 주어진다.

$$L(s)=P(s)C(s)=\frac{100}{s9s+10)}.$$

위의 예제들을 통해 전달함수가 안정하고 최소 위상인 경우 우리가 원하는 대로 루프 전달함수를 만들 수 있을 것으로 예상된다. 실제로, 제어기의 대역폭에 제한이 없고 시스템에 잡음/외란의 영향이 없다면 이론적으로는 거의 모든 성능을 달성할 수 있다. 예를 들어, 이전 예제에서 다음의 제어기를 선택할 수 있다.

$$C(s)=\frac{K(s^2+2s+10)}{(s+1)(\tau s+1)}$$

여기서 작은 $\tau\to 0$이고 큰 $K\to\infty$를 선정한다. 결과적으로 루프 전달함수는 다음과 같이 얻어진다.

$$L(s)=P(s)C(s)=\frac{50K}{s(\tau s+1)}\to\frac{50K}{s}.$$

유감스럽게도 이 제어기는 일반적으로 $\tau\to 0$과 $K\to\infty$인 경우에는 실제로 구현할 수 없다.

다음 절들과 다음 장에서 $P(s)$가 안정하고 완전최소위상이라 하더라도 $L(s)$를 임의로 성형할 수는 없도록 하는 모델의 불확실성, 제어기의 대역폭, 외부 외란, 센서 잡

음 등으로 인한 한계들에 대해서 자세히 고려한다. 또한, 공정이 비최소위상 영점들과 불안정한 극점들을 가지고 있다면 추가적인 한계가 있다.

7.11 Bode의 이득-위상 관계

피드백 설계를 통하여 달성할 수 있는 성능의 수준이 어느 정도인지는 자주 묻는 중요한 질문이다. 앞절에서 피드백 설계의 목적들은 내재적으로 상충하며, 따라서 다른 설계 목표들 사이에서 적절한 타협이 반드시 이루어져야 한다는 것을 알았다. 또한, 안정도와 강인성 등 기본적으로 만족되어야 할 조건들 때문에 설계 방법에 상관없이 피드백 성질들은 원천적인 한계가 있고, 특히 개루프 전달 함수에 우반 평면의 영점이나 극점이 있을 때 훨씬 더 제한적인 조건 하에서 설계를 수행해야 한다.

고전적인 피드백 이론에서는 Bode의 이득-위상 적분 관계가 설계 제한조건을 표현하는 중요한 도구로 사용되었다. 이 적분 관계는 안정한 최소위상 전달 함수의 위상은 전달함수의 크기에 의해 유일하게 결정된다는 내용이다.

정리 7.17. $L(s)$가 안정한 최소 위상 전달함수라 하자. 그러면 다음이 성립한다.

$$\angle L(j\omega_0) = \frac{1}{\pi}\int_{-\infty}^{\infty} \frac{d\ln|L(j\omega)|}{d\nu}\ln\coth\frac{|\nu|}{2}d\nu \tag{7.1}$$

여기서 $\nu := \ln(\omega/\omega_0)$이다.

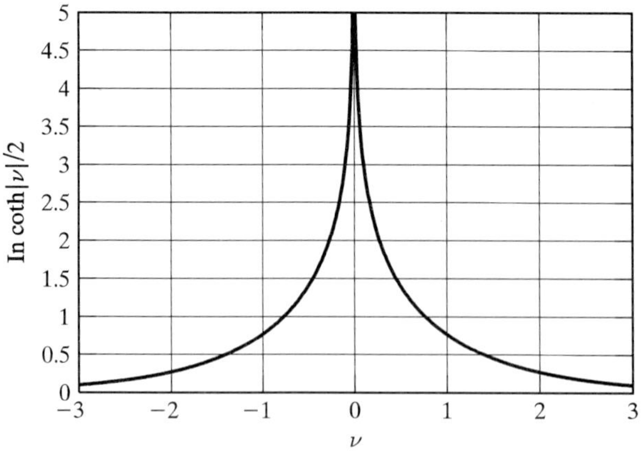

그림 7.42 함수 $\ln\coth\frac{|\nu|}{2}$.

그림 7.42는 함수 $\frac{|\nu|}{2} = \ln\frac{e^{|\nu|/2}+e^{-|\nu|/2}}{e^{|\nu|/2}-e^{-|\nu|/2}}$을 그린 것이다. ω가 ω_0로부터 멀어짐에 따라 $\ln\coth\frac{|\nu|}{2}$이 급격하게 감소하고 따라서 적분은 주파수 ω_0근방에서 $\frac{d\ln|L(jw)|}{d\nu}$이 어떤 모양인지에 의해 거의 결정된다는 점에 주목하자. 이것은 다음 적분 결과로부터 자명하다.

$$\frac{1}{\pi}\int_{-\alpha}^{\alpha}\ln\coth\frac{|\nu|}{2}d\nu = \begin{cases} 1.1406\ (\text{rad}), & \alpha=\ln 3 \\ 1.3146\ (\text{rad}), & \alpha=\ln 5 \\ 1.443\ (\text{rad}), & \alpha=\ln 10 \end{cases} = \begin{cases} 65.3^\circ, & \alpha=\ln 3 \\ 75.3^\circ, & \alpha=\ln 5 \\ 82.7^\circ, & \alpha=\ln 10. \end{cases}$$

$\frac{d\ln|L(jw)|}{d\nu}$은 Bode 선도의 기울기이고, 기울기는 거의 모든 주파수에서 일반적으로 음이라는 것에 주목하자. 따라서 이득 $L(j\omega)$가 ω_0근방에서 서서히 감소할 때 $\angle L(j\omega_0)$이 커지고 (즉, 보다 작은 크기의 음수) ω_0근방에서 급격히 감소할 때 작아진다 (즉, 더 큰 크기의 음수)는 것을 알 수 있다. 예를 들어, 기울기가 $\frac{d\ln|L(jw)|}{d\nu}=-\ell$라고 가정하자; 즉, ω_0근처에서 −20 dB/decade이라 가정하자. 그러면 다음과 같이 예상할 수 있다.

$$\angle L((j\omega_0) < \begin{cases} -\ell\times 65.3^\circ, & \frac{1}{3}\le\frac{\omega}{\omega_0}\le 3\text{에서 } L(j\omega)\text{의 기울기가 } -l\text{일 때} \\ -\ell\times 75.3^\circ, & \frac{1}{5}\le\frac{\omega}{\omega_0}\le 5\text{에서 } L(j\omega)\text{의 기울기가 } -l\text{일 때} \\ -\ell\times 82.7^\circ, & \frac{1}{10}\le\frac{\omega}{\omega_0}\le 10\text{에서 } L(j\omega)\text{의 기울기가 } -l\text{일 때} \end{cases}$$

$\angle L(j\omega)$의 모양은 $|L(j\omega_c)|=1$인 교차 주파수 ω_c근처에서 특히 중요한데, 이는 피드백 시스템의 PM이 $\pi+\angle L(j\omega_c)$이기 때문이다. 더욱이, 충분한 강인 안정성을 위해서는 다음 값이 너무 작지는 않아야 한다.

$$|1+L(j\omega_c)| = |1+L^{-1}(j\omega_c)| = 2\left|\sin\frac{\pi+\angle L(j\omega_c)}{2}\right|$$

만일 이득이 급격히 감소하여 $\pi+\angle L(j\omega_c)$이 매우 작게 된다면, 피드백 시스템은 ω_c와 그 주위에서 외란을 증폭하고 불확실성에 민감하게 될 것이다.

일반적으로 루프 전달 함수 L이 고주파 범위에서 가능한 빨리 감소해야 하므로, 만일 ω_c에서 $L(j\omega)$의 기울기가 $-l$이라면 고주파 범위에서 $\angle L(j\omega_c)$이 $-l\times 90^\circ$ 에 가깝거나 훨씬 작다고 여기는 것이 타당하다.

따라서, 적절한 성능을 보장하기 위해서는 ω_c근처의 적당히 넓은 주파수 영역에서 $L(j\omega)$의 기울기가 -1보다 너무 작지 않도록 하는 것이 중요하다.

따라서 교차 주파수 주위에서 감소율과 루프의 우수성이 서로 상충한다는 것이 명백하다.

Bode의 이득–위상 관계는 안정하지만 비최소위상인 전달함수에 대해서도 쉽게 확장될 수 있다.

정리 7.18. 안정한 $L(s)$의 우반 평면 영점들을 $z_1, z_2, \cdots, z_k$ 라 하자. 그러면 다음이 성립한다.

$$\angle L(j\omega_0) = \frac{1}{\pi}\int_{-\infty}^{\infty} \frac{d\ln|L(j\omega)|}{d\nu}\ln\coth\frac{|\nu|}{2}d\nu + \sum_{i=1}^{k}\angle\frac{-j\omega_0 + z_i}{j\omega_0 + z_i}. \qquad (7.2)$$

증명: $L(s)$가 다음과 같이 인수분해 된다는 것에 주목하자.

$$L(s) = \frac{-s+z_1}{s+z_1}\frac{-s+z_2}{s+z_2}\cdots\frac{-s+z_k}{s+z_k}L_{\text{mp}}(s),$$

여기서 $|L(jw)| = |L_{mp}(jw)|$은 안정하고 최소위상이며 $L_{mp}(s)$이다. 따라서

$$\begin{aligned}\angle L(j\omega_0) &= \angle L_{\text{mp}}(j\omega_0) + \angle\prod_{i=1}^{k}\frac{-j\omega_0+z_i}{j\omega_0+z_i}\\ &= \frac{1}{\pi}\int_{-\infty}^{\infty}\frac{d\ln|L_{\text{mp}}(j\omega)|}{d\nu}\ln\coth\frac{|\nu|}{2}d\nu + \sum_{i=1}^{k}\angle\frac{-j\omega_0+z_i}{j\omega_0+z_i},\end{aligned}$$

이로부터 다음을 얻는다.

$$\angle L(j\omega_0) = \frac{1}{\pi}\int_{-\infty}^{\infty} \frac{d\ln|L(j\omega)|}{d\nu}\ln\coth\frac{|\nu|}{2}d\nu + \sum_{i=1}^{k}\angle\frac{-j\omega_0 + z_i}{j\omega_0 + z_i}.$$

[증명 끝]

모든 i에 대해 $\angle\frac{-jw_0+z_i}{jw_0+z_i}\le 0$ 이므로, 비최소위상 영점에 의해 초과적인 위상 지연이 생기며 이로 인해 개루프 이득의 감소율이 제한된다. 예를 들어, $L(s)$가 $z>0$에서 영점을 갖는다 하자. 그러면 그림 7.43에 나타난 것처럼 다음이 성립한다.

$$\phi_1(\omega_0/z) := \angle\frac{-j\omega_0+z}{j\omega_0+z}\bigg|_{\omega_0=z,z/2,z/4} = -90^\circ, -53.13^\circ, -28^\circ,$$

교차 주파수 근처에서 $|L(s)|$의 기울기가 일반적으로 -1보다 크지 않으므로, 즉 $L(s)$의 최소 위상 부분 $L_{\mathrm{mp}}(s)$으로 인한 위상이 일반적으로 -90° 보다 크지 않기 때문에, 폐루프 시스템의 안정성과 적절한 폐루프 성능을 보장하기 위해서 교차 주파수(혹은 폐루프 대역폭)가 다음을 반드시 만족해야 한다.

$$\omega_c < z/2 \qquad (7.3)$$

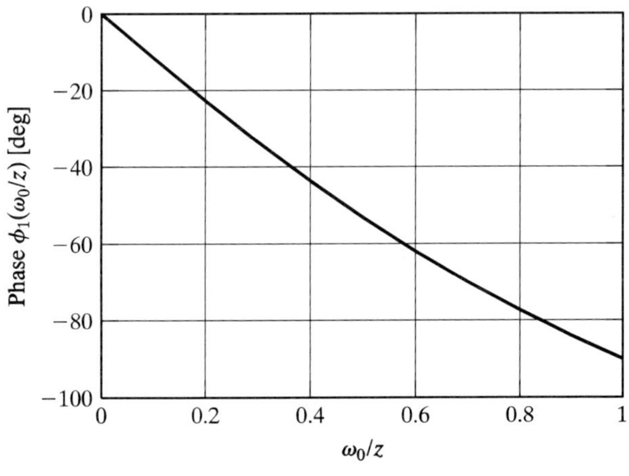

그림 7.43 실수 영점 $z>0$로 인한 위상 $\phi_1(\omega_0/z)$

다음으로, $L(s)$가 $z=x+jy\ (x>0)$에서 복소 우반 평면 영점 쌍을 갖는다고 가정하자. 그러면 그림 7.44에 나타난 바와 같이 다음이 성립한다.

$$\phi_2(\omega_0/|z|) := \angle\frac{-j\omega_0+z}{j\omega_0+z}\,\frac{-j\omega_0+\bar{z}}{j\omega_0+\bar{z}}\bigg|_{\omega_0=|z|,|z|/2,|z|/3,|z|/4}$$
$$\approx\begin{cases} -180^\circ, & -106.26^\circ, & -73.7^\circ, & -56^\circ, & \mathrm{Re}(z)\gg\mathrm{Im}(z)\\ -180^\circ, & -86.7^\circ, & -55.9^\circ, & -41.3^\circ, & \mathrm{Re}(z)\approx\mathrm{Im}(z)\\ -360^\circ, & 0^\circ, & 0^\circ, & 0^\circ, & \mathrm{Re}(z)\ll\mathrm{Im}(z)\end{cases}$$

이 경우 폐루프 안정성과 적절한 폐루프 성능을 보장하기 위해서는 교차 주파수가 다음을 반드시 만족해야 한다.

$$\omega_c < \begin{cases} |z|/4, & \mathrm{Re}(z) \gg \mathrm{Im}(z) \\ |z|/3, & \mathrm{Re}(z) \approx \mathrm{Im}(z) \\ |z|, & \mathrm{Re}(z) \ll \mathrm{Im}(z) \end{cases} \tag{7.4}$$

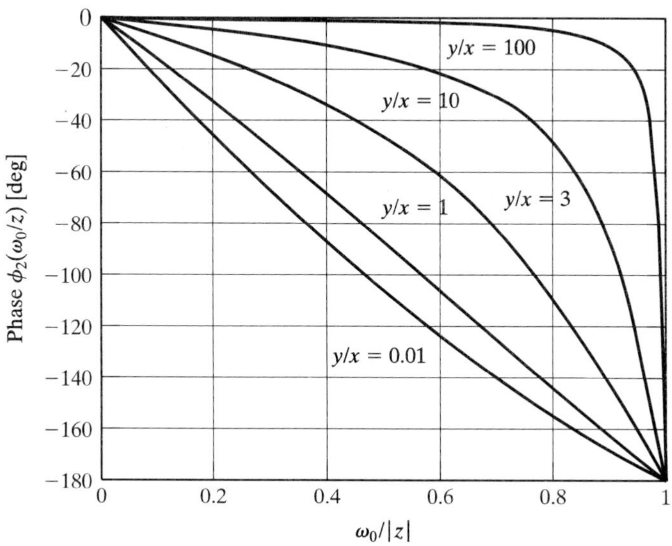

그림 7.44 복소 영점 쌍: $z = x + jy,\ x > 0$로 인한 위상 $\phi_2(\omega_0/(|z|)$

예제 7.19

다음을 고려하자.

$$L(s) = \frac{K(10-s)}{(s+10)(s+2)(s+3)} = \frac{10-s}{s+10}\,\frac{K}{(s+2)(s+3)}.$$

그러면 다음과 같다.

$$L_m(s) = \frac{K}{(s+2)(s+3)}.$$

그림 7.45는 $L(s)$와 $L_m(s)$의 Bode 선도들이다. 표 7.3에서 명확히 알 수 있듯이 교차 주파수 ω_c가 우반 평면 영점 $z = 10$의 약 절반 정도일 때 $L(s)$를 갖는 시스템의 안정도 여유는 매우 작다. 실제로, 루프에 비최소 위상 시스템 $L(s)$가 있는 폐루프 시스템은 $\omega_c = z/2 = 5$일 때 불안정하다.

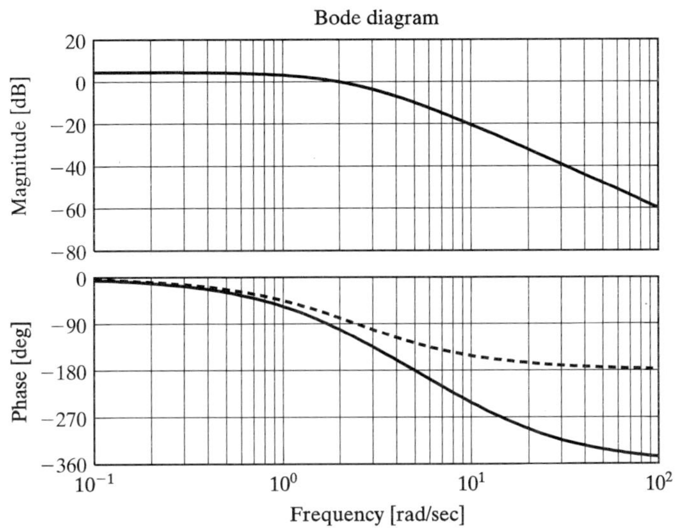

그림 7.45 $K=10$일 때 $L(s)$(실선)와 $L_m(s)$(파선)의 Bode 선도들

K	10	15	20	25	30	40
PM of $L_m(s)$	102.67	79.6	67.5	59.67	54.07	46.41
ω_c of $L(s)$	1.95	2.95	3.7	4.3	4.86	4.98
PM of $L(s)$	80.6	46.7	26.9	13	2.24	-13.77

표 7.3 위상 여유와 ω_c

7.12 Bode의 민감도 적분

이 절에서는 Bode의 민감도 적분을 사용하여 대역폭에 관한 구속 조건 및 우반 평면 극점으로 인해 설계가 어떻게 제한되는지를 알아본다.

정리 7.20. $L(s)$가 영점에 비해 적어도 두 개 이상의 극점을 갖는 개루프 전달 함수라 하고 $L(s)$의 열린 우반 평면 극점들을 $p_1, p_2, \cdots, p_m$ 이라 하자. 그러면 다음의 Bode 민감도 적분이 성립한다.

$$\int_0^\infty \ln|S(j\omega)|d\omega = \pi \sum_{i=1}^{m} p_i. \tag{7.5}$$

$L(s)$가 안정한 경우, 적분은 다음과 같이 간략해진다.

$$\int_0^{\infty} \ln |S(j\omega)| d\omega = 0. \tag{7.6}$$

이 적분들을 통하여 만일 민감도 함수의 크기가 1보다 작게 유지되는 영역이 있으면 그것이 1보다 큰 주파수 영역도 존재한다는 것을 알 수 있다. 이는 소위 **물침대 효과**이다. 이 물침대 효과는 1989 Bode 강연과 2003년 IEEE Control System Magazine에 실린 논문에서 사용된 Gunter Stein의 그림 7.46에 생생하게 묘사되어 있다. 그는 진지한 제어기 설계자를 마치 적절한 도구를 사용하여 흙을 한 곳에서 다른 곳으로 옮기는, 그러나 절대로 하나도 없애지는 않는, 도랑 파는 사람과 같다고 묘사했다. 한 곳에 도랑이 파여 있으면, 반드시 다른 곳에 흙무더기가 생긴다.

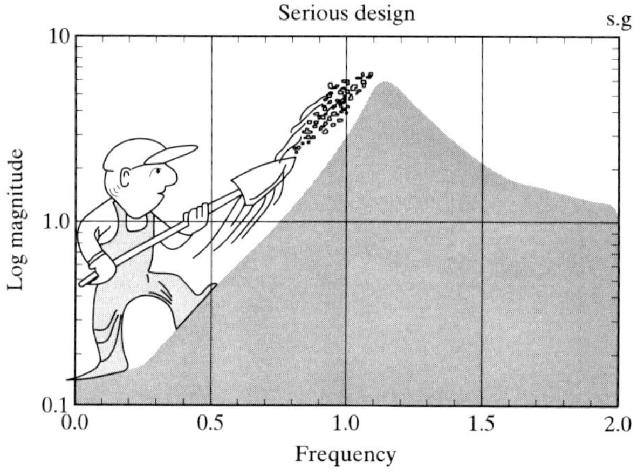

그림 7.46 물침대 효과에 대한 Gunter Stein의 해석 : 낮은 주파수에서 민감도를 감소시키면 높은 주파수에서 민감도가 증가하는 것을 피할 수 없다.

피드백 설계에 있어 대역폭에 대한 구속조건을 만족시키려면 개루프 전달함수가 특정 주파수보다 큰 주파수 영역에서 작아야 하며, 이 주파수 이상에서 하나의 극점-영점 관계에 의한 것보다 더 급격하게 감소해야 한다. 다시 말하면, 특정 고주파수 ω_h 에 대하여 $|S(j\omega)| \approx 1,\ \forall\, \omega \in [\omega_h, \infty)$이 만족되어야 한다. 일반적으로 이러한 구속조건들은 공정 모델에 대한 불확실성이, 특히 고주파수 영역에서, 있음에도 불구하고 강인한 안정성을 보장하기 위하여 필요하다. 이는 다음 장에서 논의될 것이다. 그러므로 특정 주파수 범위에서 $|S(j\omega)|$를 작게 하면 $\max_{\omega} |S(j\omega)|$이 상당히 커질 수 있다는 것을 쉽게 알 수 있다.

예제 7.21

민감도 감소 정도가 다음과 같이 주어지도록 피드백 시스템을 설계하였다고 가정하자.

$$|S(j\omega)| \le \epsilon < 1, \quad \forall\omega \in [0,\ \omega_l]$$

여기서 $\epsilon > 0$은 주어진 상수이다.

또한 다음을 가정하자.

$$|L(j\omega)| \le \frac{M_h}{\omega^2} \le \tilde{\epsilon} < 1, \quad \forall\omega \in [\omega_h,\ \infty)$$

여기서 $\omega_h > \omega_l$이며, $M_h > 0$은 주어진 상수이다. 그러면 $\omega > \omega_h$에 대하여 다음 관계식들이 성립한다.

$$|S(j\omega)| \le \frac{1}{1 - |L(j\omega)|} \le \frac{1}{1 - \frac{M_h}{\omega^2}}$$

그리고

$$\begin{aligned}
\int_{\omega_h}^{\infty} \ln|S(j\omega)|d\omega &\le -\int_{\omega_h}^{\infty} \ln\left(1 - \frac{M_h}{\omega^2}\right) d\omega = \sum_{i=1}^{\infty} \int_{\omega_h}^{\infty} \frac{1}{i}\left(\frac{M_h}{\omega^2}\right)^i d\omega \\
&= \sum_{i=1}^{\infty} \frac{1}{i}\frac{\omega_h}{2i-1}\left(\frac{M_h}{\omega_h^2}\right)^i \le \omega_h \sum_{i=1}^{\infty} \frac{1}{i}\left(\frac{M_h}{\omega_h^2}\right)^i \\
&= -\omega_h \ln\left(1 - \frac{M_h}{\omega_h^2}\right) \le -\omega_h \ln(1-\tilde{\epsilon}).
\end{aligned}$$

따라서 다음을 얻을 수 있으며

$$\begin{aligned}
\pi\sum_{i=1}^{m} p_i &= \int_0^{\infty} \ln|S(j\omega)|d\omega \\
&= \int_0^{\omega_l} \ln|S(j\omega)|d\omega + \int_{\omega_l}^{\omega_h} \ln|S(j\omega)|d\omega + \int_{\omega_h}^{\infty} \ln|S(j\omega)|d\omega \\
&\le \omega_l \ln\epsilon + (\omega_h - \omega_l) \max_{\omega\in[\omega_l,\omega_h]} \ln|S(j\omega)| - \omega_h \ln(1-\tilde{\epsilon}),
\end{aligned}$$

이로써 다음 결과를 얻는다.

$$\max_{\omega\in[\omega_l,\omega_h]} |S(j\omega)| \ge e^{\alpha}\left(\frac{1}{\epsilon}\right)^{\frac{\omega_l}{\omega_h-\omega_l}} (1-\tilde{\epsilon})^{\frac{\omega_h}{\omega_h-\omega_l}}$$

여기서

$$\alpha = \frac{\pi\sum_{i=1}^{m} p_i}{\omega_h - \omega_l} > 0.$$

위의 하계를 통하여 과도 대역에서 민감도가 매우 커질 수 있다는 것을 알 수 있다.

연습문제

7.1. 다음과 같은 전달함수를 갖는 공정이 있다고 하자:

$$P(s) = \frac{50}{(s+1)(s+2)}.$$

폐루프 PM이 적어도 50°이고 계단 입력에 대한 정상상태 오차가 0.02보다 크지 않도록 하는 지상 보상기를 설계하시오. 루프 전달함수는 가능한 가장 큰 교차 주파수 w_c를 가져야 한다.

7.2. 위 문제에서 설계 사양을 만족하기 위한 PI 제어기를 설계하시오.

7.3. 공정의 전달함수 모델이 다음과 같이 주어졌다.

$$P(s) = \frac{20(s+2)}{s(s^2+3s+100)}.$$

아래의 조건들을 만족하는 지상 (또는 PI) 제어기를 설계하시오.

- 단위 램프 입력에 대한 정상상태 오차가 1보다 크지 않아야 한다;
- 계단 입력에 대한 백분율 오버슈트가 20%를 넘지 않아야 한다;
- 계단 입력에 대한 정착시간이 가능한 짧아야 한다.

7.4. 다음과 같은 공정에 대하여

$$P(s) = \frac{1000}{s(s+1)(s+5)(s^2+4s+100)},$$

아래 조건들을 만족하는 지상 (또는 PI) 제어기를 설계하시오.

- 단위 램프 입력에 대한 정상상태 오차가 0.1보다 크지 않아야 한다;
- 폐루프 PM이 적어도 45°이어야 한다;
- 개루프 교차 주파수 w_c가 가능한 커야 한다.

7.5. 다음과 같은 공정에 대하여

$$P(s) = \frac{10}{s(s+4)},$$

폐루프 PM이 적어도 45°이고 속도오차상수가 적어도 50이 되도록 하는 진상 보상기를 설계하시오.

7.6. 다음과 같은 공정에 대하여

$$P(s) = \frac{10}{s(s+1)(s+10)},$$

아래의 조건들을 만족하는 진상 보상기를 설계하시오.

- 단위 램프 입력에 대한 정상상태 오차가 0.5보다 크지 않아야 한다;
- 폐루프 PM 이 적어도 45°이어야 한다;
- 개루프 교차 주파수 w_c가 적어도 3이어야 한다.

7.7. 다음과 같은 공정에 대하여

$$P(s) = \frac{1000}{s(s+1)(s+5)(s^2+4s+100)},$$

폐루프 PM이 적어도 45°이고, 개루프 교차 주파수 w_c가 적어도 2이기 위한 진상 보상기를 설계하시오.

7.8. 다음과 같은 공정에 대하여

$$P(s) = \frac{10}{s+1},$$

폐루프 PM이 50°보다 크고 속도오차상수가 100이기 위한 적절한 보상기(가능한 간단한)를 설계하시오.

7.9. 다음과 같은 공정에 대하여

$$P(s) = \frac{1000}{s(s+1)(s+5)(s^2+4s+100)},$$

아래의 조건을 만족하는 적절한 제어기를 설계하시오.

- 단위 램프 입력에 대한 정상상태 오차가 0.1보다 크지 않아야 한다;
- 폐루프 PM 이 적어도 45°이어야 한다;
- 개루프 교차 주파수 w_c가 적어도 2이어야 한다.

7.10. 다음 공정에 대한 근궤적을 그리시오.

$$P(s) = \frac{1}{s(s+4)(s^2+4s+8)}.$$

단위 피드백 시스템에서 $C(s) = K$라 가정하시오.

1. 스텝 응답에서 지속적인 진동을 발생시키는 K의 값을 구하시오. 지속적인 진동을 할 때 주파수를 구하시오.
2. 피드백 시스템의 이득 여유가 2가 되도록 K를 구하시오.
3. Ziegler-Nichols 제2방법에 따라 K를 구하시오.

참고문헌

아래 문헌에 Ziegler와 Nichols가 PID 제어기 조정 기법을 처음으로 제안하였다.

J. G. Ziegler and N. B. Nichols, "Optimum setting for automatic controllers," *Transactions of the ASME,* vol. 64, pp. 759-768, 1942.

J. G. Ziegler and N. B. Nichols, and N. Y. Rochester, "Process lags in automatic control circuits," *Transactions of the ASME,* vol. 65, pp. 433-444, 1943.

그 이후 새로운 PID 조정 기법들을 개발하기 위한 지속적인 노력들이 있었다. 아래의 책에 이러한 노력들이 광범위하게 요약되어있다.

K. J. Åström and T. Hägglund, *Advanced PID Control,* the Instrumentation, Systems, and Automation Society, Research Triangle Park, NC, 2006.

이득과 위상의 관계는 아래의 자료에 처음 소개되었다.

H. W. Bode, "Relations between attenuation and phase in feedback amplifier design," *Bell System Technical Journal*, vol. 19, pp. 421-454, 1940.

Bode와 그의 동료들이 이루어낸 Bode 민감도 적분의 원형, 이득과 위상 관계, 그리고 많은 중요한 업적들은 아래에서 찾을 수 있다.

H. W. Bode, *Network analysis and feedback amplifier design*, Van Nostrand, New York, 1945.

Bode 민감도 적분의 수학적인 기원은 복소해석 분야의 Jensen의 공식이다.

J. L. Jensen, "Sur un nouvel et important thorme de la thorie des fonctions," *Acta Mathematica*, vol. 22, pp. 359-364, 1899.

L. V. Ahlfors, *Complex Analysis*, 3rd Edition, McGraw-Hill, New York, 1979.

이번 장에 소개된 일반화된 Bode 민감도 적분 공식은 다음을 참고하였다.

J. S. Freudenberg and D. P. Looze, *Frequency Domain Properties of Scalar and Multivariable Feedback Systems*, Lecture notes in control and information sciences, Springer-Verlag, New York, 1988.

1989년 12월 플로리다주의 탬파에서 개최된 IEEE Conference on Decision and Control에서 Gunter Stein은 처음으로 Hendrik W. Bode 강의를 하였다. 이 강연은 수정되어 아래와 같이 출판되었다.

G. Stein, "Respect the unstable," *IEEE Control Systems Magazine,* vol. 23(4), pp. 12-25, 2003.

Introduction to Feedback Control

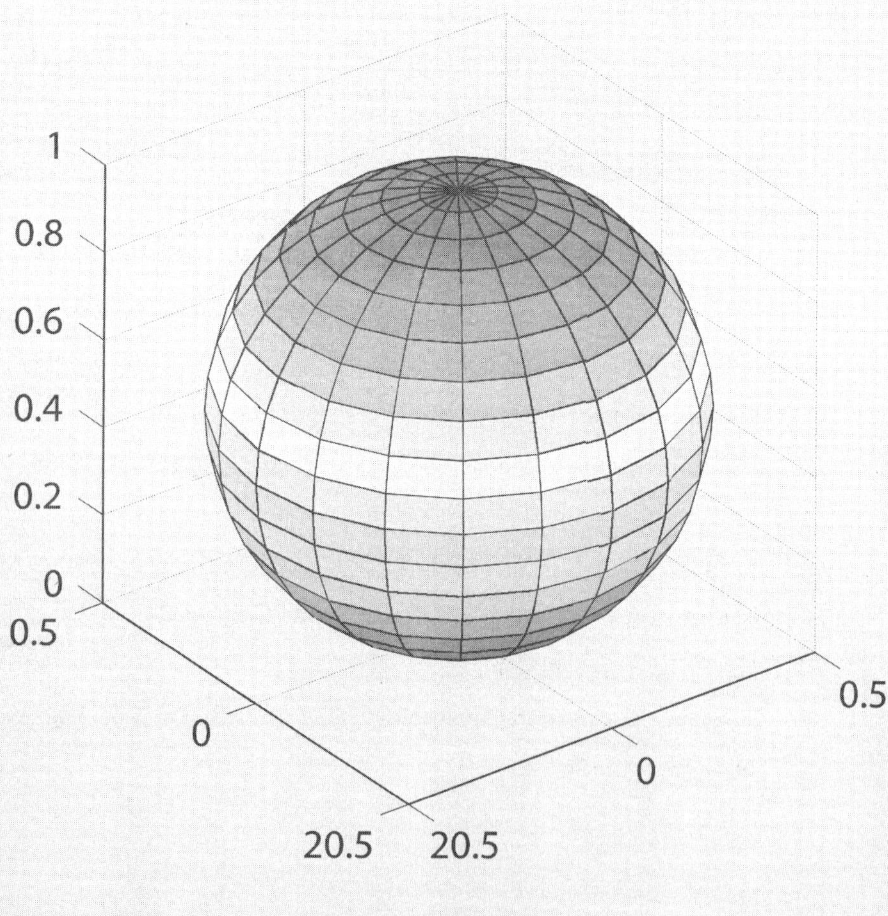

Chapter 08

Performance and Robustness

성능과 강인성

이 장에서 공부해야 될 내용

8.1 주파수 영역에서의 신호와 시스템에 대한 2-놈
8.2 주파수 영역에서의 시스템에 대한 ∞-놈
8.3 모델 불확실성 및 강인 안정성
8.4 현 거리와 구면 거리
8.5 두 시스템 간 거리
8.6 불확실성과 강인성

이 장에서는 우선 주파수 영역에서의 시스템에 대한 두 가지 놈, 즉 2-놈과 ∞-놈을 소개한다. 이 두 가지 놈은 여러 가지 외란과 모델 불확실성하에서 시스템의 성능과 강인성을 정량화하기 위해 사용될 것이다. 다음으로 흔히 사용되는 두 가지 형태의 일반적인 모델 불확실성, 즉 덧셈형 모델 불확실성과 곱셈형 모델 불확실성을 소개하고, 이런 모델 불확실성하에서 각각의 강인 안정성 기준을 유도한다. 모델 불확실성을 정량화하기 위하여 현과 구면 거리 개념을 사용한 동적시스템사이의 새로운 거리 측정 개념을 소개한다. 다음으로 이런 거리 측정을 바탕으로 강인성에 대하여 분석해본다. 시스템의 놈과 불확실성의 양에 따른 제어기 설계 방법은 다음 장에서 다룰 것이다.

8.1 주파수 영역에서의 신호와 시스템에 대한 2-놈

4 장에서 시간영역에서의 신호와 시스템 놈을 정의했다. 주파수 영역에서도 몇 가지 매우 유용한 신호와 시스템 놈을 정의 할 수 있다. 이 절에서는 주파수 영역에서의 2-놈을 소개한다. 다음 절에서는 주파수 영역에서의 ∞-놈을 다룰 것이다.

정의 8.1. $X(s)$가 어떤 신호의 Laplace 변환이라고 할 때, 그 신호의 2-놈은 다음과 같이 정의된다.

$$\| X(s) \|_2 = \left[\frac{1}{2\pi} \int_{-\infty}^{\infty} |X(jw)|^2 dw \right]^{1/2}.$$

예제 8.2

예제 4.24에서 다루었던 시스템으로 그림 8.1과 같은 단위 피드백 시스템을 생각해보자.

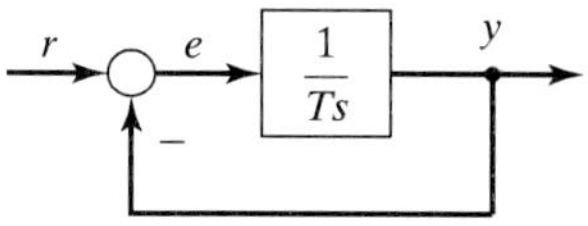

그림 8.1 1차 단위 피드백 시스템

$r(t)$를 단위 계단 함수라고 하면, $R(s) = \frac{1}{s}$ 이다. 오차 신호 $e(t)$의 Laplace 변환인 $E(s)$에 대한 주파수 영역에서의 2-놈을 계산해보자. $E(s)$는 다음과 같이 나타낼 수 있으므로

$$E(s) = \frac{T}{Ts+1},$$

$\|E(s)\|_2$ 는 아래와 같이 계산된다.

$$\|E(s)\|_2 = \left[\frac{1}{2\pi} \int_{-\infty}^{\infty} \frac{T^2}{|j\omega T + 1|^2} d\omega \right]^{1/2} = \left[\frac{1}{2\pi} \int_{-\infty}^{\infty} \frac{T^2}{\omega^2 T^2 + 1} d\omega \right]^{1/2}$$

$$= \left[\frac{T}{2\pi} \arctan T\omega \Big|_{-\infty}^{\infty} \right]^{1/2} = \sqrt{\frac{T}{2}}.$$

예제 8.3

예제 4.25에서 다루었던 시스템으로 그림 8.2와 같은 단위 피드백 시스템을 생각해보자. 기준입력신호로 단위 계단 함수가 사용될 때 오차 신호에 대한 주파수 영역에서의 2-놈을 계산해 보자.

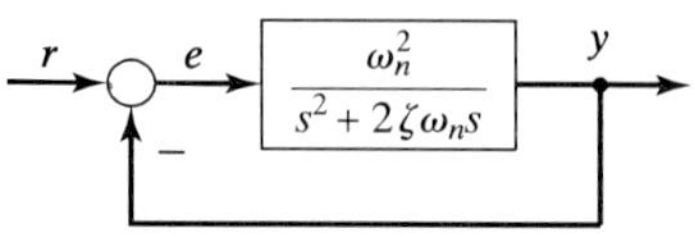

그림 8.2 2차 단위 피드백 시스템

$E(s)$는 다음과 같이 나타낼 수 있으므로

$$E(s) = \frac{s + 2\zeta\omega_n}{s^2 + 2\zeta\omega_n s + \omega_n^2},$$

$\|E(s)\|_2$ 는 아래와 같이 쓸 수 있다.

$$\begin{aligned}\|E(s)\|_2^2 &= \frac{1}{2\pi}\int_{-\infty}^{\infty} E(j\omega)E(-j\omega)d\omega \\ &= \frac{1}{2\pi}\int_{-\infty}^{\infty} \frac{j\omega + 2\zeta\omega_n}{(j\omega)^2 + 2\zeta\omega_n(j\omega) + \omega_n^2}\frac{-j\omega + 2\zeta\omega_n}{(-j\omega)^2 + 2\zeta\omega_n(-j\omega) + \omega_n^2}d\omega.\end{aligned}$$

적분 안에 w에 대한 4차 유리식이 있어 다루기가 쉽지 않다. 따라서 좀 더 간단하게 하기 위해 $E(s)E(-s)$에 대한 부분분수 전개를 다음과 같이 한다.

$$E(s)E(-s) = \frac{\frac{4\zeta^2+1}{4\zeta\omega_n}s + 2\zeta^2}{s^2 + 2\zeta\omega_n s + \omega_n^2} + \frac{-\frac{4\zeta^2+1}{4\zeta\omega_n}s + 2\zeta^2}{s^2 - 2\zeta\omega_n s + \omega_n^2}.$$

우변의 첫 번째 항을 $F(s)$라고 표시하면, 두 번째 항은 $F(-s)$가 된다.

$$\int_{-\infty}^{\infty} F(-j\omega)d\omega = \int_{-\infty}^{\infty} F(j\omega)d\omega,$$

이기 때문에 다음과 같이 쓸 수 있다.

$$\|E(s)\|_2^2 = \frac{1}{\pi}\int_{-\infty}^{\infty} F(j\omega)d\omega.$$

이런 적분 계산은 보통 복소평면에서 경로적분을 사용하여 계산될 수 있다. 그림 8.3과 같이 복소평면의 우반면을 모두 포함하는 경로를 D라고 하면,

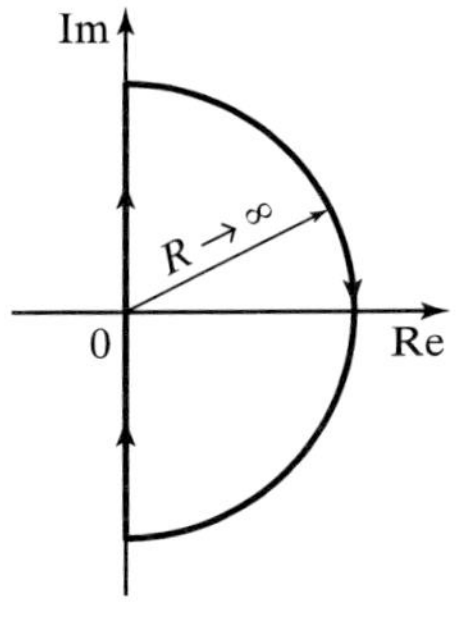

그림 8.3 경로 D

$$
\begin{aligned}
\oint_{\mathcal{D}} F(s)ds &= \lim_{R\to\infty}\left[\int_{-jR}^{jR} F(j\omega)dj\omega + \int_{jR}^{-jR} F(Re^{j\theta})dRe^{j\theta}\right] \\
&= j\int_{-\infty}^{\infty} F(j\omega)d\omega + j\int_{\pi/2}^{-\pi/2} \lim_{R\to\infty}\left[F(Re^{j\theta})Re^{j\theta}\right]d\theta \\
&= j\int_{-\infty}^{\infty} F(j\omega)d\omega + j\int_{\pi/2}^{-\pi/2} \frac{4\zeta^2+1}{4\zeta\omega_n}d\theta \\
&= j\pi\|E(s)\|_2^2 - j\pi\frac{4\zeta^2+1}{4\zeta\omega_n}.
\end{aligned}
$$

좌변의 적분안에 있는 $F(s)$는 복소평면의 우반면에서 해석적이기 때문에, Cauchy의 적분 정리(Cauchy integral theorem)에 의해 경로적분이 0이 된다. 따라서 최종적으로 $\|E(s)\|_2^2$는 다음과 같다.

$$\|E(s)\|_2^2 = \frac{4\zeta^2+1}{4\zeta\omega_n},$$

그리고

$$\|E(s)\|_2 = \sqrt{\left(\zeta+\frac{1}{4\zeta}\right)\frac{1}{\omega_n}}.$$

위의 두 예제로부터 주파수 영역에서의 $E(s)$에 대한 2−놈은 예제 4.24와 4.25에서 각각 계산한 시간 영역에서의 $e(t)$에 대한 2−놈과 같다는 사실을 알 수 있다. 이 사실을 좀 더 일반적으로 증명할 수 도 있다.

$X(s)$를 $x(t)$에 대한 Laplace 변환이라고 하자. $\|x(t)\|_2 < \infty$ 라고 가정하면 $X(s)$의 수렴영역은 복소평면에서 허수축을 포함하다. 따라서 Laplace 변환과 역변환 관계식을 다음과 같이 쓸 수 있다.

$$
\begin{aligned}
X(j\omega) &= \int_{0^-}^{\infty} x(t)e^{-j\omega t}dt \\
x(t) &= \frac{1}{2\pi}\int_{-\infty}^{\infty} X(j\omega)e^{j\omega t}d\omega.
\end{aligned}
$$

위 두 관계식을 이용하면

$$\begin{aligned}\|X(s)\|_2^2 &= \frac{1}{2\pi}\int_{-\infty}^{\infty} X(j\omega)X(-j\omega)d\omega \\ &= \frac{1}{2\pi}\int_{-\infty}^{\infty} X(j\omega)\left[\int_{0^-}^{\infty} x(t)e^{j\omega t}dt\right]d\omega \\ &= \int_{0^-}^{\infty} x(t)\left[\frac{1}{2\pi}\int_{-\infty}^{\infty} X(j\omega)e^{j\omega t}d\omega\right]dt \\ &= \int_{0^-}^{\infty} x^2(t)dt \\ &= \|x(t)\|_2^2.\end{aligned}$$

이 결과는 잘 알려진 Parseval의 항등식이 된다.

정리 8.4. (Parseval의 항등식, 버전 1) $X(s)$를 $x(t)$에 대한 Laplace 변환이라고 하고, $\|x(t)\|_2 < \infty$ 라고 가정하면,

$$\|x(t)\|_2 = \|X(s)\|_2,$$

이다.

정리 8.4에 의해, 시간 영역에서의 2-놈과 주파수 영역에서의 2-놈을 구분할 필요가 없다. 시간 영역과 주파수 영역에서의 $\|\cdot\|_2$ 는 같은 값을 제공하므로 혼동되지 않을 것이다. 주파수 영역에서의 2-놈은 알고리즘 4.31을 사용하여 계산될 수도 있다.

정리에서 가정한 $\|x(t)\|_2$ 의 유한성은 꼭 필요한 조건이고, 다음 예제를 통해 그 필요성을 알 수 있다.

예제 8.5

$x(t) = e^t\sigma(t)$ 이면, 쉽게 $\|x(t)\|_2 = \infty$ 임을 알 수 있다. 그러나

$$\|X(s)\|_2 = \left\|\frac{1}{s-1}\right\|_2 = \left[\frac{1}{2\pi}\int_{-\infty}^{\infty}\frac{1}{|j\omega-1|^2}d\omega\right]^{1/2} = \frac{1}{\sqrt{2}}.$$

전달함수 $G(s)$를 갖는 시스템에 대해서 주파수 영역에서의 2-놈은 간단히 임펄스 응답의 Laplace 변환인 $G(s)$에 대한 주파수 영역에서의 2-놈이다. 다시 말하면,

Parseval의 항등식에 의해, $\|G(s)\|_2$의 의미는 두 가지로 해석된다고 하더라도, 모호성을 갖지 않는다.

4장에서 신호와 시스템에 대해 시간영역에서의 2–놈을 계산하는 알고리즘이 소개되었다. Parseval의 항등식 때문에 동일한 알고리즘을 사용하여 주파수영역에서의 2–놈도 계산할 수 있다. 그러나 이 알고리즘은 유도 과정 중에 중요한 정리 4.29를 증명할 수 없었기 때문에 4장에서 결과만을 소개하였다. 이 장에서는 정리 4.29를 증명해보도록 한다. 증명하기 이전에, 우선 주파수영역에서의 내적을 소개하고, Parseval의 항등식에 대한 더 일반적인 형태를 유도한다.

정의 8.6. $X(s)$와 $Y(s)$를 두 신호의 Laplace 변환이라고 하면, 이 들의 주파수 영역에서 내적은 다음과 같이 정의된다.

$$\langle X(s), Y(s)\rangle = \frac{1}{2\pi}\int_{-\infty}^{\infty} X(j\omega)Y(-j\omega)d\omega.$$

정리 8.7. (Parseval의 항등식, 버전 2). $X(s)$와 $Y(s)$를 두 신호 $x(t)$와 $y(t)$의 Laplace 변환이라고 하자. $\|x(t)\|_2 < \infty$, $\|y(t)\|_2 < \infty$를 가정하면

$$\langle X(s), Y(s)\rangle = \langle x(t), y(t)\rangle,$$

이다.

Parseval의 항등식에 대한 버전 2 정리를 증명하는 것은 버전 1보다 더 어렵지는 않다. 간단히 다음과 같이 보일 수 있다.

$$\begin{aligned}
\langle X(s), Y(s)\rangle &= \frac{1}{2\pi}\int_{-\infty}^{\infty} X(j\omega)Y(-j\omega)d\omega \\
&= \frac{1}{2\pi}\int_{-\infty}^{\infty} X(j\omega)\left[\int_{0^-}^{\infty} y(t)e^{j\omega t}dt\right]d\omega \\
&= \int_{0^-}^{\infty}\left[\frac{1}{2\pi}\int_{-\infty}^{\infty} X(j\omega)e^{j\omega t}d\omega\right]y(t)dt \\
&= \int_{0^-}^{\infty} x(t)y(t)dt \\
&= \langle x(t), y(t)\rangle.
\end{aligned}$$

안정된 완전 진유리 전달 함수

$$X(s) = \frac{b(s)}{a(s)} = \frac{b_1 s^{n-1} + \cdots + b_n}{a_0 s^n + a_1 s^{n-1} + \cdots + a_n}, \quad a_0 > 0, \tag{8.1}$$

를 생각해보자.

표 8.1과 같이 안정된 다항식 $a(s)$에 관한 Routh 배열을 작성하자.

s^n	$r_{00} = a_0$	$r_{01} = a_2$	$r_{02} = a_4$	$r_{03} = a_6$	$\cdots$
s^{n-1}	$r_{10} = a_1$	$r_{11} = a_3$	$r_{12} = a_5$	$r_{13} = a_7$	$\cdots$
s^{n-2}	r_{20}	r_{21}	r_{22}	r_{23}	$\cdots$
s^{n-3}	r_{30}	r_{31}	r_{32}	r_{33}	$\cdots$
$\vdots$	$\vdots$	$\vdots$	$\vdots$	$\vdots$	
s^2	$r_{(n-2)0}$	$r_{(n-2)1}$			
s^1	$r_{(n-1)0}$				
s^0	r_{n0}				

표 8.1 Routh 배열

$a(s)$는 안정적이므로, Routh 배열의 r_{io}, $i = 0, 1, \cdots, n$ 은 모두 양수이다. Routh 배열의 각 행에 대해서(첫 번 째 행은 제외), 다음과 같은 다항식을 정의한다.

$$\begin{aligned}
r_1(s) &= r_{10}s^{n-1} + r_{11}s^{n-3} + \cdots \\
r_2(s) &= r_{20}s^{n-2} + r_{21}s^{n-4} + \cdots \\
&\vdots \\
r_{n-1}(s) &= r_{(n-1)0}s \\
r_n(s) &= r_{n0}.
\end{aligned}$$

또한 추가적으로 다음과 같이 정의하자.

$$\alpha_i = \frac{r_{(i-1)0}}{r_{i0}}, \quad i = 1, 2, \ldots, n,$$

$$X_i(s) = \sqrt{2\alpha_i}\frac{r_i(s)}{a(s)}, \quad i = 1, 2, \ldots, n.$$

정리 4.29의 결과를 주파수영역에서 다시 표현하면 다음과 같다.

정리 8.8.

$$\langle X_i(s), X_j(s)\rangle = \begin{cases} 1, & i = j; \\ 0, & i \neq j. \end{cases}$$

증명: 증명할 내용은 아래와 같다.

$$\left\langle \frac{r_i(s)}{a(s)}, \frac{r_j(s)}{a(s)} \right\rangle = \begin{cases} \dfrac{1}{2\alpha_i}, & \text{if } i = j \\ 0, & \text{otherwise} \end{cases}$$

여기서 $i, j = 1, 2, \cdots, n$ 이다. 내적에 관한 정의로부터

$$\left\langle \frac{r_i(s)}{a(s)}, \frac{r_j(s)}{a(s)} \right\rangle = \frac{1}{2\pi}\int_{-\infty}^{\infty} \frac{r_i(j\omega)}{a(j\omega)}\frac{r_j(-j\omega)}{a(-j\omega)}d\omega. \tag{8.2}$$

이다. Routh 배열은

$$r_i(s) = r_{i-2}(s) - \alpha_{i-1}sr_{i-1}(s), \ i = 2, 3, \ldots, n. \tag{8.3}$$

이 만족되도록 작성된다. $r_0(s)$, $r_1(s)$는

$$r_0(s) = \frac{1}{2}[c_0(s)a(s) + (-1)^n c_0(-s)a(-s)]$$

$$r_1(s) = \frac{1}{2}[c_1(s)a(s) + (-1)^{n-1} c_1(-s)a(-s)]$$

와 같이 표현될 수 있으며, $c_0(s) = 1$, $c_1(s) = 1$로 주어진다. 따라서

$$\begin{aligned} r_2(s) &= r_0(s) - \alpha_1 s r_1(s) \\ &= \frac{1}{2}[c_2(s)a(s) + (-1)^{n-2} c_2(-s)a(-s)] \end{aligned}$$

여기서 $c_2(s)$는 다음과 같이 주어진다.

$$c_2(s) = c_0(s) - \alpha_1 s c_1(s).$$

수학적 귀납법을 사용하면, 아래와 같이 성립함을 알 수 있다.

$$r_i(s) = \frac{1}{2}[c_i(s)a(s) + (-1)^{n-i} c_i(-s)a(-s)], \tag{8.4}$$

여기서 $i = 2, \cdots, n$이며 $c_j(s)$는 $r_i(s)$와 동일한 재귀적 관계식을 만족한다. 즉,

$$c_i(s) = c_{i-2}(s) - \alpha_{i-1} s c_{i-1}(s).$$

이로부터 다음을 얻을 수 있다.

$$\begin{aligned} c_i(s) &= (-1)^{i-1}\alpha_{i-1}\ldots\alpha_1 s^{i-1} + \text{이하 차수의 항들} \\ &= (-1)^{i-1}\frac{r_{00}}{r_{(i-1)0}} s^{i-1} + \text{이하 차수의 항들} \end{aligned}$$

(8.4)를 (8.2)에 대입하면, 다음을 얻는다.

$$\left\langle \frac{r_i(s)}{a(s)}, \frac{r_j(s)}{a(s)} \right\rangle = \frac{1}{4\pi}\int_{-\infty}^{\infty} \frac{c_i(j\omega)r_j(-j\omega)}{a(-j\omega)} d\omega + \frac{(-1)^{n-i}}{4\pi}\int_{-\infty}^{\infty} \frac{c_i(-j\omega)r_j(-j\omega)}{a(j\omega)} d\omega.$$

$r_j(-jw) = (-1)^{n-j} r_j(jw)$ 이고, 각 함수 $F(jw)$ 에 대해서

$$\int_{-\infty}^{\infty} F(-j\omega)d\omega = \int_{-\infty}^{\infty} F(j\omega)d\omega.$$

이므로

$$\begin{aligned} \int_{-\infty}^{\infty} \frac{c_i(j\omega)r_j(-j\omega)}{a(-j\omega)} d\omega &= (-1)^{n-j}\int_{-\infty}^{\infty} \frac{c_i(j\omega)r_j(j\omega)}{a(-j\omega)} d\omega \\ &= (-1)^{n-j}\int_{-\infty}^{\infty} \frac{c_i(-j\omega)r_j(-j\omega)}{a(j\omega)} d\omega. \end{aligned}$$

이고, 다음과 같이 표현할 수 있다.

$$\left\langle \frac{r_i(s)}{a(s)}, \frac{r_j(s)}{a(s)} \right\rangle = \frac{1}{4\pi}\int_{-\infty}^{\infty} \frac{c_i(-j\omega)r_j(-j\omega)}{a(j\omega)} d\omega \left[(-1)^{n-j} + (-1)^{n-i}\right].$$

다음과 같은 s 에 관한 다항식에 대해서

$$e(s) = e_1 s^{n-1} + e_2 s^{n-2} + \cdots + e_n,$$

예제 8.3에서 배운 복소평면에서의 경로적분을 이용하여 다음을 계산해보도록 하자.

$$\int_{-\infty}^{\infty} \frac{e(j\omega)}{a(j\omega)} d\omega$$

$e(s)/a(s)$ 는 복소평면의 우반면에서 해석적이므로, 예제 8.3에서 소개된 경로 D를 따라 적분하면 0 이 된다. 즉,

$$
\begin{aligned}
0 &= \oint_{\mathcal{D}} \frac{e(s)}{a(s)} ds = \lim_{R\to\infty} \int_{-jR}^{jR} \frac{e(j\omega)}{a(j\omega)} dj\omega + \int_{jR}^{-jR} \frac{e(Re^{j\theta})}{a(Re^{j\theta})} dRe^{j\theta} \\
&= j\int_{-\infty}^{\infty} \frac{e(j\omega)}{a(j\omega)} d\omega + j\int_{\pi/2}^{-\pi/2} \lim_{R\to\infty} \frac{e(Re^{j\theta})Re^{j\theta}}{a(Re^{j\theta})} d\theta \\
&= j\int_{-\infty}^{\infty} \frac{e(j\omega)}{a(j\omega)} d\omega + j\int_{\pi/2}^{-\pi/2} \frac{e_1}{a_0} d\theta \\
&= j\int_{-\infty}^{\infty} \frac{e(j\omega)}{a(j\omega)} d\omega - j\pi \frac{e_1}{a_0}.
\end{aligned}
$$

결과적으로

$$\int_{-\infty}^{\infty} \frac{e(j\omega)}{a(j\omega)} d\omega = \pi \frac{e_1}{a_0}.$$

$e(jw) = c_i(-jw)r_j(-jw)$ 와 같이 놓으면 다음을 얻을 수 있다.

$$
e_1 = \begin{cases} (-1)^{n-i} \dfrac{r_{00}}{r_{(i-1)0}} r_{i0}, & i = j \\ 0, & i < j \end{cases} = \begin{cases} (-1)^{n-i} \dfrac{a_0}{\alpha_i}, & i = j \\ 0, & i < j. \end{cases}
$$

이것은 다음을 의미한다.

$$
\left\langle \frac{r_i(s)}{a(s)}, \frac{r_j(s)}{a(s)} \right\rangle = \begin{cases} \dfrac{1}{2\alpha_i}, & i = j \\ 0, & i < j. \end{cases}
$$

$j > i$에 대해서는

$$
\left\langle \frac{r_i(s)}{a(s)}, \frac{r_j(s)}{a(s)} \right\rangle = \left\langle \frac{r_j(s)}{a(s)}, \frac{r_i(s)}{a(s)} \right\rangle.
$$

이므로 내적은 0이 된다. **[증명 끝]**

8.2 주파수 영역에서의 시스템에 대한 ∞−놈

어떤 시스템에 대해서 주파수 영역에서의 유용한 놈으로 또 다른 형태가 있다.

정의 8.9. 전달 함수 $G(s)$를 갖는 시스템에 대해 (주파수 영역에서의) ∞−놈은 다음과 같이 정의된다.

$$\|G(s)\|_\infty = \sup_{\omega\in\mathbb{R}} |G(j\omega)|.$$

더 간단히 말하면, 어떤 시스템에 대한 주파수 영역에서의 ∞ -놈은 주파수 크기 응답에서 최대값을 의미한다. 또한 $G(s)$의 공진최대값이라고 하기도 한다. 시간 영역에서의 ∞ -놈은 신호에 대해서만 사용되고, 시스템에 대해서는 사용되지 않는 반면, 주파수 영역에서의 ∞ -놈은 시스템에 대해서만 사용되고, 신호에 대해서는 사용되지 않는다.

따라서 $\|\cdot\|_\infty$의 의미는 상황에 따라서 그리고, 놈의 대상이 되는 객체에 대한 속성으로부터 결정될 수 있다. 예를 들면 $\|x(t)\|_\infty$는 신호 $x(t)$에 대한 시간 영역에서의 ∞ -놈이고, $\|G(s)\|_\infty$는 시스템 $G(s)$에 대한 주파수 영역에서의 ∞ -놈이다.

안정된 시스템에 대한 주파수 영역에서의 ∞ -놈을 사용하여 시스템 입출력에 대한 흥미로운 해석을 할 수 있다. 놈은 최고치 주파수 크기 응답이기 때문에 정현파를 입력했을 때의 가장 큰 증폭비와 관련된다. 더 자세히 말하면, 크기 A의 정현파를 입력하고, 크기 B의 정현파를 정상 상태에서 출력으로 얻을 수 있다면, 주파수 영역에서의 ∞ -놈은 모든 주파수에 걸쳐 B/A의 최대값을 말한다.

주파수 영역에서의 ∞ -놈을 최대 증폭비로 해석하는 것은 더 확장될 수 있다. 입력 $U(s)$와 출력 $Y(s)$를 갖는 안정된 시스템 $G(s)$에 대해서

$$\begin{aligned}\|Y(s)\|_2^2 = \|G(s)U(s)\|_2^2 &= \frac{1}{2\pi}\int_{-\infty}^{\infty} |G(j\omega)U(j\omega)|^2 d\omega \\ &\le \|G(s)\|_\infty^2 \frac{1}{2\pi}\int_{-\infty}^{\infty} |U(j\omega)|^2 d\omega = \|G(s)\|_\infty^2 \|U(s)\|_2^2.\end{aligned}$$

이고, 따라서 다음이 성립한다.

$$\frac{\|Y(s)\|_2}{\|U(s)\|_2} \le \|G(s)\|_\infty,$$

즉, 입력신호 2-놈에 대한 출력신호 2-놈의 증폭비가 시스템의 ∞ -놈에 의해 제한된다. 등가적으로 입력 에너지에 대한 출력 에너지의 증폭비가 시스템의 ∞ -놈 제곱에 의해 제한된다. 더 나아가서, 부등식은 최선한계값(tight bound)을 가진다. 즉, 어떤 입출력 쌍에 대해서 증폭비가 시스템의 ∞ -놈과 정확히 일치 또는 임의적으로 가깝게 된다. 이것을 아래의 정리와 같이 서술할 수 있다.

정리 8.10. 전달함수 $G(s)$를 갖는 시스템에 대해서, 다음이 성립한다.

$$\|G(s)\|_\infty = \sup_{0<\|u(t)\|_2<\infty} \frac{\|Y(s)\|_2}{\|U(s)\|_2} = \sup_{0<\|u(t)\|_2<\infty} \frac{\|y(t)\|_2}{\|u(t)\|_2}.$$

예제 8.11

다음과 같은 표준 1차 시스템을 생각해 보자.

$$G(s) = \frac{1}{Ts+1}.$$

$|G(jw)|$은

$$|G(j\omega)| = \frac{1}{\sqrt{T^2\omega^2+1}},$$

이기 때문에 $|G(jw)|$의 최대값은 $w=0$에서 발생하고 그 최대값은 1이다.

따라서 $\|G(s)\|_\infty = 1$.

다음과 같은 표준 2차 시스템에 대해서,

$$G(s) = \frac{\omega_n^2}{s^2+2\zeta\omega_n s+\omega_n^2}.$$

6.5 절의 결과를 사용하면

$$\|G(s)\|_\infty = \begin{cases} \dfrac{1}{2\zeta\sqrt{1-\zeta^2}} & 0<\zeta<\dfrac{1}{\sqrt{2}} \\ 1 & \zeta \geq \dfrac{1}{\sqrt{2}}. \end{cases}$$

첫 번째 경우($0<\zeta<\frac{1}{\sqrt{2}}$)에서는 $w=w_n\sqrt{1-2\zeta^2}$ 에서 주파수응답의 최대치를 갖는다.

두 번째 경우($\zeta \geq \frac{1}{\sqrt{2}}$)에서는 $w=0$에서 최대치를 갖는다.

일반적인 시스템에 대해서 주파수 영역에서의 ∞ −놈을 계산하는 방법으로는 여러 가지가 있다. 가장 간단하고 초보적인 방법으로는 Bode 선도를 그리고 주파수 크기 응답의 최대치를 읽으면 된다. 이 방법은 정확성과 계산상의 효율성이 고려되지 않을 때만 효과적이다. 두 번째 방법으로는 단일변수 함수를 최적화하기 위한 표준적인 과정을 사용하는 것이다.

즉, 함수에 대한 미분을 취하고, 미분값이 0인 임계점들을 찾은 다음, 임계점들의 함수값들을 비교하는 것이다. 이런 과정을 $|G(jw)|$ 대신 $|G(jw)|^2$ 에 적용하면 좀 더 절차를 간단히 할 수 있다. 다음과 같은 안정된 진유리 전달 함수를 생각하자.

$$G(s) = \frac{b(s)}{a(s)} = \frac{b_0 s^n + b_1 s^{n-1} + \cdots + b_n}{a_0 s^n + a_1 s^{n-1} + \cdots + a_n}$$

여기서 $a_0 \neq 0$이다. $|G(jw)|^2$이 다음과 같이 표현될 수 있다.

$$|G(j\omega)|^2 = \frac{b(-j\omega)b(j\omega)}{a(-j\omega)a(j\omega)}.$$

$a(-jw)a(jw)$와 $b(-jw)b(jw)$은 w^2에 대한 실수 다항식이므로 다음과 같이 쓸 수 있다.

$$\begin{aligned} a(-j\omega)a(j\omega) &= p_1(\lambda) \\ b(-j\omega)b(j\omega) &= p_2(\lambda) \end{aligned}$$

여기서 $\lambda = w^2$이다. 따라서,

$$|G(j\omega)|^2 = \frac{b(-j\omega)b(j\omega)}{a(-j\omega)a(j\omega)} = \frac{p_2(\lambda)}{p_1(\lambda)}.$$

$p_1(\lambda)$와 $p_2(\lambda)$는 λ에 관한 n차 다항식으로 차수가 $a(-jw)a(jw)$와 $b(-jw)b(jw)$보다 낮으므로 $p_2(\lambda)/p_1(\lambda)$를 최대화할 때 계산상에서 유리한 점이 있다.

세 번째로 좀 더 체계적이고 컴퓨터 연산에 적합해 흔히 쓰이는 방법이 있다. $\|G(jw)\|_\infty$의 하한은 어떤 $w_0 \in [-\infty, \infty]$에 대해서 $|G(jw_0)|$으로 주어지는 것을 쉽게 알 수 있다. 보통, $w_0 = 0$ 또는 $w_0 = \infty$로 잡고, 각각 $|G(jw_0)| = |\frac{b_n}{a_n}|$ 또는 $|G(jw_0)| = |\frac{b_0}{a_0}|$ 으로 계산된다. $\gamma > |G(jw)|$ 되도록 γ를 선택하면, 다음을 만족하는 주파수 $w \in R$ 가 존재하는 경우에 한해서 $\gamma \leq \|G(jw)\|_\infty$이 성립한다.

$$|G(j\omega)|^2 = \frac{b(-j\omega)b(j\omega)}{a(-j\omega)a(j\omega)} = \gamma^2.$$

이런 주파수가 존재하는 것은 다음의 식이

$$b(-s)b(s) - \gamma^2 a(-s)a(s)$$

허수축에 근을 갖는 경우에 한해서 발생한다. 이 사실을 바탕으로 $\|G(jw)\|_\infty$ 을 찾기 위한 이분법적 검색 알고리즘을 구현할 수 있다.

알고리즘 8.12

1 단계: 어떤 $w_0 \in [-\infty, \infty]$ 를 선택하여 $\alpha = |G(jw_0)|$를 계산하고, β를 $\|G(jw)\|_\infty$ 의 상계가 되도록 잡자.

2 단계: $\gamma = (\alpha+\beta)/2$를 계산하고, 다음의 다항식

$$b(-s)b(s) - \gamma^2 a(-s)a(s)$$

이 허수축에 근을 갖는지 확인한다.

3 단계: 허수축에 근을 갖는다면, $\gamma \le \|G(jw)\|_\infty$ 임을 알 수 있으므로 $\alpha = \gamma$라 하고, 그렇지 않다면, $\gamma > \|G(jw)\|_\infty$ 이므로 $\beta = \gamma$ 라 하자. $|\alpha - \beta|$가 허용오차 범위에 들지 않으면 단계 2를 수행한다.

4 단계: $\|G(jw)\|_\infty = \dfrac{\alpha+\beta}{2}$ 를 계산한다.

예제 8.13

다음과 같은 전달함수를 생각하자.

$$G(s) = \frac{8(s+1)}{(s+2)(s+4)}.$$

주파수 w에 대해서 $|G(jw)|$를 그린 그래프를 그림 8.4에서 볼 수 있다. 이 그래프로부터 $\|G(jw)\|_\infty = 1.42$ 임을 알 수 있고, $|G(jw)| = 1.42$가 되도록 하는 주파수는 근사적으로 $w = 2.4$이다.

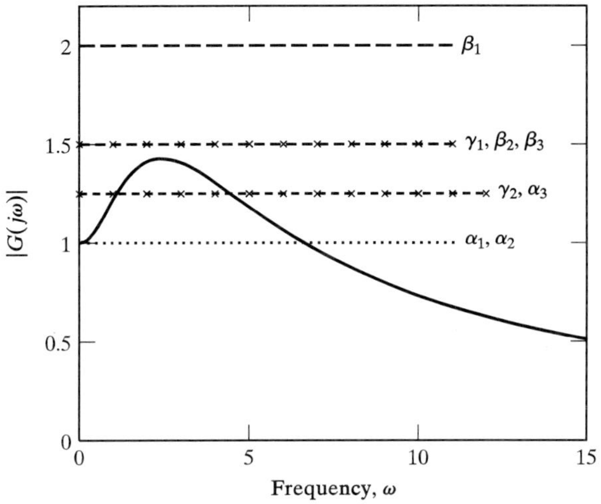

그림 8.4 예제 8.13에 나온 전달 함수의 크기를 도시한 그래프

$\|G(jw)\|_\infty$을 계산하는 두 번째 방법은 미분을 사용하여

$$|G(j\omega)|^2 = \frac{64(\omega^2+1)}{(\omega^2+4)(\omega^2+16)} = \frac{64(\lambda+1)}{(\lambda+4)(\lambda+16)}$$

을 최대화 하는 것 이다. λ에 관하여 미분을 취하면, 다음을 얻는다.

$$\frac{d}{d\lambda}\frac{64(\lambda+1)}{(\lambda+4)(\lambda+16)} = \frac{64(\lambda+4)(\lambda+16)-64(\lambda+1)(2\lambda+20)}{(\lambda+4)^2(\lambda+16)^2}.$$

미분값이 0이 되도록 하면, $\lambda = 3\sqrt{5}-1$을 얻을 수 있다.

이것은 $|G(jw)|^2$이 $w = \sqrt{3\sqrt{5}-1}$ 에서 최대값을 가진다는 것을 의미하고, 그 최대값은 $\frac{24-8\sqrt{5}}{3}$이 된다. 따라서 $\|G(jw)\|_\infty = 1.4273$이다.

또한 $\|G(jw)\|_\infty$을 계산하기 위해 알고리즘 8.12 를 사용할 수 도 있다. 초기 하계와 상계로 $\alpha_1 = G(0) = 1$와 $\beta_1 = 2$ 같이 각각 선택하면, $\gamma_1 = (\alpha_1+\beta_1)/2 = 1.5$가 된다. 이 경우에

$$b(-s)b(s) - \gamma_1^2 a(-s)a(s) = 64(1-s^2) - 2.25(4-s^2)(16-s^2)$$

이고, 이 방정식은 허수축에 근들을 갖지 않는다. 따라서 $\alpha_2 = \alpha_1 = 1$과 같이 이전의 하계는 유지하고, 상계는 $\beta_2 = \gamma_1 = 1$과 같이 새롭게 선택한다. 하계와 상계의 중간 지점은 $\gamma_2 = (\alpha_2+\beta_2)/2 = 1.25$ 가 된다. 이 경우에

$$b(-s)b(s) - \gamma_2^2 a(-s)a(s) = 64(1-s^2) - 1.5625(4-s^2)(16-s^2)$$

이고, 이 방정식은 허수축에 근들을 갖는다. 따라서 하계는 $\alpha_3 = \gamma_2 = 1.25$ 와 같이 새롭게 선택하고, 상계는 $\beta_3 = \beta_2 = 1.5$와 같이 이전의 값을 유지한다. 두 번의 반복계산 후에 초기의 추정치 $1 \le \|G(jw)\|_\infty \le 2$로부터 더 정확한 추정치 $1.25 \le \|G(jw)\|_\infty \le 1.5$를 얻을 수 있다. 반복 계산 횟수를 늘리면, 추정치는 더욱더 정확해질 것이다.

8.3 모델 불확실성 및 강인 안정성

이전 절에서 소개한 대부분의 제어기 설계 방법들은 수학적 모델에 기반을 둔다. 수학적 모델은 어떤 작업 환경에서 실제 시스템의 근사치 정도에 지나지 않는다. 특정한 성능을 얻을 목적으로 만든 수학적 모델은 그 목적과 응용에 대하여 얼마나 실제 시스템의 반응에 가깝게 출력을 내는지에 따라 평가된다. 한 모델이 특정한 응용에 관해 다른 모델보다 더 좋을 수 있지만, 어떤 다른 응용에 대해서는 그렇지 않을 수도 있다. 좋은 모델은 설계를 용이하게 할 정도로 간단해야 하고, 또한 모델에 바탕을 둔 설계가 실제 시스템에서 잘 작동할 것이라는 자신감을 공학자들에게 줄 정도로 충분한 복잡성도 가져야 한다.

불확실성(uncertainty)이란 모델과 실제 시스템 사이의 차이 또는 오차를 의미한다. 이런 차이를 표현하기위해 사용되는 구조를 **불확실성 표기(representation of uncertainty)**라고 한다. 불확실성 표기는 기본적으로 불확실성의 구조에 따라 변한다. 모델과 시스템 사이의 차이를 유발하는 물리적인 구조에 대한 지식뿐만 아니라 편리한 조작이 가능하도록 이런 구조를 표현하는 기능이 불확실성 표기에 포함된다. 다음의 논의는 그림 8.5에 보이는 피드백 구조에 바탕을 두고 있다.

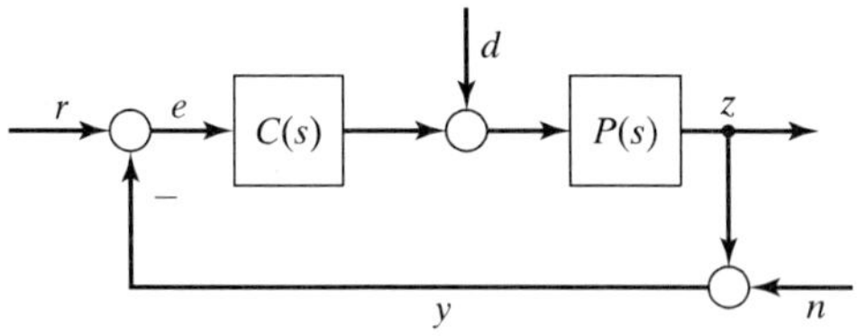

그림 8.5 표준 단위 피드백 시스템

두 개의 흔히 사용되는 불확실성 표기로는 **덧셈형과 곱셈형의 불확실성 모델(additive and multiplecative uncertainty models)**이 있다. 예를 들면 덧셈형 불확실성 모델

$$P_\Delta(s) = P(s) + \Delta_a(s), \quad |\Delta_a(j\omega)| \le |W_a(j\omega)|, \ \forall\omega \in \mathbb{R}, \qquad (8.5)$$

은 그림 8.6에 보이는 것과 같이, $P_\Delta(jw)$가 각 주파수에서 $P(jw)$을 중심으로 반지름 $|W_a(jw)|$인 원반 안에 존재하도록 한다. 여기서 $W_a(jw)$는 불확실성의 주파수 표현으로 안정한 전달함수이다.

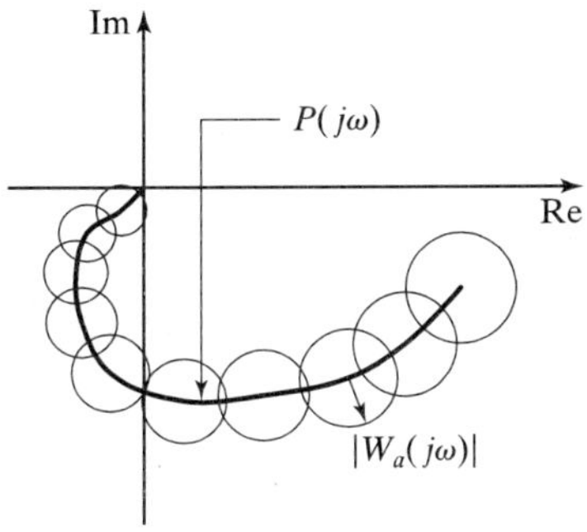

그림 8.6 덧셈형 불확실성 모델의 Nyquist 선도

이 표기로부터 $\Delta_a(s)$를 발생시키는 체계와 구조를 알 수는 없다. 불확실성은 파라미터의 변동, 고려하지 동력학 모델, 예상치 못한 영향 등에 의하여 발생한다.

(8.5)의 또 다른 표현 방법으로 곱셈형이 있다.

$$P_\Delta(s) = (1 + \Delta_m(s))P(s), \ |\Delta_m(j\omega)| \le |W_m(j\omega)|, \ \forall\omega \in \mathbb{R}. \tag{8.6}$$

이 표현에 의하면 $P_\Delta(s)$는 그림 8.7에서 보는 것과 같이 공칭 모델 $P(s)$의 정규화된 근방에 존재하게 된다. (8.5)에 대한 (8.6)의 이점은 어떠한 제어기 $C(s)$에 의해 보상된 전달함수 $P_\Delta C(s)$ 라도 보상되지 않은 모델 $P_\Delta(s)$와 동일한 불확실성 표기를 할 수 있다는 것이다.

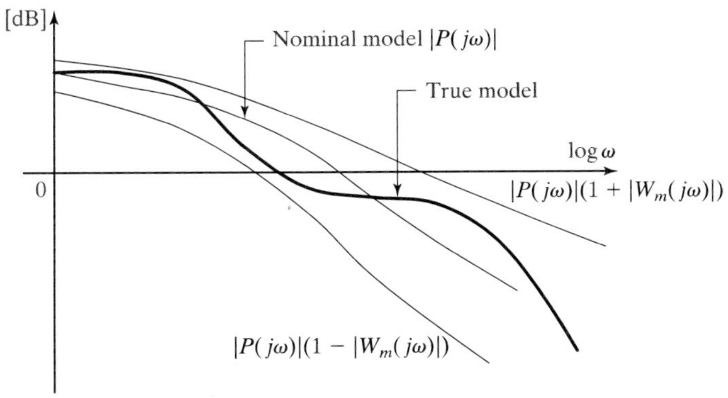

그림 8.7 곱셈형 불확실성의 일반적인 형태 : $P_\Delta(s) = [1 + \Delta_m(s)]P(s)$

물론, 특정한 모델에 대한 불확실성 표기의 가장 좋은 선택은 모델로부터 발생하는 오차에 의존한다. 실제적으로 이런 오차들을 고차원적으로 구조화된 매개변수 형태로 표시하는 것이 일반적으로 가능하다. 보통 이런 오차들은 저주파 신호에 해당한다.

그러나, 여전히 이런 방법으로 처리할 수 없는 고주파 성분의 오차가 항상 남아 있다. 이런 오차들은 무한 차원의 전기기계적 공진현상, 시간 지연, 확산 과정 등의 영향에 의해 유발된다. 다행히도, (8.5)와 (8.6) 같이 덜 구조화된 표기는 후자의 오차 종류를 표시하는데 적합하다.

결과적으로 (8.5)와 (8.6)은 유한 차원의 선형 시불변 모델에 대한 일반적인 불확실성 표기로 많이 사용되고 있는 형태이다.

모델 불확실성이 피드백 시스템의 페루프 안정성에 미치는 영향을 알아보기 위해서 실제 시스템을 덧셈형 불확실성 형태로 나타낼 수 있다.

$$P_\Delta(s) = P(s) + \Delta_a(s), \quad |\Delta_a(j\omega)| \le |W_a(j\omega)|, \quad \forall\ \omega \in \mathbb{R}$$

여기서 $P(s)$는 공칭 모델이고, $\Delta_a(s)$는 모델 불확실성이며, $W_a(s)$는 안정한 진유리 전달함수이다.

일반적으로 $\Delta_a(s)$는 꼭 안정할 필요는 없다. 그리고 섭동의 안정성을 가정하는 것은 너무 제한적일 것이다. 예제로 극점의 위치가 변하는 다음의 불확실한 시스템을 생각해보자.

$$P_\Delta(s) = \frac{1}{s-a}, \quad a \in [2, 4].$$

이 시스템은 다음과 같이 모델링될 수 있다.

$$P_\Delta(s) = \frac{1}{s-3} + \Delta_a(s), \qquad \Delta_a(s) := \frac{1}{s-a} - \frac{1}{s-3}$$

여기서 $|\Delta_a(jw)| \le |W_a(jw)|$ 이고

$$W_a(s) = \frac{1}{(s+2)(s+3)}.$$

이다. $\Delta_a(s)$는 불안정하지만, 플랜트 $P_\Delta(s)$의 불안정한 극점은 모든 가능한 섭동 a에 대하여 항상 한 개 존재한다는 것을 알 수 있다.

물론 모델 불확실성 $\Delta_a(s)$에 대한 정확한 형태는 많은 실용적인 응용분야에서 명확하게 알 수 없다.

우리가 알 수 있는 것은 불확실성의 상계 즉 경계 함수 $W_a(s)$ 뿐 이다. $W_a(s)$로 한정된 모든 가능한 섭동 $\Delta_a(s)$에 대하여 주어진 제어기로 폐루프 시스템을 안정화 시킬 수 있느냐는 제어 공학자들이 관심을 가지는 질문이다.

사실, 이런 경우 모든 가능한 섭동 $\Delta_a(s)$에 대하여 $P_\Delta(s)$의 불안정한 극점의 개수가 항상 동일하다는 것을 가정할 필요가 있다. 이런 제약이 없으면, 위와 같은 불확실한 모델에 대한 안정화된 제어기의 존재를 보장하는 것이 불가능하다.

예제 8.14

$$P_\Delta(s) = P(s) + \Delta_a(s)$$

와 같이 기술되는 불확실한 모델의 집합을 생각하자. 여기서 $P(s) = 0$ 이고,

$$\Delta_a(s) = \left\{ \delta\frac{s+\epsilon}{s-\epsilon},\ \ \delta\frac{s-\epsilon}{s+\epsilon} \right\}.$$

이다. $|\Delta_a(jw)| \le \delta$ 이고, 영이 아닌 $\epsilon \ne 0$에 대하여 $P_\Delta(s)$는 불안정한 극점이 없거나 또는 하나 있다는 것을 알 수 있다.

모든 $\delta > 0$과 $\epsilon > 0$에 대하여 다음의 두 플랜트들을 동시에 안정화시킬 수 있는 제어기는 존재하지 않는다는 것을 보일 수 있다.

$$P_1(s) = \delta\frac{s+\epsilon}{s-\epsilon},\quad P_2(s) = \delta\frac{s-\epsilon}{s+\epsilon}$$

다른 말로 표현하면 $P_\Delta(s)$로 표현된 불확실한 모델의 집합을 안정화시키는 제어기는 존재하지 않는다.

앞에서와 같이 덧셈형과 곱셈형 불확실성을 가진 모델의 집합은 다음의 예제에서 보이는 것처럼 꽤 여러 종류의 전달함수를 표현할 수 있다.

예제 8.15

플랜트는 다음의 곱셈형 불확실성 모델의 집합으로 표시된다.

$$P_\Delta(s) = \left\{ \frac{1}{s-1}(1+\Delta_m(s)) : \quad |\Delta_m(j\omega)| \le |W_m(j\omega)| \right\}$$

여기서 $W_m(s)$ 는

$$W_m(s) = \frac{\frac{1}{4}\left(\frac{1}{2}s+1\right)}{\frac{1}{32}s+1}$$

이고, $\Delta_m(s)$ 는 $\frac{1}{s-1}(1+\Delta_m(s))$가 정확히 하나의 불안정한 극점을 가질 수 있게 하는 전달함수 중의 하나이다. 이런 모델의 집합은 특별한 경우로서 다음과 같은 전달함수들을 포함한다.

$$\begin{aligned}
P_0(s) &= \frac{1}{s-1}, \\
P_1(s) &= \frac{1}{s-1}\frac{6.1}{s+6.1} \\
P_2(s) &= \frac{1.425}{s-1.425}, \\
P_3(s) &= \frac{0.67}{s-0.67} \\
P_4(s) &= \frac{1}{s-1}\frac{-0.07s+1}{0.07s+1}, \\
P_5(s) &= \frac{1}{s-1}\frac{70^2}{s^2+2\times 0.15\times 70s+70^2}, \\
P_6(s) &= \frac{1}{s-1}\frac{70^2}{s^2+2\times 5.6\times 70s+70^2}, \\
P_7(s) &= \frac{1}{s-1}\left(\frac{50}{s+50}\right)^6 \\
P_8(s) &= \frac{1}{s-1}\frac{-2.9621(s-9.837)(s+0.76892)}{(s+32)(s+0.56119)}, \\
P_9(s) &= \frac{1}{s-1}\frac{s^2+3.6722s+34.848}{(s+7.2408)(s+32)}.
\end{aligned}$$

따라서, 이런 모델들의 집합은 불안정한 극점 위치의 변화, 무시된 고주파 성분의 동력학 정보, 고주파의 비최소 위상 영점 등을 표현할 수 있다. 이런 모델들이 불확실성의 어떤 형태를 표현하기 위해 사용될 때 결과는 일반적으로 보수적일 것이다. 예제 8.18에서 이런 현상을 볼 수 있다.

정리 8.16. 모든 $w \in R$와 알려진 안정된 전달함수 $W_a(s)$에 대해서 $|\Delta_a(jw)| \le |W_a(jw)|$이 성립할 때, 실제 플랜트가 $P_\Delta(s) = P(s) + \Delta_a(s)$의 형태로 주어졌다고 하자. 더 나아가 $P(s)$와 $P_\Delta(s)$가 모든 가능한 섭동 $\Delta_a(s)$에 대하여 같은 수의 불안정한 극점을 갖고, $C(s)$는 공칭 모델 $P(s)$를 안정화시키는 제어기라고 하자. 아래 조건을 만족하기만 하면, 제어기 $C(s)$는 모든 섭동 $\Delta_a(s)$에 대하여 섭동이 발생한 플랜트 $P_\Delta(s)$를 안정화 시킨다.

$$\|S(j\omega)C(j\omega)W_a(j\omega)\|_\infty = \left\| \frac{C(j\omega)W_a(j\omega)}{1 + P(j\omega)C(j\omega)} \right\|_\infty < 1. \tag{8.7}$$

증명: 시스템이 모든 가능한 섭동에 대하여 안정하다는 것을 보여주기 위해 $1 + P_\Delta(s)C(s)$가 안정함을 보여주면 충분하다. 아래와 같은 관계식이 성립하고,

$$1 + P_\Delta(s)C(s) = (1 + P(s)C(s))\,[1 + S(s)C(s)\Delta_a(s)]$$

가정에 의하면 $1 + P_\Delta(s)C(s)$의 불안정한 극점 개수가 $1 + P(s)C(s)$의 불안정한 극점 개수와 같다.

그러므로, Nyquist 안정도 기준에 의하면, $1 + P(s)C(s)$의 모든 영점들이 안정하기 때문에 $1 + P_\Delta(s)C(s)$가 원점을 감싸는 횟수와 $1 + P(s)C(s)$가 원점을 감싸는 횟수는 같다. $1 + P_\Delta(s)C(s)$가 원점을 감싸는 횟수는 $1 + P(s)C(s)$와 $1 + S(s)C(s)\Delta_a(s)$가 원점을 감싸는 횟수의 합이기 때문에 모든 $w \in R$ 에서 $|\Delta_a(jw)| \le |W_a(jw)|$를 만족하는 모든 가능한 섭동에 대해 $1 + S(s)C(s)\Delta_a(s)$가 원점을 감싸는 회수가 0임을 보이는 것으로 충분하다. 모든 $w \in R$와 $|\Delta_a(jw)| \le |W_a(jw)|$를 만족하는 모든 섭동 $\Delta_a(s)$에 대하여

$$|S(j\omega)C(j\omega)\Delta_a(j\omega)| \le |W_a(j\omega)S(j\omega)C(j\omega)| < 1$$

이 만족하기 때문에 모든 w에 대해

$$\mathrm{Re}\,(1 + S(j\omega)C(j\omega)\Delta_a(j\omega)) > 0$$

이고, 따라서 $1 + S(s)C(s)\Delta_a(s)$가 원점을 감싸는 횟수는 0임을 쉽게 알 수 있다.

증명을 완성하기 위해서 (8.7)에 주어진 부등식 조건이 안정성을 보장하는데 필요하다는 것을 보여야 한다. 즉, 부등식이 만족되지 않는다면, 시스템은 가능한 섭동에 의해 불안정해질 수 있다. 자세한 증명은 독자에게 맡긴다. 이런 불안정한 섭동을 찾는 중요한 과정은 문제 8.7에 나와 있다.

유사하게, 모델 불확실성이 곱셉 형태로 주어지는 경우에도 생각해 볼 수 있다.

정리 8.17. 모든 $w \in R$와 알려진 안정된 전달함수 $W_m(s)$에 대해서 $|\Delta_m(jw)| \leq |W_m(jw)|$이 성립할 때, 실제 플랜트가 $P_\Delta(s) = P(s)(1+\Delta_m(s))$의 형태로 주어졌다고 하자. 더 나아가 $P(s)$와 $P_\Delta(s)$가 모든 가능한 섭동 $\Delta_a(s)$에 대하여 같은 수의 불안정한 극점을 갖고, $C(s)$는 공칭 모델 $P(s)$를 안정화시키는 제어기라고 하자. 아래 조건을 만족하기만 하면, 제어기 $C(s)$는 모든 섭동 $\Delta_a(s)$에 대하여 섭동이 발생한 플랜트 $P_\Delta(s)$를 안정화시킨다.

$$\|T(j\omega)W_m(j\omega)\|_\infty = \left\| \frac{P(j\omega)C(j\omega)W_m(j\omega)}{1+P(j\omega)C(j\omega)} \right\|_\infty < 1.$$

증명: 정리 8.16의 증명과 유사하게 할 수 있다. **[증명 끝]**

일반적으로 위의 안정성 조건은 $W_m(jw)$가 고주파 영역에서 상당할 때 그 주파수 영역에서 $|T(jw)|$가 작아야 하는 것을 요구하는데, 이것은 루프이득 $|L(jw)|$가 그 주파수 영역에서 작아야 하는 것을 의미하기도 한다.

종종 불확실성을 약간 다르게 그러나 동일한 다음의 형태로 표현하는 것이 더 편할 때가 있다.

$$\{\Delta(s) : |\Delta(j\omega)| \leq |W(j\omega)|\} = \{W(s)\Delta(s) : |\Delta(j\omega)| \leq 1\}.$$

불확실성 표기 형태와 제어기가 주어지면, 정리 8.16과 정리 8.17은 페루프 시스템이 안정화되는 한에서 가능한 모델 불확실성의 최대 크기를 결정하는 데 사용될 수 있다.

예제 8.18

다음처럼 기술되는 불확실한 시스템의 집합을 생각하자.

$$P_\Delta(s) = P(s) + W_a(s)\Delta(s)$$

여기서 $W_a(s)$는 안정하고, $P(s)$와 $P_\Delta(s)$의 불안정한 극점 개수가 같도록 다음이 만족된다.

$$|\Delta(j\omega)| \le \alpha, \ \forall\, \omega \in \mathbb{R}$$

$C(s)$는 공칭 모델 $P(s)$를 안정화시키는 제어기라고 하고 다음과 같이 정의하면

$$\alpha_{\max} := \left\| \frac{C(s)W_a(s)}{1+P(s)C(s)} \right\|_\infty^{-1}.$$

페루프 시스템은 모든 $\alpha < \alpha_{\max}$에 대하여 항상 안정하다.

다음과 같이 주어지면

$$P(s) = \frac{1}{s-3}, \quad W_a(s) = \frac{1}{(s+2)(s+3)}, \quad C(s) = \frac{8(s+2)}{s}.$$

$\alpha_{\max}$는 아래와 같이 계산된다.

$$\alpha_{\max} = \left\| \frac{C(s)W_a(s)}{1+P(s)C(s)} \right\|_\infty^{-1} = 1.9526.$$

실제 불확실한 모델이

$$P_\Delta(s) = \frac{1}{s-a}, \quad a > 0,$$

형태로 주어지면 $\Delta(s)$는 아래와 같다.

$$\Delta(s) = \frac{(a-3)(s+2)(s+3)}{(s-a)(s-3)}.$$

어렵지 않게 $\|\Delta(s)\|_\infty$를 계산할 수 있다.

$$\|\Delta(s)\|_\infty = \begin{cases} |a-3|, & a \ge 2, \\ \dfrac{2(3-a)}{a}, & 0 < a < 2. \end{cases}$$

$\|\Delta(s)\|_\infty < \alpha_{\max}$ 로부터

$$\frac{6}{2+\alpha_{\max}} < a < 3 + \alpha_{\max},$$

즉

$$1.518 < a < 4.9526.$$

매개변수 a에 대한 이 추정 범위는 확실히 보수적임을 알 수 있다. 제어기 $C(s)$를 섭동이 발생된 시스템

$$P_\Delta(s) = \frac{1}{s-a}.$$

에 적용하는 것을 생각해 보면, $a < 8$인 모든 a에서 페루프 시스템이 안정됨을 확인할 수 있다.

위 예제로부터 두 개의 질문을 바로 해 볼 수 있다.
섭동이 발생한 시스템 $P_\Delta(s)$에 대하여

- 안정화시키는 모든 가능한 제어기에 대해서 가장 큰 $\alpha_{\max}$는 무엇인가?
- 이런 제어기들을 어떻게 찾을 수 있을까?

몇 가지 불확실한 시스템의 유형에 대해 다음 장에서 이런 질문들을 본격적으로 생각해 볼 것이다. 여기에서는 간단한 예제를 다루어본다.

예제 8.19

예제 8.15에서 다루어진 불확실한 시스템을 생각해보자.

$$P_\Delta(s) = \left\{ \frac{1}{s-1}(1 + W_m(s)\Delta(s)) : \ \ \|\Delta(s)\|_\infty \le \alpha \right\}$$

여기서 $W_m(s)$는 다음과 같이 주어진다.

$$W_m(s) = \frac{\frac{1}{4}\left(\frac{1}{2}s + 1\right)}{\frac{1}{32}s + 1}.$$

지금부터는 불확실한 시스템이 모든 $\alpha < \alpha_{\max}$에 대해 강인하게 안정되도록 다음과 같은 $\alpha_{\max}$를 찾아보자.

$$\alpha_{\max} := \left\{ \inf_{C(s) \in \mathcal{S}(P)} \left\| \frac{P(s)C(s)W_m(s)}{1 + P(s)C(s)} \right\|_\infty \right\}^{-1}.$$

공칭모델

$$C_0(s) = \frac{9s+15}{s} =: \frac{q(s)}{p(s)}$$

에 대해서 안정화시키는 제어기

$$P(s) = \frac{1}{s-1} =: \frac{b(s)}{a(s)}.$$

를 생각해보자. 그러면

$$a(s)p(s) + b(s)q(s) = (s+3)(s+5).$$

다음과 같은 전달함수를 사용하면

$$M(s) = \frac{s-1}{s+3}, \quad N(s) = \frac{1}{s+3}, \quad X(s) = \frac{s}{s+5}, \quad Y(s) = \frac{9s+15}{s+5}.$$

$X(s)M(s)+N(s)Y(s)=1$이 성립하고, 정리 3.39에 의하여 $P(s)$를 안정화시키는 모든 제어기는 아래와 같이 매개변수로 표현될 수 있다.

$$C(s) = \frac{Y(s)+M(s)Q(s)}{X(s)-N(s)Q(s)}$$

여기서 $Q(s)$는 안정한 전달함수 중에 하나이다. 이런 매개변수들을 사용해서, 다음과 같이 $f(s)$를 정의하자.

$$f(s) := \frac{P(s)C(s)W_m(s)}{1+P(s)C(s)} = W_m(s)N(s)(Y(s)+M(s)Q(s)).$$

그러면 다음이 성립하기 때문에

$$\|f(s)\|_\infty = \sup_{\text{Re}\, s>0} |f(s)| \geq |f(1)| = W_m(1)N(1)Y(1) = \frac{4}{11} = 0.3636,$$

아래와 같은 식을 쉽게 얻을 수 있다.

$$\alpha_{\max} \leq \frac{11}{4} = 2.75.$$

위 부등식에서 상계 값을 임의대로 $\alpha_{\max}$에 가깝게 구할 수도 있다. 이를 위해 우선 $Q(s)$가 꼭 진유리함수일 필요는 없다라는 것을 인식하고 아래를 풀면

$$W_m(s)N(s)(Y(s)+M(s)Q(s)) = f(1) = \frac{4}{11}.$$

$Q(s)$는 다음과 같다.

$$Q(s) = \frac{f(1) - W_m(s)N(s)Y(s)}{W_m(s)N(s)M(s)} = \frac{0.090909(s-60.48)(s+3)(s+2.48)}{(s+5)(s+2)}$$

그리고 $C(s)$는 다음과 같이 계산된다.

$$C(s) = \frac{Y(s) + M(s)Q(s)}{X(s) - N(s)Q(s)} = 0.1(s+32).$$

이것은 바로 PD 제어기가 된다. 실용적인 구현을 위해 적합한 PD 제어기는 작은 $T>0$에 대해 다음과 같다.

$$C(s) = \frac{0.1(s+32)}{Ts+1}$$

예를 들면, $T \equiv 0.001$일 경우 제어기는

$$C(s) = \frac{0.1(s+32)}{0.001s+1}.$$

이고 결과적으로

$$\left\| \frac{P(s)C(s)W_m(s)}{1+P(s)C(s)} \right\|_\infty = 0.3638$$

이다. 그리고 폐루프 시스템은

$$\|\Delta(s)\|_\infty < 1/0.3638 = 2.7488.$$

를 만족하는 모든 섭동에 대해 강인하게 안정하다.

불행히도, $M(s)$가 하나 이상의 불안정한 영점을 가지면 즉 $P(s)$가 하나 이상의 불안정한 극점을 가지면 위의 방법은 실용적이지 못하다. 이런 경우에는 Nevanlinna-Pick 내삽 알고리즘과 같은 더 발전된 알고리즘을 적용해야 한다.(이 장 끝에 있는 참고문헌 참조)

8.4 현 거리와 구면 거리

대부분 경우, 복소수 $c_1 \in \mathbb{C}$과 $c_2 \in \mathbb{C}$ 사이의 거리는 아래와 같이 정의한다.

$$|c_1 - c_2|.$$

그러나, 어떤 경우에는 이런 거리 개념이 그리 편하지 않을 때도 있다. 특히, 두 수의 상대적인 거리는 표현하지 못 할 때가 있다. 예를 들면, $|2-1| = |101-100| = 1$ 이지만,

2는 1과 100%의 차이를 갖고, 101은 100과 1%의 차이만을 갖기 때문이다. 이런 거리 개념을 $\mathbb{C} \cup \infty$ 로 확장을 하면 이런 불편함은 더 심각해진다. 실제적인 의미에서 직관적으로 ∞ 와 10^{10} 사이의 거리가 ∞ 와 0사이의 거리보다 더 작아야 하지만, 정의상 이 두 거리는 서로 같다. 로봇의 안정화와 같은 응용 분야에서 실용적인 의미를 갖도록 다음에 $\mathbb{C} \cup \infty$ 상에서의 거리를 정의하고 사용할 것이다.

$\phi(c_1)$과 $\phi(c_2)$를 Riemann 구면 $\mathbb{S}$위의 두 복소수 c_1 과 c_2에 대한 평사투영한 점이라고 하자. c_1과 c_2의 현 거리는 $\delta(c_1,c_2)$로 표시하고, $\phi(c_1)$과 $\phi(c_2)$를 잇는 **현 거리(chordal distance)**로 정의한다. 즉

$$\delta(c_1, c_2) = \text{Length of } \phi(c_1) - \phi(c_2).$$

아래와 같은 관계식이 성립하므로

$$\phi(c_i) = \left(\frac{\text{Re } c_i}{1+|c_i|^2}, \frac{\text{Im } c_i}{1+|c_i|^2}, \frac{|c_i|^2}{1+|c_i|^2} \right), \quad i = 1, 2,$$

$\delta(c_1,c_2)$는 다음과 같이 표현된다.

$$\delta(c_1, c_2) = \left[\left(\frac{\text{Re } c_1}{1+|c_1|^2} - \frac{\text{Re } c_2}{1+|c_2|^2} \right)^2 + \left(\frac{\text{Im } c_1}{1+|c_1|^2} - \frac{\text{Im } c_2}{1+|c_2|^2} \right)^2 + \left(\frac{|c_1|^2}{1+|c_1|^2} - \frac{|c_2|^2}{1+|c_2|^2} \right)^2 \right]^{1/2}$$

그리고

$$\delta(c_1, c_2) = \frac{|c_1 - c_2|}{\sqrt{1+|c_1|^2}\sqrt{1+|c_2|^2}}. \tag{8.8}$$

위 등식은 다소 긴 대수적인 계산에 의해 유도될 수 있다. 독자들은 이 등식의 의미를 좀 더 생각해보길 바란다. 복소수가 $c_1 = b_1/a_1$ 와 $c_2 = b_2/a_2$ 같이 표시되는 경우에는 다음과 같이 쓸 수 있다.

$$\delta\left(\frac{b_1}{a_1}, \frac{b_2}{a_2}\right) = \frac{|a_1 b_2 - a_2 b_1|}{\sqrt{|a_1|^2 + |b_1|^2}\sqrt{|a_2|^2 + |b_2|^2}}. \tag{8.9}$$

복소수 c_1과 c_2의 구면 거리는 $\theta(c_1, c_2)$로 표시하고, $\phi(c_1)$과 $\phi(c_2)$를 잇는 Riemann 구면상의 호에 대한 최단 거리로 정의된다. 그림 8.8과 같이 Riemann 구면의 중심, $\phi(c_1)$, $\phi(c_2)$를 포함하는 평면으로 Riemann 구면을 자르면 원이 생기는데, 그 원의 일부인 호가 최단 거리를 갖는 것을 쉽게 알 수 있다.

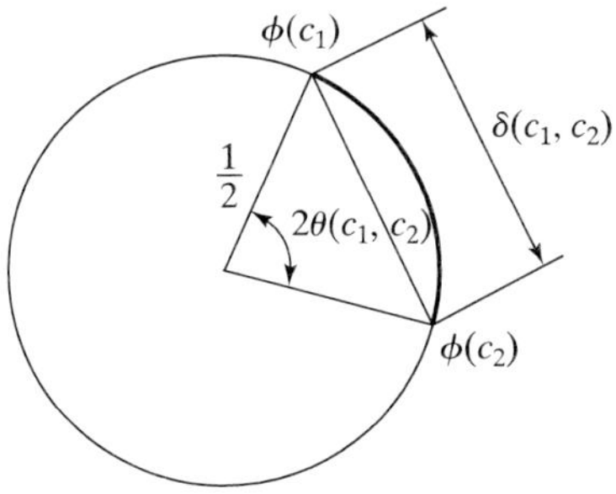

그림 8.8 $\delta(c_1,c_2)$와 $\theta(c_1,c_2)$의 관계

따라서 다음과 같이 삼각함수를 사용한 간단한 관계식을 얻을 수 있고

$$\theta(c_1, c_2) = \arcsin \delta(c_1, c_2) = \arcsin \frac{|c_1 - c_2|}{\sqrt{1+|c_1|^2}\sqrt{1+|c_2|^2}} \tag{8.10}$$

두 복소수 $c_1 = b_1/a_1$, $c_2 = b_2/a_2$에 대해서 다음과 같은 관계식도 얻을 수 있다.

$$\theta\left(\frac{b_1}{a_1}, \frac{b_2}{a_2}\right) = \arcsin \frac{|a_1 b_2 - a_2 b_1|}{\sqrt{|a_1|^2+|b_1|^2}\sqrt{|a_2|^2+|b_2|^2}}. \tag{8.11}$$

Riemann 구면을 지구로, 두 개의 복소수를 지구상의 두 점, 예를 들면 홍콩과 뉴욕, 으로 생각한다면 이 두 점의 현 거리는 지구 내부를 지나는 직선 거리를 의미하며, 구면 거리는 지구 표면상에서의 최단거리를 의미한다. 둘의 거리 개념은 서로 틀리지만, (8.10)과 같이 밀접하게 관련이 되어 있다.

거리 함수는 항상 삼각 부등식을 만족한다. 즉 $c_1, c_2, c_3 \in \mathbb{C} \cup \infty$에 대하여 다음을 만족한다.

$$\delta(c_1, c_3) \le \delta(c_1, c_2) + \delta(c_2, c_3) \tag{8.12}$$
$$\theta(c_1, c_3) \le \theta(c_1, c_2) + \theta(c_2, c_3). \tag{8.13}$$

그러나, 부등식 (8.13)은 대부분 경우에 있어 등호가 성립한다는 의미에서 엄격하다고(tight) 말할 수 있다. 예를 들면 $c_1 = 1$, $c_2 = j$, $c_3 =-1$이면

$$\theta(c_1, c_3) = \theta(c_1, c_2) + \theta(c_2, c_3).$$

그러나, 부등식 (8.12)의 경우는 $c_1 = c_2$ 또는 $c_2 = c_3$ 가 아니면 등호가 성립하는 경우가 거의 없기 때문에 느슨하다고(loose) 말할 수 있다. 사실 부등식 (8.13)이 만족되면 부등식 (8.12)는 자동적으로 만족된다. 이유는 부등식 (8.13)이

$$\begin{aligned}\delta(c_1, c_3) &\le \sin[\theta(c_1, c_2) + \theta(c_2, c_3)] \\ &= \delta(c_1, c_2)\sqrt{1-\delta^2(c_2, c_3)} + \sqrt{1-\delta^2(c_1, c_2)}\delta(c_2, c_3).\end{aligned}$$

와 등가이기 때문이다.

우리는 종종 불확실한 실수를 구간으로 표현할 때가 있다. 구간의 중간값을 **공칭값 (nominal value)**이라 하며, 불확실성의 크기를 구간 길이의 절반으로 정하고, **불확실성의 반경(radius of uncertainty)**이라 한다. 유사하게, 불확실한 복소수는 복소평면에서 공칭값을 중심으로 하는 원반으로 표시할 수 있는데, 그 원반의 반경을 불확실성의 반경이라 한다. 더 나아가서 3차원 Euclid 공간에서의 불확실한 점은 구로써 표현할 수 있는데, 구의 중심을 그 점의 **공칭 위치(nominal position of the point)**라 하고, 반경을 **불확실성의 반경(radius of uncertainty)**이라 한다. 이런 모든 불확실한 객체들은 공통점이 있는데, 그 각각이 거리 d가 정의되어 있는 어떤 집합 S에 포함되어 있고, 다음과 같은 부분집합으로 표현될 수 있다.

$$\mathcal{B}(x_0, r) = \{x \in \mathcal{S} : d(x, x_0) \le r\} \tag{8.14}$$

여기서 x_0는 불확실한 객체의 공칭값이고, r은 불확실성의 반경이다. 수학적으로 거리는 **메트릭(metric)**이라고 하고, (8.14)의 집합은 x_0를 중심으로 반경 r인 **공(ball)**이라고 한다. 사실 처음의 두 경우는 $d(x,x_0) = |x-x_0|$를 의미하고, 세 번째 경우 $d(x,x_0)$ 는 두 점 x와 x_0사이의 Euclidean 거리를 말한다.

즉 $d(x,x_0) = \sqrt{(x_1-x_{01})^2 + (x_2-x_{02})^2 + (x_3-x_{03})^2}$. 복소수 경우에는(무한대 포함) 보통의 거리 $|c-c_0|$를 $\delta(c_1,c_2)$과 $\theta(c_1,c_2)$로 바꾸면 다음과 같은 집합을 생각할 수 있다.

$$\mathcal{B}_\delta(c_0, r) = \{c \in \mathbb{C} \cup \{\infty\} : \delta(c, c_0) \leq r\}$$

그리고

$$\mathcal{B}_\theta(c_0, r) = \{c \in \mathbb{C} \cup \{\infty\} : \theta(c, c_0) \leq r\}.$$

이런 볼들은 Riemann 구면에서 모자와 비슷한 원반 모양을 이룬다.

복소평면 상에서 (1,0)에 중심을 두고 반지름 0.5인 원과 Riemann 구면에 평사 투영한 모양을 그림 8.9에서 볼 수 있다. 이 투영된 모양 또한 현 반지름이 0.3620인 원이 된다.

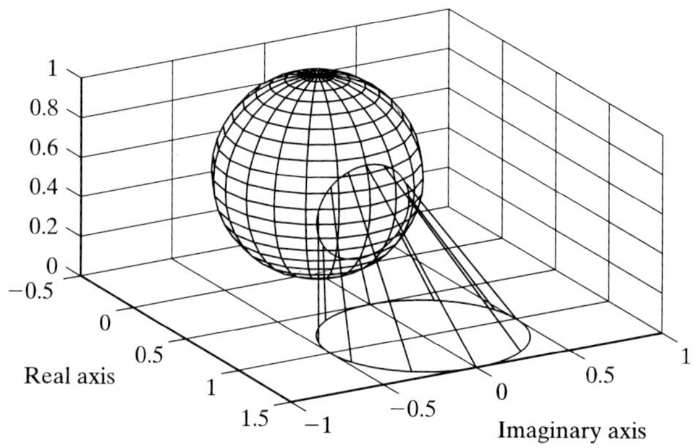

그림 8.9 복소평면의 원반을 Riemann 구면으로 투사한 모양
(real axis : 실수축, imaginary axis : 허수축)

8.5 두 시스템 간 거리

강인 안정성을 조사하기 위해서는 불확실한 시스템을 어떻게 기술할 것인지에 대해 알 필요가 있다. 시스템상의 거리 함수를 사용하면 불확실한 시스템을 쉽게 기술할 수 있다. 이 장의 나머지 부분에서는 모든 전달함수가 진유리함수라고 가정하자.

다항식 $p(s)$에 대해서, 세 수로 이루어진 $p(s)$의 관성(inertia)을 다음과 같이 정의한다.

$$\nu[p(s)] = \{\nu_-[p(s)], \nu_0[p(s)], \nu_+[p(s)]\}$$

여기서 각각의 수는 근의 실수 부분만을 생각할 때 음의 근, 0, 양의 근에 대한 개수를 의미한다. 예를 들면

$$\nu[s(s^2-1)] = \{1,1,1\}, \quad \nu[s^2+s+1] = \{2,0,0\}.$$

대수의 기본 정리에 의하여, $\nu[p(s)] = \{\deg p(s), 0, 0\}$이기만 하면 $p(s)$는 안정하다. 또한 대수의 기본 정리에 의하여 $\nu_-[p(s)] + \nu_0[p(s)] + \nu_+[p(s)] = \deg p(s)$를 만족한다. 즉, 다항식의 차수를 알면 다항식 관성의 오직 두 수만 독립적이다.

두 개의 전달함수 $G_i(s), i=1,2$가 다음과 같이 주어졌다고 하자.

$$G_i(s) = \frac{b_i(s)}{a_i(s)}$$

여기서 $a_i(s), b_i(s), i=1,2$ 는 다항식이고, $G_i(s)$의 차수는 n_i 라고 가정한다. 즉 $\deg\ a_i(s) = n_i$.

정의 8.20.

$$\nu[a_2(-s)a_1(s) + b_2(-s)b_1(s)] = \{n_1, 0, n_2\}.$$

이면 두 시스템 $G_1(s)$와 $G_2(s)$가 **비교가능(comparable)**이라고 말하며, $G_1(s) \sim G_2(s)$로 표시한다.

$G_1(s) = G_2(s)$이면 $G_1(s) \sim G_2(s)$임을 쉽게 알 수 있다.
$a_2(-s)a_1(s) + b_2(-s)b_1(s)$의 근들이 $a_1(-s)a_2(s) + b_1(-s)b_2(s)$의 근들과 좌우 대칭이기 때문에 다음의 조건

$$\nu[a_2(-s)a_1(s) + b_2(-s)b_1(s)] = \{n_1, 0, n_2\}$$

은 아래 조건과

$$\nu[a_1(-s)a_2(s) + b_1(-s)b_2(s)] = \{n_2, 0, n_1\}.$$

등가이다. 이것은 $G_1(s) \sim G_2(s)$이면 $G_2(s) \sim G_1(s)$임을 의미한다. 따라서 "$\sim$" 관계는 반사적이며 대칭적이다.

예제 8.21

$G_1(s), G_2(s), G_3(s)$가 다음과 같이 주어졌다고 하자.

$$G_1(s) = 0, \quad G_2(s) = \frac{1}{s+0.5}, \quad G_3(s) = \frac{1}{s-0.5}.$$

각 전달함수의 분모와 분자 및 차수는 아래와 같다.

$$b_1(s) = 0, b_2(s) = b_3(s) = 1, a_1(s) = 1, a_2(s) = s+0.5, a_3(s) = s-0.5$$

그리고

$$n_1 = 0, n_2 = n_3 = 1.$$

따라서

$$\nu[a_2(-s)a_1(s) + b_2(-s)b_1(s)] = \nu[(-s+0.5)] = \{0,0,1\} = \{n_1, 0, n_2\}$$

$$\nu[a_3(-s)a_1(s) + b_3(-s)b_1(s)] = \nu[(-s-0.5)] = \{1,0,0\} \neq \{n_1, 0, n_3\}$$

$$\nu[a_2(-s)a_3(s) + b_2(-s)b_3(s)] = \nu[(-s+0.5)(s-0.5)+1] = \{1,0,1\} = \{n_3, 0, n_2\}.$$

이로부터 쉽게 다음과 같은 관계식이 성립함을 알 수 있다.

$$0 \sim \frac{1}{s+0.5}, \quad 0 \not\sim \frac{1}{s-0.5}, \quad \frac{1}{s+0.5} \sim \frac{1}{s-0.5}.$$

이 예제로부터 $G_1(s) \sim G_2(s)$과 $G_2(s) \sim G_3(s)$ 일지라도 $G_1(s) \sim G_3(s)$이 성립하지 않을 수도 있다는 것을 알 수 있다. 다시 말해 $\sim$ 관계는 추이적(transitive)이지 않다.

정의 8.22. 시스템 $G_1(s)$와 $G_2(s)$의 현 거리는 다음과 같이 정의된다.

$$\delta[G_1(s), G_2(s)] = \begin{cases} \max_{\omega \in \mathbb{R}} \delta[G_1(j\omega), G_2(j\omega)], & \text{if } G_1(s) \sim G_2(s) \\ 1, & \end{cases}$$

정의 8.23. 시스템 $G_1(s)$와 $G_2(s)$의 구면 거리는 다음과 같이 정의된다.

$$\theta(G_1(s), G_2(s)) = \begin{cases} \max_{\omega \in \mathbb{R}} \theta[G_1(j\omega), G_2(j\omega)], & \text{if } G_1(s) \sim G_2(s) \\ \frac{\pi}{2}, & \end{cases}$$

(8.9)와 (8.11)에 해당하는 표현은 다음과 같다.

$$\delta\left(\frac{b_1(s)}{a_1(s)}, \frac{b_2(s)}{a_2(s)}\right) =$$
$$\begin{cases} \max_{\omega\in\mathbb{R}} \dfrac{|a_1(j\omega)b_2(j\omega) - a_2(j\omega)b_1(j\omega)|}{\sqrt{|a_1(j\omega)|^2 + |b_1(j\omega)|^2}\sqrt{|a_2(j\omega)|^2 + |b_2(j\omega)|^2}}, & \text{if } G_1(s) \sim G_2(s) \\ 1, & \end{cases}$$

그리고

$$\theta\left(\frac{b_1(s)}{a_1(s)}, \frac{b_2(s)}{a_2(s)}\right) =$$
$$\begin{cases} \max_{\omega\in\mathbb{R}} \arcsin \dfrac{|a_1(j\omega)b_2(j\omega) - a_2(j\omega)b_1(j\omega)|}{\sqrt{|a_1(j\omega)|^2 + |b_1(j\omega)|^2}\sqrt{|a_2(j\omega)|^2 + |b_2(j\omega)|^2}}, & \text{if } G_1(s) \sim G_2(s) \\ \dfrac{\pi}{2}, & \end{cases}$$

개략적으로 이야기해서, 비교가능 조건이 만족되는 한 $G_1(s)$와 $G_2(s)$는 Riemann 구면상에서 해당 위치 사이가 가까우면 서로 가깝다고 생각할 수 있다. 비교가능 조건의 물리적이고 기하학적인 해석은 이 책의 범위를 넘어간다.

예제 8.24

1. 다음을 계산해 보자.

$$\delta\left(\frac{1}{s+\epsilon}, \frac{1}{s}\right).$$

$\nu[(-s)(s+\epsilon)+1] = \{1,0,1\}$ 이기 때문에 두 시스템은 비교가능하고, 다음과 같이 쓸 수 있다.

$$\begin{aligned}\delta\left(\frac{1}{s+\epsilon}, \frac{1}{s}\right) &= \max_{\omega\in\mathbb{R}} \frac{|j\omega - (j\omega+\epsilon)|}{\sqrt{|j\omega|^2+1}\sqrt{|j\omega+\epsilon|^2+1}} \\ &= \max_{\omega\in\mathbb{R}} \frac{|\epsilon|}{\sqrt{\omega^2+1}\sqrt{\omega^2+\epsilon^2+1}}.\end{aligned}$$

최대값은 $w=0$ 에서 발생함을 쉽게 알 수 있다. 따라서 ϵ의 부호에 상관없이 다음과 같이 계산된다.

$$\delta\left(\frac{1}{s+\epsilon}, \frac{1}{s}\right) = \frac{|\epsilon|}{\sqrt{1+\epsilon^2}}$$

2. 다음을 계산해 보자.

$$\delta\left(\frac{1}{s^2+\omega_0^2}, \frac{1}{s^2+\omega_0^2+\epsilon^2}\right).$$

두 시스템이 비교가능인지 알아보기 위해서 다음 다항식의 근을 조사해보자.

$$(s^2+\omega_0^2+\epsilon^2)(s^2+\omega_0^2)+1 = s^4+(2\omega_0^2+\epsilon^2)s^2+\omega_0^4+\omega_0^2\epsilon^2+1.$$

이 다항식의 근은

$$\pm\sqrt{\frac{-(2\omega_0^2+\epsilon^2)\pm\sqrt{\epsilon^4-4}}{2}}. \tag{8.15}$$

이다. $\epsilon^2 < 2$ 일 때 안쪽의 근호가 허수가 되고, 따라서 바깥쪽 근호안의 분수가 복소수가 된다. 따라서, 근중에 두 개가 복소평면의 좌반면에 위치하고, 나머지 두 개는 우반면에 위치한다. 따라서 이 경우에 다항식의 관성은 {2,0,2}가 된다. 이것은 두 시스템이 비교가능하다는 것을 의미하고, 다음과 같이 쓸 수 있다.

$$\delta\left(\frac{1}{s^2+\omega_0^2}, \frac{1}{s^2+\omega_0^2+\epsilon^2}\right) = \max_{\omega\in\mathbb{R}} \frac{|\epsilon^2|}{\sqrt{|\omega_0^2-\omega^2|^2+1}\sqrt{|\omega_0^2-\omega^2+\epsilon^2|^2+1}}.$$

최대값은

$$[(\omega_0^2-\omega^2)^2+1][(\omega_0^2-\omega^2+\epsilon^2)^2+1].$$

를 최소화함으로써 얻을 수 있다. 최소값은 $w^2=w_0^2+\epsilon^2/2$에서 발생하고, 그 때 최소값은 $(\epsilon^4/4+1)^2$이 된다. 따라서

$$\delta\left(\frac{1}{s^2+\omega_0^2}, \frac{1}{s^2+\omega_0^2+\epsilon^2}\right) = \frac{4\epsilon^2}{\epsilon^4+4}.$$

$\epsilon^2 \geq 2$ 일 때, (8.15)의 안쪽 근호가 실수이고, 바깥쪽 근호의 분수가 음의 실수이다. 따라서 근들은 모두 허수축에 위치한다. 따라서, 이 경우에 다항식의 관성은 {0,4,0}이다. 이것은 두 시스템이 비교가능하지 않다는 것을 의미한다. 정리하면 다음과 같다.

$$\delta\left(\frac{1}{s^2+\omega_0^2}, \frac{1}{s^2+\omega_0^2+\epsilon^2}\right) = \begin{cases} \frac{4\epsilon^2}{\epsilon^4+4}, & \epsilon^2 < 2 \\ 1, & \end{cases}$$

3. 다음을 계산해 보자.

$$\delta\left(0, \frac{\epsilon}{s-1}\right).$$

전달함수 0을 갖는 시스템은 0 차 시스템으로 전달함수의 분모는 1, 분자는 0으로 생각할 수 있다. $\nu[(-s-1)] = \{1,0,0\} \neq \{0,0,1\}$ 이기 때문에 두 시스템은 비교가능하지 않다는 것을 알 수 있다. 따라서

$$\delta\left(0, \frac{\epsilon}{s-1}\right) = 1.$$

4. 마지막으로 다음을 계산해 보자.

$$\delta\left(0, \frac{\epsilon}{s+1}\right).$$

$\nu[(-s+1)] = \{0,0,1\}$ 이기 때문에 두 시스템은 비교가능하고 아래와 같이 계산된다.

$$\delta\left(0, \frac{\epsilon}{s+1}\right) = \max_{\omega \in \mathbb{R}} \frac{|\epsilon|}{\sqrt{|j\omega+1|^2+\epsilon^2}} = \frac{|\epsilon|}{\sqrt{1+\epsilon^2}}.$$

처음의 두 가지 경우에는 두 시스템들의 주파수 응답사이에 대한 일반적인 거리가 무한대가 된다. 이것은 일반적인 거리함수로는 불안정한 시스템의 주파수응답에 대한 차이를 적당히 측정할 수 없다는 것을 의미한다.

구면 거리는 현 거리로부터 아래와 같이 쉽게 구할 수 있다.

$$\theta\left(\frac{1}{s+\epsilon}, \frac{1}{s}\right) = \arcsin\frac{|\epsilon|}{\sqrt{1+\epsilon^2}}$$

$$\theta\left(\frac{1}{s^2+\omega_0^2}, \frac{1}{s^2+\omega_0^2+\epsilon^2}\right) = \begin{cases} \arcsin\dfrac{4\epsilon^2}{\epsilon^4+4}, & \epsilon^2 < 2 \\ \dfrac{\pi}{2}, & \end{cases}$$

$$\theta\left(0, \frac{\epsilon}{s-1}\right) = \frac{\pi}{2}$$

$$\theta\left(0, \frac{\epsilon}{s+1}\right) = \arcsin\frac{|\epsilon|}{\sqrt{1+\epsilon^2}}.$$

고차 시스템 경우에 대해서는 현 또는 구면 거리를 정확하게 구하는 것이 일반적으로 불가능하다. $G_1(s) \sim G_2(s)$인 경우, 현 또는 구면 거리를 구하는 한 가지 가능한 방법으로는

$$\frac{|a_1(j\omega)b_2(j\omega) - a_2(j\omega)b_1(j\omega)|}{\sqrt{|a_1(j\omega)|^2+|b_1(j\omega)|^2}\sqrt{|a_2(j\omega)|^2+|b_2(j\omega)|^2}}$$

함수를 주파수 w에 대해서 도시하고 최대값을 조사하는 것이다. 다른 방법으로는 주파수 영역에서의 ∞-놈을 구하면 된다. 아래 식으로부터

$$\delta[G_1(j\omega), G_2(j\omega)] = \frac{|G_1(j\omega) - G_2(j\omega)|}{\sqrt{1+G_1(-j\omega)G_1(j\omega)}\sqrt{1+G_2(-j\omega)G_2(j\omega)}}$$
$$= \left\{ \frac{[1+G_1(-j\omega)G_1(j\omega)][1+G_2(-j\omega)G_2(j\omega)]}{[G_1(-j\omega)-G_2(-j\omega)][G_1(j\omega)-G_2(j\omega)]} \right\}^{-1/2}.$$

큰 괄호안의 분자는 다음과 같이 쓸 수 있다.

$$[G_1(-j\omega) - G_2(-j\omega)][G_1(j\omega) - G_2(j\omega)] + [1+G_1(-j\omega)G_2(j\omega)][1+G_1(j\omega)G_2(-j\omega)].$$

따라서

$$\delta[G_1(j\omega), G_2(j\omega)] = \left\{1 + \frac{[1+G_1(-j\omega)G_2(j\omega)][1+G_1(j\omega)G_2(-j\omega)]}{[G_1(-j\omega)-G_2(-j\omega)][G_1(j\omega)-G_2(j\omega)]}\right\}^{-1/2}$$
$$= \left\{1 + \left|\frac{G_1(j\omega)-G_2(j\omega)}{1+G_1(j\omega)G_2(-j\omega)}\right|^{-2}\right\}^{-1/2}.$$

그러므로, $G_1(s) \sim G_2(s)$가 만족한다는 가정하에서, 다음과 같은 관계식을 얻을 수 있다.

$$\delta[G_1(s), G_2(s)] = \left(1 + \left\|\frac{G_1(s)-G_2(s)}{1+G_1(s)G_2(-s)}\right\|_\infty^{-2}\right)^{-1/2}. \tag{8.16}$$

$$\theta[G_1(s), G_2(s)] = \arcsin\left(1 + \left\|\frac{G_1(s)-G_2(s)}{1+G_1(s)G_2(-s)}\right\|_\infty^{-2}\right)^{-1/2}. \tag{8.17}$$

예제 8.25

다음을 계산해 보자.

$$\delta\left(\frac{s-1}{s+1}, \frac{2s-1}{s+1}\right).$$

우선 다음의 다항식이

$$a_2(-s)a_1(s) + b_2(-s)b_1(s) = (-s+1)(s+1) + (-2s-1)(s-1) = -3s^2 + s + 2$$

1과 −2/3을 근으로 가지는 것을 알 수 있고 아래와 같이 쓸 수 있다.

$$\nu[a_2(-s)a_1(s)+b_2(-s)b_1(s)]=\{1,0,1\},$$

따라서 이것은 다음을 의미한다.

$$\frac{s-1}{s+1}\sim\frac{2s-1}{s+1}.$$

그러므로 현 거리는 아래와 같은 과정을 통해서 계산될 수 있다.

$$\frac{G_1(s)-G_2(s)}{1+G_1(s)G_2(-s)}=\frac{s^2-s}{-3s^2+s+2}=\frac{s}{3s+2}.$$

$$\left\|\frac{G_1(s)-G_2(s)}{1+G_1(s)G_2(-s)}\right\|_\infty=\left\|\frac{s}{3s+2}\right\|_\infty=\frac{1}{3}.$$

$$\delta[G_1(s),G_2(s)]=\frac{1/3}{\sqrt{1+(1/3)^2}}=\frac{1}{\sqrt{10}}.$$

아래 제안들은 복소수 상수에 대한 비슷한 성질로부터 유도될 수 있다.

제안 8.26.

1. $\delta[G_1(s),G_2(s)]=0$ 경우에 한해서 $G_1(s)=G_2(s)$.
2. $\delta[G_1(s),G_2(s)]=\delta[G_2(s),G_1(s)]$.
3. $\delta[G_1(s),G_3(s)]\le\sin\{\arcsin\delta[G_1(s),G_2(s)]+\arcsin\delta[G_2(s),G_3(s)]\}$.

제안 8.27.

1. $\theta[G_1(s),G_2(s)]=0$ 경우에 한해서 $G_1(s)=G_2(s)$.
2. $\theta[G_1(s),G_2(s)]=\theta[G_2(s),G_1(s)]$.
3. $\theta[G_1(s),G_3(s)]\le\theta[G_1(s),G_2(s)]+\theta[G_2(s),G_3(s)]$.

8.6 불확실성과 강인성

두 시스템 간에 정의되는 거리함수 δ를 사용하여 불확실한 시스템을 중심은 $G(s)$라 하고, 반경이 r인 볼로 기술할 수 있다. 중심인 $G(s)$는 공칭 시스템이라 부르며, 반경 r은 불확실성의 반경이라고 한다.

$$\mathcal{B}_\delta[G(s), r] = \{\tilde{G}(s) : \delta[\tilde{G}(s), G(s)] \leq r\}.$$

다른 방법으로 거리함수 θ에 기반한 공을 사용함으로써 불확실한 시스템을 다음과 같이 기술할 수도 있다.

$$\mathcal{B}_\theta[G(s), r] = \{\tilde{G}(s) : \theta[\tilde{G}(s), G(s)] \leq r\}.$$

거리함수 θ와 δ에 기반한 공 사이에는 다음과 같은 관계가 있다.

$$\mathcal{B}_\theta[G(s), r] = \mathcal{B}_\delta[G(s), \sin r]$$
$$\mathcal{B}_\delta[G(s), r] = \mathcal{B}_\theta[G(s), \arcsin r].$$

예제 8.28

다음과 같은 $G(s)$를 생각하자.

$$G(s) = \frac{10(s+1)}{s(s+2)(s+3)}.$$

주파수 $w \in [1, 100]$에서 $\delta[\tilde{G}(s), G(s)] \leq 0.1$인 불확실한 시스템 $\tilde{G}(s)$에 대한 Nyquist 선도는 (8.16)으로부터 얻을 수 있고, 그림 8.10에서와 같이 원반처럼 그려진다.

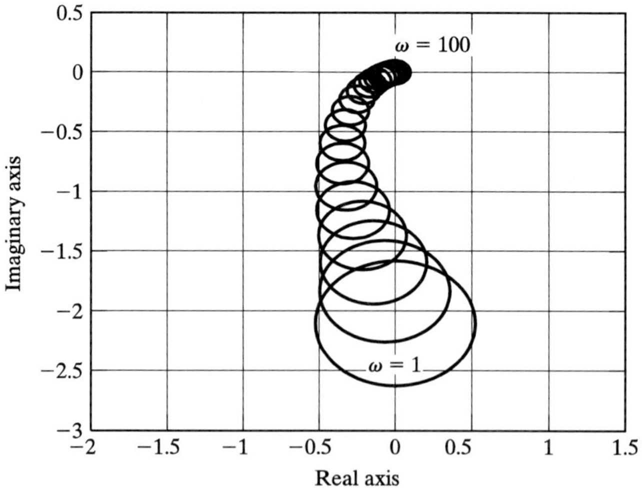

그림 8.10 현 반경 0.1 이고 $G(s)$가 중심인 Riemann 구면상의 불확실성 볼에 해당하는 Nyquist 선도의 불확실성

그림 8.11에 보이는 피드백 시스템을 생각해 보자.

정의 8.29. 그림 8.11의 피드백 시스템은 안정하다고 가정하자. 이 시스템의 안정도 여유는 다음과 같이 정의된다.

$$b_{P,C} = \min_{\omega \in \mathbb{R}} \delta[-C^{-1}(j\omega), P(j\omega)].$$

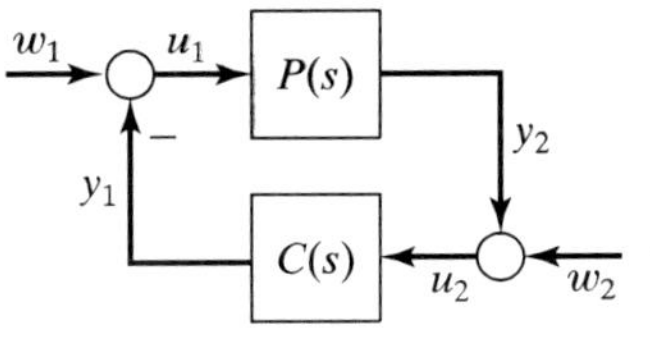

그림 8.11 안정화를 위한 피드백 시스템

다른 말로, $b_{P,C}$는 $P(jw)$와 $-C^{-1}(jw)$사이의 가장 작은 현 거리를 말한다. 안정도 여유 $b_{P,C}$는 우리에게 친숙한 폐루프 전달함수와 또한 관련이 되어 있다. 아래 식이 성립하고

$$\begin{aligned}\delta[-C^{-1}(j\omega), P(j\omega)] &= \frac{|P(j\omega) + C^{-1}(j\omega)|}{\sqrt{1+|P(j\omega)|^2}\sqrt{1+|C^{-1}(j\omega)|^2}} \\ &= \frac{|1 + P(j\omega)C(j\omega)|}{\sqrt{1+|P(j\omega)|^2}\sqrt{1+|C(j\omega)|^2}} \\ &= \left[\sqrt{\frac{1+|P(j\omega)|^2+|C(j\omega)|^2+|P(j\omega)C(j\omega)|^2}{|1+P(j\omega)C(j\omega)|^2}}\right]^{-1}. \end{aligned} \tag{8.18}$$

아래와 같은 민감도 함수와 보완 민감도 함수

$$S(s) = \frac{1}{1+C(s)P(s)}, \quad T(s) = \frac{C(s)P(s)}{1+C(s)P(s)}$$

를 사용하면 아래와 같이 쓸 수 있다.

$$b_{P,C} = \left[\max_{\omega \in \mathbb{R}} \sqrt{|S(j\omega)|^2 + |C(j\omega)S(j\omega)|^2 + |P(j\omega)S(j\omega)|^2 + |T(j\omega)|^2}\right]^{-1}.$$

$b_{P,C}$는 $S(jw), C(jw), T(jw), P(jw)$등 모든 전달함수에 의존함을 알 수 있다.

그림 8.12에 있는 피드백 시스템을 생각해보자. 여기서 $\widetilde{P}(s)$와 $\widetilde{C}(s)$는 $P(s)$와 $C(s)$에 각각 섭동이 추가된 전달함수이다. 그림 8.11의 시스템이 안정하다는 것을 안다면, 그림 8.12에 있는 시스템의 안정성에 관해 무엇을 말할 수 있는가?

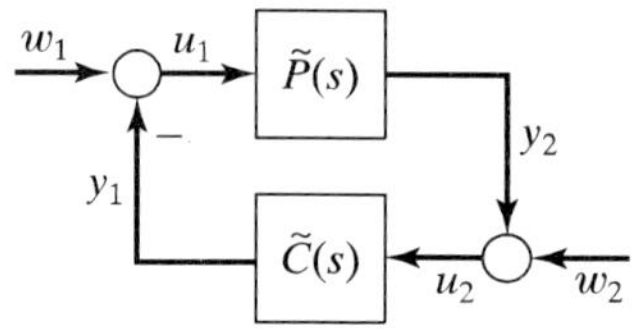

그림 8.12 불확실한 피드백 시스템.

정리 8.30.

1. 부등식

$$\arcsin r_P + \arcsin r_C < \arcsin b_{P,C}.$$

을 만족하는 경우에 한해서 모든 $\widetilde{P}(s) \in B_\delta[P(s), r_p]$와 $\widetilde{C}(s) \in B_\delta[C(s), r_C]$에 대하여 그림 8.12에 있는 피드백 시스템이 안정하다.

2. 부등식

$$\arcsin r_P + \arcsin r_C < \arcsin b_{P,C}.$$

으로부터 아래와 같이 쓸 수 있다.

$$\min_{\substack{\tilde{P} \in \mathcal{B}_\delta(P, r_P) \\ \tilde{C} \in \mathcal{B}_\delta(C, r_C)}} b_{\tilde{P},\tilde{C}} = \sin(\arcsin b_{P,C} - \arcsin r_P - \arcsin r_C).$$

이 정리를 θ 기반으로 다음과 같이 변경할 수 있다.

정리 8.31.

1. 부등식

$$r_P + r_C < \arcsin b_{P,C}.$$

을 만족하기만 하면 모든 $\widetilde{P}(s) \in B_\theta[P(s), r_p]$와 $\widetilde{C}(s) \in B_\theta[C(s), r_C]$에 대하여 그림 8.12에 있는 피드백 시스템이 안정하다.

2. 부등식

$$r_P + r_C < \arcsin b_{P,C}.$$

으로부터 아래와 같이 쓸 수 있다.

$$\min_{\substack{\tilde{P} \in \mathcal{B}_\theta(P, r_P) \\ \tilde{C} \in \mathcal{B}_\theta(C, r_C)}} b_{\tilde{P},\tilde{C}} = \sin(\arcsin b_{P,C} - r_P - r_C).$$

위의 두 정리들은 $b_{P,C}$가 피드백 시스템의 강건성을 측정하는 척도가 될 수 있음을 보여준다. 그러면 플랜트 $P(s)$와 제어기 $C(s)$의 데이터로부터 어떻게 $b_{P,C}$ 를 계산할 수 있을까를 생각해 보자.

$P(s)$와 $C(s)$가 다음과 같이 주어질 때

$$P(s) = \frac{b(s)}{a(s)}, \quad C(s) = \frac{q(s)}{p(s)}.$$

$b_{P,C}$는 아래와 같이 쓸 수 있다.

$$\begin{aligned} b_{P,C} &= \min_{\omega \in \mathbb{R}} \frac{|b(j\omega)/a(j\omega) + p(j\omega)/q(j\omega)|}{\sqrt{1 + |b(j\omega)/a(j\omega)|^2}\sqrt{|1 + |p(j\omega)/q(j\omega)|^2}} \\ &= \min_{\omega \in \mathbb{R}} \frac{|a(j\omega)p(j\omega) + b(j\omega)q(j\omega)|}{\sqrt{|a(j\omega)|^2 + |b(j\omega)|^2}\sqrt{|p(j\omega)|^2 + |q(j\omega)|^2}}. \end{aligned}$$

따라서 $b_{P,C}$를 계산하는 한 가지 가능한 방법은 함수

$$\frac{|a(j\omega)p(j\omega) + b(j\omega)q(j\omega)|}{\sqrt{|a(j\omega)|^2 + |b(j\omega)|^2}\sqrt{|p(j\omega)|^2 + |q(j\omega)|^2}}$$

를 주파수 w에 대해서 직접 도시하고 최소값을 확인하는 것이다. 다른 방법으로는 주파수 영역에서의 ∞ –놈 계산을 이용하는 것이다. (8.18)의 괄호 안에 있는 분수는 다음과 같이 쓸 수 있으며,

$$\frac{1+|P(j\omega)|^2+|C(j\omega)|^2+|P(j\omega)C(j\omega)|^2}{|1+P(j\omega)C(j\omega)|^2}$$
$$=\frac{1+P(-j\omega)P(j\omega)+C(-j\omega)C(j\omega)+C(-j\omega)P(-j\omega)P(j\omega)C(j\omega)}{[1+P(-j\omega)C(-j\omega)][1+P(j\omega)C(j\omega)]}.$$

분자는 아래와 같이 다시 쓸 수 있다.

$$[1+P(-j\omega)C(-j\omega)][1+P(j\omega)C(j\omega)]+[P(j\omega)-C(-j\omega)][P(-j\omega)-C(j\omega)].$$

따라서 $\delta[-C^{-1}(jw), P(jw)]$는 다음과 같고,

$$\delta[-C^{-1}(j\omega), P(j\omega)] = \left[1+\frac{[P(j\omega)-C(-j\omega)][P(-j\omega)-C(j\omega)]}{[1+P(-j\omega)C(-j\omega)][1+P(j\omega)C(j\omega)]}\right]^{-1/2}$$
$$= \left[1+\left|\frac{P(-j\omega)-C(j\omega)}{1+P(j\omega)C(j\omega)}\right|^2\right]^{-1/2}.$$

최종적으로 $b_{P,C}$는 아래와 같다.

$$b_{P,C} = \left\{1+\left\|\frac{P(-s)-C(s)}{1+P(s)C(s)}\right\|_\infty^2\right\}^{-1/2}. \qquad (8.19)$$

위 결과는 $b_{P,C}$가 전달함수

$$\frac{P(-s)-C(s)}{1+P(s)C(s)}.$$

의 주파수 영역에서의 ∞-놈과 관련이 있음을 보여주고 있다. 플랜트와 제어기가 다음과 같은 진유리 전달함수

$$P(s)=\frac{b(s)}{a(s)} \quad \text{그리고} \quad C(s)=\frac{q(s)}{p(s)}$$

이고 $\deg a(s) = n$ $\deg p(s) = m$ 라면, 아래와 같이 쓸 수 있다.

$$\frac{P(-s)-C(s)}{1+P(s)C(s)} = \frac{b(-s)p(s)-a(-s)q(s)}{a(s)p(s)+b(s)q(s)}\frac{a(s)}{a(-s)}.$$

최악의 경우에 위 전달함수의 차수는 $2n+m$이 된다. 더구나 이 전달함수는 $P(s)$와 $C(s)$로 구성된 피드백 시스템이 내부적으로 안정하다 할지라도 일반적으로 불안정하다. 이것은 문제의 소지가 있을 수 도 있다. 그러나 다행히도 방법이 있다. $\frac{a(s)}{a(-s)}$가 전대역 시스템이기 때문에 아래와 같이 쓸 수 있다.

$$\left\| \frac{P(-s)-C(s)}{1+P(s)C(s)} \right\|_\infty = \left\| \frac{b(-s)p(s)-a(-s)q(s)}{a(s)p(s)+b(s)q(s)} \right\|_\infty ,$$

즉 다시 말하면

$$b_{P,C} = \left\{ 1 + \left\| \frac{b(-s)p(s)-a(-s)q(s)}{a(s)p(s)+b(s)q(s)} \right\|_\infty^2 \right\}^{-1/2} . \tag{8.20}$$

(8.20)의 우변에 있는 놈의 중요성을 표시하기 위해 그 부분을 $\gamma_{P,C}$라고 하자. 놈 내부의 전달함수 차수는 많아야 $n+m$ 이기 때문에 차수가 이전보다 줄어서 효율적이고, $P(s)$와 $C(s)$에 의해 구성된 피드백 시스템이 내부적으로 안정하기만 하면 이 전달함수도 안정하다.

정리하면 강인성 정도 $\gamma_{P,C}$를 계산하는 알고리즘은 다음과 같다

알고리즘 8.32 (강인 안정성의 계산)(Computation of stability robustness)

과정 1 (내부의 안전성 결정) 폐루프 시스템 $(P(s), C(s))$의 내부 안정성을 확인한다. 불안정하면 $b_{P,C}=0$으로 하고 수행을 멈춘다.

과정 2 (∞−놈의 계산) 다음을 계산한다.

$$\gamma_{P,C} = \left\| \frac{b(-s)p(s)-a(-s)q(s)}{a(s)p(s)+b(s)q(s)} \right\|_\infty .$$

과정 3 (간단한 추가 계산) 최종적으로 $b_{P,C}$를 계산한다.

$$b_{P,C} = (1+\gamma_{P,C}^2)^{-1/2}.$$

예제 8.33

예제 9.3에서 설계하는 것처럼 최적의 과도 응답을 얻도록 설계된 제어기

$$C(s) = \frac{2\sqrt{2}s+1}{s^2+2\sqrt{2}s+4}$$

에 의해 안정화된 이중 적분기 $P(s)=1/s^2$를 생각해보자. 안정도 여유 $b_{P,C}$는 다음과 같이 계산된다. 우선 다음과 같이 주파수 영역에서의 ∞-놈을 계산한다.

$$\begin{aligned}\gamma_{P,C} &= \left\| \frac{b(-s)p(s)-a(-s)q(s)}{a(s)p(s)+b(s)q(s)} \right\|_\infty \\ &= \left\| \frac{-2\sqrt{2}s^3+2\sqrt{2}s+4}{(s^2+\sqrt{2}s+1)^2} \right\|_\infty = \left\| \frac{-2\sqrt{2}(s-\sqrt{2})}{s^2+\sqrt{2}s+1} \right\|_\infty .\end{aligned}$$

계산하면 $\gamma_{P,C}=12\sqrt{2/17}$ 이고, 따라서 $b_{P,C}=\sqrt{17/305}$ 이다. MATLAB에서 다음과 같은 명령어로

```
>> sys=tf([-2*sqrt(2) 4],[1 sqrt(2) 1]);

>> gamma=norm(sys,inf);
```

$\gamma_{P,C}=4.116$ 을 쉽게 계산할 수 있다. 따라서 $b_{P,C}=1/\sqrt{1+4.1160^2}=0.2361$ 이다.

이 절의 마지막 부분에서는 $b_{P,C}$가 몇 가지 고전적인 안정도 여유에 대한 추정치를 제공하는 것을 보여줄 것이다.

정리 8.34. $C(s)$는 $P(s)$를 안정화시키는 제어기라면 아래를 만족한다.

$$\mathrm{GM} \geq \frac{1+b_{P,C}}{1-b_{P,C}}, \qquad \mathrm{PM} \geq 2\arcsin(b_{P,C}).$$

증명: 우선 모든 주파수 w에 대해서 다음이 성립함을 상기하자.

$$b_{P,C} \leq \frac{|1+P(j\omega)C(j\omega)|}{\sqrt{1+|P(j\omega)|^2}\,\sqrt{1+|C(j\omega)|^2}}.$$

그래서 $k:=-C(jw)P(jw)$가 실수인 w에 대해서 다음과 같고

$$b_{P,C} \le \frac{|1-k|}{\sqrt{(1+|P(j\omega)|^2)\left(1+\frac{k^2}{|P(j\omega)|^2}\right)}}$$

$$\le \frac{|1-k|}{\sqrt{\min_x \left\{(1+x^2)\left(1+\frac{k^2}{x^2}\right)\right\}}} = \left|\frac{1-k}{1+k}\right|,$$

이것은 아래를 의미한다.

$$k \le \frac{1-b_{P,C}}{1+b_{P,C}}, \quad \text{또는} \quad k \ge \frac{1+b_{P,C}}{1-b_{P,C}}.$$

따라서, 시스템은 적어도 다음의 이득 여유를 가진다.

$$\text{GM} \ge \frac{1+b_{P,C}}{1-b_{P,C}}$$

유사하게, $P(jw)C(jw) = -e^{j\phi}$ 인 주파수에서는 다음과 같이 쓸 수 있다.

$$b_{P,C} \le \frac{|1-e^{j\phi}|}{\sqrt{(1+|P(j\omega)|^2)\left(1+\frac{1}{|P(j\omega)|^2}\right)}}$$

$$\le \frac{|2\sin\frac{\phi}{2}|}{\sqrt{\min_x \left\{(1+x^2)\left(1+\frac{1}{x^2}\right)\right\}}} = \left|\sin\frac{\phi}{2}\right|,$$

이것은 시스템이 적어도 다음의 위상 여유를 가진다는 것을 의미한다.

$$\text{PM} \ge 2\arcsin(b_{P,C}).$$

[증명 끝]

예를 들면 $b_{P,C} = 1/2$는 이득 여유 3, 위상 여유 60^o를 보장한다.

예제 8.35

다음과 같은 폐루프 피드백 시스템을 생각하자.

$$P(s) = \frac{1}{s^2+s+2}, \quad C(s) = \frac{s+1}{s}$$

그러면 $b_{P,C} = 0.3371$과 같이 계산되고, 이 $b_{P,C}$ 로부터 이득 및 위상 여유에 대한 추정치를 아래와 같이 계산할 수 있다.

$$\text{GM} \geq \frac{1 + b_{P,C}}{1 - b_{P,C}} = 2.0169, \qquad \text{PM} \geq 2\arcsin(b_{P,C}) = 0.6876[\text{rad}] = 39.4^{\circ}.$$

그러나, 실제 안정도 여유는

$$\text{GM} \approx \infty, \qquad \text{PM} = 90^{\circ}.$$

이다.

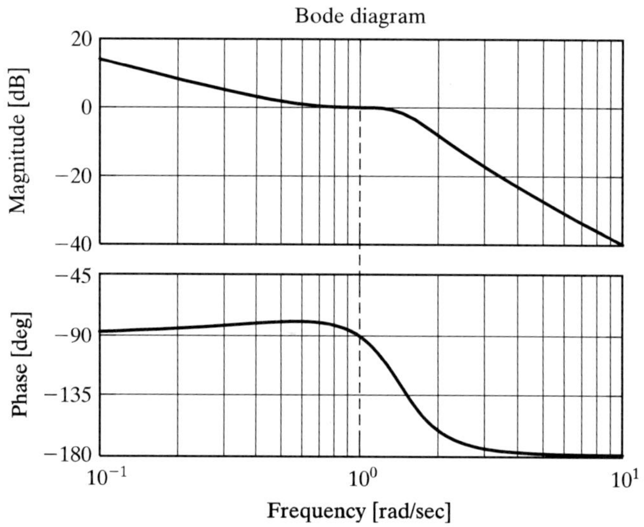

그림 8.13 $L(s) = P(s)C(s)$의 Bode 선도

따라서, $b_{P,C}$ 로부터 얻어진 이득 및 위상 여유에 대한 추정치는 매우 보수적일 수 있다.

$b_{P,C}$가 커질수록 피드백 시스템은 더 강건해진다. 가장 자연스러운 것은 주어진 $P(s)$에 대해 제어기 $C(s)$를 $b_{P,C}$가 최대가 되도록 설계하는 것이다. 이런 문제를 **최적 강인 안정화 문제(optimal robust stabilization problem)**라고 한다. 이 문제의 해는 뒤 장에서 주어진다.

연습문제

8.1 $G_1(s)$는 안정한 완전 진유리 전달함수이고, $G_2(s)$는 불안정한 완전 진유리 전달함수라고 할 때 $< G_1(s), G_2(s) \geq 0$임을 보여라.

8.2 문제 8.1을 기반으로 불안정할지도 모르는 전달함수의 2-놈을 계산하는 방법을 제안하라.

8.3 전달함수 $G(s)$를 갖는 안정한 시스템이 모든 $w \in R$에 대해 $|G(jw)| = 1$를 만족하면 전대역이라고 말한다. 전대역 전달함수의 한 예로 $\dfrac{s-a}{s+a}$ $(a>0)$를 들 수 있다.

1. 전대역시스템의 다른 예를 들어라
2. 모든 전대역 시스템에 대해서 입력 $u(t)$와 출력 $y(t)$는 $\|u(t)\|_2 = \|y(t)\|_2$를 만족함을 보여라.
3. 모든 전대역 전달함수 $G(s)$와 다른 어떤 전달함수 $F(s)$에 대해서 $\|G(s)F(s)\|_2 = \|F(s)\|_2$과 $\|G(s)F(s)\|_\infty = \|F(s)\|_\infty$ 임을 보여라.

8.4 $G(s) = \dfrac{s-2}{(s+2)(s+s+1)}$의 ∞-놈을 계산하라.

8.5 $G(s)$는 $g(t)$의 Laplace 변환이고 $\|g(t)\|_1 < \infty$ 를 가정하자.

1. $\|G(s)\|_\infty \le \|g(t)\|_1$ 임을 증명하라.
2. 모든 $t \ge 0$에서 $g(t) \ge 0$ 이거나 또는 모든 $t \ge 0$에서 $g(t) \le 0$ 이면 $\|G(s)\|_\infty \le \|g(t)\|_1$ 임을 증명하라.

8.6 두 개의 플랜트가 다음과 같이 주어진다고 하자.

$$P_1(s) = \delta\frac{s+\epsilon}{s-\epsilon}, \quad P_2(s) = \delta\frac{s-\epsilon}{s+\epsilon}.$$

근궤적 방법을 사용하여 다음의 시스템

$$P(s) := P_1(s) - P_2(s) = \frac{4\epsilon\delta s}{(s+\epsilon)(s-\epsilon)}$$

이 어떤 $\epsilon > 0$과 $\delta > 0$에 대해서 어떤 안정한 제어기에도 안정화될 수 없음을 보여라. (이것은 또한 $P_1(s)$와 $P_2(s)$를 동시에 안정화시킬 수 있는 안정하거나 또는 안정하지 않은 제어기가 존재하지 않음을 의미한다.)

8.7 $G(s)$는 어떤 w_0에서 $|G(jw_0)| \geq 1$을 만족하는 안정한 전달함수이다. $\|\Delta(s)\|_\infty \leq 1$ 이고 $1+G(s)\Delta(s)$가 jw_0에서 영점을 갖도록 안정한 $\Delta(s)$를 찾아라.

8.8 그림 8.14에 있는 단위 피드백 시스템을 생각하자. 아래와 같이 곱셈형 불확실성이 추가된 시스템을 가정하자.

$$\tilde{P}(s) = P(s)[1+\Delta(s)]$$

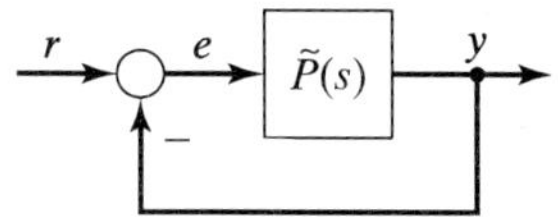

그림 8.14 단위 피드백 시스템

여기서 공칭루프이득 $P(s)$는 $\dfrac{3(s+1)}{s^2(s+3)}$으로 주어지고, 불확실성 $\Delta(s)$는 안정하고 $|\Delta(jw)| < |0.5(jw+0.01)|$를 만족한다. 모든 $\widetilde{P}(s)$에 대해 피드백 시스템은 안정한가?

8.9 플랜트의 전달함수가 다음과 같다.

$$\tilde{P}(s) = P(s)[1+\Delta(s)]$$

여기서 $P(s) = \dfrac{1}{s-1}$이고, $\Delta(s)$는 안정하며, $|\Delta(jw)| < |(jw+2)/10|$을 만족한다. 제어기는 순수한 비례 제어, 즉 $C(s) = K$ 라고 하자. 모든 $\widetilde{P}(s)$에 대해서 단위 피드백 시스템이 안정하도록 K의 범위를 구하라.

8.10 모든 $c_1, c_2 \in C \cup \{\infty\}$에 대해서 $\delta(c_1, c_2) = \delta(c_1^{-1}, c_2^{-1})$임을 보여라.

8.11 **1.** 두 쌍의 수 (−1,1)과 (−100,100)에서 어떤 쌍이 현 거리상으로 더 가까운가?

2. 다음의 현 거리들을 구하라.

$$\delta\left(\frac{1}{s+0.1}, 0\right), \delta\left(0, \frac{1}{s-0.1}\right), \delta\left(\frac{1}{s+0.1}, \frac{1}{s-0.1}\right).$$

8.12 다음의 두 플랜트사이의 현 거리를 계산하라.

$$P_1(s) = \delta\frac{s+\epsilon}{s-\epsilon}, \quad P_2(s) = \delta\frac{s-\epsilon}{s+\epsilon}.$$

이 거리의 측정이 문제 8.6에 있는 두 시스템을 동시에 안정화시키는 것에 대한 이해를 어떻게 도울 수 있는지 설명하라.

8.13 $P(s) = \dfrac{s+2}{(s+1)(s+3)}$이고 $C(s) = K$ 인 단위 피드백 시스템을 생각해보자. 모든 $K \geq 0$에 대해서 피드백 시스템이 내부적으로 안정하다는 것을 보여라. $K \geq 0$에 대한 함수로서 $b_{P,C}$를 도시하라. 가장 좋은 K를 구하라. 보통 사람들은 폐루프 극점이 허수축에서 멀리 떨어져 있을수록 피드백 시스템이 더 강건해진다고 믿는다. 이것이 옳지 않다는 것을 주어진 피드백 시스템을 사용해서 설명하라.

8.14 $P(s) = \dfrac{1}{s}$가 어떤 비례이득 제어기 $C(s) = K, K > 0$에 의해 안정화된다는 것을 알고 있다. K에 대한 함수로서 $b_{P,C}$를 도시하라. 가장 강건한 폐루프 시스템이 되는 피드백 이득은 무엇인가?

MATLAB 수행 문제

8.15 전달함수의 ∞ −놈을 계산하는 MATLAB 프로그램을 작성하라. 파일 이름을 "norminf"로 정하고 문제 4.27에 주어진 시스템들에 대해 프로그램들을 수행하라.

8.16 각 문제의 두 시스템 간 현 거리를 계산하는 MATLAB 프로그램을 작성하라. 입력 변수로 두 시스템을 받고, 출력변수로는 현 거리가 되도록 m 파일을 작성

하라. 이 프로그램을 사용하여 다음의 시스템 $G_1(s)$와 $G_2(s)$의 현 거리를 계산하라.

1. $G_1(s)=\frac{s+1.0001}{(s+1)(s+2)}$ 그리고 $G_2(s)=\frac{1}{s+2}$.

2. $G_1(s)=\frac{s-1.0001}{(s-1)(s+2)}$ 그리고 $G_2(s)=\frac{1}{s+2}$.

3. $G_1(s)=0$ 그리고 $G_2(s)=\frac{(s+4)(s+5)}{(s+1)(s+2)(s+3)}$.

4. $G_1(s)=\frac{1}{s^2+1}$ 그리고 $G_2(s)=\frac{1}{s^2+a}$ (a=2와 a=10에 대해서 각각 계산)

8.17 주어진 플랜트 $P(s)$와 제어기 $C(s)$에 대한 안정도 여유 $b_{P,C}$ 를 계산하는 MATLAB 프로그램을 작성하라. 입력 변수로 시스템과 제어기를 받고, 출력변수로는 현 거리가 되도록 m 파일을 작성하라. 이 프로그램을 사용하여 다음의 플랜트와 제어기의 안정도 여유를 계산하라.

$$P(s)=\frac{1}{s^2},\quad C(s)=\frac{(1+\sqrt{2})s+1}{s+1+\sqrt{2}}.$$

참고문헌

정리 8.5의 간단한 증명은 아래 문헌에 나와 있다.

P. Fu, X. Zhao, and L. Qiu, "Solution to the Nehari problem using the Routh table," *Proc. of the 12th Mediterranean Conference on Control and Automation*, Kusadasi, Turkey, 2004.

이 장에서는 편각원리, Riemann 구면, Cauchy의 적분 정리 등과 같은 복소수에 대한 초보적인(그러나 자명하지 않은) 이론들을 사용했다. 이런 자료들을 위한 좋은 참고문헌으로 아래를 추천한다.

R. V. Churchill, J. W. Brown, and R. F. Verhey, *Complex Variables and Applications*, 5th Edition, McGraw-Hill, New York, 1990.

두 개의 플랜트 $P_1(s)$와 $P_2(s)$가 하나의 제어기에 의해 동시에 안정화 될 수 있을 때는 오직 $P(s) := P_1(s) - P_2(s)$ 가 하나의 안정한 제어기에 의해 안정화될 수 있을 때 또는 $P(s)$가 강하게 안정화될 수 있을 때이다. 이 결과들은 처음으로 아래 문헌에 나타나 있다.

R. Saeks and J. Murray, "Fractional representation, algebraic geometry and simultaneous stabilization problem," *IEEE Transactions on Automatic Control*, vol. 27, pp. 895.903, 1982.

M. Vidyasagar and N. Viswanadham, "Algebraic design techniques for reliable stabilization," *IEEE Transactions on Automatic Control*, vol. 27, pp. 1085.1095, 1982.

강한 안정화, 동시 안정화, Nevanlinna-Pick 내삽 등 많은 다른 문제들은 아래 참고 문서에 자세히 나와 있다.

M. Vidyasagar, *Control System Synthesis: a Factorization Approach*, The MIT Press, Cambridge, MA, 1985.

J. C. Doyle, B. Francis, and A. Tannenbaum, *Feedback Control Theory*, Macmillan College Division, New York, 1992.

예제 8.15에 있는 모델의 집합은 처음으로 아래 문헌에서 제안되었다.

G. Balas, R. Chiang, A. Packard, and M. Safonov, *Robust Control Toolbox Users Guide Version 3*, The MathWorks, Inc., Natick, MA, 2006.

Introduction to Feedback Control

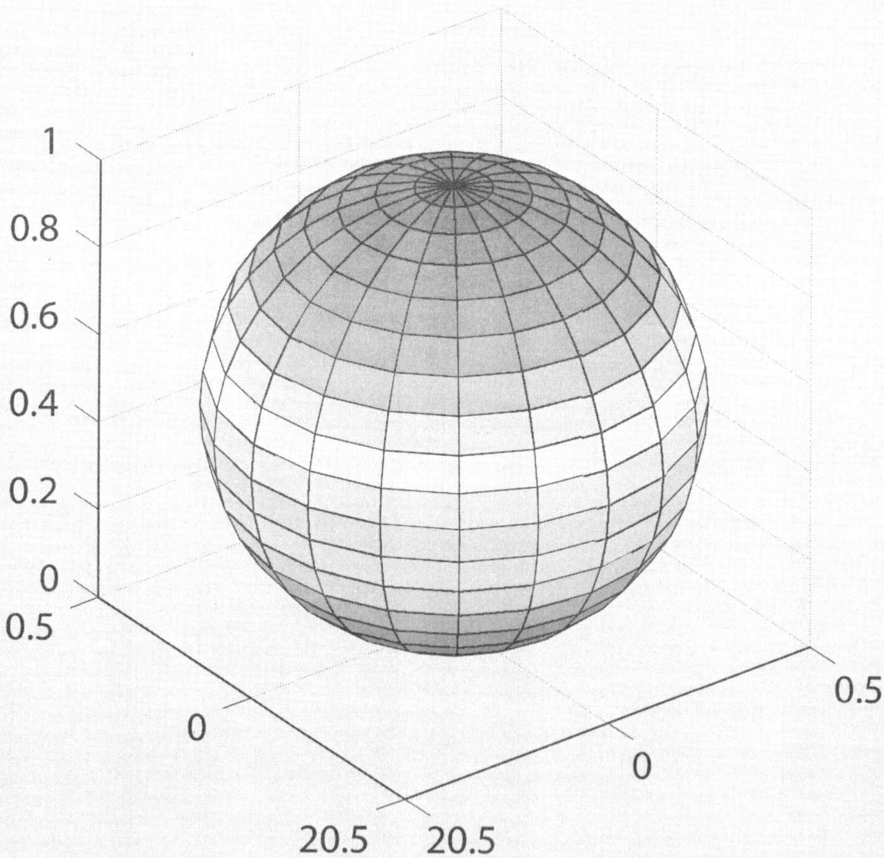

Chapter 09

Overview

최적 제어와 강인 제어

이 장에서 공부해야 될 내용

9.1 최적 과도응답을 갖는 제어기
9.2 가중 최적 과도응답을 갖는 제어기
9.3 최소 에너지 안정화
9.4 최적 제어기의 유도*
9.5 최적 강인 안정화
9.6 보장된 강인성을 갖는 안정화

이 장에서는 그림 9.1과 같은 폐루프 시스템이 내부적으로 안정해지고 좋은 성능과 강인성을 갖도록 주어진 플랜트 $P(s)$에 대한 제어기 $C(s)$를 설계하는 몇 가지 체계적인 방법들을 공부한다. 이제까지 그리고 앞으로도 그렇겠지만, 고정된 플랜트를 안정화하는 제어기는 유일하지 않다. 여러 가지 후보 중에서 좋은 하나를 선택하는 것은 매우 중요한 일이다. 이 장에서는 몇 가지 최적 제어 문제를 다룰 것이다. 특별히 성능과 강인성 측면에서 특정 최적화가 되도록 시스템을 안정화하는 모든 제어기 중 하나를 선택하는 방법에 대해 소개할 것이다. 3장에서 다루었듯이, 많은 최적 제어 문제가 극점 배치 문제로 변환될 수 있다는 것을 알 게 될 것이다. 최적 제어 설계 알고리즘의 증명에 대해서는 연구지향적인 학생들이 심화학습을 할 수 있도록 해당 절에 * 표시를 해두었다. 3.7 절에서 특성이 파악된 안정화시키는 모든 제어기의 집합에서 여러 가지 목적함수에 의존하는 최적의 선택을 하는 것을 바탕으로 알고리즘은 증명된다.

9.1 최적 과도응답을 갖는 제어기

이 절에서는 안정화를 위한 폐루프 시스템에 대한 성능 지수를 소개하고, 그 성능 지수가 최적이 되도록 하는 제어기를 설계하는 알고리즘을 설명한다. 이 절에서는 $P(s)$가 완전 진유리 전달함수라고 가정한다. 즉 $P(s)$는 다음과 같은 형태를 지닌다.

$$P(s) = \frac{b(s)}{a(s)} = \frac{b_1 s^{n-1} + \cdots b_n}{a_0 s^n + a_1 s^{n-1} + \cdots + a_n}$$

여기서 $a_0 \neq 0$ 이다.

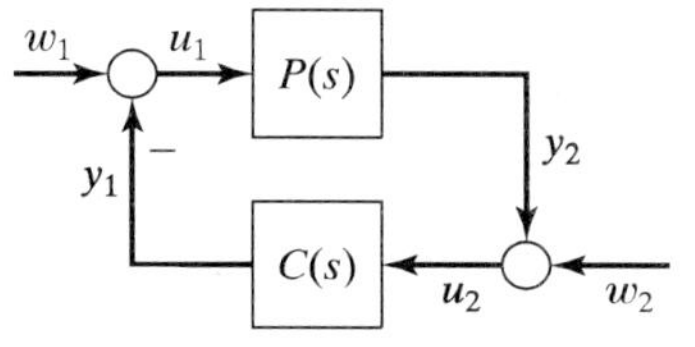

그림 9.1 안정화를 위한 피드백 시스템

그림 9.1에서와 같은 피드백 시스템을 생각해 보자.

폐루프 시스템이 내부적으로 안정하고, 외부의 입력 $w_i(t), i = 1, 2,$ 이 임펄스 신호라면 모든 내부의 신호들 $u_j(t), y_j(t), j = 1, 2$은 시간이 무한대로 감에 따라 결국 0으로 수렴한다. 보통 상대적으로 더 안정한 폐루프 시스템이 과도기에서 더 작은 내부 신호를 갖고 있다. 이 때문에 $w_i(t), i = 1, 2$가 단위 임펄스 함수일 때 다음과 같이 성능지수로 $y_i(t)$의 에너지를 사용할 수 있다.

$$J = \left(\|y_1(t)\|_2^2 + \|y_2(t)\|_2^2\right)\Big|_{\substack{w_1(t)=\delta(t) \\ w_2(t)=0}} + \left(\|y_1(t)\|_2^2 + \|y_2(t)\|_2^2\right)\Big|_{\substack{w_1(t)=0 \\ w_2(t)=\delta(t)}} . \quad (9.1)$$

J가 작은 값을 가질수록, 폐루프 시스템이 더 안정하다고 말할 수 있다. 다음으로는 J를 최소화시키는 제어기를 찾는 문제가 관건이다. 모든 안정화시키는 제어기중 $C(s)$를 잘 선택해서 J를 최소로 하면 우리가 얻을 수 있는 최고의 성능을 확보할 수 있다. J의 최소값을 J^*로 표시하는데, 이 최소값은 $P(s)$를 안정화시키는 어려움의 정도를 반영하기도 한다. J^*가 작으면 $P(s)$가 쉽게 제어될 수 있음을 의미한다. 반대로 J^*가 크면 $P(s)$가 제어되기 힘들다는 것을 의미한다.

만약 $P(s)$ 또는 $C(s)$가 완전 진 유리함수가 아니라면, $w_1(t)$ 또는 $w_2(t)$가 임펄스인 경우 신호 $y_1(t)$ 또는 $y_2(t)$는 임펄스 함수를 포함하게 된다. 그러면 J는 무한대로 발산하게 된다. 따라서 $P(s)$는 완전 진 유리함수라는 가정이 반드시 필요하다. 최적제어 $C(s)$도 완전 진 유리함수이어야 한다.

(w_1, w_2)에서 (y_1, y_2)으로의 전달함수는 다음과 같다.

$$\begin{bmatrix} \dfrac{P(s)C(s)}{1+P(s)C(s)} & \dfrac{C(s)}{1+P(s)C(s)} \\ \dfrac{P(s)}{1+P(s)C(s)} & \dfrac{-P(s)C(s)}{1+P(s)C(s)} \end{bmatrix}. \tag{9.2}$$

전달함수는 시스템의 임펄스 반응에 대한 Laplace 변환이기 때문에 Parseval의 항등식에 의해 다음과 같이 쓸 수 있다.

$$\left(\|y_1(t)\|_2^2 + \|y_2(t)\|_2^2\right)\Big|_{\substack{w_1(t)=\delta(t)\\ w_2(t)=0}} = \left\|\frac{P(s)C(s)}{1+P(s)C(s)}\right\|_2^2 + \left\|\frac{P(s)}{1+P(s)C(s)}\right\|_2^2$$

그리고

$$\left(\|y_1(t)\|_2^2 + \|y_2(t)\|_2^2\right)\Big|_{\substack{w_1(t)=0\\ w_2(t)=\delta(t)}} = \left\|\frac{C(s)}{1+P(s)C(s)}\right\|_2^2 + \left\|\frac{-P(s)C(s)}{1+P(s)C(s)}\right\|_2^2.$$

따라서 J를 다음과 같이 표현할 수 있다.

$$\begin{aligned} J = & \left\|\frac{P(s)C(s)}{1+P(s)C(s)}\right\|_2^2 + \left\|\frac{P(s)}{1+P(s)C(s)}\right\|_2^2 \\ & + \left\|\frac{C(s)}{1+P(s)C(s)}\right\|_2^2 + \left\|\frac{-P(s)C(s)}{1+P(s)C(s)}\right\|_2^2, \end{aligned} \tag{9.3}$$

즉, 간단히 말하면 J는 행렬 (9.2)의 모든 원소들에 대하여 2-놈을 구하고, 그 것들을 모두 더한 값이다. (9.3)의 수식도 여전히 간단해 보이지는 않는다. 행렬의 모든 원소들을 제곱하고, 그 값들을 더해 제곱근을 구한 것을 그 해당 행렬 전달함수의 2-놈으로 정의하면 다음과 같이 쓸 수 있다.

$$J = \left\| \begin{bmatrix} \dfrac{P(s)C(s)}{1+P(s)C(s)} & \dfrac{C(s)}{1+P(s)C(s)} \\ \dfrac{P(s)}{1+P(s)C(s)} & \dfrac{-P(s)C(s)}{1+P(s)C(s)} \end{bmatrix} \right\|_2^2,$$

전보다 훨씬 간결해 보인다.

실계수 다항식 $x(s)$에 대하여 이것의 **켤레 다항식(conjugate polynomial)**을 $x(-s)$로 정의한다. z가 $x(s)$의 근이라면 $-z$는 $x(-s)$의 근이 됨을 쉽게 알 수 있다. 실계수 다항식의 근들이 실수축에 대하여 대칭인 사실을 상기하면 $x(-s)$의 근들은 $x(s)$의 근들과 허수축에 대하여 대칭이다.

주어진 완전 진유리 전달함수 $P(s)=\dfrac{b(s)}{a(s)}$에 대하여 다음과 같은 다항식을 생각해보자.

$$a(-s)a(s)+b(-s)b(s).$$

여기에서 $a(s)$와 $b(s)$는 서로소이다. 위 다항식은 **자기켤레(self-conjucate)**이므로, 즉 켤레가 바로 자신이 되므로 z가 근이면 $-z$도 근이 된다. 이것은 다항식의 근들이 허수축에 대칭인 것을 의미한다. 이 다항식이 다음과 같이 jw에서 근을 가진다면

$$a(-j\omega)a(j\omega)+b(-j\omega)b(j\omega)=|a(j\omega)|^2+|b(j\omega)|^2=0,$$

$a(jw)=b(jw)=0$이 되고, $a(s)$와 $b(s)$가 jw에서 공통의 근을 가진다는 뜻이 되므로 $a(s)$와 $b(s)$의 서로소 가정에 위배되어, 허수축에 절대 근을 가질 수 없다는 결론을 얻는다. 따라서 다음과 같은 안정한 다항식이 반드시 존재해서

$$d(s)=d_0s^n+d_1s^{n-1}+\cdots+d_n$$

아래 식을 만족해야 한다.

$$a(-s)a(s)+b(-s)b(s)=d(-s)d(s).$$

다항식 $d(s)$를 $a(-s)a(s)+b(-s)b(s)$의 스펙트럼 인자(spectral factor)라 부르고, $d(s)$를 찾는 과정을 **스펙트럼 분해(spectral factorization)**라고 한다. 스펙트럼 인자는 앞의 계수 ±1 이외는 유일하게 결정된다. 또한 $\deg a(s)>\deg b(s)$ 이기 때문에, $d(s)$의 최고차계수가 $a(s)$의 최고차계수와 동일하거나 반대 부호를 가져야 한다. 이런 불편한 비고유성을 제거하기 위하여, $d(s)$를 선택할 때는 최고차계수가 $a(s)$의 최고차계수와 동일하도록 한다. 즉 $d_0=a_0$. $C(s)=\dfrac{q(s)}{p(s)}$를 고유한 n차 완전 진유리 전달함수로서

$$a(s)p(s)+b(s)q(s)=d^2(s).$$

을 만족하는 극배치 제어기라고 하자. 그러면, 이 제어기는 J를 최소화 시키는 유일한 최적 제어기가 된다. 물론, 성능 지표의 최적값은 플랜트와 최적 제어를 (9.3)에 대입함으로써 얻을 수 있다. 이 최적값은 아래와 같이 쓸 수 있다.

$$J^* := \min J = 2\left\|\frac{b(s)q(s)}{d^2(s)}\right\|_2^2 + \left\|\frac{b(s)p(s)}{d^2(s)}\right\|_2^2 + \left\|\frac{a(s)q(s)}{d^2(s)}\right\|_2^2.$$

이 최적값을 얻기 위해서는 $2n$차의 전달함수에 대한 2-놈을 계산해야 한다. n차 시스템만의 2-놈으로 표현하기 위해 아래와 같이 표현할 수도 있다.

$$J^* = \left\|\frac{d(s)-a(s)}{d(s)}\right\|_2^2 + \left\|\frac{b(s)}{d(s)}\right\|_2^2 + \left\|\frac{d(s)-p(s)}{d(s)}\right\|_2^2 + \left\|\frac{q(s)}{d(s)}\right\|_2^2.$$

위의 유도는 9.4절에서 다룬다.

정리하면, J를 최소화하는 최적제어는 다음과 같은 절차로 설계될 수 있다.

알고리즘 9.1 (최적 과도응답을 갖는 제어기의 설계)(Design of the controller with optimal transient)

과정 1: 다음을 만족하는 안정한 다항식 $d(s)$를 구한다.

$$a(-s)a(s) + b(-s)b(s) = d(-s)d(s).$$

과정 2: 다음을 만족하는 고유한 n차 완전 진유리 전달함수 $C(s) = \dfrac{q(s)}{p(s)}$ 를 구한다.

$$a(s)p(s) + b(s)q(s) = d^2(s).$$

이 극배치 제어기가 곧 최적 제어기가 된다.

과정 3: 최적 성능지수는 다음과 같이 주어진다.

$$J^* = \left\|\frac{d(s)-a(s)}{d(s)}\right\|_2^2 + \left\|\frac{b(s)}{d(s)}\right\|_2^2 + \left\|\frac{d(s)-p(s)}{d(s)}\right\|_2^2 + \left\|\frac{q(s)}{d(s)}\right\|_2^2.$$

알고리즘 9.1은 간단히 보이지만, 이 제어기가 왜 최적인지에 대해서는 그렇게 간단히 증명되지 않는다. 이 알고리즘의 자세한 유도는 다음 장에 나오는 더 일반적인 알고리즘의 특별한 경우에 해당되는 것으로 *표시가 있는 9.4절에서 소개될 것이다.

다음의 두 예제는 실제 최적 제어기의 설계에 관하여 보여주고 있다.

예제 9.2

다음과 같은 플랜트를 생각하자.

$$P(s) = \frac{\beta}{s+\alpha}.$$

J가 최소화되도록 $C(s)$를 설계하고 J의 최적값을 구하라.

다음의 식으로부터

$$\begin{aligned} a(-s)a(s) + b(-s)b(s) &= -s^2 + \alpha^2 + \beta^2 \\ &= \left(-s + \sqrt{\alpha^2+\beta^2}\right)\left(s + \sqrt{\alpha^2+\beta^2}\right). \end{aligned}$$

$d(s)$는 아래처럼 정한다.

$$d(s) = s + \sqrt{\alpha^2+\beta^2}.$$

다음과 같은 제어기를 생각하고

$$C(s) = \frac{q_1}{p_0 s + p_1}.$$

아래 식을 만족하면

$$(s+\alpha)(p_0 s + p_1) + \beta q_1 = \left(s + \sqrt{\alpha^2+\beta^2}\right)^2 = s^2 + 2\sqrt{\alpha^2+\beta^2}s + \alpha^2 + \beta^2.$$

$C(s)$의 모든 계수들은 다음과 같다.

$$p_0 = 1, \quad p_1 = 2\sqrt{\alpha^2+\beta^2} - \alpha, \quad q_1 = \left(2\alpha^2 + \beta^2 - 2\alpha\sqrt{\alpha^2+\beta^2}\right)/\beta.$$

따라서 최적 제어기 $C(s)$는 아래와 같이 쓸 수 있다.

$$C(s) = \frac{\left(2\alpha^2 + \beta^2 - 2\alpha\sqrt{\alpha^2+\beta^2}\right)/\beta}{s + 2\sqrt{\alpha^2+\beta^2} - \alpha}.$$

성능지수 J의 최적값은 다음과 같다.

$$J^* = \left\| \frac{\sqrt{\alpha^2+\beta^2}-\alpha}{s+\sqrt{\alpha^2+\beta^2}} \right\|_2^2 + \left\| \frac{\beta}{s+\sqrt{\alpha^2+\beta^2}} \right\|_2^2 + \left\| \frac{\alpha-\sqrt{\alpha^2+\beta^2}}{s+\sqrt{\alpha^2+\beta^2}} \right\|_2^2 + \left\| \frac{\left(2\alpha^2+\beta^2-2\alpha\sqrt{\alpha^2+\beta^2}\right)/\beta}{s+\sqrt{\alpha^2+\beta^2}} \right\|_2^2.$$

4.9절의 공식을 사용하면 J의 최적값은 간단히 표현될 수 있다.

$$J^* = \frac{2\left(\sqrt{\alpha^2+\beta^2}-\alpha\right)^2+\beta^2+\left(2\alpha^2+\beta^2-2\alpha\sqrt{\alpha^2+\beta^2}\right)^2/\beta^2}{2\sqrt{\alpha^2+\beta^2}}.$$

좀 더 간략히 하면 다음과 같다.

$$J^* = \frac{4(\alpha^2+\beta^2)\left(\sqrt{\alpha^2+\beta^2}-\alpha\right)}{\beta^2} - 2\sqrt{\alpha^2+\beta^2}.$$

폐루프 전달함수는 다음과 같다.

$$\begin{bmatrix} \dfrac{P(s)C(s)}{1+P(s)C(s)} & \dfrac{C(s)}{1+P(s)C(s)} \\ \dfrac{P(s)}{1+P(s)C(s)} & \dfrac{-P(s)C(s)}{1+P(s)C(s)} \end{bmatrix} = \frac{\begin{bmatrix} 2\alpha^2+\beta^2-2\alpha\sqrt{\alpha^2+\beta^2} & (s+\alpha)\left(2\alpha^2+\beta^2-2\alpha\sqrt{\alpha^2+\beta^2}\right)/\beta \\ \beta\left(s+2\sqrt{\alpha^2+\beta^2}-\alpha\beta\right) & -2\alpha^2-\beta^2+2\alpha\sqrt{\alpha^2+\beta^2} \end{bmatrix}}{s^2+2\sqrt{\alpha^2+\beta^2}s+\alpha^2+\beta^2}.$$

특히 $\alpha=0$ 그리고 $\beta=1$이면 즉 $P(s)$가 적분기이면 최적 제어기는

$$C(s) = \frac{1}{s+2}$$

이고, 성능지수의 최적값은 $J^*=2$ 이다. 이 경우에는 최적의 폐루프 전달함수가 다음과 같다.

$$\begin{bmatrix} \dfrac{P(s)C(s)}{1+P(s)C(s)} & \dfrac{C(s)}{1+P(s)C(s)} \\ \dfrac{P(s)}{1+P(s)C(s)} & \dfrac{-P(s)C(s)}{1+P(s)C(s)} \end{bmatrix} = \frac{\begin{bmatrix} 1 & s \\ s+2 & -1 \end{bmatrix}}{s^2+2s+1}.$$

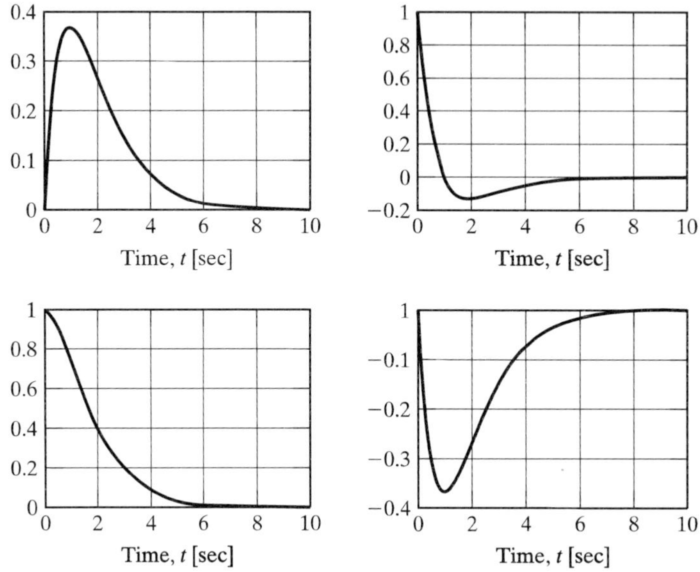

그림 9.2 예제 9.2의 폐루프 전달함수에 대한 임펄스 응답.

폐루프 전달함수의 임펄스 응답이 그림 9.2에 도시되어 있다. 여기에서 임펄스 응답 그래프의 위치는 각각 위의 2×2 행렬안의 해당 전달함수의 위치와 같다.

예제 9.3

다음과 같은 플랜트를 생각하자.

$$P(s)=\frac{1}{s^2}.$$

J가 최소화되도록 $C(s)$를 설계하고 J의 최적값을 구하라.

다항식

$$a(-s)a(s)+b(-s)b(s)=s^4+1.$$

은 다음과 같은 근을 가진다.

$$s=\pm\frac{\sqrt{2}}{2}\pm j\frac{\sqrt{2}}{2}.$$

따라서 s^4+1의 스펙트럼 인자는 다음과 같다.

$$d(s) = \left(s + \frac{\sqrt{2}}{2} + j\frac{\sqrt{2}}{2}\right)\left(s + \frac{\sqrt{2}}{2} - j\frac{\sqrt{2}}{2}\right) = s^2 + \sqrt{2}s + 1.$$

다음과 같은 제어기 $C(s)$를 생각하고

$$C(s) = \frac{q_1 s + q_2}{p_0 s^2 + p_1 s + p_2}.$$

아래 식을 만족하면

$$s^2(p_0 s^2 + p_1 s + p_2) + q_1 s + q_2 = d(s)^2 = s^4 + 2\sqrt{2}s^3 + 4s^2 + 2\sqrt{2}s + 1.$$

$C(s)$의 모든 계수들은 다음과 같다.

$$p_0 = 1, \quad p_1 = 2\sqrt{2}, \quad p_2 = 4, \quad q_1 = 2\sqrt{2}, \quad q_2 = 1.$$

따라서 최적 제어기 $C(s)$는 아래와 같이 쓸 수 있다.

$$C(s) = \frac{2\sqrt{2}s + 1}{s^2 + 2\sqrt{2}s + 4}.$$

성능지수 J의 최적값은 다음과 같다.

$$J^* = \left\|\frac{\sqrt{2}s + 1}{s^2 + \sqrt{2}s + 1}\right\|_2^2 + \left\|\frac{1}{s^2 + \sqrt{2}s + 1}\right\|_2^2 + \left\|\frac{-\sqrt{2}s - 3}{s^2 + \sqrt{2}s + 1}\right\|_2^2 + \left\|\frac{2\sqrt{2}s + 1}{s^2 + \sqrt{2}s + 1}\right\|_2^2.$$

4.9절의 공식을 사용하면 J의 최적값은 다음과 같이 계산된다.

$$J^* = 6\sqrt{2}.$$

폐루프 전달함수는 다음과 같다.

$$\begin{bmatrix} \frac{P(s)C(s)}{1 + P(s)C(s)} & \frac{C(s)}{1 + P(s)C(s)} \\ \frac{P(s)}{1 + P(s)C(s)} & \frac{-P(s)C(s)}{1 + P(s)C(s)} \end{bmatrix} = \frac{\begin{bmatrix} 2\sqrt{2}s + 1 & 2\sqrt{2}s^3 + s^2 \\ s^2 + 2\sqrt{2}s + 4 & -2\sqrt{2}s - 1 \end{bmatrix}}{s^4 + 2\sqrt{2}s^3 + 4s^2 + 2\sqrt{2}s + 1}.$$

폐루프 전달함수의 임펄스 응답이 그림 9.3에 도시되어 있다.

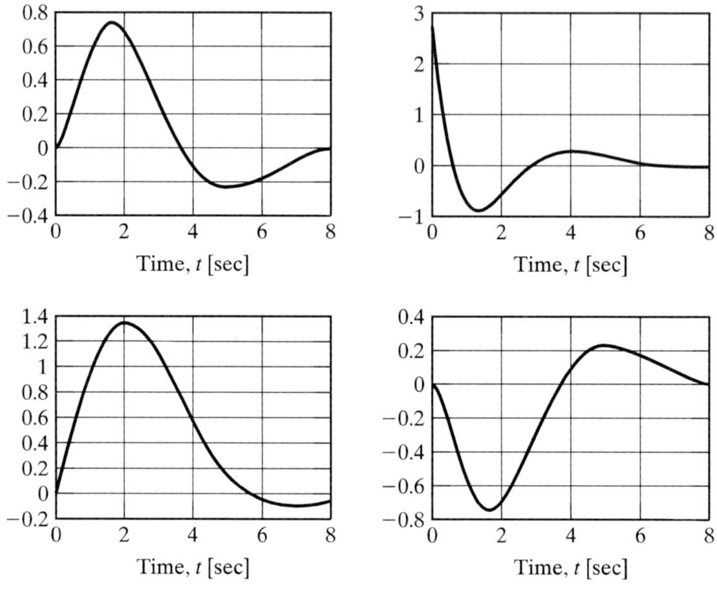

그림 9.3 예제 9.3의 폐루프 전달함수에 대한 임펄스 응답.

9.2 가중 최적 과도응답을 갖는 제어기

9.1 절에서는 최적의 과도응답을 갖는 안정화 제어기를 설계하는 방법에 대해 다루었다. 이 절에서는 이 방법을 조금 더 확장할 것이다.

다시 그림 9.1 을 보자. 다음의 성능 지수에 의해 폐루프 시스템의 성능을 측정한다.

$$J_{\rho,\mu} = \left(\|y_1(t)\|_2^2 + \rho^2\|y_2(t)\|_2^2\right)\Big|_{\substack{w_1(t)=\mu\delta(t)\\ w_2(t)=0}} + \left(\|y_1(t)\|_2^2 + \rho^2\|y_2(t)\|_2^2\right)\Big|_{\substack{w_1(t)=0\\ w_2(t)=\delta(t)}}.$$

여기서 ρ는 양수로 $y_1(t)$와 $y_2(t)$에 대한 상대적인 가중치를 나타내고, μ는 역시 양수로 $w_1(t)$과 $w_2(t)$에 대한 상대적인 가중치를 나타낸다. 작은 ρ는 $y_1(t)$에 더 많은 가중치를 둔다. 반대로 큰 ρ는 $y_2(t)$에 더 많은 가중치를 둔다. 시간 $t>0$에 대해서, $-y_1(t)$는 플랜트의 입력이고, $y_2(t)$는 플랜트의 출력인 것을 상기하자. ρ가 0에 가까이 가면, 플랜트의 출력에 거의 가중치를 두지 않는다. 이런 경우를 최소 에너지 안정화라고 한다. 즉 최소의 입력 에너지를 사용하여 안정화를 확보하기만 하면 되는 것이다. 반대로 ρ가 ∞로 가면, 플랜트의 입력에 거의 가중치를 두지 않는다. 이런 경우를 저가 에너지 안정화라고 한다. 즉 입력 에너지가 저렴하여, 안정화를 이루는데 얼마나 입력을 사용했는가가 중요하지 않다는 말이다. 유사하게, 작은 μ는 플랜트의 출력에 심각한 잡음, 즉 큰 측정 잡음이 예상된다는 것을 의미한다. 그리고 큰 μ는 플랜트의 입력에 강한 잡음, 즉 큰 프로세스 잡음이 예상된다는 것을 의미한다.

이 경우에

$$(\|y_1(t)\|_2^2 + \rho^2\|y_2(t)\|_2^2)\big|_{\substack{w_1(t)=\mu\delta(t)\\ w_2(t)=0}} = \left\|\frac{P(s)C(s)\mu}{1+P(s)C(s)}\right\|_2^2 + \left\|\frac{\rho P(s)\mu}{1+P(s)C(s)}\right\|_2^2$$

그리고

$$(\|y_1(t)\|_2^2 + \rho^2\|y_2(t)\|_2^2)\big|_{\substack{w_1(t)=0\\ w_2(t)=\delta(t)}} = \left\|\frac{C(s)}{1+P(s)C(s)}\right\|_2^2 + \left\|\frac{-\rho P(s)C(s)}{1+P(s)C(s)}\right\|_2^2.$$

따라서, $J_{\rho,\mu}$를 다음과 같이 표현할 수도 있다.

$$J_{\rho,\mu} = \left\|\frac{P(s)C(s)\mu}{1+P(s)C(s)}\right\|_2^2 + \left\|\frac{\rho P(s)\mu}{1+P(s)C(s)}\right\|_2^2 + \left\|\frac{C(s)}{1+P(s)C(s)}\right\|_2^2 + \left\|\frac{-\rho P(s)C(s)}{1+P(s)C(s)}\right\|_2^2. \quad (9.4)$$

바로 전 장에 소개되어진 행렬 전달함수의 2-놈을 사용하면 다음과 같이 쓸 수 있다.

$$J_{\rho,\mu} = \left\|\begin{bmatrix} \dfrac{P(s)C(s)\mu}{1+P(s)C(s)} & \dfrac{C(s)}{1+P(s)C(s)} \\ \dfrac{\rho P(s)\mu}{1+P(s)C(s)} & \dfrac{-\rho P(s)C(s)}{1+P(s)C(s)} \end{bmatrix}\right\|^2. \quad (9.5)$$

$\rho = \mu = 1$일 때 $J_{\rho,\mu}$ 는 9.1절에서 사용된 J와 같아진다. 특히 $J_{\rho,\mu} = J_{\mu,\rho}$ 도 성립한다.

문제는 결국 주어진 완전 진유리 플랜트 $P(s) = \dfrac{b(s)}{a(s)}$에 대하여 $J_{\rho,\mu}$가 최소화되도록 안정화 제어기를 설계하는 것이다. 이 설계과정의 유도는 9.4 절에 나와 있으며, 결과만 정리하면 아래와 같다.

알고리즘 9.4 가중 최적 과도 성능을 위한 설계

과정 1: 다음을 만족하는 안정한 다항식 $d_\rho(s)$를 구하라.

$$a(-s)a(s) + \rho^2 b(-s)b(s) = d_\rho(-s)d_\rho(s).$$

과정 2: 다음을 만족하는 안정한 다항식 $d_\mu(s)$를 구하라.

$$a(-s)a(s) + \mu^2 b(-s)b(s) = d_\mu(-s)d_\mu(s).$$

과정 3: 다음을 만족하는 고유한 n차 완전 진유리 전달함수 $C(s) = \dfrac{q(s)}{p(s)}$를 구한다.

$$a(s)p(s) + b(s)q(s) = d_\rho(s)d_\mu(s).$$

이 극배치 제어기가 곧 최적 제어기가 된다.

과정 4: 최적 성능지수는 다음과 같이 주어진다.

$$J^*_{\rho,\mu} = \mu^2 \left\| \frac{d_\rho(s) - a(s)}{d_\rho(s)} \right\|_2^2 + \rho^2\mu^2 \left\| \frac{b(s)}{d_\rho(s)} \right\|_2^2 + \mu^2 \left\| \frac{d_\mu(s) - p(s)}{d_\mu(s)} \right\|_2^2 + \left\| \frac{q(s)}{d_\mu(s)} \right\|_2^2.$$

폐루프 시스템의 극점은 $d_\rho(s)$와 $d_\mu(s)$의 근으로 구성된다. $\rho \to 0$이면 즉, 저가 에너지 안정화 경우에는

$$d_\rho(-s)d_\rho(s) \to a(-s)a(s).$$

이다. $d_\rho(s)$가 안정하면, $d_\rho(s)$의 근은 $a(s)$의 불안정한 근들을 허수축에 대하여 대칭이동 시킨 값들과 원래의 안정한 근들의 근처에 위치한다. 이것은 안정화에서 입력 에너지를 최소화하고자 한다면 플랜트의 안정한 근들은 옮기지 말아야 한다는 것을 보여주는데, 나름 의미가 있다. 시스템의 불안정한 극점들을 허수축에 대하여 대칭 이동 시키는데, 우리가 예상하는 것처럼 허수축을 가로질러 그냥 움직여서는 안 된다.

$\rho \to \infty$이면, 즉 저가 제어 경우에 $d_\rho(-s)d_\rho(s)$의 $\rho^2 b(-s)b(s)$항이 우월해진다. 이것은 $d_\rho(-s)d_\rho(s)$의 근들이 $\rho \to \infty$임에 따라 $b(-s)b(s)$의 근들에 가까이 간다는 것을 보여준다. 그러므로, $\rho \to \infty$이면 $d_\rho(s)$의 근들이 플랜트의 최소위상 영점과 허수

축에 대하여 비최소위상 영점의 대칭점으로 가까이 간다. 플랜트의 상대 차수가 r 이라고 가정하면, $d_\rho(-s)d_\rho(s)$의 $2r$개 근은 ∞로 발산 할 것이다. 충분히 큰 s에 대해서 다항식 $d_\rho(-s)d_\rho(s)$가

$$(-1)^n a_0^2 s^{2n} + \rho^2(-1)^{n-r} b_r^2 s^{2(n-r)}.$$

으로 근사화 할 수 있다. 그러므로 큰 근들은 아래와 같이 근사화 할 수 있다.

$$s^{2r} = (-1)^{r+1}\frac{b_r^2}{a_0^2}\rho^2.$$

이것은 $d_\rho(-s)d_\rho(s)$의 근 중 $2r$개의 큰 근들이 반경 $(\frac{b_r^2}{a_0^2}\rho^2)^{\frac{1}{2r}}$의 원안에 위치한다. 그 근들의 위상각은 $(-1)^{(r+1)/2r}$의 위상각들과 같다. 이런 패턴을 Butterworth 구성이라 한다. r개의 큰 페루프 극점, 즉 $d_\rho(s)$의 큰 극점들은 복소평면의 좌반면에 Butterworth 구성을 따라 무한대로 간다. 그림 9.4에서 복소평면의 좌반면에 그려진 Butterworth 구성을 볼 수 있다.

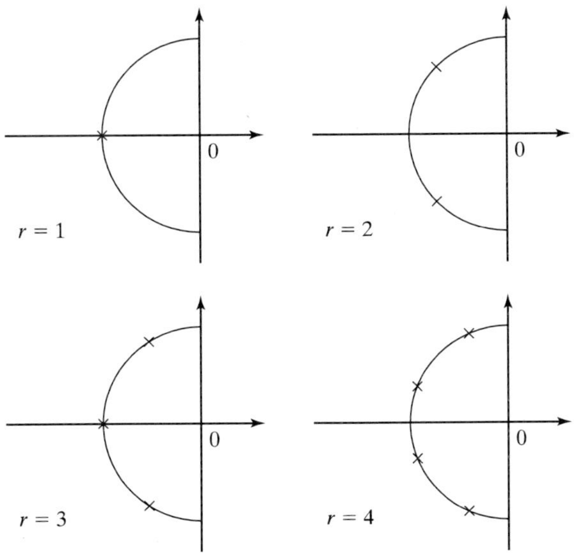

그림 9.4 버터워스(Butterworth) 구성

ρ가 0과 ∞의 중간사이에 값을 가질 때는 $a(-s)a(s)+\rho^2 b(-s)b(s)$의 근들은 대칭 근궤적을 통해서 찾을 수 있다. $P(s)$가 다음과 같이 주어진다면,

$$P(s) = \frac{b(s)}{a(s)} = K\frac{(s-z_1)(s-z_2)\cdots(s-z_{n-r})}{(s-p_1)(s-p_2)\cdots(s-p_n)}.$$

$a(-s)a(s)+\rho^2 b(-s)b(s)$의 근들은

$$1+(-1)^r\rho^2K^2\frac{(s-z_1)\cdots(s-z_{n-r})(s+z_1)\cdots(s+z_{n-r})}{(s-p_1)\cdots(s-p_n)(s+p_1)\cdots(s+p_n)} = 0.$$

의 해이다. 그러므로 만약에 $P(s)$의 극점과 영점의 분포를 알고 있다면, 허수축에 대해서 대칭이동시켜 $P(-s)P(s)$의 완전한 대칭적 극점과 영점을 얻고 이 극점과 영점들에 대한 완전한 근궤적을 그리면 된다. $P(-s)P(s)$의 극점과 영점이 허수축에 대하여 대칭이기 때문에 이런 완전한 근궤적 또한 허수축에 대하여 대칭이다. 따라서 이런 근궤적을 대칭 근궤적이라 한다. 대칭 근궤적에서 복소평면의 좌반면에 그려진 부분에 $d_\rho(s)$의 근들이 위치해 있을 것이다.

위와 동일한 이야기들을 $d_\mu(s)$의 근 위치에 대해서도 할 수 있다.

예제 9.5

다음과 같은 플랜트를 생각하자.

$$P(s) = \frac{1}{s^2}.$$

다음을 최소화하는 제어기 $C(s)$를 설계하라.

$$J_{\rho,\mu} = (\|y_1(t)\|_2^2+\rho^2\|y_2(t)\|_2^2)\big|_{\substack{w_1(t)=\mu\delta(t)\\ w_2(t)=0}} + (\|y_1(t)\|_2^2+\rho^2\|y_2(t)\|_2^2)\big|_{\substack{w_1(t)=0\\ w_2(t)=\delta(t)}}$$

다항식

$$a(-s)a(s)+\rho^2 b(-s)b(s) = s^4+\rho^2.$$

은 다음과 같은 근을 가진다.

$$s = \pm\frac{\sqrt{2\rho}}{2}\pm j\frac{\sqrt{2\rho}}{2}.$$

따라서 $s^4+\rho^2$의 스펙트럼 인자는 다음과 같다.

$$d_\rho(s) = \left(s + \frac{\sqrt{2\rho}}{2} + j\frac{\sqrt{2\rho}}{2}\right)\left(s + \frac{\sqrt{2\rho}}{2} - j\frac{\sqrt{2\rho}}{2}\right) = s^2 + \sqrt{2\rho}s + \rho.$$

같은 방법으로 $s^4 + \mu^2$의 스펙트럼 인자는 다음과 같다.

$$d_\mu(s) = s^2 + \sqrt{2\mu}s + \mu.$$

다음과 같은 제어기를 생각하고

$$C(s) = \frac{q_1 s + q_2}{p_0 s^2 + p_1 s + p_2}.$$

아래 식을 만족하면

$$\begin{aligned} & s^2(p_0 s^2 + p_1 s + p_2) + q_1 s + q_2 \\ & \quad = d_\rho(s) d_\mu(s) \\ & \quad = s^4 + (\sqrt{2\rho} + \sqrt{2\mu})s^3 + (\rho + \mu + 2\sqrt{\rho\mu})s^2 + (\mu\sqrt{2\rho} + \rho\sqrt{2\mu})s + \rho\mu. \end{aligned}$$

$C(s)$의 모든 계수들은 다음과 같다.

$$\begin{aligned} & p_0 = 1, \quad p_1 = \sqrt{2}(\sqrt{\rho} + \sqrt{\mu}), \quad p_2 = (\sqrt{\rho} + \sqrt{\mu})^2, \\ & q_1 = \sqrt{2\rho\mu}(\sqrt{\rho} + \sqrt{\mu}), \quad q_2 = \rho\mu. \end{aligned}$$

따라서 최적 제어기 $C(s)$는 아래와 같이 쓸 수 있다.

$$C(s) = \frac{\sqrt{2\rho\mu}(\sqrt{\rho} + \sqrt{\mu})s + \rho\mu}{s^2 + \sqrt{2}(\sqrt{\rho} + \sqrt{\mu})s + (\sqrt{\rho} + \sqrt{\mu})^2}.$$

성능지수의 최적값은 다음과 같다.

$$\begin{aligned} J^*_{\rho,\mu} = \mu^2 & \left\| \frac{\sqrt{2\rho}s + \rho}{s^2 + \sqrt{2\rho}s + \rho} \right\|_2^2 + \rho^2\mu^2 \left\| \frac{1}{s^2 + \sqrt{2\rho}s + \rho} \right\|_2^2 \\ & + \mu^2 \left\| -\frac{\sqrt{2\rho}s + \rho + 2\sqrt{\rho\mu}}{s^2 + \sqrt{2\mu}s + \mu} \right\|_2^2 + \left\| \frac{\sqrt{2\rho\mu}(\sqrt{\rho} + \sqrt{\mu})s + \rho\mu}{s^2 + \sqrt{2\mu}s + \mu} \right\|_2^2. \end{aligned}$$

더 정리하면 다음과 같이 쓸 수 있다.

$$J^*_{\rho,\mu} = \sqrt{2}[\mu^2\sqrt{\rho} + \rho^2\sqrt{\mu} + 2\rho\mu(\sqrt{\mu} + \sqrt{\rho})].$$

$1/s^2$의 대칭 근궤적은 실선과 점선으로 그림 9.5에 그려져 있다. 복소평면의 좌반면 부분은 실선으로 되어있다. $d_\rho(s)$의 근들은 대칭 근궤적의 안정한 영역에 위치한다.

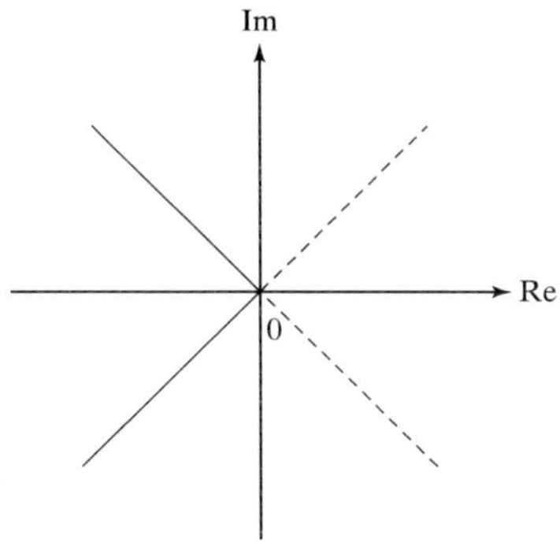

그림 9.5 $\frac{1}{s^2}$의 대칭근궤적

폐루프 전달함수는 다음과 같다.

$$\begin{bmatrix} \frac{P(s)C(s)}{1+P(s)C(s)} & \frac{C(s)}{1+P(s)C(s)} \\ \frac{P(s)}{1+P(s)C(s)} & \frac{-P(s)C(s)}{1+P(s)C(s)} \end{bmatrix}$$

$$= \frac{\begin{bmatrix} \sqrt{2\rho\mu}(\sqrt{\rho}+\sqrt{\mu})s+\rho\mu & \sqrt{2\rho\mu}(\sqrt{\rho}+\sqrt{\mu})s^3+\rho\mu s^2 \\ s^2+\sqrt{2}(\sqrt{\rho}+\sqrt{\mu})s+(\sqrt{\rho}+\sqrt{\mu})^2 & -\sqrt{2\rho\mu}(\sqrt{\rho}+\sqrt{\mu})s-\rho\mu \end{bmatrix}}{s^4+\sqrt{2}(\sqrt{\rho}+\sqrt{\mu})s^3+(\sqrt{\rho}+\sqrt{\mu})^2 s^2+\sqrt{2\rho\mu}(\sqrt{\rho}+\sqrt{\mu})s+\rho\mu}.$$

폐루프 전달함수의 임펄스 응답이 그림 9.6에 도시되어 있다. 실선은 $\rho=0.1, \mu=10$, 점선은 $\rho=\mu=10$, 실점선은 $\rho=\mu=0.1$인 경우에 해당된다.

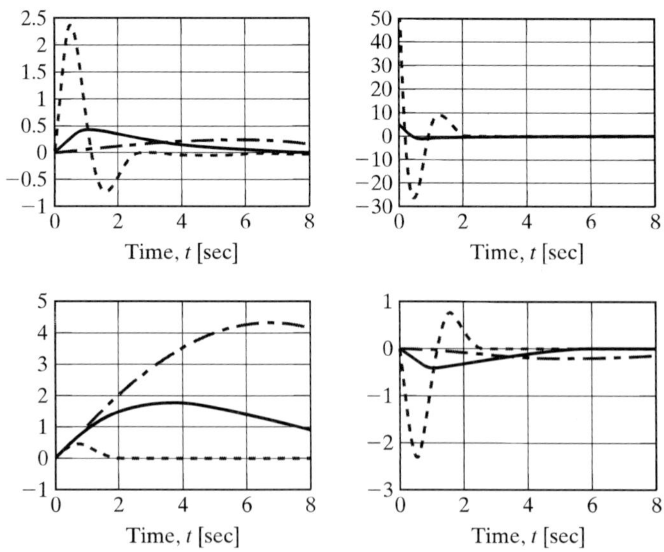

그림 9.6 예제 9.5의 폐루프 전달함수에 대한 임펄스 응답.

9.3 최소 에너지 안정화

가중 최적과도 성능지수를 최적화하는 안정화 제어기의 설계시, 가중치 ρ와 μ는 여러 신호에 대한 균형을 맞추기 위해 적당히 선택되어야 한다. 극단적인 ρ와 μ로는 균형이 맞지 않는 설계, 즉 어떤 신호는 매우 작고, 또 어떤 신호는 과도하게 크게 되는 경우가 발생할 것이다. 그러나 과도한 ρ와 μ에 의해 설계된 몇 가지 폐루프 시스템의 정량적인 수치는 이론적으로 매우 흥미롭고, 안정화에 대한 성능 한계를 제시하고 있다. 예를 들면, 폐루프 시스템의 $w_1(t)$에 단위 임펄스 응답을 가할 때 시스템을 안정화 시키는데 필요한 최소한 입력 에너지를 아는 것이 종종 중요할 때가 있다. 여기에서는 제어 입력이라 함은 제어기의 출력 $y_1(t)$을 의미한다. 그러므로 다음과 같은 수치를 정의하면

$$E^* = \inf_{C(s)\in\mathcal{S}(P)} \|y_1(t)\|_2^2 \Big|_{\substack{w_1(t)=\delta(t)\\ w_2(t)=0}}.$$

유용하다. 보통 $P(s)$가 안정하면, $C(s)=0$이고, 따라서 $y_1(t)=0$이 되며, 결국 $E^*=0$이다. 성능에 대한 다른 요구사항이 없으면 안정한 시스템을 안정화하기 위한 제어입력은 필요없게 될 것이라는 우리의 직관과 일치한다. 일반적인 불안정한 시스템에 대해서, 다음과 같은 관계식을 얻는다.

$$E^* = \lim_{\substack{\rho\to 0\\ \mu\to\infty}} \frac{1}{\mu^2} J^*_{\rho,\mu}.$$

이 관계식을 전달함수 관점에서 볼 수 있다. w_1에서 y_1로의 전달함수는

$$T(s) = \frac{P(s)C(s)}{1+P(s)C(s)}.$$

이며, 따라서 (9.4)를 사용하면 다음을 얻는다.

$$E^* = \inf_{C(s)\in\mathcal{S}(P)} \left\| \frac{P(s)C(s)}{1+P(s)C(s)} \right\|_2^2 = \lim_{\substack{\rho\to 0\\ \mu\to\infty}} \frac{1}{\mu^2} J^*_{\rho,\mu}.$$

$P(s)=\dfrac{b(s)}{a(s)}$가 최소위상이고, 즉 $b(s)$가 실수부분이 양인 근을 갖지 않고, $P(s)$

가 실수부분이 양인 m개의 극점, $p_1, p_2, \cdots, p_m$을 갖는다고 가정하자. 이 경우에 E^*는 매우 간단하게 다음과 같이 쓸 수 있다.

$$E^* = 2\sum_{i=1}^{m} p_i. \tag{9.6}$$

그러므로 불안정한 시스템을 안정화할 때 필요한 최소의 에너지는 완전 불안정한 극점들의 합에 의존한다. 불안정한 극점들이 허수축에서 멀리 떨어져 있으면, 시스템을 안정화시키기 위해서 많은 제어 입력이 필요할 것이다. 그렇다면, 허수축에 놓여 있는 임계 극점은 왜 E^*에 영향을 주지 않을까? 이것은 임계 불안정한 시스템을 안정화하기 위해 제어입력이 필요없다는 것을 의미하는가? 그렇지는 않다. 임계 불안정한 시스템을 안정화하기 위해 제어입력이 필요하지만 그 양을 임의적으로 작게 할 수 있다는 말이다.

만약에 플랜트가 비최소위상이라면, 가장 작은 제어량은 일반적으로 (9.6)에 주어진 것보다 더 커야 하고, 복소평면상의 우반면에 있는 극점과 영점과도 복잡한 연관성을 가질 것이다. 다음의 예제들이 독자들의 더 깊은 이해를 도울 것이다.

예제 9.6

다음과 같은 플랜트를 생각하자.

$$P(s) = \frac{s-1-\epsilon}{(s+1+\epsilon)(s-1)}.$$

지금부터 다음을 계산해보도록 하자.

$$E^* = \lim_{\substack{\rho\to 0\\ \mu\to\infty}} \frac{1}{\mu^2} J^*_{\rho,\mu}.$$

우선 9.2.절의 알고리즘을 사용하여 $J^*_{\rho,\mu}$를 계산해보자. 스펙트럼 분해

$$\begin{aligned} a(-s)a(s) + \rho^2 b(-s)b(s) &= (-s+1+\epsilon)(-s-1)(s+1+\epsilon)(s-1) + \rho^2(-s-1-\epsilon)(s-1-\epsilon) \\ &= d_\rho(-s)d_\rho(s) \end{aligned}$$

으로부터 다음과 같이 $d_\rho(s)$를 정할 수 있다. 같은 방법으로 스펙트럼 분해

$$\begin{aligned}
&a(-s)a(s)+\mu^2 b(-s)b(s)\\
&\quad=(-s+1+\epsilon)(-s-1)(s+1+\epsilon)(s-1)+\mu^2(-s-1-\epsilon)(s-1-\epsilon)\\
&\quad=d_\mu(-s)d_\mu(s)
\end{aligned}$$

를 통해서 다음과 같이 $d_\mu(s)$를 구할 수 있다.

$$d_\mu(s)=(s+1+\epsilon)\left(s+\sqrt{1+\mu^2}\right).$$

따라서 Diophantine 방정식은 다음과 같고,

$$a(s)p(s)+b(s)q(s)=(s+1+\epsilon)\left(s+\sqrt{1+\rho^2}\right)(s+1+\epsilon)\left(s+\sqrt{1+\mu^2}\right).$$

최종적인 E^*는 아래와 같이 계산된다.

$$E^*=\lim_{\substack{\rho\to 0\\ \mu\to\infty}} J^*_{\rho,\mu}=2+8\left(1+\frac{1}{\epsilon}\right).$$

작은 ϵ에 대해서 위의 E^*값은 $2\sum_{i=1}^{m}p_i$ (여기에서는 2) 보다 훨씬 크다는 것을 알 수 있다.

위 예제에서 최소의 제어량 E^*는 불안정한 극점들에 대한 총합의 두 배보다 크다. 비최소위상 영점들이 불안정한 극점에 가까이가면, 최소의 제어량 E^*는 무한대로 발산할 것이다. 이 내용은 실수부분이 양인 극점과 영점을 동시에 가지는 일반적인 시스템의 경우에 적용된다. 이것은 비최소위상 불안정한 시스템, 특히 불안정한 극점에 가까이 있는 비최소위상 영점을 가지는 시스템은 제어하기가 어렵다는 것을 의미한다. 만약에 제어기 설계자가 하드웨어를 설계할 때, 특히 실제 물리적인 시스템을 제어하기 위해 필요한 센서와 구동기 등의 위치를 선정할 때 관여를 할 수 있다면, 보다 용이한 제어를 위하여 가능한 최소위상 시스템이 되도록 해야 한다.

9.4 최적 제어기의 유도 *

9.1절의 가중치를 두지 않는 최적 제어 문제는 9.2의 가중 최적 제어 문제의 한 경우이기 때문에 가중 최적 제어를 유도하면 가중치를 두지 않는 결과를 자동으로 얻을 수 있다.

유도에서는 몇 가지 수학적인 도구를 필요로 한다. 우선, 2-놈에 대한 정의를 불안정한 시스템의 경우까지 확장할 필요가 있다. 안정성에 상관없이 시스템 $G(s)$에 대해서 다음을 정의하자.

$$\|G(s)\|_2 = \left[\frac{1}{2\pi}\int_{-\infty}^{\infty}|G(j\omega)|^2 d\omega\right]^{1/2}.$$

보조 정리 9.7.

1. $\|G(s)\|_2 = \|G(-s)\|_2$
2. $G(s)$가 안정한 $G_1(s)$와 안정한 $G_2(-s)$로 $G(s) = G_1(s) + G_2(s)$와 같이 분해될 때 다음이 성립한다.

$$\|G(s)\|_2^2 = \|G_1(s)\|_2^2 + \|G_2(s)\|_2^2.$$

두 번째로 표기를 좀 더 편하게 하기 위해서, 행렬 전달 함수의 2-놈을 필요로 할 것이다. 이런 표기는 최적 제어기와 최적 성능 지수를 계산하는 데는 아니고, 오직 유도 과정에서만 필요할 것이다. 행렬 전달함수 $G(s)$가 다음과 같을 때

$$\boldsymbol{G}(s) = \begin{bmatrix} G_{11}(s) & \cdots & G_{1n}(s) \\ \vdots & & \vdots \\ G_{m1}(s) & \cdots & G_{mn}(s) \end{bmatrix}.$$

모든 원소의 2-놈들에 대한 제곱들의 합을 구하고, 그 제곱근을 $G(s)$의 2-놈으로 정의한다. 즉,

$$\|\boldsymbol{G}(s)\|_2 = \left(\sum_{i=1,j=1}^{m,n}\|G_{ij}(s)\|_2^2\right)^{1/2}.$$

예제로 9.2절의 가중 과도성능지수를 다음과 같이 표현할 수 있다.

$$J_{\rho,\mu} = \left\|\begin{bmatrix} \dfrac{P(s)C(s)\mu}{1+P(s)C(s)} & \dfrac{C(s)}{1+P(s)C(s)} \\ \dfrac{\rho P(s)\mu}{1+P(s)C(s)} & \dfrac{-\rho P(s)C(s)}{1+P(s)C(s)} \end{bmatrix}\right\|_2^2.$$

셋째로 다음과 같은 기술적인 보조정리가 요구된다.

보조 정리 9.8.

$U(s)$와 $V(s)$는 각각 $U^T(-s)U(s)=I$와 $V^T(-s)V(s)=I$ 를 만족하는 행렬 전달함수라고 하자. 그러면 다음이 만족된다.

$$\|\boldsymbol{U}(s)\boldsymbol{G}(s)\boldsymbol{V}(s)\|_2=\|\boldsymbol{G}(s)\|_2.$$

이제까지의 결과들을 사용하여 과도성능에 대한 최적 제어기를 유도하자. 설계 절차에 의해 얻어진 제어기 $C(s)=\dfrac{q(s)}{p(s)}$는 폐루프 시스템이 안정한 특성다항식 $c(s)=d_\rho(s)d_\mu(s)$을 갖도록 설계되어진 극배치 제어기이므로 안정화 제어기이다. 다음과 같은 전달함수를 사용하면

$$M(s)=\frac{a(s)}{d_\rho(s)},\quad N(s)=\frac{b(s)}{d_\rho(s)},\quad X(s)=\frac{p(s)}{d_\mu(s)},\quad Y(s)=\frac{q(s)}{d_\mu(s)}.$$

다음과 같은 관계식을 얻는다.

$$M(s)X(s)+N(s)Y(s)=1 \tag{9.7}$$

그리고

$$M(-s)M(s)+\rho^2N(-s)N(s)=1. \tag{9.8}$$

3.7절에 있는 이론에 의하면, 모든 안정화 제어기들의 집합은 다음과 같이 주어진다.

$$S(P)=\left\{C(s)=\frac{Y(s)+M(s)Q(s)}{X(s)-N(s)Q(s)}:\ Q(s)\text{는 안정한다.}\right\} \tag{9.9}$$

지금부터 증명해야 할 부분은 $Q(s)=0$으로부터 최적 제어기를 얻을 수 있다는 것을 보이면 된다. 즉 최적 제어기는 다음과 같다.

$$C(s)=\frac{Y(s)}{X(s)}=\frac{q(s)}{p(s)}.$$

(3.18)로부터 위 형태의 제어기를 사용하면 다음과 같은 식을 얻는다.

$$\begin{bmatrix} \frac{P(s)C(s)\mu}{1+P(s)C(s)} & \frac{C(s)}{1+P(s)C(s)} \\ \frac{\rho P(s)\mu}{1+P(s)C(s)} & \frac{-\rho P(s)C(s)}{1+P(s)C(s)} \end{bmatrix} = \begin{bmatrix} N(s)Y(s)\mu & M(s)Y(s) \\ \rho N(s)X(s)\mu & -\rho N(s)Y(s) \end{bmatrix} + \begin{bmatrix} M(s) \\ -\rho N(s) \end{bmatrix} Q(s) \begin{bmatrix} N(s)\mu & M(s) \end{bmatrix}.$$

(9.7)을 사용하면 아래와 같은 식을 얻는다.

$$\begin{bmatrix} N(s)Y(s)\mu & M(s)Y(s) \\ \rho N(s)X(s)\mu & -\rho N(s)Y(s) \end{bmatrix} = \begin{bmatrix} \mu - M(s)\mu & 0 \\ \rho N(s)\mu & 0 \end{bmatrix} + \begin{bmatrix} M(s) \\ -\rho N(s) \end{bmatrix} \begin{bmatrix} \mu - X(s)\mu & Y(s) \end{bmatrix}.$$

$J_{\rho,\mu}$는 다음과 같이 표현할 수 있다.

$$J_{\rho,\mu} = \left\| \begin{bmatrix} \mu - M(s)\mu & 0 \\ \rho N(s)\mu & 0 \end{bmatrix} + \begin{bmatrix} M(s) \\ -\rho N(s) \end{bmatrix} \begin{bmatrix} \mu - X(s)\mu & Y(s) \end{bmatrix} + \begin{bmatrix} M(s) \\ -\rho N(s) \end{bmatrix} Q(s) \begin{bmatrix} N(s)\mu & M(s) \end{bmatrix} \right\|_2^2. \quad (9.10)$$

$U(s)$를 다음과 같이 정의하면

$$\boldsymbol{U}(s) = \begin{bmatrix} M(-s) & -N(-s)\rho \\ \rho N(s) & M(s) \end{bmatrix}.$$

(9.8)에 의해 다음 식이 얻어진다.

$$\boldsymbol{U}^T(-s)\boldsymbol{U}(s) = \begin{bmatrix} M(s) & N(-s)\rho \\ -\rho N(s) & M(-s) \end{bmatrix} \begin{bmatrix} M(-s) & -N(-s)\rho \\ \rho N(s) & M(s) \end{bmatrix} = \boldsymbol{I}.$$

따라서, 보조정리 9.8에 의해 (9.10)안의 행렬에 $U(s)$를 왼쪽에서 곱해주면 놈의 변화 없이 다음과 같이 쓸 수 있다.

$$
\begin{aligned}
J_{\rho,\mu} &= \left\| \begin{bmatrix} M(-s)\mu - \mu & 0 \\ \rho N(s)\mu & 0 \end{bmatrix} + \begin{bmatrix} 1 \\ 0 \end{bmatrix} \begin{bmatrix} \mu - X(s)\mu & Y(s) \end{bmatrix} \right. \\
&\qquad\qquad \left. + \begin{bmatrix} 1 \\ 0 \end{bmatrix} Q(s) \begin{bmatrix} N(s)\mu & M(s) \end{bmatrix} \right\|_2^2 \\
&= \|M(-s)\mu - \mu + \mu - X(s)\mu + Q(s)N(s)\mu\|_2^2 \\
&\qquad\qquad + \|\rho N(s)\mu\|_2^2 + \|Y(s) + Q(s)M(s)\|_2^2 \\
&= \|M(-s)\mu - \mu\|_2^2 + \|\rho N(s)\mu\|_2^2 \\
&\qquad \|\mu - X(s)\mu + Q(s)N(s)\mu\|_2^2 + \|Y(s) + Q(s)M(s)\|_2^2 \\
&= \mu^2\|M(s) - 1\|_2^2 + \rho^2\mu^2\|N(s)\|_2^2 \\
&\qquad + \| \begin{bmatrix} \mu - X(s)\mu & Y(s) \end{bmatrix} + Q(s)\begin{bmatrix} N(s)\mu & M(s) \end{bmatrix} \|_2^2. \qquad (9.11)
\end{aligned}
$$

위의 마지막 등식은 보조 정리 9.7에 의해 얻어진다. 다음과 같은 전달함수를 정의하면

$$
\tilde{M}(s) = \frac{a(s)}{d_\mu(s)}, \quad \tilde{N}(s) = \frac{b(s)}{d_\mu(s)}, \quad \tilde{X}(s) = \frac{p(s)}{d_\rho(s)}, \quad \tilde{Y}(s) = \frac{q(s)}{d_\rho(s)}.
$$

다음의 관계식이 얻어진다.

$$
\begin{aligned}
\tilde{M}(s)\tilde{X}(s) + \tilde{N}(s)\tilde{Y}(s) &= 1 \\
\tilde{M}(-s)\tilde{M}(s) + \mu^2\tilde{N}(-s)\tilde{N}(s) &= 1 \\
\tilde{M}(-s)M(s) + \mu^2\tilde{N}(-s)\tilde{N}(s) &= \frac{d_\mu(s)}{d_\rho(s)}.
\end{aligned}
$$

또한 $V(s)$를 다음과 같이 정의하면

$$
\boldsymbol{V}(s) = \begin{bmatrix} \mu\tilde{N}(-s) & \tilde{M}(s) \\ \tilde{M}(-s) & -\tilde{N}(s)\mu \end{bmatrix}.
$$

다음의 식이 성립한다.

$$
\boldsymbol{V}(s)\boldsymbol{V}^T(-s) = \begin{bmatrix} \mu\tilde{N}(-s) & \tilde{M}(s) \\ \tilde{M}(-s) & -\tilde{N}(s)\mu \end{bmatrix} \begin{bmatrix} \tilde{N}(s)\mu & \tilde{M}(s) \\ \tilde{M}(-s) & -\mu\tilde{N}(-s) \end{bmatrix} = \boldsymbol{I}.
$$

그러므로 다시 보조 정리 9.8에 의해, (9.11)의 세 번째 항의 행렬에 $V(s)$를 오른쪽에서 곱해주면 놈의 변화 없이 다음과 같이 쓸 수 있다.

$$\begin{aligned}
&\| [\ \mu - X(s)\mu \quad Y(s)\ ] + Q(s) [\ N(s)\mu \quad M(s)\ ] \|_2^2 \\
&\qquad = \| [\ W_1(s) \quad \mu W_2(s)\ ] + Q(s) [\ D(s) \quad 0\ ] \|_2^2 \\
&\qquad = \|W_1(s) + Q(s)D(s)\|_2^2 + \mu^2 \|W_2(s)\|_2^2
\end{aligned}$$

여기에서 $W_1(s), W_2(s), D(s)$는 다음과 같이 주어진다.

$$\begin{aligned}
W_1(s) &= \mu^2 \tilde{N}(-s) - \mu^2 X(s)\tilde{N}(-s) + Y(s)\tilde{M}(-s) \\
W_2(s) &= \tilde{M}(s) - X(s)\tilde{M}(s) - Y(s)\tilde{N}(s) \\
D(s) &= \frac{d_\mu(s)}{d_\rho(s)}.
\end{aligned} \tag{9.12}$$

다음과 같은 전달함수를 생각하자.

$$\mu^2 X(s)\tilde{N}(-s) - Y(s)\tilde{M}(-s) = \frac{\mu^2 p(s)b(-s) - q(s)a(-s)}{d_\mu(s)d_\mu(-s)}.$$

$a(s)$와 $b(s)$가 서로소이기 때문에 다음을 만족하는 다항식 $f(s)$와 $g(s)$가 존재한다.

$$f(s)a(s) + g(s)b(s) = 1.$$

따라서 다음과 같은 식이 성립한다.

$$\begin{aligned}
&a(s)[\mu^2 p(s)b(-s) - q(s)a(-s)] \\
&\quad = \mu^2 [d_\rho(s)d_\mu(s) - q(s)b(s)]b(-s) - q(s)[d_\mu(-s)d_\mu(s) - \mu^2 b(-s)b(s)] \\
&\quad = \mu^2 [d_\rho(s)b(-s) - q(s)d_\mu(-s)]d_\mu(s)
\end{aligned} \tag{9.13}$$

그리고

$$\begin{aligned}
&b(s)[\mu^2 p(s)b(-s) - q(s)a(-s)] \\
&\quad = p(s)[d_\mu(-s)d_\mu(s) - a(-s)a(s)] - [d_\rho(s)d_\mu(s) - a(s)p(s)]a(-s) \\
&\quad = [p(s)d_\mu(-s) - d_\rho(s)a(-s)]d_\mu(s).
\end{aligned} \tag{9.14}$$

(9.13)에 $f(s)$를 곱하고, (9.14)에 $g(s)$를 곱한 다음 두 식을 더하면, 다음과 같이 쓸 수 있다.

$$\begin{aligned}
&\mu^2 p(s)b(-s) - q(s)a(-s) \\
&\quad = f(s)[b(-s)d_\rho(s) - q(s)d_\mu(-s)]d_\mu(s) + g(s)[p(s)d_\mu(-s) - a(-s)d_\rho(s)]d_\mu(s).
\end{aligned}$$

그러므로 아래와 같이 표현할 수 있다.

$$\mu^2 X(s)\tilde{N}(-s) - Y(s)\tilde{M}(-s) \\ = \frac{f(s)[b(-s)d_\rho(s) - q(s)d_\mu(-s)] + g(s)[p(s)d_\mu(-s) - a(-s)d_\rho(s)]}{d_\mu(-s)}$$

위 식의 분모는 명확히 불안정한 근을 갖는다. 그러므로 (9.12)에 정의된 것처럼 $W_1(s)$는 불안정하다. 보조 정리 (9.7)에 의해 다음과 같고

$$\|W_1(s) + Q(s)D(s)\|_2^2 = \|W_1(s)\|_2^2 + \|Q(s)D(s)\|_2^2.$$

위의 결과들을 모두 종합하면, 아래와 같이 쓸 수 있다.

$$J_{\rho,\mu} = \|M(-s)\mu - \mu\|_2^2 + \|\rho N(s)\mu\|_2^2 + \mu^2\|\tilde{M}(s) - X(s)\tilde{M}(s) - Y(s)\tilde{N}(s)\|_2^2 \\ + \|\tilde{N}(-s) - X(s)\tilde{N}(-s) + Y(s)\tilde{M}(-s)\|_2^2 + \|Q(s)D(s)\|_2^2. \quad (9.15)$$

명확히 $J_{\rho,\mu}$를 최소화하기 위해서는 $Q(s) = 0$ 이어야 한다.

$J_{\rho,\mu}$의 최적값은 $Q(s) = 0$를 대입하고 (9.10), (9.11), (9.15)로부터 계산될 수 있다. 그 중에서 (9.11)의 사용이 가장 편하고, $J_{\rho,\mu}$의 최적값은 다음과 같다.

$$J_{\rho,\mu}^* = \mu^2\|M(s) - 1\|_2^2 + \rho^2\mu^2\|N(s)\|_2^2 + \mu^2\|1 - X(s)\|_2^2 + \|Y(s)\|_2^2 \\ = \mu^2\left\|\frac{d_\rho(s) - a(s)}{d_\rho(s)}\right\|_2^2 + \rho^2\mu^2\left\|\frac{b(s)}{d_\rho(s)}\right\|_2^2 + \mu^2\left\|\frac{d_\mu(s) - p(s)}{d_\mu(s)}\right\|_2^2 + \left\|\frac{q(s)}{d_\mu(s)}\right\|_2^2.$$

9.5 최적의 강인 안정화

이 절의 목적은 주어진 플랜트 $P(s)$에 대한 안정화 제어기 $C(s)$를 8.6절에 정의된 피드백제어 시스템의 안정도 여유

$$b_{P,C} = \left[\max_{\omega\in\mathbb{R}} \sqrt{|S(j\omega)|^2 + |C(j\omega)S(j\omega)|^2 + |P(j\omega)S(j\omega)|^2 + |T(j\omega)|^2}\right]^{-1}$$

가 최대화가 되도록 설계하는 것이다. 여기에서 $S(s)$는 민감도 함수이고, $T(s)$는 폐루프 시스템의 보완 민감도 함수이다. $S(s)$와 $T(s)$는 다음과 같이 주어진다.

$$S(s) = \frac{1}{1 + P(s)C(s)}, \quad T(s) = \frac{P(s)C(s)}{1 + P(s)C(s)}, \quad S(s) + T(s) = 1.$$

동시에 물론 최적의 견실성을 얻고자 제어기는 설계되어야 한다. 명시적으로 주어진 플랜트에 대해서 가능한 최적의 안정도 여유를 갖도록 하고, 즉

$$b^*(P) = \max_{C(s) \in \mathcal{S}(P)} b_{P,C}$$

그리고 이런 최적의 안정도 여유를 갖는 다음과 같은 강인한 제어기를 구할 것이다.

$$b^*(P) = b_{P,C}.$$

$b_{P,C}$를 또한 다음과 같이 표현할 수 있기 때문에

$$b_{P,C} = (1 + \gamma_{P,C}^2)^{-1/2}$$

$$\gamma_{P,C} = \left\| \frac{P(-s) - C(s)}{1 + P(s)C(s)} \right\|_\infty,$$

$b_{P,C}$가 최대화되는 안정화 제어기 $C(s)$를 설계하는 문제는 $\gamma_{P,C}$가 최소화하는 안정화 제어기 $C(s)$를 설계하는 문제와 동일하다. 최적의 $\gamma_{P,C}$를 다음과 같이 표시하자.

$$\gamma^*(P) = \min_{C(s) \in \mathcal{S}(P)} \gamma_{P,C}.$$

n차 진유리 전달함수를 갖는 플랜트에 대해서, 이 경우의 최적 제어기는 $n-1$차 진유리 전달함수를 갖는 극배치 제어기가 된다. 설계에 가장 중요한 관건은 $2n-1$개의 최적의 폐루프 극점을 찾는 것이다. 1차 시스템에 대해서는 최적 제어기가 0차이기 때문에, 즉 비례 제어이기 때문에 매우 간단하다.

다음과 같은 플랜트를 생각하자.

$$P(s) = \frac{b(s)}{a(s)} = \frac{b_0 s + b_1}{a_0 s + a_1}$$

여기서 $a_0 \neq 0$ 이다.

알고리즘 9.9

과정 1: (스펙트럼 분해) 다음을 만족하는 안정한 다항식 $d(s)$를 찾는다.

$$a(-s)a(s)+b(-s)b(s)=d(-s)d(s).$$

과정 2: (극 배치) 폐루프 극점을 $d(s)$의 근에 위치하도록 하는 0차 제어기 $C(s)$를 구한다. 즉 다음을 만족하는 $C(s)=\dfrac{q_0}{p_0}$를 구한다.

$$a(s)p_0+b(s)q_0=d(s).$$

구한 $C(s)$가 바로 최적제어기의 전달함수가 된다.

과정 3: (최적의 안정도 여유에 대한 계산) 최적의 안정도 여유는 다음과 같다.

$$b^*(P)=\frac{1}{\sqrt{p_0^2+q_0^2}}.$$

예제 9.10

다음의 플랜트를 생각하자.

$$P(s)=\frac{\beta}{s+\alpha},\quad \beta\neq 0.$$

$b_{P,C}$를 최대화하는 제어기 $C(s)$를 설계하라.

과정 1: 아래 식으로부터

$$\begin{aligned}a(-s)a(s)+b(-s)b(s)&=(-s+\alpha)(s+\alpha)+\beta^2\\&=\left(-s+\sqrt{\alpha^2+\beta^2}\right)\left(s+\sqrt{\alpha^2+\beta^2}\right),\end{aligned}$$

$d(s)=s+\sqrt{\alpha^2+\beta^2}$ 임을 알 수 있다.

과정 2: 최적 제어기가 $C(s)=\dfrac{q_0}{p_0}$라 하자. 다음 식으로부터

$$a(s)p_0+b(s)q_0=p_0(s+\alpha)+q_0\beta=s+\sqrt{\alpha^2+\beta^2}.$$

$p_0=1,\ q_0=\dfrac{\sqrt{\alpha^2+\beta^2}-\alpha}{\beta}$ 임을 알 수 있다. 그러므로 최적 제어기는 다음과 같이

얻어진다.

$$C(s) = \frac{\sqrt{\alpha^2+\beta^2}-\alpha}{\beta}.$$

과정 3: 최적 $b_{P.C}$는 다음과 같다.

$$b^*(P) = \frac{1}{\sqrt{p_0^2+q_0^2}} = \sqrt{\frac{\beta^2}{2\left(\alpha^2+\beta^2-\alpha\sqrt{\alpha^2+\beta^2}\right)}}.$$

특히, $\alpha=0$이면, 즉 $P(s)=\dfrac{\beta}{s}$이면, 최적 제어기와 최적 $b_{P.C}$ 는 다음과 같다.

$$C(s) = \text{sgn}\beta = \begin{cases} 1, & \beta > 0 \\ -1, & \beta < 0 \end{cases} \quad \text{그리고} \quad b^*(P) = \frac{1}{\sqrt{2}}.$$

고차 시스템의 설계 절차는 좀 더 복잡해진다. 다음과 같이 표시되는 진유리 플랜트 $P(s)$를 생각하자.

$$P(s) = \frac{b(s)}{a(s)} = \frac{b_0 s^n + b_1 s^{n-1} + \cdots + b_n}{a_0 s^n + a_1 s^{n-1} + \cdots + a_n}$$

여기서 $a(s)$와 $b(s)$는 서로소이며 $a_0 \neq 0$ 이다. 설계 중에 고유치, 고유벡터, 행렬 다항식의 계산, 역행렬과 같은 행렬 관련한 수학적 도구를 써야 할 필요가 있는데, 부록 B를 참고하기 바란다.

알고리즘 9.11

과정 1: (스펙트럼 분해) 아래와 같은 안정한 다항식

$$d(s) = d_0 s^n + d_1 s^{n-1} + \cdots + d_n$$

을 다음이 만족하도록 찾는다.

$$a(-s)a(s) + b(-s)b(s) = d(-s)d(s).$$

과정 2: (행렬 연산과 구성)

- 다음과 같은 동반 행렬과 대각형 부호 행렬을 정의한다.

$$\boldsymbol{A}_d = \begin{bmatrix} -\dfrac{d_1}{d_0} & 1 & \cdots & 0 \\ \vdots & \vdots & \ddots & \vdots \\ -\dfrac{d_{n-1}}{d_0} & 0 & \cdots & 1 \\ -\dfrac{d_n}{d_0} & 0 & \cdots & 0 \end{bmatrix}, \quad \boldsymbol{J} = \begin{bmatrix} (-1)^{n-1} & & & \\ & \ddots & & \\ & & -1 & \\ & & & 1 \end{bmatrix}.$$

– 행렬 $-A_d$와 A_d에서 다항식 $a(s)$와 $b(s)$를 계산함으로써 다음과 같은 $2n \times n$ 행렬을 구성한다.

$$\boldsymbol{E} = \begin{bmatrix} -b(-\boldsymbol{A}_d) \\ a(-\boldsymbol{A}_d) \end{bmatrix}, \quad \boldsymbol{F} = \begin{bmatrix} a(\boldsymbol{A}_d) \\ b(\boldsymbol{A}_d) \end{bmatrix}$$

– E에 대해 가역이고 $n \times n$ 부분행렬인 E_0를 확인하고, F의 해당 $n \times n$ 부분행렬을 F_0라 하자. 즉, F 에서 F_0의 위치는 E 에서 E_0의 위치와 같다.

– 행렬 H를 다음과 같이 정한다.

$$\boldsymbol{H} = \boldsymbol{E}_0^{-1} \boldsymbol{F}_0 \boldsymbol{J}.$$

과정 3: (고유치와 고유벡터의 계산) H의 고유치를 계산한다. 고유치중 가장 큰 값을 γ^*,해당 고유벡터를 e^*라 하고 $n-1$차 다항식을 다음과 같이 정의한다.

$$e^*(s) = \begin{bmatrix} s^{n-1} & \cdots & 1 \end{bmatrix} \boldsymbol{e}^*.$$

과정 4: (극배치) 다음을 만족하는 유일한 $n-1$차 극배치 제어기 $C(s) = \dfrac{q(s)}{p(s)}$ 를 구한다.

$$a(s)p(s) + b(s)q(s) = d(s)e^*(s).$$

구한 $C(s)$가 바로 최적 제어기의 전달함수가 된다.

과정 5: (최적의 안정도 여유에 대한 계산)

$$b^*(P) = \frac{1}{\sqrt{1 + (\gamma^*)^2}}.$$

알고리즘 9.11은 다음 중에 하나라도 발생하게 되면 적용하기 힘들어진다.

1. 과정 2의 행렬 E가 가역인 $n \times n$ 부분행렬을 갖고 있지 않을 경우
2. γ^*가 실수가 아니어서, e 또한 실벡터가 아닌 경우
3. e^*의 첫 번째 원소가 0이 되는 경우, 따라서 $e^*(s)$가 $n-2$차 또는 더 낮은 차수의 다항식이 되는 경우

그러나, 수학적으로 위의 어떤 사항도 절대 일어날 수 없음을 증명할 수 있다. 그러므로 위의 알고리즘의 모든 과정은 잘 수행될 수 있다. 대부분 경우에 $a(-A_d)$ 또는 $b(-A_d)$ 중에 하나는 가역이다.

따라서 둘 중에 하나는 E_0가 될 수 있고, 해당 F_0는 $a(A_d)$ 또는 $b(A_d)$로 정할 수 있다. 가역인 부분행렬 E_0가 유일하지 않는 경우에, 얻어진 행렬 H도 유일하지 않을 것 같지만, 다행히도 E_0를 어떻게 선택하든, H는 동일하다.

예제 9.12

다음과 같은 시스템을 생각하자.

$$P(s) = \frac{1}{s^2}.$$

$b_{P,C}$를 최대화하는 최적 제어기 $C(s)$를 구해보자.

과정 1: (스펙트럼 분해)

$$s^4 + 1 = d(-s)d(s) \Rightarrow d(s) = s^2 + \sqrt{2}s + 1.$$

과정 2: (행렬 연산과 구성)

– A_d와 J는 다음과 같다.

$$\boldsymbol{A}_d = \begin{bmatrix} -\sqrt{2} & 1 \\ -1 & 0 \end{bmatrix}, \quad \boldsymbol{J} = \begin{bmatrix} -1 & 0 \\ 0 & 1 \end{bmatrix}.$$

– **과정 2**의 A_d를 사용해서 E와 F는 구하면 다음과 같다.

$$\boldsymbol{E} = \begin{bmatrix} -1 & 0 \\ 0 & -1 \\ 1 & -\sqrt{2} \\ \sqrt{2} & -1 \end{bmatrix}, \quad \boldsymbol{F} = \begin{bmatrix} 1 & -\sqrt{2} \\ \sqrt{2} & -1 \\ 1 & 0 \\ 0 & 1 \end{bmatrix}.$$

– E의 위 부분 2×2 부분행렬이 가역임을 알 수 있고, E_0와 F_0를 다음과 같이 선택할 수 있다.

$$\boldsymbol{E}_0 = \begin{bmatrix} -1 & 0 \\ 0 & -1 \end{bmatrix}, \quad \boldsymbol{F}_0 = \begin{bmatrix} 1 & -\sqrt{2} \\ \sqrt{2} & -1 \end{bmatrix}.$$

또한 E의 아랫 부분 2×2 부분행렬이 가역인데, E_0와 F_0를 다음과 같이 선택할 수도 있다.

$$\boldsymbol{E}_0 = \begin{bmatrix} 1 & -\sqrt{2} \\ \sqrt{2} & -1 \end{bmatrix}, \quad \boldsymbol{F}_0 = \begin{bmatrix} 1 & 0 \\ 0 & 1 \end{bmatrix}.$$

– 첫 번째의 E_0와 F_0로부터 H는 다음과 같이 계산된다.

$$\boldsymbol{H} = \begin{bmatrix} -1 & 0 \\ 0 & -1 \end{bmatrix}^{-1} \begin{bmatrix} 1 & -\sqrt{2} \\ \sqrt{2} & -1 \end{bmatrix} \boldsymbol{J} = \begin{bmatrix} 1 & \sqrt{2} \\ \sqrt{2} & 1 \end{bmatrix}.$$

– 두 번째의 E_0와 F_0로부터 H는 다음과 같이 계산된다.

$$\boldsymbol{H} = \begin{bmatrix} 1 & -\sqrt{2} \\ \sqrt{2} & -1 \end{bmatrix}^{-1} \begin{bmatrix} 1 & 0 \\ 0 & 1 \end{bmatrix} \boldsymbol{J} = \begin{bmatrix} 1 & \sqrt{2} \\ \sqrt{2} & 1 \end{bmatrix}.$$

두 가지 경우 모두 같은 H가 계산됨을 알 수 있다. 실제 계산을 위해서는 한 가지 경우만 선택하면 된다.

과정 3: (고유치와 고유벡터의 계산) H의 고유치는 $1 \pm \sqrt{2}$ 이다. 가장 큰 고유치를 선택하여, $\gamma^* = 1 + \sqrt{2}$ 라 하고, 해당 고유 벡터는

$$\begin{bmatrix} 1 & \sqrt{2} \\ \sqrt{2} & 1 \end{bmatrix} \boldsymbol{e}^* = (1 + \sqrt{2}) \boldsymbol{e}^*.$$

으로부터 계산하여 $e^* = \begin{bmatrix} 1 \\ 1 \end{bmatrix}$가 된다. 따라서

$$e^*(s) = \begin{bmatrix} s & 1 \end{bmatrix} \boldsymbol{e}^* = s + 1.$$

과정 4: (극배치) Diophantine 방정식이 다음과 같이 되고,

$$s^2p(s) + q(s) = (s^2 + \sqrt{2}s + 1)(s + 1).$$

이 방정식을 풀면 $p(s) = s + 1 + \sqrt{2}$, $q(s) = (1 + \sqrt{2})s + 1$이 된다. 그러므로 최종적으로 최적 제어기는 다음과 같이 주어진다.

$$C(s) = \frac{(1 + \sqrt{2})s + 1}{s + 1 + \sqrt{2}}.$$

과정 5: (최적의 안정도 여유) 최적의 $b^*(P)$는 다음과 같이 계산된다.

$$b^*(P) = \frac{1}{\sqrt{1 + (\gamma^*)^2}} = \frac{1}{\sqrt{4 + 2\sqrt{2}}}.$$

위의 예제에서 $-b(-A_d)$와 $a(-A_d)$는 모두 가역이고, 따라서 어느 쪽이든 한 쪽을 E_0로 선택하고, 다른 쪽은 설계과정에서 계산할 필요는 없다. 그러나, $-b(-A_d)$와 $a(-A_d)$ 어느 쪽도 가역이지 않을 경우도 있다.

예제 9.13

다음과 같은 시스템을 생각해보자.

$$P(s) = \frac{b(s)}{a(s)} = \frac{(s + 1)(s - 2)}{(s - 1)(s + 2)} = \frac{s^2 - s - 2}{s^2 + s - 2}.$$

다음과 같이 스펙트럼 분해를 하면

$$a(-s)a(s) + b(-s)b(s) = 2(-s + 1)(-s + 2)(s + 1)(s + 2) = d(-s)d(s)$$

아래와 같이 $d(s)$를 구할 수 있다.

$$d(s) = \sqrt{2}(s + 1)(s + 2) = \sqrt{2}(s^2 + 3s + 2).$$

따라서 A_d는 다음과 같다.

$$\boldsymbol{A}_d = \begin{bmatrix} -3 & 1 \\ -2 & 0 \end{bmatrix}.$$

아래의 $a(-A_d)$와 $-b(-A_d)$

$$a(-\boldsymbol{A}_d)=\begin{bmatrix} 8 & -4 \\ 8 & -4 \end{bmatrix} \quad \text{그리고} \quad -b(-\boldsymbol{A}_d)=\begin{bmatrix} -2 & 2 \\ -4 & 4 \end{bmatrix}$$

는 모두 비가역임을 알 수 있다. $d(s)$가 $a(-s)$와 $b(-s)$ 어느 쪽과도 서로소이지 않기 때문에 발생하는 현상이다.

아래의 행렬 E

$$\boldsymbol{E}=\begin{bmatrix} -b(-\boldsymbol{A}_d) \\ a(-\boldsymbol{A}_d) \end{bmatrix}=\begin{bmatrix} -2 & 2 \\ -4 & 4 \\ 8 & -4 \\ 8 & -4 \end{bmatrix}$$

에서부터 두 번째와 세 번째 행를 취한 다음과 같은 부분 행렬은 가역이다.

$$\begin{bmatrix} -4 & 4 \\ 8 & -4 \end{bmatrix}$$

아래 행렬에서

$$\begin{bmatrix} a(\boldsymbol{A}_d) \\ b(\boldsymbol{A}_d) \end{bmatrix}=\begin{bmatrix} 2 & -2 \\ 4 & -4 \\ 8 & -4 \\ 8 & -4 \end{bmatrix}$$

해당 부분행렬은 다음과 같다.

$$\begin{bmatrix} 4 & -4 \\ 8 & -4 \end{bmatrix}.$$

따라서 H는 다음과 같이 구해진다.

$$\boldsymbol{H}=\begin{bmatrix} -4 & 4 \\ 8 & -4 \end{bmatrix}^{-1}\begin{bmatrix} 4 & -4 \\ 8 & -4 \end{bmatrix}\begin{bmatrix} -1 & 0 \\ 0 & 1 \end{bmatrix}=\begin{bmatrix} -3 & -2 \\ -4 & -3 \end{bmatrix}.$$

H의 고유치는 $-3\pm 2\sqrt{2}$가 되고, 따라서 가장 큰 크기를 갖는 고유치는 $\gamma^*=-3-2\sqrt{2}$이 된다. $He^*=\gamma^* e^*$ 에서 해당 고유벡터는

$$e^*=\begin{bmatrix} 1 \\ \sqrt{2} \end{bmatrix}$$

이다. 다음과 같은 $e^*(s)$에서

$$e^*(s)=\begin{bmatrix} s & 1 \end{bmatrix} e^*=s+\sqrt{2}$$

다음과 같은 Diophantine 방정식을 푼다.

$$a(s)p(s)+b(s)q(s)=d(s)e^*(s)$$

여기에서 $p(s)=p_0s+p_1$ 이고, $q(s)=q_0s+q_1$ 이다. 방정식을 풀면 다음과 같은 $p(s)$와 $q(s)$를 얻는다.

$$p(s)=2(1+\sqrt{2})(s+1),\quad q(s)=-(2+\sqrt{2})(s+2).$$

따라서 최적 제어기는 다음과 같이 구해지고

$$C(s)=-\frac{\sqrt{2}}{2}\frac{s+2}{s+1}$$

최적의 안정도 여유는 다음과 같다.

$$b^*(P)=\frac{1}{\sqrt{1+(\gamma^*)^2}}=\frac{1}{\sqrt{18+12\sqrt{2}}}=0.1691.$$

다음 예제는 하나의 플랜트에 대한 최적 강인제어기가 그 플랜트와 유사한 다른 플랜트에서는 어떻게 동작하는지 보여준다.

예제 9.14

다음과 같은 시스템들을 생각해 보자.

$$P_1(s)=\frac{100}{s},\ P_2(s)=\frac{100}{s+1},\ P_3(s)=\frac{100}{s-1},\ P_4(s)=\frac{100}{(s+1)^2},\ P_5(s)=\frac{100}{s^2-1}.$$

시스템 $P_2(s)$와 $P_3(s)$는 매우 다른 개루프 성질을 가지고 있다. 한 쪽은 안정하고, 다른 한 쪽은 불안정하다. 그러나, 표 9.1.에서 두 시스템 사이의 현 거리는 매우 작다. 유사하게, $P_4(s)$와 $P_5(s)$ 사이의 현 거리도 매우 작다. 한편, $P_2(s)$와 $P_4(s)$의 현 거리는 둘 다 안정함에도 불구하고 매우 크다. 따라서 이 플랜트 사이의 현 거리들로부터, $P_1(s)$, $P_2(s)$, $P_3(s)$는 서로 비슷하고, $P_4(s)$, $P_5(s)$도 역시 서로 비슷하다는 것을 알 수 있으며, $P_1(s)$, $P_4(s)$ (또는 $P_1(s)$, $P_5(s)$ 등등)는 서로 멀리 떨어져 있음을 알 수 있다. 직관적으로 $P_1(s)$를 위한 제어기는 $P_2(s)$와 $P_3(s)$에 대해 잘 작동하겠지만, $P_4(s)$, $P_5(s)$에 대해서는 꼭 그렇지 않을 것이다.

예제 9.1에서 보았듯이, $P_1(s)$를 위한 최적 강인 제어기는 단위 이득을 가지는 비례제어기이다. 즉, $C_1^*(s)=1$ 이다. 각 플랜트 $P_i(s), i=1,\cdots,5$ 에 대해 동일한 제어기 $C_1^*(s)$를 사용했을 경우 단위 피드백 시스템에 대한 폐루프 계단 응답이 그림 9.7에 나타나 있다.

$P_2(s)$와 $P_3(s)$로 구성된 폐루프 시스템에 대한 해당 안정도 여유는 거의 최적인 반면에 $P_4(s)$로 구성된 폐루프 시스템에 대한 안정도 여유는 매우 작다($b_{P_4, C_1^*} = 0.099$)는 것을 테이블 9.1에서 볼 수 있다. 따라서, $P_4(s)$로 구성된 폐루프 시스템의 성능은 우수하지 못할 것이라고 예상할 수 있다. 또 눈여겨 볼 것은 제어기 $C_1^*(s)$는 $P_5(s)$를 안정화시키는 데 실패했다. 사실, $P_1(s)$, $P_2(s)$, $P_3(s)$에 대해서 잘 작동하지만, $P_4(s)$, $P_5(s)$ 모두를 불안정하게 하는 제어기를 찾는 것은 그리 어렵지 않다.

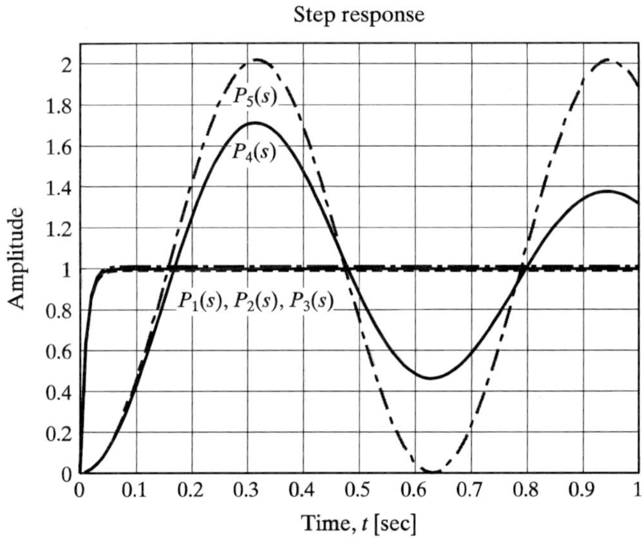

그림 9.7 $C_1^*(s) = 1$를 적용했을 경우의 폐루프 계단 응답

물론 $P_1(s)$, $P_2(s)$, $P_3(s)$에 잘 작동하는 모든 제어기가 $P_4(s)$, $P_5(s)$에 대해서 성능이 우수하지 못한 것은 아니다. 몇 가지 경우에서만 그렇다는 이야기이다. 주어진 다섯 개의 플랜트에 대해서 모두 잘 작동하는 제어기를 찾는 것은 어려울 수 있다. 테이블 9.1에서 보이는 것과 같이, $P_4(s)$, $P_5(s)$에 대한 최적의 강인 제어기가 그런 제어기이다. 이런 최적의 제어기 $C_5^*(s)$를 사용시 계단 응답은 그림 9.8과 같다.

다음과 같기 때문에

$$\delta(C_1^*(s), C_4^*(s)) = 0.3431, \ \ \delta(C_1^*(s), C_5^*(s)) = 0.3849,$$

$C_4^*(s)$와 $C_5^*(s)$는 플랜트 $P_1(s)$에 대한 최적 제어기와는 완전히 다르게 동작할 것이라고 예상할 수 있다.

i	1	2	3	4	5
$\delta(P_1(s),P_i(s))$		0.04	0.01	0.956	0.959
$\delta(P_2(s),P_i(s))$			0.02	0.957	0.961
$\delta(P_3(s),P_i(s))$				0.954	0.957
$\delta(P_4(s),P_i(s))$					0.114
$b^*(P_i)$	0.707	0.711	0.703	0.431	0.380
$C_i^*(s)$	1	0.99	1.01	$\frac{2.1(s+5.16)}{s+23.26}$	$\frac{2.43(s+4.21)}{s+24.21}$
b_{P_i, C_1^*}	0.707	0.707	0.700	0.099	unstable
b_{P_i, C_2^*}	0.707	0.711	0.703	0.100	unstable
b_{P_i, C_3^*}	0.703	0.703	0.703	0.099	unstable
b_{P_i, C_4^*}	0.422	0.431	0.413	0.431	0.327
b_{P_i, C_5^*}	0.380	0.380	0.380	0.380	0.380
b_{P_i, C_6^*}	0.380	0.380	0.380	0.380	0.330

표 9.1 예제 9.14

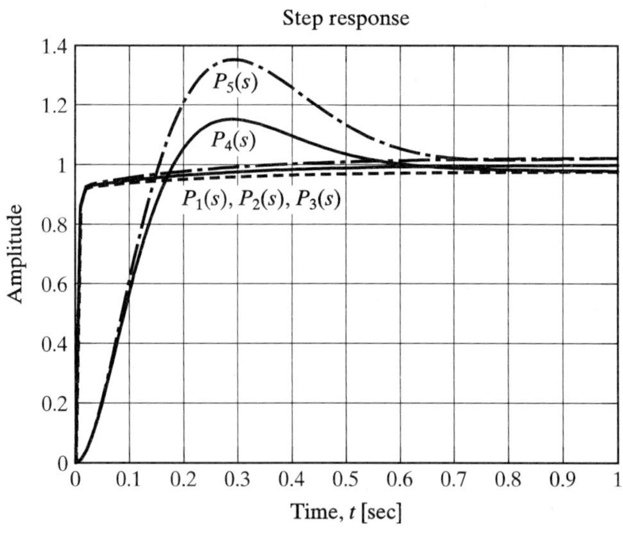

그림 9.8 $C_5^*(s)$를 사용시 폐루프 계단 응답

모든 최적의 강인제어기들은 설계시 추종능력을 고려하지 않았기 때문에, PI 제어기를 $C_5^*(s)$에 연결하여 다음과 같은 제어기를 얻는다.

$$C_6(s) = \frac{s+1}{s}\ \frac{2.431(s+4.213)}{s+24.213}.$$

이런 제어기의 사용시 계단응답은 그림 9.9에 나타나 있다.

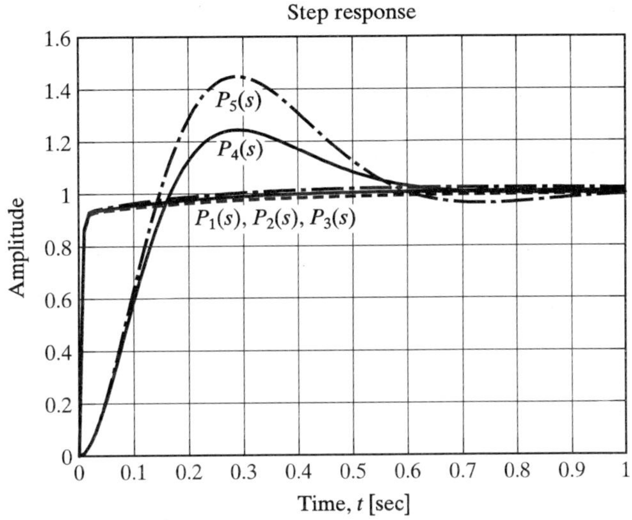

그림 9.9 $C_6(s)$를 사용시 폐루프 계단 응답

9.6 보장된 강인성을 갖는 안정화

이전 절에서는 최적의 강인한 안정화 문제에 대한 해를 제시하였다. 그러나, 종종 안정도 여유 $b_{P,C}$를 최적화 할 필요가 없는 경우도 있다. 대신에 어떤 주어진 β에 대하여 다음을 만족하도록 하는 것과 같이 안정도 여유 $b_{P,C}$에 대한 요구조건만을 필요로 할 수도 있다.

$$b_{P,C} > \beta \tag{9.16}$$

확실히 $\beta \geq b^*(P)$이면, 이 문제에는 해가 존재하지 않는다. 반대로 $\beta < b^*(P)$이면 해가 반드시 존재한다. 해의 한 예로 최적의 제어기를 들 수 있고, 일반적으로 많은 다른 해가 존재한다. 한 가지가 아닌 여러 해가 존재하는 것은 피드백 시스템의 다른 성능 지수를 향상시키기 위해 유용하다. 그러므로 여기에서 몇 가지 질문을 던져 볼 수 있다. 첫 째로 요구사항 (9.16)이 만족되도록 주어진 $P(s)$와 $\beta > 0$에 대해 적당한 제어기를 (존재한다면) 어떻게 찾을까? 둘째로 주어진 $P(s)$와 $\beta > 0$에 대해 (9.16)을 만족하는 모든 제어기 $C(s)$의 집합을 어떻게 특성화 할 수 있을까? 셋째로 제약조건 (9.16)을 만족하고 9.1절에서 정의된 과도 성능지수 J와 같은 다른 성능지수를 최적화하는 제어기 $C(s)$를 어떻게 구할 수 있을까? 첫 번째 질문에 답은 곧 주어질 것이다. 두 번째 질문에 답은 여러 가지 문헌에서 찾아볼 수 있다. 세 번째 질문에 대해서는 아직 완전한 해가 없고, 많은 연구가 진행 중이다.

그렇다면 적당한 제어기란 무엇인가? 적당한 제어기에 관한 정의의 한 가지 방법으로 강인성을 얻기 위해서 다른 성능 목표에서 너무 큰 손해를 보지 않아야 한다. 이런 의미에서 최적의 강인 제어기는 적당하다고 볼 수 없다. 이유는 플랜트가 완전 진유리 전달함수로 표현될지라도 최적의 강인 제어기는 그렇지 않을 뿐만 아니라 그 결과로 최적의 강인 제어기가 사용될 때 과도응답 J가 무한대가 되기 때문이다.

중앙제어기라 불리는 특별한 제어기 $C(s)$를 (9.16)이 만족하도록 설계하는 과정이 다음의 알고리즘에 나타나 있다. 여기에서 $P(s)$는 다음과 같은 완전 진유리 전달함수라고 가정한다.

$$P(s) = \frac{b(s)}{a(s)} = \frac{b_1 s^{n-1} + b_2 s^{n-2} + \cdots + b_n}{a_0 s^n + a_1 s^{n-1} + \cdots + a_n}, \quad a_0 \neq 0.$$

알고리즘 9.15

과정 1: (스펙트럼 분해) 아래와 같은 안정한 다항식

$$d(s) = d_0 s^n + d_1 s^{n-1} + \cdots + d_n$$

을 다음이 만족하도록 찾는다.

$$a(-s)a(s) + b(-s)b(s) = d(-s)d(s).$$

과정 2: (행렬 연산과 구성)

- 다음과 같은 동반 행렬과 대각형 부호 행렬을 정의한다.

$$\boldsymbol{A}_d = \begin{bmatrix} -\frac{d_1}{d_0} & 1 & \cdots & 0 \\ \vdots & \vdots & \ddots & \vdots \\ -\frac{d_{n-1}}{d_0} & 0 & \cdots & 1 \\ -\frac{d_n}{d_0} & 0 & \cdots & 0 \end{bmatrix}, \quad \boldsymbol{J} = \begin{bmatrix} (-1)^{n-1} & & & \\ & \ddots & & \\ & & -1 & \\ & & & 1 \end{bmatrix}.$$

- 행렬 $-A_d$와 A_d에서 다항식 $a(s)$와 $b(s)$를 계산함으로써 다음과 같은 $2n \times n$ 행렬을 구성한다.

$$\boldsymbol{E} = \begin{bmatrix} -b(-\boldsymbol{A}_d) \\ a(-\boldsymbol{A}_d) \end{bmatrix}, \quad \boldsymbol{F} = \begin{bmatrix} a(\boldsymbol{A}_d) \\ b(\boldsymbol{A}_d) \end{bmatrix}$$

- E에 대해 가역이고 $n \times n$ 부분행렬인 E_0를 확인하고, F의 해당 $n \times n$ 부분행렬을 F_0라 하자. 즉, F 에서 F_0의 위치는 E 에서 E_0의 위치와 같다.
- 행렬 H를 다음과 같이 정한다.

$$\boldsymbol{H} = \boldsymbol{E}_0^{-1}\boldsymbol{F}_0\boldsymbol{J}.$$

과정 3: (고유치 계산) H의 고유치를 계산한다. 고유치중 가장 큰 값을 γ^* 라 하자. $\beta^2 \geq \dfrac{1}{1+(\gamma^*)^2}$이면 해는 존재하지 않고, 여기서 멈춘다. 그렇지 않으면 다음을 정의한다.

$$e(s) = d(s) + 2\begin{bmatrix} s^{n-1} & s^{n-2} & \cdots 1 \end{bmatrix} \boldsymbol{H}^2[(\beta^{-2}-1)\boldsymbol{I} - \boldsymbol{H}^2]^{-1} \begin{bmatrix} d_1 \\ 0 \\ d_3 \\ \vdots \end{bmatrix}.$$

과정 4: (극배치) 다음을 만족하는 유일한 n차 완전 진유리의 극배치 제어기 $C(s) = \dfrac{q(s)}{p(s)}$ 를 구한다.

$$a(s)p(s) + b(s)q(s) = d(s)e(s).$$

구한 $C(s)$가 바로 강인성이 보장되는 안정화 제어기의 전달함수가 된다.

얻어진 제어기 $C(s)$는 β에 의존한다. 그러므로, 폐루프 안정성을 보장하는 안정도 여유 $b_{P,C}$ 역시 β에 의존한다. 일반적으로 $b_{P,C}$는 최적값 $b^*(P)$가 아니고, 경계값 β도 아니다. 그 두 개 값의 중간 정도가 될 것이다.

β가 0이면, 즉 강인성에 대한 요구조건이 없으면, $e(s)=d(s)$ 이다. 이럴 경우 제어기는 과도응답 성능지수를 최소화하는 최적 제어기와 같은 형태가 된다. 이것은 다른 β에 대해서 위 과정에 의해 설계된 제어기는 강인성에 대한 요구조건 (9.16) 을 만족하는 것 이외에 적당한 J를 제공할 가능성이 크다는 것을 의미한다. 사실 그렇다는 것이 입증되지만, 자세한 이야기는 이 책의 범위를 넘어선다. 그러나, 일반적으로 이런 과정에 의해 생성되는 제어기는 (9.16)을 만족하면서 J를 최소화하는 제어기는 아니라는 사실도 보일 수 있다.

예제 9.16

다음과 같은 시스템을 생각하자.

$$P(s) = \frac{1}{s^2}.$$

$b_{P,C} \geq \beta$를 만족하는 제어기 $C(s)$를 구해보자.

과정 1: (스펙트럼 분해)

$$s^4 + 1 = d(-s)d(s) \Rightarrow d(s) = s^2 + \sqrt{2}s + 1.$$

과정 2: (행렬 연산과 구성) 이 과정은 예제 9.12와 동일하다. H는 다음과 같이 계산된다.

$$\boldsymbol{H} = \begin{bmatrix} 1 & \sqrt{2} \\ \sqrt{2} & 1 \end{bmatrix}.$$

과정 3: (고유치 계산) H의 고유치 중 가장 큰 절대값을 갖는 고유벡터를 선택하여, $\gamma^* = 1+\sqrt{2}$라 하고, $\beta^2 < \dfrac{1}{1+(\gamma^*)^2} = \dfrac{1}{4+2\sqrt{2}}$ 이면 다음 과정으로 진행할 수 있다.

다음 식으로부터

$$2\boldsymbol{H}^2[(\beta^{-2}-1)\boldsymbol{I}-\boldsymbol{H}^2)]^{-1}\begin{bmatrix} \sqrt{2} \\ 0 \end{bmatrix} = \frac{-\beta^2}{8\beta^4-8\beta^2+1}\begin{bmatrix} 8\sqrt{2}\beta^2-6\sqrt{2} \\ 8\beta^2-8 \end{bmatrix}.$$

$e(s)$는 아래와 같다.

$$e(s) = d(s) - \frac{\beta^2}{8\beta^4 - 8\beta^2 + 1}[(8\sqrt{2}\beta^2 - 6\sqrt{2})s + 8\beta^2 - 8]$$
$$= s^2 + \frac{-2\sqrt{2}\beta^2 + \sqrt{2}}{8\beta^4 - 8\beta^2 + 1}s + \frac{1}{8\beta^4 - 8\beta^2 + 1}.$$

과정 4: (극배치) Diophantine 방정식이 다음과 같이 되고,

$$s^2 p(s) + q(s) = (s^2 + \sqrt{2}s + 1)\left(s^2 + \frac{-2\sqrt{2}\beta^2 + \sqrt{2}}{8\beta^4 - 8\beta^2 + 1}s + \frac{1}{8\beta^4 - 8\beta^2 + 1}\right)$$
$$= d(s)s^2 + \frac{(-2\beta^2 + 1)\sqrt{2}s^3 + (-4\beta^2 + 3)s^2 + (-2\beta^2 + 2)\sqrt{2}s + 1}{8\beta^4 - 8\beta^2 + 1}.$$

이 방정식을 풀면

$$p(s) = d(s) + \frac{(-2\beta^2 + 1)\sqrt{2}s - 4\beta^2 + 3}{8\beta^4 - 8\beta^2 + 1}$$
$$q(s) = \frac{(-2\beta^2 + 2)\sqrt{2}s + 1}{8\beta^4 - 8\beta^2 + 1}.$$

이 된다. 그러므로 최종적으로 보장된 강인성을 갖는 제어기는 다음과 같이 주어진다.

$$C(s) = \frac{(-2\beta^2 + 2)\sqrt{2}s + 1}{(8\beta^4 - 8\beta^2 + 1)d(s) + (-2\beta^2 + 1)\sqrt{2}s + (-4\beta^2 + 3)}.$$

$\beta^2 = \dfrac{1}{4+2\sqrt{2}}$ 일 때, 즉 β가 최적의 값과 같아질 때, 제어기는 다음과 같이 된다.

$$C(s) = \frac{(1 + \sqrt{2})s + 1}{s + 1 + \sqrt{2}},$$

이것이 바로 예제 9.12에서 얻어진 최적의 강인 안정화 제어기이다. $\beta = 0$이면 즉 강인성에 대해 요구사항이 없으면 제어기는 다음과 같다.

$$C(s) = \frac{2\sqrt{2}s + 1}{s^2 + 2\sqrt{2}s + 4},$$

이것은 9.1절의 예제 9.3에서 얻어진 J를 최소화하는 제어기와 동일하다.

다른 β에 대한 폐루프 시스템의 안정도 여유 $b_{P,C}$ 가 그림 9.10의 첫 번째 그림에 도시되어 있다. 폐루프 과도성능 J는 그림 9.10의 두 번째 그림에 도시되어 있다.

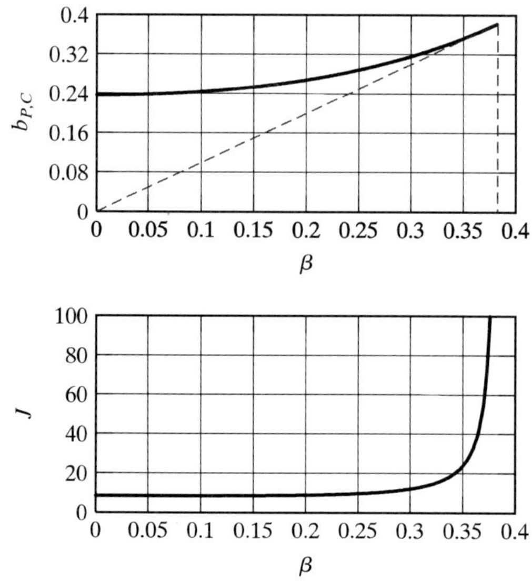

그림 9.10 서로 다른 β에 대하여 보장된 강인성을 가지는 제어기를 사용할 시 안정도 여유 $b_{P,C}$와 과도 응답성능지수 J

특히, $\beta = 1/\sqrt{10}$ 이면 다음과 같은 제어기가 얻어진다.

$$C(s) = \frac{2.5456s + 1}{0.28s^2 + 1.5274s + 2.88}.$$

이 경우에는 $b_{P,C} = 0.3267$, $J = 13.89$ 이다.

연습문제

9.1 다음의 플랜트에 대해서 과도 성능지수 J를 최소화하는 최적 제어기 $C(s)$를 구하라.

1. $P(s) = \dfrac{1}{s-1}$;

2. $P(s) = \dfrac{s-1}{s(s+1)}$;

3. $P(s) = \dfrac{(s-1)(s+2)}{s(s+1)(s-2)}$;

4. $P(s) = \dfrac{1}{s(s+1)}$;

5. $P(s) = \dfrac{1}{s^3}$;

9.2 플랜트 $P(s) = \dfrac{1/2}{s(s+1)}$ 를 생각하자.

1. 폐루프 극점이 -2, -3, -4 가 되도록 안정화 제어기를 설계하라.

2. 다음을 최소화하는 안정화 제어기를 설계하라.

$$P(s) = \frac{1/2}{s(s+1)}.$$

그리고 해당 최적값 J^* 를 구하라.

9.3 플랜트 $P(s) = \dfrac{4}{s^2}$ 를 생각하자.

1. 폐루프 시스템이 $-1 \pm j$ 와 -5 에서 극점을 갖도록 진유리 제어기를 설계하라.

2. 폐루프 시스템이 $-1 \pm 2j$ 와 $-2 \pm j$ 에서 극점을 갖도록 완전 진유리 제어기를 설계하라.

3. 다음의 성능지수를 최소화하는 제어기를 설계하라.

$$J = \left(\|y_1(t)\|_2^2 + \|y_2(t)\|_2^2\right)\Big|_{\substack{w_1(t)=\delta(t)\\ w_2(t)=0}} + \left(\|y_1(t)\|_2^2 + \|y_2(t)\|_2^2\right)\Big|_{\substack{w_1(t)=0\\ w_2(t)=\delta(t)}}$$

그리고 해당 최적값 J^* 를 구하라.

4. 다음의 성능지수를 최소화하는 제어기를 설계하라.

$$P(s) = \frac{4}{s^2}.$$

그리고 해당 최적값 J^* 를 구하라.

9.4 플랜트 $P(s) = \dfrac{1}{s-12}$ 에 대하여 다음이 최소화되도록 안정화 제어기를 설계하라.

$$J = (\|y_1(t)\|_2^2 + \|y_2(t)\|_2^2)\Big|_{\substack{w_1(t)=\delta(t)\\ w_2(t)=0}} + (\|y_1(t)\|_2^2 + \|y_2(t)\|_2^2)\Big|_{\substack{w_1(t)=0\\ w_2(t)=\delta(t)}}$$

그리고 해당 최적값 J^*를 구하라.

9.5 플랜트 $P(s) = \dfrac{1}{s-1}$ 에 대하여 다음이 최소화되도록 안정화 제어기를 설계하라.

$$J = (4\|y_1(t)\|_2^2 + 4\|y_2(t)\|_2^2)\Big|_{\substack{w_1(t)=\delta(t)\\ w_2(t)=0}} + (\|y_1(t)\|_2^2 + \|y_2(t)\|_2^2)\Big|_{\substack{w_1(t)=0\\ w_2(t)=2\delta(t)}}$$

그리고 해당 최적값 J^*를 구하라.

9.6 다음의 플랜트에 대해 최적의 강인 제어기 $C(s)$와 최적의 안정도 여유 $b^*(P)$를 구하라.

1. $P(s) = \dfrac{1}{s-1}$;
2. $P(s) = \dfrac{s-1}{s(s+1)}$;
3. $P(s) = \dfrac{(s-1)(s+2)}{s(s+1)(s-2)}$;
4. $P(s) = \dfrac{1}{s(s+1)}$;
5. $P(s) = \dfrac{1}{s^3}$;

MATLAB 수행 문제

9.7 서로소 관계인 다항식 $a(s)$와 $b(s)$에 대해 $a(-s)a(s)+b(-s)b(s)$의 스펙트럼 분해를 구하기 위해 MATLAB 프로그램을 작성하고 파일 이름을 "sfac"라고 하라.

9.8 가중 과도 성능지수를 최소화하는 최적 제어기를 설계하는 MATLAB 프로그램을 작성하고 파일 이름을 "opt-tran"라고 하라. 문제 9.1의 플랜트에 대해서 프로그램을 실행해라.

9.8 알고리즘 9.11의 설계 과정을 구현하는 MATLAB 프로그램을 작성하고 파일 이름을 "opt-robust"라고 하라. 문제 9.6의 플랜트에 대해서 프로그램을 실행해라.

추가 문제

9.10 보조정리 9.7을 증명하라.

9.11 보조정리 9.8을 증명하라.

참고문헌

9.1절과 9.2절에서 다루었던 것으로, $J_{\rho,\mu}$를 최소화하는 최적 제어 문제는 보통 선형 이차 정규(LQG)최적 제어 문제라고 부른다. 이 문제에 대한 결과는 1950년대부터 1970년대까지 연구되어온 현대제어이론의 백미라 할 수 있다. $\rho = \mu = 1$일 때의 특별한 경우는 정규화된 LQG 문제라고 부른다. 이 문제는 보통 정규분포를 갖는 외부의 불규칙 신호와 상태 공간으로 기술된 시스템에 대해서 다루어진다. LQG 최적 제어 문제를 다루는 좋은 참고문헌으로는 다음과 같은 것이 있다.

H. Kwakernaak and R. Sivan, *Linear Optimal Control Systems*, Wiley-Interscience, New York, 1972.

B. D. O. Anderson and J. B. Moore, Optimal Control: *Linear Quaqratic Method*, Prentice Hall, Englewood Cliffs, New Jersy, 1989.

9.5절과 9.6절에서 다루었던 강인 안정화 문제는 1980년대에 연구된 첨단 제어 이론의 주요 주제였던 H_∞ 제어 문제의 특별한 경우이다. H_∞ 제어 문제를 다루는 대표적인 참고문헌으로는 다음과 같은 것들이 있다.

K. Zhou with J. C. Doyle and K. Glover, *Robust and Optimal Control*, Prentice Hall, Upper Saddle River, New Jersy, 1996.

M. Green and D. J. N. Limebeer, *Linear Robust Control*, Prentice Hall, Englewood Cliffs, New Jersy, 1995.

특히 9.5절과 9.6절에서 다루어진 강인 안정화 문제는 아래 문헌에서 폭넓게 다루고 있다.

G. Vinnicombe, *Uncertainty and Feedback: $H\infty$ Loop-Shaping and the ν-Gap Metric*, Imperial Collage Press, London, 2001.

부 록

A

Laplace Transform

Laplace 변환

이 장에서 공부해야 될 내용

A.1 정의
A.2 성질
A.3 Laplace 역변환

A.1 정의

신호 $x(t)$를 실수축 $(-\infty, \infty)$에서 정의된 실수치 함수라고 하자. 그것의 Laplace 변환은 $X(s)$로 나타내고, 복소수 함수로 이 책에서는 다음과 같이 정의한다.

$$X(s) = \mathcal{L}[x(t)] = \int_{-\infty}^{\infty} x(t)e^{-st}dt. \tag{A.1}$$

이 Laplace 변환은 $-\infty$에서 ∞까지 정의된 적분을 강조하고, 양측 신호에 대해서도 0에서 ∞까지 정해진 적분으로 정의된 편측 Laplace 변환과 구별하기 위해 몇몇 다른 책에서는 양측 Laplace 변환이라고 불리운다. 이 책에서는 편측 Laplace 변환을 사용하지 않는다.

거의 대부분 우리는 편측 신호, 즉, $t < 0$에 대하여 $x(t) = 0$인 신호를 다룬다. 만약, $x(t)$가 편측이면, 그것의 Laplace 변환은 다음과 같다.

$$X(s) = \mathcal{L}[x(t)] = \int_{0^-}^{\infty} x(t)e^{-st}dt. \tag{A.2}$$

식 (A.2)에서는 편측 신호를 전체 음의 시간 축에서 값이 영인 특별한 양측 신호로 생각하고, 양측 Laplace 변환을 적용할 수 있음을 강조한다. 다른 말로는, 양측 신호 및 편측 신호에 모두에 대해서 양측 Laplace 변환을 사용하고, 대부분 고려하는 신호가 실제로 편측 신호라고 하여도, 양측 신호 또는 편측 신호에 대하여 편측 Laplace 변환을 사용하지 않을 것이다.

식 (A.2)에서 적분의 하한이 0^-, 즉, 0의 좌측 무한소임에 주의한다. 만약 신호 $x(t)$가 $t=0$에서 임펄스가 아니면, 하한이 0^- 또는 0^+ 이든지 상관없지만, $x(t)$가 $t=0$에서 임펄스이면, 예를 들면 $x(t)=\delta(t)$ 일때, 하한에 따라 결과가 큰 차이를 발생한다. 그러한 세부사항은 정의 (A.1)을 항상 사용하면 피할 수 있다.

식(A.1)의 우변에 있는 적분은 모든 복소수 s에 대해서 의미를 가지는 것은 아니다. 그 적분이 의미가 있는 s의 집합을 수렴 영역(region of convergence, ROC)라고 한다. 다른 말로 하면, 식(A.1)과 (A.2)는 s가 ROC 내에 있을 때만 유효하다.

예제 A.1

단위 임펄스 함수 $\delta(t)$의 Laplace 변환은 다음과 같이 계산된다.

$$\Delta(s)=\mathcal{L}[\delta(t)]=\int_{0^-}^{0^+}\delta(t)e^{-st}dt=1,$$

또한, 단위 계단 함수 $\sigma(t)$의 Laplace 변환은 다음과 같이 계산된다.

$$\Sigma(s)L[\sigma(t)]\int_{0^-}^{\infty}e^{-st}dt=\begin{cases}\frac{1}{s}, & \mathrm{Re}\ s>0;\\ \mathrm{undefined}, & \mathrm{Re}\ s\le 0.\end{cases}$$

이 경우에, 다음과 같이 이야기하는 것이 일반적이다.

$$\Sigma(s)=\mathcal{L}[\sigma(t)]=\frac{1}{s}$$

여기서 ROC는 $\mathrm{Re}\, s>0$이다.

편측 신호에 대해서, Laplace 변환의 ROC는 다음과 같이 세가지 경우에 해당한다: 복소 평면 전체; 복소 평면에서 어떤 수직선의 우측에 해당하는 반평면(half plane), 즉, 어떤 실수 ρ에 대하여, $\{s\in\mathbb{C}: Re\ s>\rho\}$ 같은 집합; 또는 공집합. 세 번째 경우는 Laplace 변환이 존재하지 않는다고 말한다.
예를 들면, $\Delta(s)$의 ROC는 복소 평면 전체이며, $\Sigma(s)$의 ROC는 허수축의 우측에 해당하는 반 복소 평면이고, $e^{t^2}\sigma(t)$의 Laplace 변환의 ROC는 공집합이다.

일반적으로 자주 사용되는 편측 함수의 Laplace 변환과 ROC를 표 A.1에 나타내었다.

함수명	$x(t)$	$X(s)$	ROC
단위 임펄스	$\delta(t)$	1	$\mathbb{C}$
단위 계단	$\sigma(t)$	$\frac{1}{s}$	Re s > 0
단위 램프	$t\sigma(t)$	$\frac{1}{s^2}$	Re s > 0
단위 가속	$\frac{t^2}{2}\sigma(t)$	$\frac{1}{s^3}$	Re s > 0
n차 램프	$\frac{t^n}{n!}\sigma(t)$	$\frac{1}{s^{n+1}}$	Re s > 0
지수	$e^{-\alpha t}\sigma(t)$	$\frac{1}{s+\alpha}$	Re s > $-\alpha$
n차 지수	$\frac{t^n}{n!}e^{-\alpha t}\sigma(t)$	$\frac{1}{(s+\alpha)^{n+1}}$	Re s > $-\alpha$
사인	$(\sin\omega t)\sigma(t)$	$\frac{\omega}{s^2+\omega^2}$	Re s > 0
코사인	$(\cos\omega t)\sigma(t)$	$\frac{s}{s^2+\omega^2}$	Re s > 0
감쇠 사인	$(e^{-\alpha t}\sin\omega t)\sigma(t)$	$\frac{\omega}{(s^2+\alpha)^2+\omega^2}$	Re s > $-\alpha$
감쇠 코사인	$(e^{-\alpha t}\cos\omega t)\sigma(t)$	$\frac{s+\alpha}{(s+\alpha)^2+\omega^2}$	Re s > $-\alpha$

표 A.1 Laplace 변환 표

A.2 성질

Laplace 변환의 유용한 성질은 표 A.2에 나열하였다.

미분과 적분에 관한 성질을 좀 더 자세히 살펴보자. 먼저 그것들이 성립하는 이유를 증명해 보자. 아래의 증명은 양측 신호에 대해서 유효하므로, 편측 신호에도 성립한다. 미분에 관한 성질을 증명하기 위해 부분 적분을 사용한다:

$$\mathcal{L}[\dot{x}(t)] = \int_{-\infty}^{\infty} \dot{x}(t)e^{-st}dt = \int_{-\infty}^{\infty} e^{-st}dx(t) = e^{-st}x(t)\Big|_{-\infty}^{\infty} - \int_{-\infty}^{\infty} x(t)de^{-st}.$$

복소변수 s가 $L[x(t)]$의 ROC내에 있을 때, 첫 번째 항은 소거되므로,

$$\mathcal{L}[\dot{x}(t)] = s\int_{-\infty}^{\infty} x(t)e^{-st}dt = s\mathcal{L}[x(t)].$$

이 된다.

적분에 관한 성질을 증명하기 위해, $y(t) = \int_{-\infty}^{t} x(\tau)d\tau$.을 가정하고, Laplace 변환을 수행하면,

$$\mathcal{L}[y(t)] = \int_{-\infty}^{\infty} y(t)e^{-st}dt = -\frac{1}{s}\int_{-\infty}^{\infty} y(t)de^{-st}.$$

부분적분을 사용하여 다음 결과를 얻게 된다.

$$\mathcal{L}[y(t)] = -\frac{1}{s}y(t)e^{-st}\Big|_{-\infty}^{\infty} + \frac{1}{s}\int_{-\infty}^{\infty} e^{-st}dy(t).$$

복소변수 s가 $L[y(t)]$의 ROC내에 있을 때, 첫 번째 항은 소거되므로,

$$\mathcal{L}[y(t)] = \frac{1}{s}\int_{-\infty}^{\infty} x(t)e^{-st}dt = \frac{1}{s}X(s).$$

이 된다.

번호	성질	주석
1	$\mathcal{L}[x(t)] = X(s),\ \mathcal{L}[y(t)] = Y(s)$	표기
2	$\mathcal{L}[\alpha x(t) + \beta y(t)] = \alpha X(s) + \beta Y(s)$	선형성
3	$\mathcal{L}[e^{-\alpha t}x(t)] = X(s+\alpha)$	주파수 이동
4	$\mathcal{L}[x(t-T)] = e^{-Ts}X(s)$	시간 지연
5	$\mathcal{L}[x(\alpha t)] = \frac{1}{\alpha}X\left(\frac{s}{\alpha}\right)$	크기 조정 (스케일링)
6	$\mathcal{L}[\dot{x}(t)] = sX(s)$	미분
7	$\mathcal{L}\left[x^{(n)}(t)\right] = s^n X(s)$	고차 미분
8	$\mathcal{L}\left[\int_{-\infty}^{t} x(\tau)d\tau\right] = \frac{X(s)}{s}$	적분
9	$\mathcal{L}[x(t) * y(t)] = X(s)Y(s)$	컨보루션

표 A.2 Laplace 변환의 성질

예제 A.2

편측 신호의 미분을 취하면, 시간이 0일 때 임펄스가 발생하는 것을 쉽게 알 수 있으나, 간과하는 사실이다. 예를 들면, $\dot{\sigma}(t)=\delta(t)$이므로, 다음이 성립한다.

$$s\Sigma(s)=s\frac{1}{s}=1=\Delta(s).$$

또 다른 예를 들면, $x(t)=(\cos\omega t)\sigma(t)$의 미분을 취하면
$\dot{x}(t)=\delta(t)-\omega(\sin\omega t)\sigma(t)\neq\omega$이 되므로, 다음이 성립한다.

$$s\mathcal{L}[x(t)]=\frac{s^2}{s^2+\omega^2}=1-\frac{\omega^2}{s^2+\omega^2}=\mathcal{L}[\delta(t)-\omega(\sin\omega t)\sigma(t)].$$

표A.1에 나타낸 간단한 함수들의 Laplace 변환과 함께, 표 A.2에 나열된 Laplace 변환의 성질을 사용하면, 스케일링, 덧셈, 미분, 적분, 시간 이동 등에 의해 구해질 수 있는 많은 종류의 함수에 대해 Laplace 변환을 구할 수 있다.

Laplace 변환을 적용할 때, 다음 두 가지 정리가 매우 중요하다.

정리 A.3 (초기값 정리). $X(s)=L[x(t)]$라고 하면,

$$\lim_{t\to 0^+} x(t)=\lim_{s\to\infty} sX(s) \tag{A.3}$$

이고, 두 개의 극한은 존재하며 유한할 때 성립한다.

$X(s)$가 유리 진분수 함수일 때, $x(t)$는 임펄스 모드(impulsive mode)를 가지고 있지 않다. 이 경우에, 식(A.3)의 두 개의 극한은 존재하고 유한하므로 서로 동일하다.

정리 A.4 (최종값 정리). $X(s)=L[x(t)]$라고 하면,

$$\lim_{t\to\infty} x(t)=\lim_{s\to 0} sX(s) \tag{A.4}$$

이고, 두 개의 극한은 존재하며 유한할 때 성립한다.

$X(s)$가 원점에서 한 개의 극점을 가진 경우를 제외하고, 모든 극점이 복소 평면의 열린 좌반면에 있는 유리 함수이면, $x(t)$는 유한한 정상 상태값을 가진다. 이 경우, 식

(A.4)의 두 개의 극한은 존재하고 유한하므로 서로 동일하다.

예제 A.5

임펄스 함수 $\delta(t)$는 종종 말썽꾸러기이다. $\Delta(s)=1$이고, $\lim_{s\to\infty} s\Delta(s)=\infty$ 이므로, 초기값 정리가 적용되지 않는다. 반면에, $\lim_{s\to\infty}\delta(t)=0$ 이고, $\lim_{s\to 0} s\Delta(s)=0$ 이므로, 최종값 정리는 적용된다.

반면에, 정현파 함수의 경우에는 최종값 정리가 적용되지 않지만, 초기값 정리는 적용된다. 확인해 보면, $\lim_{t\to\infty}(\sin\omega t)\sigma(t)$는 존재하지 않으나, $\lim_{s\to 0} L[(\sin\omega t)\sigma(t)]=0$임을 알 수 있고, 반면에, $\lim_{t\to 0}(\sin\omega t)\sigma(t)$과 $\lim_{s\to\infty} sL[(\sin\omega t)\sigma(t)]=0$는 모두 0임을 알 수 있다.

A.3 Laplace 역변환

Laplace 변환 $X(s)$로부터 신호 $x(t)$를 구하는 것이 종종 필요하다. 이 경우에 $x(t)$를 $X(s)$의 Laplace 역변환이라고 한다. $\{\rho+j\omega:\omega\in\mathbb{R}\}$을 $X(s)$의 ROC에 있는 수직선이라고 하자. 이때, Laplace 역변환 공식은 다음과 같다.

$$x(t)=\mathcal{L}^{-1}[X(s)]=\frac{1}{2\pi j}\int_{\rho-j\infty}^{\rho-j\infty} X(s)e^{st}ds. \qquad (A.5)$$

그러나, 이 공식은 Laplace 역변환을 실제로 계산하는데 거의 쓸모가 없다.

예제 A.6

$\Delta(s)$의 ROC는 복소 평면 전체이므로, 어떠한 $\rho\in\mathbb{R}$ 에 대해서 다음이 성립한다.

$$\mathcal{L}^{-1}[\Delta(s)]=\frac{1}{2\pi j}\int_{\rho-j\infty}^{\rho+j\infty} e^{st}ds.$$

특히, $\rho=0$를 선택하면,

$$\mathcal{L}^{-1}[\Delta(s)]=\frac{1}{2\pi}\int_{-\infty}^{\infty} e^{j\omega t}d\omega.$$

이 된다.

우변의 적분은 일반적인 의미에서는 존재하지 않는다. $\mathcal{L}^{-1}[\Delta(s)]=\delta(t)$.임을 알고 있더라도, 적분을 이해하기 위해서는 이 책의 범위를 넘게된다.

또한, $\Sigma(s)$의 ROC가 $\mathbb{C}^+ = \{s : \text{Re} \quad s > 0\}$이므로, 어떠한 $\rho > 0$에 대해서도 다음이 성립한다.

$$\mathcal{L}^{-1}[\Sigma(s)] = \frac{1}{2\pi j}\int_{\rho-j\infty}^{\rho+j\infty} \frac{1}{s}e^{st}ds = \frac{1}{2\pi}\int_{-\infty}^{\infty} \frac{1}{\rho+j\omega}e^{\rho t}e^{j\omega t}d\omega.$$

우변의 적분을 구하는 것은 그리 쉬운 일이 아니다.

$\Delta(s)$와 $\Sigma(s)$와 같은 간단한 함수에 대해서도 적분식 (A.5)를 사용한 Laplace 역변환을 계산하는 것은 거의 불가능하다는 것을 알 수 있다. 유리 함수의 Laplace 역변환을 찾기 위해, 적분식 (A.5)에 일반적으로 의존하지 않는다. 유리 함수의 Laplace 역변환을 찾는 보통의 방법은 표 A.1과 A.2를 사용하여 부분분수 전개를 이용하는 것이다.

$G(s)$를 유리 진분수 함수

$$G(s) = \frac{b(s)}{a(s)} = \frac{b_1 s^{n-1} + b_2 s^{n-2} + \cdots b_n}{a_0 s^n + a_1 s^{n-1} + \cdots a_n}$$

이고, $a_0 \neq 0$라고 하자. 분모 다항식 $a(s)$는 $p_1, p_2, \cdots, p_n$을 근으로 가지고,

$$a(s) = a_0(s - p_1)(s - p_2)\cdots(s - p_n).$$

이라고 하자.
또한, $p_1, p_2, \cdots, p_n$는 모두 서로 다른 근이라고 가정한다. 근들은 복소수이나, 계수들 $a_0, \cdots, a_n$ 와 $b_1, \cdots, b_n$은 모두 실수라고 가정한다. 따라서, $p_1, p_2, \cdots, p_n$ 중에 복소수 극점은 복소 공액으로 나타난다. 따라서, $G(s)$는 다음과 같이 전개된다.

$$G(s) = \frac{c_1}{s - p_1} + \frac{c_2}{s - p_2} + \cdots + \frac{c_n}{s - p_n} \tag{A.6}$$

여기서, c_i는 다음에 의해서 구해질 수 있다.

$$c_i = \lim_{s \to p_i}(s - p_i)G(s),$$

또는 다음의 다항식 관계를 풀어서도 구할 수 있다.

$$b(s) = a(s)\left[\frac{c_1}{s-p_1} + \frac{c_2}{s-p_2} + \cdots + \frac{c_n}{s-p_n}\right]. \tag{A.7}$$

식 (A.7)의 우변은 소거법에 의해서 실제로 하나의 다항식이 됨에 주의한다. 다항식 (A.7)을 푸는 표준적인 방법은 다항식의 양변의 계수를 비교하여 n개의 선형 방정식으로 변환하는 것이다.

이 경우에, p_i와 p_j가 서로 공액 복소수일 때, c_i와 c_j는 서로 공액 복소수가 된다.

부분 분수 전개를 한 후, 표 A.1을 사용하여 Laplace 역변환을 구하면 다음과 같다.

$$\mathcal{L}^{-1}[G(s)] = (c_1 e^{p_1 t} + c_2 e^{p_2 t} + \cdots + c_n e^{p_n t})\sigma(t).$$

위 표현식에서 일부 p_i와 c_i는 복소수일 수 있으며, 그것은 바람직하지 않다. 복소수 파라미터는 항상 복소공액 쌍으로 나타나므로, 위 식에서 허수 부분은 완전히 소거되고, 우항의 시간 함수는 실수 함수가 된다. 구체적으로 살펴보면, 만약, $p_j = \overline{p_i}$이고, $c_j = \overline{c_i}$이면, 해당하는 두 항의 합은 다음과 같이 고쳐 쓸 수 있다.

$$c_i e^{p_i t} + c_j e^{p_j t} = 2e^{\mathrm{Re}\, p_i t}\left[(\mathrm{Re}\, c_i)\cos(\mathrm{Im}\, p_i t) - (\mathrm{Im}\, c_i)\sin(\mathrm{Im}\, p_i t)\right].$$

예제 A.7

다음 Laplace 변환의 역변환을 구하고자 한다.

$$G(s) = \frac{2}{s(s^2+2s+2)}.$$

먼저, 분모의 근을 이용하여

$$G(s) = \frac{2}{s(s+1-j)(s+1+j)}.$$

과 같이 표현하면,

$$G(s) = \frac{c_1}{s} + \frac{c_2}{s+1-j} + \frac{c_3}{s+1+j}$$

으로 부분분수 전개가 되며,

$$c_1 = \lim_{s\to 0} sG(s) = 1$$
$$c_2 = \lim_{s\to -1+j}(s+1-j)G(s) = \frac{1}{j(-1+j)}$$
$$c_3 = \lim_{s\to -1-j}(s+1+j)G(s) = \frac{1}{-j(-1-j)}.$$

을 알 수 있다.

c_3의 결정은 간단히 $c_3 = \overline{c_2}$에 의해서 구할 수도 있다.

c_i를 구하는 다른 방법은 계수를 비교하는 것으로,

$$2 = s(s+1-j)(s+1+j)\left(\frac{c_1}{s} + \frac{c_2}{s+1-j} + \frac{c_3}{s+1+j},\right),$$

으로부터 다음 관계식을 얻는다.

$$2 = c_1(s+1-j)(s+1+j) + c_2 s(s+1+j) + c_3 s(s+1-j).$$

계수를 비교하면, 다음과 같은 방정식을 얻는다.

$$c_1 + c_2 + c_3 = 0$$
$$2c_1 + (1+j)c_2 + (1-j)c_3 = 0$$
$$2c_1 = 2.$$

위로부터, $c_1 = 1$, $c_2 = -\frac{1}{2} + \frac{1}{2}j$, $c_3 = -\frac{1}{2} - \frac{1}{2}j$을 구할 수 있으며, 형태는 다르더라도 첫 번째 방법에서 구한 것과 동일한 결과이다. 따라서, Laplace 역변환은

$$\begin{aligned}\mathcal{L}^{-1}[G(s)] &= \left[1 + \left(-\frac{1}{2} + \frac{1}{2}j\right)e^{(-1+j)t} + \left(-\frac{1}{2} - \frac{1}{2}j\right)e^{(-1-j)t}\right]\sigma(t)\\ &= \left[1 + 2e^{-t}\left(-\frac{1}{2}\cos t - \frac{1}{2}\sin t\right)\right]\sigma(t)\\ &= \left[1 - e^{-t}(\cos t + \sin t)\right]\sigma(t).\end{aligned}$$

이 된다.

만약 $G(s)$가 다중극점을 가지고 있으면 상황은 다소 복잡해진다. 이 경우에 분모, $a(s)$는 다음과 같이 표현될 수 있다.

$$a(s) = a_0(s-p_1)^{n_1}(s-p_2)^{n_2}\cdots(s-p_r)^{n_r}.$$

여기서, $p_1, p_2, \cdots, p_r$은 모두 서로 다른 명백한 극점이고, $n_1 + n_2 + \cdots + n_r = n$이다. 부분분수 전개를 수행하면 다음과 같으며,

$$\begin{aligned} G(s) &= \frac{c_{11}}{s-p_1} + \frac{c_{12}}{(s-p_1)^2} + \cdots + \frac{c_{1n_1}}{(s-p_1)^{n_1}} \\ &+ \frac{c_{21}}{s-p_2} + \frac{c_{22}}{(s-p_2)^2} + \cdots + \frac{c_{2n_2}}{(s-p_2)^{n_2}} \\ &+ \cdots + \frac{c_{r1}}{s-p_r} + \frac{c_{r2}}{(s-p_r)^2} + \cdots + \frac{c_{rn_r}}{(s-p_r)^{n_r}}. \end{aligned}$$

여기서,

$$\begin{aligned} c_{i1} &= \frac{1}{(n_i-1)!} \lim_{s \to p_i} \frac{d^{n_i-1}}{ds^{n_i-1}} [(s-p_i)^{n_i} G(s)] \\ c_{i2} &= \frac{1}{(n_i-2)!} \lim_{s \to p_i} \frac{d^{n_i-2}}{ds^{n_i-2}} [(s-p_i)^{n_i} G(s)] \\ &\vdots \\ c_{in_i} &= \lim_{s \to p_i} (s-p_i)^{n_i} G(s) \end{aligned}$$

이다.

만약 이 공식이 기억하기 어려우면, 다음의 다항식을 풀어서 계수를 구할 수도 있다.

$$b(s) = a(s) \left[\frac{c_{11}}{s-p_1} + \cdots + \frac{c_{1n_1}}{(s-p_1)^{n_1}} + \cdots + \frac{c_{r1}}{s-p_r} + \cdots + \frac{c_{rn_r}}{(s-p_r)^{n_r}} \right].$$

위 방정식의 우변은 $a(s)$에 의해 모든 분모들이 소거되므로 실제로 하나의 다항식이 됨에 주목한다. 그러한 다항식 방정식을 푸는 표준적인 방법은 계수들을 비교하여 선형 방정식으로 변환하는 것이다.

예제 A.8

다음 Laplace 변환의 역변환을 구하고자 한다.

$$G(s) = \frac{1}{(s+1)^2 s^3}$$

먼저 $G(s)$를 전개하면,

$$G(s) = \frac{c_{11}}{s+1} + \frac{c_{12}}{(s+1)^2} + \frac{c_{21}}{s} + \frac{c_{22}}{s^2} + \frac{c_{23}}{s^3}$$

이 되고, 여기서

$$\begin{aligned} c_{11} &= \frac{1}{1!} \lim_{s\to -1} \frac{d}{ds}[(s+1)^2 G(s)] = -3 \\ c_{12} &= \lim_{s\to -1} (s+1)^2 G(s) = -1 \\ c_{21} &= \frac{1}{2!} \lim_{s\to 0} \frac{d^2}{ds^2} s^3 G(s) = 3 \\ c_{22} &= \frac{1}{1!} \lim_{s\to 0} \frac{d}{ds} s^3 G(s) = -2 \\ c_{23} &= \lim_{s\to 0} s^3 G(s) = 1. \end{aligned}$$

이다.

이 계수들을 찾는 다른 방법은 다음 다항식 방정식을 푸는 것이다.

$$1 = c_{11}(s+1)s^3 + c_{12}s^3 + c_{21}(s+1)^2 s^2 + c_{22}(s+1)^2 s + c_{23}(s+1)^2.$$

계수 비교를 통해, 다음과 같은 선형 방정식을 얻을 수 있다.

$$\begin{aligned} c_{11} + c_{21} &= 0 \\ c_{11} + c_{12} + 2c_{21} + c_{22} &= 0 \\ c_{21} + 2c_{22} + c_{23} &= 0 \\ c_{23} &= 1. \end{aligned}$$

해는 다음과 같다.

$$c_{11} = -3, \quad c_{12} = -1, \quad c_{21} = 3, \quad c_{22} = -2, \quad c_{23} = 1.$$

두 방법 모두 동일한 결과를 나타낸다. $G(s)$의 부분분수 전개는 다음과 같이 된다.

$$G(s) = \frac{-3}{s+1} + \frac{-1}{(s+1)^2} + \frac{3}{s} + \frac{-2}{s^2} + \frac{1}{s^3}.$$

마지막으로, Laplace 역변환은 표 A.1을 사용하고, 선형성을 이용하면 다음과 같이 된다:

$$\mathcal{L}^{-1}[G(s)] = \left[-(3+t)e^{-t} + 3 - 2t + \frac{1}{2}t^2\right] \sigma(t).$$

연습문제

A.1. $\mathcal{L}[(e^{-\alpha t}\cos\omega t)\sigma(t)]$.을 유도하시오.

A.2. 문제 A.1의 결과와 미분 성질을 사용하여 $\mathcal{L}[(e^{-\alpha t}\sin\omega t)\sigma(t)]$을 유도하시오.

A.3. 표A.2에 나열된 성질 1에서 5번을 증명하시오.

참고문헌

Laplace 변환에 관한 가장 좋은 참고문헌과 신호 및 시스템에 관한 배경에 관한 자료는 다음을 참고한다.

A. V. Oppenheim and A. S. Willsky with S. H. Newab, *Signals and Systems*, 2nd Edition, Pearson prentice Hall, Upper Saddle River, New Jersey, 1997.

다른 좋은 참고문헌은 다음과 같다.

H. Kwakernaak and R. Sivan, *Modern Signals and Systems*, Pearson prentice Hall, Englewood Cliffs, New Jersey, 1991.

이 책들에서는 양측 Laplace 변환과 편측 Laplace 변환이 모두 소개되어 있다. 두 권 모두 신호와 시스템을 해석하는데 있어 양측 Laplace변환이 더 편리함을 보여주며 양측 Laplace변환을 강조하고 있다. 그러나, 역사적으로 편측 Laplace 변환이 수학 문헌에 먼저 등장하여 선형 미분 방정식을 푸는데 최초로 사용되었다. 편측 Laplace변환은 보통 다음과 같이 정의된다.

$$\mathcal{L}_+[x(t)] = \int_0^\infty x(t)e^{st}dt,$$

여기서, 신호 $x(t)$는 양의 실수축 $[0, \infty)$에서 정의되고, 시간이 0일 때 특이성 또는 불연속성도 다루기가 어렵다. 적분의 하한 0가 0^- 인지 0^+ 인지에 대한 혼동이 있다. 또한, 시간 0에서 불연속이거나 특이성을 가지는 함수들이 허용되는지에 관해서도 혼동이 있다. 편측 Laplace 변환에 대한 미분 성질은 좀 더 복잡한 형태를 취한다.

편측 Laplace 변환에 관해 오래되고 널리 퍼진 혼동을 바로잡는 흥미로운 기사로 다음을 참고하기 바란다.

> K. H. Lundberg, H. R. Miller, and D. L. Trumper, "Initial conditions, generalized functions, and the Laplace transform: Trouble at the origin," *IEEE Control Systems Magazine*, vol .27, pp.22-35, 2007.

Introduction to Feedback Control

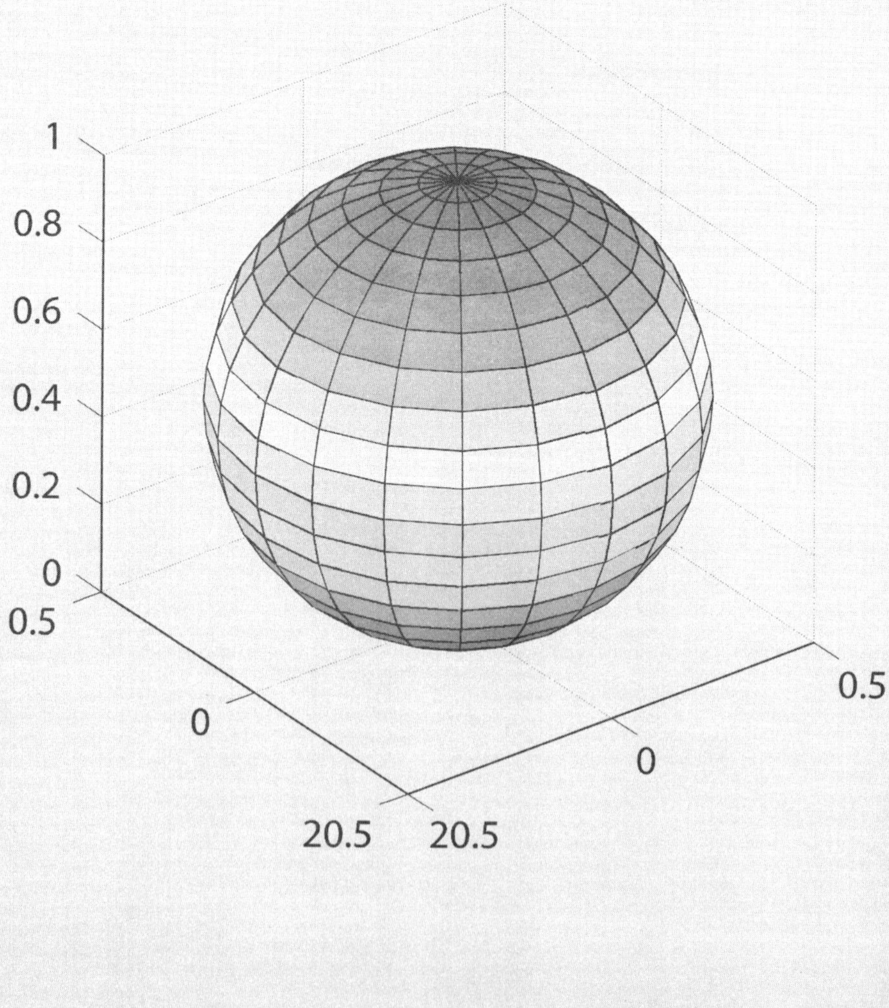

부 록

B 행렬과 다항식

Matrices and Polynomials

이 장에서 공부해야 될 내용

B.1 행렬
B.2 다항식

B.1 행렬

독자들은 기본적인 행렬 연산에 관해 익숙하다고 생각한다. 여러 가지 연산에서 사용되는 행렬의 호환성에 특별한 주의를 기울일 필요가 있다. 예를 들면, 행렬 합 $A+B$는 행렬 A와 B가 같은 크기를 가져야 한다; 행렬 곱 AB는 A의 폭(열의 개수)과 B의 높이(행의 개수)가 같아야 하고, 행렬 A의 행렬식 $\det A$는 A가 정방행렬임을 요구한다.

다음의 $n \times n$ 정방행렬을 가정하자.

$$\boldsymbol{A} = \begin{bmatrix} a_{11} & a_{12} & \cdots & a_{1n} \\ a_{21} & a_{22} & \cdots & a_{2n} \\ \vdots & \vdots & & \vdots \\ a_{n1} & a_{n2} & \cdots & a_{nn} \end{bmatrix}.$$

이 행렬은 행렬식이 영이 아닐 때 **비특이행렬(nonsignular)**이라고 한다, 즉,

$$\boldsymbol{A} \neq 0.$$

만약 $n \times n$ 행렬 B가 다음과 같이,

$$\boldsymbol{AB} = I$$

또는

$$\boldsymbol{BA} = I.$$

존재하면, 그 행렬은 **가역행렬(invertible)**이라고 한다.

그러한 행렬 B를 A의 **역행렬(inverse)**이라고 하고, A^{-1}로 나타낸다. A의 역행렬은 A를 사용하여 다음 공식을 사용하여 구할 수 있다:

$$\boldsymbol{A}^{-1} = \frac{\mathrm{adj}\boldsymbol{A}}{\det \boldsymbol{A}}$$

여기서, $adjA$를 행렬 A의 **수반행렬(adjugate)** 이라고 하며 다음과 같이 정의된다.

$$\boldsymbol{A} = \begin{bmatrix} A_{11} & A_{21} & \cdots & A_{n1} \\ A_{12} & A_{22} & \cdots & A_{n2} \\ \vdots & \vdots & & \vdots \\ A_{1n} & A_{2n} & \cdots & A_{nn} \end{bmatrix}$$

여기서, A_{ij}는 소위 a_{ij}의 **여인수(algebraic cofactor)**라고 한다:

$$\begin{bmatrix} a_{11} & \cdots & a_{1j} & \cdots & a_{1n} \\ \vdots & \vdots & \vdots & & \vdots \\ a_{i1} & \cdots & a_{ij} & \cdots & a_{in} \\ \vdots & \vdots & \vdots & & \vdots \\ a_{n1} & \cdots & a_{nj} & \cdots & a_{nn} \end{bmatrix}.$$

여기서, 우항의 행렬은 i번째 행과 j번째 열을 제거하여 구한 $(n-1)\times(n-1)$행렬이다. 행렬이 비특이행렬이면 가역행렬임을 알 수 있다.

$n\times n$ 행렬 A에 대하여, 다항식

$$(s\boldsymbol{I} - \boldsymbol{A})$$

을 A의 **특성 다항식(characteristic polynomial)**이라고 하고, $X_A(s)$로 나타낸다. $X_A(s)$의 근을 A의 **고유치(eigenvalues)**라고 한다. λ를 A의 고유치라고 하면, $\lambda I - A$는 특이행렬이고, $(\lambda I - A)x = 0$ 또는 등가적으로, $Ax = \lambda x$가 되는 0이 아닌 벡터 x가 존재한다. 그러한 벡터를 고유치 λ에 대응하는 A의 **고유벡터(eigenvector)**라고 한다.

우리는 종종 정방행렬 A에서 다음과 같은 다항식의 값을 구할 필요가 있다.

$$p(s) = p_0 s^m + p_1 s^{m-1} + \cdots + p_{m-1} s + p_m$$

이것은 단순히 다음과 같이 나타내어진다.

$$p(\boldsymbol{A}) = p_0\boldsymbol{A}^m + p_1\boldsymbol{A}^{m-1} + \cdots + p_{m-1}\boldsymbol{A} + p_m\boldsymbol{I}.$$

선형 대수학에서 매우 중요한 정리가 Cayley-Hamilton 정리이다.

정리 B.1 (Cayley-Hamilton 정리)

$$\chi_A(A) = 0$$

MATLAB은 행렬 계산을 위한 명령 호스트를 제공한다. 예를 들어 다음과 같은 명령들의 의미는 자명하다.

```
>> A + B
>> A * B
>> det(A)
>> inv(A)
>> eig(A)
```

MATLAB은 또한 다항식 $p(s)$를 정방행렬 A에 대하여 평가하는 명령도 제공한다.

```
>> POLYVALM(p,A)
```

여기서, p는 다항식 $p(s)$의 계수를 포함하는 벡터이다.

B.2 다항식

피드백 제어 이론에서 우리는 많은 다항식을 다루어야 한다. 다항식은 함수의 형태로 다음과 같다.

$$a(s) = a_0 s^n + a_1 s^{n-1} + \ldots a_n.$$

여기서, 우리는 $a_0 \neq 0$라고 가정하며, $\deg a(s) = n$이다.

다항식 $a(s)$의 **동반행렬(companion matrix)**을 다음과 같이 정의하고, Γ_a로 나타낸다.

$$\begin{bmatrix} -\dfrac{a_1}{a_0} & 1 & \cdots & 0 \\ \vdots & \vdots & \ddots & \vdots \\ -\dfrac{a_{n-1}}{a_0} & 0 & \cdots & 1 \\ -\dfrac{a_n}{a_0} & 0 & \cdots & 0 \end{bmatrix}$$

Γ_a의 특성 다항식이 $a(s)/a_0$, 즉, $X_{\Gamma_a}(s) = a(s)/a_0$임을 쉽게 확인할 수 있다. 이것에 관한 즉각적인 결과는 $a(s)$의 근이 Γ_a의 고유치이기 때문이다. 이론적으로 행렬의 고유치는 특성 다항식의 근으로 정의되지만, 수치적인 계산에서 반대로 사용되어지는 것은 아마도 놀라울 것이다. MATLAB과 같은 대부분의 표준 과학 계산 소프트웨어에서는 다항식의 근을 수치적으로 계산하는데, 동반행렬의 고유치를 계산하여 수행한다.

$b(s)$를 다른 다항식으로,

$$b(s) = b_0 s^m + b_1 s^{m-1} + \cdots + b_m.$$

이라고 하자. 여기서 $b_0 \neq 0$라고 가정하지 않으면, $\deg b(s) \leq m$이 된다. 만약 $a(s)$가 $b(s)$의 인수이면, 즉, $b(s) = a(s)q(s)$인 다른 다항식 $q(s)$가 존재하면, $b(s)$는 $a(s)$에 의해 나누어지며, $a(s)$는 $b(s)$를 나눈다고 말한다. 등가적으로, $a(s)$의 모든 근이 $b(s)$의 근이 되면, $a(s)$는 $b(s)$를 나눈다.

정리 B.2. $b(\Gamma_a) = 0$이면, 그리고, 그 경우에만 $a(s)$는 $b(s)$를 나눈다.

다항식 $a(s)$와 $b(s)$는 서로 공통된 근을 가지고 있지 않을 때, **서로 소(coprime)**이라고 한다. $a(s)$와 $b(s)$가 서로 소인지 아닌지 계수로부터 검사하는 많은 방법이 있다.

$a(s)$로부터 $(n+m) \times m$ 행렬을 다음과 같이 정의한다.

$$
\boldsymbol{T}(a(s), m) = \overbrace{\begin{bmatrix} a_0 & 0 & \cdots & 0 \\ a_1 & a_0 & \ddots & \vdots \\ \vdots & a_1 & \ddots & 0 \\ a_n & \vdots & \ddots & a_0 \\ 0 & a_n & \ddots & a_1 \\ \vdots & \vdots & \ddots & \vdots \\ 0 & 0 & \cdots & a_n \end{bmatrix}}
$$

그리고, $b(s)$로부터 $(n+m)\times n$ 행렬을 다음과 같이 정의한다.

$$
\boldsymbol{T}(b(s), n) = \overbrace{\begin{bmatrix} b_0 & 0 & \cdots & 0 \\ b_1 & b_0 & \ddots & \vdots \\ \vdots & b_1 & \ddots & 0 \\ b_m & \vdots & \ddots & b_0 \\ 0 & b_m & \ddots & b_1 \\ \vdots & \vdots & \ddots & \vdots \\ 0 & 0 & \cdots & b_m \end{bmatrix}}.
$$

이 행렬들은 각각의 대각선 성분들이 모두 같은 성질을 가지고 있다. 그러한 행렬을 **Toeplitz 행렬**이라고 한다.

$$
\boldsymbol{S}(a(s), b(s)) = \begin{bmatrix} \boldsymbol{T}(a(s), m) & \boldsymbol{T}(b(s), n) \end{bmatrix}.
$$

또한, 다음과 같이 정의된 행렬을 **Sylvester 종결식 행렬**이라고 한다. $S(a(s), b(s))$는 $(n+m)\times(n+m)$ 행렬임에 주의한다.

정리 B.3. 다음의 표현들은 모두 동일하다:

1. $a(s)$와 $b(s)$가 서로 소이다.
2. $\det \boldsymbol{S}(a(s), b(s)) \neq 0$
3. $\det b(\Gamma_a) \neq 0$
4. 다음식을 만족하는 $\deg x(s) < m$이고, $\deg y(x) < n$인 유일한 다항식 $x(s)$와 $y(s)$가 존재한다.

$$
a(s)x(s) + b(s)y(s) = 1. \tag{B.1}
$$

정리 B.3.2의 행렬식은 **Sylbester 종결식**, 정리 B.3.3의 행렬식은 **MacDuffee 종결식**으로 알려져 있다. 정리 B.3의 식 (B.1)을 **Bezout 방정식**이라고 한다.

Bezout 방정식을 푸는 한 가지 방법은 계수비교를 통해, $n+m$개의 미지수를 가진 $n+m$개의 선형 방정식으로 변환하는 것이다. 다음을 가정하면,

$$x(s) = x_1 s^{m-1} + \cdots + x_m$$
$$y(s) = y_1 s^{n-1} + \cdots + y_n.$$

선형 방정식은 다음과 같이 된다.

$$\boldsymbol{S}(a(s), b(s)) \begin{bmatrix} x_1 \\ \vdots \\ x_m \\ y_1 \\ \vdots \\ y_n \end{bmatrix} = \begin{bmatrix} 0 \\ \vdots \\ 0 \\ 1 \end{bmatrix}.$$

정리 B.3의 2번째 표현식이 4번째 표현식과 동일한 이유를 이제 매우 쉽게 알 수 있다.

예제 B.4

먼저, 다음의 다항식들을 생각하자.

$$a(s) = s^2 - 2s, \quad b(s) = s - 1.$$

위 두 다항식은 명확하게 서로 소이다. 따라서 다음과 같이

$$\boldsymbol{S}(a(s), b(s)) = \begin{bmatrix} 1 & 1 & 0 \\ -2 & -1 & 1 \\ 0 & 0 & -1 \end{bmatrix}$$

와

$$\boldsymbol{\Gamma}_a = \begin{bmatrix} 2 & 1 \\ 0 & 0 \end{bmatrix}.$$

를 알 수 있다.

명확하게,

$$\det\ \boldsymbol{S}(a(s), b(s)) = -1$$

이고,

$$\det b(\Gamma_a) = \det\begin{bmatrix}1 & 1\\ 0 & -1\end{bmatrix} = -1$$

이므로 모두 0이 아니다. Bezout 방정식 (B.1)의 유일한 해는 다음과 같이 주어진다.

$$x(s) = -1, \quad y(s) = s - 1.$$

다음으로, 다항식들이 다음과 같다고 하자.

$$a(s) = s^2 - s, \quad b(s) = s - 1.$$

위 두 다항식은 명확하게 서로 소가 아니다. 따라서 다음과 같이

$$\boldsymbol{S}(a(s), b(s)) = \begin{bmatrix} 1 & 1 & 0 \\ -1 & -1 & 1 \\ 0 & 0 & -1 \end{bmatrix}$$

와

$$\boldsymbol{\Gamma}_a = \begin{bmatrix} 1 & 1 \\ 0 & 0 \end{bmatrix}.$$

를 알 수 있다.

명확하게,

$$\det \boldsymbol{S}(a(s), b(s)) = 0$$

이고,

$$\det b(\boldsymbol{\Gamma}_a) = \det \begin{bmatrix} 0 & 1 \\ 0 & -1 \end{bmatrix} = 0.$$

이다.

Bezout 방정식 (B.1)에서, 어떠한 $x(s)$와 $y(s)$를 취하더라도, 좌변은 $s-1$을 인수로 가지고 있으나, 우변은 어떠한 자명하지 않은 인수를 가지고 있지 않으므로, 해를 구할 수 없다.

이 책의 몇가지 경우에 K가 ∞ 또는 0으로 갈 때, 다음 식의 극한 근을 다루는 것이 필요하다.

$$c(s) = a(s) + Kb(s)$$

여기서, $\deg a(s) = n$, $\deg b(s) = m$, 그리고, $m < n$이라고 가정한다.

먼저, $c(s)$의 차수가 n임에 주의하면, 그것은 n개의 근을 가진다. $K \to 0$일 때, $c(s) \to a(s)$가 된다. K가 무한대로 갈 때는 $c(s)$가 $Kb(s)$에 의해 지배된다. 따라서 $c(s)$의 근은 $b(s)$의 근으로 수렴한다고 믿는 것이 합리적이며, 부분적으로 맞는 말이다. 문제는 $b(s)$의 근의 개수는 m이지만, $c(s)$의 근은 개수가 n이라는 것이다. $c(s)$의 나머지 $n-m$개의 근은 어떻게 될까? 아마도 다음식의 근을 조사하는 것이 더 쉬울 것이다.

$$\frac{1}{K}c(s) = \frac{1}{K}a(s) + b(s).$$

위 식의 근은 $c(s)$의 근과 동일하다. K가 매우 클 때, 일반적인 크기를 가진 근들은 $b(s)$의 근에 근접하여야 한다. 나머지 $n-m$개의 근들은 매우 커야한다. 이러한 근들이 다항식 $a(s)$와 $b(s)$에 적용되었을 때는 선두에 있는 항들에 지배된다.

$$a(s) \approx a_0 s^n + a_1 s^{n-1}$$

$$b(s) \approx b_0 s^m + b_1 s^{m-1}.$$

결과적으로 다음과 같이 근사된다.

$$c(s) \approx a_0 s^n + a_1 s^{n-1} + K b_0 s^m + b_1 s^{m-1}.$$

그러므로, $c(s)$의 큰 근들은 K가 무한대로 접근함에 따라 다음과 같은 $n-m$개의 근으로 접근하게 된다.

$$\frac{b_1}{b_0} - \frac{a_1}{a_0} + \left(K\frac{b_0}{a_0}e^{(2k+1)\pi j}\right)^{1/(n-m)}, \quad k = 0, 1, \ldots, n-m-1,$$

K가 0에서 ∞로 변함에 따라, 이러한 수들의 궤적을 $c(s)$의 큰 근들의 점근선이라고 부른다. 또한, 다음 관계식

$$-\frac{a_1}{a_0} = \sum all\ roots\ of\ a(s)$$

$$-\frac{b_1}{a_0} = \sum all\ roots\ of\ b(s)$$

을 주목하면, $c(s)$의 큰 근들은 다음으로 수렴하게 된다.

$$\sum all\ roots\ of\ a(s) - \sum all\ roots\ of\ b(s) + \left(k\frac{b_0}{a_0}e^{(2k+1)\pi j}\right)^{1/(n-m)}$$

$k = 0, 1, \ldots, n-m-1.$

연습문제

B.1. 다음 행렬을 가정하자.

$$A = \begin{bmatrix} 1 & 2 & 3 \\ 4 & 5 & 6 \\ 7 & 8 & 9 \end{bmatrix}$$

이 행렬에 대해 Cayley-Hamilton 정리가 성립함을 보이시오.

B.2. 근을 계산하지 않고, 다음 두 개의 다항식이 서로 소인지 아닌지를 결정하시오.

$$a(s) = s^3 + 3s^2 + 3s + 1 \quad \text{그리고} \quad b(s) = s^2 + 3s + 2$$

B.3. 다항식이 반복되는 근을 가지고 있지 않으면, 단일(simple)이라고 한다. $p(s)$와 $\dot{p}(s)$가 서로 소 이면, 그리고 그 경우에만, 다항식 $p(s)$가 단일(simple)임을 보이시오. $p(s)$가 단일(simple)이기 위한 조건을 정리 B.3을 사용하여 유도하시오.

추가 점수 문제

B.4. Cayley-Hamilton 정리를 증명하시오.

B.5. 정리 B.3의 증명을 완성하시오.

참고문헌

행렬을 다루는 선형 대수학에 관한 기초적인 교재들이 많이 있다. 특히 좋은 책은 다음과 같다.

G. Strang, *Linear Algebra and Its Applications*, Third Edition, Harcourt Brae Jovanovich Publishers, San Diego, 1988.

행렬, 다항식 및 제어 이론에 관한 내용을 함께 다루는 좋은 책인 다음과 같다.

P. A. Fuhrmann, A *Polynomial Approach to Linear Algebra*, Springer-Verlag, New York, 1996.

부록 C

Answers to Selected Problems

선택된 문제에 대한 해답

이 장에서 공부해야 될 내용

C.1 Chapter 1 정답
C.2 Chapter 2 정답
C.3 Chapter 3 정답
C.4 Chapter 4 정답
C.5 Chapter 5 정답
C.6 Chapter 6 정답
C.7 Chapter 7 정답
C.8 Chapter 8 정답
C.9 Chapter 9 정답

C.1 Chapter 1

연습문제

1.4 미분은 다음과 같다.

$$\begin{aligned}
\frac{d(\sin\omega t)\sigma(t)}{dt} &= \omega(\cos\omega t)\sigma(t) \\
\frac{d(\cos\omega t)\sigma(t)}{dt} &= \delta(t) - \omega(\sin\omega t)\sigma(t) \\
\frac{de^{\lambda t}\sigma(t)}{dt} &= \delta(t) + \lambda e^{\lambda t}\sigma(t).
\end{aligned}$$

C.2 Chapter 2

연습문제

2.1 시스템의 전달 함수는 다음과 같다.

$$G(s) = \frac{V_o(s)}{V_i(s)} = \frac{(L_1 s + R_2)C_1 s}{a(s)}$$

여기서,

$$\begin{aligned} a(s) =& C_1C_2L_1(R_1+R_3)s^3 + [C_1C_2(R_1R_2+R_1R_3+R_2R_3)+(C_1+C_2)L_1]s^2 \\ &+ (C_1R_1+C_2R_2+C_1R_2+C_2R_3)s+1. \end{aligned}$$

이다.

2.3. **1.** 미분방정식 모델은 다음과 같다.

$$\left(\frac{1}{12}M_b + \frac{1}{4}M_l\right)L\ddot{\theta}(t) = \frac{1}{2}[f(t) - M_l g]\cos\theta(t).$$

2. $u(t)=f(t)$, $x_1(t)=\theta(t)$, $x_2(t)=\dot{\theta}(t)$ 및 $y(t)=\theta(t)$를 가지는 시스템의 상태 공간 표현은 다음과 같다.

$$\begin{bmatrix}\dot{x}_1(t)\\ \dot{x}_2(t)\end{bmatrix} = \begin{bmatrix} x_2(t) \\ \dfrac{6[u(t)-M_l g]\cos x_1(t)}{(M_b+3M_l)L}\end{bmatrix}$$
$$y(t) = x_1(t).$$

3. 시스템은 선형이 아니다. θ_0에서의 동작점은 $(u_0, \boldsymbol{x}_0, y_0) = (M_l g, \mathbf{0}, 0)$이다. $\tilde{u} = u(t) - M_l g$, $\tilde{\boldsymbol{x}}(t) = \boldsymbol{x}(t)$ 및 $\tilde{y}(t) = y(t)$라고 하자. 동작점 근처에서 선형화된 시스템은 다음과 같다:

$$\begin{bmatrix}\dot{\tilde{x}}_1(t)\\ \dot{\tilde{x}}_2(t)\end{bmatrix} = \begin{bmatrix}0 & 1\\ 0 & 0\end{bmatrix}\begin{bmatrix}\tilde{x}_1(t)\\ \tilde{x}_2(t)\end{bmatrix} + \begin{bmatrix}0\\ \dfrac{6}{(M_b+3M_l)L}\end{bmatrix}\tilde{u}(t),$$

$$\tilde{y}(t) = \begin{bmatrix}1 & 0\end{bmatrix}\begin{bmatrix}\tilde{x}_1(t)\\ \tilde{x}_2(t)\end{bmatrix}.$$

4. 전달함수는 $G(s) = \dfrac{\tilde{Y}(s)}{\tilde{U}(s)} = \dfrac{6}{(M_bL+3M_lL)s^2}$ 이다.

2.6. **1.** $x(t)=h(t)$, $u(t)=f_i(t)$, $y(t)=x(t)$라고 하면, 상태 공간 모델은 다음과 같다.

$$\dot{x}(t) = \frac{16}{\pi}\left(\frac{u(t)}{x(t)^2} - \frac{\sqrt{3x(t)}}{x(t)^2}\right),$$

$$y(t) = x(t).$$

2. 시스템은 선형이 아니다. $x_0=4$에서의 동작점은 $(u_0,x_0,y_0)=(4,4,4)$이다. $\tilde{u}(t)=u(t)-u_0$, $\tilde{x}(t)=x(t)-x_0$, $\tilde{y}(t)=y(t)-y_0$라고 하자. 동작점 근처에서 선형화된 시스템은 다음과 같다:

$$\dot{\tilde{x}}(t) = -\frac{8}{9\pi}\tilde{x}(t) + \frac{16}{9\pi}\tilde{u}(t),$$

$$\tilde{y}(t) = \tilde{x}(t).$$

3. 선형화된 시스템의 전달 함수는 $G(s) = \dfrac{\tilde{Y}(s)}{\tilde{U}(s)} = \dfrac{16}{9\pi s+8}$ 이다.

2.9. r에서 z로의 폐루프 전달함수는 $G(s) = \dfrac{P(s)F(s)+P(s)C(s)}{1+P(s)C(s)}$ 이다. 만약 $F(s) = \dfrac{1}{P(s)}$이면, $G(s)=1$.이다.

2.10. 1. r에서 y로의 전달함수는 다음과 같다.

$$G(s) = \frac{P(s)(H_1(s) + H_2(s)H_3(s))}{1 + P(s)(H_5(s) + H_3(s)H_4(s))}.$$

2. 등가의 2DOF 제어기는 다음과 같다.

$$\boldsymbol{C}(s) = \begin{bmatrix} H_1(s) + H_3(s)H_2(s) & H_5(s) + H_3(s)H_4(s) \end{bmatrix}.$$

2.11. r에서 y로의 전달함수는 $G(s) = \frac{H(s) + P(s)}{1 + P(s)F(s)}$. 이다. 만약 $H(s) = 1 - P(s) + P(s)F(s)$이면, $G(s) = 1$이다.

2.12. r에서 y로의 전달함수는 다음과 같다.

$$\frac{G_4(s) + G_3(s)G_2(s)G_1(s)}{1 + G_4(s) + G_2(s)G_1(s) + G_3(s)G_2(s) - G_4(s)G_2(s) + G_3(s)G_2(s)G_1(s)}.$$

MATLAB 문제

2.14. 1. `>> sys=ss(A,B,C,D)`

2. `>> systf=tf(sys)`

```
Transfer function:
```

$$\frac{0.002416s^3 - 1.634s^2 + 0.2485s + 43.98}{s^4 + 0.1741s^3 + 27.92s^2 + 0.02582s + 0.002138}$$

3. `>> syszpk=zpk(sys)`

```
Zero/pole/gain:
```

$$\frac{0.0024161(s - 676.1)(s - 5.286)(s + 5.094)}{(s^2 + 0.0009242s + 7.659e - 005)(s^2 + 0.1732s + 27.92)}$$

DC 이득은 $43098/0.002138 = 2.0571 \times 10^4$이다. DC 이득은 명령어 **zpk**로부터 구해지는 이득이 아님에 주의한다.

4. 제어기의 형태는 다음과 같다.

$$\dot{x}(t) = \begin{bmatrix} -0.1741 & -27.92 & -0.02582 & -0.002138 \\ 1 & 0 & 0 & 0 \\ 0 & 1 & 0 & 0 \\ 0 & 0 & 1 & 0 \end{bmatrix} x(t) + \begin{bmatrix} 1 \\ 0 \\ 0 \\ 0 \end{bmatrix} u(t)$$
$$y(t) = \begin{bmatrix} 0.002416 & -1.634 & 0.2485 & 43.98 \end{bmatrix} x(t),$$

그리고, 관측기의 형태는 다음과 같다.

$$\dot{x}(t) = \begin{bmatrix} -0.1741 & 1 & 0 & 0 \\ -27.92 & 0 & 1 & 0 \\ -0.02582 & 0 & 0 & 1 \\ -0.002138 & 0 & 0 & 0 \end{bmatrix} x(t) + \begin{bmatrix} 0.002416 \\ -1.634 \\ 0.2485 \\ 43.98 \end{bmatrix} u(t)$$
$$y(t) = \begin{bmatrix} 1 & 0 & 0 & 0 \end{bmatrix} x(t).$$

5. `>> sysss=ss(systf)`

$a =$

	$x1$	$x2$	$x3$	$x4$
$x1$	-0.1741	-6.98	-0.05163	-0.06843
$x2$	4	0	0	0
$x3$	0	0.125	0	0
$x4$	0	0	0.0625	0

$b =$

	$u1$
$x1$	2
$x2$	0
$x3$	0
$x4$	0

$c =$

	$x1$	$x2$	$x3$	$x4$
$y1$	$7.55e-0.05$	-0.01277	0.01553	43.98

$d =$

	$u1$
$y1$	0

원래의 상태공간 방정식과 같지 않으며, 파트 4에서 구한 상태공간 모델과도 같지 않다.

C.3 Chapter 3

연습문제

3.2. 입력을 $u(t) = (\sin \omega t^2)\sigma(t)$.으로 선택한다.

3.3. 1. 안정; 2. 안정; 3. $K > \frac{5}{6}$ 이면, 그리고 그 경우에만 안정.

3.4. $K > 1$.

3.7. 두 개의 특별한 다항식은 $a_3(s) = s^3 + \underline{a}_1 s^2 + \underline{a}_2 s + \overline{a}_3$ 과

$a_4(s) = s^3 + \underline{a}_1 s^2 + \underline{a}_2 s + \underline{a}_3$.이다.

3.8. 1. 예; 2. 예; 3. 아니오; 4. 예.

3.9. 1. 아니오; 2. 예.

3.11. 1. 아니오; 2. 아니오; 3. 아니오.

3.12. 1. 아니오; 2. 아니오; 3. 예.

3.13. 예.

3.15. $-\frac{2}{5} < K < \frac{2}{2}$

3.17. 아니오.

3.18. $C(s) = \frac{15s + 25}{s + 7}$

3.19. 1. 불가능.

2. $C(s) = \frac{-19s - 10}{s + 23}$

3.20. $C(s) = \frac{567a + 567}{s^2 + 25s + 207}$

3.21. $C(s) = \frac{60s - 120}{s + 14}$

3.22. $C(s) = \frac{45s - 45}{s + 13}$

MATLAB 문제

3.24. 1. 불안정; 2. 불안정; 3. 안정; 4. 불안정.

3.26. 1. 안정; 2. 안정; 3. 불안정; 4. 안정; 5. 안정.

C.4 Chapter 4

연습문제

4.1. $10G(0)$

4.2 $G(0)$

4.3. 폐루프 전달함수는 다음과 같다.

$$G(s) = \frac{Y(s)}{R(s)} = \frac{K_1}{s^2 + (1 + K_1 K_2)s + K_1}.$$

희망하는 이득은 $K_1 = 64,\ K_2 = \frac{15}{64}$.이다.

4.4. 차수 축소된 시스템으로부터 예측된 상승시간 t_r, 정착 시간 t_s, 퍼센트 오버슈트 PO는 다음과 같다.

$$t_r = 0.6655,\ t_s = 3.3744,\ \mathrm{PO} = 28.14\%.$$

완전한 차수 시스템의 시뮬레이션은 그림 C.1에 나타내었다. 실제의 성능은 다음과 같다.

$$t_r \approx 0.7,\ t_s \approx 3.4,\ \mathrm{PO} \approx 28\%.$$

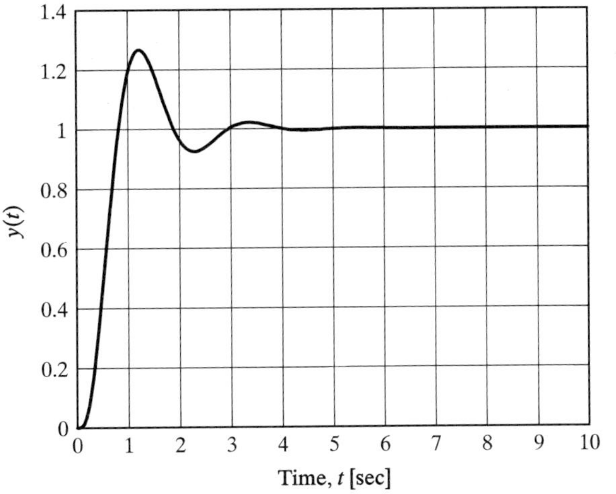

그림 C.1 $G(s)$의 계단 응답

4.5. **1.** T=0.25에 대하여, 예측된 값은 $t_r = 0.2986$, $t_s = 1.295$, $\text{PO} = 23.56\%$.이다.

2. T=0.025에 대하여, 예측된 값은 $t_r = 0.4092$, $t_s = 5.4$, $\text{PO} = 57.91\%$.이다.

4.6. $1.2 \le K < 6$.

4.9. **1.** $L(s) = \dfrac{Ks + b}{s^2 + (a-K)s}$;

2. 만약 $a = K$이면, 2형 시스템이고, 그렇지 않으면 1형 시스템이다.

3. 만약 $a = K$이면, $K_p = \infty$, $K_v = \infty$, 그리고 $K_a = b$이다. 그렇지 않으면,

$K_p = \infty$, $K_v = \dfrac{b}{a-K}$, 그리고 $K_a = 0$ 이다.

4.11. **1.** 예; 2. 예; 3. 2형 시스템, $K_p = \infty, K_v = \infty, K_a = 2$; 4. $\dfrac{1}{15}$.

4.12. **1.** $K = 4$; **2.** $K = 1$; **3.** $K = \dfrac{4}{3}$; **4.** $K = 2$;

4.16. 계단 응답은 유형 B 언더슈트를 가진다.

4.21. **1.** 불가능

2. 2DOF 제어기는 $C(s) = \dfrac{1}{s+12}[16(s+4) \quad 16(3s+4)]$이다.

3. 오버슈트가 없다.

4.23. 요구된 제어기는 $C(s) = \dfrac{72s^2 + 168s + 120}{-s^2 - 14s}$이다. 폐루프 시스템의 속도 오차

상수는 $K_v = -\dfrac{20}{7}$이다.

4.24. $K = 2$

4.27. **1.** $\sqrt{41}/(4\sqrt{2})$; **2.** $\sqrt{341}/32$; **3.** $\sqrt{5}/\sqrt{27}$; **4.** 2;

4.29. 다음과 같이

$$\alpha_1 = \frac{a_0}{a_1}, \qquad \alpha_2 = \frac{a_1^2}{a_1a_2 - a_0a_3},$$

$$\alpha_3 = \frac{(a_1a_2 - a_0a_3)^2}{a_1^2a_2a_3 - a_0a_1a_3^2 - a_1^3a_4}, \qquad \alpha_4 = \frac{a_1a_2a_3 - a_0a_3^2 - a_1^2a_4}{a_1a_2a_4 - a_0a_3a_4}$$

$$\beta_1 = \frac{b_1}{a_1}, \qquad \beta_2 = \frac{a_1b_2}{a_1a_2 - a_0a_3},$$

$$\beta_3 = \frac{(a_1a_2 - a_0a_3)(a_1b_2 - a_3b_1)}{a_1^2a_2a_3 - a_0a_1a_3^2 - a_1^3a_4}, \qquad \beta_4 = \frac{a_1a_2b_4 - a_0a_3b_4 - a_1a_4b_2}{a_1a_2a_4 - a_0a_3a_4}.$$

두면,

$$\left\| \frac{b_1 s^3 + b_2 s^2 + b_3 s + b_4}{a_0 s^4 + a_1 s^3 + a_2 s^2 + a_3 s + a_4} \right\|_2^2 = \frac{\beta_1^2}{2\alpha_1} + \frac{\beta_2^2}{2\alpha_2} + \frac{\beta_3^2}{2\alpha_3} + \frac{\beta_4^2}{2\alpha_4}.$$

을 얻는다.

C.5 Chapter 5

연습문제

5.1. **2.** 다음에 대해 근궤적을 그리시오

$$\hat{L}(s) = \frac{10Ts}{s^3 + 2s^2 + 10}.$$

3. 다음에 대해 근궤적을 그리시오.

$$\hat{L}(s) = \frac{a(s+10)(s+20)}{s^3 + 35s^2 + 200s - 5}.$$

5.2. **1.** 모든 근들은 다음과 같이 파라미터화 된다.

$$s_1 = -a,\ s_2 = -2 - \frac{2-a}{2} + j\frac{\sqrt{3}|a-2|}{2},\ s_3 = -2 - \frac{2-a}{2} - j\frac{\sqrt{3}|a-2|}{2}$$

이때, $K = a^3 - 6a^2 + 12a$ 이고 $a \geq 0$ 이다.

5.3 안정성을 위한 K의 범위는 $0 < K < 5$ 이다. 주파수가 $\omega = 1$ 이고, $K = 5$ 에서 지속적인 진동이 발생한다.

5.4 K=1 이고 대응하는 폐루프 극점은 $-1 \pm j$ 이다.

5.6. **1.** 간단한 비례-미분 제어기가 효과가 있을 것이다.
예를 들면, $C(s) = 4s + 1$.

5.7. 무한히 많은 선택이 가능하다. 예를 들면, $a = 3$, $b = 0$ 그리고 $K = 2$ 이다.

5.8. 다음과 같은 진상 제어기는

$$C(s) = K\frac{s+b}{s+a}$$

는 다음을 만족해야 한다.

$C(-1+j) = 90^\circ$

가능한 선택이 많이 있으며, 예를 들면, $a = 12$, $b = 10/11$ 그리고 $K = 22$ 이다.

5.9. $b < 0$이고 $a > 0$이다.

5.10. 비례-적분 제어기는 다음과 같은 형태로 주어진다.

$$C(s) = \frac{K(s+a)}{s}$$

속도 오차 상수 K_v는 다음과 같이 주어진다.

$$K_v = -Ka = -5.$$

그러므로,

$$K = 1 + 2\sqrt{5}, \quad a = \frac{5}{1+2\sqrt{5}}$$

과 같으며, 폐루프 극점은 $-\sqrt{5}$, $-\sqrt{5}$에 위치한다.

5.11. $C(s) = 9 + \dfrac{5}{s} + 5s$

5.12. $5 < a < 6$의 어떠한 a에 대해서도, 안정된 안정화 제어기는 다음과 같다.

$$C(s) = \frac{a(s+4)}{K(s+5)}$$

C.6 Chapter 6

연습문제

6.1. 정상 상태 응답은 대략적으로 $y_{ss}(t) = 100 - 5\sin(t - \pi/2)$ 과 같다.

6.3. $K > 2$

6.7. $K = 30$

6.10.

1. PM = 59.3°, GM = ∞. 2. PM = 99.6°, GM = ∞.
3. PM = −59.7°, GM = −27.1 [dB]. 4. PM = 8.5°, GM = 0.08 [dB].
5. PM = 40.4°, GM = −6 [dB]. 6. PM = 84.3°, GM = ∞.

6.14. 그림 C.2와 C.3을 참고하시오.

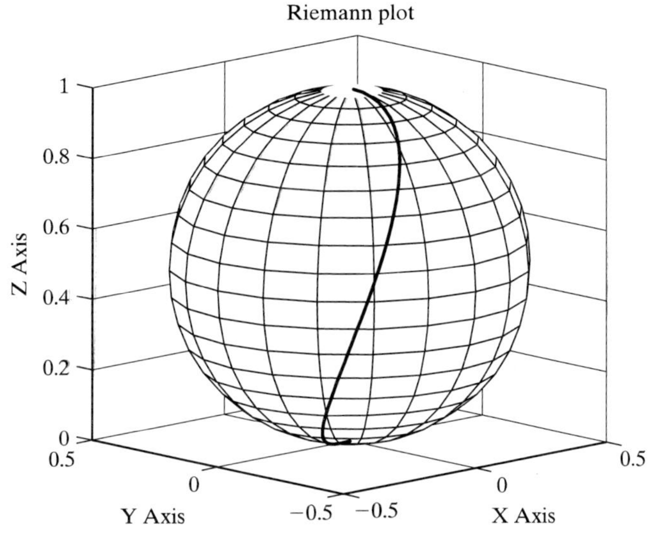

그림 C.2 $G(s)=\dfrac{1}{s(s+1)}$에 대한 Riemann 선도

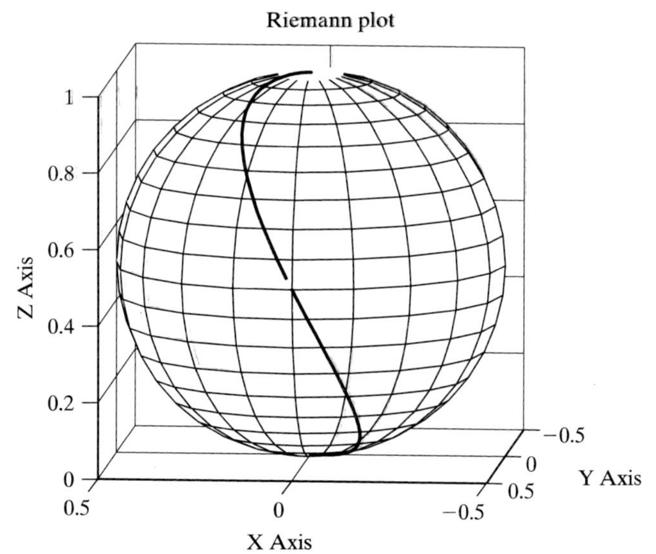

그림 C.3 $G(s)=\dfrac{s+1}{s^2(s-1)}$에 대한 Riemann 선도

C.7 Chapter 7

이 장의 대부분의 문제들에 대한 해답은 유일하지 않다.

연습문제

7.1. $C(s) = \dfrac{2(s/0.28+1)}{s/0.0287+1}$.

7.2. $C(s) = \dfrac{2 \times 0.028(s/0.28+1)}{s}$.

7.3. $C(s) = \dfrac{2.5(s+1)}{s/0.6+1}$.

7.4. $C(s) = \dfrac{5(s/0.06+1)}{s/0.0042+1}$.

7.5. $C(s) = \dfrac{20(s/10.08+1)}{s/37.31+1}$.

7.6. $C(s) = \dfrac{4.12(s/1.24+1)}{s/7.24+1}$.

7.7. $C(s) = \dfrac{0.9629(s/0.83+1)}{s/4.83+1}$.

7.8. $C(s) = \dfrac{10(s+1)}{s}$.

7.9. $C(s) = C_{\text{lead}}(s)C_{\text{lag}}(s) = \dfrac{s/0.728+1}{s/5.5+1}\dfrac{5(s/0.2+1)}{s/0.0339+1}$.

7.10. $K = 40$이고 $\omega = 2$.

C.8 Chapter 8

연습문제

8.4. $\|G(s)\|_\infty = 2/\sqrt{3}$.

8.8. 예.

8.9. $K \in (5/4, 10)$.

8.11. **1.** $(-100, 100)$이 더 가깝다.

$$\delta\left(\frac{1}{s+0.1}, 0\right) = 0.995,\ \delta\left(0, \frac{1}{s-0.1}\right) = 1,$$

2. $\delta\left(\dfrac{1}{s+0.1}, \dfrac{1}{s-0.1}\right) = 0.198.$

8.13. 가장 좋은 K는 $K = 0.303$이다.

8.14. 가장 좋은 K는 $K = 1$이다.

C.9 Chapter 9

연습문제

9.1. **1.** $C(s) = \dfrac{3 - 2\sqrt{2}}{s + 2\sqrt{2} - 1}$ 그리고 $J^* = 6\sqrt{2} - 8$.

2. $C(s) = \dfrac{3 + 2\sqrt{2}}{s + 2\sqrt{2} + 1}$ 그리고 $J^* = 6\sqrt{2} + 8$.

3. $C(s) = \dfrac{(4\sqrt{3} - 6)s + 1}{s2 + (2\sqrt{3} - 1)s + 6 - 2\sqrt{3}}$ 그리고 $J^* = 22\sqrt{3} - 36$.

4. $C(s) = -\dfrac{s + 1}{s^2 + 3s + 4}$ 그리고 $J^* = 4$.

5. $C(s) = \dfrac{8s^2 + 4s + 1}{s^3 + 4s^2 + 8s + 10}$ 그리고 $J^* = 52$.

9.2. **1.** $C(s) = \dfrac{12(s + 1)}{s + 5}$.

2. $C(s) = \dfrac{0.4852s + 0.5}{s^2 + 1.8284s + 1.1716}$ 그리고 $J^* = 1.0538$.

9.3. **1.** $C(s) = \dfrac{1.5s + 1}{s + 4}$.

2. $C(s) = \dfrac{6s + 4}{s^2 + 4s + 18}$.

3. $C(s) = \dfrac{4\sqrt{2}s + 4}{s^2 + 4\sqrt{2}s + 16}$ 그리고 $J^* = 12\sqrt{2}$.

4. $C(s) = \dfrac{4\sqrt{2}s + 4}{s^2 + 4\sqrt{2}s + 16}$ 그리고 $J^* = 48\sqrt{2}$.

9.4. $C(s) = \dfrac{864}{s + 47}$ 그리고 $J^* = 60480$.

9.5. $C(s) = \dfrac{2\sqrt{15}+16}{s+\sqrt{15}+1}$ 그리고 $J^* = 25.4930.$

9.6. 1. $C(s) = \sqrt{2}-1$ 그리고 $b^*(P) = \dfrac{1}{\sqrt{4-2\sqrt{2}}}.$

2. $C(s) = \sqrt{2}+1$ 그리고 $b^*(P) = \dfrac{1}{\sqrt{4+2\sqrt{2}}}.$

3. $C(s) = \dfrac{1.452s+1.618}{s+2.35}$ 그리고 $b^*(P) = 0.5671.$

4. $C(s) = -\dfrac{(1+\sqrt{2})(s+1)}{s+3+2\sqrt{2}}$ 그리고 $b^*(P) = \dfrac{1}{\sqrt{4+2\sqrt{2}}}.$

5. $C(s) = \dfrac{(2\sqrt{2}+3)s^2+(\sqrt{2}+2)s+1}{s^2+(\sqrt{2}+2)s+2\sqrt{2}+3}$ 그리고 $b^*(P) = \dfrac{1}{\sqrt{18+12\sqrt{2}}}.$

참고문헌

1. L. V. Ahlfors, *Complex Analysis*, 3rd Edition, McGraw-Hill, New York, 1979.

2. K. J. Åström, *Introduction to Stochastic Control Theory*, Academic Press, New York, 1970.

3. K. J. Åström and T. Hägglund, *Advanced PID Control*, The Instrumentation, Systems, and Automation Society, Research Triangle Park, NC, 2006

4. K. J. Åström and R. Murray, *Feedback Systems: An Introduction for Scientists and Engineers*, Princeton University Press, Princeton and Oxford, 2008.

5. B. D. O. Anderson and J. B. Moore, *Optimal Control: Linear Quadratic Methods*, Prentice Hall, Englewood Cliffs, NJ, 1989.

6. G. Balas, R. Chiang, A. Packard, and M. Safonov, *Robust Control Toolbox Users Guide Version 3*, The MathWorks, Inc., Natick, MA, 2006.

7. B. R. Barmish, *New Tools for Robustness of Linear Systems*, Macmillan, New York, 1994.

8. A. Bedford and W. Fowler, *Engineering Mechanics*, 3rd Edition, Prentice Hall, Upper Saddle River, NJ, 2002.

9. S. P. Bhattacharyya, H. Chapellat, and L. H. Keel, *Robust Control, the Parametric Approach*, Prentice Hall, Upper Saddle River, NJ, 1995.

10. H. W. Bode, "Relations between attenuation and phase in feedback amplifier design," *Bell System Technical Journal*, vol. 19, pp. 421–454, 1940.

11. H. W. Bode, *Network Analysis and Feedback Amplifier Design*, Van Nostrand Reinhold, New York, 1945.

12. N. K. Bose, "A system theoretic approach to stability of sets of polynomials," *Contemporary Mathematics*, vol. 47, pp. 25–34, 1985.

13. W. L. Brogan, *Modern Control Theory*, 3rd Edition, Prentice Hall, Englewood Cliffs, NJ, 1991.

14. H. Chapellat and S. P. Bhattacharyya, "An alternative proof of Kharitonov's theorem," *IEEE Transactions on Automatic Control,* vol. 34, pp. 448–450, 1989.

15. H. Chapellat, M. Mansour, and S. P. Bhattacharyya, "Elementary proofs of some classical stability criteria," *IEEE Transactions on Education*, vol. 33, pp. 232–239, 1990.

16. C. T. Chen, *Linear System Theory and Design*, 3rd Edition, Oxford University Press, New York, 1998.

17. R. V. Churchill, J. W. Brown, and R. F. Verhey, *Complex Variables and Applications*, 5th Edition, McGraw-Hill, New York, 1990.

18. S. Darbha and S. P. Bhattacharyya, "On the synthesis of controllers for a nonovershooting step response," *IEEE Transactions on Automatic Control*, vol. 48, pp. 797–799, 2003.

19. E. J. Davison, "The robust control of a servomechanism problem for linear time-invariant multivariable systems," *IEEE Transactions on Automatic Control*, vol. AC-21, pp. 25–34, 1976.

20. C. A. Desoer and E. S. Kuh, *Basic Circuit Theory, McGraw-Hill International*, Auckland, 1969.

21. C. A. Desoer and C. L. Gustafson, "Algebraic theory of linear multivariable feedback systems," *IEEE Transactions on Automatic Control*, vol. AC-29, pp. 909–917, 1984.

22. R. C. Dorf and R. H. Bishop, *Modern Control System*, 11th Edition, Pearson Prentice Hall, Upper Saddle River, NJ, 2008.

23. J. C. Doyle, B. A. Francis, and A. R. Tannenbaum, *Feedback Control Theory*, Macmillan Publishing Company, New York, 1992.

24. A. K. El-Sakkary, "Estimating robustness on the Riemann sphere," *International Journal of Control*, vol. 42, pp. 561–567, 1989.

25. W. R. Evans, "Graphical analysis of control systems," *Transactions of the American Institute of Electrical Engineers*, vol. 67, pp. 547–551, 1948,

26. W. R. Evans, "Control system synthesis by root locus method," *Transactions of the American Institute of Electrical Engineers*, vol. 69, pp. 66–69, 1950.

27. W. R. Evans, *Control-System Dynamics*, McGraw-Hill, New York, 1954.

28. A. Ferrante, A. Lepschy, and U. Viaro, "A simple proof of the Routh test," *IEEE Transactions on Automatic Control*, vol. 44, pp. 1306–1309, 1999.

29. B. F. Francis and W. M. Wonham, "The internal model principle of control theory," *Automatica*, vol. 12, pp. 457–465, 1976.

30. G. F Franklin, J. D. Powell, and A. Emami-Naeini, *Feedback Control of Dynamic Systems*, 5th Edition, Pearson Prentice Hall, Upper Saddle River, NJ, 2006.

31. J. S. Freudenberg and D. P. Looze, *Frequency Domain Properties of Scalar and Multivariable Feedback Systems*, Lecture Notes in Contr. and Info. Science, Vol. 104, Springer-Verlag, Berlin, 1988.

32. P. Fu, X. Zhao, and L. Qiu, "Solution to the Nehari problem using the Routh table," *Proceedings of the 12th Mediterranean Conference on Control and Automation*, Kusadasi, Turkey, 2004.

33. P. A. Fuhrmann, *A Polynomial Approach to Linear Algebra*, Springer, New York, 1996.

34. F. R. Gantmacher, *Theory of Matrices*, Vol. 2, Clelsea, New York, 1960.

35. J. Garloff and D. G. Wagner, "Hadamard products of stable polynomials are stable," *Journal of Mathematical Analysis and Applications*, vol. 202, pp. 797–809, 1996.

36. G. C. Goodwin, S. F. Graebe, and M. E. Salgado, *Control System Design*, Prentice Hall, Upper Saddle River, NJ, 2001.

37. M. Green and D. J. N. *Limebeer, Linear Robust Control*, Prentice Hall, Englewood Cliffs, NJ, 1995.

38. J. W. Helton and O. Merino, *Classical Control Using H∞ Methods: Theory, Optimization, and Design*, SIAM, Philadelphia, 1998.

39. R. A. Horn and C. R. Johnson, *Matrix Analysis*, Cambridge University Press, Cambridge, 1990.

40. I. M. Horowitz, *Synthesis of Feedback Systems*, Academic Press, London, 1963.

41. A. Hurwitz, " Über die Bedingungen unter welchen eine Gleichung nur Wurzeln mitnegativen reellen Eeilen besitzt," *Mathematische Annalen*, vol. 46, pp. 273–284, 1895.

42. H. M. James, N. B. Nichols, and R. S. Philips, *Theory of Servomechanisms*, McGraw–Hill, New York, 1947.

43. J. L. Jensen,"Sur un nouvel et important thorme de la thorie des fonctions," *Acta Mathematica*, vol. 22, 359–364, 1899.

44. T. Kailath, *Linear Systems*, Prentice Hall, Englewood Cliffs, NJ, 1980.

45. R. E. Kalman, "When is a control system optimal?" *Transactions of the ASME Series D: Journal of Basic Engineering*, vol. 86, pp. 1–10, 1964.

46. R. E. Kalman and R. S. Bucy, "New results in linear filtering and prediction theory," *Transactions of the ASME Series D: Journal of Basic Engineering*, vol. 83, pp. 95–108, 1960.

47. V. Kharitonov, "Asymptotic stability an equilibrium position of a family of systems of differential equations," *Differential Uravnen*, vol. 14, pp. 2086–2088, 1978.

48. V. Kucěra, "Stability of discrete linear systems," *Preprints of the 6th IFAC World Congress, Boston*, MA, 1975.

49. B. C. Kuo and F. Golnaraghi, *Automatic Control Systems*, 8th Edition, Prentice Hall, Englewood Cliffs, NJ, 2002.

50. H. Kwakernaak and R. Sivan, *Linear Optimal Control Systems*, Wiley–Interscience, New York, 1972.

51. H. Kwakernaak and R. Sivan, *Modern Signals and Systems*, Prentice Hall, Englewood Cliffs, NJ, 1991.

52. V. B. Larin, K. I. Naumenko, and V. N. Suntsev, *Spectral Methods for Synthesis of Linear Systems with Feedback* (in Russian), Naukova Dumka, Kiev, USSR, 1971.

53. E. A. Lee and P. Varaiya, *Structure and Interpretation of Signals and Systems*, Addison Wesley, Boston, 2003.

54. A. Liénard and M. H. Chipart, "Sur la signe de la partie réelle des racines d'une équations algébrique," *Journal de Mathematiques Pures et Appliquees*, vol. 10, pp. 291–346, 1914.

55. K. H. Lundberg, H. R. Miller, and D. L. Trumper, "Initial conditions, generalized functions, and the Laplace transform: Trouble at the origin," *IEEE Control Systems Magazine*, vol. 27, pp. 22–35, 2007.

56. M. Margaliot and G. Langholz, "The Routh–Hurwitz array and realization of characteristic polynomials," *IEEE Transactions on Automatic Control*, vol. 45, pp. 2424–2426, 2000.

57. J. C. Maxwell, "On governors," *Proceedings of the Royal Society of London*, vol. 16, pp. 270–283, 1868.

58. D. C. McFarlane and K. Glover, *Robust Controller Design Using Normalized Coprime Factor Plant Descriptions*, Lecture Notes in Contr. and Info. Science, Vol. 138, Springer-Verlag, Berlin, 1990.

59. G. Meinsma, "Elementary proof of the Routh-Hurwitz test," *Systems & Control Letters*, vol. 25, pp. 227–242, 1995.

60. R. J. Minnichelli, J. J. Anagnost, and C. Desoer, "An elementary proof of Kharitonov's stability theorem with extensions," *IEEE Transactions on Automatic Control*, vol. 34, pp. 995–998, 1989.

61. T. Mita and H. Yoshida, "Undershooting phenomenon and its control in linear multivariable servomechanisms," *IEEE Transactions on Automatic Control*, vol. AC-26, pp. 402–407, 1981.

62. M. Morari, and E. Zafiriou, *Robust Process Control*. Prentice Hall, Englewood Cliffs, NJ, 1989.

63. G. C. Newton, L. A. Gould, and J. F. Kaiser, *Analytical Design of Linear Feedback Control*, John Wiley & Sons, Inc., New York, 1957.

64. T. Norimatsu and M. Ito, "On the zero non-regular control system," *Journal of Institute of Electrical Engineering of Japan*, vol. 81, pp. 566–575, 1961.

65. H. Nyquist, "Regeneration theory," *Bell System Technical Journal*, vol. 11, pp. 126–147, 1932.

66. K. Ogata, *Discrete-Time Control Systems*, 2nd Edition, Prentice Hall, Englewood Cliffs, NJ, 1994.

67. K. Ogata, *Modern Control Engineering*, 5th Edition, Pearson Prentice Hall, Upper Saddle River, NJ, 2008.

68. A. V. Oppenheim and A. S. Willsky, *Signals & Systems*, Prentice Hall, Upper Saddle River, NJ, 1997.

69. P. C. Parks, "A new proof of the Routh-Hurwitz stability criterion using the second method of Lyapunov," *Proceedings of the Cambridge Philosophical Society*, vol. 58, pp. 694–702, 1962.

70. C. L. Phillips and R. D. Harbor, *Feedback Control Systems*, 3rd Edition, Prentice Hall, Upper Saddle River, NJ, 2000.

71. L. Qiu and E. J. Davison, "Feedback stability under simultaneous gap metric uncertainties in plant and controller," *Systems and Control Letters*, vol. 18, pp. 9–22, 1992.

72. L. Qiu and E. J. Davison, "Pointwise gap metrics on transfer matrices," *IEEE Transactions on Automatic Control*, vol. 37 (6), pp. 741–758, 1992.

73. E. J. Routh, *A Treatise on the Stability of a Given State of Motion*, Macmillan, London, 1877.

74. E. J. Routh, *The Advanced Part of a Treatise on the Dynamics of A Rigid Body*, 6th Edition, Macmillan, London, 1905; reprint, Dover, New York:1959.

75. R. Saeks and J. Murray, "Fractional representation, algebraic geometry and simultaneous stabilization problem," *IEEE Transactions on Automatic Control*, vol. 27, pp. 895–903, 1982

76. M. M. Seron, J. H. Braslavsky, and G. C. Goodwin, *Fundamental Limitations in Filtering and Control*, Springer, London, 1997.

77. S. Skogestad and I. Postlethwaite, *Multivariable Feedback Control*, John Wiley & Sons, New York, 1996.

78. R. J. Smith and R. C. Dorf, *Circuits, Devices, and Systems*, 5th Edition, John Wiley & Sons, New York, 1992.

79. G. Stein, "Respect the unstable," *IEEE Control Systems Magazine*, vol. 23, no. 4, pp. 12–25, 2003.

80. G. Strang, *Linear Algebra and Its Applications*, 3rd Edition, Harcourt Brace Jovanovich Publishers, San Diego, 1988.

81. C. P. Therapos, "Balanced minimal realization of SISO systems," *Electronics Letters*, vol. 19, pp. 424–426, 1983.

82. M. Vidyasagar, "The graph metric for unstable plants and robustness estimates for feedback stability," *IEEE Transactions on Automatic Control*, vol. 29, pp. 403–417, 1984.

83. M. Vidyasagar, "On undershoot and nonminimum phase zeros," *IEEE Transactions on Automatic Control*, vol. AC-31, p.440, 1985.

84. M. Vidyasagar, *Control System Synthesis*: A Factorization Approach, The MIT Press, Cambridge, MA, 1985.

85. M. Vidyasagar, "Normalized coprime factorizations for non-strictly proper systems," *IEEE Transactions on Automatic Control*, vol. 33, pp. 300–301, 1988.

86. M. Vidyasagar and N. Viswanadham, "Algebraic design techniques for reliable stabilization," *IEEE Transactions on Automatic Control*, vol. 27, pp. 1085–1095, 1982.

87. G. Vinnicombe, "On the frequency response interpretation on an indexed L2-gap metric," *Proceedings of the American Control Conference*, Chicago, Illinois, pp. 1133–1137, 1992.

88. G. Vinnicombe, "Robust Design in the graph topology: a benchmark example," *Proceedings of the American Control Conference*, Chicago, Illinois, pp. 2063–2064, 1992.

89. G. Vinnicombe, "Frequency domain uncertainty and the graph topology," *IEEE Transactions on Automatic Control*, vol. 38, pp. 1371–1383, 1993.

90. G. Vinnicombe, *Measuring the Robustness of Feedback Systems*, Ph.D. dissertation, Cambridge University, Cambridge, 1993.

91. G. Vinnicombe, *Uncertainty and Feedback*: H^∞ Loop-Shaping and the ν-Gap Metric, Imperial Collage Press, London, 2001.

92. W. A. Wolovich, *Automatic Control Systems*, Sauders College Publishing, Fort Worth, 1994.

93. K. S. Yeung and S. S. Wang, "A simple proof of Kharitonov's theorem," *IEEE Transactions on Automatic Control*, vol. 32, pp. 822–823, 1987.

94. D. C. Youla and J. J. Bongiorno Jr., "A feedback theory of two-degree-of-freedom optimalWiener-Hopf design," *IEEE Transactions on Automatic Control*, vol. AC-30, pp. 652–665, 1985.

95. D. C. Youla, H. A. Jabr, and J. J. Bongiorno, "Modern Wiener–Hopf design of optimal controllers: part I," *IEEE Transactions on Automatic Control*, vol. AC–21, pp. 3–13, 1976.

96. D. C. Youla, H. A. Jabr, and J. J. Bongiorno, "Modern Wiener–Hopf design of optimal controllers: part II," *IEEE Transactions on Automatic Control*, vol. AC–21, pp. 319–338, 1976.

97. D. C. Youla, H. A. Jabr, and C. N. Lu, "Single–loop feedback stabilization of linear multivariable dynamical plants," *Automatica*, vol. 10, pp. 159–173, 1974.

98. G. Zames, "Feedback and optimal sensitivity: model reference transformations, multiplicative seminorms, and approximate inverses," *IEEE Transactions on Automatic Control*, vol. AC–26, pp. 301–320, 1981.

99. K. Zhou and J. C. Doyle, *Essentials of Robust Control*, Prentice Hall, Upper Saddle River, NJ, 1998.

100. K. Zhou, J. C. Doyle, and K. Glover, *Robust and Optimal Control*, Prentice Hall, Upper Saddle River, NJ, 1996.

101. J. G. Ziegler and N. B. Nichols, "Optimum setting for automatic controllers," *Transactions of the ASME*, vol. 64, pp. 759–768, 1942.

102. J. G. Ziegler, N. B. Nichols, and N. Y. Rochester, "Process lags in automatic control circuits," *Transactions of the ASME*, vol. 65, pp. 433–444, 1943.

INDEX

(숫자)

1 자유도 제어 22
1-놈 223, 227
2 자유도 제어기 21
2-놈 227
2DOF 74
2DOF controller structure 127
2DOF internal model control 150
2DOF 제어시스템 241
2자유도 74
2자유도 내부 모델 제어 150
2자유도 제어기 구조 127
2차 모델 35
4인방 73

(A)

Acceleration input 179
actuation 15
Adding open-loop poles 263
Adding open-loop zeros 264
affine function 141
algebraic 126
Alternative version of the Routh stability criterion 113
amplitude of the signal 92
atoms 113

(B)

Ball and Beam 시스템 295
bi-proper 50, 95
BIBO 92
Bottom time 183
bounded-input-bounded-output stable 92

(C)

cascaded system 153
causal system 20
characteristic polynomial 123
Closed-loop control 14, 16
continued fractional expansion 113
control 15
controller 13
controller form realization 62
coprime 49, 122
critically damped 175

(D)

damped frequency 176
damping ratio 175, 185
DC gain 50
Diophantine equation 133, 137
disturbance rejection 16
disturbances 14
dominant poles 193
dynamic systems 19

(E)

energy of the signal 223

(F)

factored form 50
feedback control 14
feedback system 13
feedback system for regulation 71
feedback system for stabilization 71

(G)

gang of four 73
generalized function 18

(H)

hand calculation 135
hidden poles 50

high frequency gain 50
Hurwitz determinants 108
Hurwitz matrix 107
Hurwitz polynomial 109
Hurwitz 다항식 109
Hurwitz 행렬 107
Hurwitz 행렬식 108

(I)

ideal differentiator 97
ideal double differentiator 97
ill-posed closed-loop system 72
impulse response 174
initial condition 40
input 14, 18
integral of the absolute error 223
integral of the squared error 223
internal model control 145
interval polynomial 115

(L)

Lag controller 264
Lead contoller 264
linear 41
linearization 43
linearized system 45
loop gain 196
loop transfer function 197
low-order 135

(M)

Magnitude condition 251
measurement 15
memoryless 19

(N)

natural frequency 175
natural frequnecy 185
negative feedback 21
nondominant poles 193
nonlinear system 38
nonsingular 134
norm 222

(O)

observer form realization 64
of high order 134
one-degree-of-freedom (1DOF) controller 22
Open-loop control 14, 16
operating point 44
order 40, 50
output 14, 19
output equation 40
overdamped 175

(P)

Parameterization of all stabilizaing controllers 140
Parameterization of all stabilizing 2DOF controller 147
PD controller 264
PD 제어기 264
peak magnitude 92
Peak time 182
percentage overshoot 182
percentage undershoot 183
Phase condition 251
PI 제어기 270
pickoff point 20
plant 13
poles 50
proper 50, 95
proportional-derivaive 124
proportional-integral 131
proportional-integral-derivative 96

(R)

Ramp input 179
rational function 49
realization 60
reference signal 17

regulation 16
relative degree 50
Rise time 181
root locus 104
root-locus method 249
Routh Stability Criterion 101
Routh table 98
Routh 안정도 판별법 101
ROUTH 판별법 97
Routh 표 98

(S)

second-order model 35
sensing 15
set-point tracking 16
Settling time 182
SIDO 시스템 151
signal 17
Single Input Double Output 151
Single Input Single Output 151
singular function 18
Sinusoidal input 179
SISO 시스템 151
speed control cases 37
stabilization 13
state equation 40
state space model 31
state variables 39
state vector 39
static 19
steady-state response 178
Step input 178
step response 174, 180
strictly proper 50, 95, 125
summing point 20
system 18

(T)

time constant 175
time-invariant 42
Toeplitz matrices 133
transfer function 47
transient response 178
two-degree-of-freedom 74
two-degree-of-freedom (2DOF) controller 21
type A undershoot 212
type B undershoot 212
type of system 197

(U)

underdamped 175
unfactored form 50
unit impulse 18
unit step 17
unity feedback 22

(W)

well-posed closed-loop system 72

(Z)

zero-pole-gain form 50
zeros 50, 193

(ㄱ)

가속입력 179
감쇄 주파수 176
감쇄비 175, 185
감지 15
강인 안정도 115
개루프 극점 추가 263
개루프 영점 추가 264
개루프 제어 14, 16
계단응답 174, 180
계단입력 178
고유 50, 95
고유주파수 175
고차 134
공과 빔 시스템 151
공정 13
과감쇄 175
과도응답 178

관측기 형 구현 64
구간 다항식 115
구동 15
구현 60
극점 50
극점 배치 설계 132
근 궤적 104
근 궤적 선도 250
근 궤적 설계 방식 249
기계 시스템 33, 35
기준 신호 17

(ㄴ)

내부 모델 제어 145
내부 모델 원리 205
놈 222

(ㄷ)

다른 형태의 Routh 안정도 판별법 113
단위 계단 17
단위 임펄스 18
단위 피드백 22
도립 진자 시스템 155
동작점 44
동적 시스템 19

(ㄹ)

램프입력 179
루프이득 196
루프전달함수 197

(ㅁ)

무감쇄 175
무기억 19
미흡감쇄 175

(ㅂ)

범용 안정화 2자유도 제어기 146
범용 안정화 2자유도 제어기들의 파라미터화 147
범용 안정화 제어기 139
범용 안정화 제어기들의 파라미터화 140
분지점 20
불안정한 극점 125
비례-미분 124
비례-적분 131
비례-적분-미분 96
비선형 시스템 38
비인수 분해형 50
비지배 극점들 193
비특이 134

(ㅅ)

상대차수 50
상승시간 181
상태 공간 모델 31
상태 방정식 40
상태 벡터 39
상태 변수 39
서로소 49
선형 41
선형화 43
선형화된 시스템 45
설정점 추적 16
소 다항식 122
속력 제어 사례 37
숨은 극점 50
시간영역 2-놈 228
시간영역 신호 222
시불변 42
시스템 18
시스템 놈 222
시스템 타입 196
시스템의 타입 197
시정수 175
신호 17
신호의 에너지 223
신호의 진폭 92

(ㅇ)

안정 92
안정도 판별법 110

안정을 위한 피드백 시스템 71
안정화 13
양측 고유 50, 95
언더슈트 183, 209
연속 분수 전개 113
영점 50, 125
영점-극점-이득 형 50
영점들 193
오버슈트 215
완전 고유 50, 95
완전 고유한 125
외란 14
외란 제거 16
원자 113
위상 조건 251
유계 입력-유계 출력 92
유리함수 49
음의 피드백 21
이상적 2차 미분기 97
이상적 미분기 97
인과 시스템 20
인수 분해형 50
일반화된 함수 18
임계감쇄 175
임펄스 응답 174, 175
입력 14, 18

(ㅈ)

자연주파수 185
잘 구성된 폐루프 시스템 72
잘 못 구성된 폐루프 시스템 72
저차 135
전달함수 47
절대오차의 적분 223
정상상태 응답 178, 196
정적 19
정착시간 182
정현파 입력 179
제곱오차의 적분 223
제어 15
제어기 13
제어기 형 구현 62
조절을 위한 피드백 시스템 71
조정 16
중첩 원리 42
지배극점들 193
지상 제어기 264, 265
직류 이득 50
진상 제어기 264

(ㅊ)

차수 40, 50
초기조건 40
최고값 시간 182
최저시간 183
출력 14, 19
출력 방정식 40
측정 15

(ㅋ)

크기 조건 251

(ㅌ)

타입A 언더슈트 212
타입B 언더슈트 212
특성 다항식 123
특이 함수 18

(ㅍ)

퍼센트 언더슈트 183
퍼센트 오버슈트 182
폐루프 시스템 121
폐루프 제어 14, 16
표준 일차 시스템의 임펄스 응답 175
피드백 시스템 13
피드백 제어 14
피크 크기 92

(ㅎ)

함수 141
합점 20

저자 약력

이주장 한국과학기술원(KAIST) 로봇공학학제전공 교수

김대은 연세대학교 전기전자공학부 교수

박승규 창원대학교 전기공학과 교수

백주훈 광운대학교 로봇학부 교수

심귀보 중앙대학교 전자전기공학부 교수

이춘영 경북대학교 기계공학부 교수

정명진 한국산업기술대학교 메카트로닉스과 교수

한수희 건국대학교 전기공학과 교수

도서출판 **그린**

자동제어

초판 인쇄일 ▶	2011년 2월 24일
초판 발행일 ▶	2011년 2월 28일
공 역 ▶	이주장, 김대은, 박승규, 백주훈, 심귀보, 이춘영, 정명진, 한수희
발행처 ▶	도서출판 **그린**
발행인 ▶	윤 덕 우
출판등록 ▶	제8-161호(1995. 5. 3.)
주 소 ▶	서울시 서대문구 연희동 219-20 (우)120-828
전 화 ▶	02)333-2574, 2575
F a x ▶	02)333-2561
E-mail ▶	greenpress@greenpress.co.kr
Homepage ▶	http://www.greenpress.co.kr

Green Pub.

정가 : 30,000원

ISBN : 978-89-5727-149-0